国家出版基金项目
NATIONAL PUBLICATION FOUNDATION

“十三五”国家重点出版物出版规划项目

软物质前沿科学丛书

复杂系统的涌现动力学
——从同步到集体输运(上册)

Emergence Dynamics in Complex Systems: From Synchronization to Collective Transport

Volume Ⅰ

郑志刚 著

科学出版社
龍門書局
北 京

内 容 简 介

由大量单元组成的复杂系统会产生丰富多彩的自组织与集体行为，近几年成为多交叉领域长盛不衰的研究热点。复杂系统的一个重要特征是涌现，即在整体层面会呈现出各种各样个体所不具备的行为。本书以复杂系统中普遍存在的同步与非平衡输运等涌现行为为切入点，以非线性动力学、统计物理学、序参量动力学理论等为理论工具，重点剖析了相振子、混沌振子及其复杂网络的同步、时空随机共振、时空斑图与非线性波、集体定向输运及低维体系热传导与热器件等现象，并探讨了这些看似不同的现象之间的内在机制、共性和联系。

本书分上下册，上册包括第 1~4 章，下册包括第 5~7 章。

本书系统反映了近年来复杂系统的涌现与合作动力学研究进展，可供从事非线性科学、复杂性科学、统计物理等领域研究的工作者、理工科大学教师、大学高年级学生和研究生阅读，对交叉领域的有关研究人员也有一定的参考价值。

图书在版编目(CIP)数据

复杂系统的涌现动力学：从同步到集体输运. 上册/郑志刚著. —北京：龙门书局, 2019. 6

(软物质前沿科学丛书)

“十三五”国家重点出版物出版规划项目　国家出版基金项目

ISBN 978-7-5088-5596-7

Ⅰ. ①复…　Ⅱ. ①郑…　Ⅲ. ①输运过程-系统动态学　Ⅳ. ①O482.2

中国版本图书馆 CIP 数据核字(2019) 第 108860 号

责任编辑：刘凤娟　孔晓慧／责任校对：杨　然

责任印制：吴兆东／封面设计：无极书装

科 学 出 版 社
龍 門 書 局　出版

北京东黄城根北街 16 号

邮政编码：100717

http://www.sciencep.com

北京建宏印刷有限公司印刷

科学出版社发行　各地新华书店经销

*

2019 年 6 月第　一　版　开本：720 × 1000 1/16

2025 年 1 月第六次印刷　印张：23 3/4

字数：479 000

定价：169.00 元

(如有印装质量问题，我社负责调换)

丛 书 序

社会文明的进步、历史的断代，通常以人类掌握的技术工具材料来刻画，如远古的石器时代、商周的青铜器时代、在冶炼青铜的基础上逐渐掌握了冶炼铁的技术之后的铁器时代，这些时代的名称反映人类最初学会使用的主要是硬物质。同样的，20 世纪的物理学家一开始也是致力于研究硬物质，像金属、半导体以及陶瓷，掌握这些材料使大规模集成电路技术成为可能，并开创了信息时代。进入 21 世纪，人们自然要问，什么材料代表当今时代的特征？什么是物理学最有发展前途的新研究领域？

1991 年，诺贝尔物理学奖得主德热纳最先给出回答：这个领域就是其得奖演讲的题目 ——“软物质”。以《欧洲物理杂志》B 分册的划分，它也被称为软凝聚态物质，所辖学科依次为液晶、聚合物、双亲分子、生物膜、胶体、黏胶及颗粒等。

2004 年，以 1977 年诺贝尔物理学奖得主，固体物理学家 P. W. 安德森为首的 80 余位著名物理学家曾以 “关联物质新领域” 为题召开研讨会，将凝聚态物理分为硬物质物理与软物质物理，认为软物质 (包括生物体系) 面临新的问题和挑战，需要发展新的物理学。

2005 年，*Science* 期刊提出了 125 个世界性科学前沿问题，其中 13 个直接与软物质交叉学科有关。“自组织的发展程度” 更是被列入前 25 个最重要的世界性课题中的第 18 位，“玻璃化转变和玻璃的本质” 也被认为是最具有挑战性的基础物理问题以及当今凝聚态物理的一个重大研究前沿。

进入 21 世纪，软物质在国外受到高度重视，如 2015 年，爱丁堡大学软物质学者 Michael Cates 教授被选为剑桥大学卢卡斯讲座教授。大家知道，这个讲座是时代研究热门领域方向标，牛顿、霍金都任过这个最著名的讲座教授。发达国家多数大学的物理系和研究机构已纷纷建立软物质物理的研究方向。

虽然在软物质早期历史上，享誉世界的大科学家如爱因斯坦、朗缪尔、弗洛里等都做出过开创性贡献，荣获诺贝尔物理学奖或化学奖，但软物质物理学发展更为迅猛还是自德热纳 1991 年正式命名 “软物质” 以来，软物质物理不仅大大拓展了物理学的研究对象，还对物理学基础研究、尤其是与非平衡现象 (如生命现象) 密切相关的物理学提出了重大挑战。软物质泛指处于固体和理想流体之间的复杂的凝聚态物质，主要共同点是其基本单元之间的相互作用比较弱 (约为室温热能量级)，因而易受温度影响、熵效应显著，且易形成有序结构。因此具有显著热波动、多个亚稳状态、介观尺度自组装结构，熵驱动的顺序无序相变，宏观的灵活性等特征。**简单地说，这些体系都体现了“小刺激，大反应”和强非线性的特性。**这些特性并非仅仅由纳观组织或原子或分子的水平结构决定，更多是由介观多级自组构结构决定。处于这种状态的常见物质体系包括胶体、液晶、高分子及超分子、泡沫、乳液、凝胶、颗粒物质、玻璃、生物体系等。软物质不仅广泛存在于自然界，而且由于其丰富、奇特的物理学性质，在人类的生活和生产活动中也得到广泛应用，常见的有液晶、柔性电子、塑料、橡胶、颜料、墨水、牙膏、清洁剂、护肤品、食品添加剂等。由于其巨大的实用性以及迷人的物理性质，软物质自 19 世纪中后期进入科学家视野以来，就不断吸引着来自物理、化学、力学、生物学、材料科学、医学、数学等不同学科领域的大批研究者。近二十年来更是快速发展成为一个高度交叉的庞大的研究方向，在基础科学和实际应用方面都有重大意义。

为推动我国软物质研究，为国民经济做出应有贡献，在国家自然科学基金委员会中国科学院学科发展战略研究合作项目“软凝聚态物理学的若干前沿问题”(2013.7—2015.6) 资助下，本丛书主编组织了我国高校与研究院所上百位分布在数学、物理、化学、生命科学、力学领域的长期从事软物质研究的科技工作者，参与本项目的研究工作。在充分调研的基础上，通过多次召开软物质科研论坛与研讨会，完成了一份 80 万字的研究报告，全面系统地展现了软凝聚态物理学的发展历史、国内外研究现状，凝练出该交叉学科的重要研究方向，为我国科技管理部门部署软物质物理研究提供一份既翔实又前瞻的路线图。

作为战略报告的推广成果，参加本项目的部分专家在《物理学报》出版了软凝聚态物理学术专辑，共计 30 篇综述。同时，本项目还受到科学出版社关注，双方达成了“软物质前沿科学丛书”的出版计划。这将是国内第一套系统总结该领域理论、实验和方法的专业丛书，对从事相关领域的研究人员将起到重要参考作用。因此，项目与科学出版社商讨了合作事项，成立了丛书编委会，并对丛书做了初步部署。编委会邀请了 30 多位不同背景的软物质领域的国内外专家共同完成这一系列专著。这部丛书将为读者提供软物质研究从基础到前沿的各个领域的最新进展，涵盖软物质研究的主要方面，包括理论建模、先进的探测和加工技术等。

由于我们对于软物质这一发展中的交叉科学了解不很全面，不可能做到计划的“一劳永逸”，缺乏组织出版一个进行时学科的丛书的实践经验，为此，我们要特别感谢科学出版社编辑钱俊，他对我们咨询项目启动到完成全过程进行了全程跟踪，并参加本丛书的编辑指导与帮助工作，从而有望使本丛书的缺点与不当处尽量减少。同时，我们欢迎更多相关同行撰写著作加入本丛书，为推动软物质科学在国内的发展做出贡献。

主　编　　欧阳钟灿
执行主编　　刘向阳
2017 年 8 月

前 言

如果可以把一个复杂系统比作一个生命有机体，那么科学家的使命就是去感受其生命的脉动，倾听其生命的呼吸，探索其生命的规律和机制。

我们生活在一个五彩斑斓的世界，这个世界里充斥着大量由各种不同个体组成的系统，而这些系统会表现出形形色色的集体行为。例如，我们可以用肉眼直接看到很多生物群体的有趣行为，如鸟群变化多端的集体飞行 (flocking)，鱼群在水中复杂的集体游动 (swarming)，大量蚂蚁组成的蚁群忙碌而有序的各种集体活动，热带地区夜晚大量萤火虫的集体闪光等。人作为特殊的个体也依据不同属性组成了诸如家庭、家族、民族、党派、社团组织、俱乐部、军队、学校、工厂、公司、联盟乃至国家等各种不同群体，进而产生出大量的社会群体行为。由人及其所使用的各种设施如交通、通信工具等形成的都市则如同一个放大了的生命体，在其中可以找到供应全身血液的心脏、呼吸的肺等，大到乃至整个地球，我们都可以感受到其作为有机复杂系统的脉搏和呼吸。

即使在我们肉眼和通常感官无法直接感知的世界里，也在发生着大量的故事。当我们通过显微镜去观察一个极小尺度的生物体时，可以看到那里也是一片忙忙碌碌如繁华都市的景象，基因们在忙着制造合成蛋白质、有效组织调控生命体的各种生理活动，分子马达则在忙着输送营养物质、转化和提供能量，心肌细胞在忙着协调心脏舒缩泵出血液，各种神经元有的在忙着感知外部各种信息，有的则忙着传送信息，处于脑部的神经元则忙着处理信息并发送各种指令，生物体内的各种细胞、组织和器官都 24 小时不休息地辛勤工作，通过它们在不同层面的生理活动让生物体处于生命活性的状态。即使是遥远的天体、星系和宇宙也表现出复杂的演化行为，尽管我们可以通过天文望远镜乃至 FAST (500m 口径球面射电望远镜，Five-hundred-meter Aperture Spherical Radio Telescope) 这样的巨型仪器设备进行大量观测，取得海量数据与信息，人类对宇宙及其命运的认识也还处于婴儿时代。

我们可以将上述所涉及的各种系统称为复杂系统。什么是复杂系统呢？要完全准确地给其下一个定义是不容易的，就不同学科来说，对于什么是复杂性的理解有所不同。实际上，系统复杂性的来源是多方面的，有的结构复杂，有的动力学复杂等，并且复杂并不简单取决于组成系统单元的数目多寡、相互作用是否具有复杂的形式等 [1-5]。当然，人们对于复杂性有一些比较直观的感受，例如，对一个系统知道开头但不知道结果，了解部分却无法知道整体，知道规则却无法预知结果，等等，这些往往都是系统复杂性的直接表现。

物理学家往往具有探索未知、大胆提出问题和假设的勇气。我们知道，物理学的研究对象是宇宙万物。何为宇宙？古人曰，“四方上下谓之宇，古往今来谓之宙。”宇即代表空间，宙即代表时间，而物理学是研究时间与空间基本规律的科学。由此可知，从极小到极大的各种尺度都是物理学家的研究对象，当然包括自然科学与人文社会科学的各种研究对象。于是我们可以看到，物理学家的足迹遍布物理学及其他各个学科领域。近些年很多交叉学科的发展大都与物理学家的介入和勇敢探索息息相关。物理学一方面在不同时空尺度探索积累了大量的结果，为探索各种复杂信息发明了各种各样的实验工具和平台，还提出了一系列物理思想和方法。例如，统计物理学最早发端于对热力学的微观诠释，而如今统计物理方法已在物理学其他方向、化学、生物学、经济学和社会科学等诸多领域和不同层次发挥着重要作用[2]。

系统是自然界和人类社会中一切事物存在的基本方式，各种各样的系统组成了我们所处的世界。一个系统由相互关联和相互作用的多个元素 (或子系统) 所组成，具有特定功能。现代科学在从基本粒子到宇宙的不同时空尺度上研究各类具体系统的结构与功能关系，逐渐形成了自然科学与社会科学的各门具体科学 [1]。尽管如此，不同时空尺度之间的关系和过渡更体现了我们这个世界的复杂性。鉴于此，复杂系统的研究业已成为 21 世纪科学研究的中心。正如著名物理学家史蒂芬 · 霍金在世纪之交时所预言的：“ 21 世纪将是复杂性的世纪。” 21 世纪开始的若干年来，世界科学的发展越来越证实了这个预言。

尽管物理学家是最早、最彻底进入复杂系统研究的一群人，但显然他们对复杂系统研究有着更高、更广泛的诉求。诸多学科及其理解大尺度跨越的需要直接催生了一门目前看起来最交叉的学科 —— 系统科学 [1,3]*。过去几百年间，各门不同学科针对客观世界不同时空尺度范围的具体对象进行了大量关于结构与功能关系的研究，用各自学科的基本概念和专门术语积累了丰富知识，使得不同系统之间相互借鉴甚至从中提取共性的系统规律成为可能，也促进了一般系统论 [6]、协同学 [7,8]、耗散结构论 [9,10]、突变理论 [11]、超循环论 [12]、混沌理论 [5]、控制论 [13]、复杂适应系统 [14]、复杂巨系统的综合集成方法 [1] 等理论体系的发展。

系统科学的研究对象是 “系统” 自身，其目的是探索各类系统的结构、环境与功能的**普适关系**以及演化与调控的**一般规律**。因为系统具有多层次性，所以如何阐述在每一个层次的一般规律及其层次之间的过渡规律是系统科学作为一门学科的重要使命，而后者是系统科学最重要的任务 [15]。在每一个层次当中，人们都会或

* 全书参考文献扫封底二维码。

已经建立起相应的学科来做非常详尽具体的阐述，而层次之间的过渡作为一个极其重要的课题则是这些学科的软肋。从这一点来看，系统科学既不同于物理学、生物学等具体的自然科学学科，又不同于数学这样可以完全抽象的纯粹方法论，而是具有鲜活的自然科学学科背景和诠释方法论生动图景的、介于这些层次之间的科学与方法论学科。

系统科学的核心是**系统论**。在历史上，物理学传统的**还原论**思想尽管已经做出了重要贡献，但复杂系统问题的分析与理解不能只停留在还原论层面上。与还原论相对应的是**整体论**，即需要将复杂系统作为一个整体来加以研究。但是，整体论的使用应以还原论的结果为基础才不至于空洞。因此我们需要注意的是，整体论绝不意味着还原论的无用。一个典型的案例就是近年来复杂网络理论的发展 [16-22]。按照复杂网络的观点，任何一个复杂系统都可以看成是大量个体通过相互作用组成的一个整体，进一步的抽象可以将相互作用简化为拓扑连边，一个系统就可以由个体抽象成的点和由相互作用抽象成的边组成。这正是还原论的威力，它将一个原本纠缠不清的系统以网络的形式清晰展示出来，而还原论还进一步揭示了网络中点元素的基本结构，例如，原子、分子乃至基本粒子结构、神经元结构、基因、蛋白质结构等，单元间相互作用如原子、分子之间的相互作用形式也是靠还原论来给出。因此，还原论是整体论的基础，没有还原论的整体论就是空中楼阁、无本之木。还原论仍将继续是推动人类文明进步的基石。鉴于此，对复杂世界正确的认识应当是整体与还原的有机结合，系统论由此应运而生，它“是还原论与整体论的辩证统一”(钱学森语)。正是这种统一，使系统论超越还原论成为可能。这就需要一方面整体指导下的还原与还原基础上的综合相结合，具体体现为“自上而下”与“自下而上”相结合；另一方面机制分析与功能模拟相结合，系统认知与系统调控相结合。

系统的结构与环境共同决定了系统的功能，在系统环境和物理、信息等系统结构的作用下，系统会出现时间与空间的演化，不同时空尺度和层次结构一般对应不同的模式和功能。系统的功能一般不能还原为其不同组分自身功能的简单相加，这种 1+1 不等于 2 的结果称为**涌现 (emergence)**。简言之，系统功能是系统结构与动力学相结合的涌现。功能的一种直接表现就是集体动力学，它是复杂系统的简单呈现形式。

本书的主题是复杂系统的动力学行为。复杂系统在不同层次上的集体行为无处不在，从一个到另一个层面的过渡形式就是以群体行为为表现形式的涌现行为。复杂系统的行为特别是集体行为实际上是一个老问题，人们对复杂系统的研究已经有很长历史。

复杂系统涌现会表现出一些典型的时间与空间行为，它包括整体简单且平庸的如随时间不变的行为和在空间均匀或简单分布的结构、整体简单且非平庸的如随时间周期变化的行为、在空间周期往复的结构或整体复杂的如随时间变化混乱或随机的行为，空间分布呈现混乱的结构等。在诸多的这些涌现行为中，时间的整体非平衡动态行为在很多情况下是非平庸且可分析的系统行为，其中最简单的动态就是周期振荡，而最简单的协同行为就是同步 [15]。本书的原则是复杂系统行为的可分析性与可操作性。因而，振荡与同步正是本书的重点。

复杂系统集体行为的出现意味着有序的涌现，在状态空间意味着系统自由度和维度的降低，而对于状态变量而言则意味着可以用更少的状态变量来对集体行为加以描述。例如，在物理上，一个哈密顿力学系统从不可积到可积性的转变意味着越来越多运动积分或守恒量的产生，以此作为约束将运动限制在越来越低维的空间中。再比如，热力学系统相变的发生往往意味着对称破缺的产生和序参量的出现 [23-25]。本书重点研究耦合振子系统的同步行为，我们会看到类似的涌现行为，即耦合振荡的系统会发生从部分同步到完全同步的转变。这些有序行为的出现都意味着高维复杂系统动态行为的低维化，因而从理论上来说通过各种方法和手段对原有的高维 (大自由度) 系统进行有效降维 (投影、约化) 是研究复杂系统最重要的任务之一。复杂系统可降维性或近似可降维性常见的有以下几种情形：

(1) **系统的对称性**。例如，哈密顿系统的对称性带来了不变积分 (守恒量)，与此同时，系统出现低维动力学。在流体力学中存在的碰撞不变量如能量、动量、角动量、粒子数等导致了以 Navier-Stokes 方程为代表的流体力学方程 [26]。再比如，我们在本书将讨论的耦合相振子系统对称性将会带来以数学上的 Möbius 变换为原型的 Watanabe-Strogatz (WS) 变换，可以将原有的 N 振子方程精确约化到三维方程。

(2) **时间/空间尺度的分离以及快慢变量的出现**。例如，守恒量或不变量的存在 (或近似守恒) 导致慢变量的出现；当我们改变系统的参量使得系统到达某个即将发生转变的临界点时，系统中的少数模式会处于临界稳定到不稳定的转变点，这些模式会成长为慢模，相比于均为快模的其他模式，这些慢模将会对系统的转变起着主导和支配的作用，这就是著名物理学家 Haken 提出的支配原理 [7,8]。再比如，在布朗运动中，由于布朗粒子的运动弛豫时间远长于周围热源粒子的碰撞弛豫时间，因此物理学家 Langevin 写下了集确定性运动 (慢模) 和随机噪声 (快模) 于一身的随机微分方程 (后人称为 Langevin 方程)，为布朗运动及其相关的物理、化学、生物等大量具有随机特征的现象研究提供了重要理论出发点 [27,28]。

数学家和物理学家发明了一整套的方法和工具来处理上述的可降维问题。例如，对称性就导致了变换不变性，科学家们建立了不变变换理论、不变群、不变流形和子空间理论。由于对称性多种多样，因而寻找系统的各种对称性和不变流形就成为很重要的任务。物理学家很早就利用数学变换即采用不同坐标系来处理多体问题。以简谐链的集体振动问题为例，从每一个原子来看，它都与其他原子具有相互作用，单独了解其运动似乎并不简单。但如果引入集体坐标，则从集体模式空间来看，系统的运动由一个个相对独立的集体模 (称为简正模式) 所组成，每一个简正模式都是所有原子参与集体运动的结果，而一般运动由这些集体模式叠加而成。物理上经常把这些集体模式称为准粒子。量子力学中的表象理论就是为处理多体和复杂问题而生的方法。

另外一个典型的例子就是同步问题。对于具有大量耦合振子的系统来说，每一个振子与其他振子都有相互作用，在耦合强度较大的时候，单个振子的动力学是无法直接剥离出来的。但如果采用另一套集体坐标，即引入各阶序参量，则可以发现在序参量空间中存在一个低维不变子空间即同步流形空间，WS 变换是一种对某些系统找到该空间的精确方法，而 Ott-Antonsen (OA) 拟设则是一种对更多系统来说实用而近似很好的方法，通过这个方法可以将问题从原来 N 个振子的高维空间降维到二维序参量空间。因此，本书所涉及的同步和部分同步、OA 流形理论、序参量理论、中心流形定理、支配原理及其作为具体应用的绝热消去和时间平均法都是处理复杂系统集体行为有力的方法和工具。约化是统计物理的重要组成部分，它可将感兴趣的系统从整体中剥离出来，投影算符理论经过多年的发展已成为重要的约化手段 [26,28]。

本书所讨论的内容集中于与复杂系统特别是耦合非线性系统涌现行为有关的最近几十年来的进展。相比于早期非线性动力学聚焦于少自由度系统的解剖麻雀式的分析，对大自由度非线性系统的动力学研究是非线性科学发展到一定阶段的必然要求。20 世纪 70 年代以来，人们对于少自由度非线性系统的混沌动力学和复杂行为研究已经很深入，在大多数方面已经较为清楚，因而对大自由度系统的研究就显得尤为必要。计算机技术近年来飞速发展，超级计算机的计算和交互速度为高维复杂系统的行为研究提供了客观条件。人们关于复杂系统的集体和涌现行为研究取得了突破性进展，揭示了一系列与直观印象看似矛盾的现象。本书将介绍复杂系统一些典型的集体涌现行为，包括同步、集体振荡、时空随机共振、时空斑图与非线性波、集体定向输运和低维热导等。

本书分为七个章节，并根据内容分为上、下两册。上册为第 1–4 章。集中讨论复杂系统的同步动力学，下册包括第 5–7 章，将集中研究在噪声作用下复杂系统的涌现动力学。具体地，本书做如下安排。

第 1 章作为基础，我们介绍非线性动力系统的基本知识，如动力系统理论及稳定性、分岔、哈密顿系统与耗散系统的混沌等。复杂系统的另一面是统计，因此本章还介绍动力学与统计的关系、复杂系统的随机动力学刻画等。这些知识是后面许多讨论的准备，也可以单独作为了解非线性动力学知识的学习内容。

第 2 章到第 4 章利用三章的篇幅集中研究复杂系统的同步涌现动力学。同步是复杂系统基本和典型的涌现行为，对其做细致的分析也很自然。第 2 章先系统介绍相互作用极限环振子的同步问题。这一问题的讨论既可以从微观的相互作用振子同步进程来刻画，也可以采用统计物理学的约化方法。本章通过微观同步动力学的讨论展示复杂系统从部分同步到整体同步的进程，为统计物理和宏观刻画同步提供了理论基础。在统计物理和宏观刻画方面，Kuramoto 早期的自洽方程方法及其近期的 OA 拟设和 WS 变换、系综序参量等方法是有力的手段，本书将做详尽介绍。有了序参量理论，近年来得到密切关注的发生于非局域耦合振子系统的奇异态等问题就可以得到比较好的理论分析和理解。相信这一部分的讨论对有关的研究者具有一定的借鉴作用。

第 3 章集中讨论耦合混沌振子的同步。相比于耦合极限环振子系统，混沌系统的同步有着更为丰富、复杂的内容。该问题的研究兴起于 20 世纪 90 年代初，早期对混沌系统同步问题的研究与混沌运动的控制和应用问题密切相关，但之后人们聚焦于混沌同步作为一类基本物理现象来开展系统研究，发现了更为丰富的内容，包括完全同步、广义同步、相同步、滞后同步、测度同步等不同类型和层次的混沌同步。这些在本章都将有较为详细的论述。更为复杂的耦合时空非线性系统的同步问题也是本章阐述的内容。

1998 年开始的复杂网络理论研究指出了相互作用拓扑结构的重要性，它对网络上的动力学涌现也有着巨大影响。为此，在第 4 章中，集中对复杂网络上的同步动力学进行探讨，阐述同步动力学与复杂网络结构关系的问题。首先简要地对复杂网络的结构与统计描述、基本网络模型及其特征等网络拓扑理论进行讨论，并介绍复杂网络同步分析的主稳定函数方法及其在小世界网络和无标度网络等典型网络上同步的应用。网络拓扑的对称特征会导致部分同步，我们还将发展部分同步的主稳定函数理论，并将其应用于多层网络的同步。网络相振子的同步有一些比较独特别的行为，如多集团/单集团同步、爆炸式同步等。单集团同步可以大大优化相振子网络的同步性，本章将对这种机制进行深入探讨。爆炸式同步的分析可以借助于星形网络相振子的同步分析来加以理解，而星形网络相振子系统可以用序参量动力学精确地讨论。

噪声对复杂系统涌现行为的影响是一个很重要的问题。噪声的介入影响着物质、能量与信息在系统内部、空间的传输与转移，我们在本书下部的第 5–7 章集中从几个不同角度对其进行阐述。第 5 章将主要探讨时空非线性系统的随机共振、相干共振、集体振荡、非线性波等问题。噪声对时空系统的合作行为有重要的作用。通常噪声对有序会产生破坏作用，因此系统有序和无序的竞争会表现出复杂的行为。值得注意的是，随机力并不总是起着消极的作用，在非线性系统的分岔点附近，通过非线性与随机力的作用，无序的能量可能会转化为有序的动力，从而促进系统新序的建立。近年来讨论的噪声诱导相变、随机共振、相干共振、分子马达运动等就是典型的噪声对非线性系统行为起着正面作用的例子。可激发介质由于单元的可激发性而表现出很多与众不同的行为，如非线性波的传播和集体振荡问题。

噪声在波的传播与时空斑图形成中会起重要作用。非振荡单元在一定网络耦合下会自发出现集体振荡，它密切联系着可激发网络和基因调控网络等与生物系统相关的背景，因而也是本章研究的重点。

第 6 章和第 7 章集中讨论复杂系统在空间的非平衡输运问题。输运过程一直是统计物理中最基本的研究课题之一，时空系统的集体输运行为则是一个非常有意义的问题。对非线性动力学与非平衡输运关系的研究近几十年一直受到物理学家的密切关注。这涉及时空尺度竞争、非线性和涨落/噪声等几个重要因素，这些因素的相互影响会导致复杂系统很多新奇的涌现行为。在第 6 章中，以 Frenkel-Kontorova(FK) 模型为典型描写时空尺度竞争的系统，研究其在无噪声情况下的集体动力学行为。尺度竞争是时空非线性系统很多行为的重要机制，尺度竞争有两种不同的类型：时间域的频率竞争和空间域的波矢竞争，由此导致一系列非线性时间、空间结构调制与相干现象及复杂的输运行为。本章从 FK 系统的基态研究出发，讨论有关基态的一系列概念及其 Aubry 公度–非公度相变。FK 系统在各种驱动下的动力学近年来被广泛结合晶体位错、电荷密度波、纳米表面摩擦学、Josephson 结阵列和阶梯的电压–电流特性等具体问题开展研究，本章为此将对 FK 链的时空动力学现象进行详尽探讨，这些结果具有一般性和代表性。同时，本章的一些讨论也为第 7 章做良好的铺垫和准备。

第 7 章集中以 FK 模型及其相关的耦合链作为基本模型研究复杂系统在噪声或涨落环境下的集体非平衡定向输运和低维体系热导及调控问题。近年来对分子马达 (棘轮) 问题的探讨受到生物、物理、化学等各领域的关注。这种物质输运现象与分子马达生化过程、能量转化与利用、肌肉组织收缩、营养物质输运、蛋白质合成等生物细胞内的输运过程有着密切的关系。其基本思想还被应用到颗粒与软物质的分离技术、光学分子马达等当中。本章着重从物理的角度对复杂系统定向输运进行讨论。阐述复杂系统各种时空对称破缺所导致的棘轮效应，这是本章的第一个主题。另外一个主题是能量的定向输运即热传导问题，它是典型的非平衡统计热力学问题。近年来人们发现，低维体系的热导率不仅与材料性质有关，而且还可能是系统尺寸的函数，这种反常的热导率现象引起了人们的极大兴趣。另一方面，低维和纳米材料的热输运调控为热的应用开辟了蹊径。我们将对低维的热传导行为及其调控进行系统阐述，试图从微观动力学角度对宏观热传导的机制及其应用进行探讨。热传导微观机制的研究也为实现能量输运与热传导过程的调控提供了必要的理论基础。以 2002 年 Terraneo 等通过引入缺陷成功控制热流而开辟热输运调控的新方向为起点，人们提出了热二极管、热三极管、热逻辑门等热调控器件的基本机制，并已在实验研究方面取得了进展。热流棘轮效应则与物质输运的棘轮效应很好对应又有所不同，在本章也将做详细的讨论。

总之，本书以复杂系统的涌现动力学为主线，对其在各方面的不同表现展开阐述。这样做很重要的动机是试图将各个不同领域和方向关于复杂系统的涌现行为的研究串联起来，使得读者对该领域有一个较为全面的了解。本书不拟对复杂系统的涌现动力学更为普适和一般的规律及其理论体系化，一方面复杂系统的复杂性很重要的表现就在于其涌现行为的多面性，就像一头大象，它是由头、身体和四肢等具有不同功能的不同部分构成，只谈任何一个部分都有偏颇。目前的科学家相比盲人而言还是要强得多，一方面科学家可以将“大象”的各个组成部分通过还原论剖析清楚，连盲人摸不到的内脏和组织都可以研究清楚；另一方面对于“活体”大象这些不同组成的部分如何协同工作已经掌握大量信息，就如同本书所展示的涌现动力学方方面面一样，而更多的普适性及其相互关系乃至于完全从科学上克隆和重构“活体”复杂系统的努力还在路上。这也是前言开篇第一句话试图传递的信息。

本书部分内容基于 2004 年作者的专著《耦合非线性系统的时空动力学与合作行为》[15]，但该书出版后很快售罄，很多同行作为课题组研究生的入门书购入，人手一本，而之后更多的同行已经买不到此书。考虑到该领域仍然是研究的热点，且近十几年已有飞跃式的新发展，作者深感有必要再次就本人对该领域的理解写成专著与同行交流。应科学出版社之邀，作者在原书基础上对内容进行了大规模调整和补充，并增加了大量最新的研究成果。客观来说，本书花费了三年时间，其工作量等同于出版一本新书。尽管如此，作者还是怀着惶恐之心，真诚接受该领域内外专家和读者的鼓励和批评。

本书的完成离不开作者多年来的科研与教学工作及其与诸多同事、研究生的讨论合作。首先感谢我的导师胡岗教授和北京师范大学统计物理学科，我自 1992 年攻读硕士研究生开始就系统学习了非平衡统计物理，并研读系统科学相关文章和书籍，这些已经成为我学术血管中流淌的血液。我与胡先生在非线性动力学与统计物理学方面 20 多年的密切合作使得我们共同完成了一批该方面的研究工作，共同撰写了两部专著，也积淀了我们的珍贵友谊。感谢北京师范大学 20 多年间所有的师兄、师姐、师弟和师妹，感谢我在北京师范大学课题组时所有的研究生和博士后，我 2000 年之后大量的研究成果都是课题组师生相互合作或讨论的结果，其中相当部分的内容来自于他们的博士甚至硕士学位论文。正是多年来的不断合作，教学相长，才使得本书的一些科研成果逐渐沉淀成可以写入教科书的内容。

感谢早期学术之路上无私提携我的杨展如教授，他的积极推荐使我在博士毕业的前一年就有机会以博士后身份赴香港浸会大学独立开展研究。感谢已故的休斯敦大学教授、香港浸会大学物理系前系主任、非线性研究中心主任胡斑比先生，自 1996 年开始多次访问香港，胡斑比先生无私地支持我开展工作，容忍我早期作为一个学术毛头小伙探索的弯路，并在 2002 年积极推荐我获得 Croucher Fellow。胡斑比先生 2015 年底的猝然离世令我黯然神伤，感叹没有珍惜最后的几年多见见面。感谢在香港浸会大学非线性研究中心期间汤雷翰、李保文、赵鸿、刘杰、周济林、周昌松、刘宗华、杨磊等各位挚友的长期学术支持与合作，我们的友谊日久弥深。感谢加州理工学院 Michael Cross 教授的邀请，在阳光明媚的帕萨迪纳访问合作的一年以及之后他访问北京的半年非常愉快并有收获。感谢新加坡国立大学 Choi-Heng Lai 教授邀请访问非线性研究中心。

感谢郝柏林院士 1992 年非线性科学暑期学校对我的启蒙。2018 年 3 月上旬，正值春回大地之际，惊悉郝先生突然辞世，心中无限怀念。20 多年中多次聆听先生教诲，受益匪浅。感谢郑伟谋、刘寄星教授在我学术初创时期的大力帮助、建议和支持，感谢“973”计划 (国家重点基础研究发展计划)“非线性科学中的若干前沿问题”项目首席科学家孙义燧院士和王炜教授近十年的学术支持，感谢陈式刚、于禄、葛墨林、欧阳钟灿、龙桂鲁、孙昌璞、欧阳颀、胡进锟、汪秉宏、何大韧、来颖诚、方锦清、陈关荣等教授的学术支持和研讨。还有众多的前辈与朋友，可以写出一个长长的名单，恕不能一一列出，在此一并致谢。感谢北京师范大学物理系和系统科学学院的前辈同事。

感谢多年来科技部、国家自然科学基金委员会、教育部、北京师范大学、华侨大学等多方科研项目的支持，感谢华侨大学信息科学与工程学院领导和同事的支持、鼓励，以及华侨大学人事处、科研处等在我初期开展工作的积极协调。作者 2015 年底加盟华侨大学以来成立了非平衡与复杂系统研究团队和系统科学研究所，感谢团队和研究所的所有同事的学术讨论。感谢福建省政府、泉州市政府和厦门市政府在福建省“百人计划”“闽江学者计划”“桐江学者计划”、高层次领军人才计划、重点人才、科技计划项目等方面的支持。

感谢科学出版社刘凤娟编辑、钱俊编辑和已离开科学出版社的鲁永芳编辑，本书的相关资助申报、书稿撰写和修改过程都得益于他们的大力帮助。

感谢所有的亲人在过去岁月里的支持、相伴和给予我的真挚的爱。虽然世事变迁，我却一如既往地钟爱于我的研究。本书献给我的亲人们。

作 者

2018 年 1 月 16 日于厦门集美杏林湖畔

目　　录

(上　册)

(下　册)

第 1 章　复杂性: 从简单开始

引子:

复杂的尽头是简单，简单的尽头是复杂。
随机的尽头是确定，确定的尽头是随机。

本书的主题是复杂系统的涌现，这就意味着我们的研究对象是具有相互作用的大量个体组成的系统。人们通常将这样的系统称为复杂系统。然而，并不是所有由大量个体组成的系统都可以简单称为复杂系统。那么，复杂的门槛在哪里？数量多就是复杂吗？当然不是。迄今为止，复杂系统还没有一个公认的科学定义。系统复杂与否通常由系统中所包含个体的数量 (系统的自由度) 以及个体之间的相互作用形式两个因素共同决定。人们判定系统复杂性的一个重要标准是相互作用的非线性、个体的适应性以及系统结构的层次性。涌现是复杂系统不同层次间行为表现的直接形式。系统相互作用的非线性意味着少自由度系统依然可以涌现复杂的行为，而层次性则意味着大量自由度的系统也可以表现出 “简单” 的整体行为。

在物理上，科学家对付大自由度系统的最有效方法是统计力学理论，它略去了微观层面的诸多细节。实际上，动力学与统计力学可以说是物理学科中最让人着迷的两个领域。动力学起源于微观，刻画着系统精致的运动。世间运动万千，却起源于屈指可数的动力学定理，更有几大守恒条件贯穿始终。随着运动自由度的增加、耦合形式的复杂，简单的动力学原理展现出了多姿多彩的万千景象。但惊人的是，在巨大的自由度下，系统的宏观行为可以再次回归简单。统计力学刻画着宏观世界的诸多现象，热力学定理展现了自然界普适的另一方面。在微观与宏观的两个极端，世界呈现了这种普适的简单，它和在其之间的复杂性相得益彰。

系统的复杂性往往来自于其大量的自由度。而对非线性系统的研究表明：即使是非常简单的系统也可能由于非线性而表现出复杂的动力学行为；大自由度的系统也可以由于非线性而表现出相干、简单的行为。因此，非线性系统的复杂行为并不是毫无规律的复杂，简单亦非一般的简单。研究这些由于非线性而产生的简单或复杂的动力学行为及规律是非线性科学研究的重要课题。

20 世纪下半叶，非线性科学形成和发展成一门交叉科学。非线性科学所研究的是物理、化学、生物、生态等各类系统中与非线性有关的、共同的、本质的问题。在讨论耦合非线性系统的集体行为之前，考虑到不同读者的熟悉程度和已有知识背景，有必要在此首先简要介绍一下有关非线性系统动力学与混沌的基本知识和概念。由于这一部分内容相当经典，且已有大量的学术专著和综述进行了系统的讨论，我们在本书作为开篇尽可能对此做言简意赅的介绍，旨在为后面的论述做必要的铺垫。当然，这些知识既可以作为后面进一步讨论的必要准备，也可以作为单独阅读的内容。欲更深一步了解相关知识的读者可以查阅后面列出的众多参考文献。

1.1 非线性动力学系统与分岔

1.1.1 动力学系统

复杂系统研究最重要的使命是探索并阐明由组成系统的大量个体通过相互作用产生的在集体层面的时间空间行为。描述时间动态行为最基本的出发点是所谓的**动力 (学) 系统** (dynamical/dynamic systems)[29-33]。由一系列与时间有关的变量组成相空间 (phase space) 或状态空间，一个系统的 (微观) 状态 (state) 为该空间中的一个 N 维点，其状态变化 (演化) 由相空间的一条曲线 (轨道，orbit) 描述，可以记为

$$\boldsymbol{u}(t) = \{u_i(t)\} = \{u_1(t), u_2(t), \cdots, u_N(t)\} \tag{1.1.1}$$

系统状态的时间演化遵循的规律由相应状态变量的运动方程给出。对于时间连续 (continuous) 的情况，系统演化 (evolution) 可以由一系列常微分方程 (ordinary differential equations，ODE) 描述：

$$\frac{\mathrm{d}\boldsymbol{u}(t)}{\mathrm{d}t} = \boldsymbol{f}(\boldsymbol{u}; \boldsymbol{R}) \tag{1.1.2}$$

其中 $\boldsymbol{f}(\boldsymbol{u}; \boldsymbol{R})$ 是一系列非线性函数组成的函数矢量，$\boldsymbol{R} = (R_1, \cdots, R_m)$ 为控制参量矢量集。在某一时刻 t_0 与给定的 $\boldsymbol{R}$，系统的状态由初始状态 $\boldsymbol{u}(t_0)$ 决定；对于给定的 $\boldsymbol{R}$，$\boldsymbol{u}(t)$ 的演化就构成了 N 维相空间中的一条轨迹 (trajectory)。在一些情况下，时间变量 t 可以是离散的 (discrete)，系统的演化由**映象** (或**映射**，map 或 mapping) 给出：

$$\boldsymbol{u}(t+1) = \boldsymbol{f}[\boldsymbol{u}(t); \boldsymbol{R}] \tag{1.1.3}$$

此时 t 取整数。时间离散的映象有时是自然给出的，有时则可以从时间连续系统离散化得出。

当方程 (1.1.2) 中的非线性函数 $\boldsymbol{f}$ 不显含时间变量，即 $\partial \boldsymbol{f}/\partial t = 0$ 时，相应的动力学系统称为**自治系统** (autonomous system)，否则为非自治系统 (non-autonomous system)。相比之下，自治微分动力系统在分析方面更加有优势。由于非线性函数 $\boldsymbol{f}$ 不显含时间，仅与状态有关，因而可用群论、拓扑、结构与对称性、势函数等已有理论工具加以分析。非自治系统的直接分析要困难得多，人们经常采用自治化方法

进行研究。在很多情况下，非自治系统可以由引入新的变量变为自治系统，当然所付出的代价就是由于引入新变量而扩大了相空间维数。例如，对于如下的周期驱动一维系统：

$$\frac{\mathrm{d}u}{\mathrm{d}t} = f(u;R) + A\cos\omega t \tag{1.1.4}$$

引入新变量 $v = \omega t$，有

$$\frac{\mathrm{d}u}{\mathrm{d}t} = f(u;R) + A\cos v, \quad \frac{\mathrm{d}v}{\mathrm{d}t} = \omega \tag{1.1.5}$$

新的动力系统 $(u(t), v(t))$ 就是自治系统，其相空间维数增加了 1。但是并不是所有的非自治系统都可以这么做，有的非自治系统是无法通过这种方式变为自治系统的。一个典型的例子是具有时滞 (time delay) 的微分动力系统

$$\frac{\mathrm{d}\boldsymbol{u}(t)}{\mathrm{d}t} = \boldsymbol{f}(\boldsymbol{u}(t), \boldsymbol{u}(t-\tau), \cdots; \boldsymbol{R}) \tag{1.1.6}$$

原则上需要引入无穷多个变量才可以将其化为自治系统，因而时滞微分动力系统是一种**无穷维动力系统** (infinite-dimensional dynamical system)。需要注意的是，动力系统的时间连续与否有着本质的不同，例如，时滞映象动力系统就是有限维的，它可以通过引入有限个新变量扩大相空间维数化为自治系统。

当考虑动力学变量位形空间的依赖性时，动力学系统的演化由偏微分方程 (partial differential equation) 描述 [34,35]：

$$\frac{\partial \boldsymbol{u}(\boldsymbol{x};t)}{\partial t} = \boldsymbol{G}\left(\boldsymbol{u}, \frac{\partial \boldsymbol{u}}{\partial \boldsymbol{x}}, \cdots, \frac{\partial^m \boldsymbol{u}}{\partial \boldsymbol{x}^m}, \cdots; \boldsymbol{R}\right) \tag{1.1.7}$$

这里右边的非线性函数 $\boldsymbol{G}$ 是 $\boldsymbol{u}$ 及 $\boldsymbol{u}$ 对 $\boldsymbol{x}$ 各阶导数，以及 $\boldsymbol{R}$ 的函数。空间微分依赖系统的相空间是无穷维的。

一类重要的动力学系统称为**保守系统** (conservative system) 或哈密顿系统，其特点是相空间的点集组成的体积 (测度) 随时间变化守恒 (Liouville 定理)。当我们跟随一个小体积 ΔV 内所有点的轨迹演化时，ΔV 形状会随时间改变，但其体积保持不变。另一类动力学系统就是所谓的**耗散系统** (dissipative system)。这类系统的特点是在 N 维的相空间中体积随着时间演化收缩，其中点的演化最后会收缩到一个低维的空间点集中，称为**吸引子** (attractor)。一个吸引子在 N 维相空间中所占的体积 (测度) 为零。依赖于初始条件，耗散系统的演化结果可以落到不同的吸引子上。所有最后落到同一个吸引子上的出发点的集合称为该吸引子的**吸引域** (basin of attraction)。保守系统由于相体积守恒的特点而不具有吸引子和吸引域。

耗散系统的吸引子有两类：一类是规则 (regular) 吸引子，它通常具有规则的几何形状，吸引子上的时间演化是规则的，如不动点 (fixed point)、极限环 (limit cycle)、环面 (torus); 第二类吸引子是不规则 (irregular) 吸引子, 称为奇怪吸引子 (strange attractor), 其几何特点是不规则, 具有分维 (fractal) 结构。通常奇怪吸引子对应着混沌运动。但近些年的研究表明, 动力学系统的时间演化特征并不完全对应于其吸引子的几何特征。对于奇怪吸引子而言, 其上面的运动可以是非混沌的, 称为奇异非混沌吸引子 (strange non-chaotic attractor)。有兴趣的读者可以查阅有关文献 [30]。

1.1.2 稳定性与线性稳定性分析

满足运动方程 (1.1.2) 的 $\boldsymbol{u}(t)$ 称为方程的解, 在相空间中也称为动力系统的轨道。给定运动方程 (1.1.2) 的一个解 $\boldsymbol{u}_0(t)$, 我们可以讨论它的稳定性。在物理上, 一个解仅是存在并不足够, 稳定性决定了在实际中它能否被观察到或实现, 不稳定性则会决定系统解的转变或分岔 (bifurcation)。动力系统解的稳定性是一个讨论相对比较成熟的问题, 历史上, Poincaré、Lyapunov 等都对此进行了深入探讨, 并提出不同方案进行考察。一般的, 如果从 $\boldsymbol{u}_0(t)$ 解足够近的地方出发的解 $\boldsymbol{u}(t)$ 随时间演化总是保持与 $\boldsymbol{u}_0(t)$ 的距离在某一邻域, 即存在 $\varepsilon > 0$, 使得

$$\|\boldsymbol{u}(t) - \boldsymbol{u}_0(t)\| \leqslant \varepsilon \tag{1.1.8}$$

则称解 $\boldsymbol{u}_0(t)$ 是 (非线性) **稳定**的。这样的稳定解不要求 $\boldsymbol{u}_0(t)$ 必须是一个吸引子。如果长时间后 $\boldsymbol{u}(t) \to \boldsymbol{u}_0(t)$, 则称 $\boldsymbol{u}_0(t)$ 是**渐近稳定**的, $\boldsymbol{u}_0(t)$ 是一个吸引子。

对于一个解在相空间的稳定性, 我们可以考察其**全局稳定性** (global stability) 或**局域稳定性** (local stability)。Lyapunov 研究了非线性系统解的全局稳定性, 提出了利用构造或寻找系统的**势函数 (Lyapunov 函数)**来进行考察的方法。值得注意的是, 并不是任意非线性动力系统都存在这样的全局性函数, 加之对一般动力系统寻找这样的函数非常困难, 因此全局稳定性的考察往往会存在现实的困难。而另一方面, 我们可以考察解的局域稳定性, 这可以用**线性稳定性分析** (linear stability analysis) 的方法。以下对此进行讨论。

考虑一个对解 $\boldsymbol{u}_0(t)$ 的微扰 $\delta\boldsymbol{u}(t)(|\delta\boldsymbol{u}(t)| \ll 1)$:

$$\boldsymbol{u}(t) = \boldsymbol{u}_0(t) + \delta\boldsymbol{u}(t) \tag{1.1.9}$$

将其代入方程 (1.1.2) 中并将方程对 $\delta\boldsymbol{u}(t)$ 线性化, 即将方程在 $\boldsymbol{u}_0(t)$ 附近以 $\delta\boldsymbol{u}(t)$ 做 Taylor 展开并只取其线性项, 可以得到

$$\frac{\partial \delta\boldsymbol{u}}{\partial t} = \boldsymbol{A}\delta\boldsymbol{u} \tag{1.1.10}$$

其中 $\boldsymbol{A} = \hat{\boldsymbol{D}}\boldsymbol{f}$ 是在 $\boldsymbol{u}_0(t)$ 处 $\boldsymbol{f}$ 函数导数的雅可比矩阵, 其矩阵元为

$$A_{ij} = [\hat{\boldsymbol{D}}\boldsymbol{f}]_{ij} = \partial f_i / \partial u_j\big|_{\boldsymbol{u}=\boldsymbol{u}_0} \tag{1.1.11}$$

设雅可比矩阵 $\boldsymbol{A}$ 的本征值为 $\{\lambda_1, \lambda_2, \cdots, \lambda_N\}$，若所有本征值 (或其实部) 都是负的，则 $\boldsymbol{u}_0(t)$ 解是线性稳定的，微扰 $\delta\boldsymbol{u}(t)$ 长时间的演化是指数衰减的。线性稳定性分析原则上要求 $\delta\boldsymbol{u}(t)$ 无穷小。当 $\delta\boldsymbol{u}(t)$ 有限大时，扰动的 Taylor 展开高阶项就需要保留，这涉及解的非线性稳定性。

动力学系统最简单的解是不动点解，亦称为定态解 (steady state)。由于线性化得到的雅可比矩阵 (1.1.11) 不随时间变化，因此线性稳定性分析相对来说比较容易。当且仅当所有本征值的实部均为负时，不动点解才是稳定的，只要有一个本征值的实部为正，定态解就失稳。如果最大本征值实部为零，定态解的稳定性就需要进一步计算微扰展开的非线性项来判定。

下面以二变量常微分方程为例来考虑不动点的可能类型及其稳定性。设方程一般形式为

$$\frac{\mathrm{d}u_1}{\mathrm{d}t} = f_1(u_1, u_2), \quad \frac{\mathrm{d}u_2}{\mathrm{d}t} = f_2(u_1, u_2) \tag{1.1.12}$$

令 $\mathrm{d}u_{1,2}/\mathrm{d}t = 0$, 解联立方程 $f_{1,2}(u_1, u_2) = 0$ 可得到不动点解 (定态解) (u_1^0, u_2^0)。在定态解中加入微扰 $(u_1, u_2) = (u_1^0 + \delta u_1, u_2^0 + \delta u_2)$，利用上面的线性稳定性分析可以得到

$$\frac{\mathrm{d}}{\mathrm{d}t}\begin{pmatrix} \delta u_1 \\ \delta u_2 \end{pmatrix} = \boldsymbol{A}\begin{pmatrix} \delta u_1 \\ \delta u_2 \end{pmatrix} \tag{1.1.13}$$

这里的 2×2 雅可比矩阵为

$$A_{ij} = \partial f_i / \partial u_j \Big|_{(u_1^0, u_2^0)}, \quad i, j = 1, 2 \tag{1.1.14}$$

其本征值为

$$\lambda_{1,2} = \frac{1}{2}\left[T \pm \sqrt{T^2 - 4\Delta}\right] \tag{1.1.15}$$

即 λ_1, λ_2 为特征方程

$$\lambda^2 - T\lambda + \Delta = 0 \tag{1.1.16}$$

的两个根。这里

$$T = \mathrm{Tr}(\boldsymbol{A}) = A_{11} + A_{22} \tag{1.1.17}$$

$$\Delta = \det \boldsymbol{A} = A_{11}A_{22} - A_{21}A_{12} \tag{1.1.18}$$

线性方程 (1.1.10) 的通解可以写为

$$\begin{pmatrix} \delta u_1 \\ \delta u_2 \end{pmatrix} = \begin{pmatrix} c_1 \mathrm{e}^{\lambda_1 t} + c_2 \mathrm{e}^{\lambda_2 t} \\ c_3 \mathrm{e}^{\lambda_1 t} + c_4 \mathrm{e}^{\lambda_2 t} \end{pmatrix} \tag{1.1.19}$$

其中 $c_{1,2,3,4}$ 为由初始态决定的系数。

当 $T^2-4\Delta \geqslant 0$ 时，λ_1, λ_2 为一对实数解。在这种情况下，根据这两个特征根的符号可以确定式 (1.1.7) 的不动点解 (u_1^0, u_2^0) 有以下三类:

(1) 当 $\lambda_1<0$，$\lambda_2<0$ 时，(u_1^0, u_2^0) 附近所有方向都局域稳定，不动点为**稳定结点** (stable node，SN)，如图 1-1(a) 所示;

(2) 当 $\lambda_1>0$，$\lambda_2>0$ 时，(u_1^0, u_2^0) 为**不稳定结点** (unstable node，UN)，如图 1-1(b) 所示;

(3) 当 $\lambda_1<0$，$\lambda_2>0$ 或 $\lambda_1>0$，$\lambda_2<0$ 时，不动点附近有一个不稳定方向，(u_1^0, u_2^0) 为**鞍点** (saddle point)，如图 1-1(c) 所示。

当 $T^2-4\Delta<0$ 时, λ_1, λ_2 为一对共轭复根，根的虚部意味着扰动随时间的演化是振荡的，因而此时不动点可以有以下三类:

(1) 当 $T=2\mathrm{Re}(\lambda_{1,2})<0$ 时，(u_1^0, u_2^0) 为**稳定焦点** (stable focus，SF)，如图 1-1(d) 所示;

(2) 当 $T>0$ 时，(u_1^0, u_2^0) 为**不稳定焦点** (unstable focus，UF)，如图 1-1(e) 所示;

(3) 当 $T=0$ 时，(u_1^0, u_2^0) 为**中心点** (center)，如图 1-1(f) 所示。对于中心点，仅凭线性稳定性分析不足以揭示其稳定性，需进一步考察高阶非线性的稳定性。

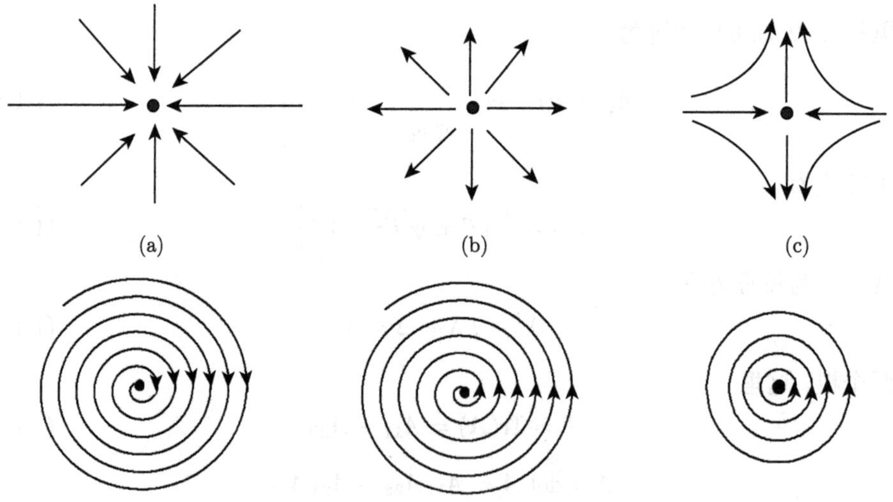

图 1-1　各种不动点及其附近的流形走向

(a) 稳定结点; (b) 不稳定结点; (c) 鞍点; (d) 稳定焦点; (e) 不稳定焦点; (f) 中心点

图 1-2 给出了在 T-Δ 平面上的二维自治系统不动点的分布总结图，显示出不同情况下不动点的类型。其中抛物线为临界线 $T^2=4\Delta$，UN、UF、SN、SF、saddle

分别代表不稳定的结点和焦点、稳定的结点和焦点以及鞍点，两个箭头代表两种失稳方式，分别对应于两种分岔方向，我们在下面会详细讨论。

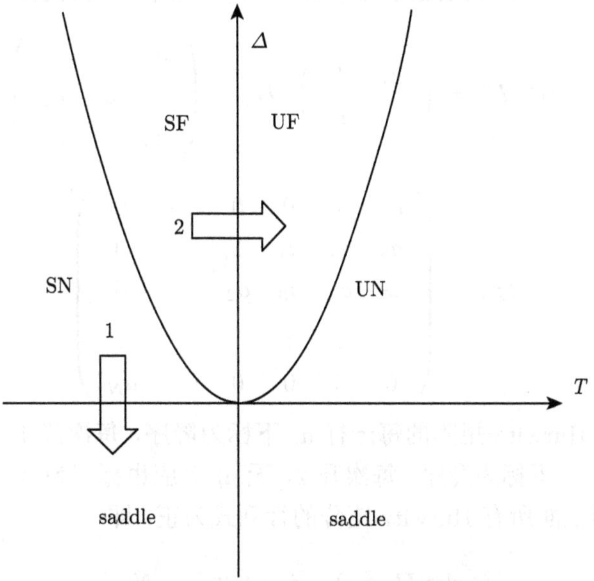

图 1-2 二维自治系统在参数平面的不动点类型与分布

整个参数平面被横轴、纵轴和抛物线 $\Delta = T^2/4$ 分为不同不动点区域。其中 SN 为稳定结点，UN 为不稳定结点，SF 为稳定焦点，UF 为不稳定焦点，saddle 为鞍点。箭头 1 和 2 分别对应于不动点的软模和硬模失稳

对于 $N \geqslant 3$ 阶非线性系统，对不动点分析得到的雅可比矩阵特征值满足如下 N 次方程：

$$a_0\lambda^N + a_1\lambda^{N-1} + \cdots + a_{N-1}\lambda + a_N = 0 \tag{1.1.20}$$

$N \geqslant 3$ 维的非线性动力系统解的稳定性分析和类型相对就要复杂得多。例如，单就不动点解而言，对于 $N = 3$ 维动力学系统，不动点的类型除了上面的简单类型之外，还有鞍结点、(不) 稳定焦结点等复合型不动点。针对不动点来说，上述的线性稳定性分析仍然适用，但 N 次特征值方程 (1.1.20) 的根并不容易求解。在数学上，人们提出了 **Routh-Hurwitz(RH) 稳定性判据**[36]，利用该判据能够很方便地判定一个多项式方程中是否存在位于复平面右半部 (即实部为正) 的根，而不必求解方程。下面简述之。

对于式 (1.1.20)，令 $a_0 = 1$ 可以得到

$$\lambda^N + a_1\lambda^{N-1} + \cdots + a_{N-1}\lambda + a_N = 0 \tag{1.1.21}$$

将左边的多项式记为

$$P(\lambda) = \lambda^N + a_1\lambda^{N-1} + \cdots + a_{N-1}\lambda + a_N \tag{1.1.22}$$

对于上述所有系数 a_i 均为实数的多项式，可构造如下一系列 Hurwitz 矩阵：

$$\boldsymbol{H}_1 = (a_1), \boldsymbol{H}_2 = \begin{pmatrix} a_1 & 1 \\ a_3 & a_2 \end{pmatrix}, \boldsymbol{H}_3 = \begin{pmatrix} a_1 & 1 & 0 \\ a_3 & a_2 & a_1 \\ a_5 & a_4 & a_3 \end{pmatrix}, \cdots,$$

$$\boldsymbol{H}_N = \begin{pmatrix} a_1 & 1 & 0 & 0 & \cdots & 0 \\ a_3 & a_2 & a_1 & 1 & \cdots & 0 \\ a_5 & a_4 & a_3 & a_2 & \cdots & 0 \\ \vdots & \vdots & \vdots & \vdots & & \vdots \\ 0 & 0 & 0 & 0 & \cdots & a_N \end{pmatrix} \tag{1.1.23}$$

在上面构造中，Hurwitz 矩阵的每一行 a_i 下标为降序，每次降 1，无 a_i 对应则标记为 0；每一列 a_i 下标为升序，每次升 2，无 a_i 对应也标记为 0。RH 稳定性判据指出，当且仅当上面所有 Hurwitz 矩阵的行列式为正，即

$$\det \boldsymbol{H}_i > 0, \quad i = 1, 2, \cdots, N \tag{1.1.24}$$

时，多项式 $P(\lambda)$ 所有的根为负或具有负的实部，相应的不动点解稳定。

上述判据对于 $N = 2$ 的情形仍然适用，此时的判据简化为

$$\det\boldsymbol{H}_1 = a_1 > 0, \quad \det\boldsymbol{H}_2 = \begin{pmatrix} a_1 & 1 \\ 0 & a_2 \end{pmatrix} = a_1a_2 > 0 \tag{1.1.25}$$

它等价于 $a_1 > 0$, $a_2 > 0$。这与前面分析 $N = 2$ 情况的稳定要求一致。

系统含时解的线性稳定性分析没有原则上的困难，但由于雅可比矩阵是含时解的函数，因此实际情况下无法直接求得本征值的解析解。对于时间周期解的稳定性分析，人们提出了 Floquet 理论进行系统分析 [29]，这里不拟进一步探讨。关于稳定性一般的讨论可以通过引入 Lyapunov 指数 (Lyapunov exponent，简称李指数) 来描述，我们将在后面讨论。

1.1.3　分岔

非线性系统可以具有不同的长时解。设动力系统有一组控制参量 $\boldsymbol{R}$ 作为各种系数出现于非线性函数 $\boldsymbol{f}(\boldsymbol{x})$ 中。当改变系统参量 $\boldsymbol{R}$ 时，系统解的稳定性会发生改变，有的解会由稳定变为不稳定，有的解会由不稳定变为稳定，有的解则会随参数变化产生或消失。当有旧的解失稳时，会有新的稳定解代替其出现。我们将动力学系统在系统参数变化时发生的解的产生与消失及其稳定性变化称为**分岔**

(bifurcation)，有关它的讨论包括研究系统解的数目及解的稳定性的变化，发生分岔的参数值称为**分岔点**或**临界点** (critical point)。分岔也意味着系统相空间的拓扑性质发生突变，意味着系统的结构稳定性 (structural stability) 发生变化。

仍以双变量自治动力系统为例，我们重新审视一下图 1-2。在图中标注了两个箭头，它们代表系统可经历两种不同的失稳方式，即系统从稳定到不稳定定态的转变有两种模式。一种失稳方式称为**软模失稳** (soft-mode instability)，对应于图 1-2 中左边向下的箭头，它穿过 $\Delta=0$，在此处不动点从稳定结点变成鞍点。软模失稳后系统通常会以新的稳定不动点解代替失稳的不动点解。另外一种失稳方式如图 1-2 中上边朝右的箭头所示，该箭头穿过 $T=0$，它是系统的稳定焦点变为不稳定焦点的临界点，称为**硬模失稳** (hard-mode instability)，此时本征值的虚部就变得很重要，它代表一种时间的振荡模式。一旦系统发生硬模失稳，原有随时间衰减的振荡模就会长大并最终成为稳定的振荡解，称为**极限环** (limit cycle)，下面会进行详细讨论。

不动点解失稳发生的分岔可以用**分岔图**(bifurcation diagram) 展示。在解和参数的共同平面上，我们可以把控制参数作为横轴，解的值作为纵轴，解与控制参数之间会满足一定函数关系，在平面上就是一条曲线。如果在一定参数范围内曲线上对应的解稳定 (利用线性稳定性分析可以判断)，则解用实线表示，不稳定的就用虚线表示，这样就给出系统的分岔图。如果系统存在多个控制参数，一方面仍然可以通过固定其他参数来给出改变一个参数情况下的分岔图，另一方面也可以 (通常两个参数) 给出参数空间 (平面) 中不同区域的不同解，称为**相图** (phase diagram)。

一般情况下，对于单控制参量情形，不动点解失稳的分岔有以下几种普遍的类型:

(1) **鞍结分岔** (saddle-node bifurcation):

描述该分岔的特征方程是

$$\dot{u}=R-u^2 \tag{1.1.26}$$

当 R 由负变正时，在 $R_c=0$ 处，系统出现稳定的结点

$$u_0=\sqrt{R}$$

另一个结点 $u_0=-\sqrt{R}$ 不稳定，如图 1-3(a) 所示。

(2) **跨临界分岔** (transcritical bifurcation):

特征方程为

$$\dot{u}=Ru-u^2 \tag{1.1.27}$$

当 $R<0$ 变为 $R>0$ 时，原来稳定的解 (结点) $u_0=0$ 失稳，原来不稳定的解

$$u_0=R$$

变得稳定，取代 $u_0=0$ 的解，如图 1-3(b) 所示。

(3) **叉型分岔** (pitch-fork bifurcation):

原来的单解当参量改变时失稳，出现两支新解。例如，典型的情形:

$$\dot{u}=Ru-gu^3,\quad g>0 \tag{1.1.28}$$

旧解 $u_0=0$ 在 $R=0$ 处失稳，$R>0$ 时代之以两支新解 ($R<0$ 时不存在)

$$u_0=\pm\sqrt{R/g}$$

如图 1-3(c) 所示。当参数改变时，系统的解分支连续由一支变为另一支，我们称分岔为**跨临界**的 (supercritical); 当系统只有分支的失稳时，称分岔为**亚临界**的 (subcritical)。以叉型分岔为例，在式 (1.1.28) 中，当 $g>0$ 时，系统分岔为跨临界的，而当 $g<0$ 时为亚临界的。这两种情形可对应于相变理论中的二级 (连续) 相变以及一级 (不连续) 相变。

以上几种类型都是不动点解之间的转变，这样的分岔称为**静态分岔**。上述单变量系统静态分岔的讨论都可以用势函数的方法来加以分析，因为由

$$\dot{x}=f(x)=-\partial V(x)/\partial x \tag{1.1.29}$$

可以得出势函数 $V(x)$，势函数曲线出现局域极小值的地方对应于系统的稳定定态解，极大值的地方就是不稳定定态解。通过画出 $V(x)$ 曲线就可以看到随参数变化时势函数拓扑行为的变化。

(4) **Hopf 分岔** (Hopf bifurcation):

这种分岔与前面不同，系统不是以一种定态解代替原有的定态解。这类分岔是在原来的不动点解失稳后出现随时间振荡的解，称为极限环 (limit cycle)。代表性的最简单例子是二维 (至少是二维) 非线性系统

$$\begin{aligned}\dot{u}_1&=-u_2+Ru_1-(u_1^2+u_2^2)u_1\\ \dot{u}_2&=u_1+Ru_2-(u_1^2+u_2^2)u_2\end{aligned} \tag{1.1.30}$$

我们可以将这个方程的变量 (u_1,u_2) 变为极坐标变量 (r,θ)，即引入

$$u_1=r\cos\theta,\quad u_2=r\sin\theta$$

则方程化为

$$\dot{r}=Rr-r^3,\quad \dot{\theta}=1 \tag{1.1.31}$$

可以看到，系统在相空间中径向运动和法向运动是可分离的，其中相位角 θ 随时间以单位角速度均匀增加，r 的方程形式上则与情形 (3) 完全相同。但考虑到 $r\geqslant 0$，则系统在

$$R=R_c=0$$

处经历了从 $r=0$ 到

$$r=\sqrt{R}$$

的分岔，考虑到相位随时间的变化，系统在 $R>R_c$ 时的新解为半径为 $r=\sqrt{R}$ 的振荡解：

$$u_1=r\cos t,\quad u_2=r\sin t$$

该解是线性稳定的，对其做扰动可以观察到系统从解的邻域出发都会最终稳定在该振荡解上。这种由定态解向振荡解的转变称为 Hopf 分岔，如图 1-3(d) 所示。

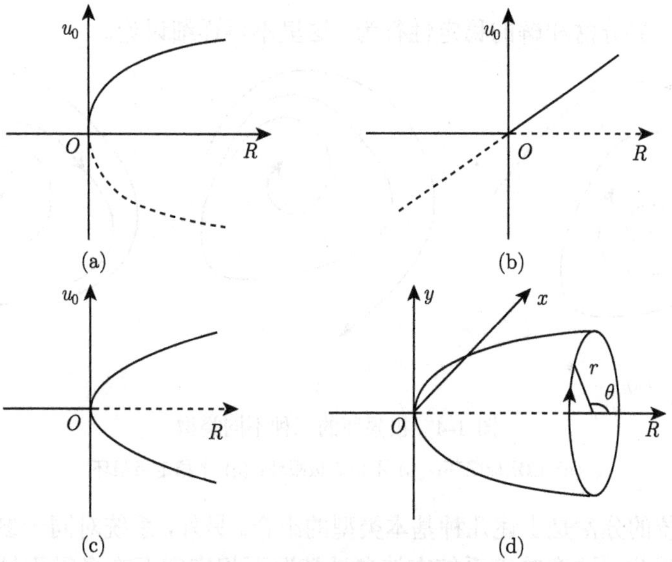

图 1-3 几种典型的分岔示意图

(a) 鞍结分岔；(b) 跨临界分岔；(c) 叉型分岔；(d) Hopf 分岔

稳定的极限环是耗散系统的含时吸引子，在拓扑上是系统相空间的孤立闭合轨道。孤立，意味着它邻近的轨道不会封闭，而是会趋向于该极限环解。要出现这样吸引性的含时解，动力学方程的非线性项是必不可少的，所以极限环振荡是非线性系统的内禀现象，不会发生于线性系统。极限环是非线性系统最简单的时间振荡解，它可以出现于二维自洽系统本身就是非平庸的情况，因此极限环解在非线性动力学研究中具有独特的地位。非线性研究的早期有大量关于极限环振荡的研究成果，如力学中的 Duffing 振子、电子学中描述真空管放大器振荡的 van der Pol 振子、非平衡化学反应的布鲁塞尔子 (Brusselator) 和俄勒冈振子 (Oregonator) 等 [36]。

极限环作为一种动力学解可以是稳定的或吸引的，但也可能不稳定，文献中经常将不稳定的解称为**排斥子** (repellor)。根据极限环在其相空间邻域的特征，可以将极限环分为稳定吸引的、不稳定排斥的和半稳定的，如图 1-4(a)~(c) 所示。随系统参数变化，极限环的稳定性会发生改变。方程 (1.1.30) 对应的极限环分岔是超临界的，即分岔出来的解与原来稳定的解处于分岔点两侧。系统的极限环分岔也可以是亚临界的，即分岔出来的极限环解与原来稳定的解在分岔点的同一侧。由亚临界 Hopf 分岔形成的极限环总是不稳定的。读者可以将方程 (1.1.30) 改为

$$
\begin{aligned}
\dot{x} &= -y + \mu x + (x^2 + y^2)x \\
\dot{y} &= \ \ x + \mu y + (x^2 + y^2)y
\end{aligned}
\tag{1.1.32}
$$

并研究其亚临界分岔和解的稳定性行为，这里不再详细讨论。

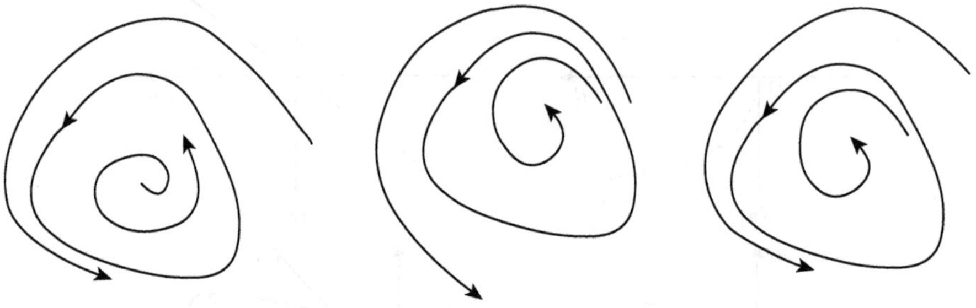

(a) (b) (c)

图 1-4 极限环的三种不同类型

(a) 稳定极限环；(b) 不稳定极限环；(c) 半稳定极限环

一般系统的分岔是上述几种基本类型的组合。另外，系统对同一参量可能会有多稳的情形发生，这意味着系统在该参数情况下相空间存在多吸引域，系统长时解落到哪个分支取决于初态在哪个解的吸引域内。因此在参量绝热改变 (它是指系统参量每次由小到大或逆向改变时都以改变前系统的末态作为改变后系统的初态) 时，系统的分岔经常会出现所谓的**滞后现象** (hysteresis)，在磁滞区域两个态共存，系统由一个态过渡到另外一个态通常是不连续的跳变，且正向与逆向改变参量时跳变的临界值不同。

上面分析基于线性稳定性分析，这是一种局域的分析方法。对一般动力系统，相空间的全局稳定性要通过寻找系统的 Lyapunov 函数 (势函数) 来描述。但对一般非线性系统，要找到这样一个势函数通常非常困难，一般的 Lyapunov 函数的存在性也是一个未解决的问题。

动力系统解的分岔随参数变化经常会出现一系列分岔，称为**逐次分岔** (successive bifurcation)。当逐次分岔由单一类型构成时，分岔就会形成**级联现象** (cascade)。特别地，极限环作为典型的时间振荡解，其拓扑性质变化可以通过典型的级联分岔出现。例如，极限环的级联超临界分岔就会形成所谓的倍周期分岔 (period-doubling bifurcation)，即系统仍然为极限环解，但极限环在相空间绕两周后封闭，在下一级则绕四周后封闭等，产生周期加倍行为；如果极限环发生级联 Hopf 分岔，则会在原有的周期振荡基础上诞生新的、与原有频率非公度 (incommensurate) 的频率，即两个频率比值为无理数，这就是准周期运动 (quasiperiodic motion)，原来的一维封闭环变成二维环面 (torus)，准周期可以通过级联分岔从低维环面变为高维环面。这些不同类型的级联分岔可以构成不同的从规则运动通向混沌运动的道路 (routes to chaos)，其中倍周期分岔到混沌和周期–准周期–多频准周期到混沌属其中最常见的道路之列。这些都是非线性动力学研究的重要问题 [36]。

1.2 低维耗散系统的混沌动力学

1.2.1 混沌与蝴蝶效应

对于二维非线性系统来说，数学上已严格证明，其吸引子或者是不动点，或者是极限环，不会出现无规则运动。当相空间的维数大于 2 时 (注意，这里我们讨论的是时间连续的自治系统；对于映象，一维映象就可能出现混乱的运动)，系统随时间演化的轨道就不仅仅是上述的几种类型。其中一种流被称为混沌流 (chaotic flow)，其时间的演化行为是混乱的、不规则的。

与混沌理论相关的若干概念和行为的研究开始于 19 世纪末 Poincaré 对三体问题的研究。Poincaré 发现了一种 “特殊” 轨道，这种轨道从不自相交，但会以复杂的方式无数次与以往轨道在任意小的邻域相交。Poincaré 研究的是哈密顿系统，而这种似乎病态的行为在后来的很多实验中也被频频观察到，但早期却被看作是在 “陈列室中展示的怪物”(gallery of monsters)。20 世纪 50 年代起，计算技术的发展使实验数学成为可能，才使 Poincaré 等先驱者具有深邃洞察力的思想被人们广泛接受。这种确定性系统表现出的随机行为不仅在哈密顿系统中存在，而且在大量耗散系统中都可观察到。

计算机技术的发展导致了一次偶然的发现，这就是 Lorenz 在小数点背后 “看到” 混沌现象的故事 (图 1-5(a))。这个故事还要从早期的天气预报说起。20 世纪中期的气象学家大多采用传统线性计算的方法来进行天气预报，但也有气象学派认为模拟流体动力学方程可以更准确地预测天气。当时在麻省理工学院工作的气象学家 Lorenz 购买了他的第一台计算机 Royal Mc Bee LGP-30，并决定用流体力学方法来进行计算。流体方程用 12 个变量的常微分方程描述。Lorenz 在比较中寻找方程的非周期解，并期待这类解会对线性方法预报形成挑战。计算结果验证了线性方法在非周期解情况下预报是不成功的。

然而，故事并未就此结束。对非周期运动的好奇心促使 Lorenz 对此更深入的研究。一次偶然的误差导致了惊天发现。有一次为更详细地观察发生的现象，他停下机器，打印下计算数据又重新开机，希望可以重复前面一段已有的计算过程。他之后离开了近一小时，等到再回到机房，计算机已算出两个月的气象结果，但新的计算结果与原有结果却大相径庭，面目全非！图 1-5(b) 就是 Lorenz 发现这一现象的原始数据。仔细检查后，Lorenz 发现新旧数据的差异并不是在某一时刻突然发生的，但也不是总是缓慢扩大的。在初始阶段，两段数据从几乎相同的初始数据开始，二者吻合得很好，之后在计算精度的末位开始产生偏差，而以后的偏差大约以每四个气象日增大一倍的方式发散，直至第二个月中之后，两段数据就开始变得毫无关联。这个现象给予 Lorenz 的启示是两次计算初始数据舍去的尾数不同造成了偏差，而这种偏差又被持续放大，最终导致了问题。于是 Lorenz 发现了模型中存在运动轨道对初始条件的敏感性行为，而这正是混沌运动的精髓所在。

实际上，在 Lorenz 工作前后已有一批后来成为混沌研究先驱的学者发现了类似的现象，但都或被看做计算失误摒弃，或被看做偶发现象而忽视。而 Lorenz 则在 1960 年东京会议上报告了他的初值敏感性结果并继续对此深入研究。鉴于原有的方程数目太多，他将系统简化为仅含三个变量的非线性常微分方程：

$$\frac{\mathrm{d}}{\mathrm{d}t}\begin{pmatrix} x \\ y \\ z \end{pmatrix} = \begin{pmatrix} f_1(x,y,z) \\ f_2(x,y,z) \\ f_3(x,y,z) \end{pmatrix} = \begin{pmatrix} \sigma(y-x) \\ -xz+rx-y \\ xy-bz \end{pmatrix} \tag{1.2.1}$$

该方程就是一直流传至今的 Lorenz 方程或 Lorenz 模型。当 $\sigma > 0, b > 0$ 时，其相空间体积随时间变化是收缩的，即

$$\frac{\mathrm{d}V}{\mathrm{d}t} = \int_V \mathrm{d}x\mathrm{d}y\mathrm{d}z \left(\frac{\partial f_1}{\partial x} + \frac{\partial f_2}{\partial y} + \frac{\partial f_3}{\partial z}\right) = -(\sigma+1+b)V < 0 \tag{1.2.2}$$

即系统的相体积以指数衰减速度收缩：

$$V(t) = V(0)\exp[-(\sigma+1+b)t] \tag{1.2.3}$$

说明 Lorenz 系统是一个耗散系统。这样在一个三维的相空间中，系统的吸引子维数小于 3。在这样一个维数小于 3 的吸引子上，正如图 1-5(c) 所示，系统的演化轨迹在长时间之后就会一直局限于三维相空间的一个有限区域内，但在这个有限区域中，系统的运动是混乱的。这可以由图 1-5(b) 中 $x(t)$ 的演化看出来。从原本肉眼无法分辨的、非常相近的初始点出发，随时间的演化，两条本来几乎重合的轨迹迅速分开，最后两条轨道变得毫无关联。

Lorenz 在 1963 年发表了题为 “确定性非周期流” 的论文 [37]，文中得到了如图 1-5(c) 所示的后来被无数次重现的混沌轨道。Lorenz 系统的耗散性导致相空间

体积收缩，并且不同轨道会演化到相空间中确定的集合，这些集合被称为混沌吸引子。图 1-5(c) 所示的混沌吸引子被称为 Lorenz 吸引子。Lorenz 论文在发表后的 12 年内被混迹于大气动力学与流体力学论文之中，鲜有人问津，其间总共只有 20 次左右的引用。人们很长时间里没有认识到 Lorenz 这一惊天“发现”的重要价值，直到 1975 年李天岩和 J. A. Yorke 的论文《周期三意味着混沌》[38] 后才真正又被人们热烈关注，混沌从此成为真正的热门领域。

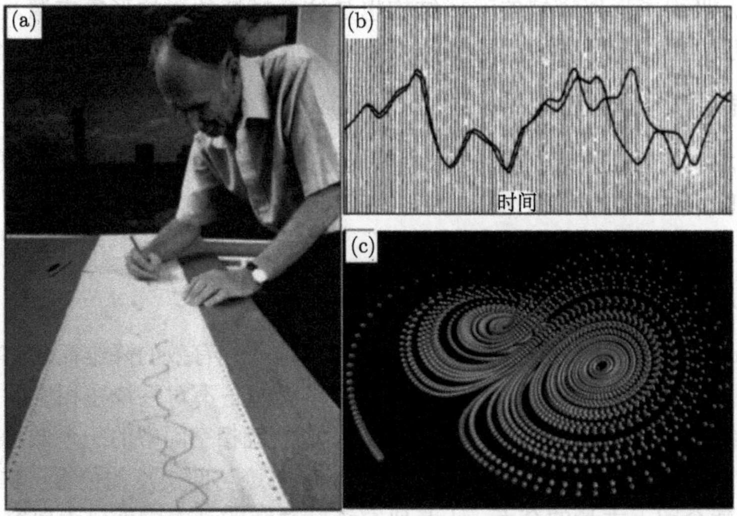

图 1-5 (a) Lorenz 在研究时间序列；(b) Lorenz 两次计算的原始数据随时间的初始吻合与后来偏离；(c) 三变量 Lorenz 方程画出的 Lorenz 吸引子轨道图【改编自文献 [42,43]】

Lorenz 为人谦虚，说话平和，他很少主动提起他的“大发现”，被人问及时他经常说的就是“它 (指 Lorenz 模型和所发现的混沌行为) 不典型”，然后就不再说 Lorenz 方程，而是谈论之后所继续做的研究。然而，就是这个“小模型”永远改变了科学的方向。Lorenz 方程在数学家和物理学家看来很简单，就像是在教科书上所找到的标准习题，以至于你会认为可以解析地解决它，但是事实上你不能，也没有人可以。Lorenz 方程的解法不像以前我们所见的任何数学问题。Lorenz 方程产生了混沌，即由非随机的决定性规则所控制的随机的、不可预测的行为。2008 年 Lorenz 去世后，*Science* 杂志专门撰写了纪念 Lorenz 的文章 [39]。

系统运动对初值变化的敏感性是确定性混沌最根本的性质。这种“失之毫厘，谬以千里”的初值敏感行为也会发生于非混沌系统，但那都是发生在测度为零的不稳定集合 (不稳定点、不稳定周期轨道等) 无限小的紧邻区域。混沌系统的根本不同之处是这种敏感性发生于非零测度的混沌吸引域的任何位置上，甚至发生在测度为 1 的整个相空间。混沌动力学是确定性的，其轨道在短期内可以预言，但混沌轨道的初始敏感性以及无处不在的微小扰动使混沌轨道的长期行为变得随机和不可预言，与掷骰子没有太大差别。Lorenz 意识到，如果大气表现出其模型的行为，那么气象的长期预报就是不可能的。

1972 年，Lorenz 发表了题为 “预见性：巴西的蝴蝶扇动翅膀会引发得克萨斯州的龙卷风吗？”(*Predictability: Does the flap of a butterfly's wings in Brazil set off a tornado in Texas?*) 的演讲，用蝴蝶隐喻一个看似不起眼的微小扰动引发混沌系统长期趋势的重大变化的现象，称为**蝴蝶效应** (butterfly effect) [40,41]。图 1-5(c) 的 Lorenz 吸引子形似蝴蝶的双环结构也是这个蝴蝶故事的形象来源。关于围绕 Lorenz 混沌的发现以及相关历史，也可参见最近的评述 [42,43]。

1.2.2　混沌行为的刻画

混沌运动的描述方式有多种，最直接的方法是观察动力学系统的时间演化。为了对运动的定性有确切的结论，还需有比较可靠的分析方法。这里简单列举几个常用的手段。

1. Poincaré **截面** (Poincaré surface of section)

Poincaré 截面是研究连续时间系统动力学的一种有效的降维简化方法，对分析高维系统动力学尤其方便。截面方法的基本思想是不对系统在相空间的演化轨道进行连续跟踪，而是采用守株待兔的方法，取系统相空间中的一个低于相空间维数的 “面”，当系统的轨道穿过这个面时就记录轨迹与面交点的位置。轨道不断与该面相交就会留下大量的交点，于是研究连续轨道的动力学就化为研究截面上落点的动力学和分布情况。

以三维系统 $\boldsymbol{u}=(u_1,u_2,u_3)$ 为例，如图 1-6 所示，取 $u_3=0$ 作为截面，可以得

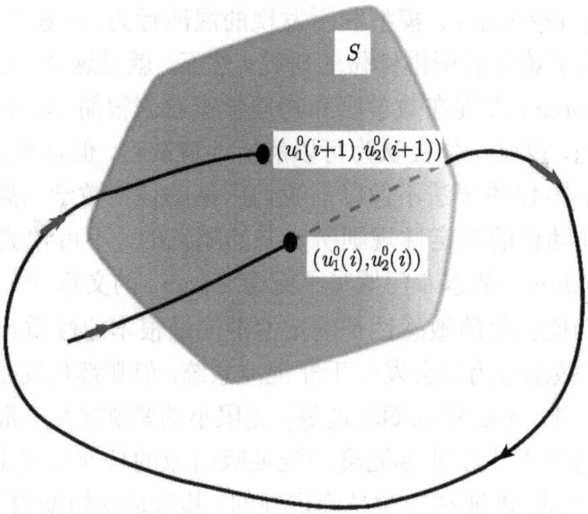

图 1-6　Poincaré 截面示意图

到截面上点 (u_1^0, u_2^0) 的分布。如果系统运动是周期的，在截面上将只有有限个离散的点；如果运动是准周期的，截面上点的分布是连续线。如果系统运动是混沌的，可以看到在截面上有无穷多点杂乱地分布。

Poincaré 截面不仅直观，而且在研究非线性系统混沌动力学方面也是一种行之有效的方法。除了可以观察和研究落点分布之外，Poincaré 截面更重要的在于将连续时间动力学离散化，即将原有的连续时间动力学系统化为离散的动力学系统，相应描述连续时间动力学的微分方程化为离散的映象，称为 **Poincaré 映象**。

2. *功率谱* (power spectrum)

分析一个时间序列 $\boldsymbol{u}(t) = (u_1(t), u_2(t), \cdots)$ 的时间行为也可以得到其产生该序列的非线性系统的动力学行为非常重要的信息。最简单的简谐振动，其输出信号是一列正弦波，具有单一固定的振荡频率。对一个较为复杂的时间序列，数学上已经有很多对其分析的方法，例如，傅里叶分解、小波分析以及其他非线性分解方法。比较常用的是傅里叶分解方法。以一维单列时间序列 $u(t)$ 为例，可对其进行傅里叶变换计算功率谱：

$$P(\omega) = \left| \int_{-\infty}^{\infty} u(t) \exp(\mathrm{i}\omega t) \mathrm{d}t \right|^2 \tag{1.2.4}$$

如果 $u(t)$ 是周期的，可以看到其功率谱只有有限的离散的尖峰；若 $u(t)$ 是准周期的，其功率谱存在若干个相互不可公度的频率，且频谱分布密集但较规则；当 $u(t)$ 是混沌的时，功率谱 $P(\omega)$ 将表现出宽带分布，会在 ω 的一个范围内整体有一个分布 (类似于噪声谱)。

3. *自关联函数* (autocorrelation function)

时间序列 $u(t)$ 的自关联函数定义为

$$C(\tau) = \lim_{T\to\infty} \frac{1}{T} \int_0^T u(t) u(t+\tau) \mathrm{d}t \tag{1.2.5}$$

若 $u(t)$ 是规则的，自关联函数就会保持不变或者是无衰减地振荡；若 $u(t)$ 是混沌的，$C(\tau)$ 就随 τ 迅速衰减 (几乎以指数形式)。

功率谱 $P(\omega)$ 与关联函数 $C(\tau)$ 之间有密切的联系。利用 Wiener-Khinchin 定理 [28] 可知，$P(\omega)$ 正比于 $C(\tau)$ 的傅里叶变换：

$$P(\omega) \propto \left| \lim_{T\to\infty} \int_0^T C(\tau) \exp(\mathrm{i}\omega\tau) \mathrm{d}\tau \right| \tag{1.2.6}$$

所以，若 $C(\tau)$ 以指数形式衰减，即

$$C(\tau) \propto \exp(-\lambda\tau) \tag{1.2.7a}$$

则功率谱 $P(\omega)$ 为一个 Lorentz 分布：

$$P(\omega) \propto (\omega^2 + \lambda^2)^{-1/2} \tag{1.2.7b}$$

功率谱与关联函数之间的关系为实际时间序列分析带来了便利。在实际中，功率谱往往较易由时间序列得到，由 Wiener-Khinchin 定理可以得到关联函数谱，进而由傅里叶逆变换可以求得关联函数。

1.2.3　Lyapunov 指数

Lorenz 方程动力学表现出来的混沌性反映了确定性系统的内在随机性，这种随机性来自于动力系统的轨道不稳定性。要具体考察一个一般的非线性动力系统的运动是否是混沌的，需要引入描述轨道不稳定程度的特征量，这就是 **Lyapunov 指数 (李指数)**。李指数是描述混沌动力学的核心特征 —— 运动轨道的初值敏感性的最主要特征量。

通过 1.1.2 节的线性稳定性分析可以看到，在不稳定不动点附近，动力系统的轨道具有“失之毫厘，谬以千里”的特征。但这一特点只是在相空间的这些个别点附近出现，在整个轨道的演化中并不存在初值敏感性。而当系统处于混沌运动状态时，这种初值敏感的行为会存在于整个轨道运行中，从而给系统动力学带来极为复杂的行为。

对于动力系统

$$\dot{\boldsymbol{x}} = \boldsymbol{f}(\boldsymbol{x})$$

设两轨道 $\boldsymbol{x}_1(t), \boldsymbol{x}_2(t)$ 初始相邻，则

$$|\Delta \boldsymbol{x}_0| = |\boldsymbol{x}_2(t=0) - \boldsymbol{x}_1(t=0)| \ll 1 \tag{1.2.8}$$

在 $t > 0$ 时，设轨道之间的距离具有以下指数变化行为：

$$|\Delta \boldsymbol{x}(t)| \propto |\Delta \boldsymbol{x}_0| \, \mathrm{e}^{\lambda t} \tag{1.2.9}$$

在相空间的一定点集合内，λ 值与轨道的初值和差值 $\Delta \boldsymbol{x}_0$ 无关，则 λ 就是系统在相应相空间区域内运动轨道的**最大李指数**。如果 $\lambda > 0$，则运动具有正的最大李指数，对应运动轨道具有指数型的初值敏感性，即系统进行混沌运动。最大李指数的定义为

$$\lambda = \lim_{t\to\infty} \lim_{|\Delta \boldsymbol{x}_0|\to 0} \frac{1}{t} \ln \frac{|\Delta \boldsymbol{x}(t)|}{|\Delta \boldsymbol{x}_0|} \tag{1.2.10}$$

在实际数值计算中，由于系统运动相空间的有限性，$|\Delta \boldsymbol{x}(t)|$ 会随时间 t 的增大而产生饱和。因此，可以采用以下的重整化系综平均方法来计算最大李指数，即利用多个短时间计算的系综平均来得到最大李指数。

给定初始轨道差 $\Delta \boldsymbol{x}_0 = \boldsymbol{x}_2(t=0) - \boldsymbol{x}_1(t=0)$，令 $|\Delta \boldsymbol{x}_0| \ll 1$，让系统按照运动方程演化 Δt 时间，$\Delta t \ll 1$，然后计算两条轨道运行 Δt 时间后的状态差异 $\Delta \boldsymbol{x}(\Delta t)$，可以计算出在此短时间内的指数为

$$\lambda(1) = \frac{1}{\Delta t} \ln \frac{|\Delta \boldsymbol{x}(\Delta t)|}{|\Delta \boldsymbol{x}_0|} \tag{1.2.11}$$

然后，如图 1-7 所示，在不改变 $\Delta \boldsymbol{x}$ 方向的条件下将其模重置为 $\Delta \boldsymbol{x}_0$ 的大小，即保持 $\boldsymbol{x}_1(t)$ 演化不变，将 $\boldsymbol{x}_2(t)$ 在 Δt 时刻的状态重置为

$$\boldsymbol{x}_2'(\Delta t) = \boldsymbol{x}_1(\Delta t) + |\Delta \boldsymbol{x}_0| \frac{\Delta \boldsymbol{x}(\Delta t)}{|\Delta \boldsymbol{x}(\Delta t)|} \tag{1.2.12}$$

以此作为新的初始条件再向前演化 Δt 时间，计算得到 $\lambda(2)$，同时将 $\boldsymbol{x}_2(t)$ 在 $2\Delta t$ 时刻的状态按上述方法重置。多次重复，可以得到一系列短时指数 $\lambda(n)$。系统的最大李指数可以用这些短时指数的平均值来得到：

$$\lambda = \lim_{\substack{M\to\infty \\ \Delta t\to 0}} \frac{1}{M} \sum_{n=1}^{M} \lambda(n) \tag{1.2.13}$$

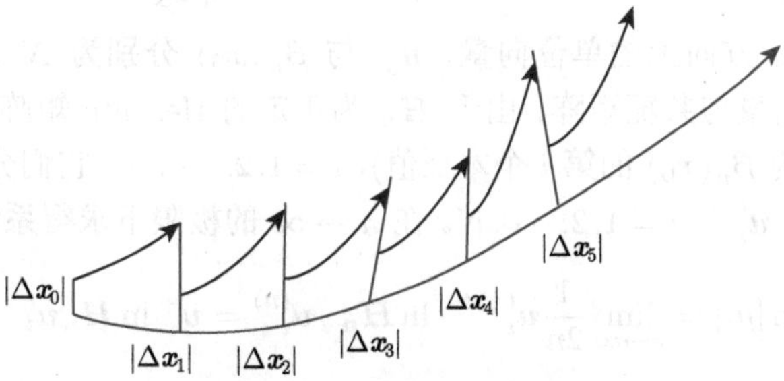

图 1-7 计算李指数示意图

在不断重整化初始轨道距离操作下，相邻轨道距离的迭代情况

系统的最大李指数对说明混沌运动的初值敏感特性具有最重要的意义。要全面了解系统的动力学行为细节及其变化，仅利用最大李指数来刻画与区分各种动力学解的特点是不够的，因此就需要考察系统的**李指数谱** (Lyapunov exponent spectrum)，即除最大指数外还需要第二、第三、$\cdots$、第 N 大的李指数。N 维相空间的动力系统在 N 个不同方向上会有不同的膨胀和收缩程度，因此需要用 N 个李指数来全面刻画，这 N 个李指数的集合叫做动力系统的李指数谱。虽然最大李指数以外的其他指数并不与典型轨道的初值敏感性直接关联，但在计算一系列重要的特征量时，这些指数也会起到重要作用，了解完整的李指数谱对于理解系统的混沌轨道与混沌吸引子特征都不可缺少。

为叙述方便，下面用时间离散的映象 $\boldsymbol{x}_{n+1}=\boldsymbol{F}(\boldsymbol{x}_n)$ 来说明李指数谱的计算方法。当 $|\Delta\boldsymbol{x}|\to 0$ 时，可直接对映象进行变分，在其切空间中计算：

$$\begin{aligned}\Delta\boldsymbol{x}_{n+1}&=\boldsymbol{B}(\boldsymbol{x}_n)\Delta\boldsymbol{x}_n=\boldsymbol{B}(\boldsymbol{x}_n)\cdot\boldsymbol{B}(\boldsymbol{x}_{n+1})\Delta\boldsymbol{x}_{n-1}\\&=\prod_{i=0}^{n}\boldsymbol{B}(\boldsymbol{x}_i)\Delta\boldsymbol{x}_0=\boldsymbol{\beta}_n(\boldsymbol{x}_0)\Delta\boldsymbol{x}_0\end{aligned}\tag{1.2.14}$$

其中

$$\boldsymbol{B}(\boldsymbol{x}_n)=\partial\boldsymbol{F}(\boldsymbol{x}_n)/\partial\boldsymbol{x}_n\tag{1.2.15}$$

为沿轨道的雅可比矩阵，而 $\boldsymbol{\beta}_n(\boldsymbol{x}_0)$ 则是沿轨道运行的前 n 个矩阵 $\boldsymbol{B}(\boldsymbol{x}_i)$ 的乘积：

$$\boldsymbol{\beta}_n(\boldsymbol{x}_0)=\prod_{i=1}^{n}\boldsymbol{B}(\boldsymbol{x}_i)\tag{1.2.16}$$

这样

$$(\Delta\boldsymbol{x}_{n+1}/\Delta\boldsymbol{x}_0)^2=\boldsymbol{u}_0^{+}\boldsymbol{H}\boldsymbol{u}_0\tag{1.2.17}$$

其中

$$\boldsymbol{H}_n=\boldsymbol{\beta}_n(\boldsymbol{x}_0)\cdot\boldsymbol{\beta}_n^{+}(\boldsymbol{x}_0),\quad \boldsymbol{H}=\lim_{n\to\infty}\boldsymbol{H}_n\tag{1.2.18}$$

式中 $\boldsymbol{u}_0$ 为 $\Delta\boldsymbol{x}_0$ 方向上的单位向量，$\boldsymbol{u}_0^{+}$ 与 $\boldsymbol{\beta}_n^{+}(\boldsymbol{x}_0)$ 分别为 N 维空间的 $\boldsymbol{u}_0$ 和 $\boldsymbol{\beta}_n(\boldsymbol{x}_0)$ 的共轭向量与共轭矩阵。由于 $\boldsymbol{H}_n$ 为正定的 Hermite 矩阵，有非负的实本征值 $|\mu_i|^{2n}$ (μ_i 为 $\boldsymbol{\beta}_n(\boldsymbol{x}_0)$ 的第 i 个本征值)，$i=1,2,\cdots,N$，它们分别对应 N 个互相正交的本征矢 $\boldsymbol{u}_i^{(n)}$，$i=1,2,\cdots,N$。在 $n\to\infty$ 的极限下求得系统的李指数谱为

$$\lambda_i=\ln|\mu_i|=\lim_{n\to\infty}\frac{1}{2n}\boldsymbol{u}_i^{(n)+}\cdot\ln\boldsymbol{H}_n\cdot\boldsymbol{u}_i^{(n)}=\boldsymbol{u}_i^{+}\ln\boldsymbol{H}_n\boldsymbol{u}_i\tag{1.2.19}$$

其中 $\boldsymbol{u}_i=\lim\limits_{n\to\infty}\boldsymbol{u}_i^{(n)}$。将这些指数按照从大到小的顺序排列：

$$\lambda_1\geqslant\lambda_2\geqslant\cdots\geqslant\lambda_i\geqslant\cdots\geqslant\lambda_N,\quad i=1,2,\cdots,N\tag{1.2.20}$$

从上述李指数谱的定义可以看出，前面计算中对于任取初值差 $\Delta\boldsymbol{x}_0$，总能够得到最大李指数 $\lambda=\lambda_1$。实际上，可以将任意初始 $\Delta\boldsymbol{x}_0$ 用正交本征矢 $\boldsymbol{u}_i$ 分解为

$$\Delta\boldsymbol{x}_0=\sum_{i=1}^{N}C_i\boldsymbol{u}_i\tag{1.2.21}$$

其中 C_1 一般不为零。于是有

$$\lambda=\lim_{n\to\infty}\frac{1}{2n}\Delta\boldsymbol{x}_0^{+}\ln\boldsymbol{H}_n\Delta\boldsymbol{x}_0=\lim_{n\to\infty}\frac{1}{2n}\left[\ln\left(\sum_{i=1}^{N}|C_i|^2|\mu_i|^{2n}\right)\right]$$

$$= \lim_{n\to\infty} \frac{1}{2n} \ln(|C_1|^2 |\mu_1|^{2n}) = \ln|\mu_1| = \lambda_1 \tag{1.2.22}$$

对于自治的连续时间动力学系统，当 $\lambda_1 > 0$ 时，系统轨道具有指数型的初始敏感性，而对应的运动为混沌运动。李指数对于不同的轨道解有不同的特征：

(1) 对一维微分动力学系统，其吸引子只能是不动点，从吸引子邻域的任意初始状态出发的演化都要趋于各自不动点吸引子，李指数 $\lambda < 0$；如果不存在不动点或不动点不稳定，即不存在吸引子，$\lambda > 0$，这时系统运动趋于无穷或该不动点失稳。$\lambda = 0$ 通常表示讨论的不动点解处于临界状态或分岔点。单变量自治系统不可能有时间变化的振荡解。

(2) 当动力学系统的相空间是二维时，如果系统存在不动点解，我们在线性稳定性分析部分已对其进行详尽讨论，线性稳定性分析中雅可比矩阵的本征值即给出了不动点吸引子的李指数。与一维情形不同，二维非线性系统可以存在含时的极限环解，其最大李指数为零，第二大李指数为负。

(3) 对于三维及更高维自治系统，除了不动点解和极限环解外，我们还可以发现准周期解和混沌解。准周期解仍然对应于规则运动，最大与第一大李指数为零；在三维及以上的维数下，混沌解可能自持续地存在，运动具有对初值和扰动的指数敏感性，最大李指数大于零，另外至少有一个为零的李指数对应于混沌轨道的切向运动。

(4) 李指数谱决定了系统在相空间的不同子空间中轨道的动力学性质，李指数 λ_i 的正负和大小表征切空间沿第 i 个本征方向的长时间系统在相空间中两条相邻轨线沿该方向的平均发散 ($\lambda_i > 0$) 或收缩 ($\lambda_i < 0$) 的快慢程度。

(5) 动力学系统的行为如果是混沌运动，则其李指数谱中至少有一个大于零的李指数。混沌运动的李指数谱中可能有不止一个李指数大于零，人们将多于一个正李指数的混沌行为称为超混沌 (hyperchaos) 运动。

上述不同动力学吸引子的结果可以总结为表 1-1。

表 1-1　不同动力学吸引子的李指数谱分布情况一览

李指数谱 $\{\lambda_i\}$ 的符号	吸引子的类型
$(-,-,-,-,\cdots)$	不动点
$(0,-,-,-,\cdots)$	极限环
$(0,0,-,-,\cdots)$	两频准周期 (二维环面)
$(0,0,0,-,\cdots)$	三频准周期 (三维环面)
$(+,0,-,-,\cdots)$	混沌吸引子
$(+,+,\cdots,0,-,\cdots)$	超混沌吸引子

设动力学系统 $\dot{\boldsymbol{x}} = \boldsymbol{f}(\boldsymbol{x})$ 在 N 维相空间中的相邻两条轨道 $\boldsymbol{x}_{1,2}(t)$ 之间的差为 $\delta\boldsymbol{x}(t) = \boldsymbol{x}_2(t) - \boldsymbol{x}_1(t)$，距离为 $\varepsilon(t) = |\delta\boldsymbol{x}(t)|$。如果在 $t = 0$ 时 $\delta\boldsymbol{x}(0)$ 分布在以 ε 为

半径的一个 N 维球面，随着时间演化，由于 $\delta\boldsymbol{x}(t)$ 在各本征方向上的拉伸或压缩不一样，此球面将演化为 N 维的超椭球面。李指数谱的各个 λ_i 分别决定了该超椭球体相应的半长轴大小，例如，最大李指数 λ_1 决定椭球体在 t 时刻后最大半长轴的长度 $\varepsilon e^{\lambda_1 t}$，$\lambda_1+\lambda_2$ 决定了最大和第二大长轴所构成的椭圆的面积；依次类推，前面 N 个长轴所构成的超椭球的体积由 $\sum\limits_{i=1}^{N}\lambda_i$ 决定，它决定了整个 N 维超球体的体积收缩的快慢。

以上关于李指数的计算及用李指数刻画系统动力学特别是混沌运动的分析具有一般性，不仅适用于耗散系统，而且同样适用于哈密顿系统，而保守系统与耗散系统也可以通过李指数谱的特征加以区分。对任何一个稳定系统，当

$$\sum_{i=1}^{N}\lambda_i<0 \tag{1.2.23}$$

时，动力学系统为**耗散系统**，当

$$\sum_{i=1}^{N}\lambda_i=0 \tag{1.2.24}$$

时，系统为**保守系统**。这说明耗散系统总要收缩到一个平庸的或奇异吸引子上，而保守系统相体积保持不变。哈密顿系统不仅满足式 (1.2.24)，其李指数谱中各个指数之间还满足下面的对称性 [32]：

$$\lambda_i=-\lambda_{2N-i+1} \tag{1.2.25}$$

给定系统能量，哈密顿系统的运动在等能面上进行，系统共有 $2N-1$ 个指数，这些指数必有一个为零，其他指数则满足上述关系。因此指数谱为对称排列

$$-\lambda_{N-1}\leqslant\cdots\leqslant-\lambda_1\leqslant 0\leqslant\lambda_1\leqslant\cdots\leqslant\lambda_{N-1} \tag{1.2.26}$$

利用李指数谱随系统参数的变化，我们还可确认系统的分岔行为。例如，1.4.1 节讨论的倍周期分岔，在指数谱的变化上就表现为系统的第二个指数不断由负值碰零。

数值上具体计算李指数的方法有多种，这些方法在有关非线性动力学的文献中都有介绍 [44-46]，读者可参考后面引用的文献，这里不再详述。

除上述对混沌动力学的刻画方式外，还有一些统计量可作为判断混沌的依据，如 Kolmogorov-Sinai 熵 (Kolmogorov-Sinai entropy，KS 熵)、吸引子维数等。这些量的引入又把混沌动力学研究与统计力学、分形等相关领域紧密结合起来，它们本身又紧密联系着前面的量。例如，KS 熵和吸引子的 Hausdorff 维数都与李指数谱有密切的定量关系，详细讨论可参考相关文献 [30]。

从前面的讨论可以看到，如果系统的运动是混沌的，则系统运动轨道对初始条件和小的扰动都是非常敏感的，小的偏差就会使得运动很快偏离原来的轨道；另外，由于吸引子的回归性质，系统的运动轨道又不会跑到无穷远，运动可以与先前的轨道充分接近。这就导致混沌吸引子复杂的拓扑结构。混沌的这两个特点 (指数发散、回归性) 反映出混沌运动的本质在于拉伸和折叠，这一点由 Smale 给出了非常精彩的描述 (称为 Smale 马蹄，Smale horseshoe) [30,47]。我们可以从下面的耗散面包师变换看到:

$$
x_{n+1} = 2x_n, \quad \bmod 1
$$
$$
y_{n+1} = \begin{cases} ay_n, & x_n \in [0, 1/2) \\ 1/2 + ay_u, & x_n \in [1/2, 1] \end{cases} \tag{1.2.27}
$$

其中 $a < 1/2$。这个变换系统的两个李指数 $\lambda_x = \ln 2 > 0$, $\lambda_y = \ln a < 0$, 系统运动是混沌的。两个指数一个大于零，一个小于零，运动在 x 方向上是拉伸的，但是当沿 x 方向的拉伸超过 1/2 时，运动在 y 方向上就出现折叠。这使得初始相近的两条轨道很快分开。

1.3 哈密顿系统的混沌动力学

1.3.1 概述

前面所讨论的混沌动力学都是关于耗散系统的。耗散系统的混沌本质是一个拉伸与折叠的过程。在研究中另一大类系统 —— 保守系统 (哈密顿系统) 历来是人们研究的重点。与耗散系统根本不同，保守系统没有相空间的收缩，因而谈不上吸引子。历史上关于混沌的讨论其实首先是在保守系统中进行的。最著名的是 19 世纪末 Poincaré 关于三体问题的论述 [48,49] 及 20 世纪五六十年代 Kolmogorov、Arnold 和 Morse 关于 KAM 定理的证明 [50-54]。本节将讨论在保守系统中的混沌动力学行为 [55]。

我们讨论的系统具有哈密顿量

$$
H = H(\boldsymbol{q}, \boldsymbol{p}, t) \tag{1.3.1}
$$

其中 $\boldsymbol{q} = (q_1, q_2, \cdots, q_N)$ 为系统的正则坐标，$\boldsymbol{p} = (p_1, p_2, \cdots, p_N)$ 为正则动量。系统的运动由正则方程给出:

$$
\begin{aligned} \dot{\boldsymbol{q}} &= \partial H / \partial \boldsymbol{p} \\ \dot{\boldsymbol{p}} &= -\partial H / \partial \boldsymbol{q} \end{aligned} \tag{1.3.2}
$$

在相空间中，系统状态完全由 $(\boldsymbol{q}(t), \boldsymbol{p}(t))$ 决定，其演化由正则方程 (1.3.2) 决定。演化形成相空间中的轨迹 (流)，它有如下特点:

(1) 每条轨迹的演化唯一地由其初态决定;

(2) 两条不同的轨迹不能相交;

(3) 相空间中的流保体积，即使系统的哈密顿显含时间。

其中性质 (3) 由 Liouville 定理，系统在相空间的相体积守恒可表述为

$$\mathrm{div}(j) = \sum_i \left(\frac{\partial^2 H}{\partial q_i \partial p_i} - \frac{\partial^2 H}{\partial p_i \partial q_i} \right) = 0 \tag{1.3.3}$$

相体积不变就意味着保守系统中在相空间没有吸引区，例如，没有吸引的不动点 (如结点、焦点等)，没有吸引的极限环，也没有吸引的奇怪吸引子。但正如在后面所讨论的，保守系统也有混沌运动，只不过保守系统在相空间的混沌区常常是与规则运动区交织在一起的。

历史上对保守系统混沌的研究兴趣主要来自于两个方面。第一个方面，源于历史上对力学特别是天体力学中三体问题的研究。在 19 世纪末，法国著名科学家 Poincaré 就讨论了天体中三体系统 (如日–月–地系统) 的运动规律。与二体问题不同，三体问题无法解析求解，必须用摄动理论进行微扰近似。Poincaré 发现，即使在很小的微扰下，系统也存在无穷多个稠密分布的对扰动不稳定的轨道。实际上，Poincaré 所涉及的哈密顿系统是不可积系统，因此围绕不可积系统的行为研究成为力学与数学的热点。可积系统在相空间的运动都是在环面上进行的，当可积性被破坏之后，系统运动是否仍然还可以在环面上进行就成为重点。之后 Birkhoff 进一步开展研究，发现了有理环面在可积性被破坏以后的表现 [56]。而关于无理环面对于扰动的表现问题在 20 世纪五六十年代由 Kolmogorov、Arnold 和 Moser 漂亮地解决，他们发现无理环面在弱的不可积性下仍然可以部分地被保留，它们在扰动下所剩余的测度可以被估计出来，而随着扰动的加强，所有环面都会被逐步破坏，混沌运动会占据相空间大部分测度。这揭示了哈密顿系统混沌的本质。

第二个方面，对保守系统混沌的研究紧密联系着统计物理的基本问题。针对统计物理中不可逆问题的探讨，为从微观动力学 (时间可逆的) 上理解宏观不可逆问题，Boltzmann 等提出著名的 “遍历性假设” (ergodicity hypothesis)，即假设足够长的时间内系统的轨迹几乎可以覆盖等能面 [57-59]。这样系统的时间平均就可以用相空间的平均来代替。但这个假说的正确性引起人们的争论，这个争论直接联系着保守系统的混沌动力学研究。随着计算机技术的发展，20 世纪 50 年代初，在位于美国新墨西哥州的 Los Alamos 国家实验室，著名物理学家 E. Fermi 与合作者 J. R. Pasta、S. M. Ulam 和 M. Tsingou 利用当时参与设计氢弹计划的 Maniac Ⅰ号计算机对弱非线性耦合的振子系统

$$H = \sum_{n=1}^{N} \left[\frac{p_n^2}{2m} + V(q_{n+1}, q_n) \right] \tag{1.3.4a}$$

$$V(q_{i+1}-q_i)=\frac{K}{2}(q_{i+1}-q_i)^2+\frac{\beta}{4}(q_{i+1}-q_i)^4 \tag{1.3.4b}$$

的能量均分问题进行了研究，史称 FPU(或 FPUT) 问题。

按照理论分析，简谐相互作用振子有 N 个相互独立的本征声子模式，初始能量集中于某一模式时，能量随时间推移不会转移到其他本征模式上。非简谐相互作用则会引起这些本征模式之间的耦合，进而使得能量可以在不同模式之间输运分配，有可能在长时间之后达到均分，从而验证热力学中的能量均分定理 [60]。计算机结果意外地揭示，经典的能量均分定理并没有得到证实，集中于某一模式的能量随时间被分配到其他模式，但又被周而复始地转移回初始模式，这种现象被称为 FPU 回归。Fermi 及其合作者的开创性工作是动力系统历史上的一个里程碑，这个与预期结果背道而驰的发现打开了一个崭新的局面。FPU 问题与 KAM 定理的工作可谓异曲同工，两个似乎在物理和数学不同领域的研究自动产生了交汇。FPU 实验观测到的行为正是 KAM 理论在物理上的表现，而出现于 FPU 链的能量回归现象正是环面规则运动的典型特征，可以借助于 KAM 定理来理解。FPU 问题的独特意义在于，哈密顿系统是物理的，它代表了形形色色的物理体系，而哈密顿系统的混沌动力学与统计行为原来距离如此之近，以至于人们可以从动力学和哈密顿系统的拓扑结构角度来研究热力学系统诸如不可逆性、相变等行为。

上述两个有趣的与混沌相关的研究之路均与物理学密不可分，限于篇幅，本书只做简略讨论，很多细节不在这里详述。读者可参考相关专著 [32,59]。下面我们首先来看一下保守系统混沌动力学的问题。

1.3.2 可积系统与不变环面

在讨论混沌行为之前，我们需要首先讨论哈密顿系统的可积性。一个 N 维哈密顿系统是可积的，当且仅当存在 N 个孤立的运动积分 (守恒量) J_i，使得

$$J_i(\boldsymbol{q},\boldsymbol{p})=C_i,\quad i=1,2,\cdots,N \tag{1.3.5}$$

其中 C_i 是常数。对不显含时间的哈密顿系统，系统的哈密顿量本身就是一个孤立运动积分:

$$H(\boldsymbol{q},\boldsymbol{p})=E \tag{1.3.6}$$

其中 E 是系统的总能量，为一个常数。其他的孤立运动积分可由如下定义给出。对相空间中任意两个连续可微的动力学量 F 与 G，可定义如下的 **Poisson 括号运算**操作:

$$\{F,G\}=\sum_k\left[\frac{\partial F}{\partial p_k}\frac{\partial G}{\partial q_k}-\frac{\partial F}{\partial q_k}\frac{\partial G}{\partial p_k}\right] \tag{1.3.7}$$

对任一动力学量 $F(\boldsymbol{q},\boldsymbol{p},t)$，其时间变化率可用 Poisson 括号简洁地表示为

$$\frac{\mathrm{d}F}{\mathrm{d}t}=\{H,F\}+\frac{\partial F}{\partial t} \tag{1.3.8}$$

若

$$\frac{\mathrm{d}F}{\mathrm{d}t}=0 \tag{1.3.9}$$

则称 F 为**运动积分**。另外，若 F 不显含 t，则有

$$\frac{\mathrm{d}F}{\mathrm{d}t}=\{H,F\} \tag{1.3.10}$$

对于自治哈密顿系统，H 不显含 t，若 F 为不显含时间的**运动积分 (运动常数)**，则有

$$\{H,F\}=0 \tag{1.3.11}$$

式 (1.3.11) 可作为自治哈密顿系统中 F 为运动积分的定义。对自治哈密顿系统，有 $\{H,H\}=0$，这意味着自治哈密顿系统的总机械能总是守恒的。

若 F 与 G 同为一个自治哈密顿系统的运动积分，即它们分别满足式 (1.3.11)，可以证明

$$\{F,G\}=\text{常数} \tag{1.3.12a}$$

由此可知，由两个运动积分构成的 Poisson 括号也是运动积分，此结论称为 Poisson 定理。据此，可从已知运动积分获得新的运动积分。但是，这样得到的运动积分可能有意义，也可能没有意义。若

$$\{F,G\}=0 \tag{1.3.12b}$$

则称运动积分 F 与 G **对合** (in involution)。令 F 与 G 分别为 q_i 与 p_i，则有

$$\{q_i,q_j\}=0,\quad \{p_i,p_j\}=0,\quad \{q_i,p_j\}=-\delta_{ij} \tag{1.3.13}$$

Poisson 括号为我们在哈密顿力学下研究力学量及其相互关系建立了基础框架。

Liouville 可积性定理指出，对于一个 N 自由度的哈密顿系统，如果存在 N 个独立且两两对合的运动积分，则可通过有限次代数运算和求已知函数的积分来得到该系统的积分。这种系统称为在 Liouville 意义上的 **(完全) 可积哈密顿系统**。这里运动积分 F_i 之间需要相互独立。对可积的哈密顿系统来说，我们可以用研究系统的 N 个运动积分对应的时间演化情况来代替直接研究系统状态变量的演化，系统的全局特征则完全由这 N 个运动积分来确定。

运动积分的物理意义就是在相空间对运动的约束。每一个运动积分都会将系统运动的容许空间维数降低一维。因此，如果一个哈密顿系统是可积的，这 N 个

运动积分就会把运动轨迹限制在 $2N$ 维相空间中的 N 维表面上。这样的系统是可解的。Liouville 可积性定理数学表述给出了更清楚的结果，简言之就是，系统是束缚在等能面上的运动，可积系统运动轨迹可能很复杂，但它是 N 维的准周期运动，即可以通过一定的变换将其映射到一个 N 维准周期环面上，这样的运动是可以解析求解的。鉴于这种同胚性质，我们可以通过正则变换找到环面坐标的表示，即可以找到或构造一个生成函数 S，通过正则变换把变量 $(\boldsymbol{q},\boldsymbol{p})$ 变为新的变量 $(\boldsymbol{\theta},\boldsymbol{I})$:

$$\boldsymbol{q},\boldsymbol{p}=\frac{\partial S(\boldsymbol{q},\boldsymbol{I})}{\partial \boldsymbol{q}}\leftrightarrow \boldsymbol{I},\boldsymbol{\theta}=\frac{\partial S(\boldsymbol{q},\boldsymbol{I})}{\partial \boldsymbol{I}} \tag{1.3.14}$$

这样, 在新的坐标中，系统的哈密顿只依赖于新的动量 $\boldsymbol{I}$，即生成函数 $S(\boldsymbol{q},\boldsymbol{I})$ 是如下哈密顿–雅可比方程的一个解:

$$H\left(\boldsymbol{q},\frac{\partial S(\boldsymbol{q},\boldsymbol{I})}{\partial \boldsymbol{q}}\right)=H(\boldsymbol{I}) \tag{1.3.15}$$

这样，作用量–角度变量的运动方程为

$$\begin{aligned}\dot{\boldsymbol{I}}&=-\partial H/\partial\boldsymbol{\theta}=0\\ \dot{\boldsymbol{\theta}}&=\partial H/\partial\boldsymbol{I}=\boldsymbol{\omega}(\boldsymbol{I})\end{aligned} \tag{1.3.16}$$

这组方程可以完全求解:

$$\begin{aligned}\boldsymbol{I}&=\boldsymbol{C}\\ \boldsymbol{\theta}&=\boldsymbol{\omega}t+\boldsymbol{\delta}\end{aligned} \tag{1.3.17}$$

从上面讨论可以看到，对可积系统而言，运动是完全可解 (至少理论上) 而且是规则的。

一个完全可积的 N 自由度哈密顿系统，若其频率满足条件

$$\det\left(\partial\boldsymbol{\omega}(\boldsymbol{I})/\partial\boldsymbol{I}\right)=\det\left(\partial^2 H(\boldsymbol{I})/\partial\boldsymbol{I}^2\right)\neq 0 \tag{1.3.18}$$

则称该系统是**非退化** (non-degenerate) 或**非奇异** (non-singular) 的。对非退化系统，对应于不同 $\boldsymbol{I}$ 的环面有不同的 $\boldsymbol{\omega}$，即系统是非线性的。随着 $\boldsymbol{I}$ 的变化，系统有无穷多个环面，其中的一些环面被周期轨线或部分周期轨线所覆盖，为共振环面，其余的环面则被准周期轨线覆盖，为非共振环面。虽然共振环面有无穷多个，但仍比非共振环面要少得多，这如同在一定实数范围的有理数和无理数的关系，前者也有无穷多个但测度为零，而后者无穷多且测度为 1。

一个完全可积的 N 自由度哈密顿系统，若频率满足

$$\det\left(\partial\boldsymbol{\omega}(\boldsymbol{I})/\partial\boldsymbol{I}\right)=\det\left(\partial^2 H(\boldsymbol{I})/\partial\boldsymbol{I}^2\right)=0 \tag{1.3.19}$$

则称对应的可积哈密顿系统为固有退化的。线性哈密顿系统是最简单的固有退化哈密顿系统。

当 H 为常数时，如果系统的一个频率 (设为 ω_1) 不为零，而且其他的 $N-1$ 个频率 (设为 ω_i) 与它的比 ω_i/ω_1 相互独立，则称该系统为等能非退化。满足等能非退化的条件是

$$\det\begin{bmatrix} \partial^2 H/\partial \boldsymbol{I}^2 & \partial H/\partial \boldsymbol{I} \\ \partial H/\partial \boldsymbol{I} & 0 \end{bmatrix} \neq 0 \tag{1.3.20}$$

在等能非退化系统中，对于任意给定的能量面上非共振与共振环面的集合都是稠密的，但非共振集合的测度为 1，共振的测度为零。

对 N 自由度可积哈密顿系统，相空间维数为 $2N$，等能量面维数为 $2N-1$，环面维数为 N。当 $N=1$ 时，等能面与环面为同一个一维流形，它总是遍历的 (遍历的概念将在 1.5 节叙及)；当 $N=2$ 时，二维环面镶嵌在三维等能面中，环面将等能面分成内、外两个区；当 $N \geqslant 3$ 时，等能面与环面的维数之差大于 1，环面将不再能把等能面分成闭域的集合。等能面与环面之间关系的这一差别将导致两个与三个及三个以上自由度近可积哈密顿系统具有不同特征的混沌运动。

1.3.3　近可积系统与小分母问题

下面讨论哈密顿系统不可积即部分或全部不变积分都被破坏情况下系统的运动情况。理论上处理这样的问题比较可行的做法是从可积系统开始，在可积系统哈密顿量 H_0 的基础上施加一个扰动 εH_1，然后研究扰动会对哈密顿系统带来什么样的效应。因此可以考虑如下的哈密顿系统:

$$H(\boldsymbol{I},\boldsymbol{\theta}) = H_0(\boldsymbol{I}) + \varepsilon H_1(\boldsymbol{I},\boldsymbol{\theta}) \tag{1.3.21}$$

设 $\boldsymbol{I},\boldsymbol{\theta}$ 为可积哈密顿系统的作用–角变量，系统的哈密顿函数 H_0 只依赖于作用变量 $\boldsymbol{I}$。未扰哈密顿系统的运动方程为

$$\dot{\boldsymbol{I}} = 0, \quad \dot{\boldsymbol{\theta}} = \boldsymbol{\omega}(\boldsymbol{I}_0) \tag{1.3.22}$$

$$\boldsymbol{\omega}(\boldsymbol{I}_0) = \partial H_0(\boldsymbol{I})/\partial \boldsymbol{I}\big|_{\boldsymbol{I}=\boldsymbol{I}_0} \tag{1.3.23}$$

如果可积系统 H_0 受到一个小的哈密顿扰动 $\varepsilon H_1(\boldsymbol{I},\boldsymbol{\theta})$，受扰哈密顿系统的运动方程为

$$\dot{\boldsymbol{I}} = -\varepsilon\frac{\partial H_1}{\partial \boldsymbol{\theta}} \tag{1.3.24}$$

$$\dot{\boldsymbol{\theta}} = \boldsymbol{\omega}(\boldsymbol{I}) + \varepsilon\frac{\partial H_1}{\partial \boldsymbol{I}} \tag{1.3.25}$$

上式中对于微小扰动 $|\varepsilon| \ll 1$，$\boldsymbol{I}$ 与 $\boldsymbol{\theta}$ 分别为慢变量与快变量。相应地，系统的运动由慢的渐近运动和小而快速的振动运动组成。在实际应用中，我们通常对慢变量

即渐近运动感兴趣，因此可以通过对快变量的平均得到关于慢变量的方程。设无微扰的系统是非共振的。由于遍历性，我们可对上式应用空间平均或时间平均，所得的结果应该相同。平均和变换后的作用变量方程为

$$\dot{\boldsymbol{I}} = 0 \tag{1.3.26}$$

下面以二自由度非线性可积哈密顿系统为例，此时 $\boldsymbol{I} = (I_1, I_2)$, $\boldsymbol{\theta} = (\theta_1, \theta_2)$。我们希望能寻求一个从旧变量 $(\boldsymbol{I}, \boldsymbol{\theta})$ 到新正则变量 $(\boldsymbol{J}, \boldsymbol{\varphi})$ 的变换，这个变换使得新的哈密顿函数 $\tilde{H}$ 仅是作用量 $\boldsymbol{J}$ 的函数。首先可以在 ε 的一级近似量级上把受扰哈密顿量化成非受扰哈密顿量的积分形式，即

$$(\boldsymbol{I}, \boldsymbol{\theta}) \to (\boldsymbol{J}, \boldsymbol{\varphi}) \to \tilde{H}(\boldsymbol{J})$$

使得

$$\tilde{H}(\boldsymbol{J}) = H(\boldsymbol{I}, \boldsymbol{\theta}) \tag{1.3.27}$$

利用生成函数与哈密顿–雅可比方程理论式 (1.3.14) 和式 (1.3.15)，令生成函数 (generating function) 为 $S(\boldsymbol{J}, \boldsymbol{\theta})$，则新旧变量之间有

$$\boldsymbol{I} = \frac{\partial S(\boldsymbol{J}, \boldsymbol{\theta})}{\partial \boldsymbol{\theta}}, \quad \boldsymbol{\varphi} = \frac{\partial S(\boldsymbol{J}, \boldsymbol{\theta})}{\partial \boldsymbol{J}} \tag{1.3.28}$$

将其代入生成函数满足的哈密顿–雅可比方程

$$H\left(\frac{\partial S}{\partial \boldsymbol{\theta}}, \boldsymbol{\theta}, t\right) + \frac{\partial S}{\partial t} = 0 \tag{1.3.29}$$

可得

$$H\left(\frac{\partial S}{\partial \boldsymbol{\theta}}, \boldsymbol{\theta}\right) = \tilde{H}(\boldsymbol{J}) \tag{1.3.30}$$

求解生成函数的一个手段是寻找它的级数解，可将其展开为如下级数：

$$\begin{aligned} S(\boldsymbol{J}, \boldsymbol{\theta}) &= S_0 + \varepsilon S_1(\boldsymbol{J}, \boldsymbol{\theta}) + O(\varepsilon^2) \\ &= \boldsymbol{J} \cdot \boldsymbol{\theta} + \varepsilon S_1(\boldsymbol{J}, \boldsymbol{\theta}) + O(\varepsilon^2) \end{aligned} \tag{1.3.31}$$

这里 S 的 ε 零级项可以生成恒等变换

$$\boldsymbol{J} = \boldsymbol{I}, \quad \boldsymbol{\varphi} = 0 \tag{1.3.32}$$

旧的作用量和新的角变量的变换也可以用 ε 幂级数形式写出：

$$\boldsymbol{I} = \boldsymbol{J} + \varepsilon \partial S_1 / \partial \boldsymbol{\theta} + O(\varepsilon^2) \tag{1.3.33a}$$

$$\boldsymbol{\varphi} = \boldsymbol{\theta} + \varepsilon \partial S_1 / \partial \boldsymbol{J} + O(\varepsilon^2) \tag{1.3.33b}$$

将其代入哈密顿–雅可比方程 (1.3.30)，并利用式 (1.3.28) 和式 (1.3.31) 可以得到

$$H_0\left(\boldsymbol{J}+\varepsilon\frac{\partial S_1}{\partial\boldsymbol{\theta}}+\cdots\right)+\varepsilon H_1\left(\boldsymbol{J}+\varepsilon\frac{\partial S_1}{\partial\boldsymbol{\theta}}+\cdots,\boldsymbol{\theta}\right)=\tilde{H}(\boldsymbol{J}) \tag{1.3.34}$$

将展开保留到一阶项，可以得到

$$H_0(\boldsymbol{J})+\varepsilon\left[\frac{\partial H_0}{\partial\boldsymbol{J}}\cdot\frac{\partial S_1}{\partial\boldsymbol{\theta}}+H_1(\boldsymbol{J},\theta)\right]+O(\varepsilon^2)=\tilde{H}(\boldsymbol{J}) \tag{1.3.35}$$

令

$$\varOmega(\boldsymbol{J})=\partial H_0/\partial\boldsymbol{J} \tag{1.3.36}$$

为无扰动情况下的频率矢量，并考虑角变量的周期性，可以将上述包含角变量的函数作傅里叶展开

$$S_1(\boldsymbol{J},\boldsymbol{\theta})=\sum_{\boldsymbol{k}\neq0}s_{\boldsymbol{k}}(\boldsymbol{J})\,\mathrm{e}^{\mathrm{i}\boldsymbol{k}\cdot\boldsymbol{\theta}} \tag{1.3.37}$$

$$H_1(\boldsymbol{J},\boldsymbol{\theta})=\sum_{\boldsymbol{k}\neq0}h_{\boldsymbol{k}}(\boldsymbol{J})\mathrm{e}^{\mathrm{i}\boldsymbol{k}\cdot\boldsymbol{\theta}} \tag{1.3.38}$$

将其代入式 (1.3.35)，并使变换后的哈密顿量在任意 ε 展开级别下都只显含作用角动量 $\boldsymbol{J}$，可在各阶项上得到展开系数的方程。首先在 ε^0 和 ε^1 级别上建立方程，可形成可积变换

$$H=H_0(\boldsymbol{J}) \tag{1.3.39a}$$

$$\sum_{\boldsymbol{k}\neq0}\left[h_{\boldsymbol{k}}(\boldsymbol{J})+\mathrm{i}\boldsymbol{k}\cdot\varOmega(\boldsymbol{J})s_{\boldsymbol{k}}(\boldsymbol{J})\right]\mathrm{e}^{\mathrm{i}\boldsymbol{k}\cdot\boldsymbol{\theta}}=0 \tag{1.3.39b}$$

$\mathrm{e}^{\mathrm{i}\boldsymbol{k}\cdot\boldsymbol{\theta}}$ 对不同 $\boldsymbol{k}$ 线性独立，因此对任意 $\boldsymbol{k}$，其在式 (1.3.39b) 前面的系数均为零，于是对任一 $\boldsymbol{k}$，有

$$h_{\boldsymbol{k}}(\boldsymbol{J})+\mathrm{i}(\boldsymbol{k}\cdot\boldsymbol{\varOmega})s_{\boldsymbol{k}}(\boldsymbol{J})=0 \tag{1.3.40}$$

因此

$$s_{\boldsymbol{k}}(\boldsymbol{J})=-\frac{\mathrm{i}h_{\boldsymbol{k}}(\boldsymbol{J})}{\boldsymbol{k}\cdot\boldsymbol{\varOmega}} \tag{1.3.41}$$

对于二自由度系统的情形，我们有

$$\boldsymbol{k}\cdot\boldsymbol{\varOmega}=k_1\varOmega_1+k_2\varOmega_2 \tag{1.3.42}$$

$$s_{\boldsymbol{k}}(\boldsymbol{J})=-\frac{\mathrm{i}h_{\boldsymbol{k}}(\boldsymbol{J})}{k_1\varOmega_1+k_2\varOmega_2} \tag{1.3.43}$$

频率 $\varOmega_1$ 和 $\varOmega_2$ 为 $\boldsymbol{I}$ 的非线性函数，k_1 和 k_2 为整数。因此

$$S_1(\boldsymbol{J},\boldsymbol{\theta})=-\sum_{\boldsymbol{k}\neq0}\frac{\mathrm{i}h_{\boldsymbol{k}}(\boldsymbol{J})}{k_1\varOmega_1+k_2\varOmega_2}\mathrm{e}^{\mathrm{i}(k_1\theta_1+k_2\theta_2)} \tag{1.3.44}$$

由此导出生成函数

$$S(\boldsymbol{J},\boldsymbol{\theta}) = \boldsymbol{J}\cdot\boldsymbol{\theta} - \mathrm{i}\varepsilon\sum_{\boldsymbol{k}\neq 0}\frac{h_{\boldsymbol{k}}(\boldsymbol{J})}{k_1\Omega_1 + k_2\Omega_2}\mathrm{e}^{\mathrm{i}(k_1\theta_1+k_2\theta_2)} + O(\varepsilon^2) \tag{1.3.45}$$

如果 Ω_1/Ω_2 为一有理数，式 (1.3.44) 与式 (1.3.45) 求和中必然存在一些 (k_1, k_2) 整数对使得求和项中一些项分母为零

$$\boldsymbol{k}\cdot\boldsymbol{\Omega} = k_1\Omega_1 + k_2\Omega_2 = 0 \tag{1.3.46}$$

从而导致生成函数的一级摄动项发散。即使是 Ω_1/Ω_2 为无理数的情况，我们也总可找到一对整数 (k_1, k_2) 使 $|\boldsymbol{k}\cdot\boldsymbol{\Omega}|$ 任意小。这就是所谓的**小分母问题** (small-denominator problem) [61]。由于小分母的存在，$S(\boldsymbol{J},\boldsymbol{\theta})$ 的微扰解在展开到第一级就会发散。由于有理数在实数空间中稠密，这使式 (1.3.46) 的零分母点在相空间中也稠密。而且即使 Ω_1/Ω_2 为无理数，在它的无穷近邻域也总有无限接近零的分母存在，即在相空间中处处都存在小分母问题。

1.3.4 KAM 定理与 Poincaré-Birkhoff 定理

当 ω_1/ω_2 接近非公度时，可积系统加上扰动 εH_1 后的可积性问题由 Kolmogorov，Arnold 和 Moser 回答 (KAM 定理)。对二维情形，此定理可具体表述为: 如果 $|\partial\omega_i/\partial\omega_j| \neq 0$ (频率的雅可比矩阵元), 则那些频率比 ω_1/ω_2 接近无理数

$$\left|\frac{\omega_1}{\omega_2} - \frac{m}{s}\right| > \frac{k(\varepsilon)}{s^{2.5}},\quad 当\ \varepsilon\to 0\ 时, k\to 0 \tag{1.3.47}$$

的环面在扰动 εH_1 下在 $\varepsilon \ll 1$ 极限时是很稳定的，其中 m, s 为整数。这个定理很重要的一点是告诉我们，对规则运动，即使在有微扰的情况下，它在相空间中仍然会有一个非零测度。

KAM 定理揭示了可积哈密顿系统中规则运动对微扰的稳定性，给出了无理环面得以保存的充分条件。对二自由度的规则运动，KAM 定理指出，对于近可积哈密顿系统，即使存在非可积微扰，规则运动区域仍会有一个非零的测度。在二自由度系统中，KAM 曲线与圆同胚，是一条闭曲线，曲线内部的点经过映象后必然仍位于曲线内部。KAM 曲线包围的点的这种稳定性称为 **KAM 稳定性**。但另一方面，KAM 定理没有给出近可积系统 KAM 环面随微扰增加时的破坏过程。当微扰不大时，近可积系统即使有混沌运动，也只是局域地发生在相空间的小区域内。随着扰动的增大，越来越多的 KAM 环面被破坏；当扰动足够大时，所有的环面都会被破坏，最后被破坏的 KAM 环面是离有理数 “最远” 的 “最无理” 的 KAM 环面，即比值为黄金分割数 $\omega_1/\omega_2 = (\sqrt{5}-1)/2$ 的环面。

下面讨论比值为有理数的情形。仍然考虑二自由度近可积哈密顿系统，设未扰可积哈密顿系统发生共振时，存在对应于 $\mu=\omega_1/\omega_2=m/n$ (m,n 为整数) 的周期轨道。由于不可积哈密顿扰动的存在，μ 会稍微偏离 m/n 而成为无理数，从而近可积哈密顿系统的 Poincaré 映象变成连续的闭曲线。采用作用量–角度变量 (r,θ)，下面对二维保面积 Poincaré 映象 ——**Moser 挠映象** (twist map) 进行讨论 [54]。在未受扰情况下：

$$\left.\begin{aligned} r_{i+1} &= r_i \\ \theta_{i+1} &= \theta_i + 2\pi a(r_i) \end{aligned}\right\} \equiv \boldsymbol{T}_0 \begin{pmatrix} r_i \\ \theta_i \end{pmatrix} \tag{1.3.48}$$

其中 $a(r_i)=\omega_1/\omega_2$ 为两频率的比值，称为**转数** (winding number)。挠映象的转数与半径 r 有关。对于未受扰的挠映象 (1.3.48)，周期轨道为一系列孤立点，且位于轨道回路上的点都有相同的周期，准周期轨道则在圆上处处稠密。对于 $a(r_0)=m/n$ 为有理数，(r_0,θ_0) 为 $\boldsymbol{T}_0^n$ 的不动点，这是因为

$$\boldsymbol{T}_0^n \begin{pmatrix} r_0 \\ \theta_0 \end{pmatrix} = \begin{cases} r_0 \\ \theta_0 + 2\pi m \end{cases} \tag{1.3.49}$$

加入扰动 εH_1 后，二自由度系统的 Poincaré 截面映象可以利用正则变换得到，它由生成函数

$$S = r_{i+1}\theta_i + 2\pi\alpha(r_{i+1}) + \varepsilon G(r_{i+1},\theta_i) \tag{1.3.50}$$

给出，在无扰动式 (1.3.48) 的基础上施加扰动的映象变为

$$\begin{pmatrix} r_{i+1} \\ \theta_{i+1} \end{pmatrix} \equiv \boldsymbol{T}_\varepsilon \begin{pmatrix} r_i \\ \theta_i \end{pmatrix} = \begin{pmatrix} r_i + \varepsilon f(r_{i+1},\theta_i) \\ \theta_i + 2\pi a(r_{i+1}) + \varepsilon g(r_{i+1},\theta_i) \end{pmatrix} \tag{1.3.51}$$

其中

$$a = \mathrm{d}\alpha/\mathrm{d}r_{i+1}, \quad f = -\partial G/\partial\theta_i, \quad g = \partial G/\partial r_{i+1} \tag{1.3.52}$$

f,g 是两个非线性函数，依赖于 εH_1，$\boldsymbol{T}_\varepsilon$ 是保区域操作。在许多人们感兴趣的二维映象中，f 与 r 无关，且 $g=0$，于是式 (1.3.51) 可简化为径向挠映象的形式

$$\begin{aligned} r_{i+1} &= r_i + \varepsilon f(\theta_i) \\ \theta_{i+1} &= \theta_i + 2\pi a(r_{i+1}) \end{aligned} \tag{1.3.53}$$

取

$$f(\theta_i) = \sin\theta_i, \quad a(r_{i+1}) = r_{i+1}/(2\pi) \tag{1.3.54}$$

则上述挠映象就是 Chirikov (B. V. Chirikov，1928—2008) **标准映象** (standard map) [62]

$$\begin{aligned} r_{i+1} &= r_i + \varepsilon \sin\theta_i \\ \theta_{i+1} &= \theta_i + r_{i+1} \end{aligned} \tag{1.3.55}$$

考虑受扰映象 $\boldsymbol{T}_\varepsilon^n$ 不动点附近的情况。首先考察未受扰 Moser 映象 $\boldsymbol{T}_0^n$ 的行为。如图 1-8(a) 所示，映象 $\boldsymbol{T}_0^n$ 只有沿法向的幅角转动，对径向 r 不产生影响。假设 $a(r_i)$ 是 r_i 的增函数，并假设未受扰映象 $\boldsymbol{T}_0^n$ 对应 $a = m/n$ 的不变映象圆为 C，其附近有两个半径分别为 r_+ 和 r_- 的不变映象圆 C^+ 和 C^-。在 C^+ 上有 $r_+ > r$ 和 $a > m/n$，而在 C^- 上有 $r_- < r$ 和 $a < m/n$。在 $\boldsymbol{T}_0^n$ 操作后可以看到，C 本身由于其上的点都是 $\boldsymbol{T}_0^n$ 的不动点，n 次操作后不会变动；C^+ 上的点则由于半径略大于 C 且每次转过的角度略大于 m/n，因此 n 次操作后会多出一个角度 $2\pi(an-m)$，所以相比 C 的不动点，C^+ 上所有的点会产生按逆时针的旋转；类似分析可知，C^- 上所有的点会顺时针旋转。

如果考虑有扰动后的挠映象 $\boldsymbol{T}_\varepsilon^n$，只要扰动足够小，上述的旋转特征会保持，即 C^+ 的逆时针和 C^- 的顺时针运动没有本质变化，但由于受扰映象 $\boldsymbol{T}_\varepsilon^n$ 还会对径向产生作用，因此共振环面 (即不动点环) 会产生变形扭曲。因为挠映象的保体积性质，所以共振环最简单的情形会出现如图 1-8(b) 中 r_ε 所示的结构，作为对比，图中虚线表示未受扰时的共振环。在图 1-8(c) 中，我们给出了 r_ε 曲线及其映象 $\boldsymbol{T}_\varepsilon^n(r_\varepsilon)$ 的示意图，r_ε 在操作后发生扭曲，而迭代前后的环包围的面积不变。可以看到操作前后的环不重叠，说明操作后原来共振环 r_ε 上的点并不都是 $\boldsymbol{T}_\varepsilon^n$ 的不动点，只有 r_ε 与 $\boldsymbol{T}_\varepsilon^n(r_\varepsilon)$ 的交点为不动点。两环一般有偶数个交点，它们都是受微扰映象的不动点。这偶数个交点 n 次迭代后仍回到原先的位置，因此它们是映象的固定点，这些点被称作 **Poincaré-Birkhoff 不动点**。

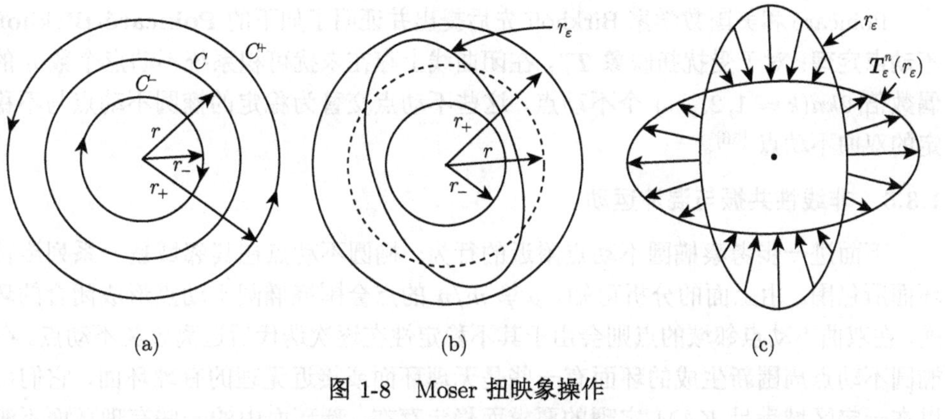

图 1-8 Moser 扭映象操作

(a) 未受扰不动点 $a = m/n$ 的不变映象圆为 C，其附近有两个半径分别为 r_+ 和 r_- 的不变映象圆 C^+ 和 C^-；(b) 受扰后的不变映象圆发生变形，虚线代表未受扰的共振环；(c) 受扰后的不变圆与其映象的交点为不动点，箭头代表不变圆映象时的变形方向

图 1-9 给出了不动点附近的动力学行为。可以看到偶数个不动点中一半是椭圆不动点，一半是双曲不动点。在椭圆不动点附近，r_ε 共振环附近的点在 $\boldsymbol{T}_\varepsilon^n$ 作用

下，一方面内环 C^- 按顺时针旋转，外环 C^+ 按逆时针旋转，加上由于径向作用而产生的环的变形，所有这些因素共同作用使得椭圆不动点附近可以形成如图 1-9 所示的封闭环，这说明椭圆不动点是稳定的。类似分析可知，双曲不动点附近会形成鞍点型的行为，即不动点附近的点在迭代中会沿一个方向远离不动点 (不稳定方向) 而沿另一个方向趋向不动点 (稳定方向)，因此双曲不动点是不稳定的。

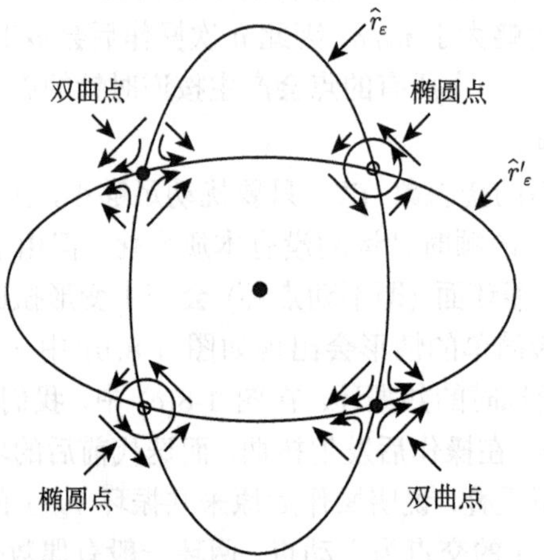

图 1-9　受扰挠映象下产生的椭圆不动点与双曲不动点及其附近的动力学行为，椭圆和双曲两类不动点成对出现，交替排列

Poincaré 和美国数学家 Birkhoff 先后提出并证明了如下的 **Poincaré-Birkhoff 不动点定理**：对于受扰扭映象 T_ε^n，在闭曲线上存在未扰可积系统不动点个数 n 的偶数倍 $2kn(k=1,2,\cdots)$ 个不动点，这些不动点交替为稳定的椭圆不动点与不稳定的双曲不动点 [56]。

1.3.5　非线性共振与混沌运动

下面进一步考察椭圆不动点附近的行为。椭圆不动点在其邻域被一系列旋转环面所包围。由上面的分析可知，$\mu \neq m/n$ 的点会围绕椭圆不动点形成闭合的环面，在双曲不动点邻域的点则会由于其不稳定性在逐次迭代后远离该类不动点。在椭圆不动点周围新生成的环面有一些是无理环面或接近无理的有理环面，它们可以在一定区域满足 KAM 定理的要求而稳定存在。新环面中的一些有理环面不满足 KAM 定理，按照 Poincaré-Birkhoff 定理，这些环面上在挠映象作用下又会在更高 ε 阶层次上产生新的椭圆和双曲不动点。这样的过程在不同尺度下都会发生。因此在更小的尺度上，椭圆不动点邻域的闭圈又可依次按照上面所述的 KAM 定理与 Poincaré-Birkhoff 定理分解成小的环面。这种机制就导致了如图 1-10 所示的哈密顿系统在相空间不同尺度上环面分布的自相似嵌套结构。

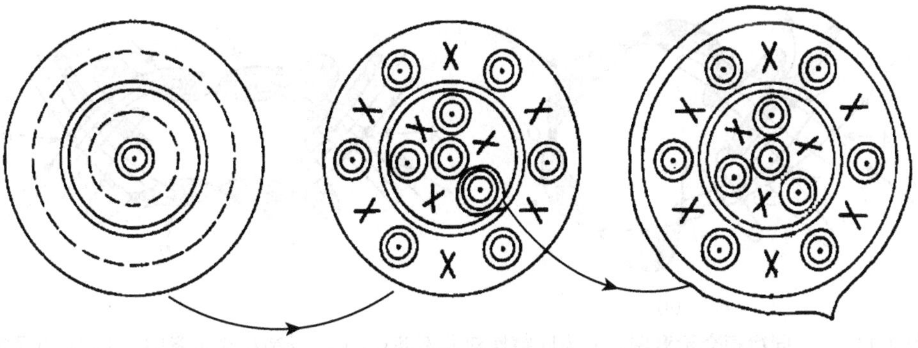

图 1-10 环面不断被破坏而出现的自相似嵌套结构

从 (a) 到 (b) 为环面破裂的过程，(c) 为将 (b) 的相空间部分区域放大的结构。(a) 中的实线表示 KAM 环面，虚线表示不稳定的有理环面；(b) 和 (c) 中的圆点代表椭圆不动点，它们被新产生的环面所包围，× 代表有理环面破裂产生的双曲不动点

从物理学角度来看，有理环面的破坏源于系统中各个运动模式之间的非线性共振，它进一步导致了哈密顿系统的混沌运动。下面讨论双曲点及分界线附近的行为。设受扰映象 $\boldsymbol{T}_\varepsilon^n$ 有 kn 个双曲不动点，在不动点的邻域把 $\boldsymbol{T}_\varepsilon^n$ 线性化，可得到两个本征值及相应的本征方向 S 与 U。与本征方向 S 对应的本征值绝对值小于 1，为稳定方向；与本征方向 U 对应的本征值绝对值大于 1，为不稳定方向。对 S 上邻近双曲点的相点作 $(\boldsymbol{T}_\varepsilon^n)^{-l}$ 映象可得稳定流形 S，对 U 作 $(\boldsymbol{T}_\varepsilon^n)^l$ 映象可得不稳定流形 U。在 $l\to\infty$ 时，流形 S 上的点经 $(\boldsymbol{T}_\varepsilon^n)^l$ 的作用，流形 U 上的点经 $(\boldsymbol{T}_\varepsilon^n)^{-l}$ 的作用，都会趋向双曲不动点。简单地说，在双曲不动点处的这两条稳定流形 S 与两条不稳定流形 U 中，流形 S 上的点按指数律逐渐趋向不动点，而流形 U 上的点则按指数律离开不动点。这两个流形就是通过双曲点的两条**分界线** (separatrix)。

对于可积哈密顿系统，从图 1-11(a) 的同一个双曲不动点 A 出发的稳定流形 S 与不稳定流形 U 可以光滑地连成**同宿轨道** (homoclinic orbits)，从图 1-11(b) 的不同双曲点 A 和 B 出发的稳定流形 S 与不稳定流形 U 也可形成光滑的异宿轨道 (heteroclinic orbits)。在近可积情况，来自同一双曲点 A 的流形 S 与 U 可能会在 A 以外的地方产生横截相交，称为**同宿相交** (homoclinic intersection)，该交点称为**同宿点** (homoclinic point)，如图 1-11(a) 的 1 点所示；从不同双曲不动点 A 和 B 出发的流形 S 与 U 也可能发生横截相交，称为**异宿相交** (heteroclinic intersection)，交点称为**异宿点** (heteroclinic point)，如图 1-11(b) 的 1 点所示。如果 S 和 U 两条流形发生横截相交，数学上已经证明，它们必在无限多个点发生相交，这些点都是同宿点 (或异宿点)。需要注意的是，在图 1-11 中的 A 和 B 点均为渐近相交的点，是双曲不动点，而其他横截相交产生的同宿点或异宿点都不是不动点。

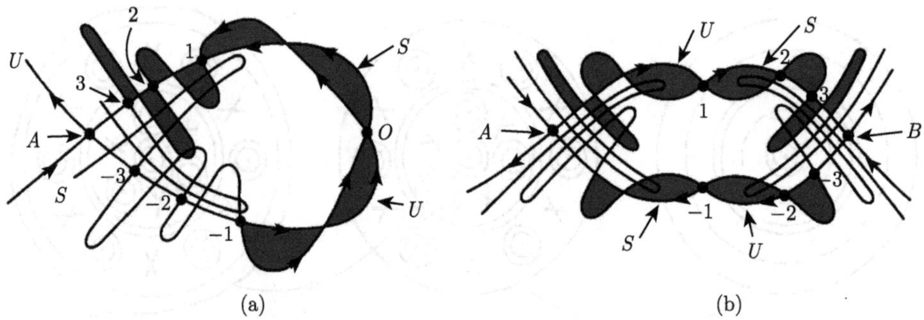

图 1-11　(a) 同宿相交示意图，A 为同宿性双曲不动点；(b) 异宿相交示意图，A、B 为异宿性双曲不动点

图中其他交点均为横截相交的同宿点 ((a)) 或异宿点 ((b))

下面来看同宿点或异宿点的分布。稳定流形 S 和 U 无穷多次相交产生的同宿点 (或异宿点) 沿流形的分布并不均匀，相邻同宿点 (或异宿点) 在远离双曲不动点的区域比较少，在接近不动点的区域会随着趋向不动点而越来越多。图 1-11(a) 和 (b) 分别给出了具有一个双曲点的同宿轨道和具有两个双曲点的异宿轨道相交产生的同宿点或异宿点的情况，其中阴影区表示相交的相邻包围区域面积的情况。设同宿点 (或异宿点)x 相继的映象为 x_1，x_2，$\cdots$，在图 1-11(a) 中标记为 $1, 2$，$\cdots$。在相邻同宿点 (或异宿点) 之间，因为其一面积是另一面积的映象，而由于哈密顿系统相流的保体积性 (Liouville 定理)，流形 S 与 U 在相邻的相交中所包围的面积必然相等，称为 **Maxwell 等面积法则**。等面积法则决定了图 1-11 中的阴影区域都具有相等面积，即这些阴影区面积具有不变性。

面积不变性会对双曲点附近的动力学行为产生重要影响。我们以图 1-11(a) 的同宿相交为例来进一步说明在双曲不动点附近区域动力学不稳定性的产生机制。该机制对异宿相交的情况分析同样有效。从图 1-11(a) 可以看到，相邻同宿点之间的距离随着趋向不动点而越来越小，导致越靠近不动点时同宿点越稠密，又由于面积不变性，在不动点 A 附近不稳定流形 U 绕稳定流形 S(或稳定流形 S 围绕不稳定流形 U) 的波动会越来越大。

双曲不动点附近的大幅波动行为只是与同宿点相联系的分界线附近动力学后果的一部分。由于分界线是无穷长周期 $n \to \infty$，因此在分界线的邻域必然还存在无限多高周期的二次共振。在每一个二次共振区，也存在交错的椭圆点与双曲点，并有联系双曲点的分界线，这些分界线的稳定和不稳定流形相交，并与一次共振的分界线轨道在异宿点相交。这些轨道在双曲点与分界线邻域是稠密的。所以，轨道在同宿点与异宿点附近的相交改变了轨道的拓扑性质，其中首先直接导致的后果就是在这些地方不再存在 KAM 曲线。如果可积系统的扰动足够小，则上述的复杂动力学行为会发生在相邻 KAM 曲线之间的区域内。在双曲不动点邻域，同宿点或异宿点越来越密，流形 S 与 U 交织形成的回线越来越窄长，分布也越来越紊乱，在这些区域，系统的运动就会十分复杂，变成混沌运动。

双曲不动点邻域的混沌区被各个 KAM 环面 (曲线) 分隔开，成为**混沌层** (chaotic layer) 或**随机层** (stochastic layer)。混沌层通常很薄，这样的混沌称为局部混沌 (local chaos)。随着系统不可积性强度的增大，越来越多的 KAM 环面被破坏，相应的混沌层会越来越厚，最后混沌区会连成一片，此时系统的混沌运动称为全局混沌 (global chaos)。未被破坏的 KAM 环面所在的区域反而会成为在混沌海中存在的一个个规则的孤岛 (islands)。

将上面的所有分析结果加以总结，并将其定性地画在一张图上，就可以大致了解不可积哈密顿系统在相空间中的动力学行为，如图 1-12 所示。在系统的相空间中存在足够远离共振条件的 KAM 环面，这些环面在小扰动下可以稳定存在，而所有有理环面可以在任意小的扰动下被破坏，从而产生数目相同的双曲不动点和椭圆不动点。两种不动点附近的稳定流形与鞍点的不稳定流形同宿 (或异宿) 相交在图中可以清楚地看到；还可以看到在双曲不动点附近不稳定流形的大幅振荡，对应于系统在该区域的混沌运动。随着扰动的增加，混沌区域不断扩大，系统会在相空间更大的区域里表现出混沌运动，以至于原来将不同混沌区分割开来的 KAM 环面也会被破坏，形成整体混沌。在整体混沌海中仍然会残留一些未被破坏的 KAM 环面岛，更大的扰动会使得这些规则运动岛所占的区域越来越小，甚至完全消失，此时在绝大部分相空间区域内，一条混沌轨道可以流经离任意相点无穷近的邻域。

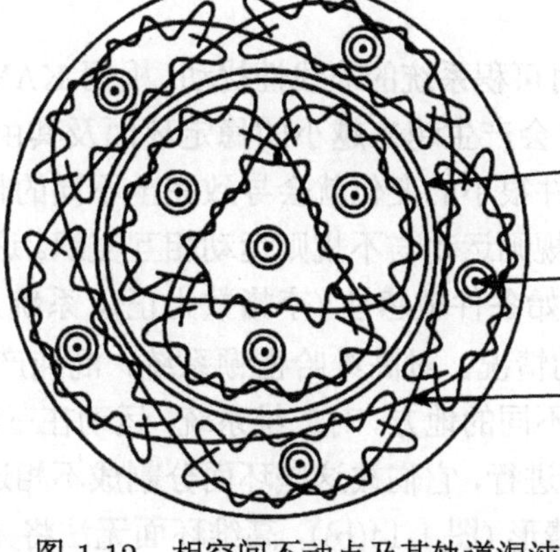

图 1-12 相空间不动点及其轨道混沌运动示意图

下面以 Hénon-Heiles 振子为例，说明上述随不可积性增大时系统从规则运动过渡到混沌运动的过程 [63]。该系统的哈密顿函数为

$$H(p,q) = \frac{1}{2}(p_1^2 + p_2^2) + U(q_1, q_2) \tag{1.3.56}$$

其中势能函数

$$U\left(q_1, q_2\right)=\frac{1}{2}(q_1^2+q_2^2)+q_1^2 q_2-\frac{1}{3} q_2^3 \tag{1.3.57}$$

为观察 Hénon-Heiles 系统从可积到不可积时系统从规则运动到混沌运动的变化情况，可将系统的总能量作为控制参量。这是因为当系统总能量很小时，运动为小幅振荡，(q_1, q_2) 很小，势能函数中简谐部分起主导作用，相比之下，非简谐项可以忽略，系统接近于可积；随着总能量的增加，振荡幅度变大，势能中的非简谐部分影响变大，直至起着主要作用，系统可积性就会被破坏。

Hénon 与 Heiles 计算了该系统不同能量情况下的 Poincaré 截面。这里 Poincaré 截面 (q_2, p_2) 的取法是每次运动轨道以 $p_1 \geqslant 0$ 穿过 $q_1=0$ 的面时记录下 (q_2, p_2) 的值。图 1-13 给出了系统在不同总能量情况下的 (q_2, p_2) 截面落点分布。在图 1-13(a) 中，当 $H=1/12$ 时系统基本上可积，可以看到落点分布比较规则。落点形成的连续光滑曲线对应于无理环面，连续时间轨道为准周期运动轨道；离散的点对应于有理环面，图中封闭曲线包围的孤立不动点为周期运动轨道。当 $H=1/8$ 时，在图 1-13(b) 中一些光滑曲线仍然被保留，对应于满足 KAM 定理条件的 KAM 环面，但许多在图 1-13(a) 中存在的环面已经破裂；图 1-13(a) 中的有理环面由于 Poincaré-Birkhoff 定理而破坏，出现由残存 KAM 环面包围的小岛组成的岛链；同时，在截面上的很大区域内出现随机散布的点，对应于整体混沌运动，这些随机散点由同一轨线产生。当总能量增加到 $H=1/6$ 时，在图 1-13(c) 中除了少量小岛外，几乎所有光滑 KAM 曲线都消失，由单个轨线产生的随机散点充满了绝大部分等能量面。

综上所述，我们可看到，对可积系统的非线性扰动，根据 KAM 定理，虽然可以有非零测度的规则运动，但也会产生越来越小的稳定环面及其由双曲不动点导致的不规则运动。这样，初始条件很小的变化就会导致完全不同的长时间行为，在相空间中就会产生复杂的结构，规则运动与不规则运动相互交织。这种不规则运动就是混沌。系统轨道同样具有初始条件敏感性 (李指数为正)，系统具有正的KS熵。

上面我们只讨论了二维的情况。对高维哈密顿系统，混沌产生的机制仍然有效。但二维与高维的情形也有不同的地方。对二维系统，运动在三维能量面上进行。混沌运动只能在无理环面之间进行，它们被这些环面分割成不相连的不规则区，如图 1-14(a) 所示。但对于高维情形 (图 1-14(b))，高维环面无法将无规运动分割成不相连的部分。从不规则运动区一点出发经过一段时间可能会通过 **Arnold 扩散**到达另外的区域。我们在图 1-14(b) 给出示意图。需要指出的是，Arnold 扩散自 1964 年提出后就是一种猜测，人们通过大量的数值计算确实看到多自由度系统的这种动力学不稳定机制，但数学上的证明一直是一个具有挑战性的课题 [64,65]。自提出后至今的 50 多年来，此问题吸引了许多数学、物理、天文和力学的科学家的研究兴趣，包括一般性的证明和扩散的一些具体例证及物理数学特征的分析 (例如，对扩散速率的估计及其与一些物理上的过程的关系等)。关于数学证明，人们希望能够对于两个半自由度和三自由度的情况给出证明，近几年已有一些振奋人心的结果，但离最终完全解决问题还有很长的路要走。

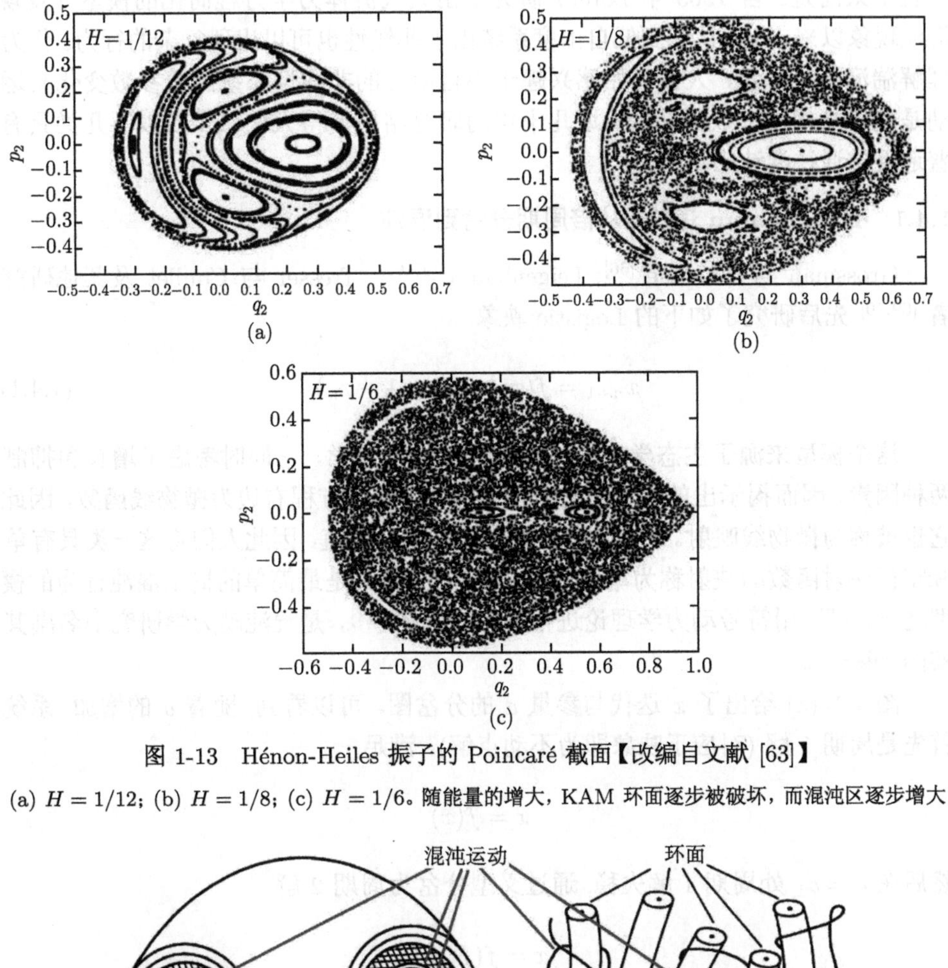

图 1-13 Hénon-Heiles 振子的 Poincaré 截面【改编自文献 [63]】

(a) $H=1/12$; (b) $H=1/8$; (c) $H=1/6$。随能量的增大，KAM 环面逐步被破坏，而混沌区逐步增大

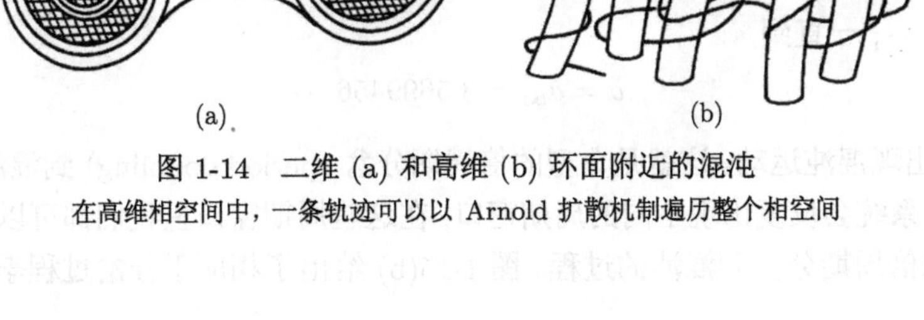

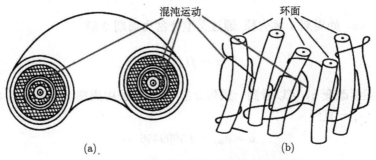

图 1-14 二维 (a) 和高维 (b) 环面附近的混沌

在高维相空间中，一条轨迹可以以 Arnold 扩散机制遍历整个相空间

1.4 混沌的涌现：通向混沌的道路

湍流是流体力学的百年难题。很长时间以来，人们对于湍流形成的动力学机制一直不太清楚。自 1963 年 Lorenz 研究了由大气流体力学方程简化的模型并发现混沌现象以来，人们认识到低自由度系统由于非线性也可以出现复杂的行为。作为理解湍流的第一步，人们开始感兴趣于小自由度的非线性系统随着参数变化其运动是怎样从规则变成混沌的。近几十年的研究结果使得人们认识到以下几类具有普遍性的通往混沌的道路。

1.4.1 Feigenbaum 道路：从倍周期分岔到混沌

Grossman 与 Thomae [66], Feigenbaum [67,68], Tresser 与 Coullet 及其他研究者 [69,70] 先后研究了如下的 Logistic 映象:

$$x_{n+1} = f(x_n) = ax_n(1 - x_n) \tag{1.4.1}$$

这个模型来源于生态学上昆虫数目变化的动力学，它同时考虑了增长和抑制两种因素，因而揭示出的现象具有普遍的意义。由于方程右边为抛物线函数，因此它也被称为抛物线映射。另外，由于函数具有一个峰值，因此人们将这一类具有单峰特征映射函数的映射称为单峰映射。Logistic 映射是最简单的揭示混沌行为的模型之一，可以用符号动力学理论进行很好的描述 [71]，是混沌动力学研究中名副其实的"麻雀"。

图 1-15(a) 给出了 x 迭代与参量 a 的分岔图。可以看到, 随着 a 的增加, 系统首先是周期 1 解 (对应于映象即为不动点解)，满足

$$x = f(x)$$

然后在 $a = a_1$ 处周期 1 解失稳, 通过叉型分岔为周期 2 解

$$x = f(f(x))$$

所替代。继续改变 a，可以看到一系列分岔, 系统的解由周期 2 变为周期 4, 周期 8, 周期 16, $\cdots$, 一直到

$$a = a_\infty = 3.5699456\cdots$$

处, 系统出现混沌运动。这就是典型的倍周期分岔 (period doubling) 到混沌的道路。在混沌区系统会反复出现不同的周期窗口, 在这些周期窗口里我们都可以看到系统反复出现倍周期分岔到混沌的过程。图 1-15(b) 给出了相应于分岔过程李指数的变

化。可以看到，在每一个倍周期分岔点，李指数都触零 (由负触零然后又变负)，李指数出现的一系列局域极值对应于超稳定周期轨道。

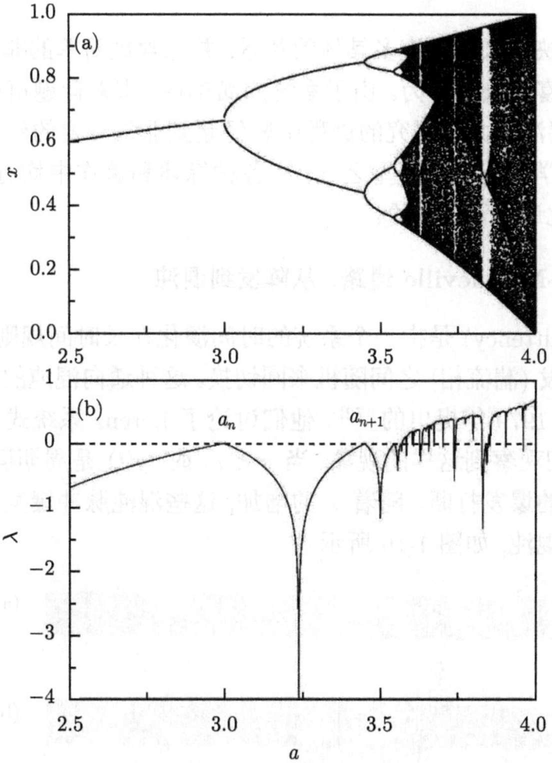

图 1-15 (a) Logistic 映象的 x-a 分岔图; (b) 相应的李指数随参数的变化, 可以看到在每个倍周期分岔点处李指数触零

设周期区 $2^{n-1} \to 2^n$ 的分岔点为 a_n, 则 a_n 有以下标度:

$$a_n = a_\infty - c\delta^{-n}, \quad n \gg 1 \tag{1.4.2}$$

其中 c 为一常数, δ 为一普适常数, 称为 **Feigenbaum 常数**:

$$\delta = 4.6692016091\cdots \tag{1.4.3}$$

另外，为了研究倍周期分岔序列几何尺寸的标度性质，可以引入最靠近 $x = 1/2$ 的周期 2^n 的点间的距离 d, 在各个倍周期分岔点的距离间有以下关系:

$$d_n/d_{n+1} = -\alpha, \quad n \gg 1 \tag{1.4.4}$$

其中

$$\alpha = 2.502907850\cdots \tag{1.4.5}$$

借助统计物理关于相变的重整化群方法，人们可以确切地计算出上面两个常数。值得注意的是，这两个常数具有普适性，在很多倍周期分岔的系统中都可以发现它们。

这个简单的映象来源于许多具体的背景, 并包含最简单的非线性项, 但其动力学表现出非常丰富复杂的行为。由于系统的简单性，很多问题可以解析求解，因此 Logistic 映象在混沌动力学研究的进程中曾经起到非常重要的作用。鉴于这个系统是研究混沌动力学的代表性模型之一, 在各种综述和著作中均有涉及 [30,36,71], 限于篇幅, 不再对此进行详尽讨论。

1.4.2　Pomeau-Manneville 道路: 从阵发到混沌

阵发 (intermittency) 是指一个系统的时间演化在长时间规则运动 (层流相) 与短时间无规则爆发 (湍流相) 之间随机来回切换。这种通向混沌的机制是由 Pomeau 与 Manneville 于 1979 年提出的 [72]。他们讨论了 Lorenz 系统式 (1.2.1)。对于 $y(t)$ 的时间演化, 他们观察到这样的现象: 当 $r < r_c$ 时, $y(t)$ 是周期运动; 当 $r > r_c$ 时, 周期振荡被混沌的爆发打断。随着 r 的增加, 这些混沌脉冲爆发越来越频繁, 一直到整个运动变成混沌, 如图 1-16 所示。

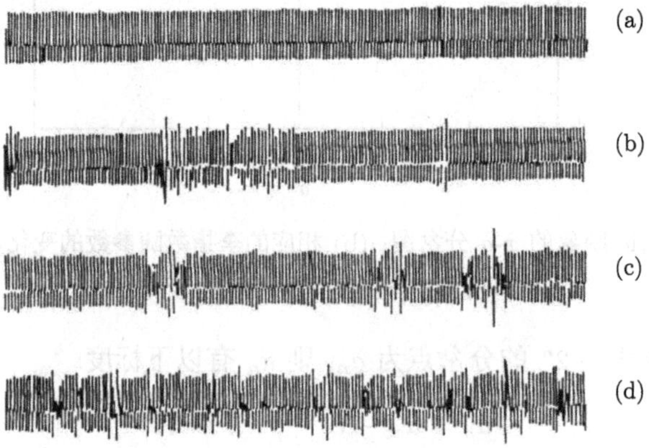

图 1-16　混沌阵发【改编自文献 [72]】

上述阵发行为可以通过分析映射动力学来理解。对于 Lorenz 系统，我们可构造 Poincaré 映射。$r<r_c$ 时连续时间 Lorenz 系统的周期振荡解对应于映射中的稳定不动点, 当 $r>r_c$ 时不动点失稳。通常不动点失稳有切分岔、Hopf 分岔、逆向切分岔三种不同方式, 这三种方式导致系统阵发的鞍结型、Hopf 型、逆鞍结型三种不同类型 [73,74]。Lorenz 系统的阵发属于第一类 (逆向切分岔)。对每一种阵发而言, 系统都是在失稳点附近的失稳过程中经历很长的狭窄 “隧道”。这个长时间的滞留导致很长的 “层流” 相 (周期运动)。离开这个 “隧道” 后, 运动又变得混沌。由于吸引子的回归性，运动还会回到不稳定不动点附近，从而开始新的规则运动与混沌阵发的交替。类似行为在 Logistic 映射的某些参数区也可观察到。

定义层流相驻留的时间长度为 l，亦即相邻两次阵发之间的时间间隔，我们可以研究其统计规律。其统计规律对以上三类阵发而言会表现出不同的行为。设系统控制参量 r 出现阵发的临界点为 r_c。定义

$$\varepsilon = r - r_c$$

则对于一类阵发，l 的统计分布为

$$P(l) \sim \varepsilon\left\{1 + \tan^2\left[\arctan\left(c\varepsilon^{-1/2}\right)\right] - l\varepsilon^{1/2}\right\} \tag{1.4.6}$$

相应的平均驻留时间为

$$\langle l\rangle \sim \varepsilon^{-1/2}, \quad \varepsilon \to 0 \tag{1.4.7}$$

对第二类阵发：

$$P(l) \sim \varepsilon^2 \mathrm{e}^{4\varepsilon l}/(\mathrm{e}^{4\varepsilon l} - 1)^2 \tag{1.4.8}$$

$$\langle l\rangle \sim \varepsilon^{-1}, \quad \varepsilon \to 0 \tag{1.4.9}$$

对第三类阵发：

$$P(l) \sim \varepsilon^{3/2} \mathrm{e}^{4\varepsilon l}/(\mathrm{e}^{4\varepsilon l} - 1)^{3/2} \tag{1.4.10}$$

$$\langle l\rangle \sim \varepsilon^{-1}, \quad \varepsilon \to 0 \tag{1.4.11}$$

三类阵发行为中，第一、三类均在实验中观察到 [75] (Bérnard 对流、*RLC* 电路等)。理论的统计性质在实验上也得到了验证。另外有许多关于混沌阵发的工作提出了一些新的阵发类型和机制，有兴趣的读者可参考相关文献。

1.4.3　Ruelle-Takens 道路：从准周期到混沌

这种道路与系统的 Hopf 分岔有密切的关系。与前两种导致混沌的机制有本质不同，Hopf 分岔意味着系统新的振动频率的出现。Hopf 分岔最简单的情形就是原有解为不动点焦点的失稳。对焦点的稳定性分析可知其本征值是复的，其中虚部是振荡频率。在临界点以下，这个振荡由于负的实部而衰减；但当系统参量越过临界点时，焦点失稳，这个小的振荡就被放大，并由于非线性作用而抑制饱和，系统实现周期振荡，振荡频率对应于本征值的虚部。

1944 年，Landau 提出了一条通向湍流的道路 [76]。他认为湍流的出现是系统通过无穷的 Hopf 失稳而不断出现新的 (不公度) 频率，最后出现无穷多频率的结果，如图 1-17 所示。也就是说，系统湍流态的出现首先是周期运动 (层流相)，然

后是准周期运动 (双频层流相)，高维准周期 (多频层流相)，⋯，直至出现无穷高维准周期 (湍流相)。然而这个道路在实验中被证明并不相符，主要表现在高维准周期并不会持续出现。1971 年，Ruelle 和 Takens 证明了四频不稳定性 [77]。1978 年，Newhouse，Ruelle 和 Takens 从理论上证明了系统出现三个非公度频率 (称为三维环面) 时就存在不稳定的可能性 [78]。在某些类型的微扰作用下，三维环面可被破坏而出现混沌运动。实验中观察到，当系统出现两个不公度的频率时，继续改变参数，时间序列的功率谱就是连续谱，说明系统已经出现混沌运动。

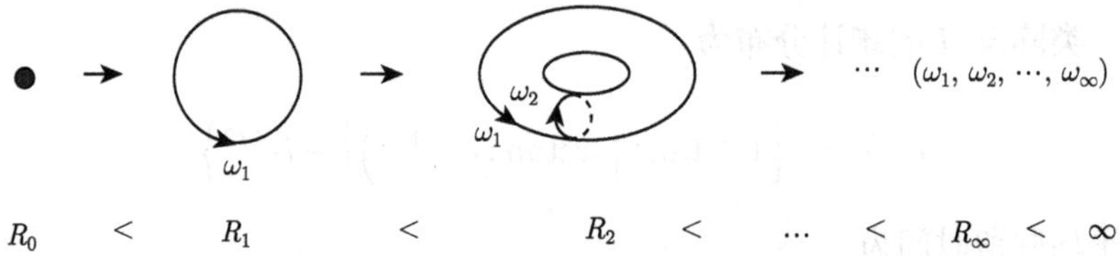

图 1-17　Landau 关于多重准周期运动通向湍流的道路示意图

这种由准周期到混沌的机制在 1978 年由 Dubois 和 Berge 在 Bérnard 对流实验中观察到 [79]。他们测量了温度的时间序列 $T(t)$ 并以此重构了二维 Poincaré 截面 $[T(t), \dot{T}(t)]$ (在 $t = n\tau$，τ 为时间间隔，n 为整数)。图 1-18 给出了 Bérnard 对流

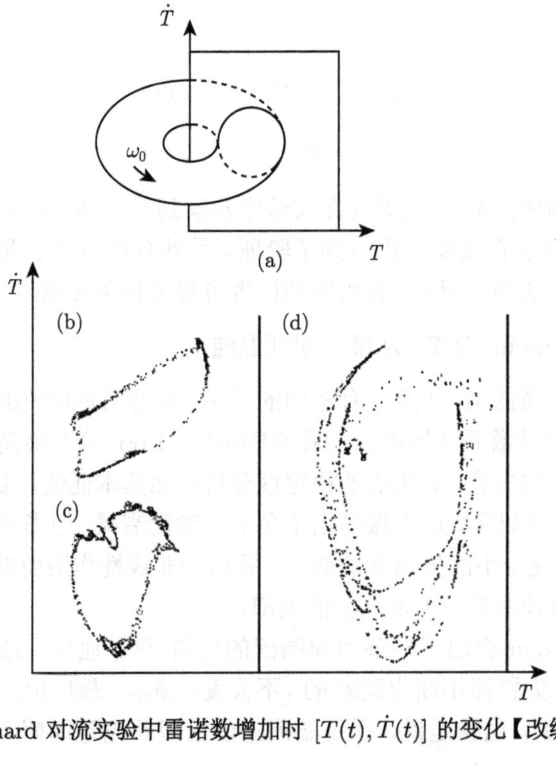

图 1-18　Bérnard 对流实验中雷诺数增加时 $[T(t), \dot{T}(t)]$ 的变化【改编自文献 [79]】

实验中雷诺数增加时 $[T(t),\dot{T}(t)]$ 的变化。图 1-18(a) 给出截面的取法。在图 1-18(b) 中由连续的闭合曲线可以看到运动是准周期的 (二维环面，记为 T^2)。当雷诺数增加时，闭合曲线 T^2 扭曲 (图 1-18(c))，最后破裂 (图 1-18(d))，变成一个奇怪吸引子。

另一个实验证明由 Gollub 和 Swinney 于 1975 年在 Taylor 不稳定性实验中观察到 [80]。实验装置由内外两个圆桶构成，两圆桶之间充满液体。内桶以 Ω 的角速度旋转，外桶保持静止。当 Ω 很小时，液体由于黏滞性与内桶一同水平旋转，如图 1-19(a) 所示; 当 Ω 超过一个阈值 Ω_c 时，液体与内桶的同步水平旋转失稳，液体除与内桶同向旋转外，还出现垂直方向上下的旋转，形成元胞，见图 1-19(b)；继续增加 Ω，这些元胞会发生周期的或多重周期振荡。在两次 Hopf 分岔后液体运动就变为混沌的，这可以从图 1-19(c) 中的功率谱看出来。用重构 Poincaré 截面 (用考察液体的径向速度 $v(t)$ 的方法构造) 同样可以看到二维环面在 Ω 增加时破裂的情形。

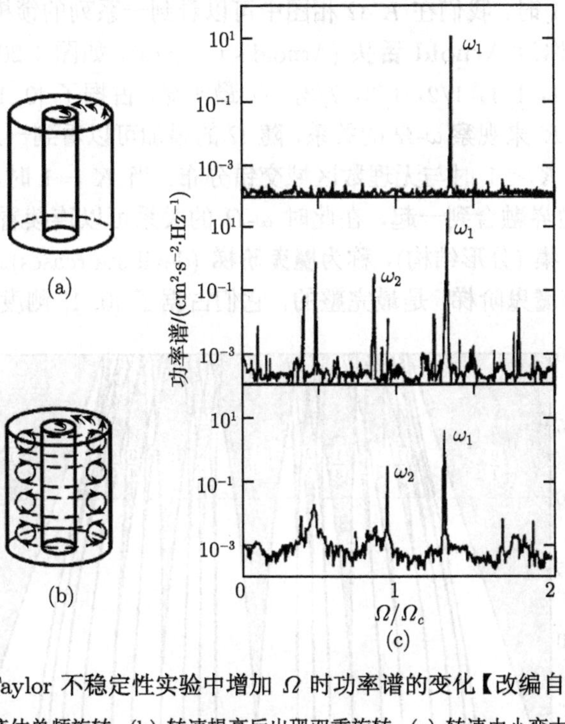

图 1-19 Taylor 不稳定性实验中增加 Ω 时功率谱的变化【改编自文献 [80]】

(a) 内筒转速较低时液体单频旋转；(b) 转速提高后出现双重旋转；(c) 转速由小变大时液体运动的功率谱的变化 (由上到下)

上面两个实验都证实了 Ruelle-Takens-Newhouse 通向混沌的道路。在理论上，用简单的映射也可以对准周期通向混沌的道路进行充分的研究 [81]。在耗散情况下，周期驱动的转子系统可以简化为一维圆映射 (circle map):

$$\theta_{n+1} = \theta_n + \Omega - \frac{K}{2\pi}\sin(2\pi\theta_n), \quad \mathrm{mod}\ 1 \tag{1.4.12}$$

其中 Ω 为驱动力频率与转子固有频率的比值，可视为相对频率，K 为驱动强度，θ_n 为转子相位，由于其周期性而取模 1 (mod 1)。K 为非线性周期冲击强度，在这里的作用类似于流体力学中的雷诺数，用以度量系统的非线性强度。我们可以计算系统的转数 (winding number，对应于转子实际转动频率与周期驱动频率的比值)：

$$\omega = \lim_{n\to\infty} \frac{f^n(\theta_0) - \theta_0}{n} \tag{1.4.13}$$

当没有非线性项时 ($K = 0$)，很显然 $\omega = \Omega$; 当 $K \neq 0$ 时，ω 需要具体计算。系统的转数是有理数还是无理数很重要，它反映了驱动力频率与转子固有频率是否可公度。当 ω 为有理数 m/n 时，说明系统处于锁模状态。

式 (1.4.12) 中的非线性项起着重要作用。当 $K > 0$ 时，在 $K = 0$ 处 ω 为有理数的点随 K 增加会变为在 K 的有限区域内保持有理数，这个区域随着 K 的增大而扩大。当 $K < 1$ 时，我们在 K-Ω 相图中可以看到一系列的锁模状态，这些有理数锁模的区域被称为 **Arnold 舌头** (Arnold's tongues)，如图 1-20 所示。这些舌头中尤其以 $\omega = 0/1$，$1/1$，$1/2$，$1/3$，$2/3$，$\cdots$ 最明显，占据了 [0, 1] 的大部分区间。我们也可以固定 K 来观察 ω-Ω 的关系，随 Ω 的增加可以看到一系列的共振台阶。这些共振台阶在 $K < 1$ 时与无理数区域交错分布。当 $K = 1$ 时，这些 Arnold 舌头 (共振台阶) 边界融合到一起，在此时 ω-Ω 的关系可以连续看到所有的共振台阶，形成 Cantor 集 (分形结构)，称为**魔鬼阶梯** (devil staircases)。因此，$K = 1$ 时的 Arnold 舌头 (魔鬼阶梯) 是最完整的，它们占据了 [0, 1] 测度为 1 的区域。当

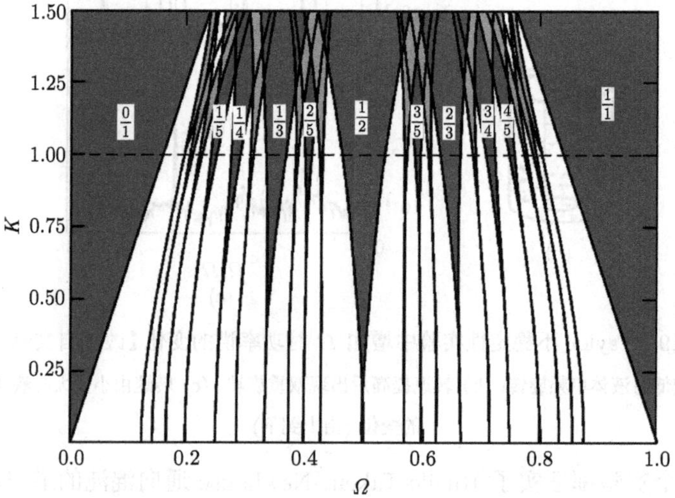

图 1-20 圆映射在 K-Ω 相图上的 Arnold 舌头

$K > 1$ 时，Arnold 舌头区域继续扩大，导致这些舌头开始相互重叠交叉，映象成为不可逆的，系统在舌头的重叠区域由于多种共振相互影响而出现混沌运动。因此，在 $K > 1$ 的区域，混沌区与非混沌区相互交织在一起。

上述的 Arnold 舌头及其排列顺序可以很方便地用**法里树** (Farey tree) 产生。其操作为可以用两对不可约整数通过如下的分数加法规则 (法里加法) 产生新的舌头:

$$\frac{p}{q} \oplus \frac{p'}{q'} \equiv \frac{p+p'}{q+q'} \tag{1.4.14}$$

因此，用 0/1 和 1/1 作为种子，我们就可以利用上面的法里操作产生法里树，从而将所有的 Arnold 舌头产生出来，如图 1-21 所示。在法里树上，上一层的有理数舌头总是占据比下一层舌头大的区域，舌头出现的顺序严格由法里树自左向右的有理数排列决定。在 $|K| < 1$ 的区域中，Arnold 舌头之间的转数是无理数，对应于准周期运动。利用这个简单的圆映射，人们研究了从准周期到混沌的转变。圆映射有着丰富的动力学行为，有兴趣的读者可以参考相关书籍 [81]。

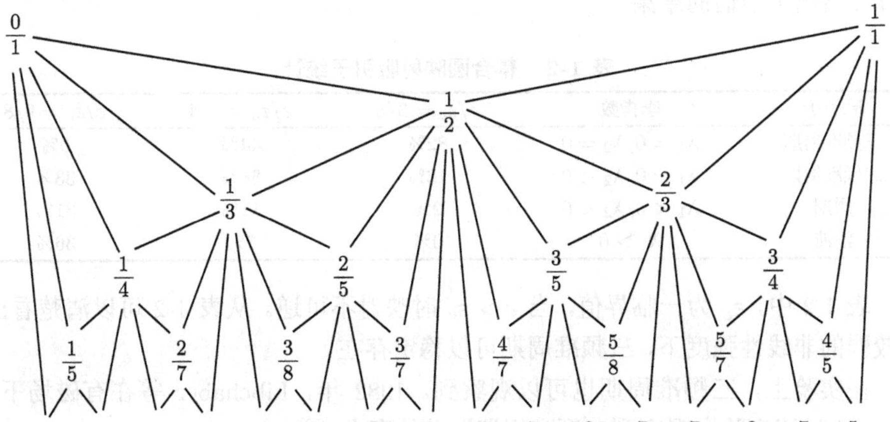

图 1-21 法里树

需要指出的是，Ruelle-Takens-Newhouse 机制只是说明三维环面是拓扑结构不稳定的，这并不意味着高维准周期环面不能稳定存在。1985 年，Grebogi，Ott 和 Yorke 通过数值计算表明，平滑的非线性扰动不一定会破坏三维准周期环面 [82]。他们研究了两个耦合的圆映射:

$$\begin{cases} \theta_{n+1} = \theta_n + \omega_1 + \varepsilon P_1(\theta_n, \phi_n), & \text{mod } 1 \\ \phi_{n+1} = \phi_n + \omega_2 + \varepsilon P_2(\theta_n, \phi_n), & \text{mod } 1 \end{cases} \tag{1.4.15}$$

其中 ε 为耦合强度 (同时也是非线性强度)，$P_{1,2}$ 为 θ_n 与 ϕ_n 的周期函数，$\omega_{1,2}$ 之

间是不可约的 (非公度)，且它们均为无理数，即不存在非零整数 p, r, q 使得

$$p\omega_1 + q\omega_2 + r = 0 \tag{1.4.16}$$

下面的讨论对

$$P_{1,2} = A_{r,s}\sin[2\pi(r\theta + s\phi + B_{r,s})] \tag{1.4.17}$$

傅里叶取和，在取和时只取整数对

$$(r, s) = (0, 1), (1, 0), (1, 1), (1, -1) \tag{1.4.18}$$

的项，即除此之外的系数

$$A_{r,s} = 0 \tag{1.4.19}$$

对于这个映射，Grebogi 等计算了耦合圆映射的头两个李指数 $\lambda_{1,2}$，在计算中随机选取 $\omega_{1,2}$,$A_{r,s}$ 和 $B_{r,s}$，最后统计 $\lambda_{1,2}$ 等于零、小于零及大于零的百分比。表 1-2 给出了他们的结果。

表 1-2　耦合圆映射吸引子统计

吸引子	李指数	$\varepsilon/\varepsilon_c = 3/8$	$\varepsilon/\varepsilon_c = 3/4$	$\varepsilon/\varepsilon_c = 9/8$
三频准周期	$\lambda_1 = 0, \lambda_2 = 0$	82%	44%	0%
二频准周期	$\lambda_1 = 0, \lambda_2 < 0$	16%	38%	33%
周期	$\lambda_1 < 0, \lambda_2 < 0$	2%	11%	31%
混沌	$\lambda_1 > 0$	0%	7%	36%

表 1-2 中，ε_c 为一临界值，当 $\varepsilon > \varepsilon_c$ 时映射不可逆。从表 1-2 可以清楚看出，在较弱的非线性强度下，三频准周期可以稳定存在。

在实验上，三频准周期也可以观察到。1982 年，Libchaber 等在有磁场下的 Bérnard 对流实验中观察到三频准周期运动的存在 [83]。

实际上，高维准周期总是可以存在的。一些较为平稳的扰动并不一定将其破坏。我们在第 2 章耦合相振子系统同步动力学的讨论中还要详细讨论这一点。顺便指出，高维准周期是可以稳定存在的，但高维准周期环面如何破裂进入混沌状态至今还是一个非常复杂的问题，这种机制的讨论至今仍在进行。这个方面的讨论与近年来对所谓 “奇异非混沌吸引子” 的讨论密切相关，有兴趣的读者可以参阅后面文献。

上面讨论了通向混沌的三种有代表性的道路。实际上，三种不同道路对应于不同的分岔机制。Feigenbaum 道路来源于系统的鞍结分岔，而 Pomeau-Manneville 道路与系统的切分岔直接联系。Ruelle-Takens-Newhouse 道路则来自于系统的 Hopf 分岔。这些分岔正如我们前面所指出的，对应于系统不同的对称性，且具有一定的

普适性。现在已经发现许多混沌产生的机制是这些基本机制的组合，从而可以观察到更为复杂的动力学。另外，考虑到时空系统，其出现时空混沌的机制则是探讨的热点，有许多问题亟待解决。

1.4.4 混沌内部的变化：危机

混沌吸引子内部的动力学也是很复杂的，这种复杂性潜藏于混沌运动内部而难以直接看到。例如，高维混沌和低维混沌通过时间序列或 Poincaré 截面甚至功率谱等简单手段是难以捕捉到的，混沌运动内部随参数变化所发生的分岔通过李指数谱或定义的相应指标是可以观察到的。我们在本书中会涉及这些。

一个很有趣且可以直接观察到的混沌吸引子变化的行为是**危机** (crisis) 现象，它是指混沌吸引子与一个共存的不稳定不动点或周期轨道发生碰撞时所出现的动力学行为 [71]。这种碰撞在很多情况下会导致混沌吸引子的突然变化，比如尺寸的突然改变，因而经常是可以直接看到的。危机现象的发生具有一定的普遍性，因而有很重要的研究价值。

一个很简单的例子是 Logistic 映象在周期 3 窗口发生的混沌吸引子突然膨胀的现象，如图 1-22 所示，系统存在一条不稳定周期 3 轨道，当它在 $a = a^*$ 处与系统的混沌吸引子相交时，系统一下子变成大范围的混沌运动，三片不相连的混沌区连在一起。根据不同的分岔类型，危机也分为多种，这里就不再详述。

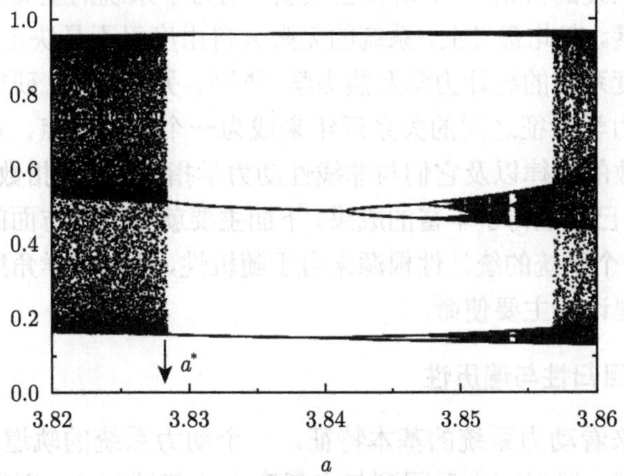

图 1-22 Logistic 映象中的危机

1.5 混沌动力学的统计描述

我们在前面讨论了非线性系统混沌动力学的一些主要特征。混沌行为所表现出来的类随机性行为使人直接联想到统计物理学及其相关问题。历史上，物理学家对非线性动力学研究的动机之一正是来自于对统计力学的微观基础深刻理解的努力。我们知道，统计力学的研究对象 —— 热力学系统一个根本的特点是，热力学过程通常具有不可逆性，这种不可逆特性在宏观热力学层面由第二定律给予很好的诠释，而其微观动力学根源从统计力学建立之初就是一个古老而重要的问题。

在牛顿力学的框架下，系统概率分布的演化是可逆的 (Liouville 定理)。19 世纪，Boltzmann 推导出稀薄气体单体约化概率分布随时间演化的方程，并在此基础上引入单粒子熵函数，证明了该函数时间行为的单调性，从而推导出 H 定理 (不可逆性)。但由于他在推导过程中引入了一些假设，因而这个定理受到了当时一些物理学家的攻击 [59]。为了从动力学上解释这个定理，Boltzmann 提出了遍历性假说。尽管物理学家关于此问题的重要性至今尚有争议，其意义在混沌动力学研究开展几十年以来已不言自明。在此之前，遍历性问题主要是数学家讨论的课题。到目前为止，通过物理学家和数学家的深入探索，关于统计物理基础的问题已有一部分清楚的答案，遍历性理论也不仅仅是数学家的研究对象，它也为物理学家理解热力学系统中的许多问题 (如相变、玻璃态系) 提供了新的启示。例如，遍历性破缺是相变理论中的原有概念 —— 对称性破缺的推广，它可以解释更多的相变行为 [84]。

自 Boltzmann 提出遍历性概念以来，20 世纪的研究使人们对动力学系统的统计特征有了更深的理解，在此期间不同概念被提了出来 [85]。遍历性理论架起了从动力学向统计过渡的桥梁 [58]。研究已表明，动力学系统的全局性混沌是系统统计成立的根本要素。在此意义上，系统的无限大自由度已不是决定性的因素。人们已建立了少自由度系统的统计力学及热力学 [58,59]。另一方面，研究热力学的非平衡性质与微观动力学特征之间的关系近年来成为一个新的热点，人们探讨了热力学系统的输运系数的规律以及它们与非线性动力学指数 (如李指数、KS 熵、分维等) 之间的关系，并已经取得了丰富的成果。下面主要就第一个方面的问题进行一些基本讨论。任何一个系统的统计性根源来自于随机性，从动力学角度来寻求随机性的起源是遍历性理论的主要使命。

1.5.1　动力学回归性与遍历性

首先我们来看动力系统的基本特征。一个动力系统的轨道若从相空间 Γ 中一点出发，经过一段时间之后回到起点任意小的邻域 $\Delta\Gamma$，则称该系统是**回归的** (recurrent)，称为 **Poincaré 回归定理**。根据 Poincaré 回归定理，一个系统的相点经过一个有限回归时间后会与其邻域擦肩而过。

动力学的回归性是一般动力系统都具有的特征，因而就随机性而言是很弱的。例如，哈密顿系统中的周期运动轨道仅仅是在相空间局部的规则运动，这样的运动是完全回归性的，而规则运动没有任何随机性可言，更谈不上统计特征。

要进一步讨论轨道的随机性，需要进一步深入挖掘各种随机性更强的动力学特征，其中最简单而又首要的问题就是系统运动的遍历性，即系统从相空间 Γ 中任何一点出发 (排除测度为零的特殊点) 长时间后演化是否可以遍及相空间 Γ 上几乎所有区域。如果满足，则称系统在 Γ 上是**遍历**或**各态历经** (ergodic) 的。

历史上，Boltzmann 为了把统计力学完全建立在力学的基础上，提出了如下的各态历经 (遍历性) 假设 (ergodic hypothesis)：对于孤立的多粒子保守力学体系，只要时间足够长，体系从任一始态出发的时间演化都将经过等能量面上的一切微观状态，即该体系的相点可以沿着在相空间中的一条轨迹遍及等能面上的所有相点。但是，对于高维相空间，数学上可以证明，一条相轨迹不可能覆盖整个能量曲面。后来，Paul Enrenfest 把遍历性假设修正为准遍历性假设 (quasi-ergodic hypothesis)，即一个力学体系在足够长时间的运动中，它的代表点可以无限接近等能面上的任意代表点。Birkhoff 则建立了判断系统是否满足遍历性的判据，称为遍历性原理。

对于定义于相空间 Γ 的动力系统 $\boldsymbol{x}(t)$，我们关心与该系统动力学相关的任一函数 $f(\boldsymbol{x})$ 的平均值的计算。对函数的平均可以有两种计算方式，一种是在系统相空间中跟踪系统的动力学轨道演化进行平均，称为**时间平均**

$$\overline{[f(\boldsymbol{x})]_T} = \frac{1}{T}\int_t^{t+T} f(\boldsymbol{x}(t'))\mathrm{d}t' \tag{1.5.1}$$

另一种是对于函数 $f(\boldsymbol{x})$ 在相空间的平均，亦称为**系综平均**

$$\langle f(\boldsymbol{x})\rangle_S = \int_\Gamma f(\boldsymbol{x})\mathrm{d}\Gamma \tag{1.5.2}$$

需要指出，上述两种平均的结果不一定相同。如果长时间极限下上述两种平均相等，即

$$\langle f(\boldsymbol{x})\rangle_t \equiv \lim_{T\to\infty} \overline{[f(\boldsymbol{x})]_T} = \langle f(\boldsymbol{x})\rangle_S \tag{1.5.3}$$

则称系统 $\boldsymbol{x}(t)$ 在 Γ 上是**遍历**的。

系统动力学的遍历性隐含着一层含义，即系统的相空间 Γ 不能够分解成多个动力学不变子空间，即

$$\Gamma \neq \Gamma_1 \cup \Gamma_2 \tag{1.5.4}$$

使得

$$\boldsymbol{T}\Gamma_i = \Gamma_i, \quad i = 1, 2 \tag{1.5.5}$$

其中 $\boldsymbol{T}$ 为时间平移操作算符。否则，如果相空间可以分解为多个动力学不变子空间，从其中一个子空间的运动将只会限制在该空间中而不能遍及其他区域，使得运动不能在整个相空间达到遍历。

有关遍历性的一个最简单例子就是图 1-23(a) 所示的粒子在二维环面上的自由运动，垂直于表面剖面和沿着轮胎方向都是圆，设各自一圈的角度均为 1，则可以将环面展开在 1×1 的二维平面 $\boldsymbol{x} = (x_1, x_2)$ 上 (图 1-23(b))。若粒子运动的两个频率 ω_1，ω_2 之间不可约 (非公度)，粒子运动就可跑遍整个环面，满足遍历性；当两个频率比值为有理数时，粒子做周期运动而不能遍历整个环面。可以利用上述遍历性的定义来对这个简单运动的遍历性进行证明 [86]。

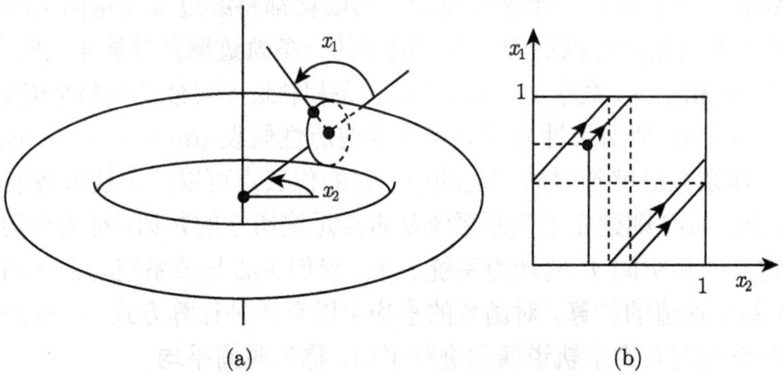

图 1-23　系统在二维环面上做准周期运动的示意图

(a) 粒子在二维环面上的自由运动；(b) 可以将环面上的运动展开成在二维平面上的匀速直线运动

需要说明的是，尽管图 1-23 在非公度频率情况下运动是遍历的，它却并不具有随机性。设想一个初始的 "波包" 从相空间的某一点出发，由于动力学的非随机性，在任何时刻这个波包都不会散开，波包将在演化过程中保持聚集的形状。这意味着如果将该过程反演，系统将完全回到初始状态。因此，仅满足遍历特点的系统不具备统计意义上的不可逆性。动力系统要满足统计上的不可逆，其演化过程需要有一定的不稳定因素或遗忘机制。下面将提到的 "混合" 机制就是其中之一。

1.5.2　动力学不可逆：混合性

遍历性给出了动力学系统与统计性相关的第一步，它要求一个具有统计性的动力学系统至少应在演化过程中遍历约束条件 (如等能、等总动量等条件) 许可的所有可能状态，以保证沿轨道的长时间平均与对相空间所有微观状态的系综平均相等。然而，动力学系统的单纯遍历性只能保证力学量计算两种平均的等价性，而不能给出系统大量代表点演化时的各种特征行为，如不可逆性。系统的不可逆性意味着在统计意义上存在信息记忆的丧失机制。要讨论这种遗忘机制，就需要利用时间关联函数来阐述。

对于一个动力学系统 $\boldsymbol{x}(t)$ 的任意两个可积函数 $f(\boldsymbol{x})$ 和 $g(\boldsymbol{x})$，它们之间的时间关联函数可以定义为

$$c(f,g;T) = \langle f(\boldsymbol{x}(t))g(\boldsymbol{x}(t+T))\rangle - \langle f(\boldsymbol{x}(t))\rangle \langle g(\boldsymbol{x}(t))\rangle \tag{1.5.6}$$

其中 $\langle\cdot\rangle$ 为系统的系综平均。这里需要注意系综的取法，它是在系统的力学相空间取大量代表点作为系综的单元，之后系综随时间的演化就是所有这些代表点出发按力学规律的演化。对时间离散的动力系统，关联函数则变为

$$c(f,g;T) = \langle f(\boldsymbol{x}_i)g(\boldsymbol{x}_{i+T})\rangle - \langle f(\boldsymbol{x}_i)\rangle \langle g(\boldsymbol{x}_i)\rangle \tag{1.5.7}$$

如果关联函数随时间 T 增加而减小，且在长时间后关联衰减为零，即

$$\lim_{T\to\infty} c(f,g;T) = 0 \tag{1.5.8}$$

那么我们称这个动力系统的流 $\boldsymbol{x}(t)$ 是**混合**的 (mixing)。

混合性保证了一个力学函数的平均值在 $t\to\infty$ 极限下趋于定值。以哈密顿系统

$$H(\boldsymbol{x}) \equiv H(\boldsymbol{p},\boldsymbol{q}) = E \tag{1.5.9}$$

为例，令式 (1.5.6) 中

$$g(\boldsymbol{x}) = \rho(\boldsymbol{x},t) \tag{1.5.10}$$

为非定态概率密度，则物理量 $f(\boldsymbol{x})$ 的平均值为

$$\langle f\rangle(t) = \int_{H=E} f(\boldsymbol{x})\rho(\boldsymbol{x},t)\mathrm{d}\sigma \tag{1.5.11}$$

其中 $\mathrm{d}\sigma$ 为等能面的面元。如果在长时间后 $\rho(\boldsymbol{x},t)$ 趋于定态分布，在微正则系综下，其定态分布为等概率分布

$$\rho_e = [\Sigma(E)]^{-1} \tag{1.5.12}$$

其中 $\Sigma(E)$ 为哈密顿系统在等能面上的微观状态数，则 $f(t)$ 趋于物理量 $f(\boldsymbol{x})$ 在定态上的平均值，即

$$\lim_{t\to\infty}\langle f\rangle(t) = \int_{H=E} f(\boldsymbol{x})\rho_e(\boldsymbol{x})\mathrm{d}\sigma = \left[\int_{H=E} f(\boldsymbol{x})\mathrm{d}\sigma\right]/\Sigma(E) \tag{1.5.13}$$

关联函数在经历长时间后逐渐趋于零，意味着系统对初始状态记忆的消失。正是这种对初始记忆的遗忘机制，使混合系统的流表现出不可逆性质。一个具有各态历经流的系统，如果不是从某一个平衡态出发，并不必然达到平衡态。要演化到平衡态，至少要附加混合性质。

这里有一点必须要强调，由混合性给出的趋于定态的效果是“粗粒” (coarse-grained) 而不是“细粒” (fine-grained) 意义上的。混合流会把任意初始概率分布在

相空间内展开，概率密度随着流的运动，在一个移动相点所处流块中的邻域内是不变的 (Liouville 定理)，而在一个固定相点的有限邻域进行平均则是变化的。这一点和水与咖啡混合时的行为有些相似。

一个典型的满足混合性的例子是**面包师变换**。考虑一个在二维相空间 $\boldsymbol{x}=(x_1, x_2)$ 中单位面积的保体积映射：

$$\boldsymbol{U}(x_1,x_2)=\begin{cases}(2x_1,\ x_2/2), & x_1\in[0,1/2)\\ (2x_1-1,\ (x_2+1)/2), & x_1\in[1/2,1]\end{cases} \tag{1.5.14}$$

在 $\boldsymbol{x}=(x_1, x_2)$ 平面上 $\boldsymbol{U}$ 的操作是将平面在垂直方向一分为二，然后如图 1-24 中 (a) 到 (b) 那样把两个分区水平地重折安置。以后的每次 $\boldsymbol{U}$ 操作重复这一过程，如图 1-24(c) 和 (d) 所示。该变换的雅可比矩阵行列式很容易证明等于 1，说明面包师变换是保体积的。系统动力学是可逆的，逆变换为

$$\boldsymbol{U}^{-1}(x_1,x_2)=\begin{cases}(x_1/2,\ 2x_2), & x_1\in[0,1/2)\\ ((x_1+1)/2,\ 2x_2-1), & x_1\in[1/2,1]\end{cases} \tag{1.5.15}$$

可以证明 [86]，在长时间后的约化分布

$$\phi_n(x_1)=\int_0^1 \rho_n(x_1,x_2)\mathrm{d}x_2 \tag{1.5.16a}$$

在任意初始分布情况下均趋向于均匀分布，

$$\lim_{n\to\infty}\phi_n(x_1)=1 \tag{1.5.16b}$$

显示出系统演化的不可逆性，并在粗粒化意义下趋于平衡态。

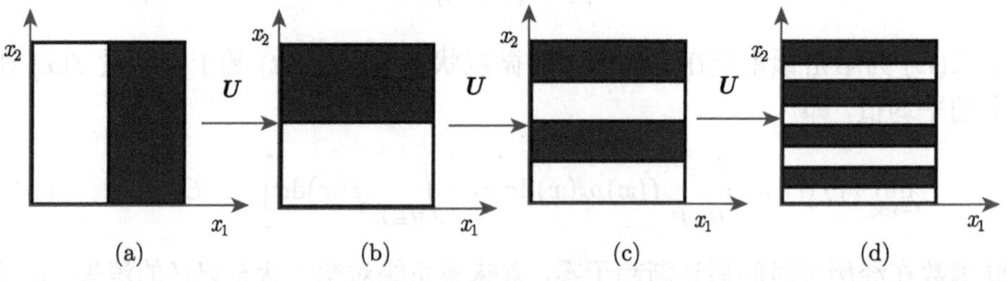

图 1-24　面包师变换

变换的操作在 x_1 方向拉伸，然后将超出原区域的部分在 x_2 方向上进行折叠

在混合性的定义中要求关联函数随时间趋于零，但没有对其趋于零的方式提出具体要求。实际上，关联函数趋于零的速度 (即初始信息丧失的速度) 对于不同的混合系统是不同的，有的可能是较慢的幂律，有的可能是快速的指数衰减规律，

更多的则是更为复杂的规律。幂律衰减被称为长时尾行为，它在许多系统中都可以观察到。

一个混合系统必然是遍历的，而反过来，遍历的系统并不一定是混合的。一个具有混合性质的“相液滴”的运动是非常复杂的。根据 Liouville 定理，在运动中，相体积要守恒，那么这个“液滴”内的相体积该如何历经整个等能面相空间将取决于组成“液滴”的各部分的延展变薄的机制。如果系统是各态历经但不具有混合性，在系统某代表点邻近区域的代表点的轨道遍历等能面的各个相区域时，原邻域内的代表点在运动中仍然会保持相邻的状态。而与此对比，一个既各态历经又混合的系统，在同样区域的代表点在遍历等能面各相区域时，原邻域内的代表点在运动中不再保持相邻状态，随着运动时间增加，这些代表点会“无孔不入”地进入等能面上的所有具有有限测度的相区域中 [86]。

我们还可从关联函数的谱密度区分混合与不混合的遍历轨道。定义谱密度 $R(\omega)$ 为

$$R(\omega) = \int_{-\infty}^{+\infty} R(t)\mathrm{e}^{\mathrm{i}\omega t}\mathrm{d}t \tag{1.5.17}$$

从关联函数的谱密度 $R(\omega)$ 来看，一个遍历但不混合的系统具有离散的谱

$$R(\omega) = \sum_k \omega_k \delta(\omega - \omega_k) \tag{1.5.18}$$

而满足混合性的系统的谱则是连续的。

1.5.3 动力学不稳定：Kolmogorov 系统

遍历性从系综平均与时间平均相等的角度给出了一个系统动力学的统计性质。时间平均意味着沿一条动力学轨道的平均，但其与系综平均相等的深层机制则没有说明。混合性虽然用关联函数衰减的性质说明了相空间流块的混合性质，但也没有给出其动力学机制。我们在前面看到面包师变换的特点，它直观地给出了混合性质应来源于动力学特征，该系统变换的拉伸和折叠特征预示着系统轨道的不稳定性或随机性。这种随机性必然为统计性提供内在的依据。下面将会看到，系统动力学的随机性既可以定义在整体结构上，也可以定义在轨道上。

以下我们来分析保守系统在相空间的演化特征，以此来引入 KS 熵。首先由 Boltzmann 关系

$$S = k_{\mathrm{B}} \ln W$$

引进热力学熵，其中 W 为宏观态对应的微观态数。取相空间的一个小体元 $\Delta\Gamma$，并令每个相格具有单位相体积，则微观态数为 $W = \Delta\Gamma$。取自然单位 $k_{\mathrm{B}} = 1$，有

$$S = \ln \Delta\Gamma \tag{1.5.19}$$

根据 Liouville 定理，保守系统的相体积在运动中守恒，因此按照式 (1.5.19)，S 为绝热不变量。但另一方面，对于一个哈密顿系统来说，由于相空间中的运动可以是高度复杂甚至是“混沌”的，因此尽管 $\Delta\Gamma$ 的总体积不变，但其形状会变得非常复杂，可以呈现出包含大量孔洞的海绵形状，从而渗透进大得多的相体积的范围内，如图 1-25 所示。如果我们从粗粒化的角度以有限大小的精度对其相体积进行测量，对系统测量得到的“相体积”就会由于将大量孔洞计入而变大。利用局域指数不稳定性的概念，将粗粒化测量的“相体积”写为

$$\overline{\Delta\Gamma(t)} = \Delta\Gamma_0 \mathrm{e}^{ht} \tag{1.5.20}$$

其中 $\Delta\Gamma_0$ 为系统的初始相体积，h 为膨胀指数。这样看起来系统的“状态数”也相应增加，相对应的粗粒化“熵”则为

$$\bar{S} = \ln \overline{\Delta\Gamma(t)} = ht + \ln \Delta\Gamma_0 \tag{1.5.21}$$

设 ε 为粗粒化的精度 (测量精度)。显然过小的 $\Delta\Gamma_0 < \varepsilon$ 的相体积无法在 ε 精度下区分。因此可以设最小初始相体积 $\Delta\Gamma_0 = \varepsilon$，这样

$$\bar{S} \equiv ht + \ln \varepsilon \tag{1.5.22}$$

用式 (1.5.22) 可定义体系的 **KS 熵**为

$$h = \lim_{\varepsilon\to\infty} \lim_{t\to\infty} \frac{1}{t} \ln \overline{\Delta\Gamma(t)} = \lim_{\varepsilon\to 0} \lim_{t\to\infty} \frac{1}{t}(ht + \ln \varepsilon) \tag{1.5.23}$$

注意上面取极限的顺序不可调换。这样，如果式 (1.5.23) 的极限值存在且唯一，则 h 就是系统的一个测度不变量，即是不依赖于粗粒化方式的物理量 [59]。

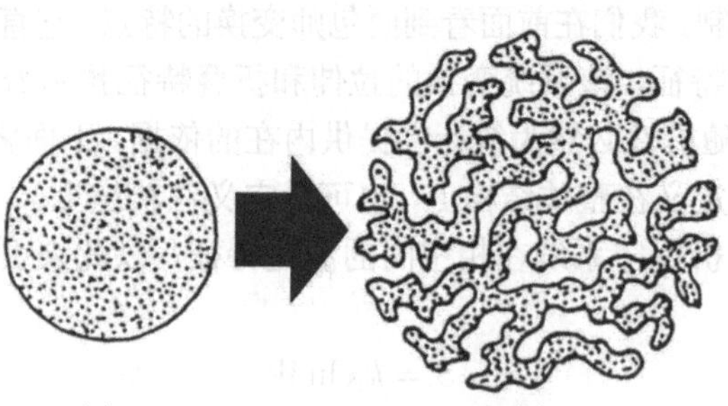

(a)　(b)

图 1-25　相空间体元随时间的演化

初始规则的相体元随时间演化其形状会变得非常复杂，可呈现出包含大量孔洞的海绵形状，导致粗粒化的相体积增大

上述的讨论表明，如果只能以一种固定的精度来区分相空间的轨道，那么在该精度下，随着轨道向前演化，由于混沌轨道附近的指数不稳定性，原来在精度以下无法区分的轨道随时间演化就会被指数放大到超过精度尺寸后而区分离开。这意味着原先在精度以下没有的信息会由于混沌运动而产生，即所谓的“**混沌创造信息**”。另一方面，正是因为存在这种信息的产生，给定任意有限小的测量精度，在足够长时间的演化后，系统的轨道和信息就不能被有限精度的测量所预言，系统长时间演化的状态就成为完全随机的结果，这就是混沌运动的基本特征。式 (1.5.23) 引入的 KS 熵正是描述了混沌轨道随时间演化信息的产生率，在 $t \to \infty$，$\varepsilon \to 0$ 的极限下，KS 熵收敛到有限值，反映了这种信息平均产生率是一个拓扑不变量。

由定义可以看出，KS 熵给出了系统在相空间进行粗粒化时不稳定性的一种描述。按照上述方法定义的 h 对于不同的动力系统而言可能小于零，也可能大于零。当一个动力学系统的 KS 熵满足 $h > 0$ 时，该系统称为 **Kolmogorov 系统**，简称 **K 系统或 K 流** [59]。

实际上，满足 K 流性质的系统就是前面所讨论的混沌系统。虽然 1.2 节中的李指数是对于运动轨道的不稳定性来定义的，而这里 KS 熵反映的是相空间整体的不稳定性，但由于它们都反映系统的不稳定性，二者之间必然存在一定的关系。对哈密顿系统来说，Piesin 和 Sinai 于 1977 年提出了如下定理 [87]：设 N 维哈密顿系统的李指数谱为 $\lambda_1 > \lambda_2 > \cdots > \lambda_N$，令 $\{\lambda_i(\boldsymbol{x})\}$ 为从相空间等能面上的小区域 $\boldsymbol{x} \to \boldsymbol{x} + \mathrm{d}\boldsymbol{x}$ 处出发的轨道的李指数，如果在系统等能面 $H(\boldsymbol{x}) = E$ 上引入李指数的点密度

$$\rho(\boldsymbol{x}) = \sum_{i=1}^{N-1} \lambda_i(\boldsymbol{x}) \tag{1.5.24}$$

则系统的 KS 熵为

$$h(E) = \left(\int_{\Gamma_E} \rho(\boldsymbol{x}) \mathrm{d}\boldsymbol{x} \right) \Big/ \left(\int_{\Gamma_E} \mathrm{d}\boldsymbol{x} \right) \tag{1.5.25}$$

式中 Γ_E 为整个等能面。对于最简单的 $N = 2$ 情况，

$$\rho(\boldsymbol{x}) = \lambda_1(\boldsymbol{x})$$

如果二维哈密顿系统满足或接近各态历经，则系统的 KS 熵就等于系统的最大李指数。

1.5.4 动力学双曲性：Anosov 系统

K 系统只要求相空间中整体有正的 KS 熵，而对系统相空间不同部分的具体运动特点没有涉及。下面介绍一种在相空间全局都呈现指数不稳定性的系统，称为**双曲动力系统** (hyperbolic dynamic system) 或 **Anosov 系统**，它比一般的 K 系统

随机性更强 [88]。为简便起见，我们以二维映象系统为例，在相空间 Γ 中的动力学由下面的映象给出：

$$\boldsymbol{x}_{n+1} = \boldsymbol{T}\boldsymbol{x}_n \tag{1.5.26}$$

下面考虑映射 (1.5.26) 的切空间 $\boldsymbol{M}$。对式 (1.5.26) 进行变分，可以得到

$$\delta\boldsymbol{x}_{n+1} = \boldsymbol{M}\delta\boldsymbol{x}_n \tag{1.5.27}$$

这里

$$M_{ij} = \partial x_i / \partial x_j \tag{1.5.28}$$

为雅可比矩阵元。给定相空间中的任意一个点 $\boldsymbol{x}_0$，雅可比矩阵 $\boldsymbol{M}$ 给出了线性化映射 (1.5.27) 的一组线性关系，$\delta\boldsymbol{x}$ 为切空间的矢量。定义矢量 $\delta\boldsymbol{x}$ 的模 $|\delta\boldsymbol{x}|$，如果

$$K = \frac{|\delta\boldsymbol{x}_{n+1}|^2}{|\delta\boldsymbol{x}_n|^2} = \frac{|\boldsymbol{M}\delta\boldsymbol{x}_n|^2}{|\delta\boldsymbol{x}_n|^2} > 1 \tag{1.5.29}$$

则称矢量 $\delta\boldsymbol{x}$ 是拉伸的；反之，若 $K < 1$，则称矢量 $\delta\boldsymbol{x}$ 是收缩的。由所有拉伸矢量构成的空间记为 Γ^+，由所有收缩矢量构成的空间记为 Γ^-。如果以下的条件都满足: (a) 收缩矢量非零子空间 Γ^- 与拉伸矢量非零子空间 Γ^+ 构成系统整个容许的相空间，即

$$\Gamma = \Gamma^+ + \Gamma^- \tag{1.5.30}$$

(b) 收缩或拉伸 $\delta\boldsymbol{x}$ 在 $\boldsymbol{T}$ 映射下各自保持不变，即

$$\boldsymbol{T}\Gamma^{\pm} = \Gamma^{\pm} \tag{1.5.31}$$

则称此系统为 **Anosov 系统**。

上述对 Anosov 系统的定义从数学上说明了两层含义: 一方面，条件 (a) 说明了给定相空间中的任意一个点 $\boldsymbol{x}_0$ 都是双曲点，即每一个点都由稳定流形和不稳定流形构成，没有中心流形；另一方面，条件 (b) 则说明了系统相空间中的所有双曲点的拉伸和收缩子流形各自构成不变子空间，即系统的切空间 $\boldsymbol{M}$ 是稳定流形子空间 E^s 和不稳定流形子空间 E^u 的直和：

$$\boldsymbol{M} = E^s \oplus E^u \tag{1.5.32}$$

由于 Anosov 系统相空间任意一点都是双曲点，其动力学行为无疑具有非常强的随机性，因为系统在相空间的任何一点都是局域不稳定的，这将导致一条轨道随时间的随机演化。

满足 Anosov 条件的系统有不少，其中典型的是一个单位质量的粒子在闭合的二维负高斯曲率表面上沿测地线的运动。另外一个熟知的例子是 Arnold 猫变换 (Arnold's cat map)，又称 Anosov 映射：

$$\begin{cases} x_{n+1} = x_n + y_n, & \mod 1 \\ y_{n+1} = x_n + 2y_n, & \mod 1 \end{cases} \tag{1.5.33}$$

如图 1-26 所示，式 (1.5.33) 的映射取模 1 意味着这是一个在二维环面 $(0,1)\times(0,1)$ 上的映射。由于变换矩阵

$$\boldsymbol{T} = \begin{pmatrix} 1 & 1 \\ 1 & 2 \end{pmatrix} \tag{1.5.34}$$

的行列式

$$\det|\boldsymbol{T}| = 1 \tag{1.5.35}$$

因而该映射是保面积的。由于映射 (1.5.33) 是线性映射，因此其切空间矢量的映射雅可比矩阵

$$\boldsymbol{M} = \boldsymbol{T} \tag{1.5.36}$$

且相空间的任意一点都具有完全相同的雅可比矩阵，该矩阵的两个本征值为

$$\lambda_1 = (3+\sqrt{5})/2, \quad \lambda_2 = \lambda_1^{-1} < 1 \tag{1.5.37}$$

所以 $\boldsymbol{T}^n(n=1,2,3,\cdots)$ 的所有不动点都是双曲点，故 Arnold 猫变换系统是 Anosov 系统。注意，Anosov 系统满足所有前面提到过的动力学特征，如回归、遍历、混合、K 流等。顺便在这里指出，前面讨论的面包师变换 (1.5.14) 也是一个 Anosov 系统，具有强混沌性。Anosov 系统的双曲点构成不变点集，该不变点集可以是吸引子，也可以是非吸引性的，上述的 Arnold 猫变换就是非吸引性的不变集。

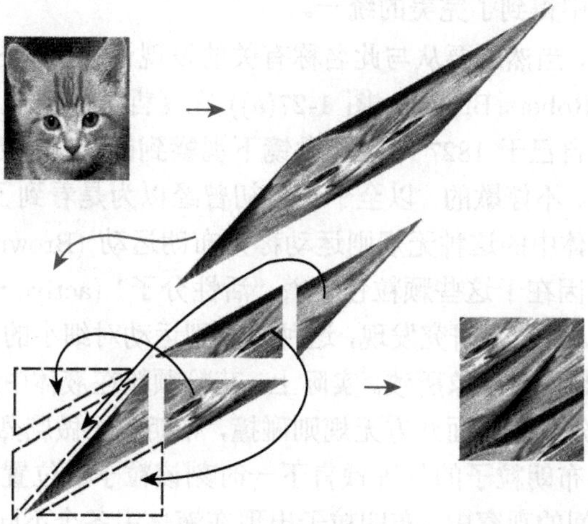

图 1-26 Arnold 猫变换的一步变换过程示意图

可拆成两个子步骤，首先沿对角线方向拉伸，然后将超出原正方形相空间区域的部分按照子图箭头的示意折叠回去

1.6　随机运动的统计物理学

上面关于混沌动力学的讨论赋予我们一个重要结论，在确定性描述的世界里，由于系统的非线性和动力学的不稳定性，运动依然可以是随机的。另外，由于我们所处世界的高度复杂性，虽然可以找到一部分确定性的因素，但仍然有相当多无法确定描述的因素，这些不确定因素 (条件组) 也会导致运动的随机性 (stochasticity)。在现实世界里，对随机的理解人们大多赋以 “噪声”(noise) 的称呼，而前面其实已经从非线性动力学角度揭示了噪声的物理起源。在对噪声的处理方法上，人们可以采用统计物理的方法进行研究。本节将着重考虑噪声作为一种随机的驱动力对系统的作用，物理上称其为随机力 (stochastic force)。这联系着物理世界里对布朗运动的理解和阐述 [89,90]。

1.6.1　从布朗运动谈起

布朗运动的发现是人们在认识从微观到宏观的道路上重要的突破，而由此带来的革命性进展是始料未及的，它带动了从物理学到自然科学几乎所有分支乃至于人文社会科学诸多领域的发展。当然，布朗运动的研究首先带来了统计物理学的阶段性发展，以至于统计物理学作为一门区别于物理学其他专门门类的、既是理论又是方法论的学科不断焕发出新的活力 [91]。对此进行一下简单回顾是颇有裨益的，毕竟决定论和随机论共同决定了物理学大厦的建成，这两件看起来水火不容的事在布朗运动研究中得到了完美的统一。

提到布朗运动，当然就要从与此名称有关的发现说起。1828 年和 1829 年，英国植物学家布朗 (Robert Brown) (图 1-27(a)) 在《哲学》杂志上发表了两篇文章 (图 1-27(b))，描述自己于 1827 年在显微镜下观察到的花粉颗粒在液体中的运动，这种运动是无规则、不停歇的，以至于他最初曾经以为是看到了生命运动 [92]。人们后来把颗粒在液体中的这种无规则运动称为布朗运动 (Brownian motion)。布朗最初认为运动的原因在于这些颗粒包含着 “活性分子” (active molecules)，而与所处的液体没有关系。进一步研究发现，这种无规则运动对细小的有机和无机颗粒均存在，因而它并不是生命现象所致。实际上，花粉颗粒在液体中的混乱运动正是来自于液体。由于水分子从四面八方无规则碰撞，布朗粒子做剧烈的无规则运动，要想从某一时刻已知布朗粒子的位置预言下一时刻该粒子的位置与速度是完全不可能的。然而在长时间的观察中，布朗粒子出现在液体中各个不同部分的可能性 (即概率) 是完全可以确定的。

事实上，布朗并不是观察到这类运动的第一人。例如，显微镜制作者列文胡克做过大量的观察。更早的记载可追溯到古罗马诗人和哲学家 Titus Lucretius Caru

的哲理长诗《物性论》(*On the Nature of Things*) 对灰尘粒子布朗运动进行了描述，用来证实原子的存在。

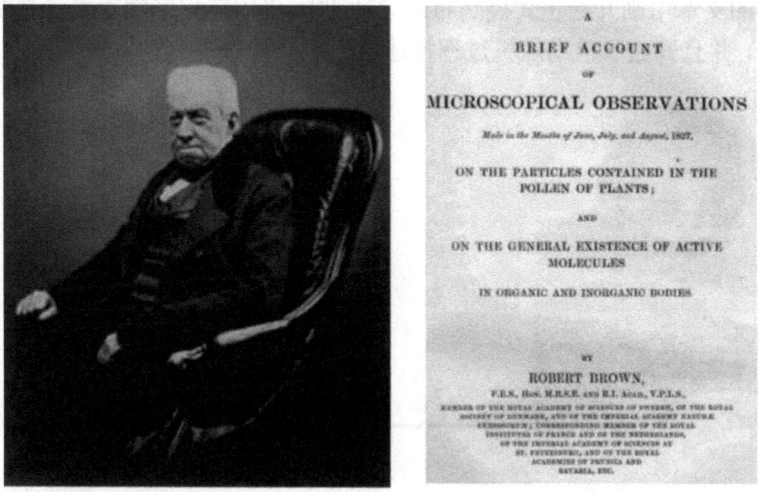

(a) (b)

图 1-27 Robert Brown (a) 及其 1828 年和 1829 年发表的关于布朗运动的论文 (b)

爱因斯坦 (Albert Einstein，1879—1955) (图 1-28(a)) 在 1901~1905 年间致力于博士学位论文研究，他在 1905 年发表的第一篇文章 ——《分子大小的新测定》[93] 就基于其博士学位论文。爱因斯坦考察了液体中悬浮粒子对渗透压的贡献，把流体力学方法和扩散理论结合起来，得到扩散方程

$$\partial\rho/\partial t = D\partial^2\rho/\partial x^2 \tag{1.6.1}$$

其解为

$$\rho(x,t) = \frac{\rho_0}{\sqrt{4\pi Dt}}\mathrm{e}^{-x^2/(4Dt)} \tag{1.6.2}$$

如图 1-28(b) 所示。根据此密度函数可以求得分子运动的方均位移为

$$x^2 = 2Dt \tag{1.6.3}$$

扩散系数联系着温度

$$\langle x^2/(2t)\rangle = D = \mu k_{\mathrm{B}}T = \mu RT/N = RT/(6\pi\eta rN) \tag{1.6.4}$$

建议了测量分子尺寸和 Avogadro 常量的新办法。这样的研究同布朗运动发生关系是很自然的。然而，他在 1906 年 5 月撰写的第二篇论文的题目并没有提及布朗运动 [94]。这篇题为“热的分子运动论所要求的静止液体中悬浮小粒子的运动”的文

章，一开始就说:“可能，这里所讨论的运动就是所谓的布朗分子运动; 可是，关于后者我所能得到唯一的资料是如此不准确，以致在这个问题上我无法形成判断。” 他在其后的文章中则开始正式提到布朗运动 [95]。爱因斯坦确实建立了布朗运动的分子理论，并且开启了借助随机过程描述自然现象的数理科学发展方向。

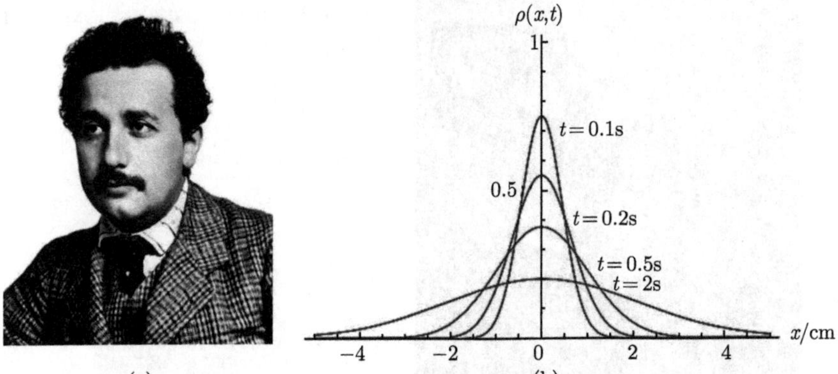

(a)　(b)

图 1-28　(a) 年轻时期的爱因斯坦; (b) 密度函数随时间的演化

爱因斯坦并没有因为布朗运动理论而得到诺贝尔奖，但法国物理学家 Jean Baptiste Perrin 却因为 1908 年以来证实爱因斯坦理论的实验研究获得了 1926 年的诺贝尔物理学奖 [96]。获奖说明是 “为了他关于物质离散结构特别是沉积平衡的发现”。当时布朗运动实验的主要意义在于它证明了分子的存在，并且提供了测量 Avogadro 常量的一种新办法。沉积平衡的直观实例发生在超速离心机中。在高速旋转的处于水平位置的试管里，大小不同的颗粒在离心力作用下沿径向往外运动，越往外离心力也越大，但所受到的液体黏滞阻力也越大，于是在一定半径处达到平衡。有趣的是，同年的诺贝尔化学奖颁给了瑞典人 Theodor Svedberg，理由是 “为了他关于弥散系统的工作”，而 Svedberg 的诺贝尔奖演讲题目却是 “超速离心机”。沉降系数 S 又称 Svedberg 单位，并没有因为 Perrin 而改用 P。

需要指出的是，早在 1855 年，物理学家 Fick 就提出了扩散定律 [97]，即物质流大小正比于物质在空间的浓度梯度:

$$\boldsymbol{j} = -K\nabla n \tag{1.6.5}$$

将 Fick 扩散定律与连续性方程

$$\frac{\partial n\,(x,t)}{\partial t} = -\nabla\cdot\boldsymbol{j}\,(x,t) \tag{1.6.6}$$

相结合即可得到爱因斯坦的扩散方程 (1.6.1)。

另一方面，与大量观察和实验研究几乎同期，科学家们构建随机运动理论的努力一刻也没有停止。实际上，爱因斯坦的工作并不是关于布朗运动理论最早的研究。真正揭示布朗运动背后的数学的第一人是丹麦天文学家及数学家 Thorvald N. Thiele，他于 1880 年在一篇关于最小二乘法的文章中讨论了此问题 [98]。而与随机运动相关的另一个领域来自于 19 世纪末 20 世纪初的经济领域，特别是早期的股票期权市场。人们已经发现股指和期指的随机涨落。1900 年，Poincaré 的学生 Louis Bachelier 在其博士学位论文 *The theory of speculation* 中提出了一套关于股票期指市场的随机分析方法 [99]。Boltzmann 与 Stefan 的学生 Marianvon Smoluchowski 于 1906 年也提出了一套关于随机问题的解，以此间接证实了布朗运动 [100]。

法国物理学家 Paul Langevin 于 1908 年写出了单个粒子在“随机力” $F(t)$ 作用下的“牛顿方程”，这是历史上第一个随机微分方程 [101]。Langevin 方程肇始了整个随机微分方程的数学理论，线性的 Langevin 方程后来结合各种应用被大范围地推广。1914 年和 1917 年，Adriaan Fokker 与 Max Planck 分别得到了布朗粒子运动的概率分布函数演化方程 (称为 Fokker-Planck 方程) [102,103]，而后来在 1931 年，Andrey Kolmogorov 也得到类似方程 [104]。需要说明的是，对于自由布朗运动粒子，满足的分布函数就化为扩散方程。爱因斯坦 1905 年的论文中还提出了摩擦系数和涨落力的关系，这是涨落耗散定理的一个具体表达。涨落耗散定理是接近平衡态的非平衡理论的重要内容，开启了近平衡态统计物理学的发展。

自 20 世纪 30~40 年代开始，布朗运动的动力学理论研究进入相对成熟的时期，该时期中随机微分方程理论以及在相关学科中的应用同步发展，也刺激了非平衡统计物理理论的发展。这个时期的代表性人物包括一批重要的物理学家和数学家，如 Hendrik Kramers(Bohr 的学生)、Uhlenbeck(Ehrenfest 的学生)、Kubo 等。在这一时期较为重要的工作包括 Kramers 关于化学反应热力学的研究及其提出反应速率理论 (reaction rate theory) [105]。Uhlenbeck 解决了多维线性漂移情况下的非平衡输运问题，并与我国科学家王明贞 (Uhlenbeck 的学生) 在 *Review of Modern Physics* 上发表了著名的随机理论综述 [106]。Kubo 等基于布朗运动可以看成系统受到外界随机扰动的响应，提出了第一和第二涨落耗散定理 (Kubo 理论) [28,107]。Peter Hänggi 的 Augsburg 学派近年来在一系列研究中取得了瞩目的成果 [108-110]。

近年来，布朗运动与随机系统理论被广泛应用于大量复杂系统的问题，所涉及的领域包括物理学中的色噪声、非 Markov 动力学、耗散量子力学、量子隧穿过程、量子调控、颗粒物质、微流体、经典与量子随机共振、表面生长、非线性动力学与混沌、同步，生物物理中的众多过程，如离子通道、布朗马达，化学中的非平衡化学反应、化学反应速率理论、化学配体的输运、成核过程等。

布朗运动的研究是物理学对复杂世界的勇敢探索。布朗运动理论及其物理思想是研究复杂性世界的有力平台。反常扩散在大量的复杂体系中存在，是未来的重要研究方向，目前还处于研究早期，是物理学与其他学科的交叉点。

1.6.2 随机力与 Langevin 方程

下面以布朗运动为例来讨论随机力的引入以及运动方程的建立。考虑一个浸没于液体中质量为 m 的粒子。在没有其他外力的情况下，粒子的一维运动方程可以写为

$$m\dot{v} = -\alpha v \tag{1.6.7}$$

其中右边为液体的黏滞阻力

$$F_C = -\alpha v$$

从任一初始速度，粒子的最终速度会以弛豫时间

$$\tau = m/\alpha$$

趋于零:

$$v(t) = v(0)\mathrm{e}^{-t/\tau} = v(0)\mathrm{e}^{-\gamma t} \tag{1.6.8}$$

这种确定性的描述实际上只适用于粒子质量 m 非常大或液体温度 T 较高的情形。对于 m 较小的情形，粒子的热运动速率

$$v_{\mathrm{th}} = \sqrt{k_{\mathrm{B}}T/m} \tag{1.6.9}$$

就会比较大。因此，原则上要把粒子与液体分子作为一个整体来处理，但实际上这种处理方式既不可能亦无必要。整个系统的运动存在两个时间尺度，一个是粒子 m 的运动，其弛豫时间为 $\tau = m/\alpha$，另一个则是液体分子的无规则运动，其时间尺度非常小，$\tau_{\mathrm{th}} \ll \tau$。由于这两个时间尺度的巨大差别，我们只需要在粒子运动方程上加上一个快速随机变化的力 (随机力、噪声)，然后对其赋予一定合理的统计假设就可以达到研究问题的目的。赋予统计假设意味着不再纠缠于液体分子作用于粒子 m 的力每时每刻如何变化，而只是需要知道这个力的统计分布情况或者各阶矩。这样我们有

$$m\dot{v} = -\alpha v + f(t) \tag{1.6.10}$$

两边除以 m，可得到

$$\dot{v} + \gamma v = \Gamma(t) \tag{1.6.11}$$

其中

$$\gamma = \alpha/m$$

称为阻尼系数,

$$\Gamma(t) = f(t)/m$$

为随机力。上面方程为粒子在液体中布朗运动的 Langevin 方程。Langevin 方程具有深刻的物理含义，表面上该方程就是牛顿方程的具体体现，但随机力的引入使得该方程成为随机微分方程，其完全解无法得到，赋予的统计含义使得方程中的位置、速度等变量成为随机变量。因此，Langevin 方程是包含随机力的、内部蕴含统计性质的力学方程，这是它的独特之处。

由于随机力对于任意时刻都是随机的，这打破了原有确定性方程的可微性，因此历史上对随机力有不同的诠释，比较占主流的有 **Ito 解释**[111,112] 和 **Stratonovich 解释** [113,114]，这里不拟对其做过细的展开。随机力 $\Gamma(t)$ 的统计性质取决于具体情况。在很多理论研究中对其做简化，认为不仅其统计平均为零，而且其时间上亦无关联，即满足

$$\langle\Gamma(t)\rangle = 0, \quad \langle\Gamma(t)\Gamma(t')\rangle = \frac{2\gamma k_{\mathrm{B}}T}{m}\delta(t-t') \tag{1.6.12}$$

这里的平均为系综平均，关联函数为 δ 函数，其系数反映随机力涨落的大小，强度为

$$D = \gamma k_{\mathrm{B}}T/m \tag{1.6.13}$$

利用 Wiener-Khinchin 定理 [27,28] 可以由其关联函数来计算噪声 $\Gamma(t)$ 的功率谱：

$$s(\omega) = \int_{-\infty}^{\infty} c(\tau)\mathrm{e}^{-\mathrm{i}\omega\tau}\mathrm{d}\tau = 2D\int_{-\infty}^{\infty} \mathrm{e}^{-\mathrm{i}\omega\tau}\delta(\tau)\mathrm{d}\tau = 2D \tag{1.6.14}$$

可见功率谱强度与 ω 无关，即对所有频率都一样大，我们称其为**白噪声**。在实际情况下，随机力在时间上总会有一定的关联，此时 $s(\omega)$ 不再是均匀分布的，我们称之为**色噪声**。一种比较简单的色噪声为指数关联的高斯色噪声 $Q(t)$，它满足

$$\langle Q(t)\rangle = 0, \quad \langle Q(t)Q(t')\rangle = \frac{D}{\tau_0}\mathrm{e}^{-|t-t'|/\tau_0} \tag{1.6.15}$$

其功率谱由式 (1.6.14) 可计算得到为 Lorentz 型：

$$s(\omega) = D/(1+\tau_0^2\omega^2) \tag{1.6.16}$$

当关联时间 τ_0 非常小时，

$$s(\omega) \to D \tag{1.6.17}$$

此时的色噪声可以近似地由白噪声代替。一般的，色噪声可通过扩大维数的方式化为白噪声，即我们可引入新的变量 $y = Q(t)$，满足

$$\dot{y} = -\tau_0^{-1}y + \Gamma(t) \tag{1.6.18}$$

其中 $\Gamma(t)$ 为高斯白噪声

$$\langle\Gamma(t)\rangle = 0, \quad \langle\Gamma(t)\Gamma(t')\rangle = \frac{2D}{\tau_0}\delta(t-t') \tag{1.6.19}$$

上面所提到的自由粒子布朗运动可以直接求解，读者可参考任何一本统计物理书，这里不再推导。需要提出的是，在一般情况下，Langevin 方程有更复杂的形式，它可以是真实粒子在场与外力作用下的，也可以是通过其他方式得到的而非真正粒子的运动方程。因此，一般情况下需要考虑一般多变量的 Langevin 方程：

$$\dot{\xi}_i = h_i(\{\boldsymbol{\xi}\},t) + \sum_{j=1}^{N} g_{ij}(\{\boldsymbol{\xi}\},t)\Gamma_j, \quad i=1,2,\cdots,N \tag{1.6.20}$$

为简便，仍考虑 $\Gamma_i(t)$ 为白噪声：

$$\langle \Gamma_i(t)\rangle = 0, \quad \langle \Gamma_i(t)\Gamma_j(t')\rangle = 2\delta_{ij}\delta(t-t') \tag{1.6.21}$$

对式 (1.6.20) 中的噪声项，我们需要进一步作一阐述 [89,90,115]。通常在 Langevin 方程中与随机变量无关的噪声 (如式 (1.6.11) 的方程) 称为**加性噪声** (additive noise)，此时 $g_{ij}(\{\boldsymbol{\xi}\},t)=g_{ij}$ 为常数矩阵，此类噪声通常表现为平衡系统的内噪声。例如，平衡系统中的 Langevin 力，其分布与随机的空间变量无关，属于加性噪声。内噪声满足涨落耗散关系。如果噪声与随机变量有关，即函数矩阵元 $g_{ij}(\{\boldsymbol{\xi}\},t)$ 与随机变量 $\boldsymbol{\xi}$ 有关，则称这类噪声为**乘性噪声** (multiplicative noise)。此类噪声通常为外部加给系统的噪声 (外噪声)。外噪声不满足涨落耗散关系。

方程 (1.6.20) 中，h_i, g_{ij} 通常为非线性函数，所以 Langevin 方程一般很难求解。对一些特殊的情形，如 Ornstein-Uhlenbeck 过程：

$$\dot{\xi}_i + \sum_{j=1}^{N} r_{ij}\xi_j = \Gamma_i(t), \quad i=1,2,\cdots,N \tag{1.6.22}$$

这个问题是可以解的 (线性方程)。对一般的情况，我们需要用统计的方法建立随机变量 $\{\boldsymbol{\xi}\}$ 的分布函数的方程，然后对其求解。

Langevin 理论相当成功，它很好地解释了布朗运动中的各种现象，并与 Perrin 的实验结果完全一致。Zwanzig 和 Mori 使用投影算子的方法，从 Liouville 方程推出了广义 Langevin 方程 [116,117]。广义 Langevin 方程保留了 Liouville 方程所包含的全部信息，但从它更容易作出近似，得到合适的输运方程 (或运动论方程)。在一定的简化条件下，它也可以约化为通常的 Langevin 方程。

1.6.3 Fokker-Planck 方程

对于上述用 Langevin 方程描述的随机变量演化动力学的系统，我们可以建立其分布函数的演化方程。描述布朗运动的分布函数方程首先由 A. D. Fokker 和 M. Planck 提出 [102,103]。下面我们简述 Fokker-Planck 方程的导出和求解。

以单变量系统为例，概率分布 $W(x,t)$ 由下面的 Chapman-Enskog 方程描述：

$$W(x,t+\tau) = \int p(x,t+\tau\,|x',t)W(x',t)\mathrm{d}x' \tag{1.6.23}$$

其中 $p(x,t+\tau\,|x',t)$ 为跃迁概率。设 $\tau \ll 1$，x 变化也很小，$|x-x'| \ll 1$，则由

$$p(x,t+\tau\,|x',t) = \int \delta(y-x)p(y,t+\tau\,|x',t)\mathrm{d}t \tag{1.6.24}$$

将 δ 函数以 $x'-x$ 为中心作 Taylor 展开：

$$\begin{aligned}\delta(y-x) = \delta(x'-x+y-x') &= \sum_{n=0}^{\infty} \frac{(y-x')^n}{n!}\left(\frac{\partial}{\partial x'}\right)^n \delta(x-x') \\ &= \sum_{n=0}^{\infty} \frac{(y-x')^n}{n!}\left(-\frac{\partial}{\partial x}\right)^n \delta(x-x')\end{aligned} \tag{1.6.25}$$

这样

$$\begin{aligned}p(x,t+\tau\,|x',t) &= \sum_{n=0}^{\infty} \frac{1}{n!}\left(-\frac{\partial}{\partial x}\right)^n \int (y-x')^n p(y,t+\tau\,|x',t)\mathrm{d}y\delta(x'-x) \\ &= \left[1+\sum_{n=1}^{\infty}\frac{1}{n!}\left(-\frac{\partial}{\partial x}\right)^n M_n(x,t,\tau)\right]\delta(x'-x)\end{aligned} \tag{1.6.26}$$

M_n 称为 n 阶矩，将其代入式 (1.6.23) 可以得到

$$\begin{aligned}W(x,t+\tau)-W(x,t) &= \frac{\partial W(x,t)}{\partial t}\tau + o(\tau^2) \\ &= \sum_{n=1}^{\infty}\left(-\frac{\partial}{\partial x}\right)^n \int \delta(y-x)M_n(x,t,\tau)W(x',t)\mathrm{d}x'/n! \\ &= \sum_{n=1}^{\infty}\left(-\frac{\partial}{\partial x}\right)^n \frac{M_n(x,t,\tau)}{n!}W(x,t)\end{aligned} \tag{1.6.27}$$

其中

$$M_n(x,t,\tau)/n! = D^{(n)}(x,t)\tau + o(\tau^2) \tag{1.6.28}$$

当 $\tau \to 0$ 时取 τ 的一次项，我们就得到一般的 Kramers-Moyal 展开方程：

$$\frac{\partial W(x,t)}{\partial t} = \boldsymbol{L}_{\mathrm{KM}}W(x,t) \tag{1.6.29}$$

$\boldsymbol{L}_{\mathrm{KM}}$ 为 Kramers-Moyal 算子：

$$\boldsymbol{L}_{\mathrm{KM}} = \sum_{n=1}^{\infty}\left(-\frac{\partial}{\partial x}\right)^n D^n(x,t) \tag{1.6.30}$$

对于非 Markov 过程，上面所有的系数 $D^{(n)}(x,t)$ 都会与其前一时刻 t' 有关，这会使问题变得异常复杂，理论分析很困难。因此在理论讨论中我们通常假设随

机方程为 Markov 的。另外，$D^{(n)}(x,t)$ 通常随 n 的增加而减少，因此 Kramers-Moyal 方程在实际计算时通常采取在某一个 n 处截断的方式，即在某一 $n>m$，令 $D^{(n)}(x,t)=0$。但事实上，利用 **Pawula 定理** [89]，方程 (1.6.29) 会自然截断。该定理指出，$n>2$ 时方程 (1.6.30) 的系数 $D^{(n)}(x,t)$ 都自然满足等于零，即有

$$D^{(n>2)}(x,t)=0$$

这样我们就可得到如下的单变量 Fokker-Planck 方程:

$$\frac{\partial W(x,t)}{\partial t}=-\frac{\partial}{\partial x}\left[D^{(1)}(x,t)W(x,t)\right]+\frac{\partial^2}{\partial x^2}\left[D^{(2)}(x,t)W(x,t)\right] \tag{1.6.31}$$

同样，对于多变量 $\{\boldsymbol{x}\}=\{x_1,x_2,\cdots,x_N\}$ 的情形，我们也可写出 Fokker-Planck 方程:

$$\frac{\partial W(\{\boldsymbol{x}\},t)}{\partial t}=\boldsymbol{L}_{\mathrm{FP}}W(\{\boldsymbol{x}\},t) \tag{1.6.32}$$

其中

$$\boldsymbol{L}_{\mathrm{FP}}=-\frac{\partial}{\partial x_i}D_i^{(1)}(\{\boldsymbol{x}\},t)+\frac{\partial^2}{\partial x_i\partial x_j}D_{ij}^{(2)}(\{\boldsymbol{x}\},t) \tag{1.6.33}$$

注意式 (1.6.33) 每一项中的双下指标意味着取和。$\boldsymbol{D}^{(1)}(\{\boldsymbol{x}\},t)$ 为漂移系数矢量，$\boldsymbol{D}^{(2)}(\{\boldsymbol{x}\},t)$ 为扩散系数张量，对于不同系统，它们有具体的表达形式。例如，对一维自由布朗运动，

$$D^{(1)}=-\gamma,\quad D^{(2)}=k_{\mathrm{B}}T/(m\gamma) \tag{1.6.34}$$

所以此时的 Fokker-Planck 方程即所谓的扩散方程。

在很多情况下，我们首先知道的是系统运动的 Langevin 方程，最好的办法是从已知的 Langevin 方程直接写出 Fokker-Planck 方程。对于简单的一维 Langevin 方程

$$\dot{x}=f(x)+\Gamma(t) \tag{1.6.35}$$

可以写出其对应的 Fokker-Planck 方程 (1.6.31) 的系数为

$$D^{(1)}(x)=f(x) \tag{1.6.36a}$$

$$D^{(2)}(x)=D/2 \tag{1.6.36b}$$

如果一维 Langevin 方程中的噪声为乘性噪声，即

$$\dot{x}=f(x)+g(x)\Gamma(t) \tag{1.6.37}$$

则式 (1.6.31) 的系数为

$$D^{(1)}(x)=f(x)+Dg'(x)g(x) \tag{1.6.38}$$

$$D^{(2)}(x) = Dg^2(x)/2 \tag{1.6.39}$$

对于多维 Langevin 方程式 (1.6.20)，其对应的 Fokker-Planck 方程漂移系数矢量 $\boldsymbol{D}^{(1)}$ 各分量为

$$D_i^{(1)}(\boldsymbol{x},t) = f_i(\boldsymbol{x},t) + D\sum_k\sum_j g_{kj}\frac{\partial}{\partial x_k}g_{ij} \tag{1.6.40}$$

扩散系数张量 $\boldsymbol{D}^{(2)}$ 单元可表示为

$$D_{ij}^{(2)}(\boldsymbol{x},t) = D\sum_k g_{ik}g_{jk} \tag{1.6.41}$$

应该指出，跃迁概率 $p(\boldsymbol{x},t\,|\boldsymbol{x}',t')$ (定义见式 (1.6.23)) 也遵守 Fokker-Planck 方程，这里不再详细讨论。Fokker-Planck 方程的求解包括求定态解与非定态解两类问题。通常低维的少变量方程比较容易解 (多变量 Ornstein-Unlenbeck 过程由于其线性亦易求解)。我们以前面的一维问题为例讨论求解问题 (设 $\boldsymbol{D}^{(1)}$，$\boldsymbol{D}^{(2)}$ 不显含时间)。

1.6.4 Fokker-Planck 方程的定态解

对于定态问题，概率分布不显含时间，

$$\partial W_{st}(x,t)/\partial t = 0 \tag{1.6.42}$$

令 $S = D^{(1)}(x)W(x,t) - \dfrac{\partial}{\partial x}[D^{(2)}(x)W(x,t)]$ 为概率流，Fokker-Planck 方程写为

$$\frac{\partial W}{\partial t} + \frac{\partial S}{\partial x} = 0 \tag{1.6.43}$$

因而定态解意味着 S 为常数，若存在 x 使

$$S(x,t) = 0$$

(例如，零流边界，即系统在边界外的流为零)，则 S 对任意 x 都为零。因此，

$$D^{(1)}(x)W_{st}(x) = \frac{\partial}{\partial x}\left[D^{(2)}(x)W_{st}(x)\right] \tag{1.6.44}$$

这个 x 的一阶方程的解为

$$W_{st}(x,t) = \frac{N_0}{D^{(2)}(x)}\mathrm{e}^{\int^x \frac{D^{(1)}(x')}{D^{(2)}(x')}\mathrm{d}x'} = N\mathrm{e}^{-\varphi(x)} \tag{1.6.45}$$

此处 N_0 为归一化常数。我们可引入势函数 $\varphi(x)$：

$$\varphi(x) = \ln D^{(2)}(x) - \int^x \frac{D^{(1)}(x')}{D^{(2)}(x')}\mathrm{d}x' \tag{1.6.46}$$

值得指出的是，对几乎任何初始分布，在大多数情况下系统可以最终演化到定态分布式 (1.6.45)，这一点与 Boltzmann 方程导出的 H 定理类似。

多变量 Fokker-Planck 方程的定态解相对较为困难，这里不再详细讨论，读者可参考文献 [89, 90, 115]。

1.6.5 Fokker-Planck 方程的非定态解

即使对一维情形来说，非定态问题的求解仍不是很容易的事情。一般对一些特殊过程我们可以得到较为显式的解。下面讨论两个情形。

1. Wiener 过程

此过程指的是无漂移性外力的单纯扩散过程，即

$$D^{(1)}=0, \quad D^{(2)}=D \tag{1.6.47}$$

则跃迁概率 $p(x,t\,|x',t')$ 的方程即为扩散方程：

$$\frac{\partial p}{\partial t}=D\frac{\partial^2 p}{\partial x^2} \tag{1.6.48}$$

设初始分布为

$$p(x,t'|x',t)=\delta(x-x')$$

则 $t>t'$ 的解为一随时间不断弥散的高斯波包：

$$p(x,t'|x',t')=\frac{1}{\sqrt{4\pi D(t-t')}}\mathrm{e}^{-(x-x')^2/[4D(t-t')]} \tag{1.6.49}$$

$W(x,t)$ 则可以利用 Chapman-Enskog 关系求出：

$$W(x,t)=\int p(x,t\,|x',t')W(x',t')\mathrm{d}x' \tag{1.6.50}$$

2. Ornstein-Uhlenbeck 过程

Ornstein 与 Uhlenbeck 研究了线性漂移性外力作用下的扩散过程，该过程简称 OU 过程。对一维情形，OU 过程满足 [106]

$$D^{(1)}(x)=-\gamma x, \quad D^{(2)}(x)=D \tag{1.6.51}$$

跃迁概率方程为

$$\frac{\partial p}{\partial t}=\gamma\frac{\partial}{\partial x}(xp)+D\frac{\partial^2 p}{\partial x^2} \tag{1.6.52}$$

初始分布仍取上述的 δ 分布。方程 (1.6.52) 可由傅里叶变换将空间微分项消去，从而得到关于 t 和 k 的一阶微分方程。将

$$p(x,t\,|x',t')=\frac{1}{2\pi}\int \mathrm{e}^{\mathrm{i}kx}\tilde{p}(k,t\,|x',t')\mathrm{d}k \tag{1.6.53}$$

代入方程，可得到 $\tilde{p}$ 的方程：

$$\frac{\partial \tilde{p}}{\partial t} = -\gamma k \frac{\partial}{\partial k}\tilde{p} - Dk^2\tilde{p} \tag{1.6.54}$$

此方程在初始条件 $\exp(-\mathrm{i}kx')$ (由 δ 分布函数的傅里叶变换而来) 下的解为

$$\tilde{p}(k,t\,|x',t') = \exp\left[-\mathrm{i}kx'\mathrm{e}^{-\gamma(t-t')} - \frac{Dk^2}{2\gamma}(1-\mathrm{e}^{-2\gamma(t-t')})\right] \tag{1.6.55}$$

则利用反变换可以得到

$$p(x,t\,|x',t') = \sqrt{\frac{\gamma}{2\pi D[1-2D\mathrm{e}^{-2\gamma(t-t')}]}}\exp\left[-\frac{\gamma(x-\mathrm{e}^{-\gamma(t-t')}x')^2}{2D(1-\mathrm{e}^{-2\gamma(t-t')})}\right] \tag{1.6.56}$$

对于一般的情况，虽然大部分时候非定态问题很难精确求解，但还是有一些一般的方法。例如，本征值展开就是其中之一。引入

$$W(x,t) = \phi_n(x)\mathrm{e}^{-\lambda_n t} \tag{1.6.57}$$

则 Fokker-Planck 方程变为

$$\boldsymbol{L}_{\mathrm{FP}}\phi_n(x) = -\lambda_n\phi_n(x) \tag{1.6.58}$$

其中 λ_n 为本征值，$\phi_n(x)$ 为本征函数，可用上面方程在一定边界条件下求解它们。利用势函数 $\phi(x)$，$\boldsymbol{L}_{\mathrm{FP}}$ 可以写成如下形式：

$$\boldsymbol{L}_{\mathrm{FP}} = \frac{\partial}{\partial x}D^{(2)}(x)\mathrm{e}^{-\phi(x)}\frac{\partial}{\partial x}\mathrm{e}^{\phi(x)} \tag{1.6.59}$$

显然 $\boldsymbol{L}_{\mathrm{FP}}$ 不是 Hermite 算子，但可以通过变换将其 Hermite 化：

$$\boldsymbol{L} = \mathrm{e}^{\phi/2}\boldsymbol{L}_{\mathrm{FP}}\mathrm{e}^{-\phi/2} \tag{1.6.60}$$

这样问题就化为求解下列方程的本征值问题：

$$\boldsymbol{L}\psi_n = -\lambda_n\psi_n \tag{1.6.61}$$

其中

$$\psi_n = \mathrm{e}^{\phi(x)/2}\phi_n(x) \tag{1.6.62}$$

而 ψ_n 对不同的本征值 λ_n 是正交的。这样就可以利用量子力学中求解 Schrödinger 方程的方法来进行了。可以证明所有的本征值都是非负的：

$$0 \leqslant \lambda_0 < \lambda_1 < \cdots \tag{1.6.63}$$

从此处就可看出，如果系统有定态解，则必有

$$\lambda_0 = 0 \tag{1.6.64}$$

否则，如果最大本征值

$$\lambda_0 > 0 \tag{1.6.65}$$

则系统不具有定态解，所对应的随机过程为非定态问题，例如下面讨论的逃逸问题。

以上可解的例子均可以对应于量子力学可解情形，可在量子力学的教科书上找到，然后化成 Fokker-Planck 方程的解，这里就不再详述。

1.7 几个典型非线性系统随机问题

1.7.1 随机力作用下的状态跃迁与逃逸

粒子在多势阱中的布朗运动在小噪声情况下会发生势阱间的跃迁过程。实际中阱间跃迁的例子非常多，最典型的就是化学反应动力学。在有限温度下，从反应物状态到生成物状态的过渡是双向发生的，这种反应发生需要能量越过一个势垒，这需要一定的环境涨落或噪声才能完成。对于这种情形，计算布朗粒子从一个势阱中的逃逸或在势阱之间的跃迁率就成为基本任务 [89,90]。Kramers 将布朗粒子的跃迁与化学反应相联系，建立了随机模型 [105,108]。下面对此问题进行简要介绍。

考虑在势场 $U(x)$ 中布朗运动的粒子，其运动方程为

$$m\ddot{x} = -\gamma\dot{x} - U'(x) + \Gamma(t) \tag{1.7.1}$$

在过阻尼极限下，惯性项 $m\ddot{x}$ 可以绝热消去，方程变为

$$\gamma\dot{x} = -U'(x) + \Gamma(t) \tag{1.7.2}$$

图 1-29(a) 是一种常见的势场，该势场在 x_s 处为极小值，而在 x_u 处为极大值，当 $x \to \pm\infty$ 时，$U(x) \to \mp\infty$。势场的不稳定点 x_u 将 x 分成两个区域，$x < x_u$ 的区域称为束缚区或稳定区，$x > x_u$ 的区域称为逃逸区。方程 (1.7.1) 反映了一大类具有有界稳定 (束缚) 区并同时具有一个标志崩溃的临界变量值的实际系统。我们感兴趣的是系统由于受不可避免的噪声作用而产生的从稳定区的逃逸。研究系统在噪声作用下从束缚区进入逃逸区的问题称为**逃逸问题**(escape process)。为了简单起见，我们假设随机力为最简单的高斯白噪声，并认为噪声很弱，

$$\langle\Gamma(t)\rangle = 0, \quad \langle\Gamma(t)\Gamma(t')\rangle = 2D\delta(t - t') \tag{1.7.3}$$

另一个有意义的问题是布朗粒子在噪声作用下在不同状态之间的跃迁。图 1-29(b) 中的曲线是双稳势函数的示意图。与图 1-29(a) 逃逸问题中的势函数有显著不同，双稳势在 $\pm x$ 方向上都是受束缚的，系统只能到达有限的区域，同时势函数有两个极小值和一个极大值。我们感兴趣于两个稳态之间的**跃迁过程** (transition process)。在随机力作用下，粒子在两个势阱中的运动不再互相独立，初始在某一势阱内的系统，会在不同时间以不同的概率跃入另一势阱。无论是逃逸问题还是双稳态之间的概率跃迁问题，都是研究系统在随机力作用下从稳态出发的演化这同一本质的问题，只是它们在实际问题中表现的形式似乎很不相同 [108]。

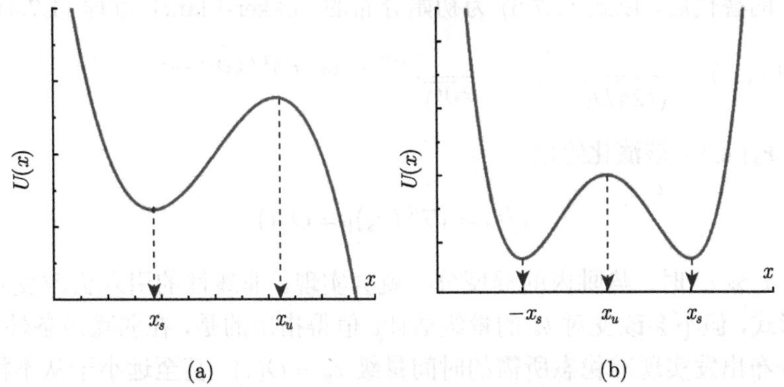

图 1-29 (a) 单阱势 $U(x)$，在 x_s 处为极小值，而在 x_u 处为极大值，当 $x \to \pm\infty$ 时，$U(x) \to \mp\infty$；(b) 双阱势 $U(x)$，在 $\pm x_s$ 处为极小值，而在 x_u 处为极大值，当 $x \to \pm\infty$ 时，$U(x) \to \infty$

对应 Langevin 方程 (1.7.2) 的 Fokker-Planck 方程 (设 $\gamma = 1$) 是

$$\frac{\partial P(x,t)}{\partial t} = \boldsymbol{L}_{\mathrm{FP}} P(x,t) \tag{1.7.4}$$

其中

$$\boldsymbol{L}_{\mathrm{FP}} = -\frac{\partial}{\partial x} U'(x) + D\frac{\partial^2}{\partial x^2} = D\frac{\partial}{\partial x}\mathrm{e}^{-U(x)/D}\frac{\partial}{\partial x}\mathrm{e}^{U(x)/D} \tag{1.7.5}$$

对于图 1-29(a) 的势场，式 (1.7.4) 不具有最终定态解，事实上，当 $t \to \infty$ 时，所有概率 P 都会跑到 $x \to +\infty$ 的区域去。我们来研究初始处于稳态上的系统的演化，假定初始概率分布为

$$P(x,0) = \delta(x - x_0) \tag{1.7.6}$$

从式 (1.7.6) 开始，系统的演化可以分为两个阶段。第一阶段，这一 δ 函数在束缚区的势阱内扩散开来，形成区内的局域平衡分布 (准稳态)；第二阶段，概率通过 x_u 处的势垒溢出到不稳定区 $x > x_u$。由于 $x \to \infty$ 时 $U(x) \to -\infty$，在 $x > x_u$ 区不存在任何类似准稳的状态，所以我们既不关心概率在 $x \gg x_u$ 处的具体分布，也不考

虑从 $x > x_u$ 的不稳定区回流到稳定区 $x < x_u$ 的可能性，简单认为在 $x \gg x_u$ 时 $P(x,t) = 0$。

在弱噪声 $D \ll 1$ 的情况下，以上两个阶段处于完全不同的时区 [90]。第一阶段为**局域平衡弛豫过程**，在此阶段中概率将建立在势阱内的局域近似平衡态分布。我们先大致估计一下完成此阶段所需的时间。为估计这一时间量级，由于过程在势阱底部局域进行，可以用线性漂移项来近似代替整体势场 $U(x)$, 即

$$U(x) \approx U''(x_s)(x - x_s)^2 \tag{1.7.7}$$

经过这样的替代后，以式 (1.7.6) 为初始分布的 Fokker-Planck 方程 (1.7.4) 的解为

$$P(x,t) = \frac{1}{\sqrt{2\pi D(1 - \mathrm{e}^{2U''(x_s)t})}} \mathrm{e}^{U''(x_s)(x-x_s)^2/[2D(1-\mathrm{e}^{2U''(x_s)t})]} \tag{1.7.8}$$

其中 $U''(x_s) < 0$。该演化给出

$$1/t_s = |U''(x_s)| = O(1) \tag{1.7.9}$$

因此，当 $t \gg t_s$ 时，势阱内的局域分布就会实现。非线性的引入会改变式 (1.7.8) 的具体形式，但不会改变对 t_s 的量级估计。值得指出的是，在弱噪声条件下，从稳态的 δ 分布出发实现准稳态所需的时间量级 $t_s = O(1)$，甚至远小于从不稳定态的 δ 分布出发演化到准稳态所需的时间量级

$$t_0 \sim O\left(-\ln D/(2\lambda)\right) \tag{1.7.10}$$

第二阶段为概率从束缚区向不稳定区**逃逸**的过程，该过程的时间尺度则要长得多，其量级为 $O(\mathrm{e}^{1/D})$，但它不仅远大于 t_s，而且远大于 t_0。这样，逃逸过程是在 $x < A$ $(A > x_u)$ 的区域内已经形成了局域平衡的系统中进行的，其中 A 的选择有任意性，其条件是 $P(A,t) \approx 0$，局域平衡的数学表示为

$$P(x,t) = N(t)\mathrm{e}^{-U(x)/D} \tag{1.7.11}$$

其中归一化常数

$$N(t) \leqslant N(t=0) = 1/\left[\int_{-\infty}^{A} \mathrm{e}^{-U(x)/D}\mathrm{d}x\right] \tag{1.7.12}$$

是时间的减函数，它的减少表明概率从势阱区向不稳定区的流动。由于 $N(t)$ 随时间变化极为缓慢，所以势阱内概率总量的变化率可忽略不计；式 (1.7.11) 近似满足式 (1.7.4) 的定态平衡方程，这一平衡被称为**局域平衡** (local equilibrium)，而系统的状态则称为**准稳态** (quasi-steady state)。将定态方程

$$\boldsymbol{L}_{\mathrm{FP}} P(x,t) = 0 \tag{1.7.13}$$

对 x 求偏导可得

$$D\frac{\partial}{\partial x}\mathrm{e}^{-U(x)/D}\frac{\partial}{\partial x}\mathrm{e}^{U(x)/D}P(x,t)=J \tag{1.7.14}$$

用 $\mathrm{e}^{U(x)/D}$ 乘两边并将两边对 x 积分可得

$$D[\mathrm{e}^{U(x)/D}P(x_s,t)-\mathrm{e}^{U(x)/D}P(A,t)]=J\int_{x_s}^{A}\mathrm{e}^{U(x)/D}\mathrm{d}x \tag{1.7.15}$$

将式 (1.7.11) 和式 (1.7.12) 代入式 (1.7.15) 得

$$J=DN(t)/\left[\int_{x_s}^{A}\mathrm{e}^{U(x)/D}\mathrm{d}x\right] \tag{1.7.16}$$

t 时刻处于 $(-\infty, A)$ 区间内的总概率为

$$M(t)=N(t)\int_{-\infty}^{A}\mathrm{e}^{-U(x)/D}\mathrm{d}x \tag{1.7.17}$$

J 为概率 M 流出 $(-\infty, A)$ 区域内的速率流，即

$$\mathrm{d}M(t)/\mathrm{d}t=J$$

因此

$$J=\mathrm{d}M(t)/\mathrm{d}t=DM(t)/\left[\int_{-\infty}^{A}\mathrm{e}^{-U(x)/D}\mathrm{d}x\int_{x_s}^{A}\mathrm{e}^{U(x)/D}\mathrm{d}x\right] \tag{1.7.18}$$

求解得到

$$M(t)=M(0)\mathrm{e}^{-Rt}=\mathrm{e}^{-Rt} \tag{1.7.19}$$

其中

$$\frac{1}{R}=\frac{1}{D}\int_{-\infty}^{A}\mathrm{e}^{-U(x)/D}\mathrm{d}x\int_{-\infty}^{A}\mathrm{e}^{U(x)/D}\mathrm{d}x \tag{1.7.20}$$

由于 $D\ll 1$，上述的两个积分均可求出。利用 Taylor 展开，积分的贡献主要来自相应极值点的邻域，因此可展开到二阶 (一阶为零)

$$U(x)=U(x_s)+U''(x_s)(x-x_s)^2/2 \tag{1.7.21}$$

$$U(x)=U(x_u)-|U''(x_u)|\,(x-x_u)^2/2 \tag{1.7.22}$$

将式 (1.7.21) 和式 (1.7.22) 代入式 (1.7.20) 可得

$$R=\frac{1}{2\pi}\sqrt{U''(x_s)\,|U''(x_u)|}\mathrm{e}^{-\Delta U/D} \tag{1.7.23}$$

$$\Delta U = U(x_u) - U(x_s) \tag{1.7.24}$$

R 表示概率流入不稳定区的速率，称作 **Kramers 逃逸速率** (Kramers escape rate)，该表达式在 $\Delta U = O(1)$ 和 $D \ll 1$，或 $\Delta U \gg 1$ 和 $D = O(1)$ 时是 Kramers 逃逸速率很好的近似表达。整个上述讨论都建立在实现局域平衡所需的时间远小于概率逃逸的时间的假设上。

如果观察粒子在随机力的作用下从一个稳态出发越过势垒进入另一势阱的跃迁过程，该过程显然也是随机过程，每次跃迁所用的时间在各次试验中是不同的，因此跃迁时间可以看成是随机变量。上述的 Kramers 逃逸速率与粒子首次的跃迁时间密切相关，我们将该时间称为首次通过时间，简称**首通时间** (first passage time)。首通时间的平均值称为**平均首通时间** (mean first-passage time, MFPT)。

一般情况下的首通时间可按下述的方法定义。如图 1-30 所示，设布朗粒子运动空间存在两个边界 $x_1 < x_2$，粒子从 $x' \in [x_1, x_2]$ 出发在一势场中运动，设时间 T 为粒子首次穿过边界 $x_1 < x_2$ 所用的时间，即首通时间。在同样条件的各次试验中，首通时间 T 是各不相同的。下面计算上述过程的首通时间概率分布函数及其平均。

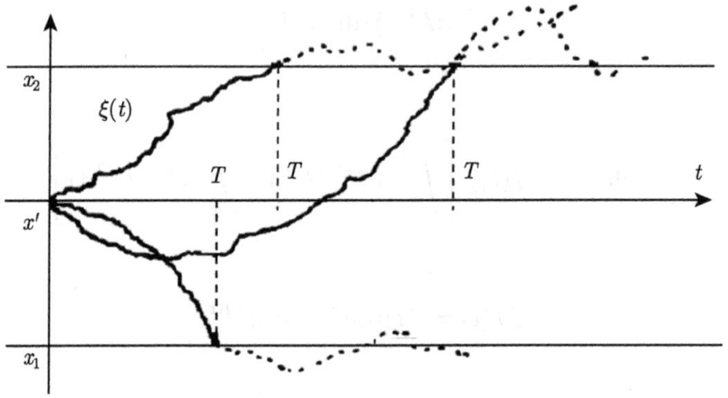

图 1-30　首通时间的定义示意图

令 $P(x,t|x',0)$ 为初始于 $x' \in [x_1, x_2]$ 的粒子在 t 时刻到达 $x \in [x_1, x_2]$ 的概率，它遵循 Fokker-Planck 方程

$$\partial P(x,t|x',0)/\partial t = \boldsymbol{L}_{\mathrm{FP}} P(x,t|x',0) \tag{1.7.25}$$

其中初始条件为

$$P(x,0\,|x',0) = \delta(x - x') \tag{1.7.26}$$

边界条件为吸收边界，即布朗粒子一经到达边界 x_1, x_2 则即刻除去

$$P(-\infty,t\,|x',0) = P(0,t\,|x',0) = 0 \tag{1.7.27}$$

上述边界条件使区间 $[x_1,x_2]$ 内的概率总量不归一，在 $t=0$ 时总概率为 1，以后随时间减少，这完全类似于在逃逸过程中概率一旦进入不稳定区后就不再返回。设 $W(x',t)$ 为 t 时刻处于 $[x_1,x_2]$ 内的概率总量

$$W(x',t)=\int_{x_1}^{x_2}P(x,t\,|x',0)\mathrm{d}x \tag{1.7.28}$$

则概率总量随时间减少。在 T 时刻后 $\mathrm{d}T$ 时间内逃出 $[x_1,x_2]$ 区的概率即布朗粒子具有首通时间 $T\to T+\mathrm{d}T$ 的概率为

$$-\mathrm{d}W(x',T)\equiv-\dot{W}(x',T)\mathrm{d}T=-\int_{x_1}^{x_2}\dot{P}(x,T\,|x',0)\mathrm{d}x\mathrm{d}T \tag{1.7.29}$$

T 时刻概率流出的速率为

$$\omega(x',T)=-\frac{\mathrm{d}W(x',T)}{\mathrm{d}T}=-\int_{x_1}^{x_2}\dot{P}(x,T\,|x',0)\mathrm{d}x \tag{1.7.30}$$

此亦即首通时间 T 的分布函数。由此可计算首通时间的各阶矩为

$$T_n(x')=\int_0^{\infty}T^n\omega(x',T)\mathrm{d}T=\int_{x_1}^{x_2}P_n(x,x')\mathrm{d}x \tag{1.7.31}$$

其中

$$P_n(x,x')=-\int_0^{\infty}T^n\dot{P}(x,T\,|x',0)\mathrm{d}T \tag{1.7.32}$$

$$P_0(x,x')=-\int_0^{\infty}\dot{P}(x,T\,|x',0)\mathrm{d}T=\delta(x-x') \tag{1.7.33}$$

这里用到了无穷长时间后所有概率都要从原区域流掉的条件，即

$$\lim_{T\to\infty}P(x,T\,|x',0)=0 \tag{1.7.34}$$

对式 (1.7.32) 进行分部积分可得

$$P_n(x,x')=n\int_0^{\infty}T^{n-1}P(x,T\,|x',0)\mathrm{d}T \tag{1.7.35}$$

利用 Fokker-Planck 算符作用于两边可得

$$\begin{aligned}\boldsymbol{L}_{\mathrm{FP}}P_n(x,x')&=n\int_0^{\infty}T^{n-1}\boldsymbol{L}_{\mathrm{FP}}P(x,T\,|x',0)\mathrm{d}T\\&=n\int_0^{\infty}T^{n-1}\dot{P}(x,T\,|x',0)\mathrm{d}T=-nP_{n-1}(x,x')\end{aligned} \tag{1.7.36}$$

由此得到递推式

$$\begin{aligned}
\boldsymbol{L}_{\mathrm{FP}}P_1(x,x') &= -\delta(x-x') \\
\boldsymbol{L}_{\mathrm{FP}}P_2(x,x') &= -2P_1(x,x') \\
&\cdots\cdots \\
\boldsymbol{L}_{\mathrm{FP}}P_n(x,x') &= -nP_{n-1}(x,x')
\end{aligned} \tag{1.7.37}$$

所有的各阶均满足边界条件

$$P_n(x_1,x') = P_n(x_2,x') = 0 \tag{1.7.38}$$

知道了上面的各阶整数矩就可以全面掌握首通时间的概率分布和各种统计性质。

下面来计算一阶矩即平均首通时间 T_1。对于如图 1-29(a) 所示的单阱势而言，粒子不可能从 $-\infty$ 方向逃逸，所以束缚区只在正方向有边界，令 A 为右边界的吸收壁，将区域 $[x_1,x_2]$ 定为 $(-\infty, A)$，而当考虑从稳态的逃逸时，应把 x' 选在稳定点 x_s。因而平均首通时间为

$$T_1(x_s) = \int_{-\infty}^{A} P_1(x,x_s)\mathrm{d}x \tag{1.7.39}$$

$$\boldsymbol{L}_{\mathrm{FP}}(x)P_1(x,x_s) = -\delta(x-x_s) \tag{1.7.40}$$

将 Fokker-Planck 算子代入并求解可得

$$P_1(x,x_s) = D^{-1}\mathrm{e}^{-U(x)/D}\int_{x_s}^{A}\mathrm{e}^{U(x)/D}\mathrm{d}x \tag{1.7.41}$$

因此

$$T_1(x_s) = \frac{1}{D}\int_{-\infty}^{A}\mathrm{e}^{-U(x)/D}\mathrm{d}x\int_{x_s}^{A}\mathrm{e}^{U(s)/D}\mathrm{d}s \tag{1.7.42}$$

此式正好是前面得到的 Kramers 逃逸速率的倒数 R^{-1} 表达式 (1.7.20)。但可以看到，首通时间计算具有一般性：① 这里只用了 A 是一个吸收壁的条件，得到的是精确解；② 计算既不要求弱噪声 $D \ll 1$，也不要求 $\Delta U \gg D$；③ 对系统初态只要求 $\delta(x-x_s)$，推导过程不要求关于两个时间阶段的区分或局域平衡假设等物理图像；④ 完全没有涉及 Fokker-Planck 方程非定态问题的讨论，只是对初态 $\delta(x-x_s)$ 利用 Fokker-Planck 算子的逆运算，整个计算过程更为简单。这说明利用首通时间计算的结果更具有一般性，适用的范围要广泛得多。

Kramers 逃逸问题是随机过程的非定态问题，其概率分布函数满足的 Fokker-Planck 方程没有定态解，因此我们来讨论一下 Kramers 逃逸问题与非定态解的时间尺度的关系问题。Fokker-Planck 方程的各个本征值联系着其各种不同时间尺度的演化进程 [108]。

先简单分析一下一维 Fokker-Planck 方程 (1.7.4) 的解。利用分离变量形式

$$P(x,t)=\mathrm{e}^{-\lambda_i t}P_i(x) \tag{1.7.43}$$

代入式 (1.7.4) 可以得到

$$\boldsymbol{L}_{\mathrm{FP}}P_i=-\lambda_i P_i \tag{1.7.44}$$

引入变换

$$P_i(x)=\mathrm{e}^{\psi(x)}Q_i(x) \tag{1.7.45}$$

可以得到

$$\boldsymbol{L}_{\mathrm{FP}}\mathrm{e}^{\psi}Q_i=-\lambda_i\mathrm{e}^{\psi}Q_i \tag{1.7.46}$$

进一步引入

$$\boldsymbol{L}=\mathrm{e}^{-\psi}\boldsymbol{L}_{\mathrm{FP}}\mathrm{e}^{\psi} \tag{1.7.47}$$

可以得到

$$\boldsymbol{L}Q_i=-\lambda_i Q_i \tag{1.7.48}$$

这里 $\{-\lambda_i\}$ 为算符 $\boldsymbol{L}$ 亦即 Fokker-Planck 算符的本征值谱。可以证明 $\boldsymbol{L}$ 算符为 Hermite 算符，因此任意概率分布函数可以写成 $\{-\lambda_i\}$ 相应的本征态 $\{P_i(x)\}$ 的线性叠加。另外可以证明，$\{\lambda_i\geqslant 0\}$。如果 $\lambda_1=0$，它对应于 Fokker-Planck 方程的定态解，而其他本征值 $-\lambda_i$ 对应的本征态的贡献会随时间衰减。如果所有本征值 $-\lambda_i$ 都为负，则 Fokker-Planck 方程不具有定态解。

注意，对如图 1-29(a) 所示势场中的逃逸问题，Fokker-Planck 方程所对应的系统不存在定态解，因而其最大本征值为负。逃逸过程反映了系统在动态演化当中最缓慢的时间尺度过程，因而 Kramers 逃逸速率与最大负本征值有密切关系。以下我们来计算这个本征值。本征值方程满足

$$\boldsymbol{L}_{\mathrm{FP}}f_1=D\frac{\partial}{\partial x}\mathrm{e}^{-U(x)/D}\frac{\partial}{\partial x}\mathrm{e}^{U(x)/D}f_1=-\lambda_1 f_1 \tag{1.7.49}$$

对其积分：

$$\frac{\partial}{\partial x}\mathrm{e}^{U(x)/D}f_1=-\frac{\lambda_1}{D}\mathrm{e}^{U(x)/D}\int f_1(s)\mathrm{d}s \tag{1.7.50}$$

对上式再做一次积分可得

$$f_1(x)=\mathrm{e}^{-U(x)/D}\left[\mathrm{e}^{U(x_s)/D}f_1(x_s)-\frac{\lambda_1}{D}\int_{x_s}^{x}\mathrm{e}^{U(s)/D}\mathrm{d}s\int_{-\infty}^{x}f_1(y)\mathrm{d}y\right] \tag{1.7.51}$$

由于 $-\lambda_1$ 为最缓慢的时间尺度过程，

$$1/\lambda_1\gg 1$$

可将式 (1.7.51) $f_1(x)$ 的中括号里的第二项略去，得到

$$f_1(x) \approx \mathrm{e}^{-U(x)/D}\mathrm{e}^{U(x_s)/D}f_1(x_s) \tag{1.7.52}$$

将式 (1.7.52) 代入式 (1.7.50)，并利用

$$f_1(A) = 0$$

可得

$$\frac{\lambda_1}{D}\int_{x_s}^{A}\mathrm{e}^{U(x)/D}\mathrm{d}x\int_{-\infty}^{x}\mathrm{e}^{-U(y)/D}\mathrm{d}y = 1 \tag{1.7.53}$$

由此可以得到

$$\frac{1}{\lambda_1} = \frac{1}{D}\int_{x_s}^{A}\mathrm{e}^{U(x)/D}\mathrm{d}x\int_{-\infty}^{x}\mathrm{e}^{-U(y)/D}\mathrm{d}y \tag{1.7.54}$$

在 $D \ll 1$ 极限下，上式积分的主要贡献集中于势场的极小和极大点附近，上限均取 A 对积分结果没有影响，因此

$$\frac{1}{\lambda_1} = \frac{1}{D}\int_{x_s}^{A}\mathrm{e}^{U(x)/D}\mathrm{d}x\int_{-\infty}^{A}\mathrm{e}^{-U(y)/D}\mathrm{d}y = T_1(x_s) \tag{1.7.55}$$

这说明在弱噪声极限下 Fokker-Planck 方程的最大本征值的倒数即为 MFPT。结合 Kramers 逃逸速率，我们有

$$\lambda_1 = R = 1/T_1 \tag{1.7.56}$$

从 Fokker-Planck 方程的非定态演化来看，在弛豫过程后留下的就是长时间尺度的逃逸过程，同时应该有一个本征值 $-\lambda_1$ 反映这一长时间行为，这一本征值的绝对值应远小于其他本征值的绝对值。

Kramers 逃逸速率与很多具体的实际问题相联系。例如，布朗粒子在双势阱中的跃迁问题可以用上述结果进行讨论，与此相联系的随机共振则是在时间周期外力调制下跃迁率的优化问题 (见 1.7.3 节)。另一个具体的例子是粒子在周期势场的布朗运动 (见 1.7.2 节)。

1.7.2　周期势场中的布朗运动

一个粒子在周期势场中的布朗运动问题有众多的物理背景，可以描述大量的现象如阻尼摆的运动、超离子导体、Josephson 结、偶极子在外场作用下的转动、锁相环等。这些现象都与噪声非常相关，它们的运动方程都可以由下面的 Langevin 方程描述：

$$\ddot{x} + \gamma\dot{x} + f'(x) = F + \Gamma(t) \tag{1.7.57}$$

其中 γ 为阻尼系数，$f(x)$ 为周期势 (设周期为 2π)：

$$f(x+2\pi)=f(x) \tag{1.7.58}$$

F 为外力 (这里考虑恒外力的情况)，$\Gamma(t)$ 为 Gauss 白噪声：

$$\langle \Gamma(t)\rangle = 0, \quad \langle \Gamma(t)\Gamma(t')\rangle = 2\gamma\Theta\delta(t-t') \tag{1.7.59}$$

引入 $v=\dot{x}$, Langevin 方程可写为

$$\begin{aligned}\dot{x}&=v\\ \dot{v}&=-\gamma v - f'(x)+F+\Gamma(t)\end{aligned} \tag{1.7.60}$$

相应的分布函数 $W(x,v,t)$ 的 Fokker-Planck 方程为

$$\frac{\partial W(x,v,t)}{\partial t}=\left[-\frac{\partial}{\partial x}v+\frac{\partial}{\partial \nu}\left(\gamma v+f'-F+\gamma\Theta\frac{\partial}{\partial \nu}\right)\right]W(x,v,t) \tag{1.7.61}$$

没有外力 F 时，粒子在周期场中做扩散运动，

$$\left\langle [x(t)-x(0)]^2\right\rangle = 2Dt$$

加上外力 F 时，总势场

$$V(x)=f(x)-Fx$$

是倾斜的。噪声作用下，粒子会沿着倾斜的方向运动。引入**迁移率** μ:

$$\mu = \langle v\rangle / F \tag{1.7.62}$$

在 $F\to 0$ 时，μ 不依赖于 F (线性响应)，但 F 较大时，μ 则与 F 有关。

大阻尼 ($\gamma\to\infty$) 情况下系统的运动可精确求解。此时 Langevin 方程中的惯性项 $\ddot{x}$ 可忽略：

$$\gamma\dot{x}=F-f'(x)+\Gamma(t) \tag{1.7.63}$$

相应的概率密度

$$W(x,t)=\int W(x,v,t)\mathrm{d}v \tag{1.7.64}$$

满足的 Fokker-Planck 方程为

$$\frac{\partial W(x,t)}{\partial t}=\frac{1}{\gamma}\frac{\partial}{\partial x}\left(f'-F+\Theta\frac{\partial}{\partial x}\right)W(x,t)=-\frac{\partial S}{\partial x} \tag{1.7.65}$$

先求其定态解。此时

$$\frac{\partial W}{\partial t}=-\frac{\partial S}{\partial x}=0 \tag{1.7.66}$$

故概率流 S 为常数：

$$\gamma S = (F - f')W - \Theta \frac{\partial W}{\partial x} \tag{1.7.67}$$

这个关于 x 的一阶微分方程的解为

$$W(x) = \mathrm{e}^{-V(x)/\Theta} \left[N - \frac{\gamma S}{\Theta} \int_0^x \mathrm{e}^{V(x')/\Theta} \mathrm{d}x' \right] \tag{1.7.68}$$

其中 $V(x) = f(x) - Fx$ 为总势能。可证明 $W(x)$ 是周期的，

$$W(x + 2\pi) = W(x) \tag{1.7.69}$$

相应有

$$\gamma S I = \Theta N (1 - \mathrm{e}^{-2\pi F/\Theta}) \tag{1.7.70}$$

其中

$$I = \int_0^{2\pi} \mathrm{e}^{V(x)/\Theta} \mathrm{d}x \tag{1.7.71}$$

由于 $W(x)$ 是周期的，我们可以在一个周期内归一化：

$$\int_0^{2\pi} W(x)\mathrm{d}x = 1 = N \int_0^{2\pi} \mathrm{e}^{-V(x)/\Theta} \mathrm{d}x - \frac{\gamma S}{\Theta} \int_0^{2\pi} \mathrm{e}^{-V(x)/\Theta} \left(\int_0^x \mathrm{e}^{V(x')/\Theta} \mathrm{d}x' \right) \mathrm{d}x \tag{1.7.72}$$

由式 (1.7.70) 和式 (1.7.72) 可以确定两个待定系数 S、N。下面我们计算粒子运动的平均速率：

$$\begin{aligned}
\langle v \rangle = \langle \dot{x} \rangle &= \frac{1}{\gamma} \langle F - f'(x) + \Gamma(t) \rangle \\
&= \frac{1}{\gamma} \langle F - f'(x) \rangle = \frac{1}{\gamma} \int_0^{2\pi} [F - f'(x)] W(x) \mathrm{d}x \\
&= \frac{1}{\gamma} \int_0^{2\pi} \left(\gamma S + \Theta \frac{\partial W}{\partial x} \right) \mathrm{d}x = 2\pi S
\end{aligned} \tag{1.7.73}$$

由式 (1.7.70) 和式 (1.7.72) 消去 N，得到 S，代入上式有

$$\gamma \langle v \rangle = \frac{2\pi \Theta (1 - \mathrm{e}^{-2\pi F/\Theta})}{\Delta \Lambda - (1 - \mathrm{e}^{-2\pi F/\Theta}) \Pi} \tag{1.7.74}$$

其中

$$\Delta = I = \int_0^{2\pi} \mathrm{e}^{V(x)/\Theta} \mathrm{d}x \tag{1.7.75}$$

$$\Lambda = \int_0^{2\pi} \mathrm{e}^{-V(x)/\Theta} \mathrm{d}x \tag{1.7.76}$$

$$\Pi = \int_0^{2\pi} \mathrm{e}^{-V(x)/\Theta} \int_0^x \mathrm{e}^{V(x')/\Theta} \mathrm{d}x' \mathrm{d}x \tag{1.7.77}$$

在线性响应下 $(F \to 0)$，

$$\gamma\mu(0) = \lim_{F\to 0} \langle v \rangle / F = (2\pi)^2 / [\Delta(F=0)\Lambda(F=0)] \tag{1.7.78}$$

当 $f(x) = -d\cos x$ 时，

$$\gamma\mu(0) = [\mathrm{I}_0(d/\Theta)]^{-2} \tag{1.7.79}$$

其中 $\mathrm{I}_0(x)$ 为修正的 Bessel 函数。

在小噪声极限下 $(\Theta \to 0)$，对 $f(x) = -d\cos x$ 的情况，我们有

$$\gamma\mu_{\Theta\to 0} = \begin{cases} \sqrt{F^2 - d^2}/F, & |F| \geqslant d \\ 0, & |F| \leqslant d \end{cases} \tag{1.7.80}$$

这正是单摆方程过阻尼的解。

非定态问题和小阻尼下近似解的讨论可参考 Risken 关于周期势场 Fokker-Planck 方程的专著 [89]。一般情况下，这个问题的解较为繁琐。对于中等阻尼的情况，我们可利用 $1/\gamma$ 展开近似。这个问题既可以用数值上解三对角矩阵的方法，也可以写出其解析上的近似解 [118]。这里简述一下利用三对角方法求解定态问题的基本框架 (非定态也可采用类似方法)。

将分布用 Hermite 函数 $\psi_n(v)$ 展开：

$$W(x,v) = \psi_0(v) \sum_{n=0}^{\infty} C_n(x)\psi_n(v) \tag{1.7.81}$$

代入定态 Fokker-Planck 方程，并利用 Hermite 函数的正交归一完备性，可以得到下面的三对角递推关系式 (Brinkman 序列)：

$$\sqrt{n-1}\hat{\boldsymbol{D}}C_{n-1} + n\gamma C_n + \sqrt{n+1}\boldsymbol{D}C_n = 0, \quad n = 0,1,2,\cdots \tag{1.7.82}$$

其中

$$\boldsymbol{D} = \sqrt{\Theta}\frac{\partial}{\partial x} \tag{1.7.83}$$

$$\hat{\boldsymbol{D}} = \sqrt{\Theta}\left[\frac{\partial}{\partial x} + \frac{f'(x) - F}{\Theta}\right], \quad n = 0,1,2,\cdots \tag{1.7.84}$$

均为算子。这里

$$C_0(x) = N\mathrm{e}^{-V(x)/\Theta} \tag{1.7.85}$$

分布函数的归一化即

$$\int_0^{2\pi}\int_{-\infty}^{+\infty} w(x,v)\,\mathrm{d}x\mathrm{d}v = \int_0^{2\pi} C_0(x)\,\mathrm{d}x = 1 \tag{1.7.86}$$

$$C(x) = C = \text{常数} \tag{1.7.87}$$

粒子运动的平均速度为

$$\langle v\rangle = \iint vw(x,v)\mathrm{d}x\mathrm{d}v = \iint v\psi_0(v)\sum_{n=0}^{\infty} C_n(x)\psi_n(v)\mathrm{d}x\mathrm{d}v = 2\pi\sqrt{\Theta}C \tag{1.7.88}$$

要解三对角递推关系式 (1.7.82)，注意到 $\boldsymbol{D}$ 与 $\hat{\boldsymbol{D}}$ 均为算符，可以将 $C_n(x)$ 用傅里叶级数展开:

$$C_n(x) = \frac{1}{\sqrt{2\pi}}\sum C_n^p \mathrm{e}^{\mathrm{i}px} \tag{1.7.89}$$

其中 C_n 可以用列矩阵 $(\cdots c_n^{-p}\cdots c_n^p\cdots)^{\mathrm{T}}$ 表示，在傅里叶表象下，算子 $\boldsymbol{D}$ 与 $\hat{\boldsymbol{D}}$ 可表为三对角矩阵形式 (其中 $\boldsymbol{D}$ 为对角矩阵):

$$\boldsymbol{D}^{pq} = \mathrm{i}\sqrt{\Theta}q\delta_{pq} \tag{1.7.90}$$

$$\hat{\boldsymbol{D}}^{pq} = \sqrt{\Theta}\left[(\mathrm{i}q - F/\Theta)\delta_{pq} - \mathrm{i}(\delta_{p,q+1} - \delta_{p,q-1})d/(2\Theta)\right] \tag{1.7.91}$$

而平均速度可表为

$$\langle v\rangle = \sqrt{\Theta}/H^{00} \tag{1.7.92}$$

$\boldsymbol{H}$ 为矩阵 $(\boldsymbol{H}^{pq}), H^{00}$ 为其 $(p=0, q=0)$ 的矩阵元。$\boldsymbol{H}$ 可写成如下的算子连分形式:

$$\boldsymbol{H} = -\gamma\hat{\boldsymbol{D}}^{-1}\left\{\boldsymbol{I} - \frac{1}{\gamma^2}\boldsymbol{D}\left[\boldsymbol{I} - \frac{1}{2\gamma^2}\boldsymbol{D}\left[\boldsymbol{I} - \frac{1}{3\gamma^2}\boldsymbol{D}(\boldsymbol{I}\cdots)^{-1}\hat{\boldsymbol{D}}\right]^{-1}\hat{\boldsymbol{D}}\right]^{-1}\hat{\boldsymbol{D}}\right\} \tag{1.7.93}$$

实际操作中可以采取截断的方式或写成 $1/\gamma$ 展开的方式。这样问题的中心任务就是计算这个矩阵连分。数值上这种方法比较实用，收敛速度也很快。

当考虑粒子之间相互作用时，它们在周期势场中的运动就会变得很复杂，由于相互作用带来的动力学和集体效应会与非平衡输运的空间效应形成竞争，从而产生丰富的现象。这些内容将在第 6 章和第 7 章结合物质和能量在空间的输运进行详细讨论。

1.7.3　乘着噪声的翅膀: 随机共振

随机共振 (stochastic resonance) 是噪声与系统协同作用的一个非常具体的例子 [109]，这个术语中包含了两层含义: 其一是 "随机"，即所涉及的现象与随机驱动密切相关; 其二是 "共振"，这是物理学和力学中最常见的行为，是一种运动被加强的现象。伴随能量的增益，两个因素合二为一表示共振来自于随机驱动因素。事实上，随机共振正是描述了这样的行为，即微弱的输入信息可以在噪声的作用下被放大，同时在改变输入噪声强度时，信号在输出中的信噪比 (signal-to-noise ratio，SNR) 在一定条件下可达到极大值。

随机共振的概念最早由 R. Benzi 等在研究古气象冰川问题时提出 [119]。在过去的 70 万年中，地球冰川期与暖气候期以大约 10 万年的周期交替出现，如图 1-31(a) 所示。通过研究这一时期地球环境的变化，人们发现地球绕太阳转动偏心率的变化周期大约也是 10 万年。这个巧合使人们认为地球偏心率的周期变化导致了气候在两态之间的变动。但是，辐射到地球表面的太阳能由于地球轨道离心力变化产生的波动与其最大能量相比是微乎其微 (0.1%) 的，这么微小的周期力如何能引起地球气候如此大的变化？人们猜想这是由某种共振机制所导致的，就如同图 1-31(b) 中所给出的秋千，每一次都在最恰当的时候给荡秋千的人一个小小的推力，这个推力足以补偿空气等各种阻尼所带来的能量损耗，并随着时间流逝使得秋千荡的幅度越来越大。在 1981 年，C. Nicolis 与 G. Nicolis 独立于 Berzi 等提出一种共振的模型 [120]，认为地球所受的随机力大大提高了小周期信号对非线性系统的调制能力，而正是这种 “随机共振” 的机制导致了环境温度的巨大改变。

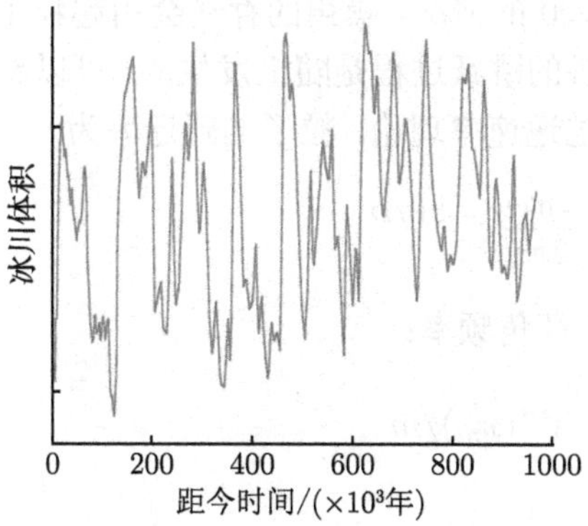

(a)

(b)

图 1-31 (a) 在过去的 70 万年中，地球的冰川期与暖气候期以大约 10 万年的周期交替出现；(b) 荡秋千游戏，借此类比随机共振的机制

随机共振随后的一系列实验证实为这种机制提供了有力的支持。1983 年，Fauve 与 Heslot 在 Schmitt 触发器电路系统中通过观察到信噪比相对噪声变化的 “共振” 曲线证实了随机共振的存在 [121]。1989 年，McNamara 等在环形双激光器中通过研究噪声诱导两个相对传播的激光模式之间的转换也证实了随机共振现象 [122]。此后，研究者们在一系列不同实验 (如光学陷阱、半导体反馈型激光器实验、单项光致反应环形共振器件、电磁学、半导体器件、超导量子干涉装置、化学实验等) 中观察到这一现象，同时在神经生理学的一系列实验中也发现了这一行为 [123-138]。这

一系列发现充分说明随机共振行为具有普遍性，正如噪声与涨落无处不在。

随机共振行为的产生通常需要以下几个要素：第一，存在一个能量的激发势垒，而且系统存在一个阈值; 第二，需要对系统有弱相干输入；第三，也正是我们关心的，即系统有内噪声机制或外噪声的环境。这三个因素相互竞争，共同作用，可以使系统响应噪声强度的变化出现类似共振的行为。

以上问题的物理模型可简化地采用噪声驱动的双势阱系统。考虑一个质量为 m 的过阻尼粒子处于对称双阱中，并受到随机力的作用。方程可以写为

$$\dot{x}(t) = -V'(x) + A_0 \cos(\Omega t + \varphi) + \xi(t) \tag{1.7.94}$$

其中双势阱可采用如下的形式，如图 1-32(a) 所示：

$$V(x) = -ax^2/2 + bx^4/4 \tag{1.7.95}$$

其中 $a, b > 0$。方程 (1.7.94) 右边的周期力为加载的周期信号，这通常也是研究中的输入信号最简单的情况。随机共振所关注的是在噪声驱动下输入信号在输出的 $x(t)$ 中的成分。

我们首先讨论无周期外力即 $A_0 = 0$ 的情况。噪声的存在会引起粒子在两个阱间的跃迁，由一个势阱到另外一个势阱的跳跃过程是随机发生的，可以看成典型的逃逸问题。利用 1.7.1 节的 Kramers 逃逸速率理论，粒子的跃迁率为

$$R_k = \frac{\omega_0 \omega_b}{2\pi\gamma} \mathrm{e}^{-\Delta V/D} \tag{1.7.96}$$

其中 ω_0 为在势阱极小值 $\pm x_m$ 处的特征角频率：

$$\omega_0^2 = V''(x_m)/m \tag{1.7.97}$$

ω_b 为势垒顶点处的特征角频率：

$$\omega_b^2 = V''(x_b)/m \tag{1.7.98}$$

ΔV 为势垒高度。$D = k_{\mathrm{B}}T$ 为噪声强度。

现在考虑对系统加上一个弱周期信号，则包含信号在内的复合双势阱

$$V(x, t) = V(x) - Ax\cos\Omega t \tag{1.7.99}$$

就是一个随时间周期振荡的被周期信号调制的双势阱，如图 1-32(b) 所示，势阱的高度会发生周期变化，其大致变化情况按照“左势阱升右势阱降 → 对称 → 左势阱降右势阱升 → 对称”的顺序周期更迭。值得注意的是，这一周期变化使得粒子在两个势阱间的跃迁不再对称。周期力和噪声使得粒子较易从升高的势阱内跃迁

入降低的势阱内，并发生周期变化。系统有两个特征时间尺度，一个是周期信号，其周期为

$$T_{\Omega} = 2\pi/\Omega \tag{1.7.100}$$

它带来了双势阱高度的周期调制，也直接影响到噪声诱发的双势阱间跃迁；另一个时间尺度当然就是噪声引发的阱间跃迁，其平均跃迁时间为

$$T_k(D) = R_k^{-1} \tag{1.7.101}$$

周期信号通常是固定不变的，而噪声引发的跃迁时间在噪声强度为零时为无穷长，随噪声强度增加，跃迁时间会越来越短。当噪声强度达到合适的值时，跃迁时间与周期信号周期产生匹配，导致随机跃迁与弱周期力产生同步，系统就会发生由于随机力而产生的“随机共振”。共振的时间匹配条件是

$$2T_k(D) \approx T_{\Omega} \tag{1.7.102}$$

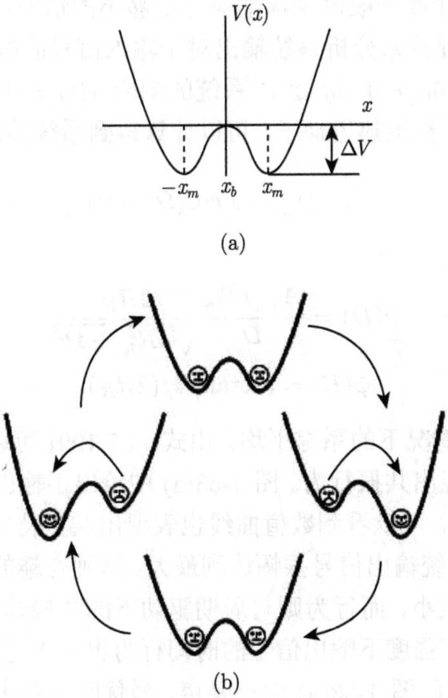

图 1-32 双势阱及其周期力驱动下的变化情况

与 Langevin 方程 (1.7.94) 对应的 Fokker-Planck 方程为

$$\frac{\partial P(x,t;\varphi)}{\partial t} = \boldsymbol{L}(t)P(x,t;\varphi) = [\boldsymbol{L}_0 + \boldsymbol{L}_{\text{ext}}(t)]P(x,t;\varphi) \tag{1.7.103}$$

其中 Fokker-Planck 算子包括无信号 (不含时) 和信号算子 (含时) 两部分：

$$\boldsymbol{L}_0 = -\frac{\partial}{\partial x}(x - x^3) + D\frac{\partial^2}{\partial x^2} \tag{1.7.104}$$

$$\boldsymbol{L}_{\text{ext}} = -A_0 \cos(\Omega t + \varphi)\frac{\partial}{\partial x} \tag{1.7.105}$$

无信号时由于算子 $\boldsymbol{L}_0$ 不含时，因此此时方程有定态解。而当考虑信号时，信号引起的外加算子 $\boldsymbol{L}_{\text{ext}}$ 使得方程的解含时。处理这种含时解可以利用 Floquet 定理将含时解写成

$$P(x,t;\varphi) = \mathrm{e}^{-\mu t} P_\mu(x,t;\varphi) \tag{1.7.106}$$

其中指数部分为 Floquet 乘子相关的时间指数解，μ 为 Floquet 乘子，而

$$P_\mu(x,t;\varphi) = P_\mu(x, t + T_\Omega;\varphi) \tag{1.7.107}$$

为时间周期解。

随机共振的理论计算一般讨论周期信号足够小的情况，此时可以采用非平衡统计物理的线性响应理论来分析系统输出对于输入信号的响应。

考虑弱周期信号 $A_0 \neq 0, A_0 \ll 1$, 系统的响应 $x(t) \neq 0$。考虑线性响应，输出信号与输入信号同频。在绝热近似下，可以计算得到系统的周期响应为

$$\langle x(t)\rangle_{\text{as}} = \bar{x}\cos(\Omega t - \bar{\varphi}) \tag{1.7.108}$$

其中输出信号振幅

$$\bar{x}(D) = \frac{A_0 \langle x^2\rangle_0}{D} \frac{2R_K}{\sqrt{4R_K^2 + \Omega^2}} \tag{1.7.109}$$

$$\bar{\varphi}(D) = \arctan[\Omega/(2R_K)] \tag{1.7.110}$$

其中 $\langle\cdot\rangle_0$ 代表无信号情况下的系综平均。由式 (1.7.109) 可以看到，输出信号振幅与噪声之间的关系表现出共振行为。图 1-33(a) 中给出了输出信号强度 $\bar{x}$ 与噪声强度 D 之间的依赖关系，可以看到数值曲线也表现出共振特征，即在一个最优的噪声强度下，可获取的系统输出信号振幅达到最大。这种有趣的共振发生于改变噪声强度而不是周期力的大小，而行为则与周期驱动下的共振非常类似。

通过观察不同噪声强度下输出信号的时间行为也可以更好地理解共振的含义。图 1-33(b)~(d) 给出了取图 1-33(a) 中小噪声、最优噪声和大噪声时输出信号 $x(t)$ 的行为。可以看到，在最优噪声处，信号的振荡变化与输入周期信号之间呈现出相干的共振行为，而这种行为在弱噪声和强噪声区域都是没有的，这很好地体现了噪声对于双态 (双阱) 间跃迁所起到的调制作用，噪声调制了跃迁频率并使得跃迁频率在某一最佳噪声强度处与输入信号频率产生匹配，满足式 (1.7.102)，而此时输出

信号最强。图 1-34 给出了不同输入信号强度下输出信号振幅 $\bar{x}$ 与噪声强度 D 的变化关系，可以看到典型的随机共振行为发生于几乎同一噪声强度。

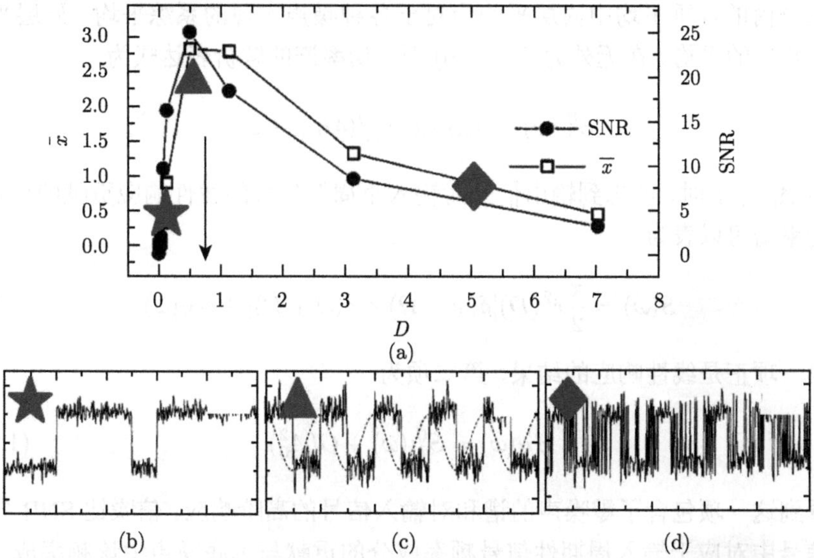

图 1-33 (a) 信噪比 SNR 和平均输出信号大小 $\bar{x}$ 随噪声强度 D 的变化，注意随机共振峰的出现；(b)~(d) 取 (a) 中小噪声 (★)、最优噪声 (▲) 和大噪声 (◆) 时 $x(t)$ 的行为，可以看到最优噪声情况下信号变化与输入周期信号之间的共振行为 (图 (c))【改编自文献 [109]】

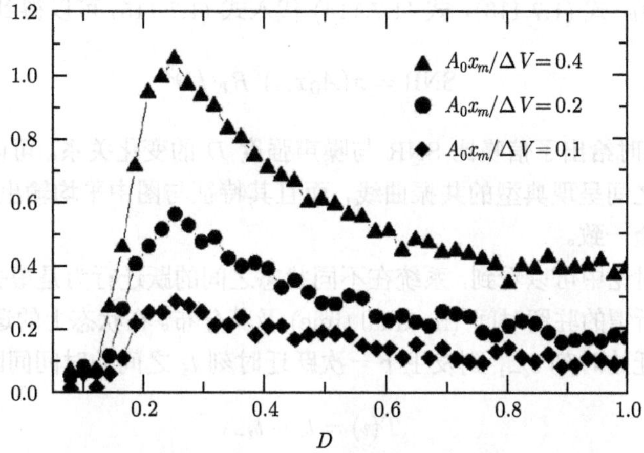

图 1-34 不同输入信号强度下输出信号振幅 $\bar{x}$ 与噪声强度 D 的变化关系【改编自文献 [109]】可以看到典型的随机共振行为发生于几乎同一噪声强度

在实际中，人们更多的是进一步考察信噪比 SNR。首先，输出信号 $x(t)$ 的功率谱根据 Wiener-Khinchin 定理为其时间关联函数的傅里叶谱，

$$S(\omega)=\int_{-\infty}^{+\infty}\mathrm{e}^{-\mathrm{i}\omega\tau}\left\langle\left\langle x(t+\tau)x(t)\right\rangle\right\rangle\mathrm{d}\tau \tag{1.7.111}$$

其中积分内的双重平均中内层平均为对于各种噪声实现的系综平均，外层平均为对初始相位的平均。在无外力 ($A_0=0$) 时，功率谱的解析表达式为

$$S_N^0(\omega)=4R_k\left\langle x^2\right\rangle_0/(4R_K^2+\omega^2) \tag{1.7.112}$$

在外力 $A_0\ll 1$ 时，考虑到输出信号对输入小周期信号的线性响应贡献即可，因此总的功率谱可以表为

$$S(\omega)=\frac{\pi}{2}\bar{x}^2(D)[\delta(\omega-\varOmega)+\delta(\omega+\varOmega)]+S_N(\omega) \tag{1.7.113}$$

其中第一项正是线性响应的结果，第二项为

$$S_N(\omega)=S_N^0(\omega)+O(A_0^2) \tag{1.7.114}$$

可以看到这一项包含了零噪声的谱和对输入信号的高阶响应。信噪比 SNR 定义为输出信号中对应于输入周期性信号频率成分的贡献与本底噪声中该频率成分功率谱的比值：

$$\mathrm{SNR}=2\left[\lim_{\Delta\omega\to 0}\int_{\varOmega-\Delta\omega}^{\varOmega+\Delta\omega}S(\omega)\mathrm{d}\omega\right]/S_N(\omega=\varOmega) \tag{1.7.115}$$

将式 (1.7.109)，式 (1.7.113)，式 (1.7.114) 代入式 (1.7.115) 可以得到

$$\mathrm{SNR}=\pi(A_0x_m)^2R_K/D^2 \tag{1.7.116}$$

图 1-33(a) 同时给出了信噪比 SNR 与噪声强度 D 的变化关系。可以看到，信噪比与噪声强度之间呈现典型的共振曲线，而且其特征与图中平均输出信号大小 $\bar{x}$ 的变化趋势完全一致。

从以上讨论中可以看到，系统在不同状态之间的跃迁行为是最关键的因素。为此可以定义所谓的驻留时间 (residual time) 及其分布。在状态上的逗留时间可以定义为上次跃迁的时刻 t_{i-1} 到发生下一次跃迁时刻 t_i 之间的时间间隔，即

$$T(i)=t_i-t_{i-1} \tag{1.7.117}$$

在随机力的作用下，驻留时间 T 是一个随机变量。下面来看一下驻留时间的分布情况。在无外加调制信号情况下，驻留时间分布 $N(T)$ 满足如下的 Poisson 形式：

$$N(T)=\frac{1}{T_K}\mathrm{e}^{-T/T_K} \tag{1.7.118}$$

其中 T_K 为噪声诱发的跃迁时间式 (1.7.101)。如果有外加周期调制信号，调制周期为式 (1.7.100)，则 $N(T)$ 分布会在

$$T_n = (n - 1/2)T_\Omega \tag{1.7.119}$$

处出现一系列峰。图 1-35 展示了在不同噪声强度处的驻留时间分布情况，小图为 SNR 曲线。可以看到，驻留时间分布在弱噪声情况下会在 Poisson 分布 (1.7.118) 基础上产生很多小的峰。随着噪声强度的增加，小峰的个数逐渐减少，而主峰的高度不断增大，直至在最优噪声强度处主峰达到最高，而小峰几乎消失。在大噪声情况下，主峰又开始下降，态间跃迁就变得频密而混乱，共振效应消失。

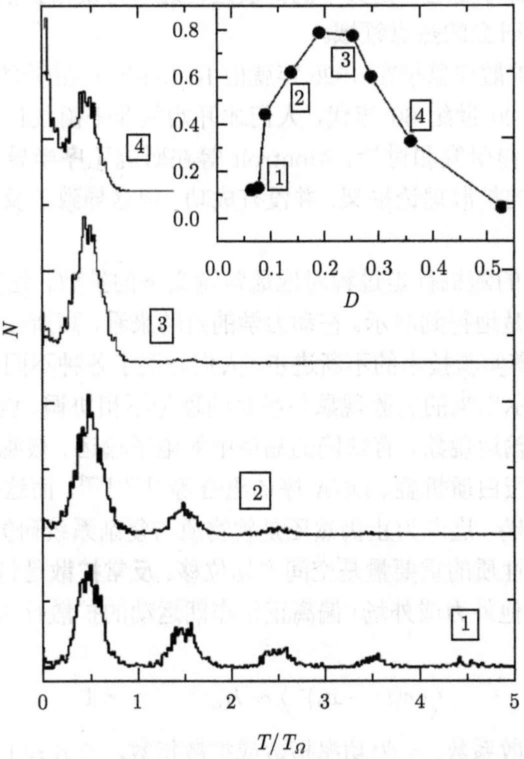

图 1-35 在有信号输入情况下在不同噪声强度处的驻留时间分布情况【改编自文献 [109]】
小图为 SNR 曲线，1~4 的分布曲线对应于小图中相应的序号

对于随机共振问题的分析也经常采取两态模型方法，即不管势场等具体形式，而将系统的过程化为两态跃迁问题，这里不再对这种分析过程详细讨论，读者可参考相关综述。

随机共振的研究既有理论推导，也有数值模拟、电路模拟和物理、化学和生物实验。它们为人们理解许多现象提供了有益的启示。除了上面在双稳系统的研究

外，人们还把研究扩展到量子系统与空间广延系统 (耦合系统)。由于相互作用，系统又增加了新的竞争因素，因而使得时空随机共振的研究成为新的热点。我们将在第 5 章涉及有关内容。

1.7.4 复杂系统的反常扩散

近年来对复杂系统的研究成为交叉领域的热点。当前复杂系统结构及其动力学性质的研究已成为物理学和与其他学科交叉的一个重要领域。复杂系统常有以下几方面的特征: ① 不同结构单元和不同元素之间的巨大差异; ② 在元素之间和结构单元之间有强烈而复杂的相互作用; ③ 随时间的反常演化和不可预测性。所以，复杂系统的重要特征之一是其中的扩散过程通常为反常扩散，因而反常扩散的研究成为统计物理研究的热点领域。

事实上，反常扩散现象早在 1926 年就由 Richardson 在研究流体的湍流扩散时提出 [139]。一直到 20 世纪 60 年代，人们才开始从非平衡统计物理的一般输运理论角度对该现象作出研究和讨论。Montroll 等在研究无序半导体中的扩散输运理论时，采用了传统的扩散理论框架，并没有成功，但这导致了反常扩散理论研究的开端 [140-142]。

遵循高斯分布的随机行走过程对应通常意义下的扩散，这在最早自由布朗运动研究中已经很清楚地得到展示。在动力学的范畴来看，高斯分布的热力学噪声将引起正常扩散。随着实验技术的不断进步，人们开展了各种不同复杂系统扩散行为的研究，许多被揭示出来的实验现象与经典的理论不相协调，例如，玻璃表面的液体扩散、湍流中的输运现象、有缺陷的晶格中的电子输运、核磁共振现象、生物细胞中的跨膜输运、蛋白质折叠、DNA 序的组合等 [143-147]，而这些系统在当今都被归为复杂系统的范畴，迄今为止仍然还是软物质与复杂系统研究的热点领域。

考察系统扩散性质的重要量是空间方均位移。**反常扩散**是指自由系统 (除随机力和阻力外没有其他外力或外场) 偏离正常布朗运动的扩散行为，表现为粒子的方均位移满足

$$\left\langle (x(t)-x_0)^2 \right\rangle \sim K_\alpha t^\alpha, \quad \alpha \neq 1 \tag{1.7.120}$$

其中 K_α 为广义扩散系数，α 为功率指数或扩散指数。当 $\alpha = 1$ 时，我们称布朗运动为**正常扩散**；当 $0 < \alpha < 1$ 时，扩散速度降低，称为**亚扩散** (sub-diffusion)；当扩散指数 $1 < \alpha < 2$ 时，扩散速度高于正常的情况，称为**超扩散** (super-diffusion); 这三种不同的扩散行为如图 1-36 所示。正常扩散的特点是由于平方平均位移的线性特征，粒子空间迁移呈现小幅随机的过程，如图 1-37(a) 所示。图 1-37(b) 则给出发生超扩散时的空间迁移特征，可以看到一些长程的大幅度空间飞行过程。例如，Lévy 飞行就是一种典型的超扩散过程。图 1-37(c) 显示了亚扩散的迁移特征，粒子的迁移高度局域化和密集。

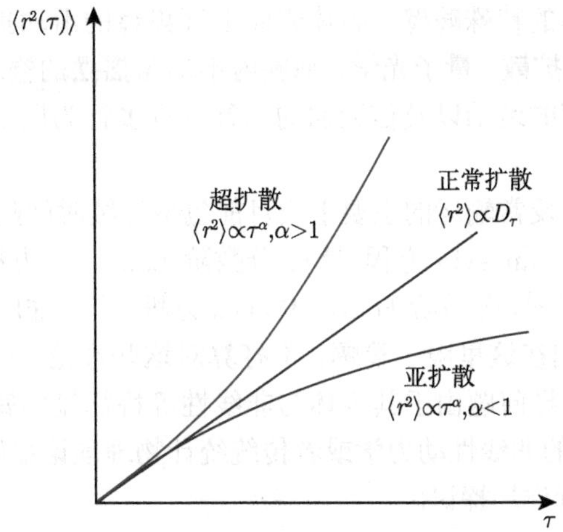

图 1-36 平方平均位移与反常扩散

正常扩散、超扩散和亚扩散可以由平方平均位移随时间变化在长时间的幂律关系加以区分

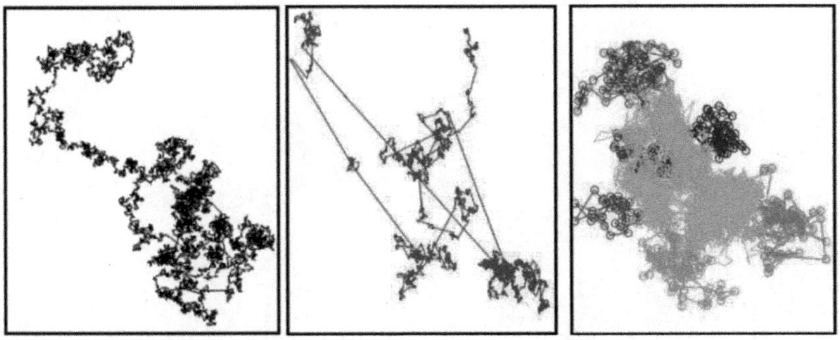

(a) (b) (c)

图 1-37 二维空间中的扩散行为 (扫封底二维码见彩图)

(a) 正常扩散; (b) 超扩散; (c) 亚扩散

扩散过程有两个极限情形，一个是 $\alpha = 0$ 的情况，此时平方平均位移不随时间而增长，我们称其为**局域化** (localization) **行为**，它是亚扩散的极限情况；而当 $\alpha = 2$ 时，平方平均位移与时间的平方成正比，即平均位移与时间成正比，此时系统的扩散行为类似于粒子的自由运动，我们称之为**弹道扩散** (ballistic diffusion)，它是超扩散的极限情况。

迄今为止，人们已经对许多复杂系统的动力学反常扩散现象有了较为清楚的认识。例如，人们已经发现非晶体半导体中带电粒子的输运、液体中核磁共振的扩散、多微孔系统的渗透、聚合物系统中的激发和重构、分数维几何上的输运、对流层中标度性示踪物的扩散、聚合体网格上小珠的动力学特征等呈现出典型的亚扩散行为；而旋转流体的特殊畴壁、固体表面上聚集体的滑动扩散、速度场中的层流、理查德森扰动的扩散、量子光学、细胞内不均匀摇摆的输运、单分子光谱、等离子体的扰动、细菌的运动以及信天翁的飞行等许多行为则表现出明显的超扩散性 [143]。

研究反常扩散与反常输运的主要手段目前包括连续时间随机行走 [140-142]、广义主方程 [143]、广义 Langevin 方程 [144]、分数阶 Langevin 方程 [144]、非线性介质 Fokker-Planck 方程 [142]、分数阶 Fokker-Planck 方程 [145]、非广延或 Tsallis 统计热力学等 [146,147]。我们在这里限于篇幅，不打算对这些理论一一展开。值得关注的是，低维系统的热传导问题由于其少体与非线性等特征显然属于复杂系统的研究范畴，它无法用简单的非线性动力学或者传统统计物理理论很好地阐述。该课题将在第 6 和第 7 章进行详尽探讨。

第 2 章　从 Huygens 到 Kuramoto：同步的相变动力学

2.1　概述：从生物节律到同步

2.1.1　生生不息的生物节律

让我们首先把视线投向美丽的大自然。在广袤宇宙中有一颗孤独却充满生机的地球，在这颗蓝色的星球上生活着数以亿计种生物，它们出生、成长、死亡，它们竞争、合作、共存，展现着丰富多彩的各种行为。站在地球上，你可以看到各种动物之间激烈的捕食，也可以看到它们的各种协同或博弈，而所有的这一切都只有一个目标——生存。

生命在于运动，其重要标志是节律。生物钟是生物体内周而复始的节律，生物节律在物理表现上与其他各种自然节律一样有幅度、周期、相位，这是生物钟动态行为的外在表现，而生物钟作为自我维持的生理和行为节律发生器则具有内在机制，对外在表现的内在机制研究是科学的基本教义，也是应用的基础。复杂系统凡是以涌现出现的行为往往都有微观层次的基本合作协同机制。

生物节律无处不在，不同生物有着不同节律，同一生物也有多种节律。有些动物每年周期的冬眠、有些植物每年周期的长叶落叶，动物还有如呼吸和心跳等更快的周期。人们最为熟知的节律便是昼夜节律。不仅动物睡眠有昼夜节律，很多其他行为和生理指标也都有昼夜节律 [148]。

人类很早就已注意到生物钟对身体健康的重要影响，中国人在两千多年前的中医经典《黄帝内经》中就已有“阴阳平衡”“天人合一”“子午流注”等概念。中医针灸认为“人与天地相应”，即人体功能、活动、病理变化等受自然界气候变化、时日等影响而呈现一定的规律，应“因时施治”“按时针灸”“按时给药”，选择适当时间治疗疾病以获得较佳疗效。中医认为人体中十二条经脉对应于每日的十二个时辰，不同经脉中的气血在不同时辰也有盛有衰。

公元 4 世纪，人们已经知道罗望子树叶活动的昼夜差别。意大利生理学家 Santorio(1561—1636) 曾用 30 年记录自己从早到晚的摄食量、排泄量和体重变化，发现有昼夜规律。1729 年，法国天文学家 J. O. de Mairan(1678—1771) 进行了一个著名的含羞草实验。含羞草叶片会在白天朝向太阳展开，在傍晚闭合，如图 2-1(a) 所示。Mairan 希望了解含羞草叶片的周期性张合与阳光之间的关联。他将含羞草放置在全暗处一段时间，观察其叶片和花的变化，意外地发现，叶片活动并不依赖阳光，即使将其置于不见阳光的暗室之中时，其叶片仍然周期地有张有合 (图 2-1(b))，证明了植物具有内禀的昼夜节律和生物时钟。遗憾的是，他当时没有勇气在实验基础上提出生物时钟的观点。达尔文通过研究植物的节律，提出昼夜节律具有可遗传性，这一观点触碰到了生物钟的实质。大量研究表明，无论是复杂生物还是简单生物，它们都拥有内部时钟帮助其调节生理活动以适应昼夜变化。所有地球上的生命都受其控制，以适应 24 小时的周期。这种调节机制被称为 “昼夜节律”(circadian rhythm)，它源自拉丁文的 “circa”(周期) 及 “dies” (一天)。

(a)

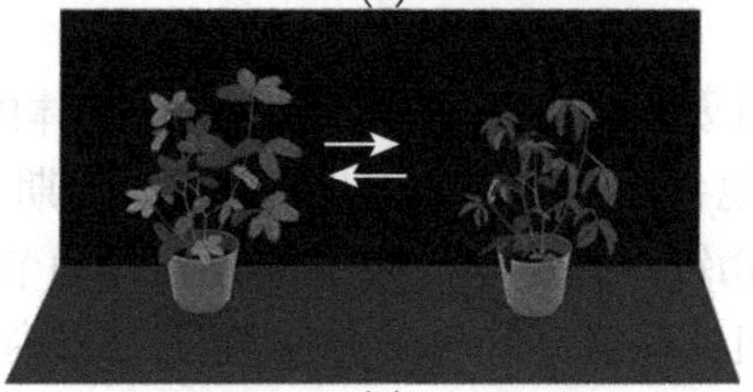

(b)

图 2-1　含羞草内部生物钟实验【改编自 [诺奖官网：https://www.nobelprize.org/nobel_prizes/ medicine/laureates/2017/press.html]】

(a) 含羞草叶片在白天朝向太阳展开，傍晚闭合；(b) 将含羞草置于完全黑暗的环境下发现，含羞草仍然保持其正常的开合昼夜节律

生物节律研究具有重要的生物学实际意义。这种生物学意义的一种可能理解是在进化过程中生物活动与地球自转活动相匹配可以节省能量或提高效率。这已在蓝绿藻、拟南芥等培养生长实验中得到验证。蓝藻通过光合作用从阳光中获取能量，并利用二氧化碳和水生产有机分子和氧气。在内部生物钟的作用下，蓝藻在日出之前即可提前动员光合系统，而在日落之后光合系统亦会遵循生物钟的指令而关闭，这就避免了夜间无用的资源浪费，节约下来的能量和资源可用于 DNA 复制和阳光电离辐射的受损修复。由此可见，生物钟对生命活动的最优化是有利的。这些观察反映了只有当内外源周期保持一致时才最有利于植物生长。

生物的内部时钟究竟如何起作用一直以来是一个谜团 [149]。早期科学家用电生理和解剖学研究生物钟，通过电极观察细胞的电活动，发现脑内特定部位 SCN(视交叉上核) 电活动的昼夜周期节律性，在鸟类发现松果体和哺乳类动物的主钟 (master clock)。后来人们用遗传学特别是用前馈遗传学来研究生物现象，通过随机筛选影响特定生物现象的突变。这是遗传筛选的优点，但有人认为遗传筛选有很大的缺点，主要是由于很多行为恐怕不是单个或几个基因所决定的，复杂的行为需要有很多基因参与。用遗传筛选对单个和少数基因有效，而对更多基因参与的行为可能效果较差。

2.1.2 生物钟的分子与基因机制研究

2017 年的诺贝尔生理学或医学奖授予了三位美国遗传学家 Hall, Rosbash 和 Young，表彰他们 “发现了调控昼夜节律的分子机制” (for their discoveries of molecular mechanisms controlling the circadian rhythm) [150]。有意思的是，生物钟研究的突破竟然缘于遗传学的应用，而小小的果蝇居功至伟。科学家们历史上因研究果蝇曾分别于 1933 年、1947 年、1995 年和 2011 年四次获诺贝尔奖，2017 年关于生物钟研究而第五次获奖让果蝇再度引人瞩目，成为生物界当仁不让的实验明星。

在生物钟分子机制的研究历程中有六位具有代表性的科学家曾做出开创性贡献 (图 2-2)，其中五位研究果蝇，一位研究小鼠。加州理工学院的 Benzer 和 Konopka 开创了生物钟的基因研究，他们发现了第一个生物钟基因 period(PER，节律基因)；洛克菲勒大学 Young 的实验团队和布兰迪斯大学 Hall 与 Rosbash 两个实验室的合作团队成功克隆并分离出 PER 基因。美国西北大学的 Takahashi 则首先在哺乳类生物钟基因的研究中取得突破。

图 2-2 生物钟基因研究的几位开创者

上图自左向右：Seymour Benzer(1921—2007)，Ronald Konopka(1947—2015)，Joseph S Takahashi(1951—)；下图自左向右为 2017 年诺奖获得者 Jeffrey C. Hall，Michael Rosbash，Michael W. Young

Benzer 是生物节律研究第一个吃螃蟹的人。他原是一名物理学家，1953 年转到生物系任教，并开始分子生物学研究。他早期在分子生物学做出的重要工作包括发现遗传突变对应于 DNA 碱基序列的变化 (1955 年) 以及给出基因的顺反子定义 (1959 年) 等。此后他转向神经生物学领域，并以一个物理学家的素养敏锐地认识到基因和分子机制与神经生物学的关系，1971 年的发现使他成为生命节律基因研究的开创者和先驱。

寻求宏观现象的微观机理是物理学家与生俱来的信念。行为研究是生物行为在宏观层次的研究，而分子基因研究则是微观层次的研究。生物钟作为一种典型的生物行为，一直以来的研究都处于宏观层次。Benzer 从基因层面研究生物钟，就如同物理学家从分子层面研究热力学，而选择果蝇作为研究对象，就如同物理学家以 Ising 模型来研究铁磁相变。这种突破传统研究范式的变化与 Benzer 的物理学背景密切相关，而这种范式的前瞻性在生物学家中引起了很大争议，一些生物界同事笑话他选择果蝇过于简单了，"研究脑袋愚蠢的果蝇是不是研究者的脑子有毛病"。一些聪明的学生也认为研究风险太大，不愿意加入他的实验室一起开展这方面的研究。尽管如此，还是有一些勇敢的年轻人加入他的团队之中，Benzer 的团队在之后的 40 年中取得了瞩目的成果，在包括神经生物学的很多方面都在国际上领先，其中关于生物钟的基因机制研究取得了历史性突破。

1971 年前后，Benzer 和他的学生 Konopka 致力于找到控制果蝇昼夜节律的基因。他们发现了一种未知基因，其突变会打破果蝇的正常昼夜节律。他们将该基因命名为 period(PER) [151]。很多人不相信他们能够找到生物钟的基因，包括 Benzer 的老师、1969 年诺贝尔奖得主 Max Delbrück。但节律基因的发现已是不争的事实。这是生物钟研究历史上的惊天大事。遗憾的是，Benzer 于 2007 年去世，Konopka 则于 2015 年去世。更为遗憾的是，Konopka 在发现生物钟基因之后个人际遇不佳，毕业后在斯坦福大学做过短暂的博士后，1974 年回加州理工学院任助理教授，但评终身教授时未通过，之后到 Clarkson 大学任教，因人事变动再次未获终身教授，1990 年回到加州 Pasadena 辅导高中生。可以这么说，如果他们健在，生物钟的诺贝尔奖历史恐怕要改写。Rosbash 在生物学顶级杂志 *Cell* 上为 Konopka 撰写了悼文，他说 "无法想象如果没有 Konopka 这个领域会是什么样"，足见 1971 年发现节律基因的开山意义。

Benzer 等的工作并没有能够进一步解释节律基因到底是如何影响昼夜节律的，这一问题的答案在 20 世纪 80 年代基因克隆大行其道的年代逐步浮出水面。当时，洛克菲勒大学 Young 的课题组、布兰迪斯大学 Hall 与 Rosbash 的团队均在竞争谁先克隆出果蝇的 PER。1984 年，Hall 和 Rosbash 紧密协作以及 Young 领导的课题组分别成功分离出 PER [152-154]，随后的进一步研究发现，该蛋白质会受到昼夜节律控制，在夜晚积累并在白天降解，其浓度水平存在 24 小时的周期性起伏，这与昼夜节律相一致。

为了理解这种昼夜周期的蛋白质浓度起伏的产生与维持，1990 年，Hall、Rosbash 与博士后 Hardin 提出了简单的模型 [155]。他们假设 PER 蛋白会抑制节律基因的活动，即 PER 的基因转录 PER 的 mRNA、翻译产生 PER 蛋白质的过程存在负反馈，则通过一条抑制反馈回路可以阻止 PER 蛋白质自身的合成，而 PER 的 mRNA 或蛋白质产生后又可以影响 PER 自身的转录，从而在一个连续的昼夜周期中形成节律。如果这一假设正确，那么 PER 蛋白质就是基因的转录调控因子。之后的一系列实验证实了这一设想，这是一个重要突破，使人们真正看到了 PER 的调控作用。

抑制反馈回路导致的转录调控设想获得成功，但也产生出新的问题，需要理解由细胞质产生的 PER 蛋白质如何抵达细胞核以抑制节律基因活动。表面上这是一个细胞层次的问题，但实际上是基因层次的问题。随后一系列实验证据表明，转录的调控过程不只由 PER 参与，还与多个基因有关，这说明影响生物钟的不可能只有一个 PER。这促使人们走上了继续寻找其他调控基因的漫漫征程。1991 年，Konopka 等发现了第二个影响果蝇生物钟的基因 Andante；1994 年，Young 发现了第二种能够产生维持正常昼夜节律必要成分的节律基因 timeless(TIM)。Young 进一步证明了一种调节反馈机制，即当这两种蛋白质相互结合时，它们就可以进入细胞核并发挥作用，抑制节律基因的活动并关闭抑制反馈回路，从而解释了细胞内蛋白水平出现变动的原因 (图 2-3(a))。其后，Young 又确定了能编码导致 PER 蛋白积累的基因 doubletime(DBT)，它控制了这种变动的频率。这为解释蛋白质水平变动如何与 24 小时周期密切吻合提供了线索 (图 2-3(b))。

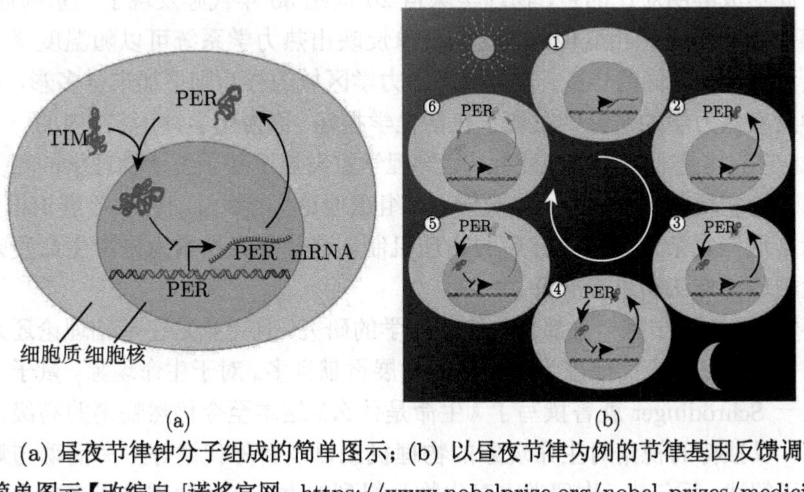

图 2-3 (a) 昼夜节律钟分子组成的简单图示；(b) 以昼夜节律为例的节律基因反馈调节机制的简单图示【改编自 [诺奖官网：https://www.nobelprize.org/nobel_prizes/medicine/laureates/2017/press.html]】

进一步的重要工作是确认能否在其他生物中找到同样的基因、调控因子和调控机制，尤其找到哺乳类生物钟的基因。这个突破由美国西北大学的日裔科学家 Takahashi 完成，他成功发现了影响老鼠生物钟的“钟”(Clock) 基因 [156]。他们还发现人、鸡、蜥蜴、蛙、鱼等也有 Clock 基因。之后人们陆续又发现哺乳类的三个 PER 基因 PER1、PER2、PER3，并发现 PER 基因表达在 SCN 时随昼夜节律变化而变化，这一节律受 Clock 基因的调节。有趣的是，1998 年，Hall-Rosbash 组通过遗传筛选也在果蝇中找到的 Jrk 基因即果蝇的 Clock 基因 [157]。这样，在果蝇中发现的 PER 基因在哺乳类找到，而在老鼠中发现的 Clock 基因也在果蝇中发现，这种生物钟基因的高度保守性显示了生物钟在基因水平的共同性、普适性和可遗传性。

随着一个个调控基因的发现和研究，驱动生物钟的内在机制也逐渐明朗。从果蝇到人存在同样一批控制生物钟的基因，它们编码的蛋白质合作共事，节律性地调节细胞内的基因转录，且都采用负反馈模式，并与光和温度等外界因素协调，从而对应于地球自转的近 24 小时节律。三位诺贝尔奖获得者的发现建立了关键的生物钟机制原理。在接下来的许多年里，生物钟机制的其他分子结构得到了阐释，解释了该机制的稳定性和功能。

随着生物技术的发展，近年来人们对于生命深层次的行为有了越来越精确深入的认识，包括从早期生理学对生物体器官、组织和系统的认识，到细胞生物学对细胞层面生命过程的观察，再到分子生物学对蛋白质、DNA 和基因层面结构的认识。人们在这些不同层次都获得了大量数据和经验结果，并总结了很多一般性结果。然而，从微观到宏观层面的涌现行为研究不是生物学家的特长。

与此形成鲜明对比的是，物理学家自 20 世纪 30 年代起发现了一系列像超导、超流等有趣的平衡态相变现象，这些现象反映出热力学系统可以随温度降低出现有序及其不同序之间的转变。非平衡态热力学区域的行为则更加丰富多彩，对非平衡化学反应热力学的研究则发现了包括化学振荡 (称为化学钟) 等在内的一大批有趣现象，它们均是非平衡态相变行为。物理学家发展了基于统计物理学的相变与临界现象理论和耗散结构理论、协同学、自组织理论、非线性动力学等理论框架，成功揭示了这些复杂系统行为背后的物理机制。这些研究积累为进军生命复杂性做了大量的理论方法和思想准备。

事实上，物理学家一直都在关注生物学的研究，且无论是在基础理论还是实验手段和仪器设备等方面都曾为生物学的发展贡献良多。对于生命现象，量子力学开创者之一 Schrödinger 就曾撰写了《生命是什么》这本至今仍然畅销的高级科普读物 [158]，以独特的视角对生命现象的物理机制以及新陈代谢等生命活动与熵的关系进行了阐述。近年来，物理学家对生物学得到的大量实验数据结果表现出极大兴趣，并有一大批人投身生物物理学的研究 [159,160]，结合生物实验的大数据，系统生物学作为一门全新的针对生命复杂性的交叉学科应运而生 [161,162]。

一批不安分的物理学家的研究触角在过去 30 多年里还延伸到物理学和生物学等传统自然学科以外的生态学、经济学、社会科学等诸多领域。大量来自于不同学科领域的复杂行为的共性被揭示出来，复杂系统研究逐步进入了热点时代。自 1998 年和 1999 年的小世界网络 [16] 和无标度网络 [17] 提出以来，复杂网络研究成为复杂系统研究的焦点和助推器，网络科学本身也逐渐建立起来 [18-22]，这促使人们建立了复杂系统研究的新思路，它又对其他具体学科起到了反哺作用。在此过程中，生命现象的研究获益良多，以复杂网络思想构建的基因调控网络 (GRN)、蛋白质作用网络、新陈代谢网络、神经网络和脑网络等大大加深了人们对不同层面生命涌现的理解，构筑起生命现象的网络金字塔 (图 2-4) [163]。综合老三论 (系统论、控制论和信息论)、新三论 (耗散结构论、协同论、突变论)、非线性动力学理论和复杂网络理论，系统科学作为一门处于方法论层次的学科逐步建立起来，它强调将物理学家惯用的还原论和整体论有机结合来对付复杂系统。系统生物学就是系统科学的成功实践。

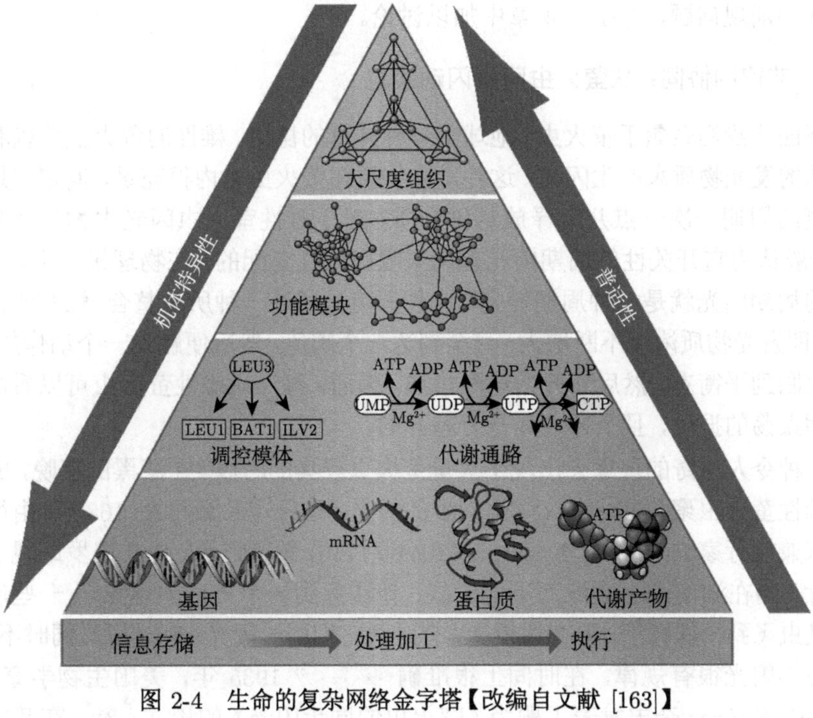

图 2-4 生命的复杂网络金字塔【改编自文献 [163]】

系统生物学的发展使得人们以全新视角来认识生物钟现象。自 20 世纪 80 年代以来，科学家成功分离克隆了 PER、TIM、Clock 等十多种节律基因。每个生物钟都由多个基因来调控，这说明生物钟的基因调控机制是通过一个复杂的基因调控网络来实现的。如果回顾历史，就需要重新来认识 Benzer 等 1971 年的工作。他们的发现具有开创意义，Benzer 作为物理学出身的生物学家敏锐地认识到生物钟的微观 (基因) 机制，但最初认为一个基因即可决定生物节律的想法未免过于天真，而当时本身也已经引起了很大争议。例如，行为学家 Jerry Hirsch 就认为不能简单地用单一基因来解释生物节律等行为，也不能通过遗传筛选的方法来研究节律行为，必须通过同时改变多种基因进行代间选择来推断。他们为此还曾发生过激烈的争论，Hirsch 甚至给 Benzer 所在加州理工学院的每一个教授写信，称其研究是“伪科学”。现在看来，Hirsch 与 Benzer 的争论焦点反映了一个事实，那就是生物体是典型的复杂系统，其生物钟是典型的复杂行为涌现，无法简单地用单一基因来加以诠释。单一基因决定论是典型的还原论思维，近年来基因调控网络研究则给出了更准确的答案。

由于本章只将振荡作为个体的一个动力学表现而不是分子层次的涌现，我们关注的是大量振荡节律之间的协同问题，因此这里不再对复杂系统的振荡涌现问题加以展开。关于分子尺度的基因调控网络振荡行为及其一般非振荡个体产生集体振荡的涌现问题，将在第 4 章中加以讨论。

2.1.3 节律的协同: 从萤火虫同步闪动谈起

下面让我们聚焦于萤火虫，地球上一种神奇的昆虫。雄性的萤火虫可以利用一种特殊的发光物质来产生闪光，这种发光物质在萤火虫体内很充足，但它们只是按照重复的周期一次一点儿地释放这种物质。对于雄性萤火虫闪光生物学意义的理解，一般认为它开关性的周期闪光是用来吸引雌性交配的。在物理机制上，雄性萤火虫的周期闪光就是一种周期振荡，这种振荡是通过一种所谓整合–触发的机制产生的，即发光物质浓度不断增大，直至到达一个阈值，然后便触发一个动作的发生，最后返回到平衡态，然后又开始逐渐增加。因而，每一只雄性萤火虫可以看成是一个周期振荡的振子，且个体之间是有差异的。

一种令人惊奇的现象会出现于大量萤火虫聚集的时候。在漆黑的夜晚，成千上万只雄性萤火虫聚集在一起，产生同步的闪光。这种现象最早在 1680 年由德国自然学家兼旅行家 Engeekert Kaempfer(1651—1716) 做了记录。他在暹罗即现在的泰国旅行，当在湄南河上顺流而下的时候，他注意到一个奇特的现象：“一些明亮发光的昆虫飞到一棵树上，停在树枝上，有时候它们同时闪光，有时候又同时不闪光，闪光与不闪光很有规律，在时间上很准确 …… ” 1935 年，美国生物学家 Hugh Smith 在 *Science* 杂志发表了题为《萤火虫的同步闪光》的论文 [164]，在其中他写道：“想象一下，一棵 10 米至 12 米高的树上，每一片树叶上都有一只萤火虫，所有的萤火虫大约都以每 2 秒 3 次的频率同步闪光，这棵树在两次闪光之间漆黑一片。想象一下，在 160 米长的河岸两旁是不间断的芒果树列，每一片树叶上的萤火虫，以及树列两端之间所有树上的这种昆虫完全一致同步闪光。那么，倘若某人的想象力足够生动，他会对这一惊人奇观形成某种概念。”有趣的是，生物学家 John Buck 1938 年在 *Quarterly Review of Biology* 杂志发表了题为 *Synchronous rhythmic flashing of fireflies* 的综述文章，对该现象进一步进行了详细阐述 [165]，而他在之后一直致力于该方面的研究 [166]，并于 1988 年 (50 年之后) 在同样杂志发表了完全同样题目的论文 [167]。读者可参考相应文献来读一下前后 50 年间人们对萤火虫集体行为理解的变化。

按照生物学家的了解，在泰国目前有很多种萤火虫，其中比较典型的出现聚集同步闪光的是一种被称为屈翅萤 (Pteroptyx malaccae) 的萤火虫。实际上，萤火虫同步闪光现象吸引了大批动物爱好者的关注，在网络上散布着很多关于这种现象的相关信息。另外，泰国也举办世界萤火虫大会，大批爱好者和科学家都会抵达距曼谷 1 小时车程的 Ban Lom 参加盛会，并目睹屈翅萤的同步闪光表演，观看这种萤火虫群体快速、脉搏般有节律的闪现，如同圣诞树的装饰彩灯一样美丽震撼。无独有偶，萤火虫同步闪光的现象不是个例，人们对美国田纳西州的一种称为 Photinus carolinus 的萤火虫群体也观察到这种现象 [168]。

从生物学来说，探讨雄性萤火虫同步的意义是一个较为复杂的问题，目前有很多猜测，例如，同步闪光可以有利于吸引雌性萤火虫，同步可以更好地抵御天敌对萤火虫交配的破坏等。而同样重要的另一个问题自然也会产生，那就是，这种大量个体的同步闪动现象是怎样产生的呢？如果把每一个萤火虫看成一个振子，大量萤火虫聚集形成的群体就可以看成是大量振子的集合，同步闪光就是一种由大量振子产生的集体行为。集体行为的产生显然来自于个体间的信息交互即相互作用，对于萤火虫来说，它们之间的相互作用来自于萤火虫会看到彼此的闪光，并因此会相应地调整自己的节奏和闪光点。人们曾经在实验中放入人工闪光器来影响萤火虫，实验证明，某些萤火虫在发现一次闪光时就会兴奋起来，而它们会调整自己的相位。这说明一只萤火虫的闪光会影响到其他萤火虫，作为振子，它们被称为相互耦合的振子系统。通常这些耦合振子仅在触发时对其他振子产生影响，因此这种耦合被称为脉冲耦合。这种大量相互耦合的振子 (萤火虫) 系统类似于物理上很多耦合机械、电子、光学、化学等系统，于是就产生出具有共性的问题和机制。

事实上，在 Kaempfer 关于萤火虫同步闪光报道之前的 1673 年，荷兰物理学家 Christiaan Huygens(1629—1695) 就已经发现两个相互作用的摆钟之间可以产生同步摆动，二者之间相隔不过七年。物理学的大量发现都与生物学或其他非物理学科在时间点上有着奇妙的契合之处，这说明早期的一些问题的发现和提出往往也是相通的，只是这些发端于不同学科领域的问题往往在早期并没有汇集成共同、本质的科学问题。这种物理学与生物学的契合，历史上还发生于电荷的发现，1785 年，法国物理学家库仑发现了电荷，标志着电学的诞生。1791 年，意大利科学家 L.

A. Galvani(1737—1798) 观察了青蛙实验，利用电极刺激青蛙大腿神经，从而发现了生物电现象，标志着电生理学的诞生。再比如，物理学历史上关于能量守恒定律的提出，生物学和生理学提供了重要证据，1842 年，当时是医生的物理学家 J. R. Mayer(1814—1878) 在海上航行过程中通过观察船员的动、静脉血色的差别，受到启发，第一个给出了热功当量，英国物理学家焦耳 (James Prescott Joule，1818—1889) 于次年更加准确地测量了热功当量。1847 年，当时是军医的德国物理学家 H. von Helmholtz(1821—1894) 把能量守恒从机械运动推广到热、电、磁乃至生命现象，而有趣的是，他本人在 24 年后也担任了物理学教授。我们通过列出这些趣事是希望借此说明，耦合系统的同步问题也是大量不同学科研究交汇的结果，这也使该问题变得更为有趣且重要。

萤火虫同步问题的理论研究在历史上早期更多地侧重于现象的观察和定量描述，更多地基于生物学本身而非物理学。生理学家 Peskin 建立一个整合-触发模型，定义了萤火虫闪光的相位变量，并描述了一个萤火虫闪光的相位随时间演化增大的方程 [169]。Peskin 证明了，如果两个完全相同的整合-触发脉冲耦合振子服从该方程，那么它们最终几乎总是会达到同步。Mirollo 与 Strogatz 随后提出了改进的方程，并证明了对于任意多个类似的振子，同步几乎总是会发生 [170]。我们将在 2.1.4 节从更一般的同步发展角度来作更细致的讨论。

生物学中的另一种有趣的昆虫是蟋蟀 (cricket)，这是一种与蚱蜢有亲缘关系的昆虫。蟋蟀有长长的触角，平坦的后背上长有硬翅。它的活动方式是跳跃或短而急促地跑。有些种类的雄性蟋蟀翅膀上都有一块粗糙的组织，通过摩擦该粗糙组织，蟋蟀就能发出唧唧的声音，而雌蟋蟀则不能。夏季的夜晚，人们经常会听到蟋蟀的叫声，而很多雄性蟋蟀也经常会像合唱团一样一起鸣唱。这种现象与萤火虫闪光具有异曲同工之处。

由萤火虫同步引发出了同步这个非常基础的物理问题，大量生物个体由于相互作用而产生集体行为 [171]。我们将在下面简单回顾一下关于同步研究的历史。

2.1.4　同步相变与自组织

复杂与非线性系统的集体行为有多种多样的具体表现形式 [148,172]，而同步应该说是其中最基本的现象之一 [15,16,173,174]。许多合作行为的背后基本机制都与同步有着直接的关系。由于其基本性，对这一问题的探讨涵盖了自然科学、工程的许多领域，甚至社会科学中的一些行为都与同步这一基本性质有密切关系。许多具体问题如摆钟、乐器、电子器件、激光、生物生态系统、神经、心脏等都有非常具体的现象及其探讨。

关于同步问题最早有记录的正式阐述可以追溯到 1673 年荷兰研究者 Huygens (图 2-5(a)) 发现的关于两个相邻钟摆同步的描述 [175]。他在 1665 年 2 月 26 日给父亲的信中提到了这一现象。他在信中说，在卧病在床的几天里，他一直观察挂在墙上的两只不同的摆钟，发现它们会保持反相摆动 (同步)，见图 2-5(b)。他还对该现象给予自己的理解，他把同步的原因归结为两个摆钟悬挂于其上的横梁使其发生相互作用 (耦合)，而耦合产生了两个摆钟之间的能量传递。

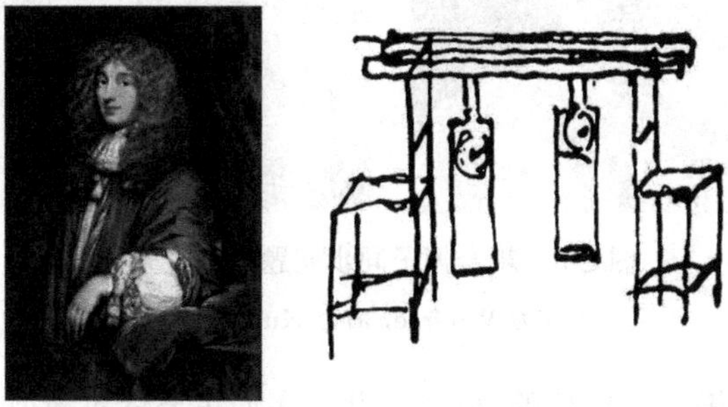

(a) (b)

图 2-5 (a) 荷兰物理学家 Huygens；(b) Huygens 在信中所绘制的两个摆钟同步的草图【改编自文献 [173]】

在后来的很多不同物理问题中，人们都发现了同步现象。例如，英国物理学家 J. W. B. Rayleigh(1842—1919) 描述了声学中的同步 [176]。电子与无线电工程的发展使人们很容易实现电路的时间振荡行为，进而很大程度上促进了关于同步的研究。

相比于现象观察及实验研究，同步的理论研究相对要滞后得多。研究同步的第一步是对振子进行较为准确而简洁的刻画。上述的振荡行为大多是自持续性的，即来自于耗散系统的非线性振荡，这一问题直到 20 世纪初关于极限环的研究才得到了突破。极限环是非线性系统的特有非定态解。进一步，如何在极限环基础上研究驱动或相互作用的极限环之间的同步在理论上就成为重要但更为困难的课题。

一个较早的具有突破性的想法是在 1967 年由美国理论生物学家 A. T. Winfree (1942—2002) (图 2-6) 提出的 [177]，当时他还是一个大学四年级的学生。他建立了耦合相振子模型，以此来刻画在众多不同物理背景下的振荡体系的同步行为，出现于不同体系中的很多现象都可以利用耦合相振子系统的同步来得到非常好的解释 [178]。在 Winfree 之后有一系列研究工作，对耦合相振子的同步动力学行为与转变进行了非常细致的理论分析和计算 [179-182]。但是，这些工作存在的问题是对于同步的研究计算大都注重于振子之间同步的细节，而对大量振子集体合作的同步涌现这个非常基本的现象仍然缺乏解析的分析。

1975 年，这个瓶颈问题终于由一位日本物理学家 Y. Kuramoto (图 2-6) 漂亮地解决，他提出了一个被后人称为 Kuramoto 模型的平均场耦合相振子系统，并利用统计物理学方法和自洽方程方法成功求解，深刻揭示了大量耦合振子可以通过相互作用克服自然频率不同带来的无序而涌现出同步态 [183]，实质上就是一种典

型的非平衡相变 [184]。这些研究推动了同步问题的理论研究热潮 [185]。

图 2-6　耦合振子同步问题的两位先驱

左为 Winfree，右为 Kuramoto

在 Kuramoto 模型提出后的 30 多年里，人们主要针对模型本身进行讨论，作了一些拓展，也得到了一些解析结果 [185]。近十几年，随着计算机技术的发展，大规模的数值模拟得以实现，原来只能靠复杂的理论辅助简单的数值模拟来验证的工作，现在则可以直接通过大规模的数值计算去外推系统的性质。此外，非线性科学尤其是复杂网络的兴起，为研究耦合相振子同步提供了广阔的平台，复杂网络上的 Kuramoto 模型成为研究的焦点 [186-188]，这里面最核心的问题就是网络的拓扑结构对节点动力学的影响，以及如何调整网络的结构来实现同步的最优等，对于这些问题的探讨一方面丰富了复杂网络自身的发展，另一方面为其在真实网络中的应用 (比如电网的同步、神经网的同步) 提供了很好的理论依据 [189,190]。

除了与复杂网络相结合产生了很多有趣的课题外，即使在非全局耦合系统中人们也发现了一类有意思的现象，如奇异态 (chimera state)，它描述了全同相振子 (自然频率以及耦合方式都一样) 在非局域耦合以及特定的初始条件下，系统会产生同步 (coherence) 和非同步 (incoherence) 共存的态 [191]。这种对称性自发破缺的现象与很多生物系统中的现象相类似，比如候鸟迁徙时所呈现出的 “半脑睡眠” 现象就是一个很好的例子。除了在 Kuramoto 模型中发现奇异态，在其他很多如 Landau-Stuart、Ginzburg-Landau、混沌映射以及神经元等振子系统中也发现了奇异态 [192-202]。不仅在理论和数值模拟中奇异态可以被找到，同时在实验上人们也取得了很大的进展，人们分别通过光学中的混沌映射 [203] 和化学系统中的 Belousov-Zhabotinsky(BZ) 反应 [204] 实现了奇异态。

奇异态的出现扩充了人们对 Kuramoto 模型的研究，其他有趣的现象也陆续被报道，如脉冲耦合振子的同步研究 [205]，Kuramoto 模型中涌现的玻璃态 [206]，耦合不对称情形导致的行波态和驻波态 [207,208]，带有惯性项的 Kuramoto 模型 [209]，Sakaguchi-Kuramoto 模型 [210]，时间延迟 Kuramoto 模型 [211]，外场驱动 Kuramoto 模型 [212]，高阶耦合 Kuramoto 模型 [213,214]，时变耦合参数 Kuramoto 模型 [215]，随机 Kuramoto 模型 [216] 等都已经成为一个单独的小领域，并且得到了系统的研究。所有上述研究都得益于近年来人们对 Kuramoto 模型理论本身的探讨，特别是近年来 Ott 与 Antonsen 提出的拟设，为上述研究在理论上提供了可能。反过来，这些理论问题的解决又促进了该模型在其他领域中的应用，比如伦敦千禧桥振动的研究 [217,218]，神经元网络中的自适应记忆模型，物理系统中的耦合 Josephson 结，激光序列的同步，化学系统中的电荷密度波以及电化学振子的同步等都可以约化到与 Kuramoto 相类似的耦合相振子模型 [185]。

同步作为一种集体动力学现象有利有弊，它有时可以促进人们的生产生活，如电网的同步，当每一个电机之间达到同步时，可以使得传电效率大大提高，又比如鸟和鱼类的集群 (同步) 可以更好地保护个体。然而有时同步却是灾难性的，比如英国的千禧桥摇摆和振动就是一种由大量人群踩踏所致的同步，迫使其刚刚开放三天就得宣告关闭；癫痫的发作则是大脑神经元之间的高度同步所致，而这种同步在之前是没有任何征兆的 (爆发式的)。因此掌握同步的机制是为了更好地控制同步，而这其中最重要的就是把握其理论发展 [185]。

在混沌动力学研究开展之前，大量关于同步的研究集中于驱动或耦合的极限环 (周期振子) 系统的同步 (锁相) 问题。虽然在非线性动力学的研究蓬勃开展之后也有研究者提出过混沌系统的同步问题，但混沌系统自身的指数不稳定性使人们认为在混沌系统中实现同步是很难的，另外很多问题如混沌系统的同步概念如何建立、是否如极限环系统那样相对简单 (其实如我们后面所看到的，极限环系统的同步也十分复杂) 等都是人们需要研究的，混沌同步问题一直是一个不清楚的问题。1990 年，美国海军实验室的 Pecora 与 Carroll 小组在《物理评论快报》发表了两个耦合混沌振子的混沌同步概念和现象 [219] 之后，对混沌同步的研究热潮才蓬勃展开。实际上，在他们的工作之前已有不止一位研究者提出并讨论了混沌同步问题，但都未引起足够的重视 [220-223]。Pecora 与 Carroll 的工作之所以受重视，一方面是由于他们第一次明确阐述并引入了混沌同步的概念，并讨论了混沌同步轨道的稳定性，更重要的是由于同期的对于混沌控制问题的研究。从广义上说，混沌同步也是一种控制，而同在 1990 年，马里兰大学的 Ott, Grebogi 和 Yorke 发表的一篇关于混沌控制的工作开创了对利用和控制混沌的研究热潮 [224]。而这两项工作均在一系列实验中得到证实，因而受到广泛关注 [225]。在最近的几年里，关于混沌同步本身内容的研究成果不断被报道 [226]。在本章中，我们着重于同步的传统概念这一思路，不准备涉及控制问题。在第 3 章中我们将会看到，相比于极限环系统的同步问题，混沌系统的同步有更丰富的行为和更多不同的层次。

本章将首先从简单的极限环系统的同步开始讨论，逐步在第 3 章过渡到混沌系统的同步问题。第 4 章我们将集中讨论复杂网络上的同步力学，并在第 5 章研究与同步问题密切相关的时空动力学与同步。因此，本章是后面相关内容的基础。

2.2　耦合周期振子的同步：微观动力学

2.2.1　两个极限环振子的锁相行为

我们从最简单的情况开始来探讨同步的动力学机制与表现。从微观上来探讨同步的动力学机制是很重要的，它可以使我们更好地理解大量耦合振子如何通过相互作用形成自组织，从而产生有序行为。一个简单的极限环振荡的非线性系统可以采用如下复变量 (包括两个实变量) 动力学方程加以描述：

$$\dot{u} = (\lambda + \mathrm{i}\omega)u - bu\left|u\right|^2 \tag{2.2.1}$$

其中 $u(t) = x(t) + \mathrm{i}y(t)$ 为复含时变量，$\lambda > 0, b > 0, \omega \neq 0$。将 $u(t)$ 写为极坐标形式

$$u(t) = r(t)\mathrm{e}^{\mathrm{i}\theta(t)} \tag{2.2.2}$$

方程 (2.2.1) 可分解成两个方程：

$$\dot{\theta}(t) = \omega, \quad \dot{r}(t) = \lambda r - br^3 \tag{2.2.3}$$

幅角方程意味着相位为随时间的均匀变化解，相速度为 ω。$\lambda > 0$ 时，模 r 的方程有两个定态解，其中的平庸解 $r = 0$ 不稳定，另外一个非零解

$$r_0 = \sqrt{\lambda/b} \tag{2.2.4}$$

为稳定解。因此系统 (2.2.1) 在二维相空间中的长时间解为

$$u(t \to \infty) = \sqrt{\lambda/b}\mathrm{e}^{\mathrm{i}(\omega t + \theta_0)} \tag{2.2.5}$$

这是以 $r_0 = \sqrt{\lambda/b}$ 为半径、频率为 ω 的极限环解。从任意初始态出发向极限环 (2.2.5) 过渡的弛豫过程都可由式 (2.2.3) 以完全确切的解析形式给出。

下面来考虑两个互相耦合的用复变量 $u_{1,2}(t)$ 刻画的非线性振子，设耦合系统的动力学方程为

$$\dot{u}_{1,2} = (\lambda_{1,2} + \mathrm{i}\omega_{1,2})u_{1,2} - b_{1,2}u_{1,2}\left|u_{1,2}\right|^2 + K_{1,2}u_{2,1}\left|u_{2,1}\right|^2 \tag{2.2.6}$$

其中 $\lambda_{1,2} > 0, K_{1,2} > 0$，$b_{1,2}$ 为实参量。两方程的头两项反映了两个振子的动力学，而第三项则是振子之间存在的相互作用。仍然如式 (2.2.2) 把运动分解为振幅和相位运动的形式，即将复变量写为模–幅角形式

$$u_{1,2}(t) = r_{1,2}(t)\mathrm{e}^{\mathrm{i}\theta_{1,2}(t)} \tag{2.2.7}$$

其中 $r_{1,2}(t),\theta_{1,2}(t)$ 均为实变量。由于相互作用的存在，相位 $\theta_{1,2}(t)$ 的运动频率仍可能不同于其自然频率 $\omega_{1,2}$。将式 (2.2.7) 代入式 (2.2.6) 并比较方程两边的实部与虚部可得到

$$\dot{r}_{1,2}=\lambda_{1,2}r_{1,2}-b_{1,2}r_{1,2}^3+K_{1,2}r_{2,1}^3\mathrm{Re}[\mathrm{e}^{\mathrm{i}(\theta_{2,1}-\theta_{1,2})}] \tag{2.2.8a}$$

$$\dot{\theta}_{1,2}=\omega_{12}+K_{1,2}(r_{2,1}^3/r_{1,2})\mathrm{Im}[\mathrm{e}^{\mathrm{i}(\theta_{2,1}-\theta_{1,2})}] \tag{2.2.8b}$$

假定系数 $\lambda_{1,2}\ll 1$，则两个振子的振荡半径 $r_{1,2}\ll 1$。将径向与幅角方程右边的耦合项作一比较可以发现，式 (2.2.8a) 中的耦合项为 r^3 量级，而式 (2.2.8b) 中右边耦合项的贡献为 r^2 量级，因此可略去式 (2.2.8a) 中的耦合项，式 (2.2.8b) 就成为 $r_{1,2}$ 各自独立的解耦方程，并可马上解出，在 $t\to\infty$ 时，动力学方程趋于其定态解 $r_{1,2}\to r_{10,20}$：

$$r_{10,20}=\sqrt{\lambda_{1,2}/b_{1,2}} \tag{2.2.9}$$

进一步可将所得的定态解 $r_{10,20}$ 代入 $\theta_{1,2}$ 的方程 (2.2.8b)，有

$$\dot{\theta}_{1,2}(t)=\omega_{1,2}+K_{1,2}\left(\frac{r_{20,10}^3}{r_{10,20}}\right)\sin(\theta_{2,1}-\theta_{1,2}) \tag{2.2.10}$$

引入两个振子的相位差 $\Delta\theta=\theta_2-\theta_1$ 和自然频率差 $\varOmega=\omega_2-\omega_1$，则由式 (2.2.10) 相减可得到

$$\Delta\dot{\theta}=\varOmega-\alpha\sin\Delta\theta,\quad \alpha=K_2\left(\frac{r_{10}^3}{r_{20}}\right)+K_1\left(\frac{r_{20}^3}{r_{10}}\right) \tag{2.2.11}$$

$\Delta\theta$ 的时间演化可以通过单变量微分方程解出

$$t=\int_{\bar{\varphi}_0}^{\bar{\varphi}}\mathrm{d}\Delta\theta/[\varOmega-\alpha\sin\Delta\theta] \tag{2.2.12}$$

如 $|\varOmega|>|\alpha|$，则可解出有限周期为

$$T=\int_0^{2\pi}\frac{\mathrm{d}\Delta\theta}{\varOmega-\alpha\sin\Delta\theta} \tag{2.2.13}$$

的运动，即 $\Delta\theta$ 粗略地表示为

$$\Delta\dot{\theta}=\Delta\dot{\theta}_2-\Delta\dot{\theta}_1=\omega_2'-\omega_1'\approx 2\pi/T \tag{2.2.14}$$

即两振子重整后的频率差取决于积分 (2.2.13)。当 $\alpha\ll\varOmega$ 时

$$\omega_2'-\omega_1'\approx\varOmega=\omega_2-\omega_1 \tag{2.2.15}$$

此时两振子频率基本不变。当

$$|\Omega| < |\alpha| \tag{2.2.16}$$

时，积分 (2.2.13) 在

$$\sin\Delta\theta_0 = \Omega/\alpha \tag{2.2.17}$$

处发散，当 $t\to\infty$ 时，$\Delta\theta$ 不再做周期运动，而是越来越趋于一固定值

$$\Delta\theta_0 = \arcsin\Omega/\alpha \tag{2.2.18}$$

此时由式 (2.2.13) 有 $T\to\infty$, 由式 (2.2.14) 有

$$\Delta\dot{\theta} = \dot{\theta}_2 - \dot{\theta}_1 \to 0 \tag{2.2.19}$$

因此

$$\omega_2' = \dot{\theta}_2 \to \omega_1' = \dot{\theta}_1 \tag{2.2.20}$$

这样，两振子由相互作用所重整的频率趋于相等，即两频率互相锁定。这就是非线性机制所引起的锁频现象。当相互作用强度 $K_{1,2}$ 较大，而原自由振子的自然频率差 $\Omega = \omega_2 - \omega_1$ 较小时，条件 (2.2.16) 容易满足，锁频易于发生，锁频的临界关系为

$$\alpha_c = \omega_2 - \omega_1 \tag{2.2.21}$$

在同步点 α_c 附近，当 $\alpha < \alpha_c$ 时，由式 (2.2.16) 可得

$$\left\langle \Delta\dot{\theta} \right\rangle \sim (\alpha_c - \alpha)^{1/2} \tag{2.2.22}$$

其中 $\langle\cdot\rangle$ 表示长时平均。因此在同步点锁相对应于鞍结分岔。

本节关于两个极限环振子同步的研究表明，振子相位的行为是刻画同步问题最基本的切入点。我们将在以下的讨论中逐步加以阐述。

2.2.2 耦合相振子链的同步分岔树和集团化

通过上面讨论的两个振子的同步情况，我们可以看到，极限环振子同步的发生最重要的自由度是相位。耦合增强可以逐渐消除振子差异 (例如，振子具有不同的自然频率)，并使其达到同步 (或锁相，即振子具有相同的相速度)。一个自然的问题是，当一个系统中有许多不相同的振子时，这些振子能否达到整体同步？同步的过程是什么样的？这个问题在过去的几十年里成为研究的热点，人们结合大量的物理问题开展了研究并得出许多有意义的结果 [227-232]。

以下我们逐步按照两个思路展开讨论。第一，从微观动力学层面展开，系统深入探讨大量振子如何通过相互作用不断增强而逐步从非同步过渡到集体同步；第二，系统的振子数目足够多时，同步就成为一种涌现行为，如何从宏观层面来揭示这种涌现就成为重要的研究任务。下面对第一个方面进行讨论。

受启发于 2.2.1 节的两个振子系统，我们仅考虑振子的相位动力学并引入如下的正弦耦合系统：

$$\dot{\theta}_i = \omega_i + \frac{K}{2N_L+1}\sum_{j=1}^{N_L}[\sin(\theta_{i+j}-\theta_i)+\sin(\theta_{i-j}-\theta_i)] \tag{2.2.23}$$

这里振子都是有不同的自然频率 ω_i，N_L 表示耦合距离。当 $N_L = \mathrm{int}[N/2]$ 时，系统则是 Kuramoto 平均场模型，我们将在后面详细讨论；当 $N_L = 1$ 时，上面的系统是最近邻耦合振子链。对最近邻耦合，上面的方程可写为

$$\dot{\theta}_i = \omega_i + \frac{K}{3}[\sin(\theta_{i+1}-\theta_i)+\sin(\theta_{i-1}-\theta_i)] \tag{2.2.24}$$

不失一般性，假设所有振子的自然频率之和为零，即

$$\sum_i \omega_i = 0 \tag{2.2.25}$$

下面的讨论主要是对最近邻情况进行的。

当增加振子间的耦合强度 K 时，由于各个振子自然频率不相同带来的差异或无序与耦合带来的振子间行为的有序的竞争，系统会表现出复杂的同步动力学。对于最近邻耦合情形，则还有耦合距离与自然频率差异 (距离) 的竞争。原则上说，耦合距离越近，两振子越容易同步 (相互作用越容易传递)；自然频率差异越小的振子越容易同步。但二者由于竞争，耦合上相近的振子如果自然频率差异大则未必容易同步，这就会造成复杂的行为，这在下面可以看到。总体而言，随着耦合强度增加，系统会逐步达到同步。因此存在一个临界的 K_c，当 $K > K_c$ 时，所有振子的频率都锁定。当 $K < K_c$ 时，部分振子会达到同步。为方便观察，可以定义第 i 个振子的平均频率：

$$\bar{\omega}_i = \lim_{T\to\infty}\frac{1}{T}\int_0^T \dot{\theta}_i(t)\mathrm{d}t \tag{2.2.26}$$

当

$$\bar{\omega}_i = \bar{\omega}_j \tag{2.2.27}$$

时，我们就认为第 i 个振子与第 j 个振子达到同步。

随着耦合强度的改变，振子之间需经过一个协调过程才能达到全局同步，理解这个同步过程是很有意义的。在 K 远离整体同步临界耦合强度 K_c 时，我们通常

无法观察到两个振子间严格的同步

$$\dot{\theta}_i(t) = \dot{\theta}_j(t), \quad i, j = 1, 2, \cdots, N \tag{2.2.28}$$

但我们可以定义如式 (2.2.26) 平均意义上的同步，即当两振子的相位差在 $t \to \infty$ 时满足

$$|m\theta_i(t) - n\theta_j(t)| < C \tag{2.2.29}$$

时，就认为两振子相位锁定，这里 m, n 为两非零整数，C 为一有限常数。实际上，这是两振子的 $m{:}n$ 锁相，对应于平均频率

$$m\bar{\omega}_i = n\bar{\omega}_j \tag{2.2.30}$$

典型的锁相就是 1:1 的情况 (2.2.27)。

为清楚看到振子同步的细节，可以引入**同步分岔树**(synchronization bifurcation tree) 的概念，即计算所有振子的 $\bar{\omega}_i$ 随 K 的变化关系。在图 2-7(a) 中，我们给出了 N =5 时的同步分岔树，K =0 的 $\bar{\omega}_i$ 即振子 i 的自然频率 (由计算事先给定)。振子的号码标在图上。可以看到，同步分岔树非常清晰地反映出振子是如何随 K 的增加一步步达到全局同步的。很显然，这是一个集团化 (clustering) 的过程。例如，在图中可看到，K 增加时，两个自然频率与耦合距离上同时相近的 4 号与 5 号振子首先同步形成一个同步集团；K 继续增加，虽然 2 号与 5 号振子在自然频率上相近，但由于空间上不相邻，因此 1 号与 2 号振子同步。(1,2) 与 (4,5) 两个集团在 K 继续增加下合成一个大的集团，最后与自然频率相差极大的 3 号形成一个全局的同步集团。

当系统中的振子数更多时，同步的集团化过程就更为复杂。图 2-7(b) 给出了一个 $N = 15$ 的情况，仍可看到集团化的过程。仔细观察可以发现三类集团化：

(1) **规则集团化**(regular clustering)：如前面所观察到的空间相近的振子或集团的集团化，这一类发生得最多，在图中用 A 表示。

(2) **非局域集团化**(nonlocal clustering)：如果两个空间上不相邻的振子 (或集团) 具有相近的自然频率，而空间上处于它们之间的振子 (或集团) 与它们频率相差较大，则空间上不相邻的振子之间也可以形成同步集团 (称为非局域同步) (见图 2-7(b) 中的 B 同步点)。为更清楚，在图 2-7(c) 中我们给出了局部放大图。可以看到振子 5 和 8 不相邻，但它们可以先同步，与其相邻的 6 和 7 则在 5,8 形成集团后很快加入，我们可看到在 $K \approx 1.11$ 附近，同步以三分岔的形式发生。这种效应是局部耦合的结果，它体现了格点空间距离与频率差异之间的竞争。我们将在后面看到，非局域同步在耦合混沌振子系统中也可以观察到。

(3) **去同步集团化** (desynchronized clustering)：该过程为第一类的逆过程，即随着耦合强度的增加，原来在一个集团的振子会分裂成若干小的集团，如图 2-7(b)

中的 C 所示。这种去同步化总是发生在“边缘”振子上，即由于两个集团的竞争，一个振子会脱离一个集团而加入另外一个集团。

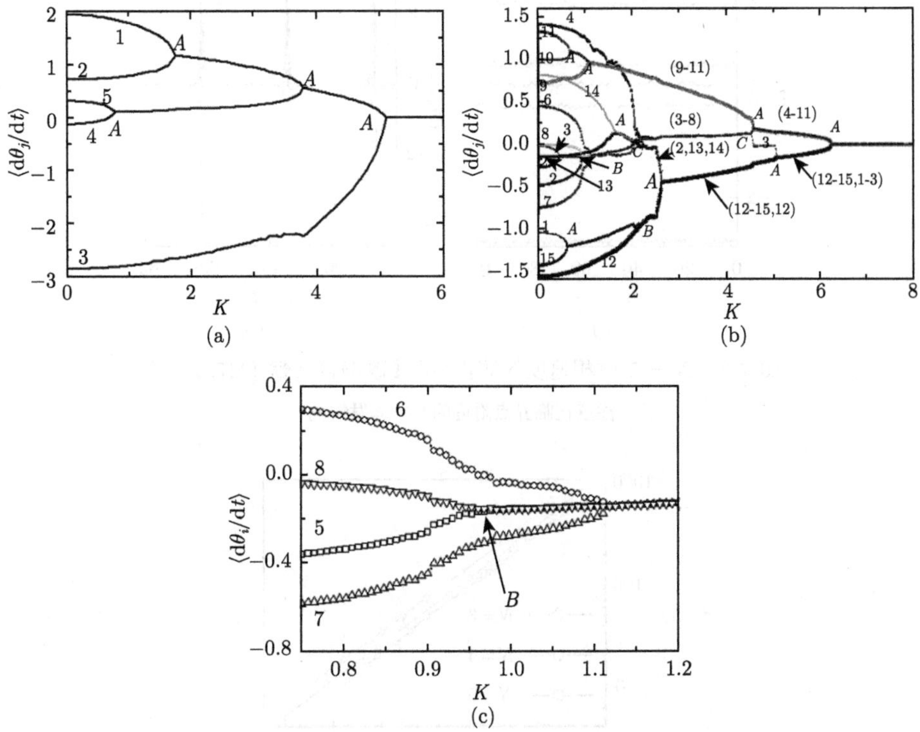

图 2-7　(a) $N=5$ 时的同步分岔树；(b) $N=15$ 时的同步分岔树；(c) $N=15$ 时 (b) 的局部放大【改编自文献 [227, 228]】

2.2.3　同步开关阵发与量子化相移

下面首先观察系统全局同步分岔点 $K=K_c$ 附近的情况。在图 2-8 中我们给出了 N=5 时相速度 $\dot{\theta}_i(t)$ 的演化情况。K= 0 时，$\dot{\theta}_i(t)=\omega_i$。当耦合较弱时，$\dot{\theta}_i(t)$ 在其自然频率 ω_i 附近作小幅振荡。增加耦合强度 K, $\dot{\theta}_i(t)$ 的振荡幅度变大，另外，不同振子的平均频率 $\bar{\omega}_i$ 将会互相靠近 (它们均会从其自然频率 ω_i 偏移开)。在图 2-8(b) 中给出的是在近同步点 K_c 时 $\dot{\theta}_i(t)$ 演化的情况。我们可以看到 $\dot{\theta}_i(t)$ 都靠近到 $\dot{\theta}_i(t)=0$ (同步态) 附近，但会每隔一段时间 τ 发生同步的开关阵发 (脉冲)。“关”态即同步态，但同步“开”态则会破坏这个同步态。当 $K\to K_c$ 时，阵发间隔时间 τ 会越来越长。直至 $K=K_c$ 时，系统达到同步态 $\dot{\theta}_i(t)=0$，阵发间隔时间 $\tau\to\infty$。在图 2-9 中我们给出了 τ 与 K_c-K 的标度关系。可以看到，对不同的振子数，我们总有

$$\tau \propto (K_c - K)^{-1/2} \tag{2.2.31}$$

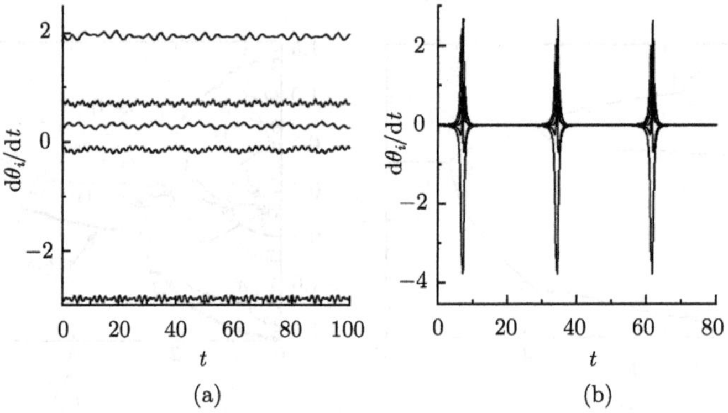

图 2-8　$N = 5$ 时相速度的演化情况【改编自文献 [227, 228]】

注意在临界点附近的开关阵发情况

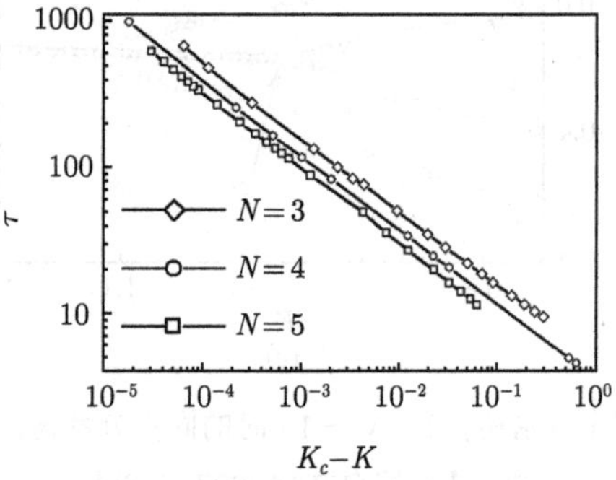

图 2-9　阵发时间间隔与耦合强度的标度关系【改编自文献 [227, 228]】

我们还可以观察在同步临界点附近各振子的相位变化情况。图 2-10(a)、(b) 给出了 N=5 和 N=15 两种情况下振子的相位演化。可以看到，相位的演化是典型的量子化 (quantized)、台阶式跳跃，相位在一定时间内被锁定，经过 τ 时间后振子的相位又同步地跳跃，但跳跃幅度各不相同。例如，对 N=5 的情况，$\Delta\theta_{1,2,4,5} = 2\pi/5$，$\Delta\theta_3 = -8\pi/5$；对 N=15 的情况，则看到 $\Delta\theta_{1,3} = -16\pi/15$，$\Delta\theta_{5,7,9} = 14\pi/15$。

上面的同步脉冲式阵发、量子化的相移及同步临界点附近的标度规律可以作如下理解。设 $K > K_c$ 时，振子被锁定于 $\{\bar{\theta}_i(K)\}$，i= 1,2, $\cdots$, N。由于方程 (2.2.24) 中的相互作用项是 2π 的周期函数，因此满足

$$\begin{aligned}\Delta\bar{\theta}_{i+1}(K, \boldsymbol{m}) &= \bar{\theta}_{i+1}(K, \boldsymbol{m}) - \bar{\theta}_i(K, \boldsymbol{m}) \\ &= \bar{\theta}_{i+1}(K) - \bar{\theta}_i(K) + 2\pi m_i\end{aligned}$$

$$= \Delta\bar{\theta}_i(K) + 2\pi m_i \tag{2.2.32}$$

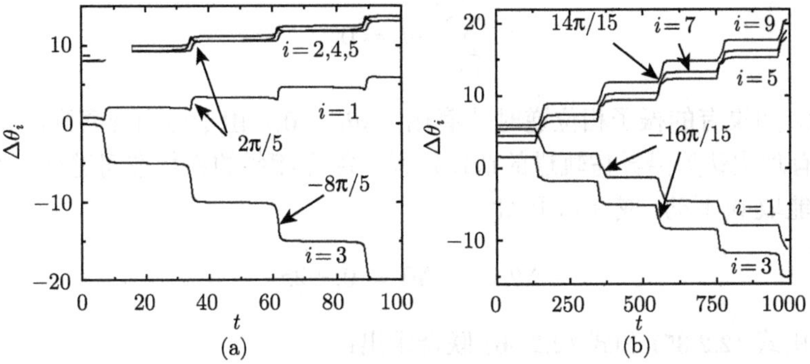

图 2-10 在同步临界点附近的相位演化【改编自文献 [227, 228]】

(a) N=5; (b) N=15

关系的解 $\{\bar{\theta}_i(K, \boldsymbol{m})\}$ 也必然是系统的锁相解。这里 $\boldsymbol{m} = (m_1, \cdots, m_N)$ 为一整数集，m_i 为任一整数。当 $K < K_c$ 时，锁相解会通过鞍结分岔失稳 (类似于前面提到的 N=2 的情况)。在 $K = K_c$, 系统存在一条异宿轨道连接所有可能的锁相解。在 K 略小于 K_c 时 ($|K - K_c| \ll 1$)，锁相解失稳，系统运动会沿着这条异宿轨道进行。运动进行到锁相解附近时会停留一段时间，我们称之为**黏滞效应**(stickness effect)，该阶段对应于观察到的 "关" 态或相位的平台部分，然后由于不稳定系统会沿异宿轨道继续前进，快速地接近另一个锁相解，此过程对应于 "开" 态或相位的跳跃，时间很短。由于振子之间的耦合作用，它们会同时在 "开" 和 "关" 之间转换，从而形成同步的脉冲和相位演化。

上述行为揭示了在同步临界点附近的有趣的集体行为。这种行为可以利用非线性动力学中关于阵发现象的理论分析作如下解释。在鞍结分岔点附近，我们有普适的动力学形式：

$$\dot{x} = (K_c - K) + x^2 \tag{2.2.33}$$

系统从 $x = 0$ 到 $x \to \infty$ 所需的时间为

$$\tau \propto \int_0^\infty \frac{\mathrm{d}x}{(K_c - K) + x^2} = \frac{\pi}{2\sqrt{K_c - K}} \tag{2.2.34}$$

阵发时间的这一标度规律正是我们数值观察到的结果。由于鞍结分岔这一特点，我们期望在临界点 K_c 附近 $\bar{\omega}_i$ 与 $\Omega = \sum_{i=1}^{N} |\bar{\omega}_i|$ 均满足标度率 $(K_c - K)^{1/2}$。这一规律在实际观察中也得到很好的验证。

同时，上面看到的量子化相位移动 $\Delta\theta_i$ 也可以完全求解出来。由系统的运动

方程容易看出，这些相位的总和为零 (自然频率总和为零，相当于在运动系中)，

$$\sum_{i=1}^{N} \Delta\theta_i = 0 \tag{2.2.35}$$

这样的话，如果有的振子相位逆时针演化 ($\Delta\theta_i < 0$)，由于前面观察到的相位都是周期的，有理由认为沿异宿轨道的跃迁过程只能在相邻的锁相态间进行，因此前面的 m_i 只能取 0(不动) 或 ±1。因此

$$\Delta\theta_{i+1} - \Delta\theta_i = 0, \pm 2\pi \tag{2.2.36}$$

$\Delta\theta_i$ 可以由式 (2.2.35) 和式 (2.2.36) 联合求出：

$$\Delta\theta_i = 0, \pm\frac{2\pi}{N}, \pm\frac{4\pi}{N}, \cdots, \pm\frac{2(N-1)\pi}{N}, \pm 2\pi \tag{2.2.37}$$

很显然数值观察到的相移都属此类。在实际中，相移的大小取决于自然频率 $\{\omega_i\}$ 的选择。

同步分岔树不仅给出了耦合振子系统的同步分岔的具体过程，反映了非线性系统的内部有序的变化，而且还可以用来作一些具体的计算。例如，我们可以根据同步分岔树计算出在 K_c 附近的相移 $\Delta\theta_i$。对前面计算的 N=5 的情形，当 $K < K_c$ 且 $|K - K_c| \ll 1$ 时，所有振子分为两个同步集团 (3) 和 (1,2,4,5)，所以 $\Delta\theta_{1,2,4,5}$ 是相同的。这样，根据关系 (2.2.35) 有

$$\sum_{1,2,4,5} \Delta\theta_i = -\Delta\theta_3 = 4\Delta\theta_i, \quad i = 1, 2, 4, 5$$

由于振子 2 与 3 属于不同的集团，并且 $\bar{\omega}_2 > 0$, $\bar{\omega}_3 < 0$，由条件 $\sum_i \omega_i = 0$ 有

$$\Delta\theta_2 - \Delta\theta_3 = 2\pi$$

由上面二式，可以很容易解出 $\Delta\theta_3 = -8\pi/5, \Delta\theta_{1,2,4,5} = 2\pi/5$。这与图 2-10(a) 的数值观察完全一样。同样对图 2-10(b) 中 N=15 个振子的情况也可做类似计算，可以得到 $\Delta\theta_{4\sim11} = 14\pi/15$，$\Delta\theta_{1\sim3,12\sim15} = -16\pi/15$。这些计算均说明在 K_c 附近的相移取决于最后的集团的情况。对一般情形 [228]，如果 $K < K_c$ 时系统有两个同步集团 (不排除有多个集团的特殊情况)，并且有 N_1 个逆时针旋转的振子 ($\bar{\omega}_i > 0$)，则采用类似上面的讨论可知

$$\Delta\theta_i = 2\pi(N - N_1)/N \tag{2.2.38}$$

对其余 $N - N_1$ 个顺时针旋转的振子，相移则为

$$\Delta\theta_j = -2\pi N_1/N \tag{2.2.39}$$

对于开放链的情形，当 $K < K_c$ 时的两个集团是可以理论计算得到的，即可以计算出当 K 越过临界点 K_c 时一个同步大集团从何处分成两个小集团。引进

$$X_i = \sum_{j=1}^{i} \omega_j \tag{2.2.40}$$

这里假设 $\bar{\omega} = 0$。因为 ω_j 在实际中是根据某一分布随机给出的，而且可正可负，所以 X_i 对 i 而言可以看成是变量随“时间”i 的一个随机行走，随 i 变化可能增加也可能减小。对有限的 N, $|X_i| \sim i$ 的关系可以有多个局部极值，但总存在一个 i_0 使得 $|X_{i_0}|$ 为最大值。这个 i_0 即集团分裂的位置。i_0 对应的 $|X_{i_0}|$ 亦对应于临界耦合强度 K_c。

2.2.4 同步与吸引子维数塌缩

在前面我们集中讨论了同步过程的平均行为，即 $\bar{\omega}_i$ 为长时间平均，我们看到非常漂亮的同步分岔树现象。从平均的角度看，从非同步到全局锁相的过程就是一个不同程度同步的分岔树。另外，我们还集中分析了在全局同步转变点附近的动力学行为，但对于同步分岔树其中的更多地方我们尚不太了解系统的动力学。本小节将对此进行深入分析。

1. 从高维准周期到低维准周期的转变

要考察系统的动力学行为有很多手段，其中最有说服力的手段莫过于观察系统的李指数谱。知道了系统的李指数谱，我们就会了解系统吸引子的基本性质。观察指数谱随系统参数的变化，我们就可以了解系统吸引子随参数的变化情况。

在图 2-11(a) 中，我们计算了 N=5 时李指数谱随耦合强度的变化情况。若指数中有一个或多个大于零的指数，则说明系统运动是混沌的。若有 M 个指数为零且没有大于零的指数，则说明系统的运动是 M 维准周期的，即相空间中的吸引子是 M 维的环面 (记为 T^M)。在第 1 章中我们讨论了 Ruelle 与 Takens 的准周期到混沌道路，并曾提到高维环面的结构不稳定性。实际上, 在一些特定条件下 (例如，系统的作用不是变化非常剧烈的)，高维环面也可以以非零测度存在。以这里的系统为例，我们可以在弱耦合下看到高维准周期的存在。

在图 2-11(a) 中，当 $K \leqslant 0.75$ 时，我们看到系统的 5 个指数 $\lambda_{1\sim5}$ 均为零，说明现在系统运动在 T^5 上进行，而且随着 K 的改变可以稳定地保持这个 5 维准周期。当 $K > 0.75$ 时，可以看到有一个李指数由零变负，零指数数目减少一个，说明这个地方系统的吸引子有一个突变，由 T^5 变为 T^4。这个动力学上的突变预示着一个分岔的发生。对比图 2-7 中 N= 5 的同步分岔图，我们可以发现，正是在这个动力学的突变点处振子 4 和 5 发生同步。继续增加 K 我们还可以发现第二个，第三个，$\cdots$ 动力学突变，每次突变对应于一个零李指数变负，两个振子同步。因

此可以说耦合周期振子的同步过程从动力学上看是从高维准周期向低维准周期过渡的过程。在每一个突变点，变负的李指数 λ_i 都遵守下面的标度规律：

$$\lambda_i \propto -A(K_c^i - K)^{1/2} \tag{2.2.41}$$

其中 A 为一系数，K_c^i 为突变点。

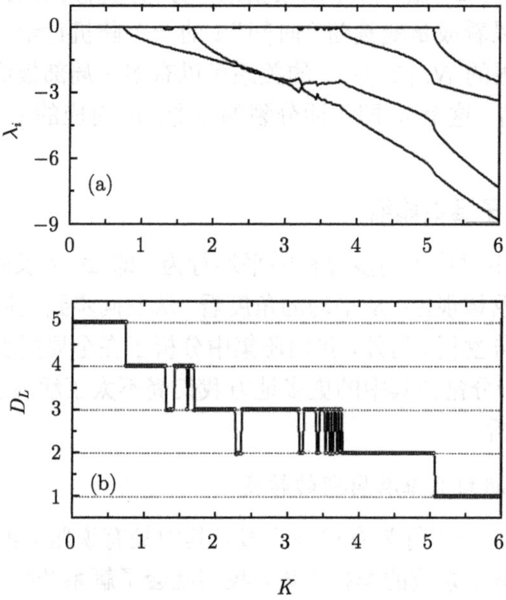

图 2-11　$N=5$ 时李指数谱及其维数随耦合强度的变化情况【改编自文献 [227, 228]】

从高维准周期向低维准周期的过渡意味着在同步进程中振子系统运动相空间的吸引子维数逐渐降低 [229,230]，我们可以通过计算吸引子的维数随 K 的变化来更清晰地刻画。一个简单计算吸引子维数的方法是根据李指数谱。根据 Kaplan-Yorke 猜想 [233]，吸引子的 Kaplan-Yorke 维数或李雅普诺夫维数定义为

$$D_L = M + \frac{1}{|\lambda_{M+1}|}\sum_{j=1}^{M}\lambda_j \tag{2.2.42}$$

其中 M 是一个满足如下条件的整数：

$$\sum_{j=1}^{M}\lambda_j \geqslant 0, \quad \sum_{j=1}^{M+1}\lambda_j < 0 \tag{2.2.43}$$

这里李指数是按照由大到小的顺序排列的，即 $\lambda_1 \geqslant \lambda_2 \geqslant \cdots \geqslant \lambda_N$。在图 2-11(b) 中我们计算了 $N=5$ 时的李雅普诺夫维数 D_L 随 K 的变化。可以看到 D_L 随 K

的变化是台阶式的。在每次同步 (突变) 发生前，D_L 维持一个整数，在越过同步点后 D_L 减小 1。另外还可以看到，D_L 出现反复上下跳动的行为，这说明在高维准周期中会出现一些低维准周期 (或周期) 窗口。

下面我们讨论一下同步点附近的情况。在全局同步临界点 K_c 附近，我们可以观察到相差的同步跳跃和脉冲现象。在集团化同步点附近也存在类似的情况。设振子 l 与 j 在 $K > K_c^i$ 时同步，$K < K_c^i$ 时两振子相位差

$$\phi_{lj}(t) = \theta_l(t) - \theta_j(t) \tag{2.2.44a}$$

会出现相移 (非局域化)。我们同样可观察相差的时间变化率

$$\dot{\phi}_{lj}(t) = \dot{\theta}_l(t) - \dot{\theta}_j(t) \tag{2.2.44b}$$

当 ϕ_{lj} 有相位跳跃时，$\dot{\phi}_{lj}(t)$ 就会表现出脉冲现象。在图 2-12(a)~(c) 中，我们给出了在几个不同临界点 ($T^4 \to T^3$,$T^3 \to T^2$,$T^2 \to T^1$) 的情况，可以看到明显的开关阵发现象。这与全局同步临界点 K_c 附近的阵发稍有不同，K_c 附近阵发的 “关” 态是不动点，这里的 “关” 态是周期态或准周期态，但它们的共同特点是相邻 “开” 态的时间间隔 T 都是规则的。我们在图 2-12(d) 中给出了这几种不同情况下 T 在同步临界点附近的行为，可以发现，这些曲线在 K_c 附近的临界行为一致，即

$$\langle T_i \rangle \propto (K_c^i - K)^{-1/2} \tag{2.2.45}$$

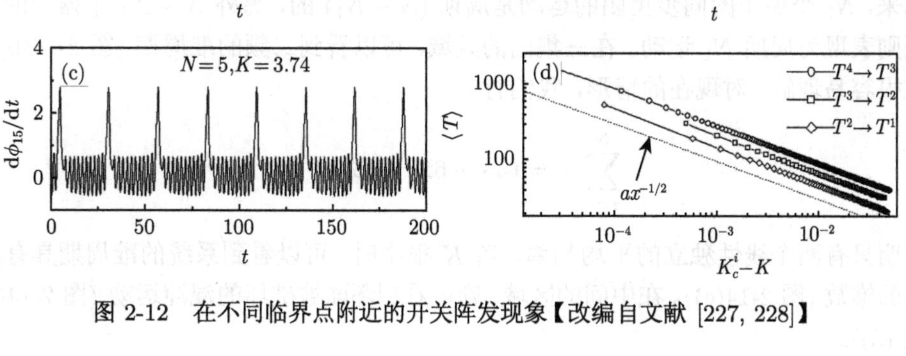

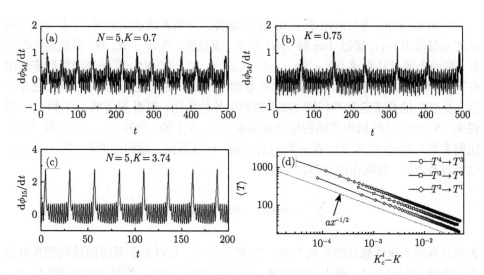

图 2-12 在不同临界点附近的开关阵发现象【改编自文献 [227, 228]】

2. 去同步导致的混沌

在上面我们看到了在振子同步的进程中系统的运动可以是周期或准周期的 (从低维到高维)。由于所研究的系统是高维非线性的 (耦合作用是非线性的)，因此应该可以观察到混沌现象。当振子个数 N 比较小，自然频率与空间距离匹配性比较好时，通常只能看到规则的运动 T^n(n 可以从 N 一直到 1)，例如前面所看到的 N=5 的情形。随着 N 的增加，由于自然频率随机给定，就有可能有混沌运动出现。在图 2-13 中，我们计算了 N =15 时最大李指数随 K 的变化。可以看到，在 K 的很大范围内都有 $\lambda_{\max} > 0$，说明这些区域的运动是不规则的。对比李指数与同步分岔树的图，可以知道在这些混沌区，系统仍处于部分同步的状态。

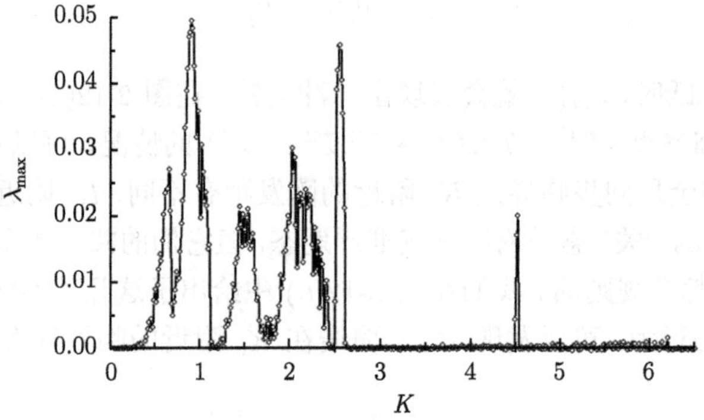

图 2-13　N=15 时最大李指数随 K 的变化【改编自文献 [227, 228]】

在图 2-14 中，我们给出了 Poincaré截面图来分析系统的动力学，这里 $\dot{\theta}_1(n)$ 表示的是每次当 $\theta_1(t)$ 穿过 $2n\pi$ 时 $\dot{\theta}_1(t)$ 的值。很显然，当 $K > K_c$ 时，系统是不动点解，截面上的点只有 $\dot{\theta}_1(n) = \dot{\theta}_1(n+1) = 0$。当 $K < K_c$ 时，系统处于两同步集团情形，系统运动是周期的，在截面上可看到 8 个点，说明这是周期 8 的解。通常在两个集团中的振子运动不相同 (如果观察另外的集团，可看到周期 7 的解)。一般说来，N_1 个振子的同步集团的运动是周期 $(N-N_1)$ 的，另外 $N-N_1$ 个振子的集团则表现为周期 N_1 运动。在三集团的区域，可以看到二频的准周期 (图 2-14(b))。这很容易理解。对现在的情形，我们有

$$\sum_{i=1}^{N} \bar{\omega}_i = 6\bar{\omega}_1 + 6\bar{\omega}_3 + 3\bar{\omega}_9 = 0$$

表明只有两个线性独立的平均频率。当 K 很小时，可以看到系统的准周期具有很高的维数 (图 2-14(e))。在中间的区域，则可看到环面被破坏的混沌运动 (图 2-14(c) 及 (d))。

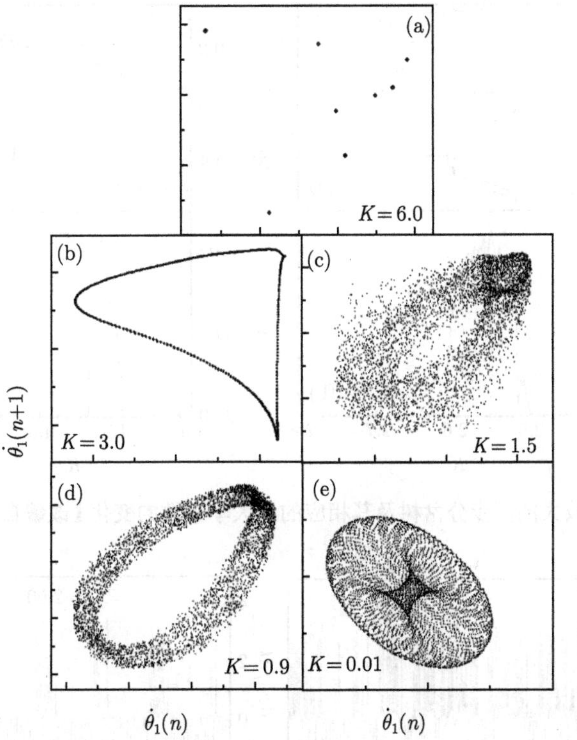

图 2-14 N=15 时在不同耦合强度下的 Poincaré截面图【改编自文献 [227, 228]】

上述的混沌运动与振子的同步状态有密切的关系。在图 2-15 中，我们给出两个局部放大的同步分岔树及其相应的最大李指数的变化。可以很清楚地看出，当原先同步的两振子 (或集团) 失去同步时，最大李指数变为正，而当新的同步出现时，李指数又变为零。我们把这种现象称为去同步导致的混沌。当我们观察相位差的行为时，可以看到 $\dot{\phi}_{ij}(t)$ 的无规则脉冲。

图 2-16 (a) 和 (b) 中给出了 N=15 时在 K=2.56 和 2.60 时 $\dot{\phi}_{21}(t)$ 的行为 (振子 1 和 5 同步前)，可以看到在环面附近的开关脉冲式阵发行为。增加 K 时，新的长阵发时间间隔尺度会加入竞争中，当 K 趋近同步点 K_c 时，阵发会出现无穷长的时间间隔，阵发停止。为便于观察，在图 2-16 (c) 和 (d) 中我们给出了 N=9 和 15 两种情况下在同步临界点前的阵发时间 T 与 K 的关系。可以看到，当 K 离临界点较近时，阵发频繁地进行。逐步增加 K，可以发现有新的特征阵发时间 T 逐步加入进来，而加入的方式是台阶式的。新增加的时间尺度与原有时间尺度无规地交替出现，导致了阵发的随机发生，正是这种多种时间尺度的竞争导致了前面的去同步混沌 [229]。

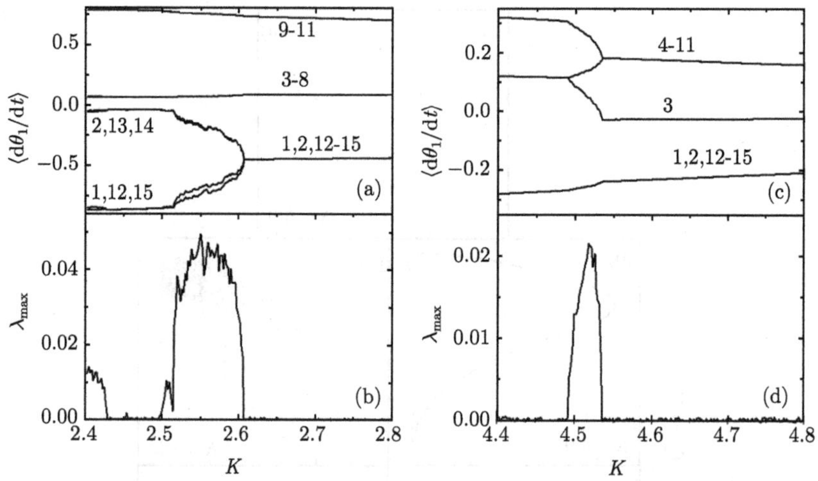

图 2-15 局部放大的同步分岔树及其相应的最大李指数的变化【改编自文献 [227, 228]】

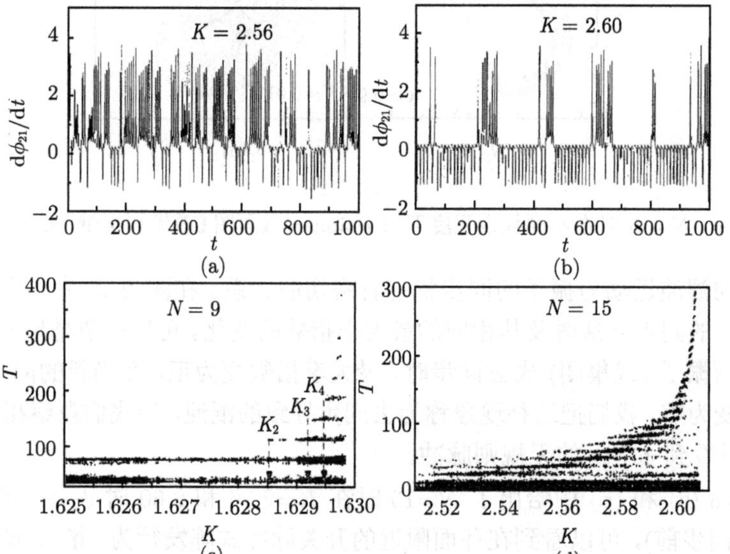

图 2-16 混沌阵发【改编自文献 [229]】

2.3 Kuramoto 模型：同步自发形成的可解情形

2.3.1 从 Winfree 模型到 Kuramoto 模型

前面对耦合相振子的同步动力学进行了细节的分析，我们可以发现从非同步到部分同步乃至全局同步的过程。这说明相振子模型可以很好地被用来研究同步。实际上，关于相振子来描述振子之间同步的合理性已经蕴含于耦合极限环系统的处理当中，读者可回顾 2.2.1 节中的推导，以此来思考一下振幅与相位如何有效分离并只用相位动力学来进行研究。

下面我们讨论 $N \gg 1$ 个周期振子有相互作用时的同步情况。当 N 很大时，考察众多振子之间的同步具体过程及动力学则会变得非常复杂，更多情况下也是没有必要的。对于复杂的多体系统，统计物理和宏观方法会变得很有效。利用统计物理方法，我们不必关注于每个振子的动力学细节，而是关注于大量振子的分布，譬如相位或频率的分布及分布随时间的演化，进而利用统计分布信息来计算宏观量。尽管如此，这并不是一件平庸的事，特别是我们期望可以通过统计物理方法在宏观层面得到可解析处理的结果时则需要较为苛刻的条件。

1967 年，Winfree 提出将大量的振荡个体看作具有不同自然频率的极限环，而振荡用最简单的相位自由度加以描述。相互作用则考虑每个个体受到其他所有个体的全局作用。这样，耦合振子系统的动力学方程可以写为

$$\dot{\theta}_i = \omega_i + \left(\sum_{j=1}^{N} X(\theta_j) \right) Z(\theta_i) \tag{2.3.1}$$

其中 $i = 1, 2, \cdots, N$。K 代表耦合强度。振子的自然频率 $\{\omega_i\}$ 各不相同，假设它们符合某一分布 (如高斯分布) $g(\omega)$，很多情况下这一分布设为单峰分布 (峰值对应于 ω_i 的平均值 $\bar{\omega}$)，但也有很多情形不一定这么简单。Winfree 发现，自然频率分布较窄时，振子之间会产生同步 [177]。但 Winfree 及其之后的研究对同步涌现缺乏解析分析。

1975 年，Kuramoto 考虑了如下简单的、可以解析处理的情形：① 考虑热力学极限，即振子数目 $N \to \infty$；② 考虑振子之间的相互作用是全局性的，即每一个振子都与其他振子有相互作用，且假设相互作用的形式都是一样的；③ 为进一步简化处理，假设相互作用是平均场形式，即所有振子之间相互作用都是平权的；④ 假设相互作用函数是相位差的周期函数，最简单的周期函数就是正弦函数 $\sin \Delta\theta$；⑤ 在无相互作用时，所有振子都以其自身频率 $\{\omega_i\}$ 振动，$\omega_i \neq \omega_j$，设自然频率 $\{\omega_i\}$ 分布符合一单峰分布 $g(\omega)$。

在以上基本简化思想下，相互作用相振子组成的系统运动方程可以写为

$$\frac{\mathrm{d}\theta_i}{\mathrm{d}t} = \omega_i + \frac{K}{N} \sum_{j=1}^{N} \sin(\theta_j - \theta_i) \tag{2.3.2}$$

这就是被后来研究者称为的 **Kuramoto 模型** [183]。该模型在统计物理意义上是可解的，自提出后被广泛研究。

如果 Kuramoto 振子系统处于噪声的环境 [234-239]，则模型可写为

$$\frac{\mathrm{d}\theta_i}{\mathrm{d}t}=\omega_i+\frac{K}{N}\sum_{j=1}^{N}\sin(\theta_j-\theta_i)+\xi_i(t) \tag{2.3.3}$$

其中 $\xi_i(t)$ 为噪声，为简单起见，假设为振子间无关联的、强度为 D 的高斯白噪声：

$$\langle\xi_i(t)\rangle=0,\quad \langle\xi_i(t)\xi_j(t')\rangle=2D\delta_{i,j}\delta(t-t') \tag{2.3.4}$$

为描述振子的同步情况 (相干程度)，Kuramoto 引入了如下的序参量，将其定义为所有振子相位复函数的平均场：

$$z=R\mathrm{e}^{i\Theta}=\frac{1}{N}\sum_{j=1}^{N}\mathrm{e}^{\mathrm{i}\theta_j} \tag{2.3.5}$$

其中复序参量的模 R 描述振子的相干性强弱，Θ 为一任意相位。式 (2.3.5) 定义的量也被称为相干因子。

尽管振子的自然频率各不相同，有相互作用时 $(K\neq 0)$，各振子的振动频率都会相应地从 $K=0$ 时的自然频率 $\{\omega_i\}$ 处随耦合强度变化而移动，可定义振子的平均频率 $\Omega_i=\bar{\omega}_i$ 为式 (2.2.26)。在耦合强度很弱时，只有自然频率极其靠近的振子才会同步，但它们所占的比例几乎可以忽略，大量振子的 Ω_i 都不等，它们在任一时刻的相位都均匀分布于 0∼2π，如图 2-17(a) 所示，此时 R=0。随着耦合强度的增加，越来越多的振子会同步，平均频率 Ω_i 相等，这些同步的振子相位之间会靠近并保持固定相位关系，振子不再均匀分布，如图 2-17(b) 所示。当所有 Ω_i 都相等时，R 就不为零，表明此时振子之间可保持固定的相位关系。对于上面的系统，人们已理论上证明了存在一个临界的耦合强度 K_c，当 $K\leqslant K_c$ 时，R=0；当 $K\geqslant K_c$ 时，$R\neq$0。在很强的耦合下，振子相位会靠得很近，形成整体的同步大集团，如图 2-17(c) 所示。在临界 K_c 处发生的是一个非平衡相变，理论上可以处理。下面就对此进行讨论。

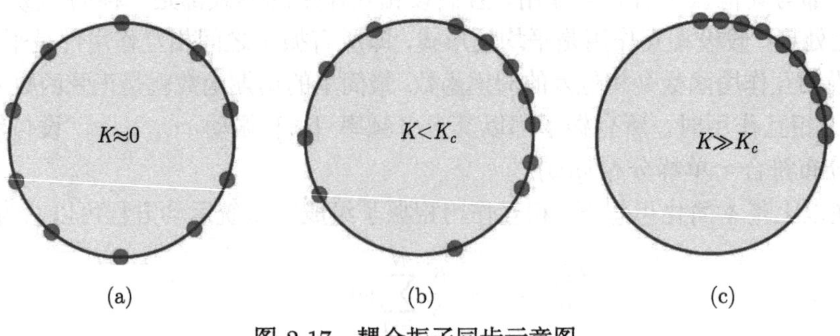

图 2-17 耦合振子同步示意图

(a) 在耦合强度很弱时，大量振子不同步，任一时刻相位均匀分布于 0∼2π；(b) 随着耦合强度的增加，越来越多的振子会同步，振子不再均匀分布；(c) 在很强的耦合下，振子相位会靠得很近，形成整体的同步大集团

2.3.2 Kuramoto 自洽方法与同步涌现

自洽方法的基础是通过假设系统存在一个不随时间改变的定态，在此状态下序参量为一个待定的定值，然后再通过序参量的定义和系统定态的运动方程，得到待定的序参量的值，并在分析的过程中得到此序参量与相应定态的存在条件。自洽方法从其方法本身便限定了其适用范围，虽然只能用于对于定态的分析，却可以不受具体动力学的限制，是振子系统分析中广泛使用的方法之一。下面我们看 Kuramoto 如何用自洽方法来解析处理同步的问题。

首先，假定振子数 N 足够大的情况下，式 (2.3.5) 定义的序参量与 N 无关且不随时间变化。考虑到 Kuramoto 模型 (2.3.2) 相互作用的平均场形式，利用式 (2.3.5) 的平均场可以很容易地将其重新写为

$$\mathrm{d}\theta_i/\mathrm{d}t = \omega_i + KR\sin(\Theta - \theta_i) \tag{2.3.6}$$

其次，如果将 R 看作是一个参量，该方程看上去就是过阻尼情况下受驱单摆的动力学方程。如果能定出 R，则式 (2.3.6) 完全可以求解。但这不是一件简单的事。一个可行的办法是带着未知参量 R 继续讨论，建立一个关于 R 的方程来将其求解。该方程即为**自洽方程** (self-consistent equation) [184,185]。下面的讨论即围绕这一主题展开。

显然 $R=0$ 对应于非相干的情形 (均匀分布解)，这个非相干态是系统的一个解，但不总是稳定。当 $K>K_c$ 时均匀分布解失稳。另外一个解是 Ω_i 都相等时的解，此时振子之间可以保持固定的相位差，$R\neq 0$，所有振子都以相同频率 $\bar{\omega}$ 转动，

$$\Theta = \bar{\omega}t \tag{2.3.7}$$

此解在 $K\leqslant K_c$ 时不稳定。只要有 Ω_i 不相等，θ_i 就总是均匀分布于 $0\sim 2\pi$。

引入变量

$$\phi_i = \theta_i - \bar{\omega}t \tag{2.3.8}$$

上面方程可写为

$$\mathrm{d}\phi_i/\mathrm{d}t = \omega_i - \bar{\omega} - KR\sin\phi_i \tag{2.3.9}$$

此方程正是过阻尼情形下的单摆方程。它有两个解：

(1) **同步解**：当方程 (2.3.9) 描述的第 i 个振子满足条件

$$|\omega_i - \bar{\omega}| \leqslant KR \tag{2.3.10a}$$

时，该振子的相位 ϕ 就会保持定值

$$\phi_i = \arcsin[(\omega_i - \bar{\omega})/(KR)] \tag{2.3.10b}$$

这意味着该振子会以 $\bar{\omega}$ 频率运动，而且所有满足条件 (2.3.10a) 的振子都会以该频率运动，它们当然处于同步状态。

(2) **非同步解**: 当方程 (2.3.9) 描述的振子 i 满足

$$|\omega_i - \bar{\omega}| > KR \tag{2.3.10c}$$

时，则该振子的相位 ϕ 就会随时间变化，它代表相位差，因此凡是自然频率满足式 (2.3.10c) 的振子都处于非同步状态。

如果 Kuramoto 振子系统处于外加噪声环境，则模型由式 (2.3.3) 描写。通过引入序参量，方程 (2.3.3) 可以写为

$$\frac{\mathrm{d}\theta_i}{\mathrm{d}t} = \omega_i + KR\sin(\Theta - \theta_i) + \xi_i(t) \tag{2.3.11}$$

在振子数 $N \to \infty$ 情况下，对于同步的分析不再需要对振子之间同步的细节进行，而是转而对大量振子的相位分布情况展开考察，因此统计物理的方法就自然而然介入其中。以下我们集中于研究振子的分布函数 $P(\theta, \omega, t)$。单振子分布函数 $P(\theta, \omega, t)$ 不仅依赖于相位 θ，还依赖于自然频率 ω。相应地，序参量定义式 (2.3.5) 也需由求和换为积分形式。这样平均场可由此计算:

$$R\mathrm{e}^{\mathrm{i}\Theta} = \int_0^{2\pi}\int_{-\infty}^{\infty} \mathrm{e}^{\mathrm{i}\theta} P(\theta, \omega, t) g(\omega)\mathrm{d}\omega\mathrm{d}\theta \tag{2.3.12}$$

因此，需要知道单振子分布函数。这可由 Fokker-Planck 方程求出:

$$\frac{\partial P(\theta, \omega, t)}{\partial t} = -\frac{\partial}{\partial \theta}\{[\omega + KR\sin(\Theta - \theta)]P(\theta, \omega, t)\} + D\frac{\partial^2 P(\theta, \omega, t)}{\partial \theta^2} \tag{2.3.13}$$

在没有噪声 $(D = 0)$ 的情况下，式 (2.3.13) 退化为相位分布函数满足的连续性方程:

$$\frac{\partial P(\theta, \omega, t)}{\partial t} = -\frac{\partial}{\partial \theta}\{[\omega + KR\sin(\Theta - \theta)]P(\theta, \omega, t)\} \tag{2.3.14}$$

相位 ϕ 的分布函数 $P(\phi, \omega, t)$ 满足的方程可以很容易从 $P(\theta, \omega, t)$ 的方程得到。考虑到振子具有自然频率分布，如果只考察相位 θ 或 ϕ 的统计分布，则需要进一步对频率做积分得到:

$$P(\phi, t) = \int P(\phi, \omega, t) g(\omega)\mathrm{d}\omega \tag{2.3.15}$$

以下主要讨论无噪声情况下发生的在一定耦合强度下的同步转变，另外只讨论相位 ϕ 处于定态的情况。

大量振子的同步研究中，一个重要任务就是确定发生同步转变的临界耦合强度 K_c 和序参量 R，这都可以通过自洽方程的方法得到。其中很重要的一点就是如何确定分布函数。

根据上面讨论的两类解，我们可以把分布 $P(\phi)$ 分解为同步与非同步两部分：

$$P(\phi) = P_s(\phi) + P_{as}(\phi) \tag{2.3.16}$$

对平均场的情形，同步部分的振子相位 ϕ 趋于不动点，与时间无关，因此 $P_s(\phi)$ 可以由自然频率分布得到：

$$P_s(\phi) = g(\omega)\left|\frac{\mathrm{d}\omega}{\mathrm{d}\phi}\right| = KRg(\bar{\omega} + KR\sin\phi)\cos\phi, \quad \phi \in \left[-\frac{\pi}{2}, \frac{\pi}{2}\right] \tag{2.3.17}$$

对那些未同步的振子，其相位 ϕ_i 随时间变化，但我们可直接得到其相位分布。因为 ϕ_i 随时间变化是非均匀的，单位时间内探测到 ϕ 在 $\phi \to \phi + \mathrm{d}\phi$ 之间的概率与相速度 $|\dot{\phi}|$ 成反比。这一点从分布函数定态解也可以看到。因此

$$P(\phi, \omega) \propto \left|\dot{\phi}\right|^{-1} \tag{2.3.18a}$$

把运动方程 (2.3.9) 代入并归一化可得到

$$\begin{aligned} P(\phi, \omega) &= \left\{ |\omega - \bar{\omega} - KR\sin\phi| \int_0^{2\pi} \frac{\mathrm{d}\phi}{|\omega - \bar{\omega} - KR\sin\phi|} \right\}^{-1} \\ &= \frac{\sqrt{(\omega - \bar{\omega})^2 - (KR)^2}}{2\pi\,|\omega - \bar{\omega} - KR\sin\phi|} \end{aligned} \tag{2.3.18b}$$

由于满足 $|\omega - \bar{\omega}| > KR$ 的振子都是非同步的，因此

$$\begin{aligned} P_{as}(\phi) &= \int\limits_{|\omega-\bar{\omega}|>KR} g(\omega)P(\phi,\omega)\mathrm{d}\omega \\ &= \int_{-\infty}^{\bar{\omega}-KR} \frac{g(\omega)\sqrt{(\omega-\bar{\omega})^2-(KR)^2}}{2\pi(-\omega+\bar{\omega}+KR\sin\phi)}\mathrm{d}\omega + \int_{\bar{\omega}+KR}^{\infty} \frac{g(\omega)\sqrt{(\omega-\bar{\omega})^2-(KR)^2}}{2\pi(\omega-\bar{\omega}-KR\sin\phi)}\mathrm{d}\omega \end{aligned} \tag{2.3.19}$$

式 (2.3.17) 也可以由定态解分析得到。在定态时，式 (2.3.14) 中 $\partial P(\theta,\omega,t)/\partial t = 0$，$\phi$ 的分布也满足该关系，由此可以得到同步定态分布为

$$P(\phi, \omega) = \delta\left(\phi - \arcsin\left(\frac{\omega - \bar{\omega}}{KR}\right)\right), \quad |\omega - \bar{\omega}| \leqslant KR \tag{2.3.20a}$$

非同步定态分布为

$$P(\phi, \omega) = \frac{C}{|\omega - \bar{\omega} - KR\sin\phi|} \tag{2.3.20b}$$

由式 (2.3.15) 对 ω 积分即可得到约化分布式 (2.3.17) 与式 (2.3.19)。

令 $x=\omega-\bar{\omega}$，考虑到 $g(\omega)$ 的对称性

$$g(\bar{\omega}+x)=g(\bar{\omega}-x) \tag{2.3.21}$$

上面的积分可写为

$$P_{as}(\phi)=\int_{KR}^{\infty}\frac{g(\bar{\omega}+x)x\sqrt{x^2-(KR)^2}}{\pi[x^2-(KR\sin\phi)^2]}\mathrm{d}x \tag{2.3.22}$$

将平均场 (2.3.5) 用分布写出来，并利用式 (2.3.16) 可得

$$\begin{aligned}R\mathrm{e}^{\mathrm{i}\Theta}&=\int_{-\pi}^{\pi}\mathrm{e}^{\mathrm{i}(\phi+\bar{\omega}t)}P(\phi)\mathrm{d}\phi\\&=\int_{-\pi}^{\pi}\mathrm{e}^{\mathrm{i}\phi+\mathrm{i}\bar{\omega}t}[P_s(\phi)+P_{as}(\phi)]\mathrm{d}\phi\end{aligned} \tag{2.3.23}$$

从式 (2.3.22) 可看出，$P_{as}(\phi)$ 由于有 $\sin^2\phi$，因而是周期为 π 的函数，所以上式中 $P_{as}(\phi)$ 部分积分为零，只有 $P_s(\phi)$ 对上面积分有贡献。进一步将积分实部和虚部分离，可得到 (注意 R 为实)

$$R=KR\int_{-\frac{\pi}{2}}^{\frac{\pi}{2}}\cos^2\phi g(\bar{\omega}+KR\sin\phi)\mathrm{d}\phi \tag{2.3.24}$$

$$0=KR\int_{-\frac{\pi}{2}}^{\frac{\pi}{2}}\cos\phi\sin\phi g(\bar{\omega}+KR\sin\phi)\mathrm{d}\phi \tag{2.3.25}$$

由式 (2.3.25) 可以确定 $\bar{\omega}$。式 (2.3.24) 是一个典型的自洽方程，由此式可以确定 R，同时也可确定出现同步的临界耦合强度 K_c。在式 (2.3.24) 中，当 $K\geqslant K_c$ 时，R 由零连续变为一个小量，因此可把 $g(\omega)$ 在 $\bar{\omega}$ 附近展开：

$$g(\bar{\omega}+KR\sin\phi)\approx g(\bar{\omega})+\frac{g''(\bar{\omega})}{2}(KR)^2\sin^2\phi+O(R^3) \tag{2.3.26}$$

$$g''(\bar{\omega})=\left.\frac{\mathrm{d}^2g(\omega)}{\mathrm{d}\omega^2}\right|_{\omega=\bar{\omega}} \tag{2.3.27}$$

注意，式 (2.3.26) 的展开没有一阶项，这是因为自然频率分布函数 $g(\omega)$ 在 $\omega=\bar{\omega}$ 处为极值，$g'(\bar{\omega})=0$。将式 (2.3.26) 代入式 (2.3.24) 可以得到

$$1=\frac{\pi K}{2}g(\bar{\omega})-\frac{1}{16}\pi K^3R^2g''(\omega)+O(R^3) \tag{2.3.28}$$

由于在 $K=K_c$ 附近 R^2 项为高阶小量，当 $K\to K_c$ 时，$R\to 0$，由此利用式 (2.3.28) 可确定同步的临界耦合强度为

$$K_c=2/[\pi g(\bar{\omega})] \tag{2.3.29}$$

将其代回式 (2.3.28)，则可以确定在 K_c 附近 R 的行为：

$$R \approx \sqrt{\frac{8g(\bar{\omega})(K-K_c)}{g''(\bar{\omega})K^3}} \tag{2.3.30}$$

若 $g(\omega)$ 为 Lorentz 分布，即

$$g(\omega)=\{\pi[(\omega-\bar{\omega})^2+\gamma^2]\}^{-1}\gamma \tag{2.3.31}$$

上面的结果简化为

$$K_c = 2\gamma \tag{2.3.32a}$$

$$R=\sqrt{1-2\gamma/K} \tag{2.3.32b}$$

从式 (2.3.30) 可以看出，R 在 K_c 附近的行为为典型的连续相变 $R\propto(K-K_c)^{1/2}$，如图 2-18(a) 所示，为典型的二级相变。需要指出的是，这是一种非平衡相变，是系统有序 (耦合) 压倒无序 (自然频率随机分布) 的结果。

值得注意的是，自然频率分布函数 $g(\omega)$ 对同步转变的发生起着重要影响，尤其是在 $\bar{\omega}$ 附近的行为。注意到式 (2.3.30) 中在 $\bar{\omega}$ 处的二阶导数应当满足 $g''(\omega)>0$，这意味着分布函数 $g(\omega)$ 在 $\bar{\omega}$ 处为单峰，此时才有如图 2-18(a) 所示的二级相变。如果 $g''(\omega)<0$，则在 K_c 附近有

$$R\propto(K_c-K)^{1/2}, \quad K<K_c \tag{2.3.33}$$

如图 2-18(b) 虚线所示。但这里序参量 R 的虚线对应的振子同步态是整体不稳定的，因而在 K_c 处无法观察到此态，系统在 K_c 处非同步分支会失稳，状态会跳到如图 2-18(b) 所示的另外一个实线分支上，该分支也是同步态，但在 $K=K_c$ 处同步转变出现了不连续。因此，$g''(\omega)<0$ 情况下发生的同步转变为不连续的一级相变 [185]。这里对细节不再详细讨论，特别是实线分支的讨论无法再用上述的自洽方程方法来得到。

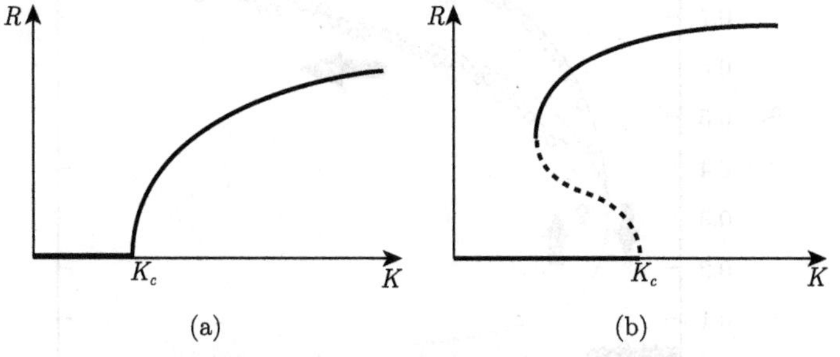

图 2-18 Kuramoto 模型描述的耦合振子同步序参量 R 随耦合强度 K 的变化情况

(a) 自然频率分布函数满足 $g''(\omega)>0$，临界点附近 R 连续变化；(b) 自然频率分布函数 $g''(\omega)<0$，R 出现一级相变

上面考虑的是最简单的情形。在实际情况下，我们必须考虑更为复杂的情形。在历史上，人们还讨论过许多推广 [240-248]。这里列出几个人们曾经比较关注的推广研究。

2.3.3 惯性效应：二阶 Kuramoto 模型

上面几个例子都只讨论了振子过阻尼的情况 (θ 的时间一阶微分)。实际中振子的惯性效应也应当考虑。Tanaka 等考虑了下面的二阶 Kuramoto 模型 [209,249,250]：

$$m\ddot{\theta}_i + \dot{\theta}_i = \omega_i + \frac{K}{N}\sum_{j=1}^{N}\sin(\theta_j - \theta_i) \tag{2.3.34}$$

其中第一项是惯性项，m 表示相对质量，量度惯性的强弱。

二阶 Kuramoto 联系着很多实际背景。除了物理上的实际惯性振子和摆之外，其他系统有时也需要考虑二阶导数。较早的研究是 Ermentrout 研究萤火虫同步 [251]、Strogatz 等研究耦合 Josephson 结时 [252,253] 考虑到二阶导数。电力系统的动力学也需要考虑相位动力学的二阶导数项 [254]，在电力网络中，二阶 Kuramoto 模型就成为广为接受的研究模型 [255-259]。

在有惯性项的情况下，传统 Kuramoto 模型中序参量 R 的连续相变特点被打破。如图 2-19 所示，可以看到 R 是典型的一级相变行为，且有滞后现象。当增加 K 时，R 在 K_c^{upper} 处由 0 跳至同步态；当绝热减少 K 时，R 在越过 K_c^{upper} 时仍可保持连续 (同步)，一直到 $K = K_c^{\text{lower}} < K_c^{\text{upper}}$ 时才会由 $R \neq 0$ 的状态跳至非同步态 (R=0)。这种惯性效应紧密联系着下面的单摆方程：

$$m\ddot{\varphi} + \dot{\varphi} + \mathrm{d}\sin\varphi = F \tag{2.3.35}$$

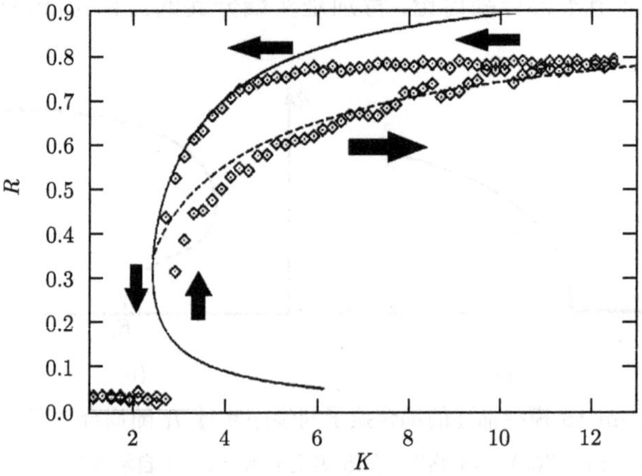

图 2-19 有惯性项的 Kuramoto 系统的非平衡相变情况【改编自文献 [209]】

当 $m \neq 0$ 时，此系统具有小幅摆动与大幅转动双稳解，在外力 F 的一定范围内两种解可以共存。这种特性直接导致了上述的滞后现象。这种滞后不同于图 2-18(b) 中由自然频率分布函数所造成的不连续，这里是由单振子本身的惯性效应所导致。

有惯性项时的同步情况也可以进行一定的理论近似处理。类似于 Karamoto 相变的处理，我们也可以把式 (2.3.34) 变换为

$$m\ddot{\theta}_i + \dot{\theta}_i + KR\sin\theta_i = \omega_i, \quad i = 1, 2, \cdots, N \tag{2.3.36}$$

这正是有惯性项的单摆方程 (2.3.35)，只是这里 R 需要自洽地计算出来。R 的计算及临界耦合强度的确是相比耗散情况更困难 (要考虑增加与减少 K 两种情况)。详细推导可见相关文献 [209, 249]。

下面考虑噪声在二阶耦合相振子系统同步中的影响。当惯性系统处于噪声环境中时，可以类似地通过 Fokker-Planck 方程求解。有噪声情况下的运动方程为

$$m\ddot{\theta}_i + \dot{\theta}_i = \omega_i + \frac{K}{N}\sum_{j=1}^{N}\sin(\theta_j - \theta_i) + \xi_i(t), \quad i = 1, 2, \cdots, N \tag{2.3.37}$$

通过引入平均场，方程可化为

$$m\ddot{\theta}_i + \dot{\theta}_i = \omega_i + KR\sin(\Theta - \theta_i) + \xi_i(t), \quad i = 1, 2, \cdots, N \tag{2.3.38}$$

此时单振子分布函数为 $\theta, \Omega = \dot{\theta}, \omega, t$ 的函数，若噪声为高斯白噪声，则其 Fokker-Planck 方程为

$$\frac{\partial P}{\partial t} = -\frac{1}{m}\frac{\partial}{\partial \Omega}\{[-\Omega + \omega + KR\sin(\Theta - \theta)]P\} - \Omega\frac{\partial P}{\partial \theta} + \frac{D}{m^2}\frac{\partial^2 P}{\partial \Omega^2} \tag{2.3.39}$$

相应的平均场可由 $P(\theta, \Omega, \omega, t)$ 定出：

$$R\mathrm{e}^{\mathrm{i}\Theta} = \int_{-\infty}^{\infty}\mathrm{d}\Omega\int_{0}^{2\pi}\mathrm{d}\theta\int_{-\infty}^{\infty}\mathrm{d}\omega g(\omega)\mathrm{e}^{\mathrm{i}\theta}P(\theta, \Omega, \omega, t) \tag{2.3.40}$$

对有惯性项的情形，还可以引入频率的平均场

$$S\mathrm{e}^{\mathrm{i}\phi} = \frac{1}{N}\sum_{j=1}^{N}\mathrm{e}^{\mathrm{i}\omega_j} \tag{2.3.41}$$

它可以由分布函数定出：

$$S\mathrm{e}^{\mathrm{i}\phi} = \int_{-\infty}^{\infty}\mathrm{d}\Omega\int_{0}^{2\pi}\mathrm{d}\theta\int_{-\infty}^{\infty}\mathrm{d}\omega g(\omega)\mathrm{e}^{\mathrm{i}\omega}P(\theta, \Omega, \omega, t) \tag{2.3.42}$$

Acebron 等计算了 $g(\omega)$ 为最简单的 δ 分布

$$g(\omega) = \delta(\omega) \tag{2.3.43}$$

(即所有振子的自然频率相同) 的情况 [260]。首先来求 Fokker-Planck 方程 (2.4.39) 的定态解。引入

$$P(\theta,\Omega)=x(\theta)\eta(\Omega) \tag{2.3.44}$$

方程化为

$$\left(\frac{D}{m^2}\frac{\mathrm{d}^2\eta}{\mathrm{d}\Omega^2}+\frac{\Omega}{m}\frac{\mathrm{d}\eta}{\mathrm{d}\Omega}+\frac{\eta}{m}\right)x-\frac{KR}{m}\sin(\Theta-\theta)x\frac{\mathrm{d}\eta}{\mathrm{d}\Omega}-\Omega\eta\frac{\mathrm{d}x}{\mathrm{d}\theta}=0 \tag{2.3.45}$$

Acebron 等利用数值计算观察到 $\eta(\Omega)$ 不依赖于耦合强度 K 的变化 ($|S(t)|$ 不依赖于 K)，这样就可以寻找 $\eta(\Omega)$ 不依赖于 K 的解，上面方程可分解为

$$\frac{D}{m^2}\frac{\mathrm{d}^2\eta}{\mathrm{d}\Omega^2}+\frac{\Omega}{m}\frac{\mathrm{d}\eta}{\mathrm{d}\Omega}+\frac{\eta}{m}=0 \tag{2.3.46}$$

$$-\frac{KR}{m}\sin(\Theta-\theta)x\frac{\mathrm{d}\eta}{\mathrm{d}\Omega}-\Omega\eta\frac{\mathrm{d}x}{\mathrm{d}\theta}=0 \tag{2.3.47}$$

这两个方程分别可以方便解出：

$$\eta(\Omega)=\sqrt{\frac{m}{2\pi D}}\mathrm{e}^{-\frac{m\Omega^2}{2D}} \tag{2.3.48}$$

$$x(\theta)=\mathrm{e}^{\frac{KR\cos(\Theta-\theta)}{D}}\bigg/\int_0^{2\pi}\mathrm{e}^{\frac{KR\cos(\Theta-\theta)}{D}}\mathrm{d}\theta \tag{2.3.49}$$

定义相位与频率的方差 (衡量长时演化后相位与频率散开的程度)：

$$(\Delta\theta)^2=\left\langle(\theta-\Theta)^2\right\rangle-\left\langle(\theta-\Theta)\right\rangle^2 \tag{2.3.50}$$

$$(\Delta\Omega)^2=\left\langle\Omega^2\right\rangle-\left\langle\Omega\right\rangle^2 \tag{2.3.51}$$

在强耦合极限 $K\to\infty$ 下可以得到

$$(\Delta\theta)^2=\sqrt{2}D\Big/K,\quad(\Delta\Omega)^2=D/m \tag{2.3.52}$$

可以看到 Ω 的散开程度与耦合强度无关，噪声越强，Ω 越散开；相位 θ 的散开程度则与噪声和耦合强度都有关，大的耦合强度可以减小弥散，使系统同步性更好。利用这两个测度，我们可得到有趣的**相位–频率“测不准关系”**：

$$\Delta\theta\Delta\omega\propto\sqrt{m}D\Big/K \tag{2.3.53}$$

在 $m\to0$ 的极限下，上述讨论退化到有噪声 Kuramoto 相变的情况。此时相位与频率的方差为

$$(\Delta\theta)^2=\sqrt{2}D\Big/K \tag{2.3.54a}$$

$$(\Delta\omega)^2 = \sqrt{2}DK \tag{2.3.54b}$$

可以看到式 (2.3.54a) 与 $m \neq 0$ 的结果相同。因此 $m \to 0$ 时的 “测不准关系” 为

$$\Delta\theta\Delta\omega = \sqrt{2}D \tag{2.3.55}$$

只与噪声强度有关。

上面讨论的只是 $g(\omega)$ 为 δ 函数的情况。当 $g(\omega)$ 为其他形式 (如高斯分布、Lorentz 分布等) 时，解析讨论要困难得多。

2.3.4 阻挫效应：Ruelle-Takens 道路的再认识

Sakaguchi 等提出了如下具有自然相移的全局耦合振子模型 [261]：

$$\dot{\theta}_i = \omega_i + \frac{K}{N}\sum_{j=1}^{N}\sin(\theta_j - \theta_i - \alpha) \tag{2.3.56}$$

该模型后来被称为 **Sakaguchi-Kuramoto** 模型 [261-263]，其中 α 代表振子之间的相移 (在后面的叙述中我们称之为**阻挫**)。Sakaguchi 等采用自治场的方法，解析地求解出了系统的相变点和同步之后的平均频率 Ω。他们认为阻挫的引入并没有使系统的动力学行为产生多大的改变。在随后的十多年里，Sakaguchi-Kuramoto 模型并没有引起人们广泛的关注。其实阻挫的引入有其理论和实际的意义，它反映了振子之间相位的延迟。在物理系统如 Heisenberg XY 模型，Frenkel-Kontorova 模型 (见第 6、7 章的讨论) 及其他系统相变研究中，微观变量均采用类似相位，作为反映单元之间自然相位差的阻挫则是一个非常重要的参量。在 Josephson 结阵列和阶梯实验中，阻挫起着关键的作用，在实验中将材料置于一个磁场中时，阻挫就会自然实现。近年来，随着奇异态 (chimera state) 研究的深入 (见 2.5 节)，人们也越来越认识到阻挫绝非一个平庸的参量，它可以给系统带来丰富的动力学行为，如电网的研究、异质网络振子奇异态的研究等。阻挫效应对耦合振子系统同步的影响近些年引起人们的注意 [264-266]。下面我们来讨论这个参量在振子同步过程中的作用 [267]。

考虑 N 个最近邻正弦耦合的相位振子系统，其动力学方程为

$$\dot{\theta}_i = \omega_i + K\sum_{j=i\pm 1}\sin(\theta_j - \theta_i - \alpha) \tag{2.3.57}$$

除阻挫 α 外，其他参量与前面相同。在图 2-20(a) 中我们计算了 N=5 时的同步分岔树 Ω_i 随 α 的变化情况。自然频率 $\{\omega_i\} = \{1.955, 0.718, -2.862, -0.126, 0.315\}$。$K =$ 1.83 (无阻挫时系统达到全局同步态)。可以看出，在 α 的很大区间内系统仍可保持单集团态 (全局同步态)，同时平均频率随 α 有一个移动。在 $\alpha \approx 0.45$ 时，单集团

态遭到破坏，振子出现二同步集团态；继续增加阻挫，振子很快以各自不同的频率振荡 (完全非同步态)。在 α 很小的区间我们还可看到多同步集团态。这表明阻挫会破坏系统的同步。

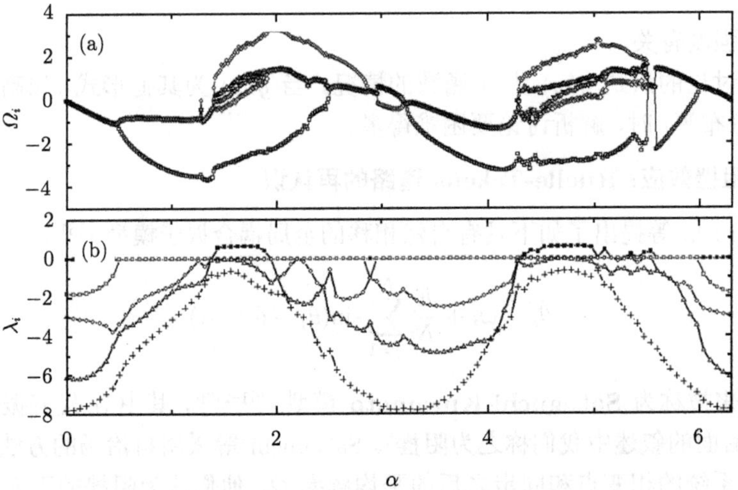

图 2-20　N=5 时同步分岔树 Ω_i 随 α 的变化情况及其李指数谱变化情况【改编自文献 [267]】

阻挫引发的去同步可以由 N=2 振子的情况来理解。N=2 时的运动方程为

$$\dot{\theta}_{1,2} = \omega_{1,2} + K\sin(\theta_{2,1} - \theta_{1,2} - \alpha) \tag{2.3.58}$$

引入相位差及其自然频率差

$$\phi(t) = \theta_1(t) - \theta_2(t) \tag{2.3.59a}$$

$$\Delta = \omega_1 - \omega_2 \tag{2.3.59b}$$

(不失一般性，设 $\Delta > 0$)，可得到

$$\dot{\phi}(t) = \Delta + 2K\cos\alpha\sin\phi \tag{2.3.60}$$

这正是过阻尼情况的单摆方程。当

$$2K\left|\cos\alpha\right| \geqslant \Delta$$

时，方程 (2.3.60) 有不动点解，对应于 N=2 振子系统的同步解，即

$$K \geqslant K_c = \frac{\Delta}{2\left|\cos\alpha\right|} \tag{2.3.61}$$

当 $\alpha \neq n\pi$(n 为整数) 时，$|\cos\alpha| < 1$，因此 $K_c(\alpha \neq n\pi, \Delta) > K_c(n\pi, \Delta)$。特别的，当 $\alpha = n\pi + \pi/2$ 时，$|\cos\alpha| = 0$，$K_c \to \infty$，即此时两个振子的锁相在无论多强的耦合下都是不能达到的。当 $N > 2$ 时，K_c 与 α 的依赖关系更为复杂，但在 $\alpha = n\pi + \pi/2$ 附近的行为类似，因此总可以看到 $\alpha = n\pi + \pi/2$ 附近的去同步行为。

当 $N \gg 1$ 时，上述的阻挫引发去同步可以导致复杂的动力学，这在 N=2 的情况下是观察不到的。一方面，与前面讨论的同步动力学类似，去同步伴随着系统由低维准周期 (或周期) 向高维准周期的转变。而高维准周期在拓扑上是更不稳定的，因此阻挫可引发系统的混沌行为。在图 2-20(b) 中我们计算了对应于图 2-20(a) 的同步分岔树的李指数谱 λ_i，可以清楚地看到上述现象 (见图中李指数由零变负与同步的对应及正的最大李指数)。

上述混沌的出现伴随着环面的破坏。我们既可以看到由通常的二频准周期环面 T^2 向混沌的转变 (Ruelle-Takens 道路)，也可以看到由高维准周期向混沌的转变。因此这个系统可以用来对准周期通向混沌的道路进行深入细致的研究。

准周期可以有多种方式失稳而变为混沌运动。这些机制大多是准周期道路与其他道路的结合。以二维环面 T^2 为例，它的一种典型方式是通过阵发而使得环面直接遭到破坏，这样在三维环面 T^3 出现之前就被破坏。一个具有环面运动的系统变为混沌运动还可以是环面的倍分岔过程，即单个 T^2 环面可以随 α 改变而出现两个 T^2 环面，进而分成 4 个、8 个、$\cdots$ 而进入混沌。显然这是一种准周期与倍周期混合的道路。通常这种倍分岔过程不像 Feigenbanum 的倍周期道路那样是无限的，在几次分岔之后运动就可变为混沌的。在图 2-21 中，我们给出 5 个振子在 K=1.667 时及取不同 α 值的 Poincaré截面。截面 (θ_2, θ_3) 上的每一个点是当 θ_1 穿过 π 时得到的 (取 2π 的模)。可以看到，当 $\alpha = 1.38$ 时，截面由 4 条连续线构成，说明此时系统的运动是 T^2 准周期的。在 $\alpha = 1.395$，可以看到前面的每条线分岔成两条相交的线，表明 T^2 环面经历了一次拓扑的变化 (折叠或旋转)。这就是环面的倍分岔现象 (torus doubling) [268]。显然后者比前者在结构上复杂了。这种倍分岔现象可以发生多次。我们通过仔细观察可以看到 8~9 次倍分岔。在 $\alpha = 1.4039$，我们看到倍分岔过程终止，环面变为混沌的。这种混沌称为环面混沌 (toroidal chaos)，其特点是环面本身仍存在，但其结构由于不稳定已被破坏。当 $\alpha = 1.4044$ 时，可以看到混沌环面通过阵发变为更大尺寸 (危机)。

通过高维 Poincaré截面技术，可以对上述倍分岔过程有一个更清楚的认识。可以取当 θ_3 与 θ_4 同时穿过 π 时的 (θ_1, θ_2) 为截面。在图 2-22(a) 中画出了根据高维截面的高维分岔图 $\theta_2 \sim \alpha$。可以清楚地观察到在 $\alpha = 1.382$ 及 1.4018 的倍分岔。在 $\alpha \approx 1.4045$，环面破裂，系统由局部混沌扩展为大范围混沌 (危机)。对应于分岔图，在图 2-22(b) 中我们给出李指数谱的变化。对 T^2，$\lambda_{1,2}$=0, $\lambda_{3,4,5} < 0$。可以很清楚地看到在每一个环面倍分岔点，λ_3 由负碰零，再变负，表明一次分岔的

发生。在图中只粗略给出两次分岔，实际上通过放大参数区还可以看到更多的 λ_3 碰零。

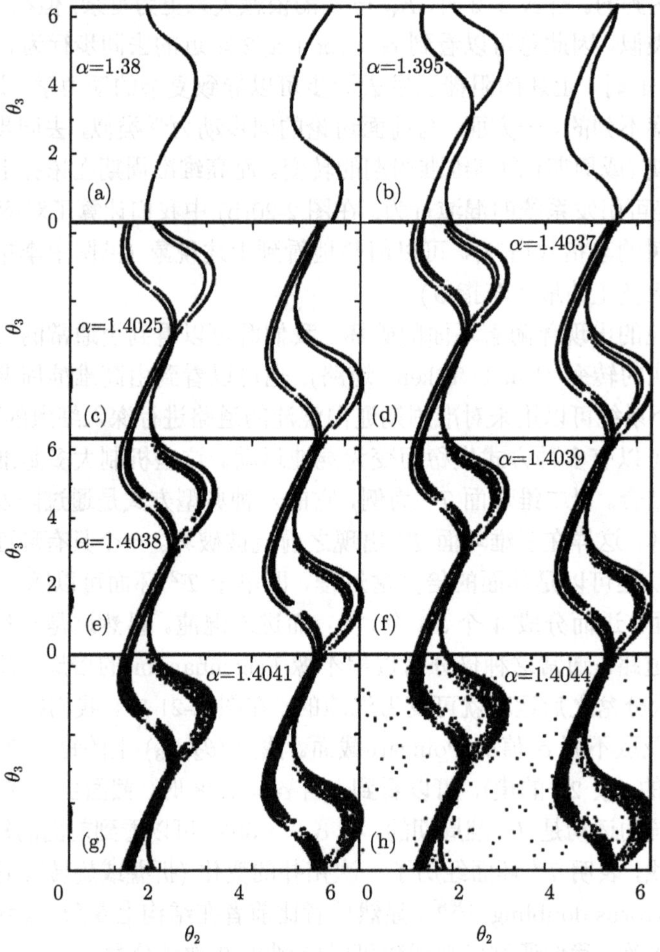

图 2-21 利用 Poincaré截面看到的环面倍周期分岔【改编自文献 [267]】

对于 $T^n(n>2)$ 如何破裂变为混沌的机制的讨论则要复杂得多。我们一方面可以通过观察李指数谱来分析，另一方面可以通过前面提到的高维 Poincaré截面技术。由于这两种方法在数值计算过程中计算量更大，因此讨论要更困难。初步的分析表明，高维环面拓扑更不稳定，除了可通过阵发变为混沌外，还可能通过倍分岔进入混沌。但拓扑不稳定性决定了可观察到的倍分岔次数比 T^2 更少。我们在计算 T^3 时只看到一次倍分岔就使得环面破裂成混沌 (可以看到残存的 T^3 环面)。总的来说这还是一个尚未完全解决的问题。

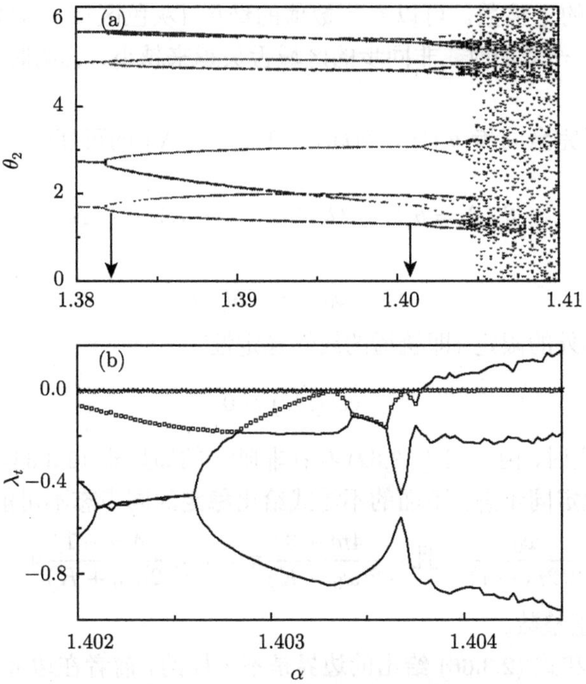

图 2-22 利用高维 Poincaré 截面看到的环面倍周期分岔到混沌的变化【改编自文献 [267]】

2.3.5 时滞效应

在实际情况下，振子相互作用传递是需要时间的，如在生物个体之间的信息传播、耦合激光器之间、光和信号等在空间介质中的传播都需要一定时间。这样就需考虑时间延迟行为 [269-278]。Yeung 等考虑了有时间延迟耦合的 Kuramoto 模型 [211]：

$$\dot{\theta}_i = \omega_i + \frac{K}{N}\sum_{j=1}^{N}\sin[\theta_j(t-\tau) - \theta_i(t) - \alpha] + \xi_i(t), \quad i = 1, 2, \cdots, N \tag{2.3.62}$$

其中 $\xi_i(t)$ 是无关联的白噪声，τ 是时间延迟，α 是相移因子 (阻挫)。$\tau = 0, \alpha = 0, D = 0$ 时，系统回到 Kuramoto 模型；当 $\tau = 0, \alpha = 0$ 且自然频率分布 $g(\omega) = \delta(\omega - \omega_0)$ 时，系统回到平均场 XY 模型。因此这是一个推广模型。

Yeung 等解析讨论了 $g(\omega) = \delta(\omega - \omega_0)$ 时系统的同步相图 [211]。图 2-23(a) 给出了 D=0 的情形，阴影部分表示的是非相干态。实线是理论计算给出的临界线。非同步态在以下区域是稳定的：

$$K < \frac{\omega_0}{2m-1}, \quad \frac{4m-3}{2\omega_0 - K}\pi < \tau < \frac{4m-1}{2\omega_0 + K}\pi \tag{2.3.63}$$

其中 m 为任意的正整数。可以看到数值的结果 (灰色区域) 与理论符合得很好。还可以看到，当 τ 增加时，非同步的区域舌头越来越小，说明时间延迟可以加强同步。

进一步考虑完全同步 $\theta_i(t) = \theta(t)(i = 1, 2, \cdots, N)$ 的可能性。可以考虑一类特定的同步解

$$\theta_i(t) = \theta(t) = \Omega t + \beta, \quad i = 1, 2, \cdots, N$$

自洽性要求

$$\Omega = \omega_0 - K\sin(\Omega\tau) \tag{2.3.64}$$

由线性化可得另外的限定 (即轨道的线性稳定性)：

$$\cos(\Omega\tau) > 0 \tag{2.3.65}$$

当 K 足够大时，由于式 (2.3.62) 存在非唯一的满足式 (2.3.64) 的解，因此系统可存在多重的稳定同步态。下面的不等式给出稳定的同步态不可能存在的条件：

$$K < \frac{\omega_0}{2(2m-1)} \quad 且 \quad \frac{4m-3}{2(\omega_0 - K)}\pi < \tau < \frac{4m-1}{2(\omega_0 + K)}\pi \tag{2.3.66}$$

其中 m 为任意正整数。

式 (2.3.63) 和式 (2.3.66) 给出的边界是不一样的。前者在边界以上只说明非同步态不稳定，但并不意味着同步态一定稳定；后者在边界以下同步态一定不稳定，在其之上同步态也不一定稳定。在图 2-23(b) 中的黑色区域给出了同步禁区；灰色区域为稳定同步态与非同步态共存的区域；白色区域中的非同步态不稳定，一个或几个同步态可以共存。由于灰色区域有双稳性质，因此在此处可观察到滞后现象。在灰色区域还可以观察到 $R(t)$ 的振荡现象，且随 K 增加可发生倍周期分岔行为。$R(t)$ 的振荡现象实际是由于振子系统出现了集团化现象，即若干振子可以以相同频率振荡，但这些不同集团有不同的频率，因而导致相差的周期调制。这种非定态现象在标准 Kuramoto 模型 (无时间延迟) 中一般来说是观察不到的，因此是一种时间延迟导致的行为。

我们也可以考虑自然频率分布不是 δ 分布的情况。例如，可以考虑 Lorentz 分布：

$$g(\omega) = \frac{\gamma}{\pi[\gamma^2 + (\omega - \omega_0)^2]} \tag{2.3.67}$$

对这种分布情况的临界耦合强度可以求得 (求解过程较复杂)

$$K_c = 2(\gamma + D)/\cos(\Omega_c\tau) \tag{2.3.68}$$

其中 Ω_c 由下列方程自洽解出：

$$\Omega_c = \omega_0 - (\gamma + D)\tan(\Omega_c\tau) \tag{2.3.69}$$

图 2-23(c) 给出了自然频率为 Lorentz 分布时的稳定非同步态区域，它与 δ 分布的情况类似，只不过平滑一些，另外曲线整体上升。这说明自然频率分布对时间延迟带来的效应没有本质的影响。

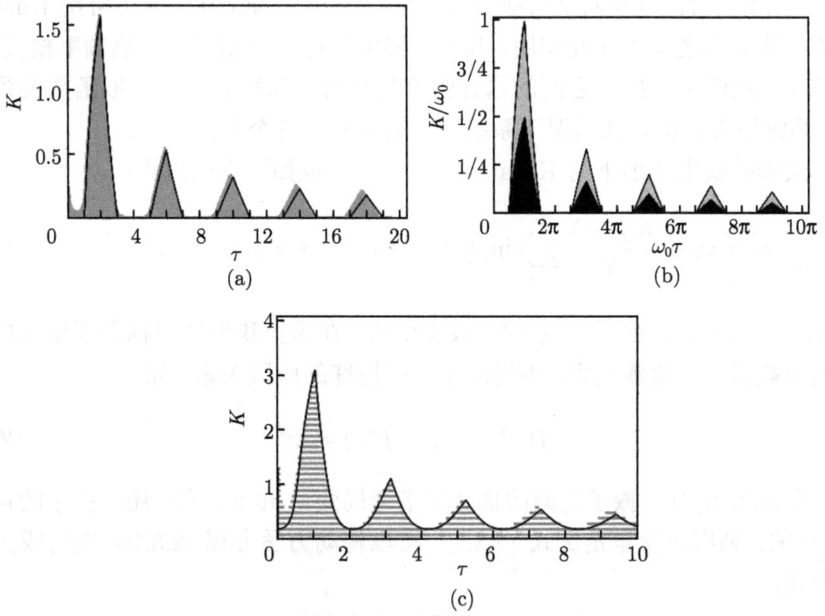

图 2-23 考虑时间延迟时的同步相图【改编自文献 [211]】

用上述时间延迟的模型可以解释蟋蟀合唱的现象。一只蟋蟀从发出声音到另外一只听到，其传播以声速进行 (当两只蟋蟀相距 3m 时，传播导致的延迟约为 10ms)，但它们仍然能够达到同步的鸣唱。

2.3.6 频率权重效应

在经典 Kuramoto 模型中，系统唯一的异质性 (非全同性) 在于自然频率之间的差异，此时系统存在着两种机制的竞争，即耦合导致的有序性和自然频率分布所对应的无序。当系统的耦合强度 K 足够大或者自然频率分布的宽度足够窄时，振子很容易达到同步，反之同步将变得十分困难。在真实的系统中，除了自然频率的差异外，振子之间的耦合强度也可能会存在着异质性。最典型的就是振子之间的耦合可取 K 或者 0，即有些振子之间并没有相互作用，这就是在第 4 章中我们将讨论的复杂网络拓扑结构的影响，它会强烈地影响振子的同步进程，网络结构的异质性在某种意义上等价于耦合强度的异质性 [279,280]。

其次，近年来关于耦合振子系统中行波 (traveling wave) 态和驻波 (standing wave) 态的研究，其根源在于耦合强度的非对称性，即振子之间的耦合强度有两种

选择 “$+K$” 或 “$-K$” (相当于系统中有两种阻挫 $\alpha = \pm\pi$)，通过改变这两种耦合强度的比例来获得所要研究的态 [281]。然而在之前的很多工作中，大部分都把注意力集中在外界对耦合机制的影响，很少关注振子自身对耦合所起的作用。其实在很多系统中，振子自身的性质对耦合起着关键性的作用，例如，在电网中可用 Kuramoto 模型来类比节点之间的相互作用，其耦合强度与每一个振子的自然频率相关 [281]。本小节中，我们考虑振子之间的耦合强度与其自然频率存在着一般函数关系的情形，并系统地来剖析在此情况下系统同步动力学的各个方面 [282]。

广义频率权重情形下的 Kuramoto 模型可写成如下形式方程：

$$\dot{\theta}_i = \omega_i + \frac{Kf(\omega_i)}{N}\sum_{j=1}^{N}\sin[\theta_j(t) - \theta_i(t)], \quad i = 1, 2, \cdots, N \tag{2.3.70}$$

其中 $f(\omega_i)$ 是关于自然频率 ω_i 的一般实函数。在这里我们讨论耦合强度与自然频率之间依赖的一般函数关系，不局限于一些特殊的函数关系，如

$$f(\omega) = |\omega|, \quad f(\omega) = \omega^{\beta} \tag{2.3.71}$$

等。在式 (2.3.70) 中，振子之间的耦合除了全局变量 $K > 0$ 外，还与振子的自身频率 ω_i 有关。利用序参量定义式 (2.3.5)，可以将动力学方程 (2.3.70) 改写成如下平均场形式：

$$\dot{\theta}_i = \omega_i + KRf(\omega_i)\sin(\Theta - \theta_i) \tag{2.3.72}$$

其中 $KRf(\omega_i)$ 可以理解为有效耦合强度。此时每一个振子与其他所有振子的相互作用可以等效成振子与平均场 $z(t)$ 式 (2.3.5) 的作用。注意到根据 $f(\omega_i)$ 符号的不同，有效耦合强度可正可负。事实上，整个系统内的振子大致上可以分成两类，当 $f(\omega_i) > 0$ 时，振子与平均场的耦合是正的，这些振子能促进同步。反之，$f(\omega_i) < 0$，有效耦合强度为负，这些振子往往起到阻碍同步的作用。相互作用的正负也可归结为 2.3.4 节不同阻挫的情形，读者可自行验证。

在长时极限下，假设系统达到稳态

$$\mathrm{d}R/\mathrm{d}t = 0$$

此时序参量的振幅为一定值，而相位却做均匀运动：

$$\Theta(t) = \Omega t + \Theta_0$$

通过适当地作坐标变换 $\theta_i{}' = \theta_i - \Theta$, 方程 (2.3.70) 形式不变，可以令 $\Theta_0 \equiv 0$，此时引入相差 $\varphi_i = \theta_i - \Psi$, 则方程化为

$$\dot{\varphi}_i = \dot{\theta}_i - \Omega = \omega_i - \Omega - KRf(\omega_i)\sin\varphi_i \tag{2.3.73}$$

在热力学极限 $N \to \infty$ 下可引入关于相差 φ 的密度函数 $\rho(\varphi, \omega, t)$，它满足归一化条件

$$\int_0^{2\pi} \rho(\varphi, \omega, t) \mathrm{d}\varphi = 1 \tag{2.3.74a}$$

和关于 φ 的 2π 周期性：

$$\rho(\varphi + 2\pi, \omega, t) = \rho(\varphi, \omega, t) \tag{2.3.74b}$$

对于分布函数而言，相位的动力学方程等效于密度函数的连续性方程

$$\frac{\partial \rho}{\partial t} + \frac{\partial}{\partial \varphi}(\rho \cdot v_\varphi) = 0 \tag{2.3.75}$$

其中速度

$$v_\varphi = \omega - \Omega - KRf(\omega) \sin \varphi \tag{2.3.76}$$

我们关心式 (2.3.75) 的稳态解，即满足

$$\partial \rho / \partial t = 0$$

的解。根据式 (2.3.73)，我们可以分成如下两种情形讨论。当

$$|\omega - \Omega| \leqslant KR|f(\omega)|$$

时，系统具有锁相解

$$\rho(\varphi, \omega) = \delta \left(\varphi - \arcsin \left[\frac{\omega - \Omega}{KRf(\omega)} \right] \right) \tag{2.3.77}$$

当

$$|\omega - \Omega| > KR|f(\omega)|$$

时，方程对应于非锁相解 (漂移解)

$$\rho(\varphi, \omega) = \frac{C}{|v_\varphi|} = \frac{C}{|\omega - \Omega - KRf(\omega) \sin \varphi|} \tag{2.3.78a}$$

其中 C 为归一化因子

$$C = \sqrt{(\omega - \Omega)^2 - (KRf(\omega))^2} / (2\pi) \tag{2.3.78b}$$

漂移解代表振子不能被平均场锁住，动力学式 (2.3.73) 无定态解，但可以形成不随时间变化的稳态分布。

式 (2.3.5) 定义的序参量 R 在热力学极限 $N \to \infty$ 下可以写为积分形式

$$Re^{i\Theta} = \int_{-\infty}^{\infty}\int_{0}^{2\pi} g(\omega)\rho(\varphi,\omega)e^{i\varphi}d\varphi d\omega \tag{2.3.79}$$

将 $e^{i\varphi}$ 写成实部和虚部。对漂移部分，可以得到

$$\langle\cos\varphi\rangle = \int_{0}^{2\pi} \cos\varphi \frac{\sqrt{(\omega-\Omega)^2-(KRf(\omega))^2}}{2\pi|\omega-\Omega-KRf(\omega)\sin\varphi|}d\varphi = 0 \tag{2.3.80}$$

$$\begin{aligned}\langle\sin\varphi\rangle &= \int_{0}^{2\pi} \sin\varphi \frac{\sqrt{(\omega-\Omega)^2-(KRf(\omega))^2}}{2\pi|\omega-\Omega-KRf(\omega)\sin\varphi|}d\varphi \\ &= \frac{\omega-\Omega}{KRf(\omega)}\left[1-\sqrt{1-\left(\frac{KRf(\omega)}{\omega-\Omega}\right)^2}\right]\end{aligned} \tag{2.3.81}$$

综合考虑锁相振子和漂移振子对序参量的贡献。将式 (2.3.80) 和式 (2.3.81) 代入序参量定义式 (2.3.79) 可得漂移振子的贡献。再考虑到锁相部分，利用锁相解 (2.3.77) 代入积分可得实部方程

$$R = \int_{-\infty}^{\infty} d\omega g(\omega)\mathrm{sgn}(f(\omega))\sqrt{1-\left(\frac{\omega-\Omega}{KRf(\omega)}\right)^2} H\left(1-\left|\frac{\omega-\Omega}{KRf(\omega)}\right|\right) \tag{2.3.82}$$

虚部方程为

$$\begin{aligned}&\int_{-\infty}^{\infty} d\omega g(\omega)\frac{\omega-\Omega}{KRf(\omega)} \\ &-\int_{-\infty}^{\infty} d\omega g(\omega)\frac{\omega-\Omega}{KRf(\omega)}\sqrt{1-\left(\frac{KRf(\omega)}{\omega-\Omega}\right)^2} H\left(\left|\frac{\omega-\Omega}{KRf(\omega)}\right|-1\right) = 0\end{aligned} \tag{2.3.83}$$

其中 $H(x)$ 为 Heaviside 阶跃函数

$$H(x) = \begin{cases} 0, & x \leqslant 0 \\ 1, & x > 0 \end{cases} \tag{2.3.84}$$

式 (2.3.82) 和式 (2.3.83) 是关于 R 和 Ω 的联立方程组。理论上只要给定耦合强度 K，频率分布函数 $g(\omega)$ 以及频率权重函数 $f(\omega)$，R 和 Ω 自然就可以通过解析或数值办法求解出来。但是通过观察这两个方程，我们可以得到一些普适的结果，如当 $R \to 0^+$ 时，对两个方程同时作 Taylor 展开就可以得到相变点临界耦合强度

$$K_c = 2/[\pi g(\Omega_c)|f(\Omega_c)|] \tag{2.3.85}$$

其中 Ω_c 为临界点处的平均场速度，满足如下平衡方程：

$$\boldsymbol{P}\int_{-\infty}^{+\infty}(\omega-\Omega_c)^{-1}g(\omega)f(\omega)\mathrm{d}\omega=0 \tag{2.3.86}$$

其中符号 $\boldsymbol{P}$ 为沿着整个实轴 ω 的主值积分。表达式 (2.3.85) 可以看成是经典 Kuramoto 模型临界耦合强度式 (2.3.29) 的推广，在之前所研究的大部分工作中，耦合强度 K 往往与自然频率无关，如果自然频率分布 $g(\omega)$ 是一单峰且

$$g(\bar{\omega}+x)=g(\bar{\omega}-x)$$

则可以直接推出 $\Omega\equiv\bar{\omega}$。然而对于当前的模型，Ω 往往不等于 $\bar{\omega}$，因为系统不具有旋转对称性 [87-92]，事实上 Ω_c 对临界耦合强度起决定性作用。

表 2-1 给出了权重函数 $f(\omega)$，自然频率分布函数 $g(\omega)$，平衡方程 (2.3.86)，临界平均场频率 Ω_c，以及临界耦合强度 K_c 之间的对应关系，展示出了不同耦合权重函数及自然频率分布会影响系统的同步临界值。

表 2-1 权重函数 $f(\omega)$，自然频率分布函数 $g(\omega)$，平衡方程，临界平均场频率 Ω_c，以及临界耦合强度 K_c 之间的对应关系总结表

$f(\omega)$	$g(\omega)$	平衡方程	Ω_c	K_c
$\lvert\omega\rvert$	$\dfrac{\gamma}{\pi}\dfrac{1}{\omega^2+\gamma^2}$	$\dfrac{2\gamma}{\pi}\Omega_c\ln\dfrac{\gamma}{\Omega_c}/(\gamma^2+\Omega_c^2)=0$	$0,\pm\gamma$	4
$\lvert\omega\rvert$	$\dfrac{1}{2a}\Theta(a-\lvert\omega\rvert)$	$\dfrac{\Omega_c}{2a}\ln\dfrac{a^2-\Omega_c^2}{\Omega_c^2}=0$	$0,\pm\dfrac{a}{\sqrt{2}}$	$\dfrac{4\sqrt{2}}{\pi}$
ω	$\dfrac{\gamma}{\pi}\dfrac{1}{(\omega-\Delta)^2+\gamma^4}$	$\dfrac{\gamma^2+\Delta(\Delta-\Omega_c)}{\gamma^2+(\Delta-\Omega_c)^2}=0$	$\dfrac{\gamma^2+\Delta^2}{\Delta}$	$\mathrm{sign}(\Delta)\dfrac{2\gamma}{\Delta}$
ω	$\dfrac{1}{2}\Theta(1-\lvert\omega\rvert)$	$1-\Omega_c\mathrm{arctanh}(\Omega_c)=0$	±0.8335	1.528
ω^2	$\dfrac{\sqrt{2}\gamma^3}{\pi}\dfrac{1}{\omega^4+\gamma^4}$	$\gamma^2(\gamma-\Omega_c)\Omega_c(\gamma+\Omega_c)=0$	$0,\pm\gamma$	$\dfrac{2\sqrt{2}}{\gamma}$
ω^2	$\dfrac{1}{2}\Theta(1-\lvert\omega\rvert)$	$\Omega_c-\Omega_c^2\ln\left(\dfrac{1+\Omega_c}{1-\Omega_c}\right)\Big/2=0$	$0,\pm0.8335$	1.8327
$\dfrac{1}{\omega}$	$\dfrac{1}{2a}\Theta(\omega-a)\Theta(2a-\omega)$	$-\ln\left(-2-\dfrac{2a}{-2a+\Omega_c}\right)\Big/(2a\Omega_c)=0$	$\dfrac{4a}{3}$	$\dfrac{16a^2}{3\pi}$
$\dfrac{1}{1+\lvert\omega\rvert}$	$\dfrac{\gamma}{\pi}\dfrac{1}{\omega^2+\gamma^2}$	$-\dfrac{\gamma(\gamma^2+\Omega_c)}{(\gamma+\gamma^3)(\gamma^2+\Omega_c)=0}$	$-\gamma^2$	$2\gamma(1+\gamma^2)^2$
			$\Delta/2$	$(4+\Delta^2)^2/8$
$\dfrac{1}{1+\omega^2}$	$\dfrac{1}{\pi}\dfrac{1}{(\omega-\Delta)^2+1}$	$\dfrac{(\Delta-2\Omega_c)(-3+(\Delta-\Omega_c)\cdot\Omega_c)}{(4+\Delta^2)(1+(\Delta-\Omega_c)^2)(1+\Omega_c^2)}=0$	$\dfrac{\Delta\pm\sqrt{-12+\Delta^2}}{2}$	$2(4+\Delta^2)$, $\Delta^2\geqslant12$

以上给出了权重耦合 Kuramoto 模型在各种不同情况下的结果。比较有趣的问题是：系统到达临界点以后随着耦合强度的增加会有什么样的新涌现行为？如果只是经典 Kuramoto 的结果，那么上述讨论的意义就大打折扣。为此，下面以权重函数为绝对值形式即 $f(\omega)=\lvert\omega\rvert$ 的情形为例来讨论系统达到同步临界点后的动力学行为。

频率绝对值权重 Kuramoto 模型的动力学方程为

$$\dot{\theta}_i = \omega_i + \frac{K|\omega_i|}{N}\sum_{j=1}^{N}\sin[\theta_j(t) - \theta_i(t)], \quad i = 1, 2, \cdots, N \tag{2.3.87}$$

其自洽方程为

$$R = \int_{-\infty}^{\infty} \mathrm{d}\omega g(\omega)\sqrt{1 - \left(\frac{\omega - \Omega}{KRf(\omega)}\right)^2}\,\Theta\left(1 - |\omega - \Omega KR\omega|\right) \tag{2.3.88}$$

平衡方程为

$$\begin{aligned}&\int_{-\infty}^{\infty} \mathrm{d}\omega g(\omega)\frac{\omega - \Omega}{KR|\omega|}\Theta\left(1 - |\omega - \Omega KR\omega|\right)\\&+\int_{-\infty}^{\infty} \mathrm{d}\omega g(\omega)\frac{\omega - \Omega}{KR|\omega|}\sqrt{1 - \left(\frac{KR\omega}{\omega - \Omega}\right)^2}\,\Theta(|\omega - \Omega KR\omega| - 1) = 0\end{aligned} \tag{2.3.89}$$

由表 2-1 可以查到临界情况，系统总有一种状态满足 $\Omega_c = 0$，与其对应，

$$R = \sqrt{1 - (1/KR)^2}, \quad KR \geqslant 1 \tag{2.3.90}$$

对此式求解可以得到两支解

$$R_1 = \frac{\sqrt{2}}{2}\sqrt{1 + \sqrt{1 - 4/K^2}}, \quad K \geqslant 2 \tag{2.3.91}$$

$$R_2 = \frac{\sqrt{2}}{2}\sqrt{1 - \sqrt{1 - 4/K^2}}, \quad K \geqslant 2 \tag{2.3.92}$$

利用相位动力学方程

$$\dot{\theta}_i = \omega_i + KR|\omega_i|\sin(\Omega t - \theta_i) = \omega_i - KR|\omega_i|\sin\theta_i \tag{2.3.93}$$

可以得到相应的定态解为

$$\sin\theta_p = 1/(KR), \quad \cos\theta_p = \cos\theta_n = \sqrt{1 - (1/(KR))^2}, \quad \sin\theta_n = -1/(KR) \tag{2.3.94}$$

其中 θ_i 对于 $\omega_i > 0$ 的情况记为 θ_p，而对于 $\omega_i < 0$ 记为 θ_n。可以看到，当 $KR \geqslant 1$ 时，整个振子系统的运动最终劈裂成两个对称的集团 θ_p 和 θ_n。进一步的分析可以发现，只有式 (2.3.91) 的 R_1 分支稳定，而式 (2.3.92) 的 R_2 这支解对应于不稳定分支。这种情况的物理意义是当耦合强度 K 逐渐增加时，两个同步集团应相互靠拢而不是排斥，相应的序参量 $R \to 1$(对应于解 R_1)，而 R_2 分支对应于两个集团相互排斥，不符合真实的物理图景。因此，当耦合强度 $K < K_c$ 时，系统处于非相干态 (incoherent state)，当 $K > 2$ 时，系统存在一支天然解 R_1，这支解不依赖于具体的频率分布；当 $2 < K < K_c$ 时，系统会存在双稳态，从而形成不连续相变。

图 2-24 给出了振子自然频率为均匀分布 $g(\omega) = 1/2, \omega \in (-1,1)$ 时系统完整的分岔相图。在该情形中系统的临界耦合强度为 $K_c = 4\sqrt{2}/\pi < 2$，利用 Crawford 振幅理论和稳定性 [237,246] 分析可以发现, 对于行波解，其分岔方向是超临界 (supercritical) 而且是不稳的，这一点与平均场理论相符。另外，驻波态分岔则是亚临界的 (subcritical)，这就意味着，当考虑更高阶微扰项时，相变点附近会存在磁滞行为。同样我们也可以考虑其他类型的频率分布，比如三角分布以及 Lorentz 分布等，研究发现，驻波态的分岔都是亚临界而行波解都是局域不稳的，并且行波解的分岔方向和数值模拟的结果一致 [282]。值得注意的是，在数值模拟中，行波态解理论上存在但数值上却没有看到，局域分岔理论分析表明行波态是局域不稳的，但是其全局稳定性并不能得到判断，这有可能是由于同步态的吸引域太大，以至于不管什么初始条件，系统都会演化到同步态上。关于在模型中行波态的稳定性以及吸引区域的大小依然是一个有待解决的问题。

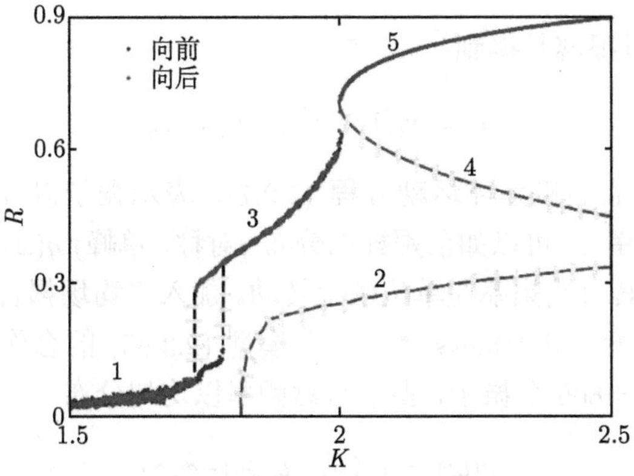

图 2-24 自然频率为均匀分布 $g(\omega) = 1/2, \omega \in (-1,1)$ 时系统完整的分岔相图 (扫描封底二维码见彩图)【改编自文献 [282]】

其中纵轴为序参量 R 的长时间平均值，横轴为耦合强度 K。其中分支 1 是非相干态，2 为不稳定的行波解，由平均场方程计算得出，3 为驻波解，4 和 5 分别为不稳定和稳定的两集团同步态。图中的绿线和红线分别表示向前和向后的转变。在每一个方向上耦合强度 K 都是缓慢绝热增加的。同时观察到在耦合强度 $K = 1.725 \sim 1.8$，驻波解存在一个磁滞区域。在整个数值模拟中振子数目为 N=50000

2.3.7 振幅效应

到目前为止，我们的讨论仅限于对振子相位自由度之间的关系。这在很多情况下是有意义的，因为振荡动力学中最重要的自由度就是相位，只研究相位模型的优点在于可以抓住振子同步的本质，理论分析计算较为简单。另一方面，实际的振荡中相位固然重要，振幅却是在多数情况下振动特征的另一个重要自由度。有一些现象如振荡死亡 (oscillation death) 等仅用相位模型是无法得到解释的 (相位模型系

统中当振子速度 $\dot{\theta} \to 0$ 时，通常称为振荡猝灭 (oscillation quenching)，是振荡死亡的一种，但多数死亡行为与振幅行为有关，称为振幅死亡 (amplitude death))，此时必须考虑振动的振幅对同步动力学的影响 [283-286]。

考虑如下的耦合 Stuart-Landau 振子模型：

$$\dot{z}_i = z_i(1 - z_i\bar{z}_i + i\omega_i) + \frac{K}{N}\sum_{j=1}^{N}(z_j - z_i) \tag{2.3.95}$$

其中 K 为耦合强度，

$$z_j = x_j + \mathrm{i}y_j = r_j\mathrm{e}^{\mathrm{i}\theta_j}$$

是描述单个振子的复变量，"–" 表示其复共轭。方程 (2.3.95) 中的耦合是线性的平均场耦合，ω_i 表示第 i 个振子的自然频率。在无相互作用时，单个振子方程为

$$\dot{z}_i = z_i(1 - z_i\bar{z}_i + \mathrm{i}\omega_i) \tag{2.3.96}$$

用模–幅角变量可以很容易得到

$$\dot{r}_i = r_i(1 - r_i^2), \quad \dot{\theta}_i = \omega_i \tag{2.3.97}$$

式 (2.3.96) 正是前面的极限环运动方程 (2.2.1)，表示振子以 ω_i 频率、单位半径 r_i=1 旋转。自然频率 ω_i 可以如前那样以分布 (对称、单峰) $g(\omega)$ 随机给定。没有耦合时，每个振子按其自然频率在单位圆上转动。加入平均场耦合项时，系统的动力学会发生很大的改变。Matthews 等讨论了模型 (2.3.95) 的合作同步行为 [285]。在数值模拟中采用 N=800 个振子，振子自然频率以均匀分布

$$g(\omega) = 1/2\gamma, \quad \omega \in [-\gamma, \gamma] \tag{2.3.98}$$

给定。这里的 γ 给出了自然频率分布的宽度，γ 越大，反映自然频率差异度越大。

为讨论集体行为，可如前面相振子情形那样引入复序参量：

$$z = R\mathrm{e}^{\mathrm{i}\phi} = \frac{1}{N}\sum_{j=1}^{N} z_j \tag{2.3.99}$$

其中 R 代表的是同步相干程度。图 2-25 给出了 $R(t)$ 在 $K = 0.8$ 时的行为。当 γ 较小时，$R(t)$ 长时间后不依赖于时间，且不为零，说明系统自发地达到了同步。当 γ 增加时，$R(t)$ 表现为大幅度振荡，且会表现出无规则的振荡行为，说明系统存在混沌运动。当 γ 很大时，$R(t)$ 在零附近作小幅振荡

$$R(t) \sim O(\sqrt{N})$$

说明系统处于非相干态。$R(t)$ 的行为说明系统表现出复杂的动力学行为。

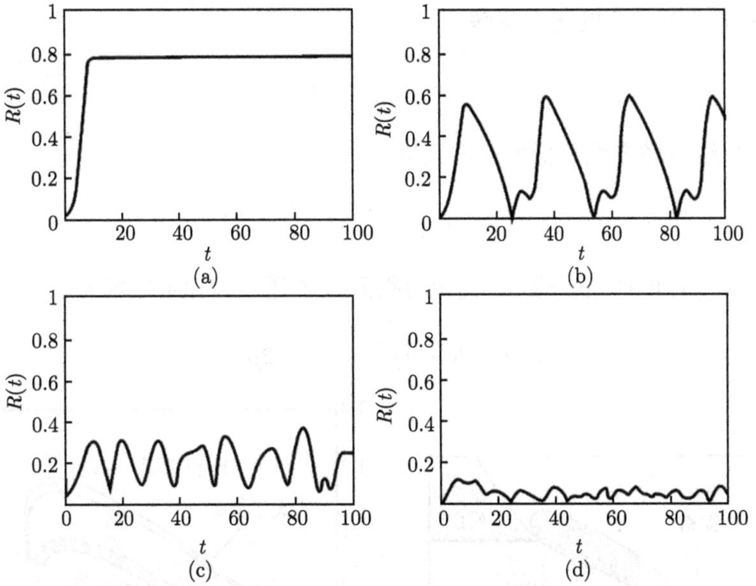

图 2-25 $R(t)$ 在 $K=0.8$ 时对于不同 γ 的时间演化行为【改编自文献 [285]】

既可以看到长时间后的集体稳态，也可以看到集体周期和混沌振荡及其近似无序态

图 2-26 给出了参数平面 K-γ 上系统 (2.3.95) 的动力学相图。通过这张图我们可以较为清楚地了解系统复杂的动力学。从图 2-26(a) 中可以看到，整个参数平面被分为四个部分，每一部分的动力学行为都不相同。图 2-26(a) 的左上角一大片区域是锁相区 (同步区)，这部分区域中系统中振子达到全局同步，系统有稳定不动点，$R>0$。由于系统是旋转对称的，因此式 (2.3.99) 中的平均场相位 ϕ 是任意的。图 2-26(a) 的右下角一大片区域为非相干区 (非同步区)，在这片区域中，每个振子都按各自的自然频率振荡，半径均为 $\sqrt{1-K}, R(t)=0$。这两片区域都是前面研究过的。对于相位振子而言，同步区与非同步区之间的边界非常简单，但考虑振子振幅后，这二者之间的边界区域就变得非常复杂。相图 2-26(a) 的右上角称作振荡死亡区，在这个区域中所有振子都无振荡，不动点 $z_j=0$ 是稳定的，$R=0$。极限环振子由于耦合而产生的集体死亡行为是典型的振幅效应。

耦合引发振动死亡的行为可以用 $N=2$ 个振子的行为来理解。考虑下面 $N=2$ 个相互作用的线性化振子：

$$
\begin{aligned}
\dot{z}_1 &= z_1(1+\mathrm{i}\omega_1)+K(z_2-z_1)\\
\dot{z}_2 &= z_2(1+\mathrm{i}\omega_2)+K(z_1-z_2)
\end{aligned}
\tag{2.3.100}
$$

为简便，设

$$
\omega_1=-\omega_2=\varDelta
$$

方程 (2.3.100) 有平庸的无振荡解

$$z_1 = z_2 = 0$$

对该解进行线性稳定性分析可得本征值

$$\lambda_{1,2} = \mu - K \pm \sqrt{K^2 - \Delta^2} \tag{2.3.101}$$

当且仅当 $\lambda_{1,2} < 0$ 时该解稳定。由此可得到振子死亡的稳定区域为

$$\mu < K < (\mu^2 + \Delta^2)/(2\mu) \tag{2.3.102}$$

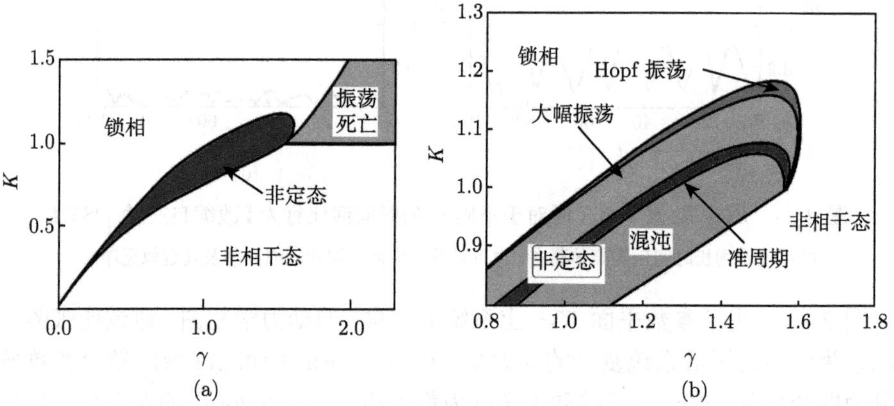

图 2-26　全局耦合振子系统在参数 K-γ 平面上的同步动力学相图【改编自文献 [285]】

(a) 为全局相图；(b) 为参数局部的放大，可以看到更多的集体动力学态的细节

若固定 μ，可以看到当 $\Delta > \mu$ 且 $K > \mu$ 时，两振子的振荡就会由于相互作用而停止。从物理上看，振子间的耦合给每一振子的振荡带来了额外的耗散效应，如果两个振子自然频率相差较大，每个振子从另外振子那里就无法得到足够能量以抵消耗散，从而导致振动停止。这种机制同样适用于前面的非线性振子及多振子的情况，因此振荡死亡是由相互作用而带来的一种集体效应。

在锁相区与非相干区之间还有一小片区域，其行为如图 2-25(b), (c) 中 $R(t)$ 的行为所示，表现为大幅振荡，既有规则的也有非规则的，我们称之为**集体非定态区**。如果进一步研究这个区域，会发现它包含丰富，如图 2-26(b) 对图 2-26(a) 中非定态区局部放大所示。首先，当 $K > 1$ 时，锁相态会通过 Hopf 分岔失稳，导致一个在锁相态附近的小幅准正弦振荡，我们称之为 **Hopf 振荡区**。当 $K < 1$ 时，锁相态也可以通过鞍结分岔失稳成一个大幅振荡，$R(t)$ 可以在 0 与一个很大 ($\leqslant 1$) 的值之间振荡。我们称此区为大幅振荡区。这个区的振荡是周期的。大幅振荡会继续通过 Hopf 分岔失稳，会产生新的非公度频率 (可能会有多个)，从而出现准周期及高

维准周期振荡。此区称为**准周期区**。系统一般可以在此通过 Ruelle-Takens 道路而进入混沌区。系统也可以通过亚临界分岔方式由非相干区过渡到混沌区，二者之间有一个非常窄的多态共存区域表现为滞后行为，系统动力学依赖于初始条件，或处于混沌状态，或处于非相干状态。这种多稳区在非稳态与别的区域交界处也可以发现。

定态解如振动死亡、锁相及非相干区的边界可通过近似方法解析求出。由于 $z_j = r_j e^{i\theta_j}$，系统方程 (2.3.95) 可化为

$$\dot{\theta} = \omega - \frac{KR}{r}\sin\theta, \quad \dot{r} = r(1 - K - r^2) + KR\cos\theta \tag{2.3.103}$$

这里利用平均场消去了下标 "j"。对于振动死亡与锁相解，系统的状态都是不动点，上式有

$$\omega = \frac{KR}{r}\sin\theta, \quad r(r^2 + K - 1) = KR\cos\theta \tag{2.3.104}$$

这样可得到

$$(KR\sin\theta)^2 = \omega^2(1 - K + \omega\mathrm{ctan}\theta) \tag{2.3.105}$$

不动点除满足式 (2.3.105) 以外，还必须同时满足下面的自洽方程：

$$R = \int_{-\infty}^{\infty} r\cos\theta g(\omega)\mathrm{d}\omega \tag{2.3.106}$$

振动死亡的边界可由 $r = 0$ 决定。其他边界则要困难一些，具体的计算要通过解上面方程并对方程解进行线性稳定性分析得到。主要结果如下：振动死亡与非相干区之间的边界为 $K{=}1(\gamma \geqslant \pi/2)$，振动死亡与锁相区之间的边界为

$$\tan(\gamma/K) = \gamma/(K - 1) \tag{2.3.107}$$

锁相区与非定态之间的边界为

$$\gamma = \pi K[1 + K/6 + (7/36 - \pi^2/64)K^2]/4 + o(K^4) \tag{2.3.108}$$

它是相位模型的边界

$$\gamma = \pi K/4 \tag{2.3.109}$$

的推广。非相干态与非定态之间的边界为

$$\frac{1}{K} = \frac{\pi g(0)}{2} + (1 - K)\int_{-\infty}^{\infty} \frac{g(\omega)\mathrm{d}\omega}{\omega^2 + 4(1 - K)^2} \tag{2.3.110}$$

它是相位振子 Kuramoto 模型的临界耦合强度 K_c 结果 (2.3.29) 的推广。这些解析结果都与数值模拟符合得很好。

总之，在考虑振子的振幅效应后，耦合系统的同步动力学会更复杂，也值得进一步探索。上面的模型可推广到其他形式的振子、非线性耦合、近邻耦合、其他自然频率分布等情况，近年来人们对这些问题做了很多研究，取得了不少有益的成果，读者可参见相关综述性文献 [173,174,185-190]。

2.4　耦合振子系统的统计与序参量动力学

通过对耦合振子同步微观动力学的研究表明了一个重要事实：大量耦合振子随着耦合强度的增加会经历由部分同步到整体同步的过渡，而在此过程中耦合振子的相空间维数随同步进程而逐渐降低，当全部振子达到整体同步时，系统在相空间的复杂运动会落到一个极低维的空间。这意味着系统发生同步的时候，只需要少数变量来刻画耦合振子系统的同步。该结果为多振子体系同步的宏观描述提供了事实基础。

在物理上，人们对于大量粒子组成的系统的性质不再关注于粒子层面的复杂动力学细节，如粒子间的相互作用以及单个粒子如何运动等 (这事实上也难以做到)，而是关注大量粒子通过相互作用、自我组织而整体表现出来的性质。热力学就是在这个宏观层面建立的，我们只需要考察一系列宏观物理量如温度、压强、体积等以及这些量之间的关系，建立宏观层面的量化规律。这是物理学的巨大成功 [23]。其后发展起来的统计物理学则建立了从微观到宏观之间的联系，通过对微观系统的统计假设省却了微观的复杂动力学刻画，进一步得到统计定律并以此计算微观量的统计平均来得到宏观热力学量 [27]。热力学和统计物理学的思想和方法为我们处理耦合振子同步转变问题提供了思路。实际上，2.2 节中 Kuramoto 建立的自洽方程理论就已经在做这样的事情了，即利用热力学和统计物理方法来刻画大量振子的集体行为，引入的序参量 $z = R\mathrm{e}^{\mathrm{i}\Theta}$ 就是描述系统有序程度的宏观量，而它又可以理解为单振子相位函数 $\mathrm{e}^{\mathrm{i}\theta}$ 的统计平均 [184,185]。

不同于平衡态统计物理，非线性振子 (极限环) 的振荡本身就是非平衡行为，由大量相互作用振子组成的系统就是非平衡系统。因此，大量耦合振子系统发生的同步可以看成是从无序向有序的转变，我们将其称为非平衡相变 [184]。非平衡统计物理学自 20 世纪中期发展起来的以 Prigogine 为代表的布鲁塞尔学派的耗散结构理论 [4,9]、以 Haken 为代表的斯图加特学派的协同学 [7,8] 以及多学科分支形成的自组织理论等为描述众多的非平衡相变现象的共同本质提供了重要依据。

耗散结构理论认为，处于非平衡状态的系统会在一定范围内维持原有热力学状态，一直远离平衡到一定临界值，热力学分支会发生失稳，系统进入新的有序结构分支。在自然界各个领域有形形色色的非平衡相变现象，它们的物理表现十分不同，但内禀的数学实质往往有明显的共性及普遍规律，由此形成了以反应扩散方程等为核心的刻画宏观自组织过程的耗散结构理论 [9]。

物理学家 Haken 建立的协同学则走了另外一条路线。协同学研究由大量自由度构成的复杂系统在外参量的驱动下和在子系统之间的相互作用下以自组织的方式在宏观尺度上形成空间、时间或功能有序结构的条件、特点及其演化规律 [7]。协同学的基本原理是支配原理 (slaving principle)，它揭示了序参量如何从一个系统的大量自由度中涌现出来。该原理认为，协同系统的状态由一组状态参量来描述，这些状态参量随时间变化的快慢程度是不相同的。当系统逐渐接近于发生显著质变的临界点时，变化慢的状态参量数目就会越来越少，有时甚至只有一个或少数几个。这些为数不多的慢变化参量就完全确定了系统的宏观行为并表征系统的有序化程度 (序参量)。为数众多的变化快的状态参量则被序参量支配，并可绝热地将其消去。由此可以建立协同学的基本方程，即序参量随时间变化所遵从的非线性方程。序参量的演化方程就可以用来研究协同系统的各种非平衡态的稳定性及其非平衡相变 [8]。

本节的宗旨是以耦合相振子为例，利用自组织与支配原理来研讨复杂系统序参量如何通过主导系统的其他变量和自由度来实现涌现，并探讨这种涌现背后的数学意义。

2.4.1 复杂系统自组织的支配原理

支配原理是协同学的核心。为清晰阐述序参量的涌现，我们先以简单的二维非线性动力系统为例来加以说明。假设一组两变量的非线性微分方程

$$\dot{u} = \alpha u - us \tag{2.4.1a}$$

$$\dot{s} = -\beta s + u^2 \tag{2.4.1b}$$

其中 α 为控制参量，$\beta > 0$。当 $\alpha < 0$ 时，方程组有稳定定态解 $u = s = 0$。改变 α 使其略大于零 $0 < \alpha \ll 1$，这时零解变得不稳定。但由于式 (2.4.1) 的新稳定解仍然在 (0,0) 点附近，即

$$s = \alpha \ll 1, \quad u = \sqrt{\alpha\beta} \ll 1 \tag{2.4.2}$$

因此式 (2.4.1b) 可以被形式解出，并得到近似解

$$\begin{aligned} s(t) &= \int_0^t \mathrm{e}^{-\beta(t-\tau)} u^2(\tau)\mathrm{d}\tau \\ &= \frac{1}{\beta}u^2(t) - \frac{2}{\beta}\int_0^t \mathrm{e}^{-\beta(t-\tau)} u(\tau)\dot{u}(\tau)\mathrm{d}\tau \\ &\approx \frac{1}{\beta}u^2(t) \end{aligned} \tag{2.4.3}$$

上式第一个等号为形式解的积分表达式，利用分部积分可以得到第二个等式。考虑到 $0 < \alpha \ll 1$ 为一小量，而变量 $u, s, \dot{u}, \dot{s}$ 也都是关于 α 的小量，但它们的量级不

同。利用简单的量级分析可以得到

$$u \sim \alpha^{1/2}, \quad s \sim \alpha, \quad \dot{u} \sim \alpha^{3/2}, \quad \dot{s} \sim u\dot{u} \sim \alpha^2 \tag{2.4.4}$$

因此当 $\alpha \ll 1$ 时有 $|\dot{u}| \ll |u|$，式 (2.4.3) 的第二式中第二项为 α 的高阶小量，可以略去，由此得到下面的约等式。对比式 (2.4.3) 和式 (2.4.1b)，可以看到式 (2.4.3) 的结果等效于直接由式 (2.4.1b) 中令

$$\dot{s} = 0 \tag{2.4.5a}$$

由此可以得到

$$s(t) = \frac{1}{\beta}u^2(t) \tag{2.4.5b}$$

将其代入式 (2.4.1a) 可得到

$$\dot{u} = \alpha u - \frac{1}{\beta}u^3 \tag{2.4.6}$$

该式又可解出

$$\int_{u_0}^{u} \frac{\beta \mathrm{d}u}{\alpha\beta u - u^3} = t - t_0 \tag{2.4.7}$$

式 (2.4.5a) 称为**绝热近似**(或**绝热消去**，adiabatic elimination)，它是数学上一种常用的近似方法。然而，该近似有着深刻的物理含义。式 (2.4.5a) 表明，在该条件下，在不动点 (0,0) 附近，u 为慢变的线性不稳定模，称为**慢变量** (slow variable)，而 s 为快变的线性稳定模，称为**快变量** (fast variable)。式 (2.4.5a) 的真正物理含义是，在临界点 (分岔点) 附近，快变模 $s(t)$ 可以足够快，以至于它总可以跟上慢变模 $u(t)$ 变化的步伐，即在快变量发生变化的时间尺度内慢变量可认为不发生变化。这就导致慢变量可以近似看成是如式 (2.4.3) 所示的快变量的函数。换句话说，此时慢变模支配了整个系统的变化情况，当然也支配了快变模，这使得快变模可以作绝热消去，从而留下只有慢变模的方程。在原有的多变量系统中，慢变模决定了系统的 “宏观”(少变量) 特征，它就是一种序参量。这就是德国物理学家 H. Haken 所提出的**支配原理** (slaving principle) [8]。

在多维情况下，上述方程的讨论略复杂些，但原则上类似。假定一个 n 维方程组

$$\dot{\boldsymbol{x}} = \boldsymbol{A}\boldsymbol{x} + \boldsymbol{B}(\boldsymbol{x}) \tag{2.4.8}$$

其中 $\boldsymbol{x}$ 为 n 维状态矢量，$\boldsymbol{x} = (x_1, x_2, \cdots, x_n)^{\mathrm{T}}$，而 $\boldsymbol{A}$ 为 $n \times n$ 常数矩阵，函数矢量 $\boldsymbol{B}(\boldsymbol{x})$ 包含 $\boldsymbol{x}$ 的二次及以上代数式，如果矩阵 $\boldsymbol{A}$ 的本征值 λ_i 实部均为负

$$\mathrm{Re}\lambda_{s_i} < 0, \quad i = 1, 2, \cdots, n-1 \tag{2.4.9}$$

那么 $\boldsymbol{x}=0$ 为稳定解。改变参数使 $\boldsymbol{A}$ 的一个模越过零点，假设该模的本征值 λ_u 满足

$$0<\mathrm{Re}\lambda_u \ll 1 \tag{2.4.10}$$

其他本征值仍然保持实部为负。通过引入一个 $\boldsymbol{T}$ 矩阵进行如下的线性变换：

$$\tilde{\boldsymbol{A}}=\boldsymbol{T}^{-1}\boldsymbol{A}\boldsymbol{T} \tag{2.4.11}$$

将 $\boldsymbol{A}$ 对角化

$$\tilde{\boldsymbol{A}}=\begin{pmatrix} \lambda_u & 0 & 0 & 0 & 0 \\ 0 & \lambda_{s_1} & 0 & 0 & 0 \\ 0 & 0 & \lambda_{s_2} & 0 & 0 \\ 0 & 0 & 0 & \ddots & 0 \\ 0 & 0 & 0 & 0 & \lambda_{s_{n-1}} \end{pmatrix} \tag{2.4.12}$$

其中 $\mathrm{Re}\lambda_{s_i}<0$，$i=1,2,\cdots,n-1$，则式 (2.4.8) 可改写为

$$\dot{u}=\lambda_u u+\tilde{B}_u(u,s) \tag{2.4.13a}$$

$$\dot{\boldsymbol{s}}=\lambda_s \boldsymbol{s}+\tilde{\boldsymbol{B}}_s(u,\boldsymbol{s}) \tag{2.4.13b}$$

$(u,\boldsymbol{s})^{\mathrm{T}}=\boldsymbol{T}\boldsymbol{x}$ 为变换后的新状态矢量，其中 $\boldsymbol{s}$ 为 $n-1$ 维本征矢量

$$\boldsymbol{s}=(s_1,s_2,s_3,\cdots,s_{n-1})^{\mathrm{T}} \tag{2.4.14}$$

此时我们已成功地将慢变量 u 从所有变量中挑出来，其方程满足式 (2.4.13a)，剩余的变量 $\boldsymbol{s}$ 均为快变量，满足式 (2.4.13b)。以与式 (2.4.1) 同样的理由进行绝热消去，即令式 (2.4.13b) 左边

$$\dot{\boldsymbol{s}}=0 \tag{2.4.15}$$

由此 $n-1$ 个方程可将 $n-1$ 维矢量 $\boldsymbol{s}$ 作为 u 的函数解出，并代入式 (2.4.13a) 可得到

$$\dot{u}=\lambda_u u+\tilde{B}_u(u,\boldsymbol{s}(u)) \tag{2.4.16}$$

在上式中，当 $\lambda_u=0$ 时，其精确的展开形式为

$$-\boldsymbol{s}(u)=\boldsymbol{\lambda}_s^{-1}\tilde{\boldsymbol{B}}_s-\boldsymbol{\lambda}_s^{-1}\tilde{B}_u\frac{\partial}{\partial u}\boldsymbol{\lambda}_s^{-1}\tilde{\boldsymbol{B}}_s+\boldsymbol{\lambda}_s^{-1}\tilde{B}_u\frac{\partial}{\partial u}\boldsymbol{\lambda}_s^{-1}\tilde{B}_u\frac{\partial}{\partial u}\boldsymbol{\lambda}_s^{-1}\tilde{\boldsymbol{B}}_s\cdots \tag{2.4.17}$$

这里注意 $\boldsymbol{\lambda}_s$ 为矩阵，$\tilde{\boldsymbol{B}}_s$ 和 $\boldsymbol{s}(u)$ 均为函数空间矢量，只有 B_u 为普通函数。

如果随着参数改变，系统同时有 $m>1$ 个模 (通常简并，或实部相同并同步变化) 失稳，那么式 (2.4.13a) 中的 u 和 $\tilde{B}_u$ 也表现为多分量的矢量形式

$$\boldsymbol{u}=(u_1,u_2,\cdots,u_m)^{\mathrm{T}},\quad \tilde{\boldsymbol{B}}_u=(\tilde{B}_{u_1},\tilde{B}_{u2},\cdots,\tilde{B}_{um})^{\mathrm{T}} \tag{2.4.18}$$

利用绝热消去式 (2.4.13b) 或展开式 (2.4.17) 求出 $\boldsymbol{s}(\boldsymbol{u})$ 后，代入式 (2.4.13a)，所得到的式 (2.4.16) 也应是 m 维的非线性方程：

$$\dot{\boldsymbol{u}} = \lambda_u \boldsymbol{u} + \tilde{\boldsymbol{B}}_u(\boldsymbol{u}, \boldsymbol{s}(\boldsymbol{u})) \tag{2.4.19}$$

这样，由支配原则所简化的方程 (2.4.16)、方程 (2.4.19) 与原方程 (2.4.13) 似乎没有多大区别，其实不然，式 (2.4.16) 和式 (2.4.19) 的自由度大大小于式 (2.4.13) 的自由度数，一般实际问题中首先失稳的模往往很少，常常是一两个，所以从式 (2.4.13) 到式 (2.4.16)、式 (2.4.19)，理论上可以看作是从多变量方程到少数序参量方程的约化，在动力学上也产生了极大简化。这是支配原理在讨论相变点附近行为时给出的有益结果。

值得指出的是，在式 (2.4.16) 和式 (2.4.19) 讨论失稳模时应用了线性稳定性分析，但式 (2.4.16) 和式 (2.4.19) 的结果绝不只是线性的结果，而是包含了非线性因素。在这个方程中原来失稳的模不再总是失稳，而在新的定态上能够稳定下来。所以式 (2.4.13) 包含了从线性到非线性的贡献，只是从这些贡献选择出了对各个时间阶段系统演化均起决定意义的主要部分。它给出了从失稳的热力学分支到新的稳定耗散结构分支的全过程。

在数学上，支配原理 (或绝热消去) 也密切联系着拓扑几何中的**中心流形定理**。中心流形定理是一种常用的降维方法，适用于研究自治动力学系统。中心流形方法是利用流形与对应子空间相切的特性，求出系统在中心流形上的约化方程。对于高维动力系统来说，通过传统的分岔行为很难直接研究其动力学行为。为了更好地抓住所要研究问题的本质，一般采取中心流形定理等降维措施将其化为低维方程再进行研究。此处不再赘述。

2.4.2　宏观描述与序参量方程

对于大量具有相互作用的振子系统，我们可以在统计或宏观层次对其进行处理。Kuramoto 的自洽方程方法已经进行了漂亮的解析处理，给出了同步在宏观层面的解析结果。需要指出的是，Kuramoto 自洽方程方法处理的前提是系统具有与时间无关的宏观序参量。然而 Kuramoto 之后很多研究工作都发现了序参量的非定态振荡行为，这意味着大量振子系统整体上可以表现出与时间有关的非稳恒行为。另一方面，序参量 $z = R\mathrm{e}^{\mathrm{i}\Theta}$ 的引入是恰当处理问题的关键。按照协同学的支配原理，序参量是系统多自由度竞争而自发涌现的结果，为何序参量 z 成为主导系统宏观行为的量而不是其他的量？这需要深入的分析。在一般情况下，系统的序参量可能不止 z 一个，可能还有其他的序参量在某些情况下起着关键性作用。再者，Kuramoto 模型本身就是耦合振子系统的最简单情形，2.3 节中涉及的大量推广情形都反映出我们需要更为一般性的讨论。因此，本节拟利用支配原理的思想来讨论在多振子系统中序参量的涌现及一般动力学问题 [287,288]。

考虑 N 个全连接的耦合振子系统，其运动方程可以写为如下形式：

$$\dot{\theta}_j(t) = F(\boldsymbol{\alpha}, \theta_j, \boldsymbol{\beta}, \gamma_j), \quad j = 1, 2, \cdots, N \tag{2.4.20}$$

其中 $\boldsymbol{\beta} = \{\beta_1, \beta_2, \cdots, \beta_m\}$ 为一组均匀控制参量，即这些参量对于所有振子而言都是相同的，例如，我们通常考虑振子彼此之间的相互作用强度相同。$\boldsymbol{\gamma} = \{\gamma_1, \gamma_2, \cdots, \gamma_N\}$ 为一组非均匀控制参量，这些参量对于不同振子而言不一样。典型的情形是振子的自然频率可以各不相同，此时 $\gamma_i = \omega_i$。

定义一组序参量 $\boldsymbol{\alpha} = \{\alpha_n\}$，其分量为如下的 n 阶序参量：

$$\alpha_n = \frac{1}{N} \sum_{j=1}^{N} \mathrm{e}^{\mathrm{i}n\theta_j}, \quad n = 1, 2, \cdots, N \tag{2.4.21}$$

可以看到，当 $n = 1$ 时，α_1 即 Kuramoto 引入的相干因子式 (2.3.5)。其他 $n > 1$ 的序参量 α_n 可视为高阶序参量。我们将这一组序参量 $\boldsymbol{\alpha}$ 称为**广义序参量**。通常全局耦合振子系统的相位函数可以设法以平均场形式写成序参量 $\boldsymbol{\alpha}$，因此在动力学方程中就可直接将写为 $\boldsymbol{\alpha}$ 的部分单独标注出来。

在热力学极限 $N \to \infty$ 下，关注于每个振子的具体动力学行为已显得不那么重要，我们可以引入相振子的密度分布函数 $\rho(\gamma, \theta, t)$。动力学方程 (2.4.20) 所描述的系统可以从统计的角度给出连续性方程

$$\partial\rho/\partial t + \partial(\rho v)/\partial\theta = 0 \tag{2.4.22}$$

这里密度分布函数 $\rho(\boldsymbol{\gamma}, \theta, t)\mathrm{d}\theta$ 给出了在时刻 t 相位处于 θ 和 $\theta + \mathrm{d}\theta$ 之间的振子数密度。速度场为

$$v = F(\boldsymbol{\alpha}, \boldsymbol{\theta}, \boldsymbol{\beta}, \boldsymbol{\gamma}) \tag{2.4.23}$$

一般情况下所研究的振子系统是非全同系统，按照非全同参量分布函数 $\rho(\gamma, \theta, t)$ 与 $\boldsymbol{\gamma}$ 有关，总的分布函数需要对所有的非均匀参量求和：

$$\rho(\theta, t) = \sum_i \rho(\gamma_i, \theta, t)$$

例如，一个最典型的情况是非均匀参量为振子自然频率，则分布函数可由下面积分求得：

$$\rho(\theta, t) = \int \rho(\omega, \theta, t) g(\omega) \mathrm{d}\omega \tag{2.4.24}$$

其中 $g(\omega)$ 为自然频率分布。

由此我们就建立了耦合振子系统动力学的统计力学描述，其中最重要的就是振子相位分布函数，因为它包含了振子系统集体行为的所有信息。只要能有效求解

分布函数满足的方程，就可以对其他所有的宏观量进行有效计算。在讨论振子同步问题上，宏观层面我们最为关注的是序参量，包括前面 Kuramoto 引入的序参量。利用分布函数，序参量的求和就可以表示为 $e^{in\theta}$ 对分布函数的积分。如果系统没有非均匀参量，则有

$$\alpha_n = \int e^{in\theta}\rho(\theta,t)d\theta \tag{2.4.25}$$

如果系统有非均匀参量，则还需要对非均匀参量求和。例如，如果非均匀参量是振子自然频率，则有

$$\alpha_n = \int e^{in\theta}\rho(\omega,\theta,t)g(\omega)d\omega d\theta \tag{2.4.26}$$

可以看到，n 阶序参量 α_n 实际上就是 $e^{in\theta}$ 的统计平均，或称为 $e^{i\theta}$ 的 n 阶矩。统计物理学告诉我们，完全的各阶矩描述与分布函数描述是等价的，知道其中一方就可以得到另外一方的信息。我们下面会用到这一点。

另外，由式 (2.4.25) 和式 (2.4.26) 可以看到，广义序参量实际上就是分布函数 $\rho(\theta,t)$ 的傅里叶变换系数。下面也会用到这个结论。

为讨论问题方便，下面我们先来考虑 N 个全同振子系统的序参量满足的运动方程。在有限振子系统中，广义序参量 $\boldsymbol{\alpha}$ 描述的动力学应该等价于微观运动方程。对于全同振子的情况，运动方程简化为

$$\dot{\theta}_j(t) = F(\boldsymbol{\alpha},\theta_j,\boldsymbol{\beta}),\quad j=1,2,\cdots,N \tag{2.4.27}$$

对式 (2.4.21) 定义的广义序参量进行时间求导，并利用振子运动方程 (2.4.27) 可以得到序参量的运动方程为

$$\dot{\alpha}_n = \frac{in}{N}\sum_{j=1}^{N} e^{in\theta_j}F(\boldsymbol{\alpha},\theta_j,\boldsymbol{\beta}),\quad n=1,2,\cdots,N \tag{2.4.28}$$

由于运动的自由度为相振子的相位，运动方程需要满足其相位的循环对称性，即函数 $F(\boldsymbol{\alpha},\theta,\boldsymbol{\beta})$ 是相位 θ 的 2π 周期函数，因而可对其做傅里叶展开：

$$F(\boldsymbol{\alpha},\theta_j,\boldsymbol{\beta}) = \sum_{k=-\infty}^{\infty} f_k(\boldsymbol{\alpha},\boldsymbol{\beta})e^{ik\theta_j} \tag{2.4.29}$$

将其代入运动方程 (2.4.28) 中，我们便得到了各阶序参量的运动方程

$$\dot{\alpha}_n = in\sum_{k=-\infty}^{\infty} f_k(\boldsymbol{\alpha},\boldsymbol{\beta})\alpha_{k+n},\quad n=1,2,\cdots \tag{2.4.30}$$

如果考虑的系统 (2.4.27) 具有最简单的耦合形式，则运动方程非线性函数的傅里叶分解 (2.4.29) 中只需要包含傅里叶展开中与相位相关的最低阶，即

$$F(\boldsymbol{\alpha},\theta) = f_1(\boldsymbol{\alpha})e^{i\theta} + f_{-1}(\boldsymbol{\alpha})e^{-i\theta} + f_0(\boldsymbol{\alpha}) \tag{2.4.31}$$

序参量方程 (2.4.30) 就得到大大简化。由于 $F(\boldsymbol{\alpha},\theta)$ 是实函数，对于傅里叶系数存在要求

$$f_{-1}(\boldsymbol{\alpha}) = \bar{f}_1(\boldsymbol{\alpha}) \tag{2.4.32}$$

其中 $\bar{f}_1$ 为 f_1 的复共轭。将傅里叶分解 (2.4.31) 代入序参量运动方程 (2.4.30) 可得

$$\dot{\alpha}_n = \mathrm{i}n\left[f_1(\boldsymbol{\alpha})\alpha_{n+1} + \bar{f}_1(\boldsymbol{\alpha})\alpha_{n-1} + f_0(\boldsymbol{\alpha})\alpha_n\right] \tag{2.4.33}$$

其中 $n \geqslant 0, \alpha_{-n} = \bar{\alpha}_n$。

需要指出，运动方程 (2.4.30) 和 (2.4.33) 与相振子的运动方程 (2.4.27) 是等价的描述，广义序参量可以看成是相位振子的一组集体坐标变量。这是一组耦合的序参量方程，每一阶序参量通常都与其他各阶序参量耦合在一起，从难度上来说，处理该序参量方程组的难度等同于相位运动方程，因此很难求解。不过，一些特解可以通过一些特定的方法得到，其中一个平庸解是

$$\alpha_n \equiv 0$$

它对应于系统的非相干 (非同步) 解。另一方面，正如 2.2 节所得到的结论，耦合振子会随着耦合强度的增加产生同步，运动在相空间也会塌缩到一个低维空间中。在广义序参量空间来看，系统也必然会在低维空间运动，因此按照协同学原理，这些广义序参量中可能有少数 (甚至只有一个) 为慢变量，其余为快变量，其中作为慢变量的广义序参量会成为系统状态的真正序参量 [7,9]。以下我们将从理论角度探讨这个有趣的问题。

2.4.3 Ott-Antonsen 拟设

上述序参量动力学方程的简单三对角迭代形式暗示了其存在的对称性和可能存在的低维运动方程。一种简单的可能性是各阶序参量之间的确存在一定的关系，相互之间并不独立。一种最简单的可能情形是所有的各阶序参量 α_n 都依赖于 α_1，这是比较容易想象到的，因为我们前面的 Kuramoto 自洽方法就只是来研究 α_1 的。假设这种依赖性具有较为统一的函数形式，不妨设试探解为

$$\alpha_n = G(\alpha_1, n) \tag{2.4.34}$$

其中 $G(\alpha_1, n)$ 为任意可导函数。把试探解代入运动方程中可以得到

$$\dot{\alpha}_n = \frac{\partial G(\alpha_1, n)}{\partial \alpha_1}\dot{\alpha}_1 \tag{2.4.35}$$

即

$$\mathrm{i}n(f_1\alpha_{n+1} + \bar{f}_1\alpha_{n-1} + f_0\alpha_n) = \frac{\partial G(\alpha_1, n)}{\partial \alpha_1}\mathrm{i}(f_1\alpha_2 + \bar{f}_1\alpha_0 + f_0\alpha_1) \tag{2.4.36}$$

由每一阶函数的傅里叶展开项各自独立，其系数各自对应，得到此试探解的存在条件为

$$\frac{\partial G(\alpha_1,n)}{\partial \alpha_1}=\frac{n\alpha_{n+1}}{\alpha_2}=n\alpha_{n-1}=\frac{n\alpha_n}{\alpha_1} \tag{2.4.37}$$

由其中的第三个等式得到

$$nG(\alpha_1,n)=\frac{\partial G(\alpha_1,n)}{\partial \alpha_1}\alpha_1 \tag{2.4.38}$$

从而解得

$$\alpha_n=G(\alpha_1,n)=\alpha_1^n \tag{2.4.39}$$

可以证明在解 (2.4.39) 下，试探解的全部存在条件 (2.4.37) 均得到满足。此时，所有的运动方程简并为一个方程

$$\dot{\alpha}_1=\mathrm{i}[f_1(\alpha_1)\alpha_1^2+\bar{f}_1(\alpha_1)+f_0(\alpha_1)\alpha_1] \tag{2.4.40}$$

式 (2.4.39) 正是 2008 年 Ott 和 Antonsen 提出的拟设 (ansatz)[289]，以下我们称之为 **OA 拟设**，以此来将无限维全局耦合模型降维至二维实序参量方程。注意上面是严格的推导，而不是 Ott 和 Antonsen 最初的猜测。

事实上，Ott 和 Antonsen 提出的拟设表述是基于分布函数的。下面来简述其基本思路。由于分布函数是相位的函数，相位是 2π 循环变量，因此可以将分布函数做傅里叶展开，而展开系数就是广义序参量，即

$$\rho(\theta,t)=\frac{1}{2\pi}\left[1+\sum_{n=1}^{\infty}\left(\bar{\alpha}_n(t)\mathrm{e}^{\mathrm{i}n\theta}+\alpha_n(t)\mathrm{e}^{-\mathrm{i}n\theta}\right)\right] \tag{2.4.41}$$

一般来说，只有知道各阶傅里叶系数，我们才能利用上述求和来得到分布函数，这需要无穷阶的傅里叶系数。Ott 和 Antonsen 假设了上述相位分布函数 ρ 的傅里叶展开系数相互之间并不独立，它们均由复函数 $\alpha_1(t)$ 决定，且满足幂函数关系，即

$$\alpha_n(t)=\alpha_1^n(t),\quad \bar{\alpha}_n(t)=\bar{\alpha}_1^n(t) \tag{2.4.42}$$

因此可以得到如下形式：

$$\rho(\theta,t)=\frac{1}{2\pi}\left[1+\sum_{n=1}^{\infty}\left(\bar{\alpha}_1^n(t)\mathrm{e}^{\mathrm{i}n\theta}+\alpha_1^n(t)\mathrm{e}^{-\mathrm{i}n\theta}\right)\right] \tag{2.4.43}$$

这样式 (2.4.41) 右边的求和就化为简单的幂级数求和式 (2.4.43)，计算可以直接得到振子分布的 Poisson 和形式

$$\rho(\theta,t)=\frac{1}{2\pi}\frac{1-r^2}{1-2r\cos(\theta-\Theta)+r^2} \tag{2.4.44}$$

其中

$$\alpha_1(t) = r\mathrm{e}^{\mathrm{i}\Theta}$$

分布 (2.4.44) 完全由 $\alpha_1(t)$ 决定。由于具有形式 (2.4.39) 的解满足一个简并的运动方程，因而在动力学演化过程中形式 (2.4.39) 将一直得到满足。振子的分布函数 $\rho(\theta,t)$ 虽然随着系统的演化而改变，但将始终具有 Poisson 和分布 (2.4.44) 的形式。如果系统的初始相密度分布满足 Poisson 分布，那么不管在任何时刻系统的相密度分布将始终保持这一性质。序参量关系式 (2.4.39) 及简并的运动方程 (2.4.40) 也被称为动力系统 (2.4.33) 的 **Poisson 和不变子流形**。这个不变子流形一个很重要的特点是 $\alpha_1(t)$ 可以不含时，也可以含时，而分布形式保持不变。这一结果将 Kuramoto 仅讨论定态的结果拓展至一般情形。

下面考虑振子非全同的情形，假设振子的自然频率各不相同，自然频率 ω 构成了一个分布 $g(\omega)$。系统的动力学方程可以写成

$$\dot{\theta}_j(t) = F(\boldsymbol{\alpha}, \theta_j, \boldsymbol{\beta}, \omega_j), \quad j = 1, 2, \cdots, N \tag{2.4.45}$$

当 $N \to \infty$ 时，引入密度分布函数 $\rho(\omega,\theta,t)$，广义序参量相应写为式 (2.4.26)，它也可表为

$$\alpha_n(t) = \int \alpha_n(\omega,t) g(\omega)\mathrm{d}\omega \tag{2.4.46}$$

其中 $\alpha_n(\omega,t)$ 为 $\rho(\omega,\theta,t)$ 的 n 阶傅里叶展开式，也可以理解为自然频率在 ω 处系统的局域序参量。利用连续性方程可以得到如下的递归方程：

$$\dot{\alpha}_n = \mathrm{i}n \sum_{j=-\infty}^{\infty} f_j(\boldsymbol{\alpha}, \boldsymbol{\beta}, \omega)\, \alpha_{j+n}(\omega,t) \tag{2.4.47}$$

如果耦合函数只包含一阶傅里叶系数，同样可以得到 OA 拟设

$$\alpha_n(\omega,t) = \alpha_1^n(\omega,t) \tag{2.4.48}$$

是方程 (2.4.47) 的一组特解。一阶序参量为

$$\alpha_1(t) = \int \alpha_1(\omega,t) g(\omega)\mathrm{d}\omega \tag{2.4.49}$$

当分布函数 $g(\omega)$ 为 ω 的有理分式 (如 Lorentz 分布) 时，可以将 ω 从实轴延拓到复的 ω 平面中，在不引起发散的情形下 ($|\alpha_1(t)| \leqslant 1$) 直接得到 $\alpha_1(t)$ 的演化方程。

下面以经典 Kuramoto 模型式 (2.3.2) 为例来讨论利用 OA 拟设研究平均场耦合振子系统的同步转变问题。利用序参量 $z(t) = \alpha_1(t)$ 定义式 (2.3.5) 可知，耦合函数中的分量分别为

$$f_1 \equiv -Kz/(2\mathrm{i}), \quad \bar{f}_1 \equiv Kz/(2\mathrm{i}), \quad f_0 \equiv \omega \tag{2.4.50}$$

即 Kuramoto 模型耦合函数只包含到一阶傅里叶分量。由式 (2.4.40) 可以得到

$$\dot{\alpha}_1 = (2\mathrm{i}\omega\alpha_1 + Kz - k\bar{z}\alpha_1^2)/2 \tag{2.4.51}$$

如果 $g(\omega)$ 为 Lorentz 分布

$$g(\omega) = 1/[\pi(\omega^2+1)] \tag{2.4.52}$$

则由式 (2.4.49) 可得

$$z(t) = \int_{-\infty}^{\infty} \frac{\alpha_1(\omega,t)\mathrm{d}\omega}{\pi(\omega^2+1)} \tag{2.4.53}$$

如果在复平面将 ω 延拓到上半平面，利用留数定理得

$$z(t) = \alpha_1(\omega = i, t) \tag{2.4.54}$$

代入式 (2.4.51) ~ 式 (2.4.53) 中有

$$\dot{z} = z(K - 2 - K|z|^2)/2 \tag{2.4.55}$$

可以看到该动力系统存在临界点 $K_c = 2$, 当 $K \leqslant K_c$ 时，系统有唯一不动点 $z \equiv 0$；当 $K \geqslant K_c$ 时，系统分岔到

$$|z| = \sqrt{(K-K_c)/K} \tag{2.4.56}$$

比照 2.3 节中利用 Kuramoto 自洽方法得到的结果 (2.3.32)，二者完全一致。

一个很重要的问题是 OA 不变流形的稳定性 [290,291]。最近，我们利用密度泛函空间的稳定性分析在振子相位分布函数空间对 OA 流形的稳定性进行了研究，发现 OA 流形实际上就是系统集体无穷维状态空间中的二维不变子流形，这大大拓展了 OA 拟设作为一种分析全局耦合相振子同步涌现动力学的有效方法的应用性 [287]。当然，OA 拟设的成立是有条件的，它的有效性是有限的 [288]，我们下面的讨论将给出有效性相关的信息。

2.4.4　Watanabe-Strogatz 方法

N 振子的 Kuramoto 系统方程描述的是一个 N 维动力系统。如果考虑大量振子，微观动力学研究会变得很困难。但另一方面，这样的系统往往具有对称性，因而其集体动力学只需要在低维空间来刻画。OA 方法提出了一种有效地将高维耦合振子动力学降维的方案，但另一方面，能否将高维系统降维到二维序参量空间来研究是有一定前提和成立条件的。

1994 年，Watanabe 和 Strogatz 研究了全局耦合 Josephson 结方程并指出，N 维方程中的每一条轨迹只能局限在一个三维子空间中，这意味着原始的高维微观

态可以通过一定方法降维至低维的宏观态 [243]，这个方法后来被称为 **Watanabe-Strogatz(WS) 变换**，且系统的低维方程也可以通过 WS 变换得出。WS 变换的提出，在一定程度上为人们寻求高维动力系统的低维解提供了一个方向。但非常遗憾的是，20 多年来，这套理论并没有引起人们足够的重视。首先，当时 Watanabe 和 Strogatz 并没有给出 WS 变换的数学依据，以至于变换中用到的三个参量的数学、物理意义都不明确。其次，虽然原始的 N 维相空间最终被限制在一个三维不变流形上，但是我们注意到，即使是这样一个三维方程，其形式依然非常复杂，只有极少数特殊情形可以看到其相空间动力学性质的全貌。第三，在很多情况下，我们并不关心每一个时刻的相轨迹 $\{\theta_j(t)\}$，而更加关心其集体的动力学，如序参量、密度分布函数的演化等，这些量在 WS 方程中无法直接给出。基于以上诸多问题，2009 年，受到 Ott 和 Antonsen 工作 [289,290] 的启发，Marvel, Strogatz 和 Mirollo 重新审视了当年的工作，成功地将这一类问题的解推广到一般形式，给出了 WS 变换的数学意义 [292,293]。同时，通过这种一般形式的解，清晰地给出 OA 拟设的数学依据 [293]。

WS 变换在数学上来自于复数的 Möbius 变换 [294]。下面我们将通过 Möbius 群变换来详细阐述 WS 变换。定义一个复分数的 **Möbius 变换** $F:\mathbb{C}\to\mathbb{C}$ 为

$$F(z)=\frac{az+b}{cz+d},\quad a,b,c,d\in\mathbb{C},ad-bc\neq 0 \tag{2.4.57}$$

Möbius 变换有很多很好的性质，其中之一就是存在且保持从直线到直线、从圆到圆的映射。由所有满足上述条件的 Möbius 变换函数可以构成一个群，称为 **Möbius 变换群**。

$$M(\mathbb{C}_\infty)=\left\{F:\mathbb{C}_\infty\to\mathbb{C}_\infty|F(z)=\frac{az+b}{cz+d},ad-bc\neq 0\right\} \tag{2.4.58}$$

考虑一个子群，该子群包含了那些将单位开圆盘上的复数一对一地映射到自身的所有分数线性变换。

假设系统相振子的运动方程满足

$$\dot{\theta}_j=f\mathrm{e}^{\mathrm{i}\theta_j}+g+\bar{f}\mathrm{e}^{-\mathrm{i}\theta_j},\quad j=1,2,\cdots,N \tag{2.4.59}$$

其中 f 是一个光滑的复值周期函数

$$f(\theta_j+2\pi)=f(\theta_j),\quad \forall j=1,2,\cdots,N \tag{2.4.60}$$

$\bar{f}$ 是其复共轭，g 是一实值函数。必须指出的是 f，$\bar{f}$ 和 g 不依赖于某个指标 j。方程 (2.4.59) 定义了一个 N 维的动力系统。在文献 [289] 中，作者指出，方程 (2.4.59) 的解满足如下 Möbius 群在复空间内的单位圆上的含时 Möbius 变换：

$$\mathrm{e}^{\mathrm{i}\theta_j(t)}=M_t(\mathrm{e}^{\mathrm{i}\varphi_j}) \tag{2.4.61}$$

其中 $\varphi_j, j=1,2,\cdots,N$ 是系统的一组运动常数。含时 Möbius 变换 M_t 在此处表达为

$$M_t(w)=\frac{\mathrm{e}^{\mathrm{i}\psi(t)}w+\alpha(t)}{1+\bar{\alpha}(t)\mathrm{e}^{\mathrm{i}\psi(t)}w} \tag{2.4.62}$$

其中 $\psi(t)$ 是实参量函数，$\alpha(t)$ 是复函数，$|\alpha(t)|\leqslant 1, \bar{\alpha}(t)$ 是 $\alpha(t)$ 的复共轭。该变换实质上就是 Watanabe-Strogatz 变换, 早在 1994 年就由 Watanabe 和 Strogatz 提出 [243,292,293]。对任意时刻 t 都对应一个变换 M_t，这些变换构成的集合满足群的性质，即满足结合律：

$$M_{t_2}(M_{t_1}(w))=M_{t_2+t_1}(w) \tag{2.4.63}$$

恒等变换 (当 $\psi(t)=0, \alpha(t)=0$)

$$M_t(w)=w \tag{2.4.64}$$

以及唯一的逆变换

$$M_t^{-1}(M_t(w))=w \tag{2.4.65}$$

全体变换的集合 $\{M_t\}$ 构成了一个代数系统即 Möbius 变换群。系统 (2.4.59) 的演化完全被变换 (2.4.61) 和 (2.4.62) 所支配。Möbius 群本质上是一个三参量 ($\psi(t)$, $\mathrm{Re}\alpha(t)$, $\mathrm{Im}\alpha(t)$) 的李群。当我们知道 $\psi(t)$，$\alpha(t)$ 以及运动常数 $\{\varphi_j\}$ 时，相轨迹 $\theta_j(t)$ 就被唯一确定。

下面我们从代数方程出发去推导 $\psi(t), \alpha(t)$ 的运动方程。根据方程 (2.4.61) 有

$$\theta_j(t)=-\mathrm{i}\ln M_t(\mathrm{e}^{\mathrm{i}\varphi_j}) \tag{2.4.66}$$

则对时间的导数为

$$\dot{\theta}_j(t)=-\mathrm{i}\frac{1}{M_t(\mathrm{e}^{\mathrm{i}\varphi_j})}\frac{\mathrm{d}M_t(\mathrm{e}^{\mathrm{i}\varphi_j})}{\mathrm{d}t}=R\mathrm{e}^{\mathrm{i}\theta_j}+\frac{\dot{\psi}+\mathrm{i}\bar{\alpha}\dot{\alpha}-\alpha(\mathrm{i}\dot{\bar{\alpha}}-\bar{\alpha}\dot{\psi})}{1-|\alpha|^2}+\bar{R}\mathrm{e}^{-\mathrm{i}\theta_j} \tag{2.4.67}$$

其中

$$R\equiv\frac{\mathrm{i}\dot{\bar{\alpha}}-\bar{\alpha}\dot{\psi}}{1-|\alpha|^2} \tag{2.4.68}$$

将式 (2.4.67) 与式 (2.4.59) 对比可得

$$f=R=\frac{\mathrm{i}\dot{\bar{\alpha}}-\bar{\alpha}\dot{\psi}}{1-|\alpha|^2} \tag{2.4.69a}$$

$$g=\frac{\dot{\psi}+\mathrm{i}\bar{\alpha}\dot{\alpha}-\alpha(\mathrm{i}\dot{\bar{\alpha}}-\bar{\alpha}\dot{\psi})}{1-|\alpha|^2} \tag{2.4.69b}$$

解出 $\dot{\alpha}$ 和 $\dot{\psi}$，则有

$$\begin{aligned}\dot{\alpha} &= \mathrm{i}(f\alpha^2 + g\alpha + \bar{f}) \\ \dot{\psi} &= f\alpha + g + \bar{f}\bar{\alpha}\end{aligned} \tag{2.4.70}$$

因此可以看到，通过 WS 变换，我们可以将原始的 N 维相振子方程约化为三维的闭合方程，而 N 可以是有限大也可以是无限大。

实际上，一大类耦合振子系统都可通过三个变量的运动方程所严格描述。这是对于系统对称性极大的发掘。不同于统计方法如 OA 拟设，这种动力学方法并不依赖于任何近似条件或者任何特定的状态，而是将整个系统的动力学完整而严格地投影到低维系统中，从而使得我们可以在低维的情况下严格求解某些耦合振子系统。需要指出的是, 这种方法的严格导出依赖于不同的动力系统及其对称性。原始的 WS 方法被用于全同振子的全连接网络，后来被推广至非全同振子的全连接网络 [295]。

2.4.5 从 WS 变换到 OA 拟设

上面利用 WS 变换得到了 N 维相振子系统的三维动力学方程，这是一个极大的维数约化，是物理学家孜孜以求的结果。虽然 WS 方法早在 1994 年就提出，但从物理上并没有得到很好的理解。2008 年 OA 拟设的提出反过来为阐明 WS 变换的物理意义提供了契机。下面我们来看看这两种降维方案之间有什么区别和联系。

当振子数 $N\to\infty$ 时，对于相位方程为式 (2.4.59) 的情况，利用到前面的 OA 拟设 (2.4.39) 可以得到单一复序参量

$$\alpha_1 = \int \mathrm{e}^{\mathrm{i}\theta}\rho(\theta,t)\mathrm{d}\theta$$

满足的方程为

$$\dot{\alpha}_1 = \mathrm{i}(f\alpha_1^2 + g\alpha_1 + \bar{f}) \tag{2.4.71}$$

这是一个二维的闭合实方程。对比前面讨论的利用 WS 变换将无穷维系统投影到一个三维不变子空间 (2.4.70)，可以看到其中的第一式正是复序参量方程 (2.1.71)。由此自然引出一个问题，这两者之间是否存在某种联系？或者说在什么样的情况下 WS 变换可以退化到 OA 拟设？

下面我们从序参量角度来加以讨论。对于 N 振子的系统 (2.4.59)，通过上面引入的新变量，可以将序参量 $\alpha_1(t)$ 重新表示为

$$\alpha_1(t) = \frac{1}{N}\sum_{j=1}^{N}\mathrm{e}^{\mathrm{i}\theta_j(t)} = \frac{1}{N}\sum_{j=1}^{N}\frac{\mathrm{e}^{\mathrm{i}\psi(t)}\mathrm{e}^{\mathrm{i}\varphi_j} + \alpha(t)}{1+\bar{\alpha}(t)\mathrm{e}^{\mathrm{i}\psi(t)}\mathrm{e}^{\mathrm{i}\varphi_j}} \tag{2.4.72}$$

因此，如果系统的任意初始状态已知，比如 $\psi(0)$，$\alpha(0)$ 和 N 个运动常数 $\varphi_j, j=1,2,\cdots,N$ 都是已知的，那么系统的动力学情况可以由方程 (2.4.70) 描述。如果常数 $\{\varphi_j\}$ 选取特定均匀分布

$$\varphi_j = 2\pi(j-1)/N, \quad j=1,2,\cdots,N \tag{2.4.73}$$

则序参量方程 (2.4.70) 可以得到进一步的简化，即

$$\alpha_1(t) = \alpha(t)(1+I) \tag{2.4.74}$$

方程中

$$I = \frac{1-|\alpha(t)|^{-2}}{1 \pm [\bar{\alpha}(t)\mathrm{e}^{\mathrm{i}\psi(t)}]^{-N}} \tag{2.4.75}$$

其中 “−” 是针对 N 为偶数情况，“+” 是针对 N 为奇数情况。当振子数 N 很大时，式 (2.4.75) 中的分母会发散，因而 $|I| \ll 1$, 则根据式 (2.4.74)，序参量就可以取近似

$$\alpha_1(t) \approx \alpha(t), \quad N \gg 1 \tag{2.4.76}$$

因而当运动常数取均匀测度时，我们就得到 $\alpha_1(t)$ 的方程与 $\alpha(t)$ 的方程完全一致，系统方程 (2.4.70) 中的 $\alpha(t)$ 和 $\psi(t)$ 的演化解耦，WS 变换的三维方程流形就退化到二维的 OA 流形 (2.4.71)。

需要注意的是，当运动常数 $\{\varphi_j\}$ 不取如式 (2.4.73) 的均匀测度时，$\alpha(t)$ 和 $\psi(t)$ 的演化就会相互耦合，无法简单解耦，$\alpha(t)$ 的动力学行为将会受到 $\psi(t)$ 的影响，此时系统的动力学相空间是一个严格的三维空间，$\alpha(t)$ 和 $\psi(t)$ 的运动会变得非常复杂 [293,296]。采用直角坐标，设

$$\alpha = x + \mathrm{i}y, \quad f = \mathrm{Re}f + \mathrm{i}\mathrm{Im}f \tag{2.4.77}$$

则三维方程 (2.4.70) 化为

$$\begin{aligned} \dot{x} &= -uy + \mathrm{Im}f(1-x^2-y^2) \\ \dot{y} &= ux + \mathrm{Re}f(1-x^2-y^2) \\ \dot{\psi} &= u \end{aligned} \tag{2.4.78}$$

这里

$$u = 2x\mathrm{Re}f + g - 2y\mathrm{Im}f \tag{2.4.79}$$

图 2-27 给出了方程 (2.4.78) 的运动轨道在 α 相空间的 Poincaré截面落点分布。可以很清楚地看到，在 $|\alpha|$ 比较小的区域均为环面，α 的演化为定态或周期振荡。但在 $|\alpha|$ 较大的范围，运动轨道是不规则、混沌的 [296]。在环面区域，类似于哈密

顿系统，环面对应于低维的运动，OA 拟设可以成立。在混沌区域，$\alpha(t)$ 和 $\psi(t)$ 的演化相互耦合，OA 拟设不适用。

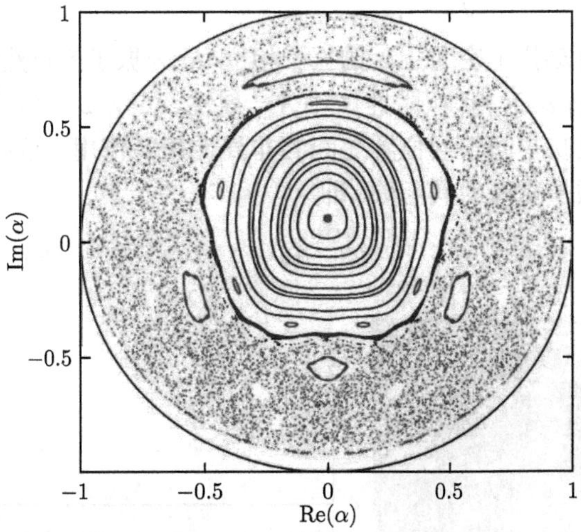

图 2-27 序参量 α 相空间的 Poincaré截面落点分布【改编自文献 [296]】

可以看到闭合环面和外围的混沌散点

2.5 有序–无序的共处: 有趣的奇异态

2.5.1 引言

近几十年，一种十分奇特而有趣的被称为**奇异态** (chimera state) 的集体行为引起了研究者的密切关注 [191]。chimera 是古希腊一种狮身、羊头等与蛇尾合体的神兽，如图 2-28(a) 所示。在物理上，奇异态则代表一种在全同单元构成的系统在空间中呈现两种完全不同的态共存的行为，空间中一部分表现为相干态而其余部分为非相干态。这种行为类似于生物学上研究的海豚与其他海洋哺乳动物的半脑睡眠现象。物理上一个较早类似奇异态的研究是 Ott 等在研究耦合非线性 Duffing 振子的时空斑图时发现的，他们称其为 “相似域空间结构” [297]。2002 年，奇异态现象由 Kuramoto 及其同事在非局域耦合的全同相振子系统中发现 [298]。2004 年，Abrams 与 Strogatz 将其命名为奇异态 [192]。奇异态是一种特征显著的集体动力学行为，它与 Kuramoto 模型中存在的部分同步不同，后者是在一定的耦合强度下自然频率不同的振子发生部分锁相，而前者的所有振子参数和耦合方式完全相同，如图 2-28(b) 所示。这是一种典型的对均匀性或对称性的破缺行为，是一类动力学涌现现象。

在理论上，对奇异态研究可以开展解析分析的最简单模型仍是由相振子描述的极限环振子系统。下面从时空连续的 Kuramoto 模型无参数不均匀性开始对奇异态的理论框架进行讨论。考虑如下的空间一维 Ginzburg-Landau 相振子系统：

$$\partial\phi(x,t)/\partial t = \omega - \int_{-\pi}^{\pi} G(x-x')\sin[\phi(x,t)-\phi(x',t)+\alpha]\mathrm{d}x' \tag{2.5.1}$$

其中 $\phi(x,t)$ 是 t 时刻位于空间 x 处的振子相位，ω 为振子的自然频率。方程右边第二项为空间耦合项，α 为相移 (阻挫)。不失一般性，可令 $\omega=0$，$0<\alpha<\pi/2$，$G(x)$ 为耦合核函数，反映空间不同位置之间的**非局域相互作用**，该函数通常设为归一化、非负且随 x 增加衰减的偶函数，即

$$G(x)\geqslant 0, \quad \int_0^{\infty} G(x)\mathrm{d}x = 1, \quad G(-x)=G(x) \tag{2.5.2}$$

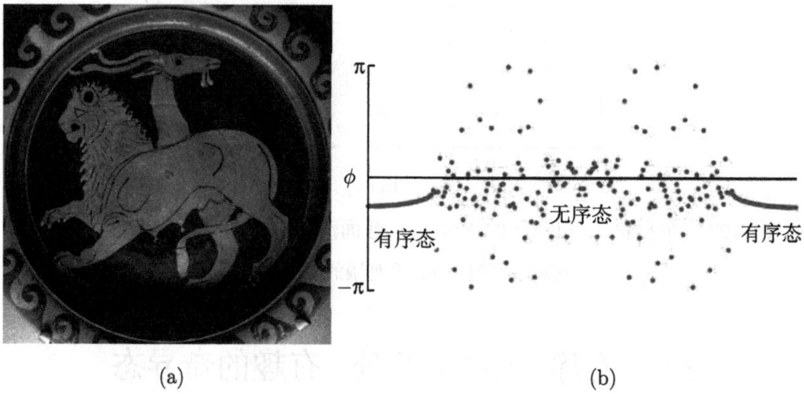

图 2-28　(a) 一个典型的古希腊多种兽合体的 chimera 神兽；(b) 利用方程 (2.5.1) 可以观察到的有序态和无序态共存的一种奇异态

满足该性质的函数多种多样。Kuramoto 等研究了如下的指数型函数 [298]：

$$G(x) = 2\kappa \mathrm{e}^{-\kappa|x|}, \quad \kappa>0 \tag{2.5.3}$$

Strogatz 等则选用了如下的余弦型核函数 [192,299]：

$$G(x) = [1+A\cos(|x|)]/(2\pi), \quad A<1 \tag{2.5.4}$$

Wolfrum 等选用了如下的分段函数 [300]：

$$G(x) = \begin{cases} \dfrac{1}{2\pi\gamma}, & |x|\leqslant \pi\gamma \\ 0, & |x|>\pi\gamma \end{cases} \tag{2.5.5}$$

其中 $\gamma\in[0,1]$。在实际讨论中，通常选取转动坐标系进行讨论。设处于相干态集合的振子平均频率为 Ω，可引入

$$\theta(t) = \phi(t) - \Omega t \tag{2.5.6}$$

在此坐标系中，处于相干态的振子处于无转动状态，而处于非相干态的振子则表现出非均匀的漂移。类似于 Kuramoto 模型的讨论，可引入处于空间 x 处的复序参量 [301]

$$Z(x,t) = R(x,t)\mathrm{e}^{\mathrm{i}\Theta(x,t)} = \int G(x-x')\mathrm{e}^{\mathrm{i}\theta(x',t)}\mathrm{d}x' \tag{2.5.7}$$

可以看到，若所有振子处于完全同步态，

$$Z(x,t) = \mathrm{e}^{\mathrm{i}\theta(t)}\int G(x-x')\mathrm{d}x' = \mathrm{e}^{\mathrm{i}\theta(t)} \tag{2.5.8}$$

$$R(x,t) = 1 \tag{2.5.9a}$$

这与之前的讨论一致。若只有空间部分振子同步，则

$$R(x,t) < 1 \tag{2.5.9b}$$

下面将前面所述的自洽方法和 Ott-Antonsen 方法推广到有关奇异态的讨论。

2.5.2 Kuramoto-Battogtokh 自洽方法

利用引入的序参量式 (2.5.7)，振子系统的动力学方程 (2.5.1) 可以重新写为 [298]

$$\partial\theta(x,t)/\partial t = \omega - \Omega - R(x)\sin[\theta(x,t) - \Theta(x) + \alpha] \tag{2.5.10}$$

在 x 处振子的运动可由该式得到。当

$$R(x) \geqslant |\omega - \Omega|$$

时，其运动会逐渐趋于满足

$$\omega - \Omega = R(x)\sin[\theta^*(x) - \Theta(x) + \alpha] \tag{2.5.11}$$

的稳定不动点。由此可以得到

$$\int G(x-x')\mathrm{e}^{\mathrm{i}\theta^*(x')}\mathrm{d}x' = \mathrm{e}^{-\mathrm{i}\alpha}\int \mathrm{d}x' G(x-x')\mathrm{e}^{\mathrm{i}\Theta(x')}\frac{\sqrt{R^2(x') - (\omega-\Omega)^2} + \mathrm{i}(\omega-\Omega)}{R(x')} \tag{2.5.12}$$

该积分对所有满足 $R(x) \geqslant |\omega - \Omega|$ 的空间区域进行。满足条件

$$R(x) < |\omega - \Omega|$$

的那些振子由于处于非同步态而与之前 Kuramoto 讨论的情况类似 [184,185]，它们满足不变分布

$$\rho(\theta) = \frac{\sqrt{(\omega-\Omega)^2 - R^2}}{2\pi|\omega - \Omega - R\sin(\theta - \Theta + \alpha)|} \tag{2.5.13}$$

这些处于漂移态的振子对序参量的贡献也可以计算得到。可以近似用统计平均来代替 $e^{i\theta(x')}$，

$$e^{i\theta(x')} \approx \int_{-\pi}^{\pi} e^{i\theta}\rho(\theta)d\theta \tag{2.5.14}$$

由此利用式 (2.5.11) 可以得到

$$e^{i\theta(x')} \approx \frac{i}{R}e^{-i(\alpha-\Theta)}[\omega - \Omega - \sqrt{(\omega-\Omega)^2 - R^2}] \tag{2.5.15}$$

将其代入式 (2.5.12) 与式 (2.5.7) 可得

$$\begin{aligned} Z(x) &= \int G(x-x')e^{i\theta(x')}dx' \\ &= \int G(x-x')dx' \int_{-\pi}^{\pi} e^{i\theta}\rho(\theta)d\theta \\ &= ie^{-i\alpha}\int dx' G(x-x')e^{i\Theta(x')}\frac{\omega-\Omega-\sqrt{(\omega-\Omega)^2-R^2(x')}}{R(x')} \end{aligned} \tag{2.5.16}$$

上述对 x' 的积分区域为满足 $R(x') < |\omega - \Omega|$ 的区间。将式 (2.5.12) 与式 (2.5.16) 合并，考虑到

$$\sqrt{R^2-(\omega-\Omega)^2} + i(\omega-\Omega) = i[\omega-\Omega-\sqrt{(\omega-\Omega)^2-R^2}] \tag{2.5.17}$$

并令

$$\beta = \pi/2 - \alpha \tag{2.5.18}$$

则可以得到如下的自洽方程：

$$\begin{aligned} R(x)e^{i\Theta(x)} &= ie^{-i\alpha}\int dx' G(x-x')e^{i\Theta(x')}\frac{\omega-\Omega-\sqrt{(\omega-\Omega)^2-R^2(x')}}{R(x')} \\ &= e^{i\beta}\int dx' G(x-x')e^{i\Theta(x')}H(x') \end{aligned} \tag{2.5.19}$$

其中

$$H(x) = [\Delta - \sqrt{\Delta^2 - R^2(x)}]/R(x), \quad \Delta = \omega - \Omega \tag{2.5.20}$$

利用自洽方程 (2.5.19)，在泛函空间可以通过迭代方式得到未知的 $R(x), \Theta(x)$ 与 Δ。由于自洽方程又在变换

$$\Theta(x) \to \Theta(x) + \Theta_0$$

下具有不变性，可设

$$\Theta(0) = 0 \tag{2.5.21}$$

复方程 (2.5.19) 与 (2.5.21) 构成的方程组可以确定 $R(x),\Theta(x)$ 与 Δ。图 2-29 给出了在选用 Strogatz 等的核函数 (2.5.4) 时的一个典型振子状态空间分布 [192]。从图 2-29(a) 与 (b) 可以看到，靠近 $x=\pm\pi$ 附近的振子处于同步的相干态，而中间区域的振子处于非同步的非相干态。图 2-29(c) 与 (d) 是利用自洽方程方法给出的 $R(x)$ 与 $\Theta(x)$，其中图 2-29(c) 的水平线为参数 Δ，可以看到在 $R(x)\geqslant|\Delta|$ 的曲线部分对应于图 2-29(a)、(b) 中的处于相干态的振子，理论给出了准确的结果。

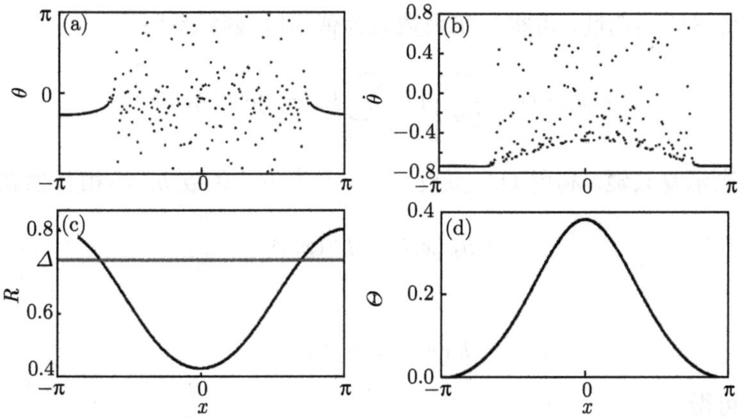

图 2-29 选用核函数 (2.5.4) 时的一个典型振子状态空间分布【改编自文献 [192]】

(a)、(b) 为振子在某一时刻的相位和相速度分布，靠近 $x=\pm\pi$ 附近的振子处于同步的相干态，而中间的振子处于非相干态；(c)、(d) 为利用自洽方程方法给出的 $R(x)$ 与 $\Theta(x)$，其中图 (c) 的水平线为参数 Δ，可以看到在 $R(x)\geqslant|\Delta|$ 的曲线部分对应于图 (a)、(b) 中处于相干态的振子，理论给出了准确的结果

2.5.3 Ott-Antonsen 降维方法

上述的自洽方法正如前面 Kuramoto 模型研究所表明，只适用于研究处于稳态下的奇异态。对于非稳态情形，需要研究序参量的动态行为。Ott 与 Antonsen 提出的 OA 降维方法 [289] 实际上也可用于奇异态的研究，而且可处理非定态的情形。Abrams 和 Strogatz 首先将此方法应用于由两个子网络构成的系统的奇异态讨论中 [192,299]，其后 Laing 应用 OA 拟设推导出序参量的动力学方程 [301]。下面我们来作一讨论。

考虑大量振子，设其分布函数为 $f(x,\phi,t)$，它满足连续性方程

$$\partial f/\partial t+\partial(vf)/\partial\phi=0 \tag{2.5.22}$$

这里的相速度为

$$v(x,t)=\omega-\int \mathrm{d}x'G(x-x')\int_{-\pi}^{\pi}\mathrm{d}\phi'\sin(\phi-\phi'+\alpha)f(x',\phi',t) \tag{2.5.23}$$

利用分布函数，复序参量 $Z(x,t)$ 可表示为

$$Z(x,t) \equiv R(x,t)\mathrm{e}^{\mathrm{i}\Phi(x,t)} = \int \mathrm{d}x' G(x-x') \int_{-\pi}^{\pi} \mathrm{d}\phi' \mathrm{e}^{\mathrm{i}\phi'} f(x',\phi',t) \tag{2.5.24}$$

借助 $Z(x,t)$ 的表达式，相速度 $v(x,t)$ 可表为

$$v(x,t) = \omega - \frac{1}{2\mathrm{i}}[\bar{Z}(x,t)\mathrm{e}^{\mathrm{i}(\phi+\alpha)} - Z(x,t)\mathrm{e}^{-\mathrm{i}(\phi+\alpha)}] \tag{2.5.25}$$

由于相位变量的周期性，可将分布函数表为傅里叶级数形式：

$$f(x,\phi,t) = \frac{1}{2\pi}\left[1 + \sum_{n=1}^{\infty} h_n(x,t)\mathrm{e}^{\mathrm{i}n\phi} + \text{c.c.}\right] \tag{2.5.26}$$

其中 c.c. 表示复共轭。利用 OA 拟设 [289]，上式中的系数 h_n 不相互独立，满足

$$h_n(x,t) = h^n(x,t) \tag{2.5.27}$$

其中

$$h(x,t) = h_1(x,t) \tag{2.5.28}$$

将其代入可得

$$f(x,\phi,t) = \frac{1}{2\pi}\left[1 + \sum_{n=1}^{\infty} h^n(x,t)\mathrm{e}^{\mathrm{i}n\phi} + \text{c.c.}\right] \tag{2.5.29}$$

利用式 (2.5.26)、式 (2.5.29) 可得连续性方程的两项分别为

$$\frac{\partial f(x,t)}{\partial t} = \frac{1}{2\pi}\left[\sum_{n=1}^{\infty} n h^{n-1}(x,t)\frac{\partial h(x,t)}{\partial t}\mathrm{e}^{\mathrm{i}n\phi} + \text{c.c.}\right] \tag{2.5.30}$$

$$\begin{aligned}\frac{\partial(vf)}{\partial\phi} =& \frac{1}{2\pi}\left\{\sum_{n=1}^{\infty}[\mathrm{i}nh^n(x,t)\mathrm{e}^{\mathrm{i}n\phi} + \text{c.c.}]\right\}\cdot\left\{\omega - \frac{1}{2i}[\bar{Z}(x,t)\mathrm{e}^{\mathrm{i}(\phi+\alpha)} - \text{c.c.}]\right\}\\ &+ \frac{1}{2\pi}\left\{1 + \sum_{n=1}^{\infty}[\mathrm{i}nh^n(x,t)\mathrm{e}^{\mathrm{i}n\phi} + \text{c.c.}]\right\}\cdot\left\{-\frac{1}{2\mathrm{i}}[Z(x,t)\mathrm{e}^{-\mathrm{i}(\phi+\alpha)} + \text{c.c.}]\right\}\end{aligned} \tag{2.5.31}$$

比较 $\mathrm{e}^{in\phi}$ 的系数，利用连续性方程可得

$$\frac{\partial h}{\partial t} = -\mathrm{i}\omega h + \frac{1}{2}[\bar{Z}\mathrm{e}^{\mathrm{i}\alpha} - Z\mathrm{e}^{-\mathrm{i}\alpha}h^2] \tag{2.5.32}$$

利用式 (2.5.29)，也可将序参量重新表达为

$$Z(x,t) = \int \mathrm{d}x' G(x-x')\bar{h}(x',t) \tag{2.5.33}$$

利用式 (2.5.32) 和式 (2.5.33) 可得到序参量的演化动力学行为。由于 OA 拟设中的 h_n 都不独立，因此原本非常高维空间中的讨论可以大大降维到二维空间中。在长时间后，位于 x 处振子的相位分布

$$f(\phi) \sim \sum_{n=-\infty}^{\infty} h^n(x)\mathrm{e}^{\mathrm{i}n\phi} \tag{2.5.34}$$

当 $|h(x)| < 1$ 时，由上述求和并做归一化可得

$$f(\phi) = \frac{1-|h|^2}{2\pi[1-2|h|\cos(\phi-\arg h)+|h|]^2} \tag{2.5.35}$$

此处 arg 代表复函数 h 的幅角。上述函数恰好为 Poisson 核函数。该分布的中心位于 $\arg h$ 处，$|h|$ 则描述了分布的非均匀性。图 2-30 给出了 $f(\phi)$ 分布的几种情况，其中图 2-30(a) 为 $|h| = 0$ 的情形，可看到 $f(\phi)$ 为均匀分布；图 2-30(b) 为 $0 < |h| < 1$ 的情形。当 $|h| = 1$ 时，分布 (2.5.35) 的分子、分母均趋于零，求极限可得 $f(\phi)$ 简并为 δ 函数：

$$f(\phi) = \delta(\phi - \arg h), \quad |h| = 1 \tag{2.5.36}$$

如图 2-30(c) 所示。此种情形对应于振子的锁相。

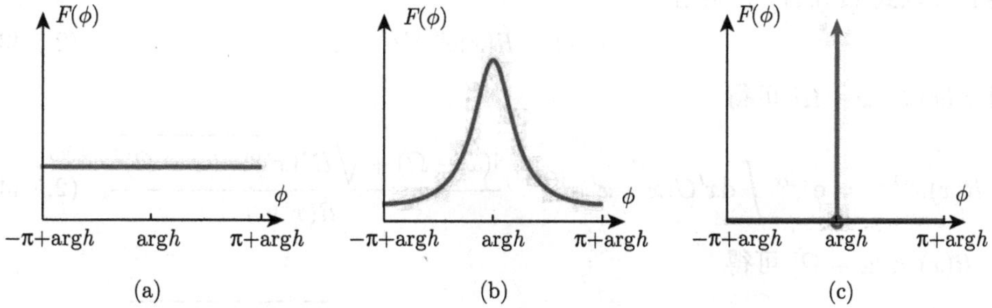

图 2-30 $f(\phi)$ 分布的几种情况【改编自文献 [191]】

(a) $|h| = 0, f(\phi)$ 为均匀分布；(b) $0 < |h| < 1$；(c) $|h| = 1, f(\phi)$ 简并为 δ 函数

等式 (2.5.29) 中的系数 $h(x,t)$ 实际也是在空间 x 处 $\mathrm{e}^{\mathrm{i}\phi}$ 的统计平均，即

$$h(x,t) = \int_{-\pi}^{\pi} \mathrm{d}\phi f(x,\phi,t)\mathrm{e}^{\mathrm{i}\phi} \tag{2.5.37}$$

与式 (2.5.24) 定义的序参量 $Z(x,t)$ 相比较，$h(x,t)$ 没有对空间的积分，即没有考虑非局域效应。因此，$h(x,t)$ 量度的是空间 x 处附近的同步相干性，是一种**局域序参量**。若对某一 x 处有 $|h(x,t)| = 1$，则在 $x \pm \varepsilon(\varepsilon \ll 1)$ 范围内的振子会处于锁相 (相干态)，而当 $|h(x,t)| < 1$ 时，则在 $x \pm \varepsilon(\varepsilon \ll 1)$ 范围内的振子处于相干态。

考虑到序参量方程的空间平移与相位变换

$$h(x,t) \mapsto h(x+\delta x)\,\mathrm{e}^{\mathrm{i}\varphi} \tag{2.5.38}$$

不变性，我们可以寻求如下的旋转波解：

$$h(x,t) = a(x)\mathrm{e}^{-\mathrm{i}\Omega t} \tag{2.5.39}$$

其中 Ω 是所有振子的集体转动频率，$a(x)$ 为序参量的空间位形分布。$|a(x)|=1$ 与 $|a(x)|<1$ 分别对应于耦合振子系统在空间的相干与非相干态区域。将上述时间、空间可分离的形式代入式 (2.5.32) 可得

$$-\mathrm{i}(\omega-\Omega)+\frac{1}{2}[\bar{\hat{Z}}(x)\mathrm{e}^{\mathrm{i}\alpha}-\hat{Z}(x)\mathrm{e}^{-\mathrm{i}\alpha}a^2(x)]=0 \tag{2.5.40}$$

其中

$$\hat{Z}(x)=\int \mathrm{d}x' G(x-x')\bar{a}(x') \tag{2.5.41}$$

由式 (2.5.40) 可得到

$$a(x)=\begin{cases}[-\mathrm{i}(\omega-\Omega)+\sqrt{-(\omega-\Omega)^2+|\hat{Z}(x)|^2}]/[\hat{Z}(x)\mathrm{e}^{-\mathrm{i}\alpha}], & |\hat{Z}(x)|\geqslant|\omega-\Omega| \\ [-\mathrm{i}(\omega-\Omega)+\mathrm{i}\sqrt{(\omega-\Omega)^2-|\hat{Z}(x)|^2}]/[\hat{Z}(x)\mathrm{e}^{-\mathrm{i}\alpha}], & |\hat{Z}(x)|<|\omega-\Omega|\end{cases} \tag{2.5.42}$$

将其代入式 (2.5.41) 并利用

$$\hat{Z}(x)=\hat{R}(x)\mathrm{e}^{\mathrm{i}\hat{\Theta}(x)} \tag{2.5.43}$$

对 $R(x)\geqslant|\omega-\Omega|$ 可得

$$\hat{R}(x)\mathrm{e}^{\mathrm{i}\hat{\Theta}(x)}=\mathrm{e}^{-\mathrm{i}\alpha}\int \mathrm{d}x' G(x-x')\mathrm{e}^{\mathrm{i}\hat{\Theta}(x')}\frac{\mathrm{i}(\omega-\Omega)+\sqrt{\hat{R}^2(x')-(\omega-\Omega)^2}}{\hat{R}(x')} \tag{2.5.44}$$

对 $R(x)<|\omega-\Omega|$ 可得

$$\hat{R}(x)\mathrm{e}^{\mathrm{i}\hat{\Theta}(x)}=\mathrm{i}\mathrm{e}^{-\mathrm{i}\alpha}\int \mathrm{d}x' G(x-x')\mathrm{e}^{\mathrm{i}\hat{\Theta}(x')}\frac{(\omega-\Omega)-\sqrt{(\omega-\Omega)^2-\hat{R}^2(x')}}{\hat{R}(x')} \tag{2.5.45}$$

引入

$$\beta=\pi/2-\alpha,\quad \Delta=\omega-\Omega \tag{2.5.46}$$

式 (2.5.44) 和式 (2.5.45) 可以统一写为

$$\hat{R}(x)\mathrm{e}^{\mathrm{i}\hat{\Theta}(x)}=\mathrm{e}^{\mathrm{i}\beta}\int \mathrm{d}x' G(x-x')\mathrm{e}^{\mathrm{i}\hat{\Theta}(x')}\frac{\Delta-\sqrt{\Delta^2-\hat{R}^2(x')}}{\hat{R}(x')} \tag{2.5.47}$$

此式与自洽方法得到的方程 (2.5.19) 完全一致，这说明只要系统达到稳定定态，OA 方法与自洽方程的方法得到的结果是一致的。

2.5.4 形形色色的奇异态

1. 一维奇异态

自 2002 年 Kuramoto 等观察到奇异态 [298] 后，大量关于奇异态的研究集中于一维链状或环状耦合振子系统 [192,300-302]。在利用数值方法进行研究时，人们通常将空间连续系统离散化。例如，对于系统 (2.5.1)，可离散化为如下 N 个一维环状非局域耦合的相振子方程组:

$$\mathrm{d}\phi(x_i)/\mathrm{d}t = \omega - \frac{2\pi}{N}\sum_{j=1}^{N} c_{ij} G(x_i - x_j)\sin[\phi(x_i) - \phi(x_j) + \alpha] \tag{2.5.48}$$

其中 $\phi(x_i)$ 表示位于 x_i 处第 i 个振子的相位。注意，离散化的耦合系统中非局域相互作用是很重要的因素。相应与空间位置相关的序参量为

$$Z(x_i) = R(x_i)\mathrm{e}^{\mathrm{i}\Theta(x_i)} = \frac{2\pi}{N}\sum_{j=1}^{N} c_{ij} G(x_i - x_j)\mathrm{e}^{\mathrm{i}\phi(x_j)} \tag{2.5.49}$$

研究中振子的空间位置范围取为 $[-\pi, \pi]$，并采用周期边界条件。上述的相振子方程中 c_{ij} 考虑了更为一般的复杂网络耦合结构，这种情况将在第 3 章中具体讨论。由于振子的全同性，自然频率不失一般性取为 $\omega = 0$，相移 α 略小于 $\pi/2$。非线性函数 $G(x)$ 可取形如式 (2.5.2)~ 式 (2.5.5) 等不同形式。

对一维链情形，Kuramoto 等对于指数耦合函数 (2.5.3)、Strogatz 等对于余弦形式耦合函数 (2.5.4) 都观察到了奇异态，并通过微扰作用给出了奇异态的精确解，研究了系统随参数变化的分岔行为，讨论了奇异态从产生到消亡的过程。

2. 二维奇异态斑图

奇异态不仅在空间一维系统中可以观察到，在二维平面 [303,304]、圆环面 (torus) [305,306] 与三维球面 [307] 上人们均发现了这种有趣的现象。Kuramoto 等研究了如下的二维相振子系统 [308]:

$$\frac{\partial\psi(\boldsymbol{r},t)}{\partial t} = \omega - \int_{\mathbb{R}^2} G(\boldsymbol{r},\boldsymbol{r}')\sin[\psi(\boldsymbol{r},t) - \psi(\boldsymbol{r}',t) + \alpha]\mathrm{d}\boldsymbol{r}' \tag{2.5.50}$$

对于系统 (2.5.50)，Kuramoto 等发现在二维晶格上存在一种特殊的螺旋波 (螺旋波的内容将在第 4 章涉及)，该波的核由相位随机的非相干振子组成，而波核被相干振子形成的波臂所环绕，如图 2-31(a), (b) 所示，其中图 2-31(b) 为螺旋波核心部分的放大。对于这种二维晶格情况，人们还发现了点状和条纹状奇异态。当采取二维环面时，人们仍然可以观察到奇异态，如图 2-31(c), (d) 所示，其中图 2-31(c) 用环面来展示，而图 2-31(d) 将其铺到平面来展示，我们均可以很清楚地看到有序态和无序态 (散点) 的共存。

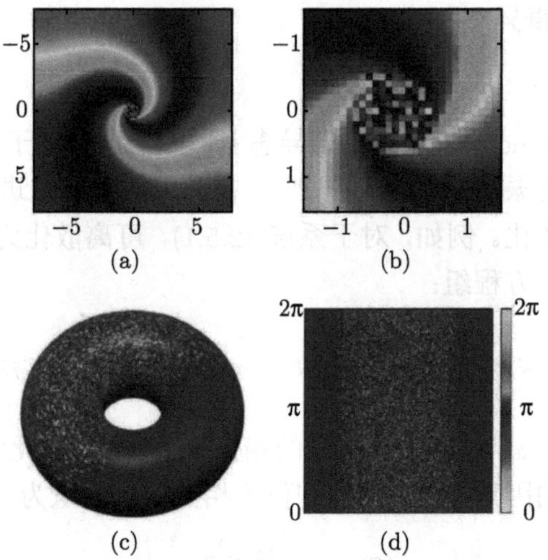

图 2-31　(a), (b) 二维晶格上的一种特殊螺旋波，其核由非相干振子态组成，而波核被相干振子形成的波臂所环绕，(b) 为螺旋波核心部分的放大；(c), (d) 在二维环面上的奇异态，其中 (c) 用环面展示，(d) 用平面展示，散点区域为无序态，而颜色均匀区域为有序态 (扫描封底二维码见彩图)【改编自文献 [306]】

3. 多团簇奇异态

以上研究的奇异态均为一个相干区域与一个非相干区域的共存，而实际上随着条件的改变，完全可能观察到多团簇奇异态即多个相干与非相干区域共存态的涌现 [309-311]。Sethia 等发现相位耦合中引入时滞可以出现多团簇奇异态，他们研究的模型方程为如下的时滞一维方程 [309]：

$$\partial\phi(x,t)/\partial t=\omega-\int_{-L}^{L}G(x-x')\sin[\phi(x,t)-\phi(x',t-\tau_{x,x'})+\alpha]\mathrm{d}x' \qquad (2.5.51)$$

其中 $\tau_{x,x'}$ 表示空间 x 和 x' 处振子之间的延时。在周期边界条件下，如果耦合函数是时滞 τ 和空间距离 $|x-x'|$ 的指数衰减型函数，则可以发现多团簇奇异态，如图 2-32 所示，可以看到四个相干、非相干区的结构，相邻的相干区域振子之间的相位差为 π。除了时滞可以引起多团簇效应以外，其他因素如特殊的初始相位分布、不同的相移因子 α 及其特殊形式的非局域耦合函数 $G(x-x')$ 等均可产生多团簇奇异态，应该说这是一种奇异态的高级分岔。系统如何经历不同分岔产生多重奇异态的机制目前尚未有一般性的研究。

4. 其他系统中的奇异态

奇异态的涌现不仅局限于 Kuramoto 相振子系统，在 Landau-Stuart 与 Ginzburg-Landau 系统 [193,198,199]、混沌映射、Rössler、Lorenz 等振子系统 [200,202,312,313] 中均能发现奇异态。Landau-Stuart 和 Ginzburg-Landau 方程是物理学中研究各种非线性系统集体动力学的典型方程，在弱耦合的作用下可以简化到 Kuramoto 相振子模型。

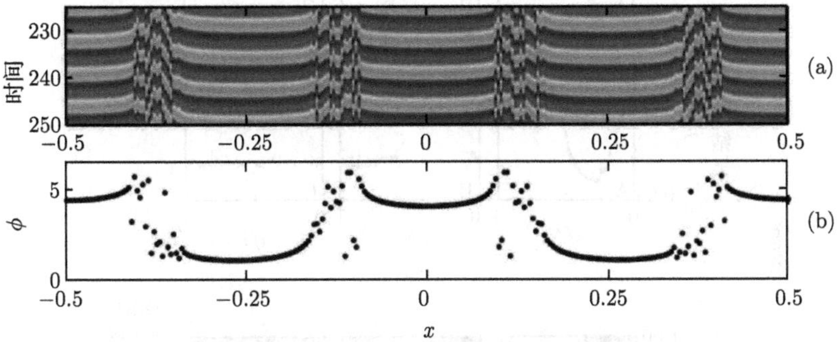

图 2-32 多团簇奇异态 (扫描封底二维码见彩图)【改编自文献 [309]】

(a) 振子相位的时间演化，横轴为空间位置，纵轴为时间，不同颜色表示不同值；(b) 某一时刻振子相位的空间分布，可以看到多处地方相位的无序排布

随着奇异态研究的逐渐深入，满足其出现的耦合系统越来越普遍，扩宽了奇异态的生存条件，并且在实验上能更容易观察到奇异态。Omelchenko 等 [200] 在讨论非局域耦合混沌映射系统在相干态过渡到非相干态的动力学过程中发现了类似奇异态的现象。在二维平面的非局域耦合 Rössler 振子系统 [202] 中，人们也同样观察到了螺旋波奇异态。在实际生活中，一些动物半脑睡眠的现象与奇异态非常相似，因此脑神经中是否存在奇异态是非常值得研究的。在神经元的振子系统中，如 FitzHugh-Nagumo(FHN) 振子系统、Hodgkin-Huxley 系统等 [312,313]，人们均发现了奇异态的存在。这些研究工作说明了这种对称性破缺的现象在脑科学中是非常普遍的。奇异态的鲁棒性也得到了研究和验证 [314]。另外，复杂网络上的奇异态研究 [315] 也是近年来的热点，这里不再展开。

5. 奇异态的实验观察

奇异态问题也得到了大量的相关实验研究 [203,204,316-318]。奇异态的理论分析和数值模拟表明了奇异态的存在，但是需要一些严格的条件，如特定的初始值等，这使得奇异态看上去对系统的扰动十分敏感，因此在实际生活中是否能够观察到奇异态的现象仍然是需要解决的问题。2012 年，光学实验和化学实验两个实验首次成功证明了奇异态确实能够在实际中观察到。在光学实验中，实验者设计了能实现混沌映射的装置，并成功地观察到了之前理论模拟的现象，如图 2-33 所示的一维 ((a)) 和二维 ((b)) 奇异态 [203]。在化学实验中，实验者通过 Belousov-Zhabotinsky

反应的装置也实现了两个子系统的奇异态 [204,317]。

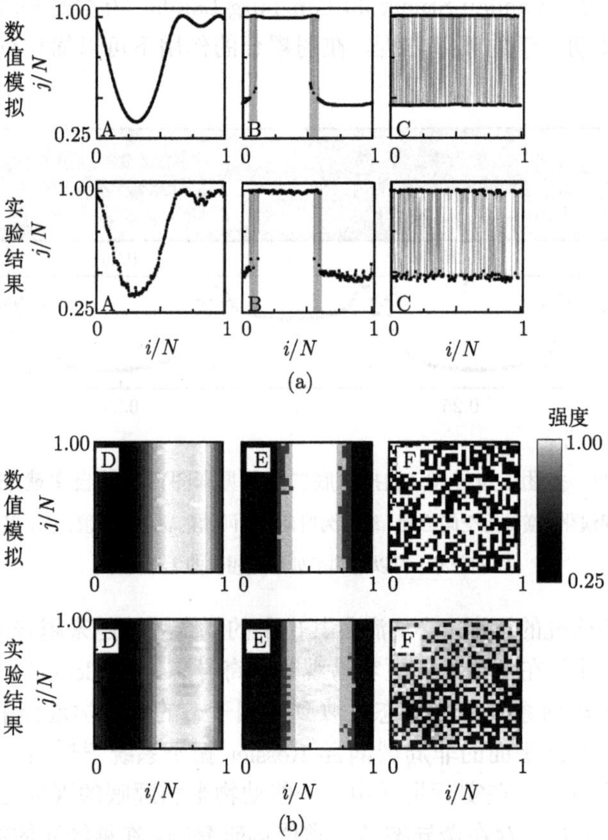

图 2-33 对奇异态的光学实验观察【改编自文献 [203]】

实验中设计了能实现混沌映射的耦合映射格子 (CML) 装置，并成功地观察到了理论模拟的现象。(a) 一维光学 CML 装置 (N=256 个格点) 情况下的状态分布图，从左到右依次为相干态、奇异态和非相干态，上排为数值模拟，下排为实验结果；(b) 二维光学 CML 情况下 (128×128 格点) 的状态分布图，从左到右依次为相干态、奇异态和非相干态，上排为数值模拟，下排为实验结果

以上两个实验均需要计算机控制反馈数据，而近期一个机械实验 [318] 只需要机械耦合就能实现奇异态。在该实验中，仅需要两个能在平面上自由移动的摇摆，每个摇摆上放置 N 个全同的节拍器，两个摇摆用一个弹簧连接，这个机械实验装置满足了两个子系统涌现奇异态的要求，即在同一个子系统里振子的耦合强度相同并且比与另一个系统振子的耦合强度大。此外，还有其他一些成功观察到奇异态的实验，如二维平面的化学实验、电子实验、光电化学实验、量子点激光实验等，有关这些问题的讨论可见相关综述文章。

第 3 章　混沌系统的同步动力学

在第 2 章中，我们系统深入地探讨了耦合周期振子的同步行为。应该说，利用周期振子的同步可以对同步涌现行为进行比较好的阐释了。但是，振子本身的行为在很多情况下就不是简单的极限环运动，甚至只是相位描述的振荡。例如，力学、电学乃至于生物学中的很多单元振荡本身就是混沌的甚至更为随机的，因此一个不可忽略的且有典型研究价值的情形就是混沌系统的同步问题，以下通常将其称为**混沌同步** (chaos synchronization) [226]。这个问题是非常有意思的。混沌振荡本身给我们的基本印象就是混乱，大量的混沌振子耦合起来岂不是会更加混乱？混乱无序的运动中能否涌现出有序的例如同步行为？

本章将以专门的笔墨对混沌系统的同步动力学进行探讨。通过以下的讨论我们可以看到，混沌系统耦合起来同样可以产生诸如同步等有序行为。混沌同步在很多方面与周期振子的情况有着巨大的不同，虽然有一些方面会有重现或表现出某些相似性。实际上，混沌运动和同步是相伴相随的行为，同步密切联系着动力系统自由度的约化和降维，而混沌意味着运动的无序和复杂。耦合周期振子系统既可以表现出高度合作的有序行为，也可以表现出复杂的动力学行为。在第 2 章中，我们看到耦合周期振子系统在同步过程中也会表现出整体运动的混沌行为，这可以看成是混沌同步的一种表现形式。但本章的讨论中，我们并不着眼于这种形式的混沌同步，不妨将其称为**同步混沌** (synchronized chaos)。我们所关心的是在个体表现为混沌运动情况下，振子在有相互作用后会表现出什么样的有序或协同行为。

早期对混沌系统同步问题的研究与混沌运动的控制和应用密切相关 [226]。非线性科学应用一个重要的课题就是如何应用混沌研究的成果更好地为人类服务。由于混沌运动具有初值敏感性和长时间发展趋势的不可预见性，**混沌控制**就成为混沌应用的关键环节 [224,225]。混沌控制的基本目标是通过人为控制并有效影响混沌系统，使之发展到需要的状态。这包括以下几个方面：① 当混沌运动有害时，通过控制方法成功地抑制混沌；② 当混沌运动有用时，可以设法产生所需的具有某些特定性质的混沌运动；③ 当处于混沌状态时，通过控制手段产生出人们需要的各种输出。尽可能地利用混沌运动自身的各种特性，用尽可能小的调控和干预方式来达到控制目的，是所有混沌控制的共同特点。

混沌运动的最重要特征之一是初值敏感性，即任何近邻轨道之间的距离随时间会以指数形式迅速发散，这导致了混沌运动长趋势行为的不可预见性 [30]。这种不可预见性应该算是混沌运动带来的一个缺点。但是，任何一件事情都有两面，缺点的背后也许就是优势。敏感依赖性这一特性在混沌控制中反而可能成为一个重要的优点，因为只要对混沌系统施加极小的影响就可使系统运动产生重大变化，这使得人们有可能在混沌条件下用精心选择的微小信号来灵活而有效地控制系统的运动结果。

在实际中如何利用好这一优势呢？混沌运动另一个重要特征是吸引子的各态历经特征 [33]，即混沌运动系统在混沌吸引子上轨道是遍历的，运动轨道可以任意接近吸引子上的任意一个状态，包括各种不稳定状态特别是不稳定周期轨道，这使得我们可在整个混沌吸引子的广大范围内来实行控制操作和选择控制目标态，使混沌控制具有很大灵活性。我们知道，混沌运动的内涵极为丰富，包含无穷多不稳定周期轨道，这是任何一个单一周期运动状态都无法相比的优点 [31]。由于在任何混沌态中都镶嵌着无穷多个不稳定周期轨道，这些周期轨道虽然是系统的固有不稳定态，但它们为混沌控制目标态的选择提供了极为丰富的内容，由此可以建立一个简单的开关系统，用微小的信号指挥系统在这一无穷的周期态库中进行任意转换，从而使系统状态的转换及时地适应实际任务的需要。有效利用遍历性和敏感依赖性这两个特点，我们就可以在系统运行到目标轨道邻近的区域时用很小的外力将其捕捉到目标轨道上，并在捕捉到目标态后只用微小信号保持目标轨道稳定性 [226]。

需要指出的是，混沌控制采用了许多传统系统工程控制 [13] 的有效方法，但这绝不表明混沌控制就是传统控制理论的简单应用。混沌控制在控制目标的选择和控制方法的使用上充分考虑了混沌运动的特点，密切联系非线性系统对控制信号响应的动力学过程，形成了一系列区别于传统控制理论的方法。这些会对传统的控制理论作出新的开拓和贡献。1990 年，马里兰大学的 Ott, Grebogi, Yorke 提出混沌的反馈控制方案，利用上述特征成功通过微小参数调控将混沌运动控制到周期态，被称为 OGY 控制 [209]。之后，人们发展了多种反馈控制和非反馈控制方案，在消除和控制混沌运动方面取得了巨大成功。

混沌本身并非一无是处，混沌态本身就是很有用的运动形态，产生具有某种特点、性质的混沌轨道可以成为我们追求的目标, 这种思路就是混沌运动的同步。与 OGY 方案的提出几乎同时，美国海军实验室 Pecora 与 Carroll 针对加密通信的问题提出了混沌同步，意图利用混沌系统的随机性特征来实现混沌加密通信 [219]。事实上，这从混沌控制角度来看不难理解。如果混沌控制中使用混沌驱动信号，被驱动的系统运动就成为混沌同步问题。因此，混沌同步是在更广泛意义下的混沌控制，即用混沌信号来控制混沌系统。

Pecora 等的工作并不是混沌同步最早的研究先驱。混沌同步研究往往会被认为是技术和控制的问题。然而，如果回顾第 2 章的讨论，我们就会认为混沌同步也是混沌动力学的基本问题。实际上，人们在 20 世纪 80 年代就开始关注混沌系统的同步问题。日本科学家 Fujisaka 和 Yamada 就于 1983 年开始了混沌系统同步的理论研究 [220,221]，之后 Afraimovich 和 Rulkov 等先后发表了关于混沌同步的实验结果 [222,223]，而同步问题的早期探索都是作为基本的物理问题开展的。同步作为基本物理问题，其重要性与价值无论如何强调都不为过，因为与物理基本问题相关的其他复杂系统有序行为问题的研究都与同步息息相关。然而，由于混沌运动众所周知的蝴蝶效应 (混沌运动的初值敏感性，即任何两条相邻轨道指数分离)，即使两个完全相同的系统从完全相同的初始条件出发，其同步轨道也是十分脆弱的，一个极小扰动即可破坏这种同步性，这导致人们有一种先入为主的观念，即在过去的很长时间认为混沌系统的同步不会达到，因而回避了对混沌同步的研究。很多混沌同步的专著和综述都忽略了早期对混沌同步的研究。前面提到的早期混沌系统同步的一些研究工作还没有形成热潮，这些工作大都发表于非主流如日本或苏联的专业杂志上，没有引起太多关注。直到 1990 年 Pecora 等结合混沌保密通信的研究结果发表于美国《物理评论快报》，混沌同步才迅速引发研究热潮。

在本章中，我们把混沌同步问题纳入同步作为基本物理现象研究的大框架中具有更普遍的意义，在此层面上，混沌同步问题就是传统同步研究的继承和发展。一方面，混沌同步研究可以借鉴周期运动同步的一些理论和思想方法；另一方面，由于其自身的特殊性，必须发展新的理论，对其进行重新认识，包括混沌轨道同步的可能性、条件及类型等基本问题。下面的几节将阐述混沌系统的完全同步 (精确同步)、广义同步、相同步、滞后 (延迟) 同步及测度同步等，揭示在耦合混沌系统中不同程度的同步的分岔。

3.1 两个相互作用系统的同步

3.1.1 替代信号驱动混沌同步

下面我们考虑两个完全相同的混沌系统的同步问题。Pecora 等的研究方案 [219] 是用一个系统的输出驱动另一系统，即用一个驱动系统

$$\dot{\boldsymbol{x}} = \boldsymbol{f}_1(\boldsymbol{x}, \boldsymbol{y}), \quad \dot{\boldsymbol{y}} = \boldsymbol{f}_2(\boldsymbol{x}, \boldsymbol{y}) \tag{3.1.1}$$

的部分混沌信号 $\boldsymbol{y}(t)$ 去驱动如下形式与参数完全相同的响应系统：

$$\dot{\boldsymbol{X}} = \boldsymbol{f}_1(\boldsymbol{X}, \boldsymbol{y}), \quad \dot{\boldsymbol{Y}} = \boldsymbol{f}_2(\boldsymbol{X}, \boldsymbol{Y}) \tag{3.1.2}$$

其中

$$\boldsymbol{x} = (x_1, \cdots, x_m), \quad \boldsymbol{X} = (X_1, \cdots, X_m), \quad \boldsymbol{y} = (y_1, \cdots, y_n), \quad \boldsymbol{Y} = (Y_1, \cdots, Y_n) \tag{3.1.3}$$

其中 m,n 为正整数。注意到在式 (3.1.2) 中 $\boldsymbol{f}_1(\boldsymbol{x},\boldsymbol{y})$ 函数的部分变量 $\boldsymbol{Y}$ 被完全替代，因而称为驱动–响应信号替代系统。显然，对于响应系统而言，

$$\boldsymbol{X}(t)=\boldsymbol{x}(t), \quad \boldsymbol{Y}(t)=\boldsymbol{y}(t) \tag{3.1.4}$$

为其一个解，它满足方程 (3.1.2)，称为**同步混沌解** (synchronous chaos)。

上述同步混沌解虽然存在，但不意味着一定可以实现，其关键问题是这个解能否稳定。我们可以在同步混沌解 $(\boldsymbol{x}(t),\boldsymbol{y}(t))$ 附近对响应系统方程线性化。令

$$\delta\boldsymbol{X}=\boldsymbol{X}(t)-\boldsymbol{x}(t), \quad \delta\boldsymbol{Y}=\boldsymbol{Y}(t)-\boldsymbol{y}(t) \tag{3.1.5}$$

将其代入响应系统方程并取线性项，可得到

$$\begin{aligned}\frac{\mathrm{d}}{\mathrm{d}t}\begin{pmatrix}\delta\boldsymbol{X}\\ \delta\boldsymbol{Y}\end{pmatrix}&=\boldsymbol{M}\begin{pmatrix}\delta\boldsymbol{X}\\ \delta\boldsymbol{Y}\end{pmatrix}\\ &=\begin{pmatrix}\left.\dfrac{\partial\boldsymbol{f}_1(\boldsymbol{X},\boldsymbol{y})}{\partial\boldsymbol{X}}\right|_{\boldsymbol{X}(t)=\boldsymbol{x}(t)}\delta\boldsymbol{X}\\ \left.\dfrac{\partial\boldsymbol{f}_2(\boldsymbol{X},\boldsymbol{Y})}{\partial\boldsymbol{X}}\right|_{\substack{\boldsymbol{X}(t)=\boldsymbol{x}(t)\\ \boldsymbol{Y}(t)=\boldsymbol{y}(t)}}\delta\boldsymbol{X}+\left.\dfrac{\partial\boldsymbol{f}_2(\boldsymbol{X},\boldsymbol{Y})}{\partial\boldsymbol{Y}}\right|_{\substack{\boldsymbol{X}(t)=\boldsymbol{x}(t)\\ \boldsymbol{Y}(t)=\boldsymbol{y}(t)}}\delta\boldsymbol{Y}\end{pmatrix}\end{aligned} \tag{3.1.6}$$

上述雅可比矩阵 $\boldsymbol{M}$ 的本征值称为**条件李指数** (conditional Lyapunov exponent)。显然，驱动–响应替代信号系统同步解 $(\boldsymbol{x}(t),\boldsymbol{y}(t))$ 稳定的充要条件为条件李指数的实部全部为负。系统达到的同步由于轨道完全相同，因而称为**完全同步** (complete synchronization)(或**精确同步**，identical synchronization)。

下面以 Lorenz 系统为例，驱动动力学为

$$\dot{x}=\sigma(y-x), \quad \dot{y}=-xz+\rho x-y, \quad \dot{z}=xy-bz \tag{3.1.7}$$

用信号分量 $x(t)$ 来驱动响应系统

$$\dot{X}=\sigma(Y-X), \quad \dot{Y}=-xZ+\rho x-Y, \quad \dot{Z}=xY-bZ \tag{3.1.8}$$

模拟中取参数 $\sigma=10, b=8/3, \rho=40$。为测量响应系统与驱动系统之间的同步程度，定义相空间两个状态之间的距离为

$$D(t)=\sqrt{(X-x)^2+(Y-y)^2+(Z-z)^2} \tag{3.1.9}$$

图 3-1 给出了轨道距离随时间的演化，可以看到，虽然两个系统初始有很大的差异，但 $D(t)$ 随时间很快趋于零，说明两个系统可以到达同步。

通过混沌信号替代驱动达到的响应系统与驱动系统的同步，虽然响应系统的轨道运动仍然为时间混沌，但条件李指数为负意味着响应系统的演化不再具有指

数敏感依赖性，即在小扰动下，响应系统的运动会唯一地收敛到驱动系统的混沌轨道上。因此，从这个意义上看，混沌轨道与混沌运动的含义的确有不同之处，前者更多是其时间表现的混乱性和伪随机性，而后者更强调其不稳定性。换言之，轨道构成的混沌吸引子与时间扰动的敏感依赖性并不等价。注意，这里的驱动系统仍然是混沌运动，即具有指数敏感依赖性，响应系统虽然其运动轨迹甚至吸引子与驱动系统长得完全一样，但不再具有指数敏感依赖性。因此，有必要在此指出，时间混沌性与轨道的敏感依赖性之间并不是完全一致的，同样的，混沌吸引子与敏感依赖性之间也不能简单画上等号。

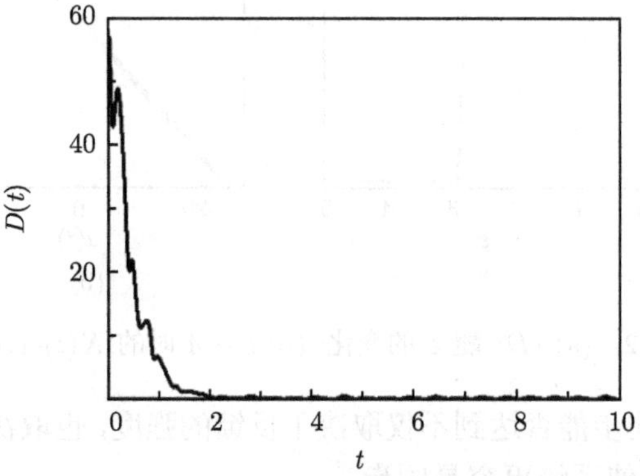

图 3-1 轨道距离随时间的演化

3.1.2 反馈驱动混沌同步

对于驱动–响应的方式，我们还可以有另外的选择。考虑一个混沌系统

$$\dot{\boldsymbol{x}} = \boldsymbol{f}(\boldsymbol{x}), \quad \boldsymbol{x} = (x_1, \cdots, x_n) \tag{3.1.10}$$

用其产生的混沌信号 $\boldsymbol{x}(t)$ 反馈到另一完全相同的响应系统上：

$$\dot{\boldsymbol{y}} = \boldsymbol{f}(\boldsymbol{y}) - \boldsymbol{G}(\boldsymbol{y} - \boldsymbol{x}), \quad \boldsymbol{y} = (y_1, \cdots, y_n) \tag{3.1.11}$$

其中 $\boldsymbol{G}$ 为 $n \times n$ 反馈矩阵。当适当调节 $\boldsymbol{G}$ 矩阵的参数时，此驱动–响应系统也可以达到完全同步状态 $\boldsymbol{x}(t) = \boldsymbol{y}(t)$。对这样的驱动–响应系统，我们仍可计算响应系统沿同步混沌轨道的条件李指数。当调节参数使得所有条件李指数实部变为负时，系统即可达到完全同步。

仍以 Lorenz 振子为例，驱动振子与前面式 (3.1.7) 相同，设对响应系统的 Y 分量上施加反馈：

$$\dot{X} = \varepsilon(Y - X), \quad \dot{Y} = -XZ - \rho X - Y - \varepsilon(Y - y), \quad \dot{Z} = XY - bZ \tag{3.1.12}$$

其中 ε 为可调参数。

图 3-2(a) 给出了 $D(t)$ 的长时间平均 $\langle D\rangle$ 随参数 ε 的变化，可以看到 $\langle D\rangle$ 随 ε 增加逐渐减小，当 $\varepsilon\approx 2.95$ 时，$\langle D\rangle\to 0$，说明驱动–响应系统通过反馈达到同步。图 3-2(b) 画出的是在 $\varepsilon\approx 4$ 时的 $X(t)$-$x(t)$ 图，可以看到所有点均处于对角线 $X=x$ 上，也反映出响应系统与驱动信号同步。

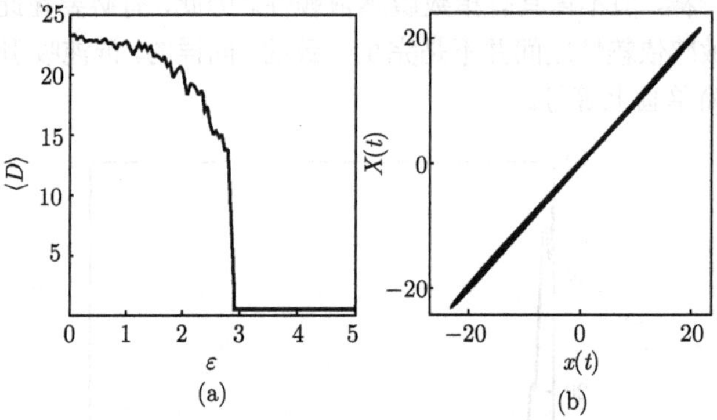

图 3-2 (a) $\langle D\rangle$ 随 ε 的变化; (b) $\varepsilon\approx 4$ 时的 $X(t)$-$x(t)$ 图

反馈信号混沌同步能否达到不仅取决于反馈的强度，也取决于 $\boldsymbol{G}$ 矩阵的选取。适当地选取 $\boldsymbol{G}$ 可以使系统更容易同步。

上面讨论的替代信号驱动与反馈驱动完全同步的方式实际上与混沌控制有密切关系。对比混沌控制方法，我们可以看到，同步化实际是一种广义的混沌控制，即将系统控制到同步轨道上。我们可以把混沌控制的有关方法移植到混沌的同步化问题中来。但由于我们的讨论不以控制为目的，而在于了解耦合混沌系统内部的同步分岔，因此后面不再讨论采用何种方案使系统达到同步化，感兴趣的读者可以参考混沌控制的相关文献 [224-226]。

3.1.3 相互耦合混沌系统的完全同步

下面考虑两个相同振子相互之间都有作用的情况。与信号替代或反馈驱动不同，两个振子会受到彼此的作用，因而无法区分主动或被动，对同步的分析必须整体考虑而不是仅分析响应系统 (互为驱动响应)。设系统的动力学方程为

$$\begin{cases}\dot{\boldsymbol{x}}=\boldsymbol{f}(\boldsymbol{x})+\varepsilon\boldsymbol{G}(\boldsymbol{y}-\boldsymbol{x})\\ \dot{\boldsymbol{y}}=\boldsymbol{f}(\boldsymbol{x})+\varepsilon\boldsymbol{G}(\boldsymbol{x}-\boldsymbol{y})\end{cases}\tag{3.1.13}$$

其中 $\boldsymbol{x}=(x_1,x_2,x_3,\cdots,x_n),\boldsymbol{y}=(y_1,y_2,\cdots,y_n)$。

当耦合强度 $\varepsilon=0$ 时，两个振子沿各自的轨道演化，尽管它们具有相同的吸引子，但如果初始条件不同，则两振子每时每刻的运动状态都有可能不相同。较弱的

耦合强度不能使两个振子运动相同。当耦合强度到达一定程度时，如果 $\boldsymbol{G}$ 矩阵选得恰当，两条不同轨道就会被“吸引”到一起，从而达到完全同步。

显然上述耦合系统具有同步解 $\boldsymbol{x}(t)=\boldsymbol{y}(t)$，在此解附近将方程线性化，即引入

$$\boldsymbol{\delta}(t)=\boldsymbol{x}(t)-\boldsymbol{y}(t)=(x_1-y_1,x_2-y_2,\cdots,x_n-y_n) \tag{3.1.14}$$

我们可以得到

$$\dot{\boldsymbol{\delta}}=[\boldsymbol{Df}(\boldsymbol{x}(t))-\varepsilon\boldsymbol{G}]\boldsymbol{\delta} \tag{3.1.15}$$

其中雅可比矩阵为

$$(\boldsymbol{Df})_{ij}=\partial f_i(\boldsymbol{x})/\partial x_j|_{\boldsymbol{x}(t)} \tag{3.1.16}$$

根据线性化方程，同样可计算沿同步流形 $\boldsymbol{x}(t)=\boldsymbol{y}(t)$ 的李指数 (**横向李指数**，transversal Lyapunov exponents)。同样的，当且仅当最大横向李指数为负，完全同步解是稳定的。

仍以两个相同的耦合 Lorenz 振子为例，考虑简单的线性 y 变量互耦合，其动力系统方程为

$$\begin{cases}\dot{x}=\sigma(y-x)\\ \dot{y}=-xz+\rho x-y+\varepsilon(y-Y)\\ \dot{z}=xy-bz\end{cases} \tag{3.1.17}$$

$$\begin{cases}\dot{X}=\sigma(Y-X)\\ \dot{Y}=XZ+\rho X-Y+\varepsilon(Y-y)\\ \dot{Z}=XY-bZ\end{cases} \tag{3.1.18}$$

图 3-3 计算了最大横向李指数随耦合强度 ε 的变化情况。可以看到，当 $\varepsilon\approx2.5$ 时 λ 由正变负，说明这是同步的转变点。

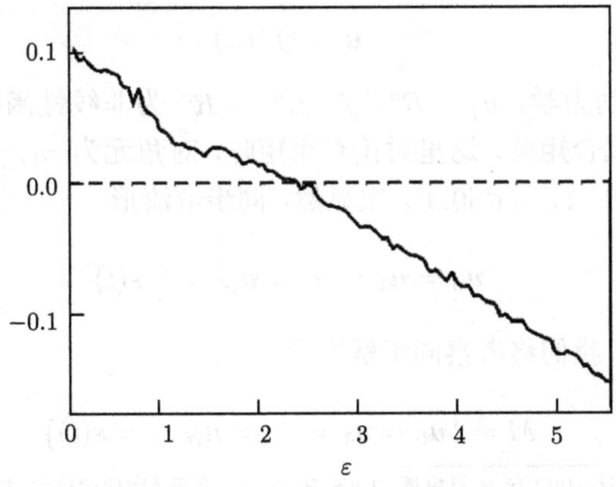

图 3-3 最大横向李指数随耦合强度 ε 的变化情况

混沌同步在同步点附近的临界情况其实是比较复杂的。由于系统运动的混沌性，在同步临界点附近会有以同步流形为“关”态的开关阵发行为 [226]，这种阵发行为与第 1 章中讨论的结果有相同的地方，也有很多不同，这里不再展开讨论。

3.2　多耦合混沌振子系统的完全同步

下面我们讨论多个线性耦合混沌振子完全同步的可能性及其失稳分岔。原则上来说，多个振子同步的问题相对比较复杂。1998 年，杨俊忠等提出了模式分解的方法对多振子同步进行研究，并得到了漂亮的解析结果 [319,320]。几乎与此同时期，Pecora 等提出了主稳定函数方法 [321]，并在这之后成功应用于复杂网络同步性的研究。客观来说，这两项工作所研究的问题、基本思想和方法如出一辙，且在时间点上几乎没有差别①。

在本书中，我们将对杨俊忠等和 Pecora 等的两套理论均加以介绍。本节将着重介绍杨俊忠等的工作，Pecora 等提出的主稳定函数方法由于更多应用于复杂网络同步研究而在第 4 章中结合复杂网络同步理论研究加以介绍。读者可自行甄别这两套理论的异同。

3.2.1　混沌同步态的稳定性分析

考虑下面 N 个相同的扩散耦合非线性振子 [319-323]：

$$\dot{\boldsymbol{u}}_j = \boldsymbol{f}(\boldsymbol{u}_j) + \varepsilon\boldsymbol{\Gamma}(\boldsymbol{u}_{j+1} - 2\boldsymbol{u}_j + \boldsymbol{u}_{j-1}), \quad j = 0, 1, \cdots, N-1 \tag{3.2.1}$$

采用周期边界条件

$$\boldsymbol{u}_{j+N}(t) = \boldsymbol{u}_j(t) \tag{3.2.2}$$

其中

$$\dot{\boldsymbol{u}}_j = \boldsymbol{f}(\boldsymbol{u}_j) \tag{3.2.3}$$

描述单个振子的动力学，$\boldsymbol{u}_j \in R^n$，$\boldsymbol{f} : R^n \to R^n$ 为非线性函数矢量。ε 为耦合强度，$\boldsymbol{\Gamma}$ 为 $n \times n$ 耦合矩阵，这里讨论对角矩阵，对角元为 $\gamma_1, \gamma_2, \cdots, \gamma_n$，并且所有的矩阵元都处于 0~1，$\gamma_i \in [0, 1]$。很显然，同步解流形

$$\boldsymbol{u}_0 = \boldsymbol{u}_1 = \cdots = \boldsymbol{u}_{N-1} = \boldsymbol{s}(t) \tag{3.2.4}$$

为系统的一个解。我们将考察同步解流形

$$M = \{\boldsymbol{u}_0 = \boldsymbol{u}_1 = \cdots = \boldsymbol{u}_{N-1} = \boldsymbol{s}(t)\}$$

① 杨俊忠等的文章 1997 年 8 月投稿，1998 年 1 月发表于《物理评论快报》，Pecora 等的文章 1997 年 7 月投稿，1998 年 3 月发表于《物理评论快报》。

的稳定性及其失稳后的分岔。容易看出，同步流形具有与单个振子完全相同的维数，且满足单振子方程 (3.2.3)。为分析稳定性，可对同步态加上扰动，令

$$\boldsymbol{u}_j(t) = \boldsymbol{s}(t) + \boldsymbol{\xi}_j(t), \quad j = 0, 1, \cdots, N-1 \tag{3.2.5}$$

代入方程 (3.2.1) 中并对其线性化可以得到

$$\dot{\boldsymbol{\xi}}_j = \boldsymbol{Df}(\boldsymbol{s})\boldsymbol{\xi}_j + \varepsilon\boldsymbol{\Gamma}(\boldsymbol{\xi}_{j+1} - 2\boldsymbol{\xi}_j + \boldsymbol{\xi}_{j-1}) \tag{3.2.6}$$

其中 $\boldsymbol{Df}(s)$ 是 $\boldsymbol{f}$ 函数矢量沿同步流形 $\boldsymbol{s}(t)$ 的雅可比矩阵。上述耦合部分的线性化矩阵是循环三对角矩阵 (由于周期边界条件，在左下角与右上角分别有非零矩阵元)。我们可以把 $\boldsymbol{\xi}_j$ 按空间傅里叶模展开而对角化。即把

$$\boldsymbol{\xi}_j(t) = \frac{1}{\sqrt{N}}\sum_{k=0}^{N-1}\boldsymbol{\eta}_k(t)\mathrm{e}^{-2\pi \mathrm{i} jk/N} \tag{3.2.7}$$

代入线性化方程 (3.2.6)，则可以得到

$$\dot{\boldsymbol{\eta}}_k = \left[\boldsymbol{Df}(s) - 4\varepsilon\sin^2(k\pi/N)\boldsymbol{\Gamma}\right]\boldsymbol{\eta}_k, \quad k = 0, 1, \cdots, N-1 \tag{3.2.8}$$

这种对角化实际上是使得各种本征模解耦合，从而得到上面各种模的独立方程，由于 $\mathrm{Re}(\boldsymbol{\eta}_k)$ 与 $\mathrm{Im}(\boldsymbol{\eta}_k)$ 满足同样的方程，因此在考察同步态的稳定性时只需考察波数为 $k = 0, 1, \cdots, N/2$ 的模式的方程即可。在这些模式中，最大波数的模 (对应最短波长) 对应于 $k_{\max} = N/2$。$k = 0$ 的模则决定着沿同步流形上的运动 ($\sin(k\pi/N) = 0$)，零模有 n 个李指数

$$\lambda_1^0 \geqslant \lambda_2^0 \geqslant \cdots \geqslant \lambda_n^0 \tag{3.2.9}$$

对应于单个振子的李指数。当 $\lambda_1^0 > 0$ 时，同步态则为混沌的。除零模外，$k \neq 0$ 的所有模式代表同步流形的横向变化。对第 k 个模式，我们可以类似定义其**横向李指数**(transversal Lyapunov exponent, TLE)

$$\lambda_1^k \geqslant \lambda_2^k \geqslant \cdots \geqslant \lambda_n^k \tag{3.2.10}$$

显然，同步态稳定的一个必要条件是所有的 $k \neq 0$ 模的最大 TLE

$$\lambda_1^k < 0 \tag{3.2.11}$$

当 $\boldsymbol{\Gamma}$ 取单位矩阵时，很容易看出所有 $k > 0$ 模式的 TLE 都与 $k = 0$ 模的李指数满足如下关系：

$$\lambda_j^k = \lambda_j^0 - 4\varepsilon\sin^2(k\pi/N) \tag{3.2.12}$$

该关系由于右边第二项小于等于零，因此

$$\lambda_j^k \leqslant \lambda_j^0 \tag{3.2.13}$$

这表明，只要耦合强度 ε 足够高，所有 $k>0$ 模的 λ_1^k 就都可能小于零，这样系统的同步态总是可能稳定的。该结论对 $\mathbf{\Gamma}$ 为单位矩阵是适用的。

如果 $\mathbf{\Gamma}$ 不是单位矩阵，则上面的关系不一定成立，同步混沌态就不一定稳定。尽管我们找不到上面式 (3.2.12) 的简单关系，但从式 (3.2.8) 可看出，各种模及不同 N 的 TLE 之间存在一定关系。特别的，对给定的 $\mathbf{\Gamma}$，所有 TLE 可以由 $N=2$ 个振子的 $k=1$ 模的 TLE 得出：

$$\lambda_j^k(\varepsilon, N) = \lambda_j^1(\varepsilon\sin^2(k\pi/N), 2) \tag{3.2.14}$$

即 N 个振子系统在 ε 耦合强度下 k 模的第 j 个李指数等于 2 个振子在耦合强度 $\varepsilon\sin^2(k\pi/N)$ 下 $k=1$ 模的第 j 个李指数。该关系使得计算大为简化。特别指出的是，我们考察同步态的稳定性时只需考察最大的 TLE，这样只需计算 $\lambda_1^1(\varepsilon,2)$ 即可。

考察下面的系统：

$$\dot{x} = -(\alpha x + \beta y + z), \quad \dot{y} = x + \delta y, \quad \dot{z} = g(x) - z \tag{3.2.15}$$

其中

$$g(x) = \begin{cases} 0, & x \leqslant 3 \\ \mu x, & x > 3 \end{cases} \tag{3.2.16}$$

当取参数 $(\alpha,\beta,\delta,\mu) = (0.05, 0.5, 0.133, 15)$ 时，系统 (3.2.15) 的运动是混沌的。在图 3-4 中分别给出了当 N=2 及 x 耦合

$$\mathbf{\Gamma} = \begin{pmatrix} 1 & 0 & 0 \\ 0 & 0 & 0 \\ 0 & 0 & 0 \end{pmatrix} \tag{3.2.17}$$

y 耦合

$$\mathbf{\Gamma} = \begin{pmatrix} 0 & 0 & 0 \\ 0 & 1 & 0 \\ 0 & 0 & 0 \end{pmatrix} \tag{3.2.18}$$

z 耦合

$$\mathbf{\Gamma} = \begin{pmatrix} 0 & 0 & 0 \\ 0 & 0 & 0 \\ 0 & 0 & 1 \end{pmatrix} \tag{3.2.19}$$

及其矢量耦合

$$\mathbf{\Gamma} = \begin{pmatrix} 1 & 0 & 0 \\ 0 & 1 & 0 \\ 0 & 0 & 1 \end{pmatrix} \tag{3.2.20}$$

时的 $\lambda_1^1(\varepsilon,2)$ 随 ε 的变化，可以看到 x,y 及矢量耦合都会有 $\lambda_1^1(\varepsilon,2)<0$，而 z 耦合总有 $\lambda_1^1(\varepsilon,2)>0$，说明 x,y 与矢量耦合时的同步态可以稳定，而 z 耦合时的同步态总会不稳定。

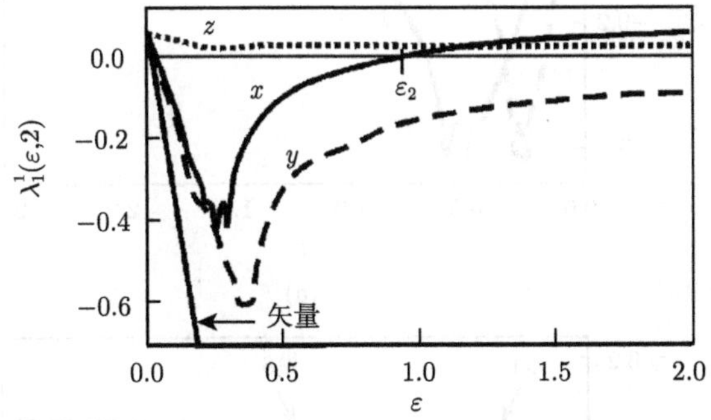

图 3-4 不同耦合矩阵情况下 $\lambda_1^1(\varepsilon,2)$ 随 ε 的变化【改编自文献 [319]】

图中标记的 x,y,z 及 "矢量" 分别对应于耦合矩阵 (3.2.17)～(3.2.20)

3.2.2 短波长分岔与尺寸不稳定性

下面考察 x 耦合的情况。从图 3-4 可以看到，对于 x 耦合，系统在 $\varepsilon \geqslant \varepsilon_2 \approx 0.945$ 时 TLE 由负变正，同步态会重新失稳。在图 3-5(a) 中，我们画出 $N=4$ 的情况。很显然，根据上面的关系，我们总有

$$\lambda_1^{N/2}(\varepsilon,N) = \lambda_1^1(\varepsilon,2) \tag{3.2.21}$$

因此，

$$\lambda_1^2(\varepsilon,4) = \lambda_1^1(\varepsilon,2)$$

可以看到，对 $k=1$ 和 2 两个模式，当同步态稳定后继续增加 ε 时，系统 $k=2$ 的模先失稳，导致同步态失稳的第一个分岔。由于 $k=2$ 对应于短波长，因此这种分岔称为**短波长分岔**(short-wave bifurcation, SWB)。这种行为在数值计算与实验中均已观察到 [319,321]。

当耦合振子系统尺寸 N 增大时，TLE 曲线的行为也有改变。当 N 足够大时，在改变 ε 时总会发现有的模式的最大 TLE 大于零，在这种情况下总有不稳定的横向模，因而同步混沌态就不会稳定存在。我们称这种同步混沌态对系统尺寸的不稳

定依赖性为**尺寸不稳定性**(size instability) [320]。在图 3-5(b) 中给出 $N=16$ 时几个模的最大 TLE 随 ε 的变化关系。可以看到，$k=1$ 模的最大 TLE 随耦合强度 ε 的增加变化最慢，而模式 $k=8$ 模的最大 TLE 在变为负后又变正，其失稳点与模 1 的稳定点几乎重合，这样我们在 ε 的整个区域中都无法看到稳定的同步混沌态。

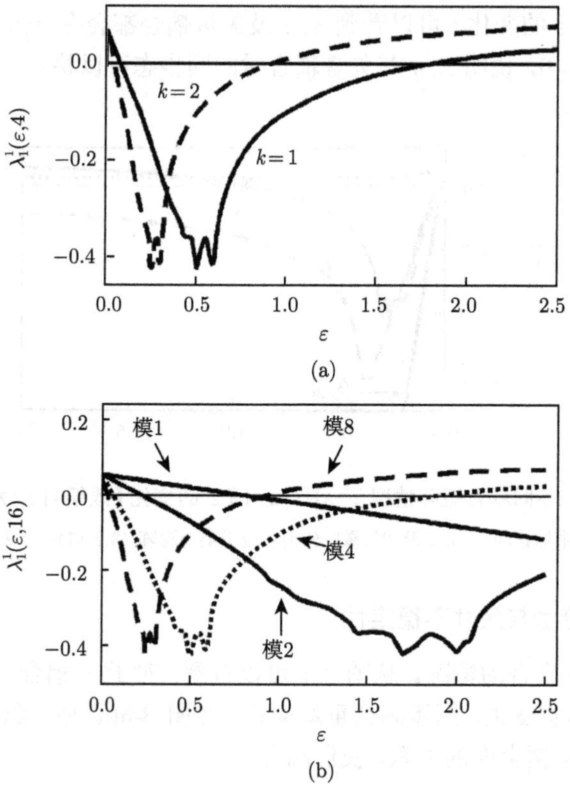

图 3-5　(a) $N=4$ 的同步态失稳；(b) $N=16$ 时几个模的最大 TLE 随 ε 的变化【改编自文献 [319]】

利用 TLE 的标度关系 (3.2.14)，我们可以算出同步态稳定存在的临界尺寸 $N_{\max}$，即解如下关系：

$$\lambda_1^1(\varepsilon,N)=\lambda_1^{N/2}(\varepsilon,N)=0 \tag{3.2.22}$$

由于式 (3.2.21)，$N/2$ 模的 TLE 在 $\varepsilon=\varepsilon_1$ 由负穿零，即 $\lambda_1^1(\varepsilon_1,2)=0$，在 $\varepsilon=\varepsilon_2$ 由正穿零，即 $\lambda_1^1(\varepsilon_2,N)=0$，利用标度关系可知

$$\lambda_1^1(\varepsilon_2,N)=\lambda_1^1(\varepsilon_2\sin^2(\pi/N),2)=0 \tag{3.2.23}$$

因而

$$\varepsilon_1=\varepsilon_2\sin^2(\pi/N) \tag{3.2.24}$$

这样可以得到临界尺寸为

$$N_{\max} = \text{int}\left[\frac{\pi}{\arcsin(\sqrt{\varepsilon_1/\varepsilon_2})}\right] \tag{3.2.25}$$

这一结果与数值观察相符得很好。

上面讨论了同步混沌流形的稳定性分析与失稳后的分岔问题。混沌同步的短波长分岔与由尺寸不稳定性而引起的同步流形失稳都揭示了在时空混沌内部隐藏的定性变化与内在分岔，而这种变化仅从表现上不易观察，必须作进一步的分析。

3.2.3 单向耦合混沌振子环的快波分岔

Matias 等于 1997 年用耦合电路实验及数值模拟研究了单向耦合振子构成的环上涌现的集体周期态，该集体周期态在时间尺度上比单个振子的振荡时间尺度要快 2~3 个数量级 [323-325]。耦合系统的电路图见图 3-6(a), 它由四个单向耦合的 Chua 氏电路构成，其中每一个 Chua 氏回路为一个振荡电路，由两个电阻 R、r_0，一个电感 L，非线性 Chua 氏二极管 N_R，两个电容 $C_{1,2}$，以及一个运算放大器 AD713 组成。Chua 氏振荡回路之间用运算放大器 AD713 耦合起来。将电路方程无量纲化，可以得到如下的耦合 Chua 氏电路动力学方程：

$$\dot{x}_j = \alpha[y_j - \bar{x}_j - f(\bar{x}_j)], \quad \dot{y}_j = \bar{x}_j - y_j + z_j, \quad \dot{z}_j = -\beta y_j - \gamma z_j \tag{3.2.26}$$

其中边界条件取 $x_j = x_{j-1}, x_1 = x_N$。这里 $\alpha = C_2/C_1, \beta = C_2/(LR^2), \gamma = C_2 r_0/(LR)$，其中 C 表示电容，L 表示电感，r_0 表示电阻，R 表示电阻。$f(x)$ 为一分段线性函数：

$$f(x) = \left[bx + \frac{1}{2}(a-b)(|x+1| - |x-1|)\right] \tag{3.2.27}$$

图 3-6 画出了其中一个 Chua 氏振子 (在电路中由系列元件构成) 中的电容 C_1 两端的电势差在无耦合 (图 3-6(b)) 和有耦合时 (图 3-6(c)) 随时间的演化，参数取 $(C_1, C_2, L, r_0, R) = (12\text{nF}, 100\text{nF}, 10\text{mH}, 9\Omega, 1\text{k}\Omega)$。注意两图中的时间尺度不同 (前面用的是毫秒，后面用的是微秒)。可以看到启动耦合时，原来的混沌振荡 (b) 变为几乎是周期的快速振荡 (c)。两振子信号之间相位相差 $\pi/2$。以上动力学方程的数值模拟虽然没有看到实验上的周期振荡 (与实验仪器参数等复杂因素有关)，但仍可以观察到快速的振荡行为。

另外，用其他单向耦合振子模型 (如 Lorenz 振子) 也可以看到类似的现象。快速振荡的涌现相当于系统同步分岔涌现出新的频率，因此属于同步态失稳后的 Hopf 分岔 [320]。我们将在下面利用前面的理论对其进行机制上的分析。

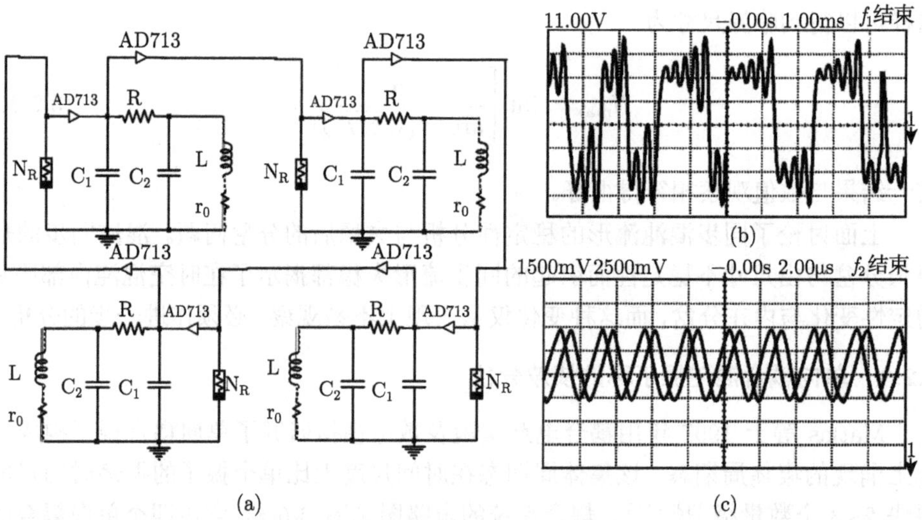

图 3-6　(a) 四个单向耦合的 Chua 氏电路示意图；(b) 无耦合的情形单向耦合 Chua 氏振子通过电容 C_1 的电势差的演化；(c) 有耦合情形的电势差演化【改编自文献 [323]】

3.2.4　混沌同步态稳定性的本征值分析

前面讨论了扩散耦合与单向耦合时同步混沌态的失稳分岔。虽然给出了一些结果，但没有给出系统的理论分析方法。另外，前面观察到的尺寸不稳定性、短波长分岔与快波分岔在讨论上基本是独立进行的，因此需要有一个系统的手段对这些不同分岔有一个更深入统一的认识。下面来介绍杨俊忠等提出的本征值分析方法，该方法不仅可以很容易地分析上述分岔，还给出了更为丰富的分岔行为 [319,320]。

考虑如下 N 个相同的线性耦合混沌振子体系：

$$\dot{\boldsymbol{u}}_j = \boldsymbol{f}(\boldsymbol{u}_j) + \sum_{k=1}^{m} [(\varepsilon_k - \gamma_k)\boldsymbol{\Gamma}(\boldsymbol{u}_{j+k} - \boldsymbol{u}_j) + (\varepsilon_k + \gamma_k)\boldsymbol{\Gamma}(\boldsymbol{u}_{j-k} - \boldsymbol{u}_j)] \tag{3.2.28}$$

$j = 1, 2, \cdots, N$，单个振子的状态变量为 $\boldsymbol{u}_j \in R^n$，$\boldsymbol{f}$ 为非线性函数矢量，m 为格点耦合距离，即系统任意一个振子都与其左右两边共 $2m$ 个振子耦合。ε_k, γ_k 分别为扩散型与梯度型耦合，$\boldsymbol{\Gamma}$ 为 $n \times n$ 常数耦合矩阵。讨论中采用周期边界条件，

$$\boldsymbol{u}_{j+N} = \boldsymbol{u}_j \tag{3.2.29}$$

方程 (3.2.28) 包含非近邻耦合，也包含非对称的梯度耦合，因此完全可以包含前面式 (3.2.1) 讨论的情况，同时又有很多新的扩展，在控制大空间尺度混沌同步研究方面起到积极的作用。

仍然分析同步混沌态

$$\boldsymbol{u}_1(t) = \boldsymbol{u}_2(t) = \cdots = \boldsymbol{u}_N(t) = \boldsymbol{s}(t) \tag{3.2.30}$$

的稳定性。考虑同步态加上扰动，即

$$\boldsymbol{u}_j(t) = \boldsymbol{s}(t) + \boldsymbol{\eta}_j(t) \tag{3.2.31}$$

代入方程 (3.2.28) 并作线性化可得到

$$\dot{\boldsymbol{\eta}} = [\boldsymbol{D}\boldsymbol{f}(\boldsymbol{s})\hat{\boldsymbol{I}} + \boldsymbol{B}\boldsymbol{\Gamma}]\boldsymbol{\eta} \tag{3.2.32}$$

其中 $\boldsymbol{\eta} = (\eta_1, \eta_2, \cdots, \eta_N)$ 为 $N \times n$ 维扰动小量矩阵。这里

$$(\boldsymbol{B}\boldsymbol{\Gamma}\boldsymbol{\eta})_j = \sum_{k=1}^{m} \{(\varepsilon_k - \gamma_k)\boldsymbol{\Gamma}(\boldsymbol{\eta}_{j+k} - \boldsymbol{\eta}_j) + (\varepsilon_k + \gamma_k)\boldsymbol{\Gamma}(\boldsymbol{\eta}_{j-k} - \boldsymbol{\eta}_j)\} \tag{3.2.33}$$

其中 $\boldsymbol{D}\boldsymbol{f}(\boldsymbol{s})$ 是 $\boldsymbol{f}$ 在同步流形 $\boldsymbol{s}(t)$ 上的雅可比矩阵，

$$\boldsymbol{\eta} = (\eta_1, \eta_2, \cdots, \eta_N)^{\mathrm{T}} \tag{3.2.34}$$

$\hat{\boldsymbol{I}}$ 代表 $N \times N$ 单位矩阵。$\boldsymbol{B}$ 为 $N \times N$ 耦合矩阵，可以通过求解如下本征方程将其对角化：

$$\boldsymbol{B}\boldsymbol{\varphi}_\upsilon = \lambda_\upsilon \boldsymbol{\varphi}_\upsilon, \quad \upsilon = 0, 1, \cdots, N-1 \tag{3.2.35}$$

这里 $\boldsymbol{\varphi}_\upsilon, \lambda_\upsilon$ 为矩阵 $\boldsymbol{B}$ 的本征矢和本征值。将 $\boldsymbol{\eta}$ 用本征函数 $\{\boldsymbol{\varphi}_\upsilon\}$ 作为基矢展开：

$$\boldsymbol{\eta} = \sum_{\upsilon=0}^{N-1} \boldsymbol{\nu}_\upsilon(t)\boldsymbol{\varphi}_\upsilon \tag{3.2.36}$$

可得到复系数 $\boldsymbol{\nu}_\upsilon(t)$ 的方程：

$$\dot{\boldsymbol{\nu}}_\upsilon(t) = [\boldsymbol{D}\boldsymbol{f}(\boldsymbol{s}) + \lambda_\upsilon \boldsymbol{\Gamma}]\boldsymbol{\nu}_\upsilon(t), \quad \upsilon = 0, 1, \cdots, N-1 \tag{3.2.37}$$

这样上述的耦合方程 (3.2.32) 就可以全部解耦成各个本征模的演化方程 (3.2.37)。同步混沌稳定的条件是所有 $\boldsymbol{\nu}_\upsilon(t)$ 都稳定，即

$$\boldsymbol{\nu}_\upsilon \to 0 \tag{3.2.38}$$

上述讨论表明，我们可以将同步混沌的稳定性问题分解为两个独立的问题。第一个问题是分析式 (3.2.37) 的稳定区域。这个问题不依赖于耦合矩阵 $\boldsymbol{B}$ 和系统的尺寸 N，只依赖于单振子的参数 (如 $\boldsymbol{s}(t), \boldsymbol{D}\boldsymbol{f}(\boldsymbol{s})$ 及事先给定的 $\boldsymbol{\Gamma}$ 矩阵)。这里唯一改变的就是复参数 λ_υ，通过改变它我们就可以在复平面上找到 $\boldsymbol{\nu}_\upsilon(t)$ 收敛的区域，这个区域的临界线只取决于 $\boldsymbol{\Gamma}$ 矩阵及单振子动力学参量。另一个独立处理的问题是分析线性耦合矩阵 $\boldsymbol{B}$ 的本征值 λ_υ 在 λ 复平面上的分布，即解本征方程 (3.2.35)。$\boldsymbol{B}$ 矩阵与耦合 ε_k, γ_k 和系统尺寸 N 有关，而与非线性振子的内部动力学无关。最后，在分别处理上面两个独立问题的基础上，将 $\boldsymbol{B}$ 矩阵本征值的落点分布在本征模稳定区内外的情况作一比较，即可确定同步流形的稳定性。这样我们把一个耦合的问题分解为内部与外部两个独立的子问题，而且每一个问题解决起来都相对原问题容易得多。

图 3-7 给出了由式 (3.1.7) 描述的 Lorenz 振子在不同 $\mathbf{\Gamma}$ 矩阵时在本征值复平面临界线的情况，耦合矩阵由式 (3.2.17) $\sim$ 式 (3.2.20) 给出。图中的 S 表示稳定区，用阴影加以强调，U 表示不稳定区。可以看到，对 x 耦合矩阵 (3.2.17) 的情况，临界线是 M 形；对 y 耦合矩阵 (3.2.18) 的情况，临界线是 V 形；而对 z 耦合矩阵 (3.2.19) 的情况，临界线则是椭圆形。

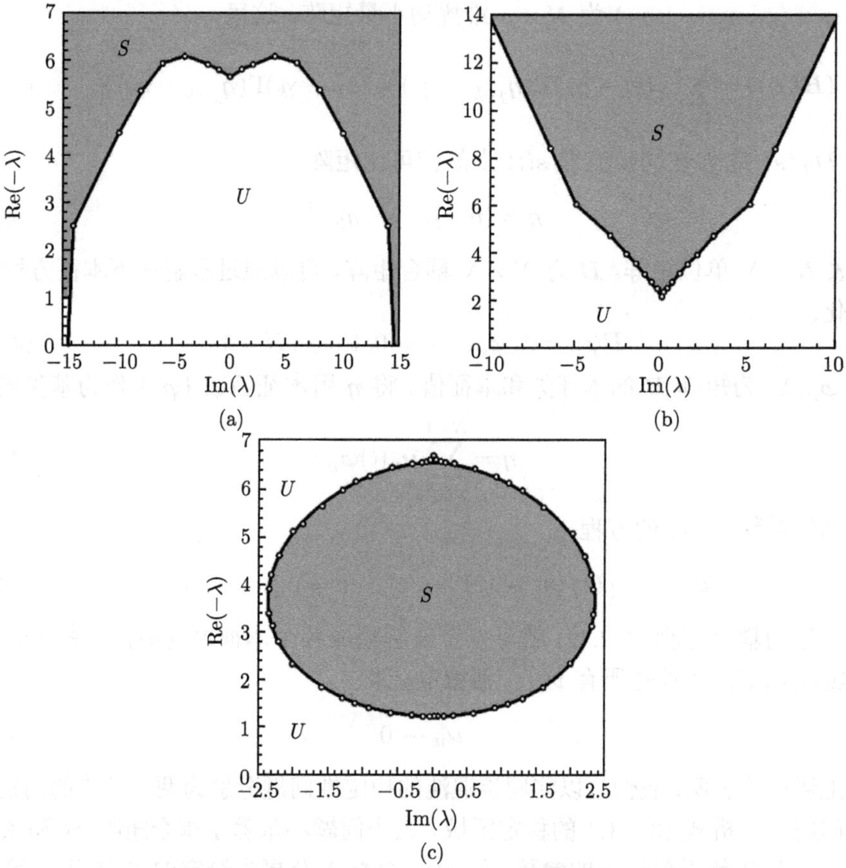

图 3-7　Lorenz 振子在不同 $\mathbf{\Gamma}$ 矩阵时在本征值复平面临界线的情况【改编自文献 [319]】
阴影区域为同步的稳定区域

在图 3-8 中，我们画出了 Rössler 系统

$$
\begin{aligned}
\dot{x} &= -(0.5x + 0.05y + z) \\
\dot{y} &= x + \alpha y \\
\dot{z} &= \begin{cases} 15(x-3) - z, & x < 3.0 \\ -z, & x > 3.0 \end{cases}
\end{aligned} \tag{3.2.39}
$$

相应于上面三种耦合矩阵 $\boldsymbol{\Gamma}$ 情况的临界线。可以看到，随着 $\boldsymbol{\Gamma}$ 的不同，系统的临界线有很大的差别。

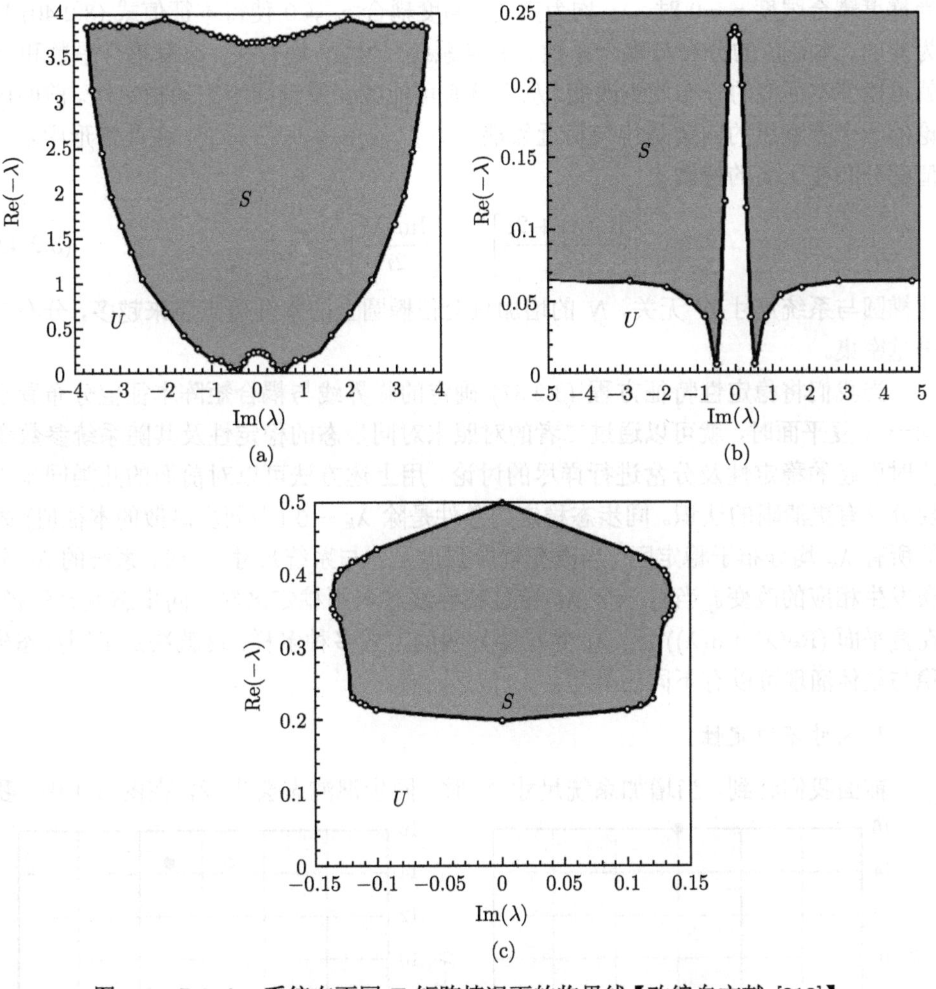

图 3-8 Rössler 系统在不同 $\boldsymbol{\Gamma}$ 矩阵情况下的临界线【改编自文献 [319]】

阴影区域为同步的稳定区域

讨论同步态的另一件事情就是研究耦合矩阵 $\boldsymbol{B}$ 的本征值在 λ 平面上的分布。由于系统 (3.2.28) 为最近邻耦合且满足周期边界条件，因此这里的 $\boldsymbol{A}$ 矩阵是一个一阶循环矩阵，其本征值可以容易解出：

$$\lambda_k = -2\sum_{j=1}^{m}\varepsilon_j + \sum_{j=1}^{m}[(\varepsilon_j + r_j)\mathrm{e}^{\mathrm{i}2\pi jk/N} + (\varepsilon_j - r_j)\mathrm{e}^{-\mathrm{i}2\pi jk/N}] \tag{3.2.40}$$

很显然

$$\lambda_k = \lambda_{N-K}^* \tag{3.2.41}$$

当梯度耦合强度 r_j=0 时，λ_k 均为实的。梯度耦合 $r_j \neq 0$ 使得本征值式 (3.2.40) 成为复的。本征值的分布与耦合系数 ε, r 及系统尺寸 N 均有关。改变耦合系数和 N 就可以使本征值的分布发生改变，从而就有可能改变系统同步态的稳定性。前面讨论的一个有意思的问题是均匀最近邻耦合 ($\varepsilon_j = \varepsilon, r_j = r, m = 1$)，在此情形中本征值都分布在下面的椭圆上：

$$\left[\frac{\mathrm{Re}(\lambda) + 2\varepsilon}{2\varepsilon}\right]^2 + \left[\frac{\mathrm{Im}(\lambda)}{2r}\right]^2 = 1 \tag{3.2.42}$$

此椭圆与系统尺寸 N 无关，N 的增加只会使椭圆上的本征值点越来越多，分布越来越密集。

当我们将稳定性特征方程 (3.2.37) 确定的临界线与耦合矩阵本征值分布置于同一 λ 复平面时，就可以通过二者的对照来对同步态的稳定性及其随系统参数变化时引起的稳定性及分岔进行详尽的讨论。用上述方法可以对前面的几类同步失稳分岔有更清晰的认识。同步态稳定的条件是除 $\lambda_k = 0$ (沿同步离散的本征值) 外的所有 λ_k 均分布于稳定区。当改变耦合强度 ε, r 与系统尺寸 N 时，系统的 λ_k 分布发生相应的改变。当有一个 λ_k 穿过临界线进入不稳定区时，同步态就会失稳。在复平面 $(\mathrm{Re}(\lambda), \mathrm{Im}(\lambda))$ 上，λ_k 穿过临界线的方式多种多样，这就决定了同步态失稳与集体涌现可以有不同的类型。

1. *尺寸不稳定性*

前面我们看到，当增加系统尺寸 N 时，同步混沌态会失稳。在图 3-9 中，我

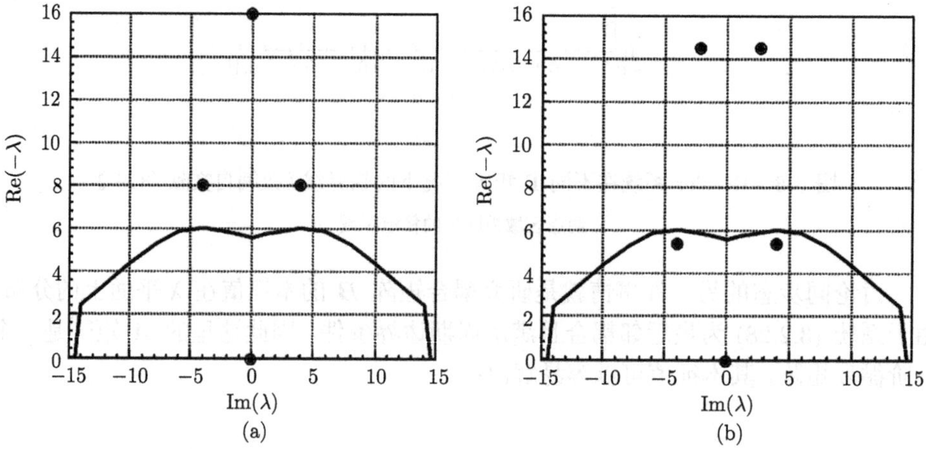

图 3-9　尺寸不稳定性：耦合 Lorenz 系统不同尺寸 $N = 4, 5$ 的本征值分布【改编自文献 [320]】

们计算了耦合 Lorenz 系统在 $m=1, \varepsilon=4, r=2$ 时不同尺寸 $N=4,5$ 的本征值分布。当 $N=4$ 时，除 $\lambda=0$ 在不稳定区外，其他的所有 λ 均在稳定区，说明此时同步态是稳定的；$N=5$ 时，有两个非零本征值移动到不稳定区, 同步态失稳。

这种尺寸不稳定性很容易理解。因为增加 N 使体系本征值分布越来越密集，因此总存在临界的 $N_{\max}$ 使一个非零的本征值处于不稳定区而导致失稳。从图中看，首先是 $\mathrm{Re}(\lambda)$ 较小的模失稳，因此这是一种**长波长失稳**。

2. 短波长分岔

我们讨论 $r=0$ 的情况，此时所有的本征值分布于实轴上。在图 3-10 中我们给出了 $N=4$ 个 Lorenz 振子在 $m=1$ 时改变 ε 的本征值分布。可以看到，$\varepsilon=1.5$ 时同步态稳定，而 $\varepsilon=1.7$ 时同步态失稳 (有一个非零本征态移动出稳定区)。这种现象是由于当增加 ε 时，本征值分布不向上移动，第一个冲出稳定区的是 $N/2$ 的本征值 $\lambda_{N/2}$。由于 $k=N/2$ 的模是同步态切空间最短 (波数 k 最大) 的模，因此这是一种典型的**短波长分岔**。

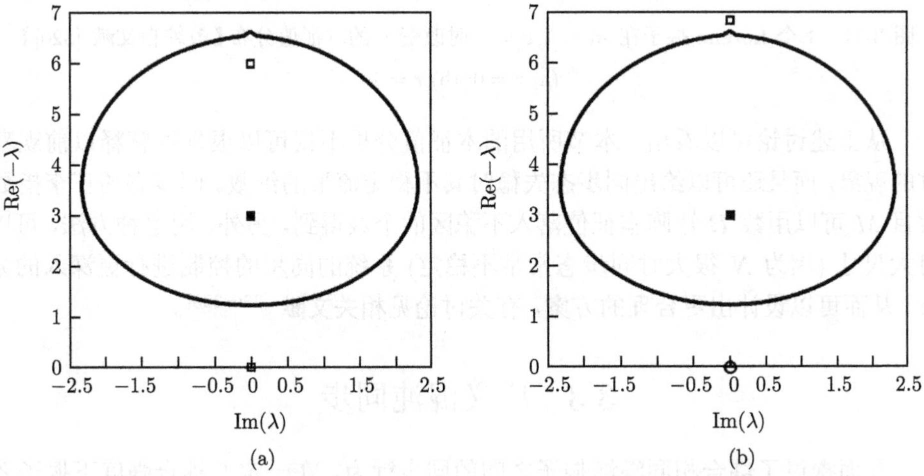

图 3-10　短波长分岔：4 个 Lorenz 振子在 m=1 时改变 ε 的本征值分布【改编自文献 [320]】

(a) $\varepsilon=1.5$; (b) $\varepsilon=1.7$

3. 快波分岔

这实际上是在改变梯度耦合 r 时系统对称性破坏的结果。在图 3-11 中，我们计算了 4 个 Lorenz 振子在 $m=1$，$\varepsilon=5$ 时改变 r 的本征值分布。$r=0$ 时，所有本征值在实轴上，且非零本征值均位于稳定区。$r\neq 0$ 时，本征值有的变为复的，离开了实轴。增加 r 使复本征值向下移动。$r=4$ 时，由图可见有一对共轭复本征值穿过临界线，导致同步态失稳。此时出现的新的快波振荡频率即由穿过临界线的那一对本征值的虚部给出 (实际上，它与同步态的时间尺度并没有太大的关系)。图中的失稳是一种长波长失稳。

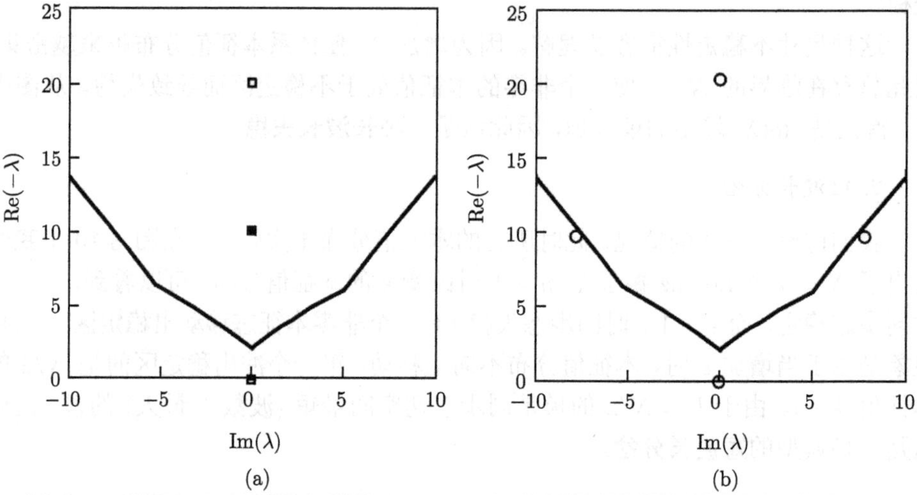

图 3-11　4 个 Lorenz 振子在 $m = 1, \varepsilon = 5$ 时改变 r 的本征值分布【改编自文献 [320]】

(a) $r = 0$; (b) $r = 4$

从上述讨论可以看出，本节所用的本征值分析不仅可以很好地解释以前观察过的现象，而且还可以给出同步态失稳时其不稳定流形的维数。同步态的正李指数数目 M 可以用数 $\boldsymbol{B}$ 矩阵本征值落入不稳区的个数得到。另外，用这种方法，可以对大尺寸 (因为 N 很大时同步态常常不稳定) 系统的同步的控制进行更深入的分析，从而可以设计出更合理的方案，有关讨论见相关文献 [326-328]。

3.3　广义混沌同步

前面探讨了耦合相同混沌振子之间的同步行为，在一定的耦合强度下振子之间可达到完全同步 (精确同步)。要达到完全同步，就要求振子的动力学特征完全相同，即它们有相同的非线性函数形式、相同的相空间维数及相同的参数。实际中，振子之间要想具备完全相同的动力学特征很困难，它们之间的参数通常会存在失配，甚至有时候非线性函数都根本不同或者相空间维数不同。这样原则上完全同步很难实现，但这并不说明振子之间就不会出现其他形式的有序行为。

从本节开始，我们将讨论几类其他形式的混沌同步，这些形式的同步揭示了耦合混沌振子系统内部的有序涌现行为。我们首先讨论广义混沌同步，它是完全同步形式上的推广 [329-344]。

3.3.1 广义混沌同步的稳定性及判定

现在我们讨论驱动–响应混沌系统。设驱动系统的动力学方程为

$$\dot{\boldsymbol{x}} = \boldsymbol{f}(\boldsymbol{x}) \tag{3.3.1}$$

其中

$$\boldsymbol{x} = (x_1, x_2, \cdots, x_n), \quad \boldsymbol{f}: R^n \to R^n \tag{3.3.2}$$

用输出信号 $\boldsymbol{x}(t)$ 驱动另一响应系统

$$\dot{\boldsymbol{y}} = \boldsymbol{g}(\boldsymbol{y}, \boldsymbol{x}) \tag{3.3.3}$$

其中响应系统

$$\boldsymbol{y} = (y_1, y_2, \cdots, y_m), \quad \boldsymbol{g}: R^n \times R^m \to R^m \tag{3.3.4}$$

一般情况下可以允许 $m \neq n$ 在 $\boldsymbol{x}(t)$ 的驱动下，响应系统的演化不仅受到驱动信号的影响，而且还取决于响应系统的初值。有的情况下，响应系统的演化 $\boldsymbol{y}(t)$ 即使在有 $\boldsymbol{x}(t)$ 驱动时对取初值仍很敏感 (指数敏感性)。此时 $\boldsymbol{y}(t)$ 不受 $\boldsymbol{x}(t)$ 控制，我们说响应系统与驱动信号不同步。当响应系统的演化不对自身初值敏感，即在 $\boldsymbol{y}(t)$ 的邻域改变响应系统的初值，响应系统都会趋于同一个解 $\boldsymbol{y}(t)$ 时，我们就可以认为 $\boldsymbol{y}(t)$ 与 $\boldsymbol{x}(t)$ 之间存在某种依赖关系。这种依赖关系不是 $\boldsymbol{y}(t) = \boldsymbol{x}(t)$，它们之间通常有较复杂的依赖关系，甚至可以具有完全不同的维数，因此我们称响应系统与驱动系统之间达到了**广义同步**。

在广义同步情况下，响应系统的演化 $\boldsymbol{y}(t)$ 由驱动信号 $\boldsymbol{x}(t)$ 唯一确定，说明二者之间建立了一个泛函关系：

$$\boldsymbol{y} = \varphi(\boldsymbol{x}) \tag{3.3.5}$$

该泛函关系的性质我们将在后面加以讨论。需要指出的是，这个关系是在长时间后 (去掉暂态过程) 建立的。

一种判定响应与驱动信号实现稳定广义同步与否的简单方法是**辅助响应系统**的方法，即建立一个与原响应系统 $\boldsymbol{y}(t)$ 完全相同的辅助响应系统 $\boldsymbol{y}'(t)$ (初态不同)，用同样的信号 $\boldsymbol{x}(t)$ 驱动：

$$\dot{\boldsymbol{y}}' = \boldsymbol{g}(\boldsymbol{y}', \boldsymbol{x}) \tag{3.3.6}$$

如果 $\boldsymbol{y}(0)$ 与 $\boldsymbol{y}'(0)$ 位于同一吸引域内，则当 $\boldsymbol{y}$ 与 $\boldsymbol{x}$ 建立广义同步时，$\boldsymbol{y}'(t)$ 虽然与 $\boldsymbol{y}(t)$ 初始状态不同，但它们在长时间之后仍可以趋于完全相同的解，即

$$\boldsymbol{y}'(t) = \boldsymbol{y}(t) \tag{3.3.7}$$

这个条件是必要的，也是充分的。它体现了前面所谈到的响应系统初态不敏感性。由此也可以引入沿广义同步流形的条件李指数。广义同步的实现要求所有的条件李指数 (通常只需计算最大条件李指数) 为负。

以驱动–响应的 Lorenz-Rössler 系统为例。驱动 Lorenz 振子运动方程为

$$\dot{x}_1 = \sigma(y_1 - x_1), \quad \dot{y}_1 = \rho x_1 - x_1 z_1 - y_1, \quad \dot{z}_1 = x_1 y_1 - \beta z_1 \tag{3.3.8}$$

其中 $\sigma = 10, \rho = 28, \beta = 8/3$。用输出的 $y_1(t)$ 驱动一个 Rössler 振子：

$$\dot{x}_2 = -y_2 - z_2, \quad \dot{y}_2 = x_2 + 0.2y_2 - \varepsilon[y_2 - y_1(t)], \quad \dot{z}_2 = 0.2 + z_2(x_2 - 5.7) \tag{3.3.9}$$

在图 3-12(a) 中我们计算了驱动–响应系统的最大条件李指数 λ 随耦合强度 ε 的变化情况。可以看到，当耦合强度较小时，响应系统不受驱动系统的支配，$\lambda > 0$；系统存在一个临界耦合强度 ε_c，当 $\varepsilon > \varepsilon_c$ 时，λ 由正穿零变负，此时响应 Rössler 系统与 Lorenz 系统达到了广义同步，响应系统不再对自身的初始值敏感。在图中 $\varepsilon_c \approx 0.22$。利用辅助响应系统的方法也可以看到同样的结果，图 3-12(b) 中画出的是当 $\varepsilon > \varepsilon_c$ 时辅助系统 (x_2', y_2', z_2') 与原响应系统的 y_2'-y_2 关系 (暂态过程已经去掉)，可以看到 $y_2'(t)$ 与 $y_2(t)$ 轨道完全处在对角线上，$y_2'(t) = y_2(t)$，说明此时系统存在广义同步。

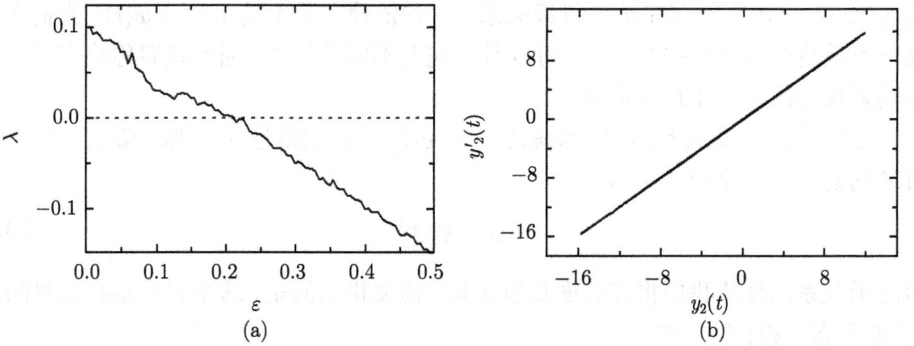

图 3-12　(a) 驱动–响应 Lorenz-Rössler 系统的条件李指数 λ 随 ε 的变化；(b) 当 $\varepsilon > \varepsilon_c$ 时的 y_2'-y_2 关系

3.3.2　广义混沌同步函数关系的连续性和可微性

驱动–响应混沌系统存在广义同步的充分必要条件就是函数关系 $\boldsymbol{y} = \boldsymbol{\varphi}(\boldsymbol{x})$ 的建立。这一函数关系性质的研究是人们需要进一步探讨的课题。研究表明，函数 $\boldsymbol{\varphi}$ 是连续的，但不一定可微 [226]。我们可以定义如下的**Hölder 指数** $\gamma(\boldsymbol{x})$：

$$\gamma(\boldsymbol{x}) = \min\left\{1, \lim_{\|\boldsymbol{\delta}\|\to 0} \inf\left\{\log\|\boldsymbol{\varphi}(\boldsymbol{x}+\boldsymbol{\delta}) - \boldsymbol{\varphi}(\boldsymbol{x})\|/\log\|\boldsymbol{\delta}\|\right\}\right\} \tag{3.3.10}$$

其中 min 代表取括号中不同量的最小值，$||\cdot||$ 表示矢量的模，inf 取所有 $\boldsymbol{\delta}$ 取向中的极小值。利用 Hölder 指数可以确定：

(1) 如果 $\gamma(\boldsymbol{x}) > 1$，则函数 $\boldsymbol{\varphi}(\boldsymbol{x})$ 在 $\boldsymbol{x}$ 点可微；

(2) 如果 $\gamma(\boldsymbol{x}) < 1$，则函数 $\boldsymbol{\varphi}(\boldsymbol{x})$ 在 $\boldsymbol{x}$ 点不可微。

从上面可以看到，当驱动系统在整个混沌吸引子上处处都有 $\gamma(\boldsymbol{x}) > 1$ 时，$\boldsymbol{\varphi}(\boldsymbol{x})$ 在整个同步混沌态可微；当驱动系统在整个吸引子上 $\gamma(\boldsymbol{x}) < 1$ 时，$\varphi(x)$ 在整个同步混沌态都不可微。对于临界的 $\gamma(\boldsymbol{x}) = 1$ 的情况，其可微性需要进一步分析。

从系统的动力学性质出发，可以计算 Hölder 指数 $\gamma(\boldsymbol{x})$。结果表明，$\boldsymbol{\varphi}(\boldsymbol{x})$ 可以是一阶可微的，也可以是不可微的。当 $\boldsymbol{\varphi}(\boldsymbol{x})$ 不可微时，$\boldsymbol{y}$ 通常比 $\boldsymbol{x}$ 有更高的信息维数，$\boldsymbol{\varphi}(\boldsymbol{x})$ 可能会很奇异和野性。下面我们用驱动响应映象来说明 $\boldsymbol{\varphi}(\boldsymbol{x})$ 的性质。

我们考虑下面的驱动–响应映象系统：

$$\boldsymbol{x}_{n+1} = \boldsymbol{f}(\boldsymbol{x}_n), \quad \boldsymbol{y}_{n+1} = \boldsymbol{g}(\boldsymbol{x}_n, \boldsymbol{y}_n) \tag{3.3.11}$$

其中 $\boldsymbol{x}, \boldsymbol{y}$ 均为矢量 (即可能为高维映象)。类似于时间连续系统，映象系统的广义同步也是当响应系统的 $\boldsymbol{y}_n$ 完全由驱动系统 $\boldsymbol{x}_n$ 态决定时。即存在从 $\boldsymbol{x}$ 到 $\boldsymbol{y}$ 的一一映射：

$$\boldsymbol{y} = \boldsymbol{H}(\boldsymbol{x}) \tag{3.3.12}$$

如果我们用 $\boldsymbol{y}_{n+1}$ 代替 $\boldsymbol{y}_n$，即

$$\boldsymbol{y}_{n+1} = \tilde{\boldsymbol{H}}(\boldsymbol{x}_n)$$

这个函数关系更易于找到，因为 $\boldsymbol{x}, \boldsymbol{y}$ 通过 $\boldsymbol{y}_{n+1} = \boldsymbol{g}(\boldsymbol{x}_n, \boldsymbol{y}_n)$ 而直接相关。如果映射 $\boldsymbol{x}_{n+1} = \boldsymbol{f}(\boldsymbol{x}_n)$ 是可逆的，则 $\boldsymbol{y}_{n+1} = \tilde{\boldsymbol{H}}(\boldsymbol{x}_n)$ 给出的关系与式 (3.3.12) 完全一样。这种技术在实际中常常采用。

上面的函数关系可以是连续可微 (平滑) 的，也可能是连续但不可微 (非平滑) 的。考虑下面的二维广义 Baker 变换：

$$\begin{pmatrix} x_{n+1} \\ y_{n+1} \end{pmatrix} = \begin{cases} \begin{pmatrix} \beta x_n \\ \dfrac{1}{\alpha} y_n \end{pmatrix}, & y_n < \alpha \\ \begin{pmatrix} \beta + (1-\beta) x_n \\ \dfrac{1}{1-\alpha}(y_n - \alpha) \end{pmatrix}, & y_n \geqslant \alpha \end{cases} \tag{3.3.13}$$

其中 $x_n, y_n \in [0,1], \alpha < 1/2, \beta < 1/2, \alpha \neq \beta$。这一映射为混沌映射，混沌吸引子的 Hausdorff 维数为 $D_0 = 2$，吸引子在 y 方向具有连续均匀的分布，而在 x 方向则处

处不连续。我们用其中的 x_n 来驱动一个线性映射：

$$z_{n+1} = \gamma z_n + \cos(2\pi x_n) \tag{3.3.14}$$

在图 3-13 中，我们给出了 $\alpha = 0.1, \beta = 0.2$ 时在不同 γ 值下的关系 $z_{n+1} = \tilde{H}(x_n)$。可以看到，当 $\gamma = 0.8$ 时，函数关系是分数维的，明显连续但处处不可微；当 $\gamma = 0.6$ 时，不可微的点减少，曲线在平均意义上可微；当 γ 减少到 0.1 时，曲线不仅连续而且可微。注意这三种情况系统均达到广义同步。

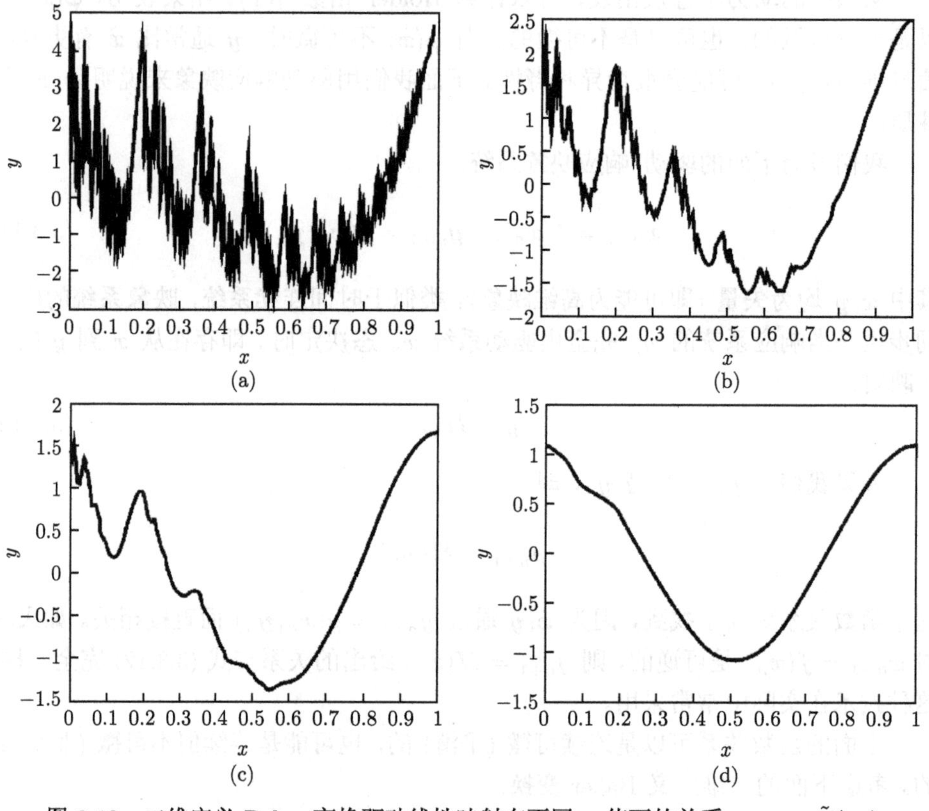

图 3-13 二维广义 Baker 变换驱动线性映射在不同 γ 值下的关系 $z_{n+1} = \tilde{H}(x_n)$

3.3.3 广义同步中不稳定周期轨道的作用

混沌吸引子中镶嵌着大量周期轨道，但它们都不稳定。我们可以通过引入时间向前与向后李指数来考察混沌吸引子上的点。给定吸引子上一点 $\boldsymbol{x}(t)$，我们可沿轨道回溯至 $t-T$ 时刻，然后在 $t-T$ 到 t 这段时间内计算这段轨道的李指数谱，称为 T**向后李指数谱**；同样，若计算 t 到 $t+T$ 时间内的李指数谱，则称为 T**向前李指数谱**。向前/向后李指数谱不仅与 $\boldsymbol{x}$ 有关，还与 T 有关。当 $T \to \infty$ 时，我们就可得到系统的向前与向后李指数谱。混沌吸引子上的绝大部分点的向前与向后李指数相等，且不依赖 $\boldsymbol{x}$，这些点在吸引子上的测度为 1，称为**典型点**。另有一些点，如不稳定周期轨道上的点，周期轨道的稳定与不稳定流形上的点，它们称为**非典型点**，在吸引子上所占的测度为零。它们的向前与向后李指数有着和典型点完全不同的性质。例如，周期轨道上的点向前与向后李指数谱相同，但不同周期轨道的李指数谱不同；周期轨道的不稳定流形上的点的向前与向后李指数不相等，向前李指数等于典型点的李指数，向后李指数则等于相应的周期轨道的李指数；稳定流形则有相反的特征。尽管这些非典型点占吸引子的测度为零，但它们构成了混沌吸引子的骨架，因此常常起着重要的作用。

对不稳定周期轨道的研究是混沌动力学研究的一个重要方面。最近的研究表明，不稳定周期轨道是系统在有噪声或其他扰动时阵发地破坏系统同步的可能原因 [337-339]。对于鲁棒的高质量同步来说，任何驱动系统的不稳定周期轨道都会产生响应系统的一个稳定同步周期轨道。如果对于弱耦合这种同步轨道产生不能实现，那么系统的同步态就会被很小的扰动破坏。同样，响应系统中的不稳定周期轨道经常会使得原先的稳定响应周期轨道失稳，导致倍周期分岔，产生新的周期 2 响应 (主谐同步)，由周期比

$$T_D : T_k = 1 : p \tag{3.3.15}$$

描述，这个 p 为正整数，T_D, T_k 分别代表驱动不稳定周期轨道与稳定响应周期轨道的周期。因此，高质量同步与亚谐同步有密切的关系。下面我们可以看到，广义同步中也会产生亚谐同步，这种亚谐同步对广义同步也有重要影响 [338]。

我们仍考虑 3.3.2 节中用到的广义 Baker 变换 (3.3.13)，并用它来驱动一个一维系统：

$$z_{n+1} = \arctan(-cz_n) + x_{n+1} + d \tag{3.3.16}$$

式 (3.3.13) 中 $\alpha=0.1, \beta=0.15$, 式 (3.3.16) 中 $c=40, d=1$。图 3-14 画出了 z_n 与 x_n 的关系曲线。可以看到这个图由两支组成。我们可以讨论驱动系统的一些不稳定周期轨道的响应。这个广义 Baker 映射有两个不动点 $(x,y)=(0,0),(1,1)$. 如果用 $(0,0)$ 作为驱动来作用到响应系统上，响应系统的响应轨道 $(\cdots,-0.5609,2.5262,\cdots)$ 为周期 2 轨道 (可直接由图中看到)。如果用驱动系统的不稳定周期 2 轨道

$$x_n = \left(\frac{\beta}{1-\beta(1-\beta)}, \frac{\alpha^2}{1-\alpha(1-\alpha)}\right), \quad y_n = \left(\frac{\beta^2}{1-\beta(1-\beta)}, \frac{\alpha}{1-\alpha(1-\alpha)}\right) \tag{3.3.17}$$

来驱动，则可得到 1:1 的响应。另外还可看到周期 3 不稳定轨道驱动得到周期 6 响应轨道的结果 (1:2)。对于 1:1 的响应，可以得到一个很好的函数关系，但对于周期比 (3.3.15) 中的 $p>1$，响应与驱动之间则无法建立一种函数关系。这一点从

图中可以反映出来。在连续时间混沌系统中也可以看到这种现象，以耦合 Rössler 为例：

$$\dot{x}_1 = 2 + x_1(x_2 - 4), \quad \dot{x}_2 = -x_1 - x_3, \quad \dot{x}_3 = x_2 + bx_3 \tag{3.3.18}$$

$$\alpha\dot{y}_1 = 2 + y_1(y_2 - 4), \quad \alpha\dot{y}_2 = -y_1 - y_3, \quad \alpha\dot{y}_3 = y_2 + by_3 + c(x_3 - y_3) \tag{3.3.19}$$

其中 $\alpha = 2$，c 为耦合系数。

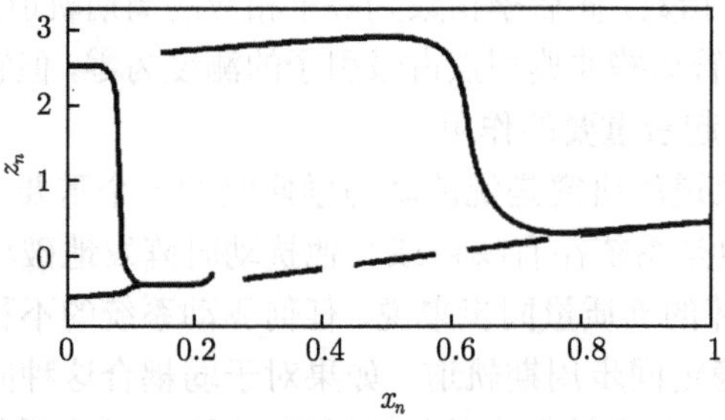

图 3-14　z_n 与 x_n 的关系曲线【改编自文献 [338]】

在图 3-15(a) 和 (b) 中，我们分别给出了驱动系统与响应系统的吸引子图。图中灰色实线为混沌吸引子的驱动及响应。黑色实线与虚线分别对应不稳定驱动周期轨道与稳定响应周期轨道。黑色实线的不稳定轨道与响应轨道是 2:1 的锁定 (详细见图 3-15(c) 的两条演化轨迹)，而虚线的锁定则为 1:2 (详见图 3-15(d) 的两条演化轨迹)。

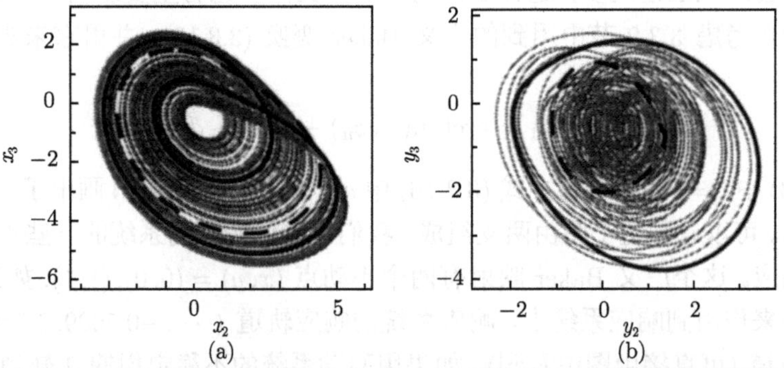

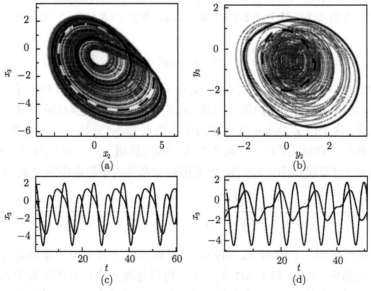

图 3-15　驱动系统与响应系统的吸引子图 (a), (b) 和演化轨迹 (c), (d)【改编自文献 [338]】

在讨论混沌广义同步时，历史上人们给出几种不同的定义[226]。一种比较普遍的定义是如果响应系统的行为完全由驱动系统决定，则称为广义同步。准确一点说，即对于单向耦合系统

$$\dot{\boldsymbol{x}} = \boldsymbol{f}(\boldsymbol{x}), \quad \dot{\boldsymbol{y}} = \boldsymbol{g}(\boldsymbol{y}, \boldsymbol{x}), \quad \boldsymbol{x} \in R^m, \boldsymbol{y} \in R^k \tag{3.3.20}$$

如果存在一个开的同步吸引域 $B \subset R^m \times R^k$，对于 B 中的任意 $(\boldsymbol{x}_0, \boldsymbol{y}_{10}), (\boldsymbol{x}_0, \boldsymbol{y}_{20})$ 都有

$$\lim_{t \to \infty} \|\boldsymbol{y}(t, \boldsymbol{x}_0, \boldsymbol{y}_{10}) - \boldsymbol{y}(t, \boldsymbol{x}_0, \boldsymbol{y}_{20})\| = 0 \tag{3.3.21}$$

则称 $\boldsymbol{y}$ 与 $\boldsymbol{x}$ 满足广义同步。另一个关于广义同步的定义则是基于 $\boldsymbol{y}$ 与 $\boldsymbol{x}$ 之间的泛函关系

$$\boldsymbol{H} : R^m \to R^k \tag{3.3.22}$$

使得

$$\lim_{t \to \infty} \|\boldsymbol{H}(\boldsymbol{x}(t)) - \boldsymbol{y}(t)\| = 0 \tag{3.3.23}$$

(更严格的一个定义还要求 $\boldsymbol{H}$ 是同胚)。从前面亚谐同步的分析可以看出，这两个定义是有差异的。前面的 $1:p$ 亚谐同步用第一种定义是符合的，但不符合第二种。第一种定义与辅助响应系统的思想是一致的，且条件更为宽松。第二种定义实际上存在着很多复杂的情形，这些复杂情形都会使得以此来判断广义同步更为困难。所以，在实际中人们普遍采用的是第一种定义方式。

值得注意的是，亚谐同步可以保证完全同步的稳定性，但对广义同步则未必。虽然亚谐同步可以与广义混沌同步同时存在，但在有亚谐振动同步存在时，广义混沌同步仍然可能被破坏。因此亚谐同步对广义同步的影响仍然不是非常清楚。

相比于完全同步，广义同步的研究涉及很多未解难题，近年来人们在互耦合系统和网络振子的广义同步、广义同步的探测等方面[340-344]开展了有益的探索，这里限于篇幅不再加以阐述。

3.4 混沌相同步

第 2 章在讨论极限环系统的同步问题时，花了大量笔墨讨论相位动力学及其同步行为。要理解这种努力并不难，一个重要原因就是相位的概念在极限环 (周期振荡) 中是如此关键，它在同步过程中起着决定性的作用。混沌运动也是一种时间振荡，但要复杂得多。另外，对混沌系统的同步大量地集中于轨道，而对其中的相位自由度则很少单独讨论。本节中我们将探讨混沌系统的相位动力学与同步。由于这种同步与人们传统的极限环同步非常相似但又明显不同，因此一经提出就引起

了研究者的兴趣，特别是研究化学反应、生物、医学、工程的科学家们从不同角度和科学背景的讨论大大丰富了这一课题的内容 [173,189,190]。

3.4.1 混沌振子的相位

在传统关于非线性振动混沌动力学研究中，人们更关心的是运动轨道对微扰的敏感依赖性，数学上这由李指数和 KS 熵准确地给出，它们定量反映了相邻轨道之间差异的膨胀或收缩性质。一个 N 维动力学系统会有由 N 个李指数组成的李指数谱。另一方面，混沌运动是局限于相空间有限范围的，这集中体现在吸引子的 Poincaré回归性质上。因此，混沌吸引子除了拉伸效应 (由李指数描述) 以外，还有很重要的折叠效应。而折叠效应即反映出旋转的性质，它体现在计算李指数谱的切空间中。这种折叠效应长期以来被人们忽略，最近引起了人们的关注，通过这方面的研究，人们搞清楚了一些以前尚不清楚的混沌内部分岔 [345,346]。关于这方面的讨论可参考有关文献，我们这里不准备对此进行详细讨论。下面关于混沌系统相位动力学的讨论集中于轨道本身的旋转性质 (回归性质) 而非切空间的旋转性质 [346,347]。在自治系统的混沌运动中，它代表的是零李指数的旋转性质。

尽管人们一直认为混沌运动的旋转性质非常重要，但 “相位” 本身的定义问题长期以来一直没有讨论得非常清楚，尤其是当混沌吸引子是高维的时候。下面对迄今为止人们对混沌系统相位动力学的认识作一介绍。

1. *振荡极值法*

在实际研究中人们通常得到的是各种时间序列。时间序列的波动性质是除时序走向以外另一个重要方面。而相位动力学就蕴含其中。

一种有效地引入相位的方法被称为极值法。其基本思想是，选取系统某一变量的时间序列 $x(t)$，记录 $x(t)$ 每次达到极大值 (或极小值) 所对应的时间 $t_1, t_2, \cdots,$ $t_n, \cdots$，则以此序列定义混沌轨道的相位为

$$\varphi(t) = 2\pi \frac{t - t_n}{t_{n+1} - t_n} + 2\pi n \tag{3.4.1}$$

这里 t 取 t_n 与 t_{n+1} 之间的值即用线性的内插法定义出相位。整数 n 则代表相位转过的圈数，这种定义得到的 $\varphi(t)$ 是分段线性的，它不考虑相邻极大值之间的相位涨落。我们在后面讨论的可激发系统即采用这种定义相位的方式。对于很多时间序列也可以采用此法。

2. *轨道投影法*

连续时间的混沌运动是在至少三维相空间中进行的，直接追踪混沌轨道以定义相位是困难的。对高维轨道，我们可设法将其投影到低维空间，特别是对三维的

情况，我们可将其投影到一个二维平面上。如果在平面上的投影有较好的旋转性(都围绕一个中心旋转)，则可采用类似周期转子的相位定义：

$$\tan\varphi(t) = y/x \tag{3.4.2}$$

以 Rössler 系统为例，其运动方程为

$$\dot{x} = -\omega y - z, \quad \dot{y} = \omega x + ay, \quad \dot{z} = \sigma + z(x - c) \tag{3.4.3}$$

当 $a = 0.165, \sigma = 0.2, c = 10, \omega = 1.0$ 时画出 x-y 平面的轨道投影，可以发现在 x-y 平面，振子具有极好的相干旋转性质，此时的相位就可以用上面的定义。

对少数相空间有很好对称性的混沌吸引子来说，可以通过适当变换使上面的定义仍可使用。一个典型的例子就是 Lorenz 系统。它有两个旋转中心，但它们是关于 (x, y) 反射对称的 ($(x, y) \to (-x, -y)$，Lorenz 运动方程形式不变)。因此我们可以采取如下变换：

$$Z = z - (r - 1), \quad Y = \sqrt{x^2 + y^2} - \sqrt{2b(r - 1)} \tag{3.4.4}$$

使得双吸引子变为单个相干性极好的旋转。此时相位可方便地引入：

$$\varphi(t) = \arctan(Y/Z) \tag{3.4.5}$$

3. Hilbert 变换构造复变量法

这种构造方法主要是针对在实际中获得的一维时间序列来重构其相位行为，相比于极值法更为严格精确。考虑一个实数域时间序列 $x(t)$，我们可以将其延拓至复数域，即构造其复空间：

$$\psi(t) = x(t) + \mathrm{i}\bar{x}(t) = A(t)\mathrm{e}^{\mathrm{i}\varphi(t)} \tag{3.4.6}$$

而虚部 $\bar{x}(t)$ 可利用非平衡统计物理中的 Kramers-Kronig 关系来由 $x(t)$ 的 Hilbert 变换得到：

$$\bar{x}(t) = \boldsymbol{P}\left[\frac{1}{\pi}\int_{-\infty}^{\infty}\frac{x(t')}{t - t'}\mathrm{d}t'\right] \tag{3.4.7}$$

其中 $\boldsymbol{P}$ 表示 Cauchy 主值积分。这种关系是自然界因果律的直接后果。由此就可将复变量 $\psi(t)$ 的幅角和模直接给出，其中幅角 $\varphi(t)$ 即我们所引入的相位。Hilbert 变换可视为 $x(t)$ 与 $1/(\pi t)$ 的卷积。因此 $\bar{x}(t)$ 的傅里叶谱等于 $x(t)$ 与 $1/(\pi t)$ 谱的乘积，由此 $\bar{x}(t)$ 与 $x(t)$ 间相位差为 $\pi/2$。

有了相位变量之后，我们就可以讨论混沌振子的相位动力学。可以定义混沌轨道的旋转频率：

$$\omega(t) = \mathrm{d}\varphi(t)/\mathrm{d}t \tag{3.4.8}$$

在许多情况下，我们还比较关心其长时间平均效应，即平均旋转数：

$$\bar{\omega}(t) = \lim_{T\to\infty} \frac{1}{T}\int_0^T \omega(t)\mathrm{d}t \tag{3.4.9}$$

上面三种引入相位的方式有如下特点：

(1) 它们本质上都是高维空间混沌在低维投影的定义，因此选择不同的投影子空间可能会导致不同的相位演化方式。

(2) 相位的定义与混沌轨道的旋转特性有很大的关系，如果轨道在相空间中有多个旋转中心，上面的所有定义则无法运用。在图 3-16 中画出了两种不同的轨道旋转方式。对第一种，轨道总是围绕同一中心旋转，此时的相位可由上面的任一种方法引入，而且结果基本一致；对第二种，可以看到轨道除有大圈旋转外，还有若干小圈，且它们不在同一中心，此时用前面的方法都无法很好反映轨道的真实旋转，必须考虑新的定义相位的方法。

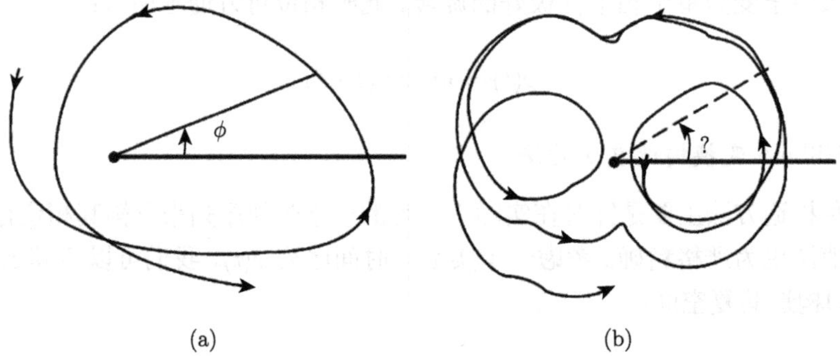

图 3-16　两种不同的轨道旋转方式

混沌动力学中经常讨论的 Lorenz 振子就存在上述的问题。尽管可以通过对称变换得到一个有效的旋转中心，但在变换中本身就损失了许多信息，特别是轨道在两个旋转中心之间的跃迁就根本没有反映出来，而这本身应是相位动力学的重要组成部分。因此，需要更为一般的方法来解决这种困难。

4. *主模分解法*

混沌轨道的多中心旋转显然反映了用单一相位来描述是不完全的，需要考虑引入多重相位变量来描述。一种简单有效的方法称为**主模分解法**(the empirical-mode decomposition method)，它由 Huang 等于 1998 年提出 [348]。这种方法主要用来分析非平稳时间序列，可以非常有效地分析诸如经济、社会、地震灾害等很多非平稳时间序列中的有效信息。来颖诚等成功将这种方法应用于多旋转中心吸引子的动力学系统的分析 [345]。主模分解法的基本思想是通过一定方式将多中心旋转模式分解为多个独立的单中心旋转模式。对单中心旋转模式 (称为恰当旋转，proper rotation), 其时间序列的极大值数目与穿零 (取截面) 数目是相同的。因此我们只需要分析一个时间序列，将其分解成独立的恰当旋转模式就可以较准确地反映出混沌轨道的旋转性质。时间序列的主模分解法基本步骤如下：

(1) 对时间序列 $x(t)$，构造两条平滑线 $x_{\max}(t)$ 与 $x_{\min}(t)$，它们分别连接 $x(t)$ 的所有极大值与极小值；这一步骤联系着相位的极值法定义，但又不会一样。

(2) 将极大与极小的包络线贡献去掉，即计算

$$\Delta x(t) = x(t) - [x_{\max}(t) + x_{\min}(t)]/2 \tag{3.4.10}$$

(3) 将 $\Delta x(t)$ 作为新的 $x(t)$, 然后继续重复上面的步骤 (1) 和 (2)，直到得到的 $\Delta x(t)$ 满足恰当旋转条件。

(4) 将满足恰当旋转条件的 $\Delta x(t)$ 定为 $x(t)$ 的第一个内禀主模，即

$$C_1(t) = \Delta x(t) \tag{3.4.11}$$

(5) 取剩余部分的时间序列

$$x_1(t) = x(t) - C_1(t) \tag{3.4.12}$$

作为新的待分析的时间序列，重复使用上面的步骤 (1)~(4)，对 $x_1(t)$ 作 (1)~(4) 的分析，得到第二个模 $C_2(t)$ 及其待分析的剩余时间序列 $x_2(t) = x_1(t) - C_2(t) = x(t) - C_1(t) - C_2(t)$。

(6) 重复上面步骤以得到其他模 $C_3(t), C_4(t), \cdots$，直到第 M 个模式 $C_M(t)$ 随时间没有明显的变化。上面的所有模式中，$C_1(t)$ 是振荡最快的，其他振荡依次减慢。

这样我们就成功地将一个时间序列 $x(t)$ 分解为若干的恰当旋转，即

$$x(t) = \sum_{j=1}^{M} C_j(t) \tag{3.4.13}$$

可以证明这些恰当旋转主模之间满足正交性，因此它们是相互独立的 [348]。这样，对每一个主模 $C_j(t)$，可以再用 Hilbert 变换构造其复平面

$$\psi_j(t) = A(t)\mathrm{e}^{\mathrm{i}\varphi_j(t)} \tag{3.4.14}$$

就可以自然而然引入 M 个独立的相位 $\varphi_1(t), \varphi_2(t), \cdots, \varphi_M(t)$ (用极值法等也可以得到), 从而也可计算出其旋转数 $\bar{\omega}_1, \bar{\omega}_2, \cdots, \bar{\omega}_M$。

以 Lorenz 振子 (3.1.7) 为例，参数取 $\sigma = 10, b = 8/3, \rho = 28$，在图 3-17(a) 中我们给出了 $y(t)$ 与其 Hilbert 变换 $\bar{y}(t)$ 平面上的轨迹，可以看到不止一个旋转中心。采用上面的主模分解法，在图 3-17(b) 中我们给出了第一个主模 $C_1(t)$-$\bar{C}_1(t)$ 复平面上的轨迹。可以看到尽管运动复杂，但都围绕同一中心旋转，此时 $C_1(t)$ 的相位可以方便地给出。

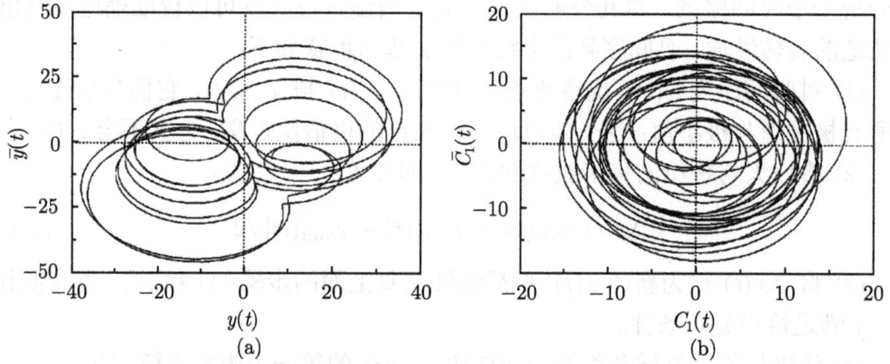

图 3-17　$y(t)$ 与 $\bar{y}(t)$ 平面上的轨迹 (a) 和 $C_1(t)$-$\bar{C}_1(t)$ 复平面上的轨迹 (b)【改编自文献 [345]】

通常对一个混沌系统来说，所需的主模数目 M 并不多。图 3-18 画出了 Lorenz 系统不同模式相位 $\phi_j(t)$ 的演化，其中斜率即模旋转数 $\bar{\omega}_j$ 最大的是 $C_1(t)$ 的相位，然后随斜率减少依次是 $\phi_2(t), \phi_3(t), \cdots$。各个模旋转数 $\bar{\omega}_j$ 明显不同，其中 $\bar{\omega}_1 = 20.68, \bar{\omega}_2 \approx \bar{\omega}_1/2, \bar{\omega}_3 \approx \bar{\omega}_1/3, \bar{\omega}_4 \approx \bar{\omega}_1/5, \bar{\omega}_5 \approx \bar{\omega}_1/10, \bar{\omega}_6 \approx \bar{\omega}_1/14, \bar{\omega}_7 \approx \bar{\omega}_1/45$。可见 $\bar{\omega}_j$ 随 j 的增加而迅速趋于零。对 Lorenz 系统而言，大约 7 个模就足够完整描述系统的相位动力学 [345]。

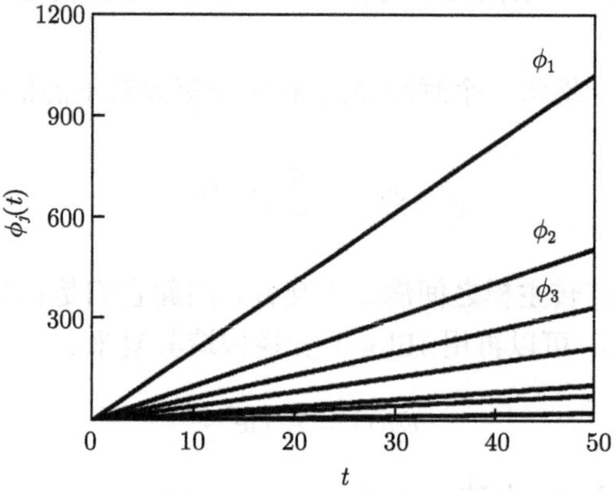

图 3-18　Lorenz 系统不同模式相位 $\phi_j(t)$ 的演化【改编自文献 [345]】

可以验证，相位 $\phi_j(t)$ 的演化不是均匀的旋转。一般情况下，$\phi_j(t)$ 的演化可以写为

$$\phi_j(t) = \bar{\omega}_j t + F_j[A_j(t)], \quad j = 1, 2, \cdots, M \tag{3.4.15a}$$

由于系统动力学的混沌性，在 $\tau \geqslant \bar{\omega}_j^{-1}$ 的时间尺度上 $A_j(t)$ 本质上是随机变量，因此式 (3.4.15a) 第二项可视为随机项。这样 $\phi_j(t)$ 围绕均匀旋转 $\bar{\omega}_j t$ 就是一种**类布朗运动**。引入

$$\Delta\phi_j(t) \equiv \phi_j(t) - \bar{\omega}_j t = F_j[A_j(t)] \tag{3.4.15b}$$

在图 3-19(a) 中给出了 $\Delta\phi_1(t)$ 的演化，有些像分数布朗运动。这可以由分析 $\Delta\phi_1(t)$ 的首次回归时间 τ 的分布 $\rho(\tau)$ 验证。对分数布朗运动来说，$\rho(\tau)$ 遵守下面的幂律关系：

$$\rho(\tau) \sim \tau^{H-2} \tag{3.4.16}$$

其中 H 称为**Hurst 指数** [349]。图 3-19(b) 画出了 $\rho(\tau)$-τ 关系 (双对数)，可以看到很好的幂律，且 Hurst 指数 $H \approx 0.74$，这证实了上面的推测。

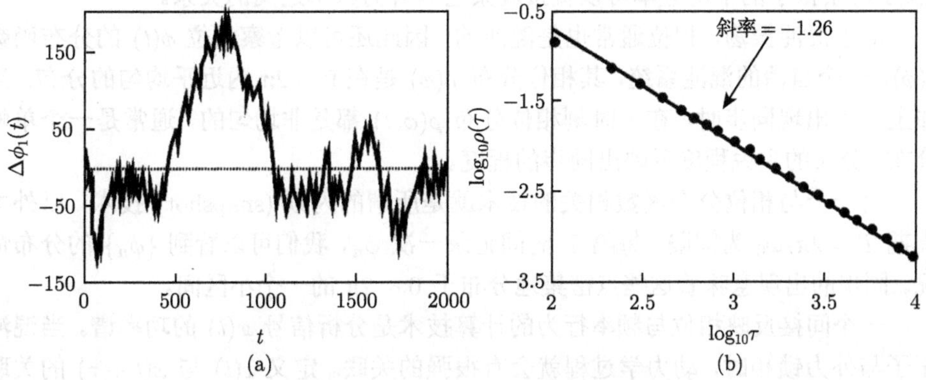

图 3-19 (a) $\Delta\phi_1(t)$ 的演化；(b)$\rho(\tau)$-τ 关系 (双对数)【改编自文献 [345]】

在后面讨论中，我们将集中于混沌系统的相位对外来驱动的响应以及振子之间相位的协同 (相同步)。为方便，我们仍集中讨论具有较好恰当旋转性质的振子系统。这一方面可以避免相位定义本身的问题，另一方面可以揭示混沌振子之间的相同步与周期振子同步之间的相似性与差异。

3.4.2 驱动混沌振子的相同步

当用一个外力驱动一个混沌振子时，混沌振子会对驱动作出一定的响应。前面讨论的完全同步、广义同步都涉及这方面的内容。现在我们问一个问题，振子的“相位”会对外力驱动作出什么样的响应? 对于周期驱动的非线性周期振子，我们通过标准映射和圆映射得出了丰富的结果，并在许多实验和实际观察中得到验证。

利用外力驱动一个混沌振子主要有两种方式：一种是类似周期振子，加上一个周期外力；另一种是用另外一个混沌信号来驱动。我们下面主要讨论这两类驱动。我们关心的是当混沌振子本身仍保持混沌状态时其相位的响应情况 [350-355]。

1. *周期驱动混沌振子的 1:1 相同步*

在周期外力驱动下，振子响应最明显的模一般来说是与外力频率相近的模，因而 1:1 频率同步是最常看到的。在讨论这种同步之前，我们先简单介绍一下这方面的一些实际观察手段，它们在后面都会用到。

一个最常考察的量是振动的旋转数，它可以由定义的相位 $\phi(t)$ 直接给出。在实际计算中，可以采用更简单的办法：

$$\bar{\omega} = \lim_{t\to\infty} 2\pi N_t/t \tag{3.4.17}$$

其中 N_t 是在 t 时间内观察到的信号 $x(t)$ 的穿零次数，也可以是 $x(t)$ 的极大值 (或极小值) 个数。利用这种方法，自然就可以用极值法的式 (3.4.1) 来定义振子相位 $\phi(t)$。考察振子的平均频率可以直接观察它与外力频率之间的关系。

对于混沌振荡，相位通常也是混沌的，因此还可以考察相位 $\phi(t)$ 的分布函数 $\rho(\phi)$。一个自治的混沌系统，其相位分布 $\rho(\phi)$ 是在 $0\sim 2\pi$ 内近乎均匀的分布；当加上外力出现同步时，在 t 时刻相位分布 $\rho(\phi,t)$ 都是非均匀的，通常是一个单峰分布，分布的尖锐程度反映出同步的程度。

另一个与相位分布函数相关的技术就是所谓的闪频 (snapshot) 技术，以外力周期 $T=2\pi/\omega_0$ 为间隔，每隔 T 时间记录一次 ϕ_n，我们可以看到 $\{\phi_n\}$ 的分布情况。同步的出现意味着这些点密集地分布于 $0\sim 2\pi$ 的一个小区间。

一个间接反映相位与频率行为的计算技术是分析信号 $x(t)$ 的功率谱。当混沌振子与外力锁相时，动力学过程就会有很强的关联。定义 $x(t)$ 与 $x(t+\tau)$ 的关联函数

$$C(\tau) = \langle x(t)x(t+\tau)\rangle - \langle x(t)\rangle^2 \tag{3.4.18}$$

可以看到 $C(\tau)$ 在 $\tau\to\infty$ 时会有一个周期性振荡衰减的尾巴，在 $\tau = nT$ 时有极大值。这意味着在外力频率 ω_0 及其谐频 $n\omega_0$ 处对应于功率谱的尖峰。功率谱与关联函数有如下关系：

$$S = \lim_{t\to\infty} \frac{1}{t}\int_0^t C(\tau)\mathrm{d}\tau \tag{3.4.19}$$

$S(\omega_0)$ 在发生同步时会表现出共振峰。这些量的好处是不必考察相位，因此与相位的引入方式无关。

另外，为明确同步行为与动力学吸引子变化的内在联系，还可以计算系统的李指数。同步的发生意味着内部分岔的涌现，它必然反映在系统的动力学上。考察李

指数在同步前后的变化可使我们对相同步的形成有更深刻的理解。下面以周期驱动的 Rössler 振子为例来分析相同步。把驱动加在 x 变量的方程上:

$$\dot{x} = -y - z + A\cos\omega_0 t, \quad \dot{y} = x + 0.15y, \quad \dot{z} = 0.4 + z(x - 8.5) \tag{3.4.20}$$

在图 3-20(a) 中，我们画出了 Rössler 振子的旋转数 $\bar{\omega}/\omega_0$ 在不同 A 下与 ω_0 的关系。可以看到，在 ω_0 的一个相当宽的范围内 $\bar{\omega}/\omega_0 = 1$，表明 Rössler 振子与外力发生相同步 (锁相)。对一些 A 的值，还可以看到，$\bar{\omega}/\omega_0 = 1/2$ 和 2，说明除了 1:1 的同步外，其他比例的锁相行为仍然可以看到。

在图 3-20(b) 中，我们给出频闪图。可以看到，在 $A = 0.6, \omega_0 = 1.025$ 时频闪的落点位置分布非常集中，说明此时振子相位与外力之间有很好的相干性，发生了同步；当 $A = 0.6, \omega_0 = 1.05$ 时，频闪的分布分散于吸引子的各处，如图 3-20(b) 中的散点所示，说明此时的相干性很差，振子与外力尚未达到同步。此外，通过频闪图我们还可看到 1:2 共振，即在频闪图中可看到所有的频闪点落在两个相对集中的区域。

如果观察系统最大李指数，如图 3-20(c) 所示，可以看到除了一些周期窗口外，

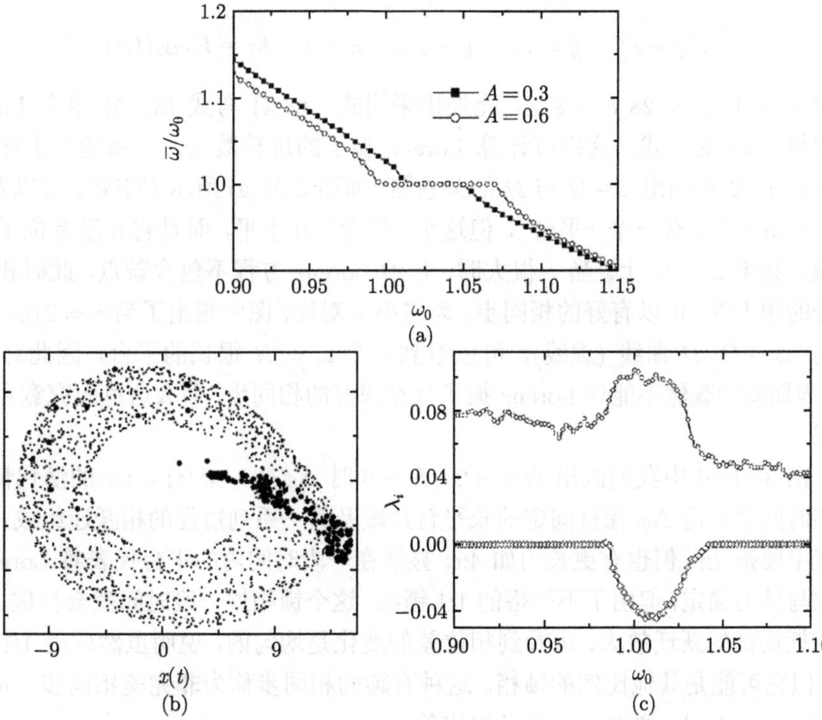

图 3-20 (a) Rössler 振子的旋转数 $\bar{\omega}/\omega_0$ 在不同 A 下与 ω_0 的关系；(b) 频闪图；(c) 周期驱动 Rössler 系统的李指数谱

最大李指数会一直保持为正，说明即使振子与外力发生了相同步，系统仍然保持混沌的特性，因此相同步仍是混沌意义下的同步，它揭示的是混沌系统内部的自由度与外力的协作行为。尤其有意义的是第二个李指数，系统未发生同步时它一直近乎为零，而当相同步发生时，第二个李指数由零变负，说明相同步的发生意味着吸引子拓扑性质发生了变化。这一变化可以使我们联想起周期振子同步时的拓扑变化，说明了混沌相同步与周期振子同步的相似性。

2. *周期驱动混沌振子的相同步：交替锁相行为*

上面讨论的稳定 1:1 同步发生在具有较好相干性的混沌振子系统 (具有恰当转动性质) 中。这类系统由于相干性而具有相对较窄的内部时间尺度范围。当混沌振子的相干性较差时，就具有较宽的时间尺度，此时其相位较难以 “驯服”。研究者进行过人的呼吸心跳同步的研究，发现呼吸节律与心跳之间可以发生各种比例的锁相，随着时间的推移，人的生理状态也会发生相应改变，此时锁相就在各种不同比例之间来回转换 [352]。心脏动力学的混沌性质大家早已熟知，因此用周期驱动的混沌振子来描述或许也会揭示类似现象。

下面以周期驱动的 Lorenz 振子为例加以讨论：

$$\dot{x} = \sigma(y - x), \quad \dot{y} = rx - y - xz, \quad \dot{z} = x - bz + E\cos(\Omega t) \tag{3.4.21}$$

其中 $\sigma = 10, r = 28, b = 8/3$。此处仍采用式 (3.4.4) 与式 (3.4.5) 定义 Lorenz 振子相位 $\phi(t)$ 的方式，这样可计算 Lorenz 振子的旋转数 ω。当系统取上述参数且 $E = 6$ 时，我们画出 $\omega - \Omega$ 与 Ω 的关系图，如图 3-21(a) 所示 (实线)。可以看到，在 $\Omega = 8.25 \sim 8.4$ 有一个 “平台”，但这个 “平台” 并不平，而且它并没有位于对外力的锁定频率 $\omega = \Omega$ 上。当 r 很大时，自治 Lorenz 方程不包含鞍点，此时相位具有很好的相干性，可以有好的相同步。为与小 r 对比，图中画出了当 $r = 210$，$E = 3.0$ 时的 $(\omega - \Omega)$-Ω 曲线 (虚线)，可以看到一个 $\omega = \Omega$ 很长的平台。因此对小 r 来说，周期驱动既然不能使 Lorenz 振子具有很好的相同步，那么这里面究竟发生了什么呢?

图 3-21(b) 中我们画出 $\Omega = 8.29, E = 6$ 时 $\Delta\phi(t) = \phi(t) - \Omega t$ 的演化情况。可看到时间序列由 $\Delta\phi$ 保持固定的长平台片段及其一系列短促的相跃迁组成，相跃迁幅度主要是 2π，但也有更长的如 4π。显然在一段时间内的平台代表着 Lorenz 振子相位与外力锁定，但由于不严格的 1:1 锁相，这个锁相过一段时间就会打破。小图中我们把局部的跃迁放大，可看到相位差的变化是均匀的，说明虽然此处 1:1 锁相失稳，但它可能是其他比例的锁相。这种有趣的相同步称为**非完美相同步** (imperfect synchronization)。通过引入广义相位差：

$$\Delta\phi_{m,n}(t) = m\phi(t) - n\Omega t, \quad m, n \in Z \tag{3.4.22}$$

我们可以确认每两个 1:1 片段之间是否存在其他的 $m{:}n(m \neq n)$ 锁相。在数值计算中这可以通过尝试改变各种不同的 m,n 来得到，直至看到 $\Delta\phi_{m,n}(t)$ 在跃迁时间段内成为一个平台，由此可确认是 $m{:}n$ 相同步。在实际观察中的确观察到 $m{:}n(m \neq n)$ 的同步片断。这说明 Lorenz 振子与外力的非完美相同步实际上是在 1:1 与其他比例 $m{:}n(m \neq n)$ 的**交替同步** (alternate synchronization) [353]。

这种非完美相同步的机制可用不稳定周期轨道来解释。我们知道，混沌吸引子中存在无数的不稳定周期轨道，它们构成整个混沌吸引子的骨架。当对混沌系统施加一个小的周期外力时，每个周期态都可看作一个周期驱动振子。令周期态的旋转数为 ω_i。在参数空间锁相区 (即 Arnold 舌头) 对应于周期力频率 Ω 与周期轨道转数 ω_i 的有理数比率。一般情况下，$\Omega = \omega_i$ 即 1:1 锁相的效应最强。如果一些周期轨道的 ω_i 相互间较为接近，则这些轨道锁相的主 Arnold 舌头会重叠。当这些舌头有共同的重叠区时，则在此参数区我们就可以看到好的相同步。在这个重叠区之外，同步运动会被一种称为“小孔”阵发效应所打断。特别是如果在参数区找不到所有这些 Arnold 舌头的共同重叠区，系统就会表现为非完美的相同步，即 1:1 与其他 $m:n(m \neq n)$ 的同步随时间交替发生 [353-355]。

在图 3-21(c) 中给出了一些周期轨道在周期外力作用下的锁相区域。实线画出的是周期 7 轨道的锁相舌头，为 1:1 锁相。短划线是周期 15 轨道的 Arnold 舌头，为 14:15 锁相；点状线为周期 20 的锁相区，为 18:20 锁相。可以看到这些舌头没有完全重叠 (或许还有其他舌头，没有画出)，因此在部分重叠的参数区可以看到交替相同步。

3. 驱动响应系统的混沌相同步

当不用周期外力作驱动而用一个混沌信号来驱动一个混沌振子 (通常这两个混沌振子是同类型的，但参数有失配) 时，类似地可以讨论锁相行为。这时需要同时计算驱动与响应振子的旋转数。以 Rössler 振子为例，用一个振子来驱动另一个振子：

$$\dot{x}_1 = -\omega_1 y_1 - z_1, \quad \dot{y}_1 = \omega_1 x_1 + a y_1, \quad \dot{z}_1 = \sigma + z_1(x_1 - c) \tag{3.4.23a}$$

$$\dot{x}_2 = -\omega_2 y_2 - z_2 + \varepsilon(x_1 - x_2), \quad \dot{y}_2 = \omega_2 x_2 + a y_2, \quad \dot{z}_2 = \sigma + z_2(x_2 - c) \tag{3.4.23b}$$

固定 $\omega_1 = 1, a = 0.165, \sigma = 0.2, c = 10$，然后计算 $\bar{\omega}_1$ 与 $\bar{\omega}_2$。当取 $\varepsilon = 0.2$ 时，在图 3-22(a) 中我们画出 $\bar{\omega}_1$ 与 ω_2 的变化关系。可以看到在大部分区域有 $\bar{\omega}_2 \approx \omega_2$，但在 ω_2 与 ω_1 区别较小处可以看到，虽然 ω_2 改变，但 $\bar{\omega}_2 = \bar{\omega}_1 \approx \omega_1$ 不随之改变，这个平台对应的即为相同步区。此时如果考察两个振子的振幅之间关系，二者之间几乎没有关联，且系统仍保持混沌。这一点可由计算响应系统的李指数看到，如图 3-22(b) 所示。在相同步区，$\lambda_1 > 0$。另外，与前面看到的周期驱动相同步类似，

第二个李指数在相同步时由零变负。当 ω_1 与 ω_2 差别很大时，还可以看到一系列其他的锁相平台：$m\bar{\omega}_1 = n\bar{\omega}_2$，这里不再详细讨论。

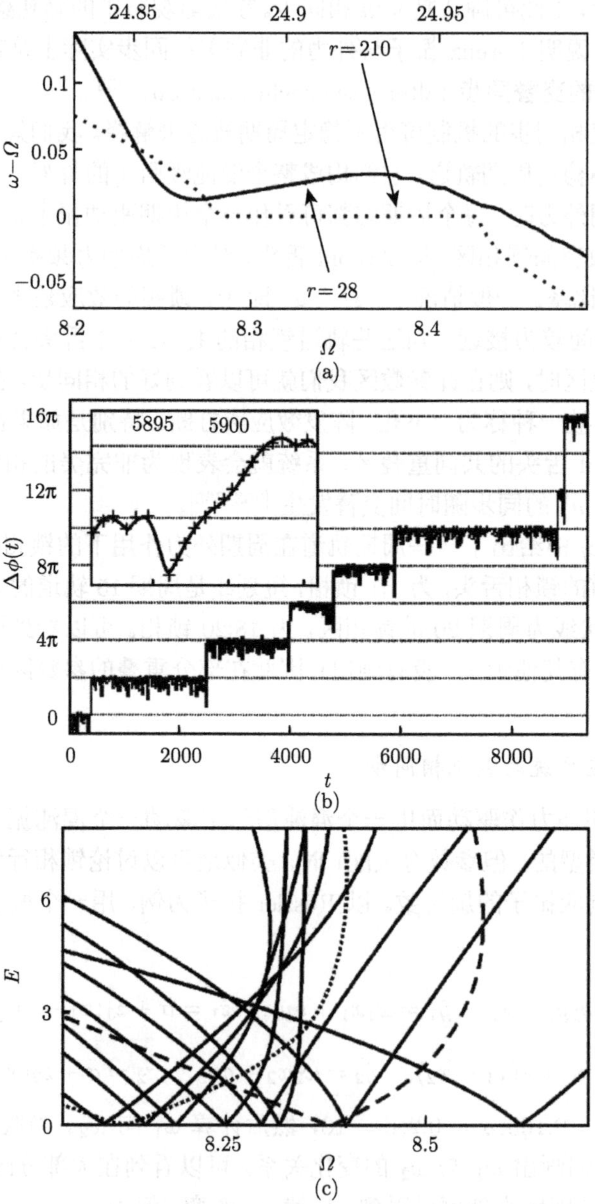

图 3-21　(a) $\omega - \Omega$ 与 Ω 的关系图；(b) $\Delta\phi(t) = \phi(t) - \Omega t$ 的演化情况；(c) 一些周期轨道在周期外力作用下的锁相区域【改编自文献 [353]】

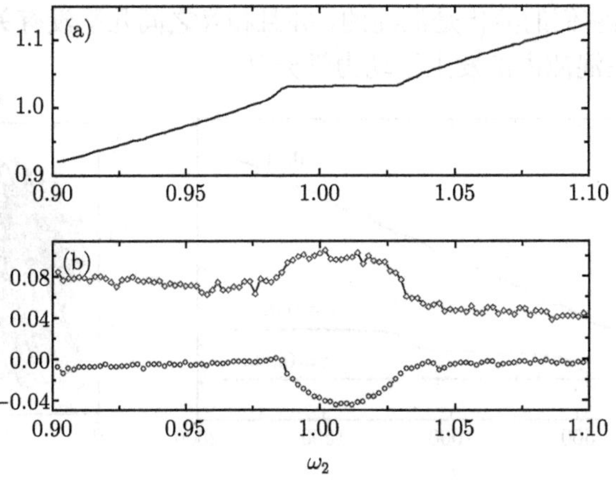

图 3-22 (a) $\bar{\omega}_1$ 与 ω_2 的变化关系；(b) 响应系统的李指数

3.4.3 两个耦合振子系统的相同步

1. 相同步的发生与动力学表现

考虑两个相互耦合的 Rössler 振子，它们的参数之间有失配:

$$\begin{cases} \dot{x}_{1,2} = -\omega_{1,2}y_{1,2} - z_{1,2} + \varepsilon(x_{2,1} - x_{1,2}) \\ \dot{y}_{1,2} = \omega_{1,2}x_{1,2} + ay_{1,2} \\ \dot{z}_{1,2} = f + z_{1,2}(x_{1,2} - c) \end{cases} \tag{3.4.24}$$

其他参数取 $a = 0.15, f = 0.5, c = 10, \omega_{1,2} = 1.0 \pm \Delta$，$\Delta$ 为参数失配幅度，ε 为耦合强度。两个 Rössler 振子的相位 $\phi_{1,2}(t)$ 与平均频率 $\Omega_{1,2}$ 均与前面定义一样。在图 3-23(a) 中我们给出了参数失配 $\Delta = 0.015$ 时在不同耦合强度下两振子的相位差

$$\Delta\phi(t) = \phi_1(t) - \phi_2(t)$$

的演化。当 $\varepsilon = 0.01$ 时，两振子的相位显然完全没有同步，相位差随时间的变化近乎为一直线，其非零的斜率即为平均频率差。增加耦合强度 ε 到 0.027 时，可以看到相位差的变化表现为 2π 的跳跃，在每一个平台 ϕ_1 与 ϕ_2 可以暂时锁定，但由于完全的相同步仍未达到，暂时的同步会失稳，从而出现相跃迁。当 $\varepsilon = 0.035$ 时，可以看到 $\Delta\phi(t)$ 不再出现相跳跃 (至少在计算的观察时间内)，说明两振子之间相位达到了稳定的同步。为考察两振子其他自由度在相同步发生过程中的变化情况，图 3-23(b) 画出了 $\varepsilon = 0.035$ 时两振子的振幅

$$A_1 = \sqrt{x_1^2 + y_1^2}, \quad A_2 = \sqrt{x_2^2 + y_2^2} \tag{3.4.25}$$

的关系图，显然它们的演化是混沌的，并且相互之间几乎没有关联。因此，相同步的发生意味着在混沌内部发生了动力学分岔。

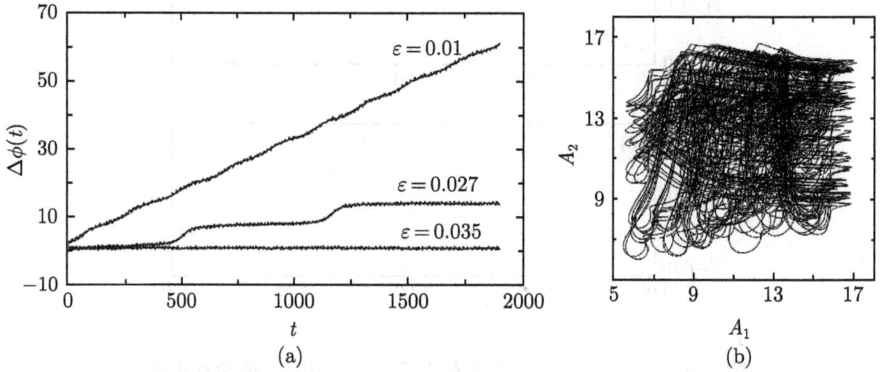

图 3-23　(a) 不同耦合强度下相位差 $\Delta\phi(t)$ 的演化；(b) $\varepsilon = 0.035$ 时两振子振幅 A_1 与 A_2 的关系图【改编自文献 [356]】

在图 3-24 中，我们画出了相应参数下两振子旋转数的差

$$\Delta\Omega = \Omega_1 - \Omega_2$$

随 ε 的变化情况 (圆点线)。可以看到随着 ε 的增加，两个振子的旋转数逐渐靠近。当 $\varepsilon \approx 0.0295$ 时，$\Delta\Omega = 0$, Ω_1 与 Ω_2 两支融为一体，说明此时系统发生了相同步 [356-360]。

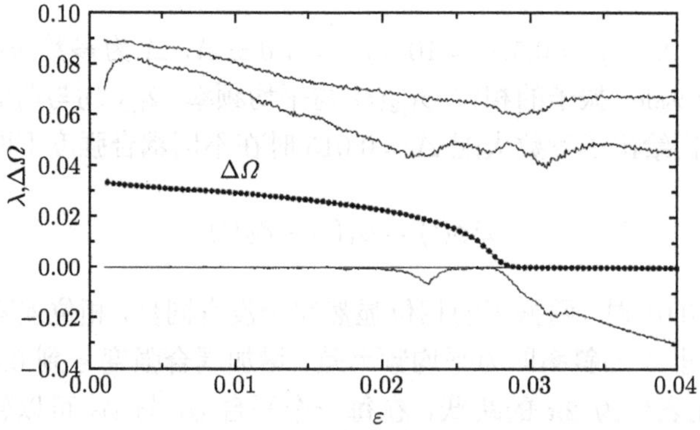

图 3-24　$\Delta\Omega = \Omega_1 - \Omega_2$ (圆点线) 和李指数谱 (四条线) 随 ε 的变化情况【改编自文献 [356]】

相同步的发生可看作一种分岔涌现行为，类似于第 2 章的耦合极限环振子同步，这种动力学分岔可以从系统的李指数谱随耦合强度的变化反映出来。如图 3-24 所示，我们给出耦合系统的前 4 个李指数。当 ε 很小时，系统的前两个最大指数 $\lambda_{1,2}$ 为正，两个次大指数 $\lambda_{3,4}$ 为零，说明混沌运动局限于一个超混沌的二维环面

上。当 ε 接近相同步的阈值时，$\Delta\Omega \to 0$ 意味着相同步，两个零李指数的简并被破坏，λ_4 由零变为负，说明相同步的发生使得混沌吸引子的维数降低。这个现象与我们前面观察到的耦合极限环系统同步时的拓扑性质变化惊人一致。

上面的相同步可以近似地化为振幅–相位方程进行计算。利用在 x-y 平面的振幅、相位变量 $x_i + \mathrm{i}y_i = A_i e^{\mathrm{i}\phi_i}$ 有

$$A_i = \sqrt{x_i^2 + y_i^2}$$

$$\tan\phi_i = y_i/x_i$$

可以将耦合系统变换到极坐标系，由此得到

$$\begin{aligned}
\dot{A}_{1,2} =& aA_{1,2}\sin^2\phi_{1,2} - z_{1,2}\cos\phi_{1,2} \\
&+\varepsilon(A_{2,1}\cos\phi_{2,1}\cos\phi_{1,2} - A_{1,2}\cos^2\phi_{1,2}) \\
\dot{\phi}_{1,2} =& \omega_{1,2} + a\sin\phi_{1,2}\cos\phi_{1,2} + \frac{z_{1,2}}{A_{1,2}}\sin\phi_{1,2} \\
&-\varepsilon\left(\frac{A_{2,1}}{A_{1,2}}\cos\phi_{2,1}\sin\phi_{1,2} - A_{1,2}\cos\phi_{1,2}\sin\phi_{1,2}\right) \\
\dot{z}_{1,2} =& f - cz_{1,2} + A_{1,2}z_{1,2}\cos\phi_{1,2}
\end{aligned} \tag{3.4.26}$$

通常振幅 A_i 随时间的变化比相位 ϕ_i 变化慢得多，我们可以利用 Haken 协同学的绝热消去法支配原理 ($\dot{A}_{1,2} = 0$) 得到相位的方程。令相位方程中的 $z_i\sin\phi_i/A_i$ 项为零 (Rössler 方程中 z 分量随时间的变化是脉冲式的，运动大部分时间在 $z_i \approx 0$ 的平面进行，因此可认为 $z_i/A_i \approx 0$)，并令

$$\phi_i = \omega_0 t + \theta_i$$

可得到两振子相位差的方程

$$\frac{\mathrm{d}}{\mathrm{d}t}(\theta_1 - \theta_2) = 2\Delta - \frac{\varepsilon}{2}\left(\frac{A_2}{A_1} + \frac{A_1}{A_2}\right)\sin(\theta_1 - \theta_2) \tag{3.4.27}$$

这是典型的过阻尼单摆方程，当

$$\varepsilon > \varepsilon_c = \frac{4\Delta A_1 A_2}{(A_1^2 + A_2^2)} \tag{3.4.28}$$

时，方程 (3.4.27) 有不动点解，耦合系统发生相同步。对应前面的参数，当 $\Delta = 0.015$ 时，由于 Δ 很小，两振子的振幅几乎没有差别，可以认为 $A_1 \approx A_2$，此时 $\varepsilon_c \approx 2\Delta = 0.03$，与数值结果 $\varepsilon_c \approx 0.0295$ 非常接近。

2. 大失配时的相同步与倍周期分岔

上面的研究表明，在两振子参数失配很小时，振幅效应不明显，混沌系统的相同步行为与耦合极限环系统的同步非常相近。有些情况下，两个振子之间可能会有较大的参数失配，振幅会与相位产生强耦合，因此也有必要进行研究 [361-363]。

在图 3-25(a)、(b) 中，我们给出了在不同参数失配下的同步分岔树。当 Δ 很小时，两振子的旋转数曲线平滑地靠近融合。随着 Δ 的增大，可以观察到其中一个振子的旋转数 (较大的) 仍以连续的方式改变。而另一个振子的旋转数则在某一耦合强度时产生一个跳跃，以不连续的方式发生相同步。如果研究振子的振幅 $A_i = \sqrt{x_i^2 + y_i^2}$，就会发现相同步前后旋转数小的振子以小幅振荡，而旋转数大的振子则以大幅振荡。如果将轨道想象成粒子的轨迹，就不难理解上面的突变。前者具有小的角动量，而后者具有大的角动量，因此小旋转数的振动更易被影响而发生不连续的变化。

如果观察系统的李指数就会发现，当 Δ 很大时，最大李指数不再总保持为正。Δ 越大，最大李指数沉降越厉害，当 Δ 大到一定程度时，就会出现一个有限的 ε 区间，在此区间里最大李指数 $\lambda_{\max} = 0$ 甚至小于零，对应于两振子的周期振荡或振荡死亡。对于大的耦合强度 ε，系统又会从死亡的不动点状态恢复周期振荡，并且恢复到混沌状态，这种恢复是以倍周期分岔的方式进行的。图 3-25(c) 给出了当参数失配 $\Delta = 0.1$ 时的动力学分岔图。系统在 $\varepsilon = 0.152$ 时发生相同步，而后相同步一直保持，但系统运动状态变为周期运动，随着 ε 增加，运动会出现一系列倍周期分岔。这种分岔是由耦合引起的，有很强的非线性因素，解析上不易分析。另外，当 Δ 更大时，系统首先达到相同步，而后迅速进入不动点状态 ($\lambda_{\max} < 0$)，对应于耦合振子系统中的 “振动死亡” 现象 [363,364]。

3. 耦合混沌系统的交替相同步

我们在前面的讨论中以 Rössler 振子为基本模型。它体现出许多与周期振子相似的同步行为。但在实际中尚有许多混沌系统无法像 Rössler 振子那样有好的相位描述。对于相位动力学很复杂的系统，一个较好的处理方法就是利用主模分解方法引入相位，但这在实际计算过程中比较困难。下面我们选用耦合 Lorenz 系统，它既可用主模分解方法，也可用对称折叠引入相位的方法来处理，我们采用后者。

我们所研究系统的运动方程为

$$\begin{cases} \dot{x}_{1,2} = \sigma(y_{1,2} - x_{1,2}) + \varepsilon(x_{2.1} - x_{1,2}) \\ \dot{y}_{1,2} = r_{1,2}x_{1,2} - y_{1,2} - x_{1,2}z_{1,2} \\ \dot{z}_{1,2} = -bz_{1,2} + x_{1,2}y_{1,2} \end{cases} \tag{3.4.29}$$

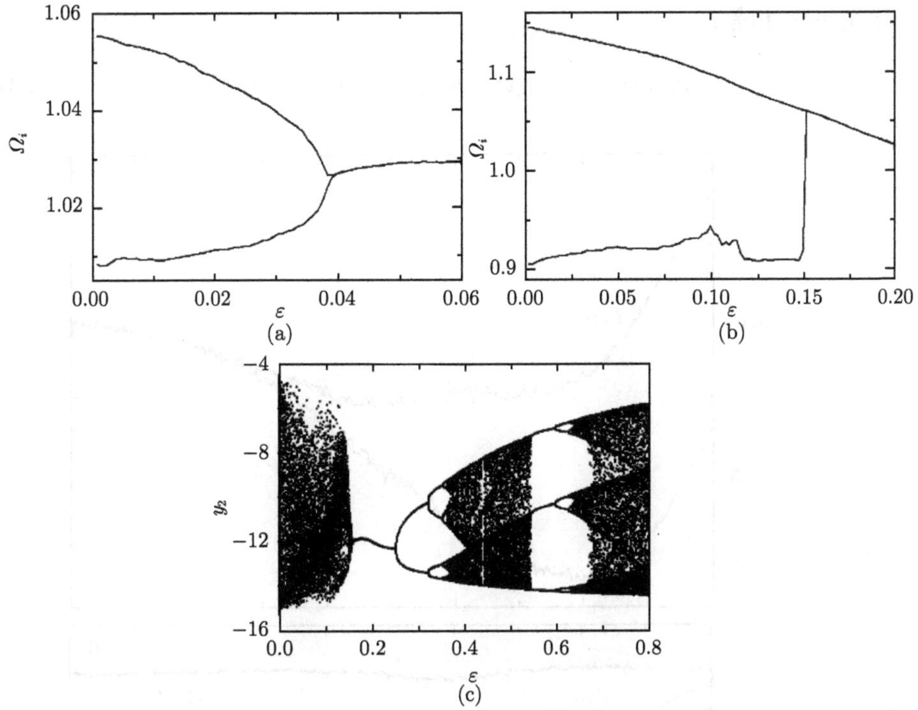

图 3-25 参数失配为 (a) $\Delta = 0.02$、(b) $\Delta = 0.1$ 时的同步分岔树；(c) 当失配 $\Delta = 0.1$ 时的动力学分岔图【改编自文献 [363]】

这里参数取 $\sigma = 10, b = 8/3, r_{1,2} = r_0 \pm \Delta, r_0 = 37.5, \Delta = 2.5$。在图 3-26(a) 中，我们计算了两个振子的旋转数 $\Omega_{1,2}$ 随 ε 的变化关系。与 Rössler 振子锁相过程非常不同，一方面 $\Omega_{1,2}$ 曲线本身随 ε 呈现复杂的变化关系，先下降再上升，更重要的是，Lorenz 振子的同步方式与 Rössler 振子非常不同。在临界点 ε_c 附近，

$$|\Omega_i - \Omega_c| \propto (\varepsilon_c - \varepsilon)^{\beta} \tag{3.4.30}$$

对 Rössler 振子系统来说 $\beta \approx 1/2$，但对 Lorenz 系统来说则 $\beta > 1$。二者的不同还体现在李指数谱的变化也完全不同，如图 3-26(b) 所示。对 Lorenz 系统而言，我们没有看到同步点处零指数变负的对应现象，几个李指数突变的位置在同步分岔树上完全没有对应。这些都说明，对于一般耦合混沌系统而言，相同步并非都同 Rössler 振子那样简单，只有相干性较好的混沌振子的相同步才会表现出与周期振子类似的行为和动力学转变。

在图 3-27(a) 中，我们画出了 $\varepsilon = 0.2$ 时两个 Lorenz 振子相位差的演化。可以看到，除了许多平台之外，尚有一些较缓的相位跳跃。可以仔细观察这些跳跃过

程。定义 $m{:}n$ 相差：

$$\Phi_{m:n}(t) = [n\phi_1(t) - m\phi_2(t)]/\max\{m,n\} \tag{3.4.31}$$

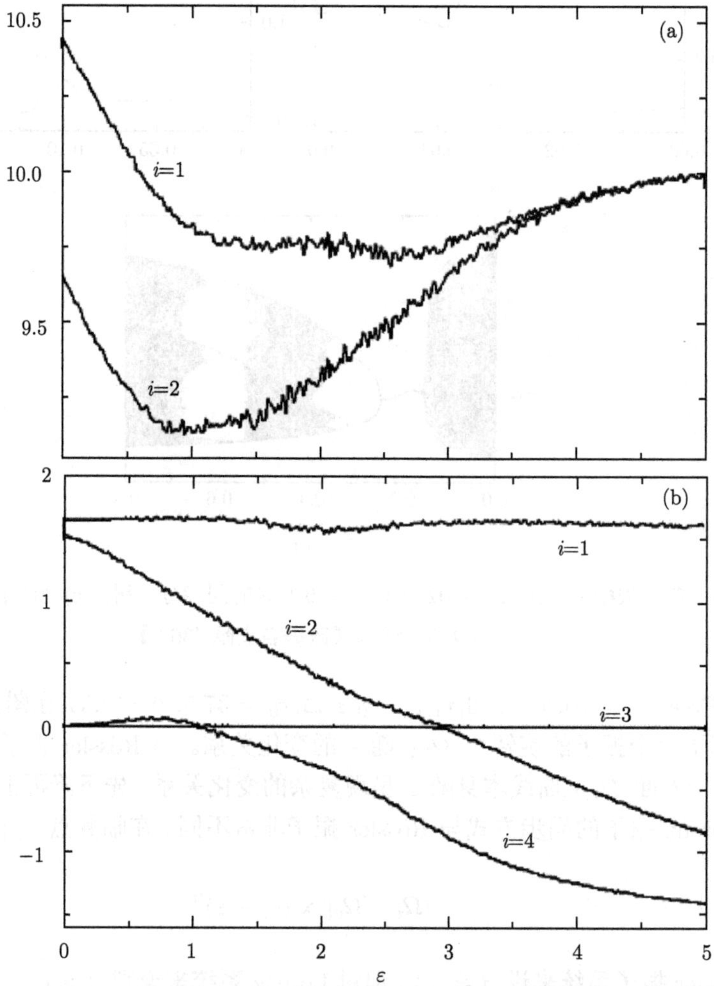

图 3-26　(a) Lorenz 振子的旋转数 $\Omega_{1,2}$ 随 ε 的变化；(b) 李指数谱的变化【改编自文献 [363]】

其中 m,n 为正整数。显然 $m=n=1$ 对应于 1:1 情况，即图 3-27(a) 中的一系列平台。在跳跃过程，我们可以调整 m,n 以观察 $\Phi_{m:n}(t)$。若它在一段时间内对选定的 m,n 是一个平台，则说明在这段时间内系统处于 $m{:}n$ 的锁相片段。在图 3-27(b)~(e) 中，我们画出了在图 3-27(a) 中不同跳跃阶段的 $m{:}n$ 锁相过程，可以看到诸如 10:9，50:43，25:22，5:4 等不同锁相片段，这些我们都标于图上。可以看到两个振子在未完全相同步之前是处于交替相同步阶段，这些比值大都接近于 1:1，但来自于高周期不稳定轨道的锁相。这与前面的周期驱动情况非常一致，理论上也可以用不稳定周期轨道理论来解释。每一个周期轨道可看作一个极限环，我们就可以考察各种两个极限环系统的同步过程。这里不再详述 [363,364]。

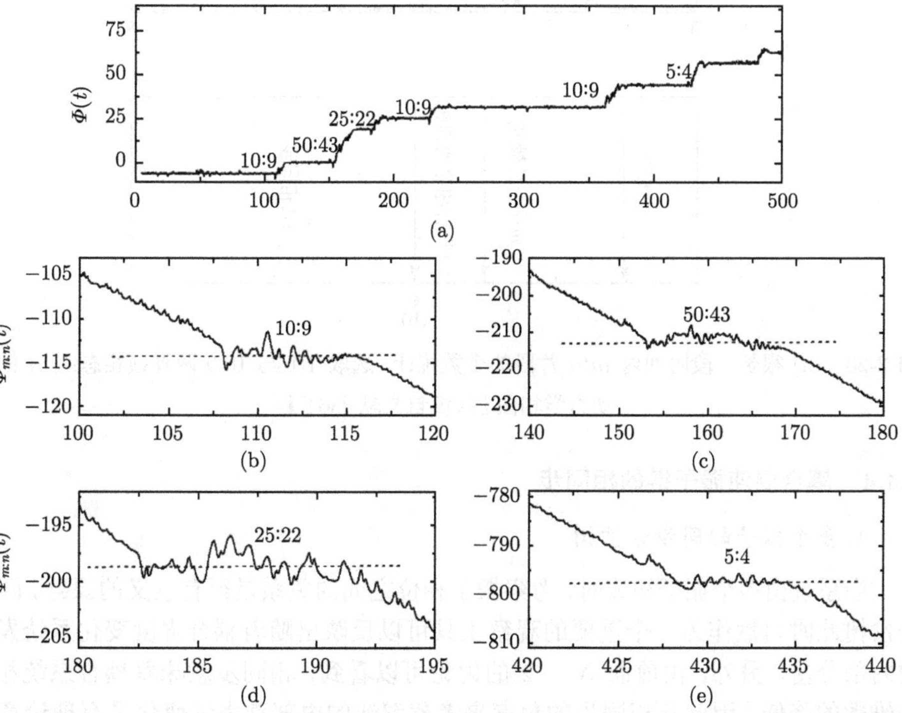

图 3-27 (a) $\varepsilon = 0.2$ 时两个 Lorenz 振子相位差的演化；(b)~(e) 图 (a) 中不同跳跃阶段的 $m{:}n$ 锁相过程【改编自文献 [364]】

在图 3-28(a) 中，我们计算了一段时间 (通常很长)T 内 $m{:}n$ 片段的个数。由于 $m{\neq}n$ 的片段统计上比较困难，我们只画出出现较多的 10:9 片段。对 $m \neq n$ 相对照，我们也统计了 1:1 片段。可以看到，在 $\varepsilon \approx \varepsilon_c'$ 时，系统会出现交替相同步，随着 ε 增加，1:1 与 $m : n(m \neq n)$ 片段数目都在增加，当 $\varepsilon \approx \varepsilon_c^2$ 时达到最高峰，然后片段个数都下降。1:1 片段逐渐融合 (因而个数下降，但平均长度增加)，10:9 片段个数迅速减少，在 $\varepsilon \approx \varepsilon_c^{\mathrm{LE}}$ 时几乎消失。1:1 片段在 $\varepsilon \approx \varepsilon_c$ 时全部融合成一个 (无相位跳跃)，系统进入完全的 1:1 相同步。很有意思的是，上面的几个临界点在李指数谱上有对应，如 $\varepsilon \approx \varepsilon_c^1$ 对应于一个李指数变负，$\varepsilon \approx \varepsilon_c^{\mathrm{LE}}$ 对应于另一个李指数变负。对应于图 3-28(a)，我们画出了系统的同步动力学相图，如图 3-28(b) 所示。

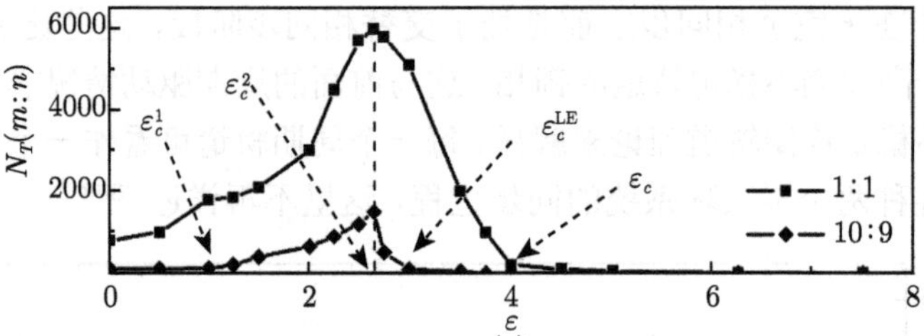

(a)

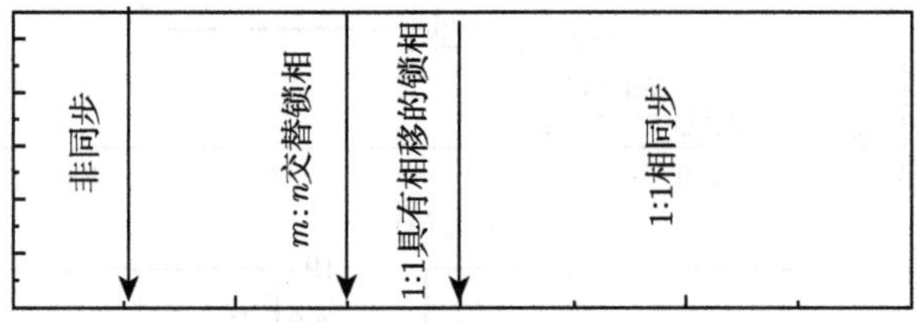

(b)

图 3-28　(a) 很长一段时间内 m:n 片段的个数统计，选取 1:1 与 10:9 两种锁相态；(b) 同步动力学相图【改编自文献 [364]】

3.4.4　耦合混沌振子链的相同步

1. 多个振子的同步分岔树

当系统由多个振子构成时，考察振子相位之间的关系是很有意义的课题。同步分岔树此时自然作为一个重要的观察工具可以反映出随着耦合强度变化系统发生的内部分岔。另外，由前面 $N=2$ 的讨论可以看到，相同步意味着耦合系统相空间维数的降低，因此从相同步的角度来考察混沌的内部动力学变化是有理论意义的 [363]。

我们仍以 N 个扩散型耦合 Rössler 系统为例：

$$\begin{cases} \dot{x}_i = -\omega_i x_i - z_i + \varepsilon(x_{i+1} - 2x_i + x_{i-1}) \\ \dot{y}_i = \omega_i x_i + a y_i \\ \dot{z}_i = f + z_i(x_i - c) \end{cases} \tag{3.4.32}$$

i =1，2，⋯，N，这里参数取 a =0.165，f =0.2，c =10，

$$\omega_i = \omega_0 + \Delta_i, \quad \Delta_i \in [-\Delta, \Delta] \tag{3.4.33}$$

Δ_i 为参数失配，ε 为耦合强度。方程 (3.4.32) 为 x 的最近邻耦合。后面的部分结果我们还会讨论 y 耦合的情形，但是基本结果几乎没有影响。

在图 3-29(a) 中，我们画出 N=3 个 Rössler 振子的 Ω_i-ε 图 (同步分岔树)，$\omega_0 = 1.0, \Delta_3 = -0.012, \Delta_2 = 0, \Delta_1 = 0.006$。可以看到，当 ε 很小时，各 Ω_i 都不相等。

随着 ε 的增大，相互之间比较接近的 1 和 2 振子发生相同步。然后这个集团再与第三个振子相同步。这一图像与周期振子的同步分岔非常相似。对于图 3-29(b) 中 $N=5$ 的情况，我们也可看到通过集团部分同步到达整体相同步的道路。所有这些同步分岔都非常清晰，反映了振子之间通过耦合有序的自组织涌现行为。

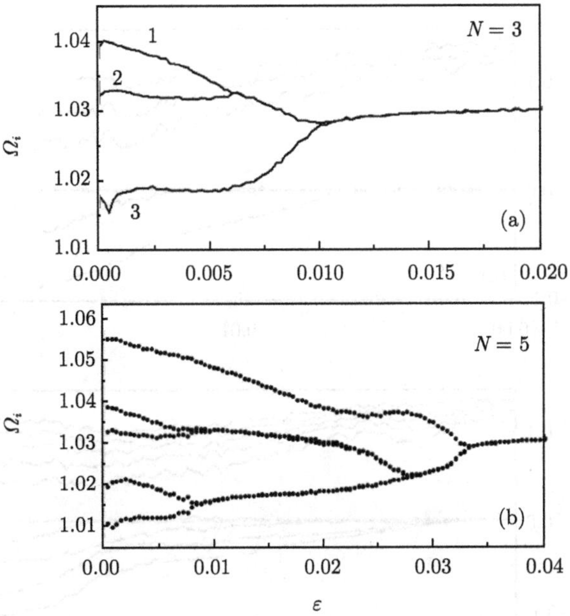

图 3-29 $N=3$ 和 $N=5$ 个 Rössler 振子的同步分岔树【改编自文献 [363]】

对更大的振子数 N，当自然频率失配 Δ_i 以随机方式给定时，其分岔树则要复杂得多。它同样反映出振子之间的固有频率差距与空间二者之间的竞争。我们在第 2 章的耦合周期振子系统中已经看到类似的图像。另外，我们还可以观察到非局域相同步，这个问题将在后面进一步讨论。

2. 从高维超混沌到低维超混沌

下面进一步考察耦合系统在相同步过程中的动力学拓扑变化。在图 3-30 中我们画出了 $N=3$ 和 $N=5$ 个振子 (与前面参数相同) 的前 $2N$ 个李指数随 ε 的变化情况。可以看到前 N 个李指数在相同步过程中始终保持为正，而小 ε 时 (无相同步) 另外 N 个李指数均为零。若动力学系统的李指数谱中有超过一个大于零，我们将其称为超混沌运动，它比一般的混沌 (一个正李指数) 运动要更为混乱。因此耦合系统与相同步的过程中始终保持为超混沌运动。相同步分岔的动力学转变反映在零李指数的变化上。对应于每一次相同步分岔，零李指数中都有一个变负，零指数的简并度下降。零指数个数越多，说明运动在维数越高的超混沌环面上进行。

如果我们把这种分岔过程反过来看 (耦合强度逐渐降低，在时空系统中等效于增加系统尺寸)，则可以看到系统从低维超混沌向高维超混沌的转变。而这种动力学转变的机制则是系统的各级去同步，从而使吸引子维数不断增加。这一机制可用来探讨时空系统从低维混沌向高维混沌的转变 [365]。

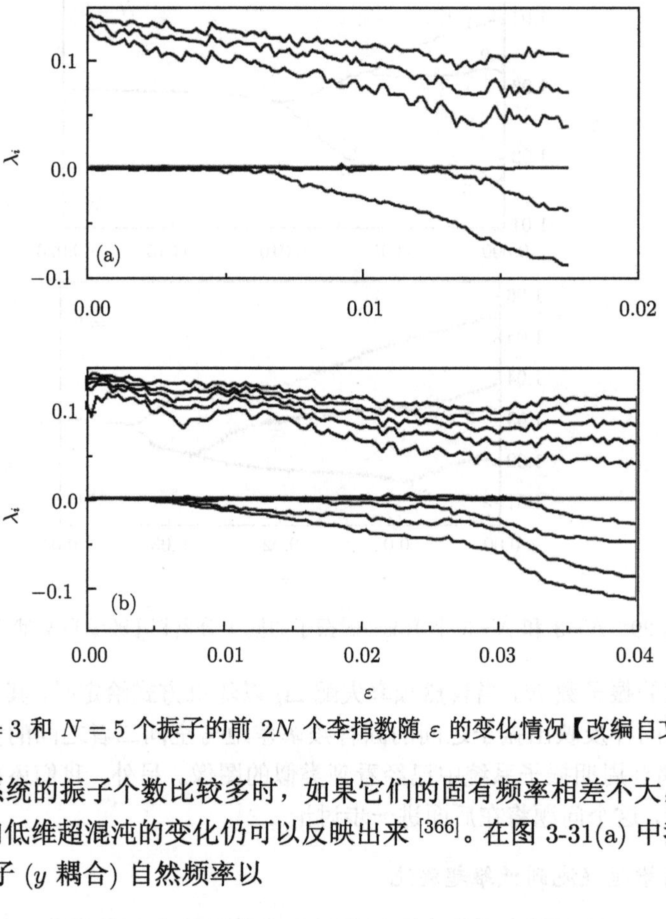

图 3-30　$N = 3$ 和 $N = 5$ 个振子的前 $2N$ 个李指数随 ε 的变化情况【改编自文献 [365]】

当耦合系统的振子个数比较多时，如果它们的固有频率相差不大，则上面由高维超混沌向低维超混沌的变化仍可以反映出来 [366]。在图 3-31(a) 中我们画出了 $N = 20$ 个振子 (y 耦合) 自然频率以

$$\omega_j = \omega_1 + \delta(j-1) \tag{3.4.34}$$

方式分布时旋转数在不同耦合强度下的情况。$\delta = 2\times10^{-4}$，$\omega_1 = 1.0$。可以看到，$\varepsilon = 0.003$ 和 0.006 时系统在耦合链两头出现同步集团，集团不断增大，在 $\varepsilon = 0.009$ 时形成一个整体的同步集团。图 3-31(b) 给出了相应参数下李指数谱 (前 40 个指数) 的分布情况。正李指数的个数在系统形成整体相同步时仍可保持为 N 个，另外 N 个简并的李指数随着 ε 的增加不断沉降，一直到整体同步时 N 个零指数中的 $N-1$ 个变为负。

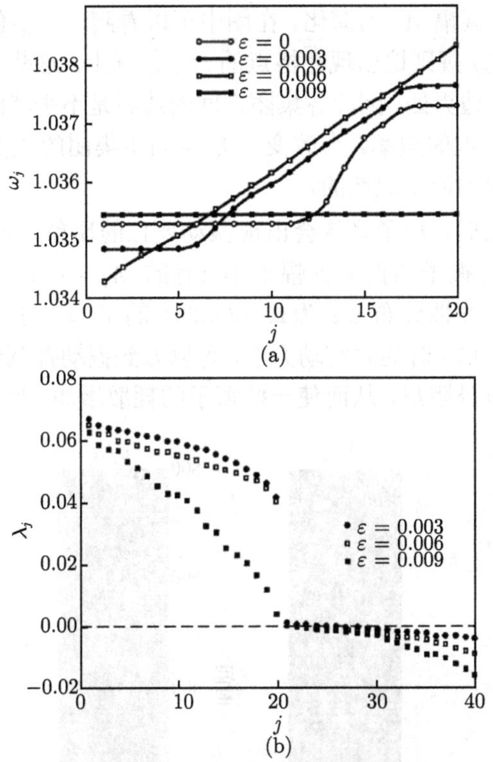

图 3-31 (a) $N = 20$ 个振子 (y 耦合) 的旋转数在不同耦合强度下的分布情况；(b) 不同耦合强度下李指数谱的分布情况【改编自文献 [366]】

3. 大频率失配下的混沌抑制

振子之间的参数失配较大时，混沌会受到抑制。这在前面 $N = 2$ 的情况可以看到。对于大 N 的情况，当 ε 增加时，系统的正李指数数目会逐渐减少。我们仍考虑自然频率 $\omega_j = \omega_1 + \delta(j-1)$ 的情况，但 δ 较大。这时系统的相同步集团化与小 δ 的情形不同，系统不是只在两端形成两个同步集团，而是分成许多个小的同步集团。Ω_j 的分布图也成为阶梯状，阶梯之间的变化是不连续的 (注意小 δ 时的 Ω_j-j 分布曲线是比较平滑的)。

在图 3-32(a) 中，我们给出了在小参数失配 δ 时耦合系统的时空演化行为。在所有图中极小值由白色区域给出，黑色表示极大值。各图中左边是相位函数

$$\sin\phi_j = y_j/A_j$$

的演化，中间则给出了相差

$$S_j = \sin^2[(\phi_j - \phi_{j+1})/2]$$

的演化。右边子图是振幅 A_j 的演化。在图中可以看到一些白色的点 (A_j 演化) 或黑色的点 (S_j 的演化) 规则地出现在格点的一些位置上。这些都是缺陷振子，它们处于两个同步集团的边界处。因此各集团之间的边界是不平滑的。两个同步集团的频率差等于缺陷点出现的频率。当改变 ε 出现同步集团的改变时，处于边缘的缺陷的演化就不是周期的而是混沌的。

当参数失配更大时，振子系统会出现振动死亡的现象。这种现象在大数目振子系统中表现为部分振子的振动振幅很小 (有的 $A_j \to 0$，但有的不为零)。在图 3-32(b) 中给出了线性分布 ω_j 为式 (3.4.34) 的 $\delta = 1.5 \times 10^{-2}, \omega_1 = 1.0$ 时 N=50 个振子在 $\varepsilon = 0.75$ 时的时空动力学，可以看到振动抑制现象。这种现象的机制是耦合 ε 带来的额外阻尼，从而使一些振子的耗散增加 [366]。

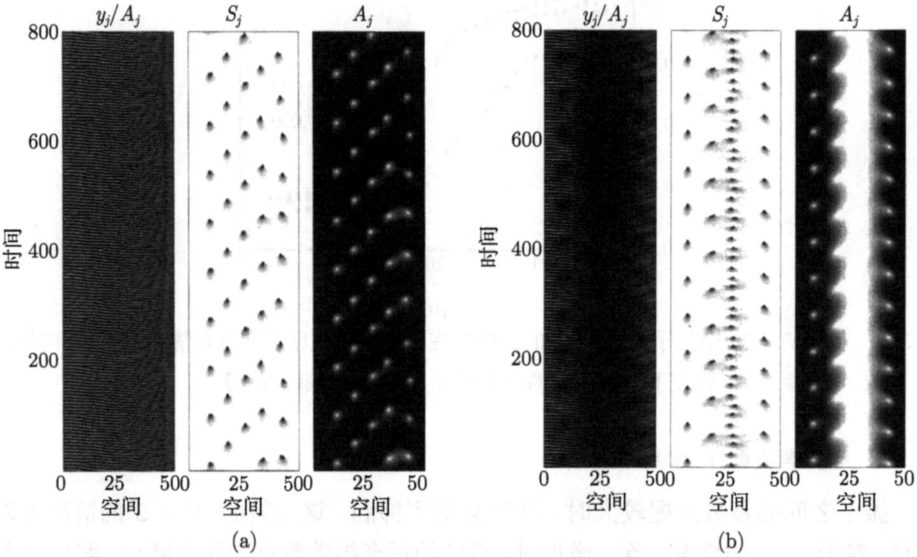

图 3-32　(a) 相同步的系统时空演化行为；(b) 振荡抑制现象【改编自文献 [366]】

3.4.5　非局域相同步

耦合振子系统在很多情况下考虑的是最近耦合方式。在研究耦合周期振子同步时我们曾看到不相邻振子之间的锁相行为。相比于近邻振子，这是典型的非局域同步现象。那么，这种非局域的同步是否具有普遍性呢? 其背后的机制是什么呢? 下面我们讨论耦合混沌振子系统的非局域相同步现象 [367]。我们将会看到，空间位置比较邻近的振子并不一定会形成相同步，相反，空间位置比较远、参数比较相近的振子反倒可以形成相同步。

我们先构造下面的耦合系统，它由两个不同自然频率的 Rössler 振子构成，其中第二个振子受到一个频率为 Λ 的周期外力的驱动：

$$\begin{cases} \dot{x}_1 = -\omega_1 y_1 - z_1 + \varepsilon(x_2 - x_1) \\ \dot{y}_1 = \omega_1 x_1 + 0.15 y_1 \\ \dot{z}_1 = 0.2 + z_1(x_1 - 10) \end{cases} \tag{3.4.35a}$$

$$\begin{cases} \dot{x}_2 = -\omega_2 y_2 - z_2 + \varepsilon(x_1 - x_2) \\ \dot{y}_2 = \omega_2 x_2 + 0.15 y_2 + A \sin \Lambda t \\ \dot{z}_2 = 0.2 + z_2(x_2 - 10) \end{cases} \tag{3.4.35b}$$

我们希望考察是否有这样的情况：振子 2 在周期力驱动下不会形成锁相，而第一个振子不直接受到周期力作用却会发生与周期力的相同步。

在图 3-33 中我们画出了参数取 $\omega_1 = 1.0, \omega_2 = 0.65, A = 1.0, \varepsilon = 0.1$ 时两振子平均频率与周期外力频率之比 $\Omega_{1,2}/\Lambda$ 与周期力频率 Λ 的变化关系。可以很清楚地从图 3-33(a) 看到第一个振子被外来驱动同步 (曲线的平台部分)，虽然外力并没有直接作用到振子 1 上。与此形成对照的是，如图 3-33(b) 所示，直接被周期力作用的第二个振子反而没有与外力形成相同步。

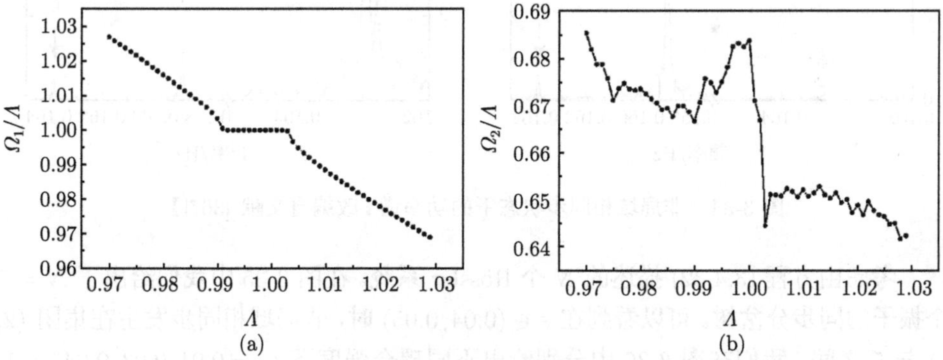

图 3-33 频率比 $\Omega_{1,2}/\Lambda$ 与周期力频率 Λ 的变化关系【改编自文献 [367]】

(a) 振子 1；(b) 振子 2

为考察这种非局域相同步的动力学根源，可以对各振子的信号进行频谱分析。图 3-34 中给出了这样的频谱图。图 3-34(a) 是处于非局域相同步状态下 ($\Lambda = 1.0$) 第一个振子的分量 $x_1(t)$ 的功率谱。可以看到它在 $\Lambda = 2\pi f$ 处有一尖峰，说明第一个振子与外力同步。图中的 f_1 为无外力驱动时的峰，说明两振子的耦合在非局域相同步中起了重要作用。图 3-34(b) 中的 $x_2(t)$ 功率谱也有一个峰，但其位置远离 $f = \Lambda/(2\pi)$，说明外力与它并未形成同步。但在 f 处有一个小的尖峰。正是这一小的频率成分对非局域相同步起到了信号传递的作用，它通过振子间耦合传递给第一个振子，从而实现了非局域相同步。这一机制对多个振子的非局域相同步也是有效的。

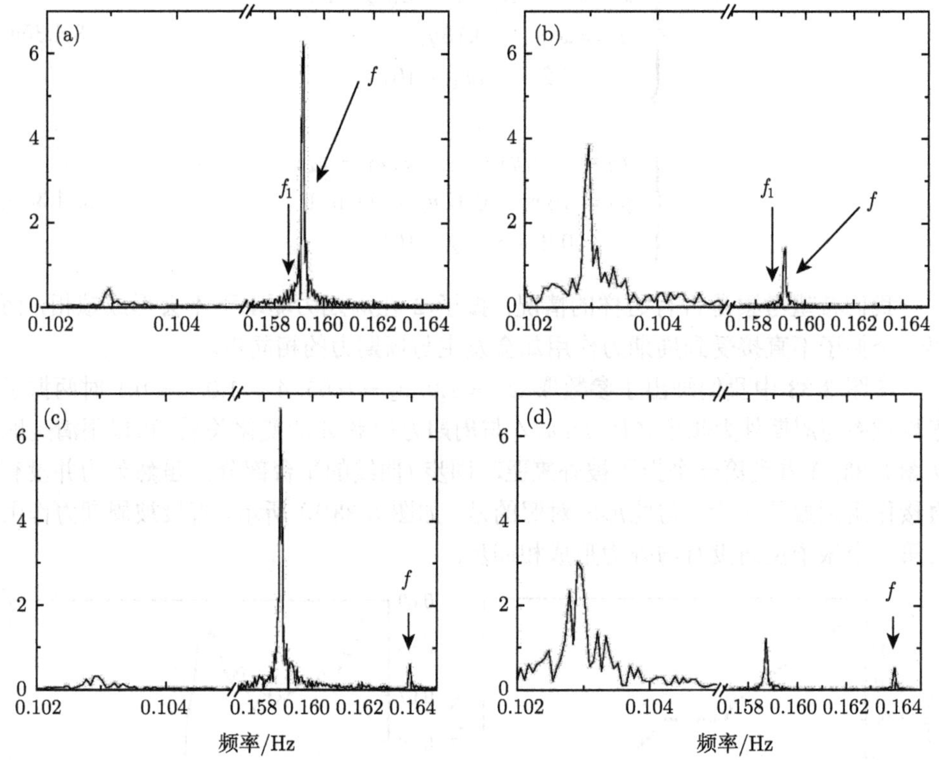

图 3-34 非局域相同步状态下的功率谱【改编自文献 [367]】

考虑由方程 (3.4.32) 描述的 N 个 Rössler 系统。在图 3-35 中我们给出了 $N=5$ 个振子的同步分岔树。可以看到在 $\varepsilon \in (0.04, 0.05)$ 时，非局域相同步发生在集团 (2, 3) 与 5 之间。我们在图 3-36 中分别给出不同耦合强度下 ($\varepsilon = 0.01, 0.03, 0.045, 0.1$) 五个振子的频谱，其中 $\varepsilon = 0.045$ 对应于 (2, 3) 与 5 的非局域相同步。从图中可以发现，当 ε 很小时，振子的峰位置均不同，说明没有同步；随着 ε 的增加，一些具有相近自然频率、位置近邻的振子开始出现相同步，且形成集团 (最高峰位于相同位置)。在图 3-36(c) 中可以发现振子 2，3 和 5 的最高峰位相同，说明非局域相同步形成。在图 3-36(c) 中还可以看到处于非相同步状态的振子 (如振子 1)，虽然其主峰与 (2, 3, 5) 主峰不同，但在 (2, 3, 5) 主峰位置仍可看到一个小的次峰。正是这一小的同步频率成分对非局域相同步的形成起着至关重要的作用。振子 1 的信号传递作用使得非局域同步得以实现。

对于大的振子耦合强度 ε，所有振子的主峰位置相同，因而系统达到整体相同步。更大尺寸的耦合系统中也同样可以看到非局域相同步现象，而且出现的机会更为频繁。

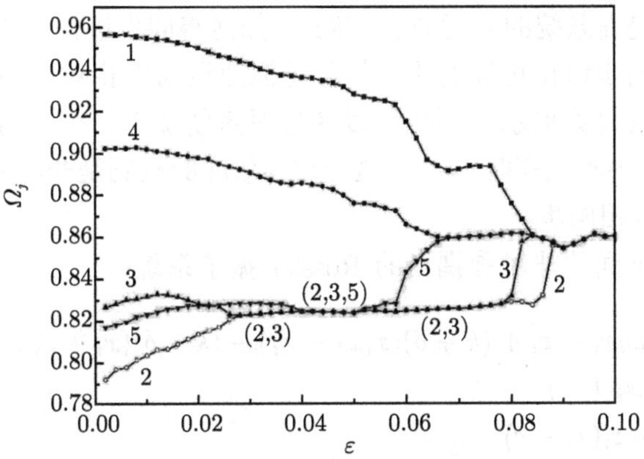

图 3-35 $N = 5$ 个振子的同步分岔树【改编自文献 [367]】

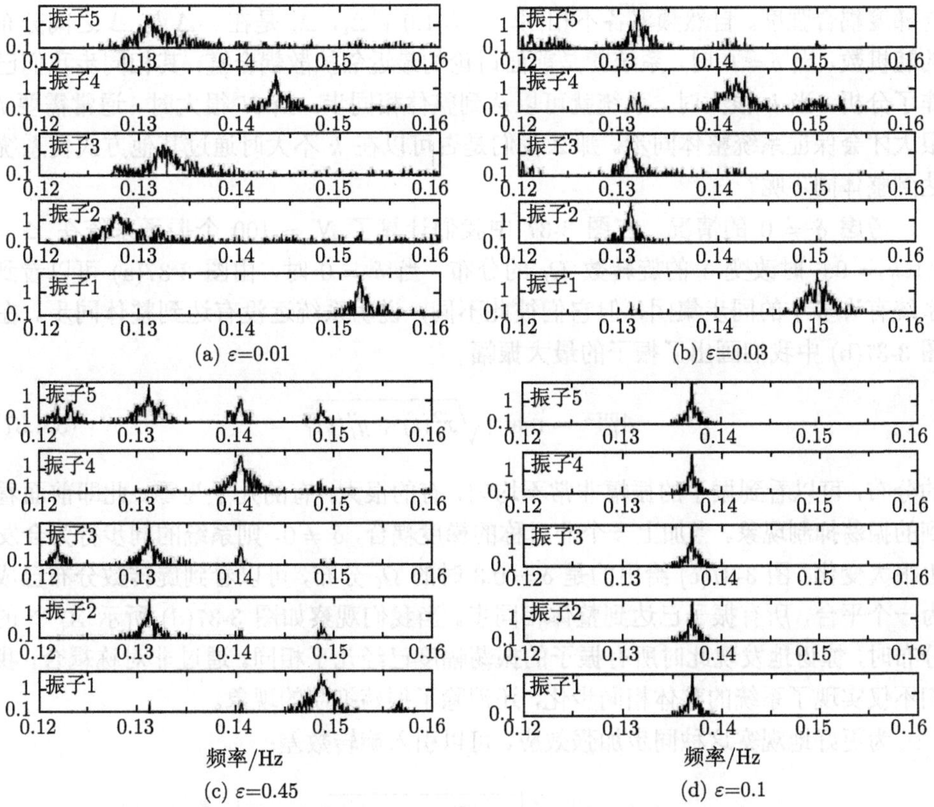

图 3-36 不同耦合强度下五个振子的频谱【改编自文献 [367]】

参数与图 3-35 同

3.4.6 相同步的加强效应

耦合系统的同步化在实际应用中有重要意义。同步化耦合激光器件，输运过程中同步可以大大提高系统的输运效率。因此，如何将同步进行优化是值得探讨的问题。从前面的相同步讨论可以看出，相位是混沌运动中相对较为容易驾驭的自由度。下面我们通过讨论揭示相同步可以通过对系统加上一个非对称耦合而大大加强 (在总的耦合大小不改变时) [368]。这个加强效应的机制是非对称耦合导致的 “同步波” 以及非局域相同步。

我们先考察下面的非对称耦合的 Rössler 振子系统：

$$\begin{cases} \dot{x}_i = -\omega_i x_i - z_i + (k+\delta)(x_{i+1} - x_i) - (k-\delta)(x_i - x_{i-1}) \\ \dot{y}_i = \omega_i x_i + a y_i \\ \dot{z} = f + z_i(x_i - c) \end{cases} \tag{3.4.36}$$

其中 $i = 1, 2, \cdots, N$，振子参数分别取 $a = 0.165, f = 0.2, c = 10$。$k, \delta$ 分别为扩散与梯度耦合强度。自然频率各不相同，$\omega_i = 1.0 + \varDelta_i$，$\varDelta_i$ 是在 $-\varDelta$ 与 $\varDelta$ 之间分布的随机数，当 $\delta = 0$ 时，系统就是前面讨论的最近邻扩散耦合链，其相同步我们已作了分析，当 k 很大时，系统就可以达到整体相同步。当 N 很大时，通常需要 k 很大才会保证系统整体同步。那么我们是否可以在 k 不大时通过其他方式使系统达到整体同步呢?

考虑 $\delta \neq 0$ 的情况。在图 3-37 中我们计算了 $N = 100$ 个振子系统在 $\varDelta = 0.1, k = 0.6$ 时改变 δ 的旋转数 $\varOmega_i$ 的分布。当 $\delta = 0$ 时，由图 3-37(a) 可以看到系统有许多小的同步集团，但它们彼此不同，说明系统远没有达到整体同步。在图 3-37(b) 中我们画出了振子的最大振幅

$$A_i^{\max} = \max\{\sqrt{x_i^2(t) + y_i^2(t)}\} \tag{3.4.37}$$

的分布，可以看到振子的振幅非常不均匀，有的很大，有的几乎为零。此即前面看到的振荡抑制现象。当加上一个非对称的梯度耦合，$\delta \neq 0$，则系统的同步行为会发生很大变化。图 3-37(c) 给出的是 $\delta = 0.3$ 时的 $\varOmega_i$ 分布，可以看到旋转数分布已成为一个平台，所有振子已达到整体相同步。当我们观察如图 3-37(d) 所示 $A_i^{\max}$ 的分布时，惊讶地发现此时所有振子的振荡幅度已经几乎相同。通过非对称耦合，我们不仅实现了系统的整体相同步化，还消除了振荡抑制的现象。

为更好地观察这种同步加强效应，可以引入旋转数差：

$$\Delta\varOmega = \sqrt{\frac{1}{N}\sum_{i=1}^{N}(\varOmega_i - \bar{\varOmega})^2} \tag{3.4.38}$$

其中 $\bar{\Omega}$ 为所有振子旋转数的平均，即

$$\bar{\Omega} = \frac{1}{N}\sum_{i=1}^{N}\Omega_i \tag{3.4.39}$$

在图 3-38 中我们分别给出了 $\Delta = 0.3$ 和 0.5(比上面的自然频差异更大) 时在不同扩散耦合 k 下 $\Delta\Omega$ 随 δ 的变化曲线。可以看到 $\Delta\Omega$ 在某一 δ 会突然下降到零，表明改变 δ 可以实现系统的整体相同步化。

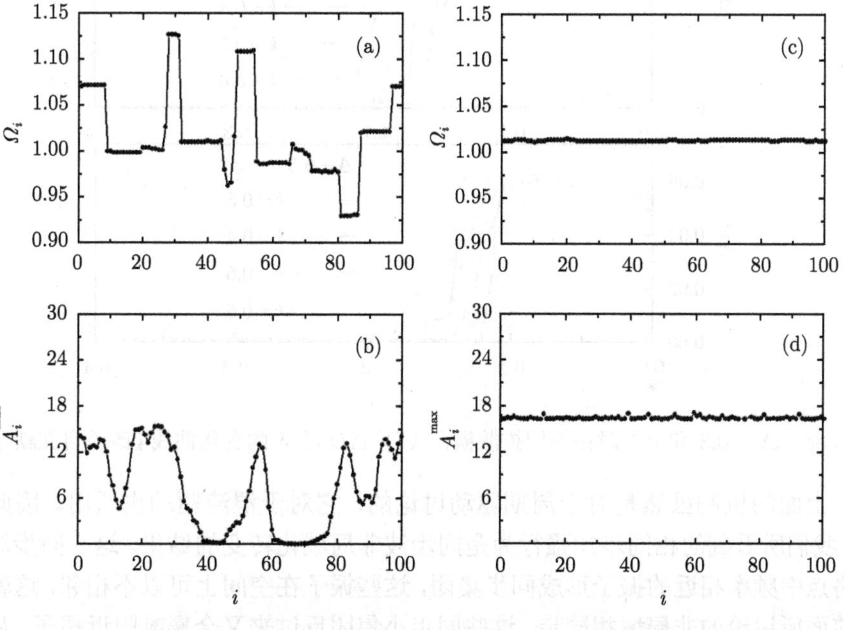

图 3-37 $N = 100$ 个振子系统改变 δ 时 Ω_i 和最大振幅 $A_i^{\max}$ 的分布【改编自文献 [368]】

为揭示这种转变的机制，我们考虑上面的 Rössler 系统。不同的是，首先，所有振子的参数都相同，$\omega_i = \omega$；其次，我们对第一个振子的 x 变量施加一个周期驱动：

$$\dot{x}_1 = -\omega x_1 - z_1 + (k+\delta)(x_2 - x_1) - k[x_1 - 10\sin(\omega_0 t)] \tag{3.4.40}$$

这里参数取 $\omega = 1.2, \omega_0 = 1.0, k = 0.9$。在图 3-39(a) 中，我们给出了 $N = 50$ 时 Ω_i 在不同 δ 的分布。当 $\delta = 0$ 时，可看到只有与周期驱动邻近的格点会与其同步，此时我们认为简谐波是局域的，它只能传播有限距离。$\delta \neq 0$ 时，我们可以观察到越来越多的振子被周期力同步，这反映出简谐波的非局域化。当 $\delta = \delta_c \approx 0.55$ 时，所有振子都被简谐波同步，此时 “同步波” 可在整个链上传播。在图 3-39(b) 中，我们

给出每个振子的 ω_0 频率成分的强度：

$$P_i(\omega_0) = \left| \int_{-\infty}^{\infty} x_i(t) e^{i\omega_0 t} dt \right| \tag{3.4.41}$$

可以看到当 $\delta = 0$ 时，对于 $i > 4$，$P_i(\omega_0)/P_1(\omega_0) \to 0$，当增加 δ 时，$P_i(\omega_0)/P_1(\omega_0) \neq 0$ 的格点也不断增加；在 $\delta_c \approx 0.55$ 时同步波可传遍整个系统。

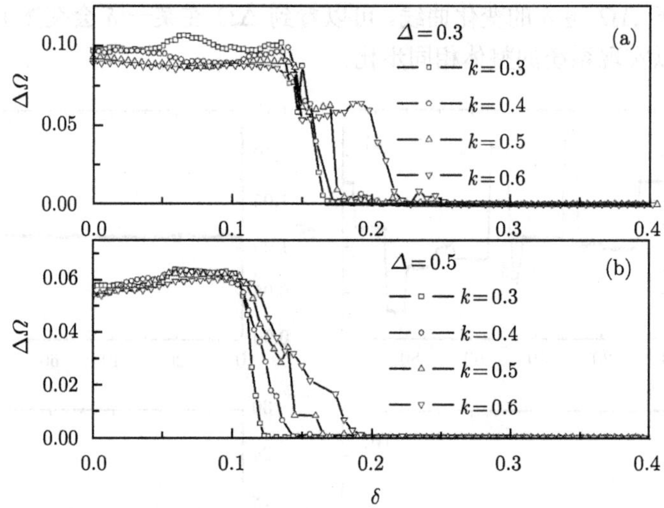

图 3-38 $\Delta = 0.3$ 和 0.5 时在不同扩散耦合 k 下 $\Delta\Omega$ 随 δ 的变化曲线【改编自文献 [368]】

上面的机制虽然是对于周期驱动讨论的，它对于混沌驱动也适用。因此可以说，我们所看到的相同步加强行为是同步波非局域化转变的结果。这一同步波会引起格点中频率相近的振子形成同步集团，这些振子在空间上可以不相邻，这就产生了前面所讨论的非局域相同步。这些同步小集团反过来又会影响附近振子，从而形成更大集团。在图 3-40 中，我们给出 $N = 100$ 个 x 耦合的 Lorenz 振子的 Ω_i 分布，其方程为

$$\begin{cases} \dot{x}_i = \sigma(y_i - x_i) + (k+\delta)(x_{i+1} - x_i) - (k-\delta)(x_i - x_{i-1}) \\ \dot{y}_i = r_i x_i - y_i - x_i z_i \\ \dot{z}_i = -b z_i + x_i y_i \end{cases} \tag{3.4.42}$$

参数取 $\sigma = 10$，$b = 8/3$，$r_i = 40 + \Delta_i$，$\Delta_i \in [-10, 10]$，$k = 50$。$\delta = 0$ 时可以看到 Ω_i 分布几乎没有同步集团形成。当加上梯度耦合 δ 时，随着 δ 增加，系统会逐渐形成三大集团 (见图 3-40(b)，(c))；当 $\delta = k$ 时，系统只有一个很大的集团和一个小的同步集团。这也说明非对称耦合可以加强相同步。由此可见，这一机制有其普遍性。

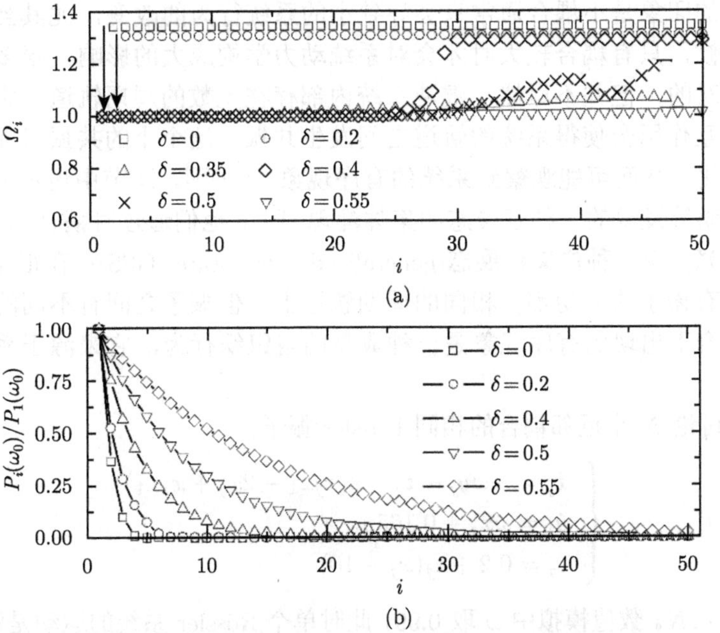

图 3-39 (a) $N=50$ 时 Ω_i 在不同 δ 的分布；(b) 振子的 ω_0 频率成分的强度分布【改编自文献 [368]】

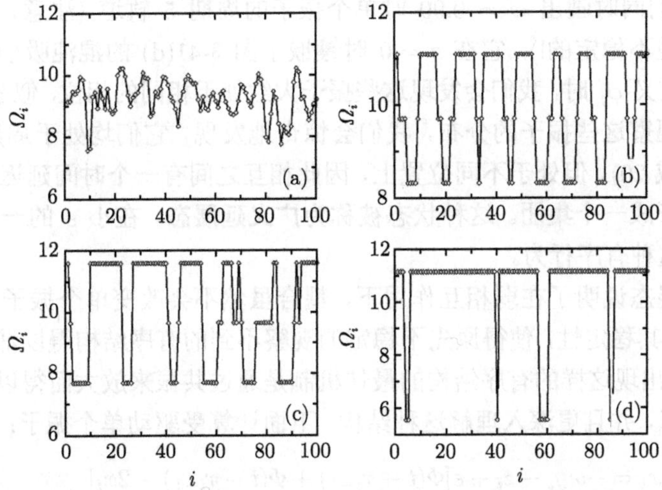

图 3-40 $N=100$ 个 x 耦合的 Lorenz 振子的 Ω_i 分布【改编自文献 [368]】

3.4.7 耦合相同混沌振子的相位有序现象

对振子相同步的讨论大多集中于振子不同的情况。人们的一个直觉是耦合的相同振子的相位动力学应该非常简单，因为振子的振动频率已经相同。另一个人们通常的印象是小耦合通常只会导致小的系统行为的改变，尤其当振子都是混沌的时候，只有耦合较大时才会对系统动力学构成大的影响。很多情况下这种观念是对的，但并不尽然，混沌系统内部存在无数的周期轨道，它们都不稳定，但相互作用会使得系统的轨道之间发生共振，这个小的共振可能使得周期轨道稳定化，从而可能观察到系统的有序现象 [369,370]。本节中讨论的一个有趣现象是占萌等发现的一种延展态的集体涌现 [371]。他们通过对耦合 Rössler 振子系统的研究发现一种**广义延展态**(generalized splay state, GSS)：在很小的耦合强度下，所有振子的运动都在相同的周期轨道上，但振子之间有不同的相位。这种在弱耦合下出现的有序现象是一种典型的自组织行为，它来源于系统内部的共振。

下面讨论 N 个近邻耦合的相同 Rössler 振子：

$$\begin{cases} \dot{x}_j = -\omega y_j - z_j + \varepsilon(x_{j+1} - 2x_j + x_{j-1}) \\ \dot{y}_j = \omega x_j + 0.165 y_j \\ \dot{z}_j = 0.2 + z_j(x_j - 10) \end{cases} \tag{3.4.43}$$

$j = 1, 2, \cdots, N$。数值模拟中 ω 取 0.99，此时单个 Rössler 系统的运动是混沌的。在图 3-41 中我们给出了 x-y 平面上 2 个和 20 个振子在极弱的耦合强度 $\varepsilon = 3\times10^{-4} \ll \varepsilon_c$($\varepsilon_c$ 为系统发生完全同步的阈值) 时在任一时刻的位置图。为方便观察，在图 3-41(c) 中我们同时画出 $\omega = 0.99$ 时单个振子的周期 5 轨道 (注意，$\varepsilon = 0$ 时这个周期轨道是不稳定的!)，它在 $\varepsilon = 0$ 时镶嵌于图 3-41(d) 的混沌吸引子中。当用前面相位的定义 ϕ_j 时，我们会发现这些振子大约处于相同的相位，似乎并不奇怪。但如果仔细观察这些振子的分布，我们会惊奇地发现，它们均处于周期 5 轨道上 (不管 N=2 或 20)，但处于不同位置上，因此相互之间有一个时间延迟，N 较大时若干振子会形成一个集团。这种状态被称为**广义延展态**。在小 ε 的一个范围内我们都会看到这种有序行为。

这种延展态说明了在弱相互作用下，耦合虽然不会改变单个振子的吸引子结构，但会改变其稳定性，使得原先不稳定的观察不到的有序结构得以涌现。由于耦合非常弱，能出现这样的有序结构的最佳机制是通过共振来放大而得以实现的。为了证实这一点，并且更深入理解这种结构，下面计算受驱动单个振子：

$$\begin{cases} \dot{x}_i = -\omega y_i - z_i + \varepsilon[\Phi(t - \tau_{i-1}) + \Phi(t - \tau_{i+1}) - 2x_i] \\ \dot{y}_i = \omega x_i + 0.165 y_i \\ \dot{z}_i = 0.2 + z_i(x_i - 10) \end{cases} \tag{3.4.44}$$

其中 $\Phi(t)$ 为图 3-41(c) 的周期 5 信号。在图 3-42(a) 中，我们画出了

$$\Delta_i = \tau_i - \tau_{i-1}, \quad \theta_i = \tau_{i+1} - \tau_{i-1} \tag{3.4.45}$$

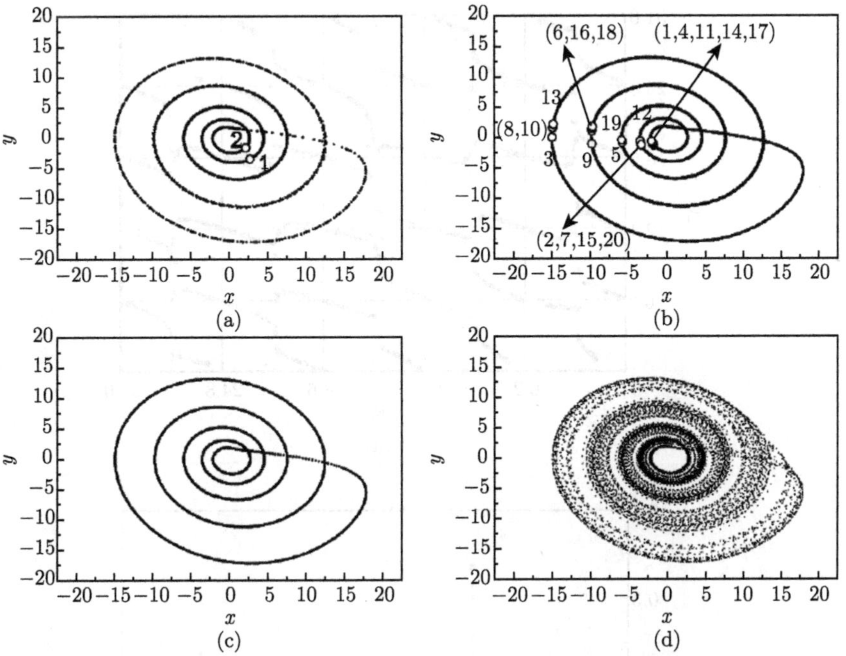

图 3-41 小耦合下 x-y 平面上 2 个和 20 个振子在任一时刻的位置图【改编自文献 [371]】

在 $\varepsilon = 3\times 10^{-4}$ 时的关系图。可以看到对一个固定的 θ_i，τ_i 有多重响应分支。我们再把 $N=2$ 与 20 的振子相位分布情况画在分支图上，可以看到它们都分布在图中画出的横纵线与分支的交点上。这些线是共振线：$\Delta_i, \theta_i = nT/5$，$n=1,2,\cdots,5$，其中 T 是周期 5 轨道的周期 ($T\approx 30.98$)。这使得我们对延展态的有序结构有进一步的理解：它的确是系统共振的结果。至于系统为什么选择了周期 5 轨道，可以从单个 Rössler 系统的回归时间分布看出来, 如图 3-42(b) 所示。可以看到回归时间分布 $P(T)$ 在 $T\approx 30.98$ 时有最高峰，这个峰的位置恰好是周期 5 轨道的周期。这说明，对 Rössler 振子来说，运动最有可能在周期 5 轨道附近进行，因而会以其发生共振效应。一般情况下，分布满足

$$P(T)\propto \mathrm{e}^{-\lambda_m(T)T} \tag{3.4.46}$$

其中 $\lambda_m(T)$ 为周期为 T 的不稳定周期轨道对应的最大李指数。

值得指出的是，这种广义扩展相位态在其他耦合系统如 Chua 氏电路、Lorenz 振子、Hindmarsh-Rose 神经元模型等都可以看到，因此在弱耦合下，通过共振涌现出有序结构有其普遍性。人们研究了类似的模型，发现了更复杂的结构，以及从完全同步态到部分同步混沌态、周期态、准周期态等的各种分岔 [372]。限于篇幅在此不一一介绍，有兴趣的读者可参考后面的文献。

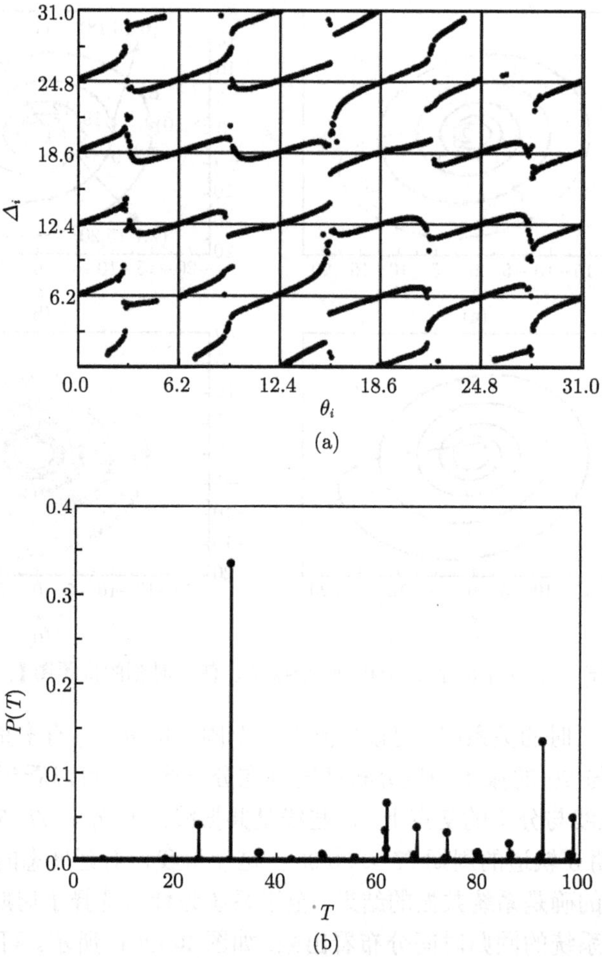

图 3-42　(a) Δ_i 与 θ_i 在小耦合强度 ε 的关系图；(b) 单个 Rössler 系统的回归时间分布 $P(T)$【改编自文献 [371]】

3.4.8　相同步与广义同步的关系

对耦合混沌系统来说，其同步行为由于系统动力学的复杂性而有各种不同同步的表现。迄今为止，我们已观察到诸如完全同步 (精确同步)、广义同步、相同步、滞后同步、测度同步等 (将在 3.5 节讨论) 不同形式的同步。这些同步由于是在不同系统中发现的，它们之间的关系就是非常重要的问题。完全同步通常被认为是最强的一种，需要最强的耦合来实现，它要求振子之间的轨道演化在长时间后完全相同。广义同步为稍弱的一种，它要求两轨道演化之间形成某种泛函关系。从这个意义上讲，完全同步是广义同步的特殊形式。相同步是指两振子之间的相位之间锁定，但其振幅可以无关联。通常认为广义同步为稍强的同步，相同步稍弱 [373]。但下面我们会看到，相同步与广义同步二者之间的强弱关系是依赖具体情况的，有时系统随耦合强度增加会先达到相同步而未达到广义同步 [341,374,375]。

我们考虑下面的驱动–响应 Rössler 系统 [374]：

$$\begin{cases} \dot{x}_d = -\omega_d x_d - z_d \\ \dot{y}_d = \omega_d x_d + 0.15 y_d \\ \dot{z}_d = 0.2 + z_d(x_d - 10) \end{cases} \tag{3.4.47}$$

$$\begin{cases} \dot{x}_r = -\omega_r x_r - z_r + \varepsilon(x_d - x_r) \\ \dot{y}_r = \omega_r x_r + 0.15 y_r \\ \dot{z}_r = 0.2 + z_r(x_r - 10) \end{cases} \tag{3.4.48}$$

其中下标 d, r 分别代表驱动振子与响应振子，ε 为耦合强度，$\omega_{d,r}$ 通常不相等。对于系统的相同步，我们用平均频率相等 $\Omega_d = \Omega_r$ 确定；对于广义同步，我们用响应系统的最大条件李指数 λ_c^1 由正变负来确定。

在图 3-43 中，我们画出了在 $(\omega_d, \omega_r) = (0.98, 1.0)$ 及 $(\omega_d, \omega_r) = (0.8, 1.0)$ 两种情况下的平均频率 $\Omega_{d,r}$ 和最大条件李指数 λ_c^1。当 ω_d 与 ω_r 相差较小时，响应系统可以与驱动系统在较小的耦合强度下发生相同步。例如，在图 3-43(a) 中，系统可以在 $\varepsilon \approx 0.08$ 相同步，对应于图 3-43(c) 中的次大李指数 λ_c^2 由零变负，这与前面相同步的结果一致。而此时通过观察最大条件李指数发现，在 $\varepsilon \approx 0.18$ 时，λ_c^1 由正变负，说明系统进入广义同步状态，这一结果与我们的预期相符。但当驱动系统与响应系统的参数失配增大时，广义同步的阈值没有大的变化，而相同步需要的阈值增大，这样就有可能出现如下的情况：改变耦合强度，系统首先进入广义同步，然后才进入相同步状态。在图 3-43(b), (d) 我们画出参数失配较大的情况，可以发现，系统在 $\varepsilon \approx 0.13$ 进入广义同步，而此时 Ω_d 与 Ω_r 还远没有融合，说明此时相同步还未达到。此时图 3-43(d) 中的 λ_c^2 仍在 $\varepsilon \approx 0.08$ 处变负，已无法与相同步对应。

为更清楚地看到这种顺序的转变，我们在图 3-44 中给出了系统的相图，其中 Δ 描述参数 ω_d, ω_r 的差异：$\omega_d = 1.0 - \Delta, \omega_r = 1.0 + \Delta$。图中的实线表示相同步的临界线，短划线表示广义同步的临界线。在每一条线上方都是同步的区域。从图中可以看出，当 Δ 很小时，广义同步临界线始终在相同步的上方，说明相同步比广义相同步要弱，更易达到。当 $\Delta \approx 0.028$ 时，可以看到广义同步临界线下降，与上升的相同步临界线融合。在 $0.028 \leqslant \Delta \leqslant 0.035$ 区间，两条线几乎完全重合，说明此时两种同步可以在相同的耦合到达。当 $\Delta \geqslant 0.035$ 时，广义同步的临界线几乎没有变化，而相同步临界线一直上升超越广义同步临界线，此时相同步成为更强的同步，需要更强的耦合才能达到。为方便分析，我们用点划线给出了 $\lambda_c^2 = 0$ 的线，由

于 $\lambda_c^2=0$ 变负意味着吸引子发生了拓扑性质的变化，我们称其为拓扑临界线。可以看到，当 Δ 小的时候，拓扑临界线与相同步临界线完全重合。这与我们对小参数失配时相同步的动力学变化一致 (系统的一个零李指数变负)。当 $\Delta\approx 0.02$ 时，系统发生第一个分岔，拓扑临界线与相同步临界线分开。这一分岔导致了广义同步临界线由原先较为平坦变为开始下降，一直到 $\Delta\approx 0.028$ 与相同步临界线重合 (第二个分岔)。当系统的第三个分岔 (相同步临界线与广义同步临界线分离) 发生时，拓扑临界线不再有明显变化。因此可以看出，广义同步与相同步强弱关系的转变是由于改变参数失配而导致的系统拓扑性质的变化。拓扑性质的变化反映出的是振子相位与振幅等其他自由度关联性增强到不可忽略的地步。而这种关联到底如何影响到拓扑性质的突变尚不清楚。

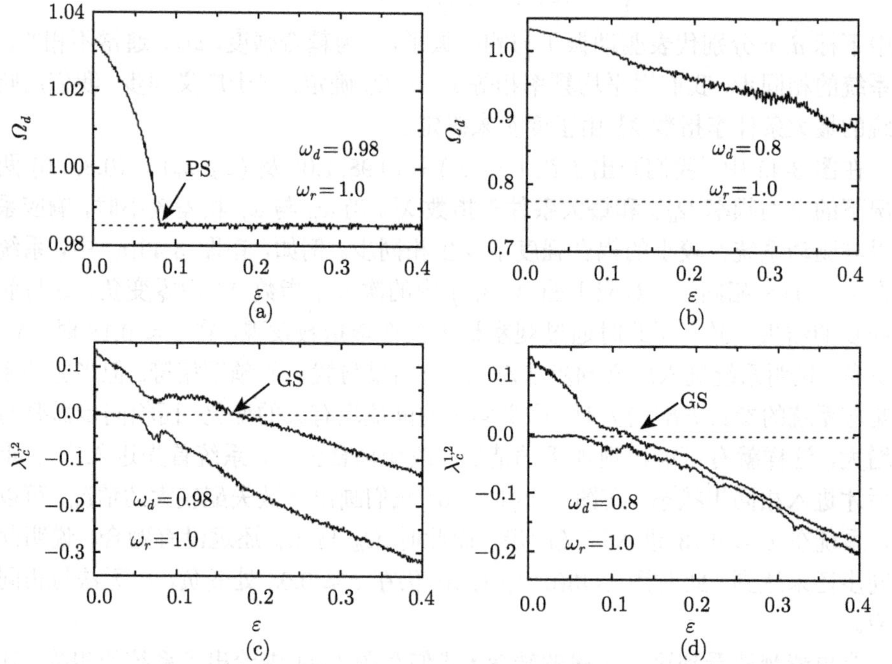

图 3-43 驱动–响应 Rössler 系统的平均频率 $\Omega_{d,r}$ 与前两个条件李指数 $\lambda_c^{1,2}$ 随耦合强度的变化【改编自文献 [374]】

(a), (c): $(\omega_d,\omega_r)=(0.98,1.0)$; (b), (d): $(\omega_d,\omega_r)=(0.8,1.0)$

在驱动响应的 Lorenz 系统中我们也可以看到两种同步强弱关系的转变。因此广义同步与相同步的关系不是固定的强弱关系。当驱动振子与响应振子有很大的差异时，相位则成为较难以同步的自由度，而轨道之间形成某种泛函关系则相对较容易。只有驱动与响应系统差异很小时，才会有相同步先于广义同步的情况发生。

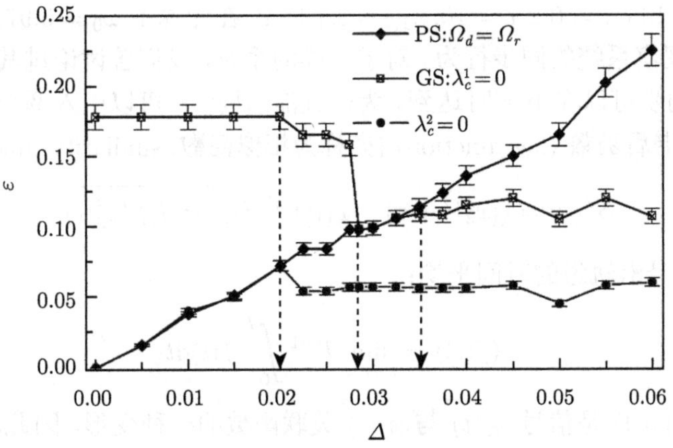

图 3-44 Δ-ε 相图【改编自文献 [374]】

菱形实线表示相同步的临界线，空心方形短划线表示广义同步的临界线，圆点线表示 $\lambda_c^2=0$ 的临界线

广义同步研究近年来也一直方兴未艾，关于广义同步与其他同步之间的关系、从部分到全局广义同步以及在复杂网络中的应用，有兴趣的读者可参阅相关文献 [376-378]。

3.5 其他形式的混沌同步

混沌系统由于其复杂性而存在不同程度的同步。其中，完全同步、广义同步、相同步都是其中具有代表性的类型，因而得到了充分的研究。人们在研究过程中还提出过其他一些类型的同步，下面主要介绍滞后同步和测度同步。

3.5.1 滞后同步

对于两个相互作用的混沌系统

$$\dot{\boldsymbol{x}}_1=\boldsymbol{F}_1(\boldsymbol{x}_1,\boldsymbol{x}_2),\quad \dot{\boldsymbol{x}}_2=\boldsymbol{F}_2(\boldsymbol{x}_1,\boldsymbol{x}_2) \tag{3.5.1}$$

其中 $\boldsymbol{x}_{1,2}=(x_{1,2}^1,x_{1,2}^2,\cdots,x_{1,2}^n)$，若建立了如下的关系：

$$\boldsymbol{x}_1(t+\tau_0)=\boldsymbol{x}_2(t) \tag{3.5.2}$$

则称两个系统建立了**滞后同步** (lag synchronization)[379]，其中 τ_0 为滞后时间。

仍讨论两个相互作用的 Rössler 振子：

$$\begin{cases}\dot{x}_{1,2}=-\omega_{1,2}y_{1,2}-z_{1,2}+\varepsilon(x_{2,1}-x_{1,2})\\ \dot{y}_{1,2}=\omega_{1,2}x_{1,2}+ay_{1,2}\\ \dot{z}_{1,2}=f+z_{1,2}(x_{1,2}-c)\end{cases} \tag{3.5.3}$$

参数取 $a=0.165, f=0.2, c=10, \omega_{1,2}=\omega_0 \pm \Delta$。在计算中 $\omega_0=0.97$, $\Delta=0.02$。我们改变 ε 来观察系统的同步行为。对于同样的系统，我们曾讨论过其相同步。由于 Δ 较小，相同步可以在小 ε 时达到。为研究滞后同步，可以引入两个信号 $x_1(t)$ 与 $x_2(t)$ 之间的**滞后函数** (lag function) (亦称为**相似函数**, similarity function)：

$$S^2(\tau)=\left\langle[x_2(t+\tau)-x_1(t)]^2\right\rangle/\sqrt{\langle x_1^2(t)\rangle\langle x_2^2(t)\rangle} \tag{3.5.4}$$

其中 $\langle\cdot\rangle$ 是信号沿轨道的时间平均：

$$\langle f(t)\rangle=\lim_{x\to\infty}T^{-1}\int_0^T f(t)\mathrm{d}t \tag{3.5.5}$$

实际上，式 (3.5.4) 是信号 $x_2(t)$ 与 $x_1(t)$ 关联函数的一种变形，因此测量的是二者之间的相关性强度。很显然，当 $x_1(t)$ 与 $x_2(t)$ 互不相关时，

$$S(\tau)\approx\sqrt{2}\sim o(1) \tag{3.5.6a}$$

当 $x_1(t)$ 与 $x_2(t)$ 完全相等时，$S(\tau)$ 在 $\tau=0$ 处会有最小值 0，

$$S(\tau=0)=0 \tag{3.5.6b}$$

如果 $x_1(t)$ 与 $x_2(t)$ 之间有一个时间延迟 $\tau_0\neq 0$，即 $x_2(t+\tau_0)=x_1(t)$，则

$$S(\tau_0\neq 0)=0 \tag{3.5.6c}$$

即在 $\tau=\tau_0$ 处有最小值 0。当 $x_1(t)$ 与 $x_2(t)$ 有一定关联时，$S(\tau)$ 的取值在 0 与 $\sqrt{2}$ 之间振荡。$S(\tau)$ 的极小值

$$\sigma=\min_\tau S(\tau) \tag{3.5.7}$$

反映了信号之间存在的某种锁相关系。

在图 3-45 中我们画出系统 (3.5.3) 在不同耦合强度的 $S(\tau)$。当 ε 很小时，$S(\tau)$ 在所画的时间范围内是减函数，但实际仍然是振荡的 (大的 τ 部分没有画出)，是在 $\sqrt{2}$ 附近的振荡，表明此时 $x_1(t)$ 与 $x_2(t)$ 之间关联很弱；增大 ε 时，可以看到 $S(\tau)$ 的最小值也随之下降，当 ε=0.15 和 0.2 时，可以发现 $S(\tau)$ 在某一 τ_0 几乎降到 0，说明此时 $x_1(t)$ 与 $x_2(t)$ 之间已经形成了很好的延迟关系：$x_2(t+\tau_0)\approx x_1(t)$。对其他自由度 $y_{1,2}(t)$ 与 $z_{1,2}(t)$ 也可看到类似的情况，因此两个 Rössler 系统的运动之间达到了滞后同步。在图 3-46(a) 和 (b) 中给出的是 $x_1(t)$ 与 $x_2(t)$ 的关系图；可以看到在 $\varepsilon=0.2$ 时 (已达到滞后同步)$x_1(t)$ 与 $x_2(t)$ 之间是较混乱的关系。而如果画出 $x_1(t+\tau_0)$ 与 $x_2(t)$ 的关系图 (其中 τ_0 为 $S(\tau)$ 的最小值时的 τ 值)，则可以看到在滞后同步达到时所有的点都落到对角线上，说明 $x_2(t+\tau_0)=x_1(t)$。

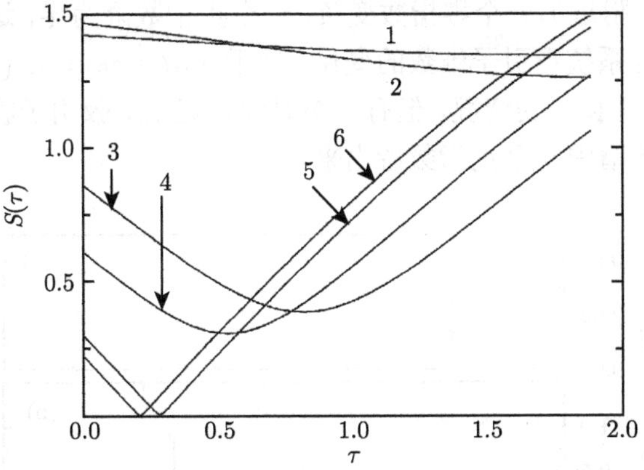

图 3-45 两个耦合 Rössler 振子在不同耦合强度的 $S(\tau)$【改编自文献 [379]】

其中 1 ~ 6 分别对应于 $\varepsilon = 0.01, 0.015, 0.05, 0.075, 0.15, 0.2$

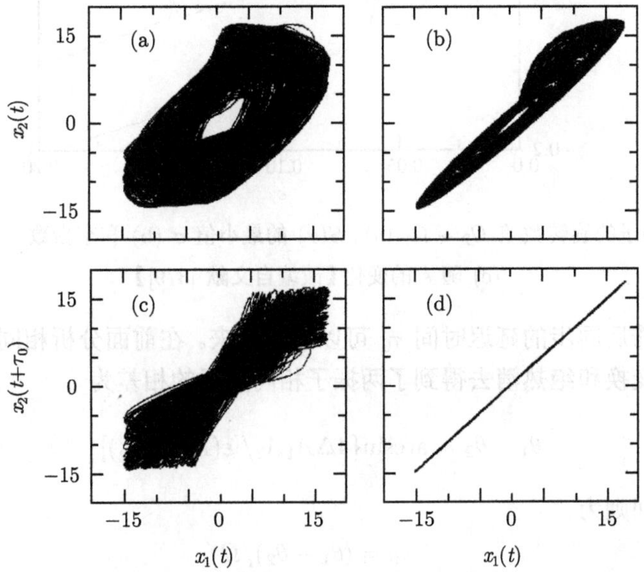

图 3-46 两个耦合 Rössler 振子在不同耦合强度 ε 时 $x_1(t)$ 与 $x_2(t)$ 的关系图 (a), (b) ($\varepsilon = 0.05$) 和 $x_1(t+\tau_0)$ 与 $x_2(t)$ 的关系图 (c), (d) ($\varepsilon = 0.2$)【改编自文献 [379]】

(c) 中 $\tau_0 = 0.87$, (d) 中 $\tau_0 = 0.21$

在图 3-47 中我们分别给出了二振子的旋转数差、$S(\tau)$ 的最小值和李指数谱 (前 4 个) 随 ε 的变化情况。在 $\varepsilon = \varepsilon_p$ 时，$\Omega_2 - \Omega_1 \to 0$，系统达到相同步。可看到李指数谱中有一个零指数在 ε_p 处沉降为负，这与前面的结果一样。当 $\varepsilon = \varepsilon_1$ 时，可以看到 σ 降为零 (小突起是周期窗口)，说明系统达到了滞后同步。当观察李指数谱时，在 $\varepsilon=\varepsilon_1$ 附近另一个零指数变负，一个正指数降为零，这说明系统达到滞后同步伴随着耦合系统吸引子维数的变化。由于 $x_2(t+\tau_0)=x_1(t)$，系统的吸引子收缩到一个 Rössler 振子的情况，但有一个时间延迟 τ_0，吸引子收缩到低维空间的变化可以从李指数谱中一个正指数看出来。

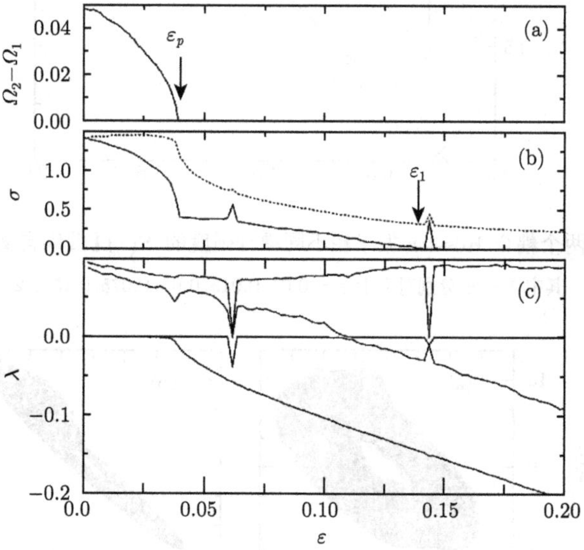

图 3-47　二振子的旋转数差 $\Omega_2-\Omega_1$ (a)、$S(\tau)$ 的最小值 σ (b) 和李指数谱 $\{\lambda_1,\lambda_2,\lambda_3,\lambda_4\}$ (c) 随 ε 的变化【改编自文献 [379]】

两振子滞后同步的延迟时间 τ_0 可以估算出来。在前面分析相同步时，我们用极坐标变量变换和绝热消去得到了两振子相同步后的相差为

$$\theta_1-\theta_2=\arcsin\{4\Delta A_1A_2/[\varepsilon(A_1^2+A_2^2)]\} \tag{3.5.8}$$

对于滞后时间则为

$$\tau_0=(\theta_1-\theta_2)/\Omega \tag{3.5.9}$$

其中

$$\Omega=\Omega_1=\Omega_2$$

为耦合为 ε 时的旋转数。若 Δ 很小，

$$\tau_0\approx\Omega^{-1}\arcsin(2\Delta/\varepsilon) \tag{3.5.10}$$

当 $\Delta=0.02,\varepsilon=0.15$ 和 0.2 时，$\tau\approx\arcsin(0.04/\varepsilon)/0.97\approx0.28$ 和 0.21，这一结果与图 3-45 中 $S(\tau)$ 最小值的位置相符得很好。

在前面 ε_1 的位置与第二零李指数变负的位置不是很一致，原因在于滞后同步流形由于系统的混沌性而对微扰比较敏感。在大部分时间内系统可以处于同步流形上，但会被去同步的阵发效应打断 [380-383]。

3.5.2 测度同步

研究同步动力学大多集中于耗散动力系统，对于哈密顿系统的合作行为研究大多数局限于统计物理的范畴，从非线性动力学角度进行的探讨很少。对于哈密顿系统而言，一般不可能出现像前面所研究的同步形式。造成这种结果的关键原因在于，对于哈密顿系统，相空间体积的守恒使得系统中不可能出现吸引性质的不动点或轨道，Liouville 定理决定了轨道不可能塌缩。下面讨论的一种哈密顿系统的合作现象——**测度同步**是从更广义 (统计) 的意义下的一种同步形式，它与前面的轨道同步有本质的不同 [384]。

测度同步指的是这样的现象：考虑两个相互作用的哈密顿系统 (总体仍保持哈密顿性质)$(x_i(t), y_i(t))$ $(i = 1, 2)$。对于不同轨道上的不同初始条件，当相互作用很小时，两条轨道 $(x_{1,2}(t), y_{1,2}(t))$ 覆盖的区域不相交，当耦合强度增加时，这些区域会逐渐变宽且相互接近。在某一临界耦合强度，这两片区域会突然融合成一个单一的区域。继续增加耦合，两条轨道总是处于同一区域。

考虑下面的 $[0, 2\pi] \times [0, 2\pi]$ 上的二维标准映射：

$$\begin{aligned} x_{n+1} &= x_n + y_n + \alpha \sin x_n, \quad \mod 2\pi \\ y_{n+1} &= y_n + \alpha \sin x_n, \qquad\quad \mod 2\pi \end{aligned} \tag{3.5.11}$$

α 为唯一非线性参量，对于较大的 α，标准映射系统既有规则的准周期轨道，也有混沌轨道。考虑如下 N 个相互作用的标准映象：

$$\begin{cases} x_{n+1}^i = x_n^i \\ y_{n+1}^i = y_n^i + \dfrac{K}{N}\displaystyle\sum_{j=1}^{N} \sin(x_n^j - x_n^i), \end{cases} \quad \mod 2\pi \tag{3.5.12}$$

其中 K 为耦合强度。为简化研究，这里考虑最简单的 $N=2$ 个相互作用的标准映象。在图 3-48 中画出的是 (x_n^i, y_n^i) 在不同相互作用强度 K 下的相图。可以看到当 $K=0$ 时，如图 3-48(a) 所示，两个环面区相互不交叉；当 $K = 3.1 \times 10^{-3}$ 时，两个环面都变厚，且相互靠近 (图 3-48(b))；当 $K = 3.4 \times 10^{-3}$ 时，可以看到两个区域突然融为一体 (图 3-48(c))，说明系统进入测度同步。在大 K 时这种同步仍然保持。但有一些窗口，系统表现为非同步化 (图 3-48(d))。这些非同步窗口来自于频率共振 [385]。

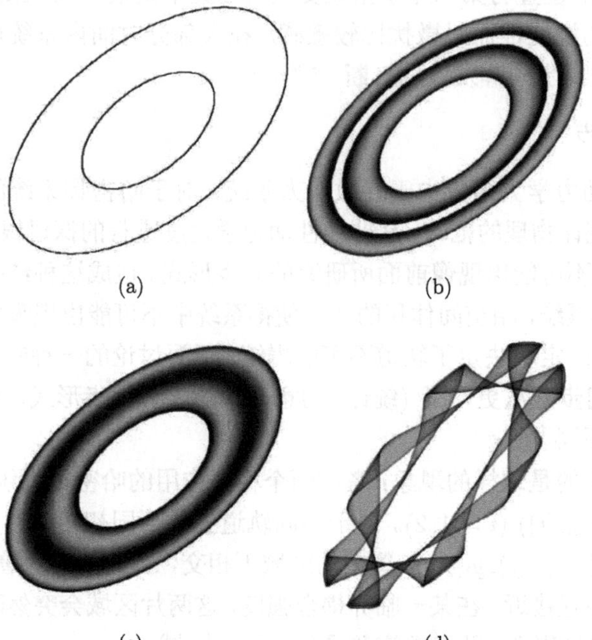

图 3-48　测度同步：(x_n^i, y_n^i) 在不同相互作用强度 K 下的相图【改编自文献 [384]】

3.6　耦合时空混沌系统的同步

到目前为止，我们所涉及的同步行为都仅限于耦合的低自由度系统。在实际应用中，我们会遇到大量的系统，其子系统往往可能具有较大的自由度，另外可能不仅包含时间变量，还有空间变量。其同步问题的研究有重要的意义。对这个问题的研究大体有几种模式，一种是将时间、空间变量都离散化，即研究耦合映象之间的同步行为；另一种是将空间离散化，其同步问题可以通过研究耦合振子链之间的同步来达到。最直接的方法就是保留变量原有的时间、空间连续性，研究两个相互作用的偏微分系统。下面我们以耦合的一维复 Ginzburg-Landau 系统 (complex Ginzburg-Landau equation, CGLE) 来阐述耦合时空混沌系统的同步。在此之前，我们先简单回顾一下一维 CGLE 的动力学行为。

3.6.1　一维复 Ginzburg-Landau 方程

一维 CGLE 可以写作

$$\frac{\partial A(x,t)}{\partial t} = (1+\mathrm{i}\alpha)\frac{\partial^2 A(x,t)}{\partial x^2} + A(x,t) - (1+\mathrm{i}\beta)\left|A(x,t)\right|^2 A(x,t) \tag{3.6.1}$$

其中 $A(x,t)$ 为复状态变量，它是在实际问题中经无量纲化抽象出来的序参量。Ginzburg-Landau 方程是研究湍流和时空结构的重要方程之一，最初是实参量方程 [386]。将状态和参数延拓到复平面可以涵盖更多的物理背景。CGLE 的普适性在于，任何时空系统在出现超临界 Hopf 分岔时在分岔点附近的序参量方程都可以写为 CGLE 的形式，这可由对称性分析得到。CGLE 的动力学行为极其丰富，多年来成为人们研究时空混沌斑图结构的重要模型系统之一 [34,35,387]。

设系统尺寸为 L，在周期边界条件

$$A(x+L,t)=A(x,t) \tag{3.6.2}$$

下，方程 (3.6.1) 具有下面的行波解：

$$A(x,t)=A_0\mathrm{e}^{\mathrm{i}(qx-\omega t)} \tag{3.6.3}$$

式中波数 $-1\leqslant q\leqslant 1$ 由边界条件决定：

$$q=2\pi m/L,\quad m=0,\pm1,\pm2,\cdots \tag{3.6.4}$$

其中系数为

$$A_0=\sqrt{1-q^2} \tag{3.6.5a}$$

行波的振荡频率为

$$\omega=\beta+(\alpha-\beta)q^2 \tag{3.6.5b}$$

当参数处于

$$1+\alpha\beta<0,\quad -q_c\leqslant q\leqslant q_c \tag{3.6.6}$$

时，上述的平面波会通过 Eckhaus 不稳定性机制失稳。这里临界波数 $q_c^2=\dfrac{1+\alpha\beta}{2(1+\beta^2)+(1+\alpha\beta)}$。因为当 $\alpha\beta\to-1$ 时，$q_c\to0$，所有的平面波在 α-β 参数空间中从下面越过

$$\alpha\beta=-1 \tag{3.6.7}$$

的临界线时都会失稳。这条临界线称为 **Benjamin-Feir(BF) 线** (或 **Newell 线**)。在这条线上，系统表现为三种不同的湍流状态，即 **相湍流** (**PT**) 区，**振幅湍流** (或缺陷湍流)(**AT**) 区，以及 PT 与 AT 的共存区，称为**双混沌** (bichaos，**BC**) 区。这些时空混沌行为近年来得到了深入的研究，有兴趣的读者可参阅这里引用的综述性文献和专著 [34,35,387-389]。在图 3-49 中，我们给出了 α-β 参数平面的相图 [388]，其中更复杂细微的结构没有画出。

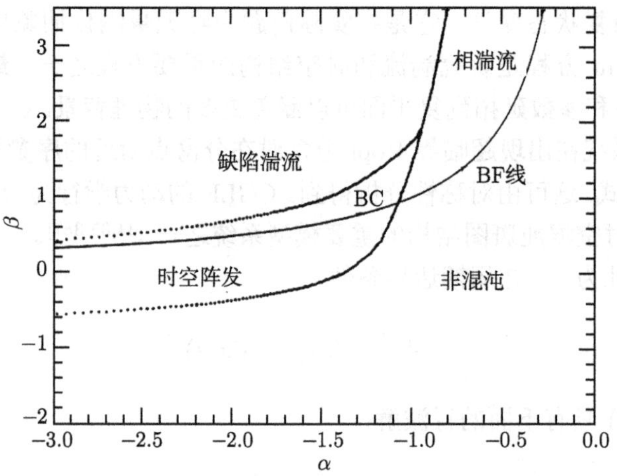

图 3-49　复 Ginzburg-Landau 方程 α-β 参数平面的相图

由于 $A(x,t)$ 是复变量，因此它可以写成模和振幅的形式：

$$A(x,t)=\rho(x,t)\mathrm{e}^{\mathrm{i}\varphi(x,t)},\quad \rho(x,t)=|A(x,t)| \tag{3.6.8}$$

$\varphi(x,t)$ 即为时空系统的相位，可用来分析 CGLE 系统的相位动力学。

3.6.2　耦合相同 CGLE 的时空混沌同步

考虑下面两个相互耦合的 CGLE：

$$\frac{\partial A_{1,2}}{\partial t}=A_{1,2}+(1+\mathrm{i}\alpha)\frac{\partial^2 A_{1,2}}{\partial x^2}-(1+\mathrm{i}\beta)(|A_{1,2}|^2+\gamma|A_{2,1}|^2)A_{1,2} \tag{3.6.9}$$

上述系统可用来描述非线性光学系统中矢量横向斑图动力学行为，此时 $A_{1,2}$ 代表一个矢量电场幅度的两个独立圆极化分量，γ 为一实数，代表耦合强度。我们下面关于同步的讨论将在时空阵发区进行 (参见参数图 3-49) [390]。

考虑方程的空间均匀解：

$$A_{1.2}(x,t)=Q_{1,2}\mathrm{e}^{\mathrm{i}\omega_{1,2}t} \tag{3.6.10}$$

其中 $Q_{1,2}$ 是实数，

$$\omega_{1,2}=-\beta(Q_{1,2}^2+Q_{2,1}^2) \tag{3.6.11}$$

当耦合 γ=0 时，$Q_{1,2}^2=1$。此时空间均匀、时间振荡解式 (3.6.10) 在 BF 线 $1+\alpha\beta=0$ 以下是线性稳定的，但在 BF 线下方的时空阵发区内还有与平面波解共存的另外吸引子 —— 时空阵发混沌态。在图 3-50 的最上面一行，我们给出了 $\gamma=0.1$ 时的 $A_{1,2}(x,t)$ 的时空演化图，黑色表示 $|A_{1,2}|$ 的最小值，白色区为其最大值。$\gamma=0$ 的

行为与小 γ 的行为类似，均表现为图中的时空阵发行为，而且相互之间近乎独立。可以看到时间、空间局部的规则行波，但由于无序的阵发，这些有序时空结构在大尺度下被破坏。

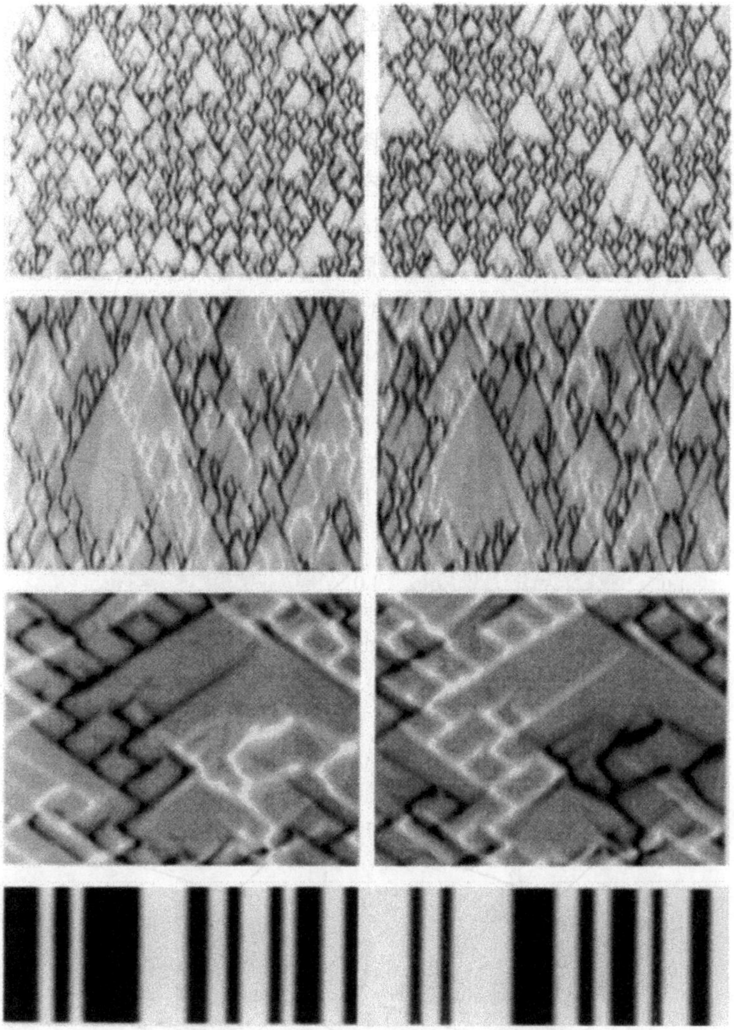

图 3-50 $A_{1,2}(x,t)$ 的时空演化图【改编自文献 [390]】

左边为 $|A_1(x,t)|$，右边为 $|A_2(x,t)|$，自上而下参数 $\gamma=0.1,0.5,0.95,1.05$。横轴为空间 x，纵轴为时间 t，其他参数为 $\alpha=0.2,\beta=-2.0$

当 γ 增加时，一方面 $|A_{1,2}(x,t)|$ 仍表现为时空阵发行为 (尽管在空间尺度上变大，在时间尺度上变慢)；另一方面可以发现很有意思的现象，即 $|A_{1,2}(x,t)|$ 的动力学在时间与空间上均有了关联，$|A_1(x,t)|$ 的黑色 (白色) 行波结构在时空图恰好对

应于 $|A_2(x,t)|$ 的白色 (黑色) 结构，即有序的层流相可在 $|A_{1,2}(x,t)|$ 的相同时空区域发生。当 $\gamma \geqslant 1$ 时，$|A_{1,2}(x,t)|$ 只表现为层流区域，不再有行波的传播，$|A_1(x,t)|$ 的黑色区域与 $|A_2(x,t)|$ 的白色区域相对应，这些层流由畴壁分开。

上面所观察到的现象实际是一种时空同步现象。图 3-51 给出了 $|A_{1,2}(x,t)|$ 的落点分布与相应的落点联合概率 $P(|A_1|,|A_2|)$。当 $\gamma \ll 1$ 时，可以看到分布较为分散，如图 3-51(a) 所示，其中分布较多的区域集中于 $|A_1|^2 = |A_2|^2 = (1+\gamma)^{-1}$ 附近，为层流区。当 γ 增加且 $\gamma < 1$ 时，由图 3-51(b) 与 (c) 可以看到，点的分布逐渐集中于曲线 $|A_1|^2 + |A_2|^2 = 1$，这表明时空结构的同步。$|A_1|$ 与 $|A_2|$ 之间的关系可认为是一种反相同步。大 (小) 的 $|A_1|$ 与小 (大) 的 $|A_2|$ 的点对应于局域的行波结构，在 $|A_1| = |A_2|$ 处的分布较大对应于局域结构附近具有非零波数的规则解。当 $\gamma > 1$ 时，点的分布主要集中于 $(|A_1|^2, |A_2|^2) = (1,0)$ 与 (0，1)，见图 3-51(d)。

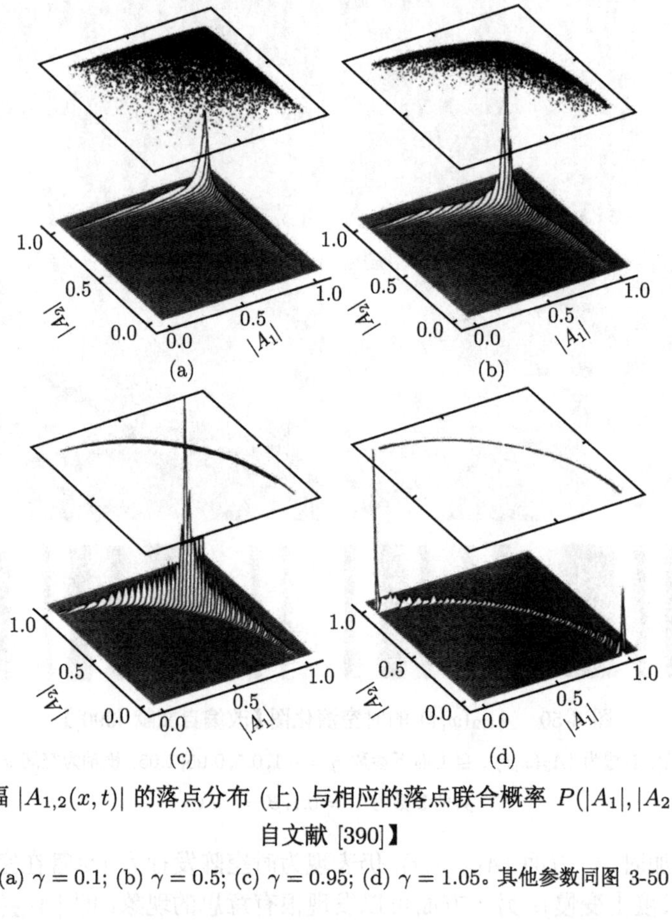

图 3-51 振幅 $|A_{1,2}(x,t)|$ 的落点分布 (上) 与相应的落点联合概率 $P(|A_1|,|A_2|)$ (下)【改编自文献 [390]】

(a) $\gamma = 0.1$; (b) $\gamma = 0.5$; (c) $\gamma = 0.95$; (d) $\gamma = 1.05$。其他参数同图 3-50

在时空阵发区，我们从上面看到有较强耦合时的同步行为，这种同步是通过局域结构的时空同步实现的，但过大的耦合强度会使得时空阵发结构消失。

3.6.3 耦合不相同 CGLE 的同步

下面考虑具有不同参数 [391,392] 两个 CGLE 相互耦合的情况：

$$\frac{\partial A_{1,2}}{\partial t}=A_{1,2}+(1+\mathrm{i}\alpha_{1,2})\frac{\partial^2 A_{1,2}}{\partial x^2}-(1+\mathrm{i}\beta_{1,2})\left|A_{1,2}\right|^2 A_{1,2}+\varepsilon(A_{2,1}-A_{1,2}) \tag{3.6.12}$$

以下我们在相湍流区与缺陷湍流区讨论同步行为。考虑小参数失配与大参数失配的情形。参数失配较小时，一般情况下两个 CGLE 会处于 α-β 参数平面的同一区域；当失配较大时，就会出现两个系统处于不同时空相的情况。以下设两个 CGLE 具有不同的参数 $\beta_1\neq\beta_2$，固定 $\alpha_1=\alpha_2=2.1$。

首先考虑小参数失配的情形。参数选为 $\beta_1=-1.25,\beta_2=-1.2$，即两 CGLE 均处于缺陷湍流态。图 3-52 中给出了 $|A_{1,2}(x,t)|$ 的时空演化，左边为 $|A_1|$，右边为 $|A_2|$，横轴为空间，纵轴为时间，暂态过程已去掉。从上而下是逐渐增加 ε 的情况，$\varepsilon=0.05,0.09,0.15$。黑线表示时空缺陷的位置。可以看到随着 ε 的增加，系统经历了一个从非同步到部分同步再到整体同步的过程。

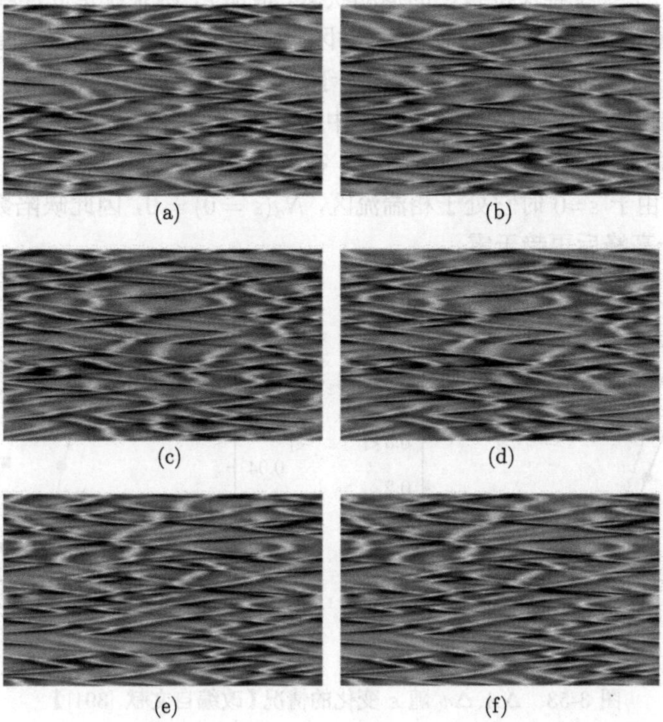

图 3-52 小参数失配时振幅 $|A_{1,2}(x,t)|$ 的时空演化【改编自文献 [391]】

自上而下 $\varepsilon=0.05,0.09,0.15$

为探测同步行为，可以引入下面的平均量：

$$\Delta A = \langle |A_1 - A_2| \rangle, \quad \Delta\phi = \langle |\phi_1 - \phi_2| \rangle \tag{3.6.13}$$

$\langle\cdot\rangle$ 表示时间和空间平均，图 3-53(a) 给出了 $\Delta A, \Delta\phi$ 随 ε 变化的情况。可以看到 $\Delta A, \Delta\phi$ 随 ε 的变化平稳下降，相同步与振幅同步几乎同时到达。注意由于两个 CGLE 参数不同，因而完全同步是达不到的，而且我们从图中也看到 ΔA 并不趋于零。

对小参数失配的情况，若两个子系统均处于相湍流区，系统的同步从定性看与上面类似，但由于在相湍流区没有缺陷，系统就可以在更小的耦合强度下达到同步。

下面看大参数失配的情况。选择 $\beta_1 = -1.2, \beta_2 = -0.83$，这样 A_1 处于缺陷湍流区，而 A_2 处于相湍流区。图 3-53(b) 给出了 ΔA，$\Delta\phi$ 随 ε 的变化曲线。很明显 $\Delta\phi$ 在 $0.1 \leqslant \varepsilon \leqslant 0.16$ 区间内为一个平台，说明系统在较小的 ε 已经先到达相同步，而此时振幅差还很大。再增加 ε，ΔA 也很快下降，系统逐渐达到整体同步。图 3-54 给出了 $|A_{1,2}(x,t)|$ 的时空演化，自上而下 $\varepsilon = 0.09, 0.14, 0.19$。当 ε 较小时，可以看到两个子系统各保持自己的运动状态。增加 ε，两系统也同样经历了由部分同步到整体同步的过程，整体同步的运动区大致处于相湍流区，此时湍流的缺陷被压制下去。在部分同步时，两系统则均处于缺陷湍流区 (见中间两图)。由于系统最终的同步压制了缺陷的产生，在图 3-55 中给出了缺陷的数目 N_d 随 ε 的变化情况。对 A_1 来说，缺陷数目 N_d 是逐渐减小的，在某一 ε_c 趋于零，说明缺陷完全被压制；对 A_2 来说，由于 ε=0 时它处于相湍流区，$N_d(\varepsilon = 0) = 0$，因此缺陷数目 N_d 是先增加，到达一高峰后再趋于零。

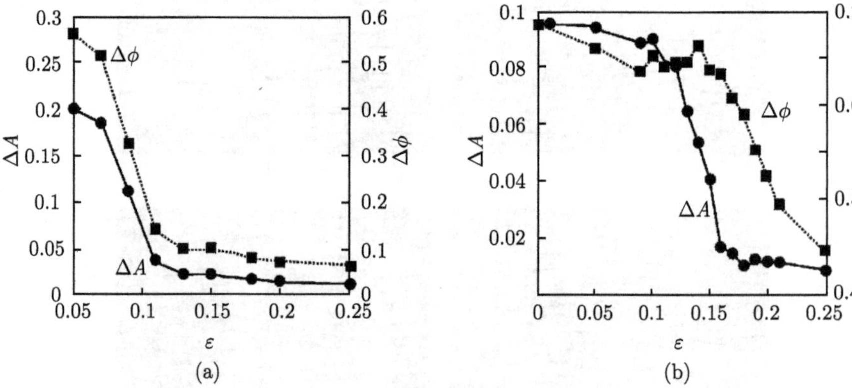

图 3-53 $\Delta A, \Delta\phi$ 随 ε 变化的情况【改编自文献 [391]】

(a) 小失配情形；(b) 大失配情形

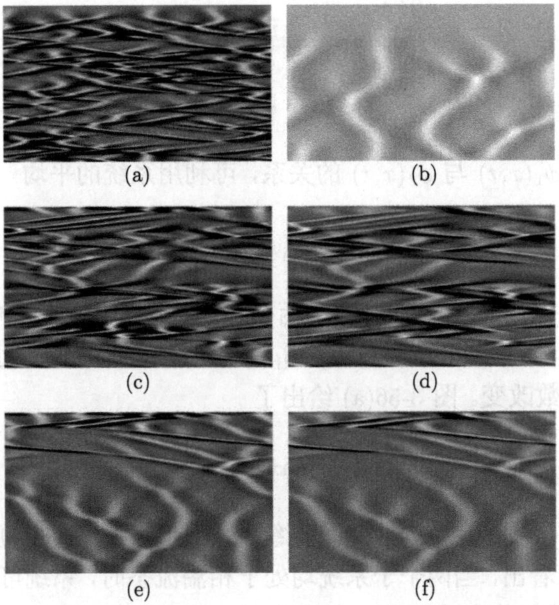

图 3-54 大参数失配时振幅 $|A_{1,2}(x,t)|$ 的时空演化【改编自文献 [390]】

自上而下 $\varepsilon = 0.09, 0.14, 0.19$

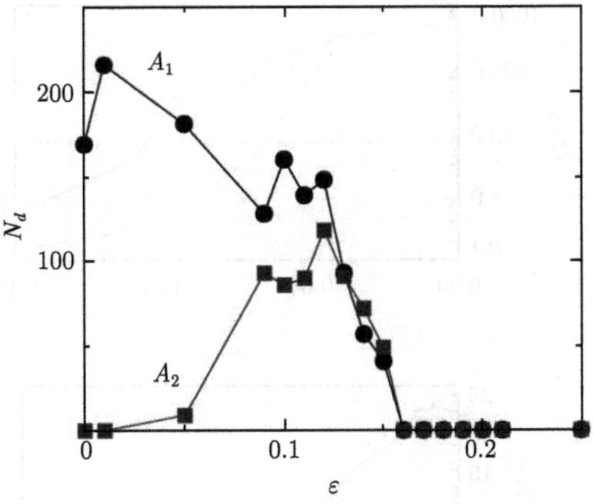

图 3-55 缺陷的数目 N_d 随 ε 的变化情况【改编自文献 [390]】

3.6.4 耦合 CGLE 的相同步

Parlitz 及其合作者分析了单向耦合 CGLE 的相同步问题 [393-395]。研究采用了如下的单向线性耦合 CGLE 系统：

$$\begin{aligned}\frac{\partial A_1}{\partial t} &= A_1 + (1+\mathrm{i}\alpha)\frac{\partial^2 A_1}{\partial x^2} - (1+\mathrm{i}\beta_1)\left|A_1\right|^2 A_1 \\ \frac{\partial A_2}{\partial t} &= A_2 + (1+\mathrm{i}\alpha)\frac{\partial^2 A_2}{\partial x^2} - (1+\mathrm{i}\beta_2)\left|A_2\right|^2 A_2 + \varepsilon(A_2 - A_1)\end{aligned} \tag{3.6.14}$$

为方便考察相位 $\phi_1(x,t)$ 与 $\phi_2(x,t)$ 的关系，可利用系统的平均

$$\Omega = \lim_{t\to\infty} \left\langle \phi(x,t)\right\rangle_x /t \tag{3.6.15}$$

来进行分析，其中 $\langle\cdot\rangle_x$ 表示空间平均。两个时空系统的相同步意味着 $\Delta\Omega = \Omega_1 - \Omega_2 = 0$。在实际计算中参数取 $\alpha = 2.0, \beta_1 = -0.7$，此时系统 1 处于相湍流态，而 β_2 则作为调节参数改变。图 3-56(a) 给出了

$$|\Delta\phi| = \max|\phi_1 - \phi_2| \tag{3.6.16}$$

随 ε 的变化，其中实线为 $\beta_2 = -1.05$ (系统 2 处于缺陷湍流态)，虚线为 $\beta_2 = -0.9$ (相湍流态)。可以看出，当两个子系统均处于相湍流态时，系统可在更小的 ε 达到相同步。相同步的阈值在 $\beta_2 = -0.9$ 时为 $\varepsilon_c \approx 0.07, \beta_2 = -1.05$ 时为 $\varepsilon_c \approx 0.11$。在图 3-56(b) 中，我们给出了频率差即 $\Delta\Omega$ 随 ε 的变化。可以看到锁频的阈值在 $\beta_2 = -0.9$ 时为 $\varepsilon_c \approx 0.06, \beta_2 = -1.05$ 时为 $\varepsilon_c \approx 0.1$。

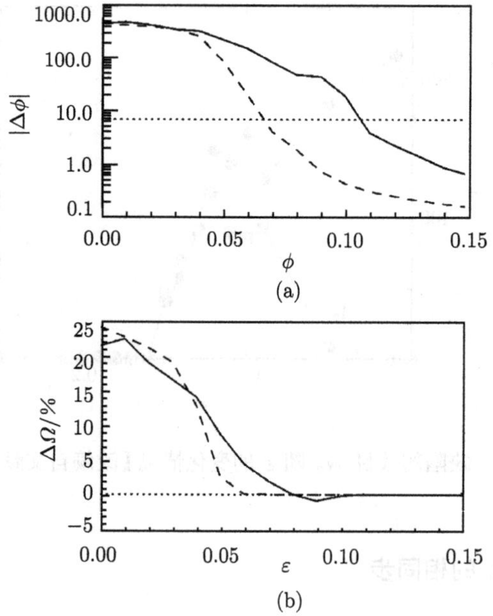

图 3-56　(a) $|\Delta\phi|$ 随 ε 的变化; (b) $\Delta\Omega$ 随 ε 的变化【改编自文献 [394]】

其中实线为 $\beta_2 = -1.05$ (系统 2 处于缺陷湍流态)，虚线为 $\beta_2 = -0.9$ (相湍流态)

上面我们讨论了耦合 CGLE 的同步行为，这些行为具有一定普遍性，它们在其他时空系统也可以观察到。由于时空混沌本身的复杂性，因此耦合时空系统的同步性及其控制同步化还远未得到深入研究，尚有很多问题值得深入探讨。另一个问题是耦合系统的有序行为与同步的关系研究是一个很有意义的课题，如何利用同步的观点去理解这些有序现象及时空斑图的形成有待进一步深入。可以说，同步不仅仅是一种现象，它还是很多现象的机制。我们在后面可以看到，很多有序行为都与同步有密切关系。

第4章　复杂网络上的同步动力学

自然界和人类社会中广泛存在的复杂系统包含了构成单元及单元之间的相互联系，因而可抽象为各种各样的复杂网络描述。复杂网络的研究极大地促进了对复杂系统的研究和发展，业已成为当今复杂系统或复杂性科学研究中最受关注和最具挑战性的科学前沿课题之一。20 世纪 90 年代以来，由于计算机、互联网和高科技等科学技术的迅猛发展，各种数据库的不断完善，人们能够比以往任何时候更容易、快捷地获取所需的各种信息和资源，促使人类加速进入了网络信息时代，人类生活和科学研究因此发生了巨大的历史性变化，复杂网络已经成为信息时代生活中不可或缺的一部分并发挥着主导的作用。与此同时，各领域的科学家积极合作和充分利用人类已有的科学知识和高科技的成果，从理论和实证上深入探索网络科学，推进各种复杂网络的广泛应用，这已经成为该领域研究和发展的强大推动力 [18-22]。

1998~1999 年是复杂网络成为热点的重要时间节点，人们突破了传统图论特别是随机图论的局限性束缚，康奈尔大学应用数学家 Strogatz 及其博士生 Watts 提出了小世界网络 [16]，Notre Dame 大学物理学家 Barabási 及其博士生 Albert 提出了无标度网络 [17]，这两项重要发现是网络科学研究的突破性进展和里程碑，激起了国际上复杂网络的研究热潮，标志着复杂网络研究真正进入了一个新时代 [19,20,396-398]。网络科学与数学、物理科学、复杂性科学、非线性科学、计算机与信息科学、生物科学、系统科学、社会科学等众多学科广泛交叉，引起了国内外不同学科对网络科学的高度重视和普遍参与，它不仅为人们提供认识真实世界的复杂性的全新的科学知识和视角，而且业已成为改造客观世界的新的方法论和有力武器 [399-406]。

网络问题的提出和研究首先来源于数学中图论和拓扑学等领域的兴起和发展。关于图论的文字记载最早出现在 1736 年 Euler 的论著中。历史上一些有趣的问题如 Konigsberg 七桥问题、多面体的 Euler 定理、四色问题等都是拓扑学发展史上的重要问题，其中最为有趣的当属著名的 Konigsberg 七桥问题。Konigsberg 即今俄罗斯的加里宁格勒 (Калининград) 市，历史上曾是东普鲁士的首都，普莱格尔河横贯其中。18 世纪，在这条河上建有七座桥，它们将河中间的两个岛与河岸连接起来。人们闲暇时经常在这上边散步，就有人提出一个有趣的问题，能不能每座桥都只走一次，最后又回到原来的位置。这个看起来很简单却很有趣的问题吸引了大家尝试各种各样的走法，然而无数次的尝试都没有成功。有人带着这个问题找到了当时的大数学家 Euler(图 4-1(a))。经过一番思考，Euler 很快就用一种独特的方法给出了解答。Euler 首先把这个问题简化，用抽象分析法将这个问题化为第一个图论问题。他把两座小岛和河的两岸分别看作四个点，而把七座桥看作这四个点之间的连线，从而相当于得到一个 “图”(graph)(图 4-1(b))。要从这四块陆地中任何一块开始，通过每一座桥正好一次，再回到起点，由图的语言就简化成能否用一笔就把这个图形画出来。通过进一步的分析，Euler 得出结论 —— 不可能每座桥都走一遍，最后回到原来的位置，并且给出了所有能够一笔画出来的图形所应具有的条件。由此 Euler 证明了该问题没有解，并且给出了对于一个给定的图可以某种方式走遍的判定法则。这项工作使 Euler 成为图论/拓扑学的创始人，Euler 图的研究开创了 “图论” 这门新的数学分支，因此，这是第一代科学家对网络的开创性贡献，Euler 被誉为图论之父 [407]。

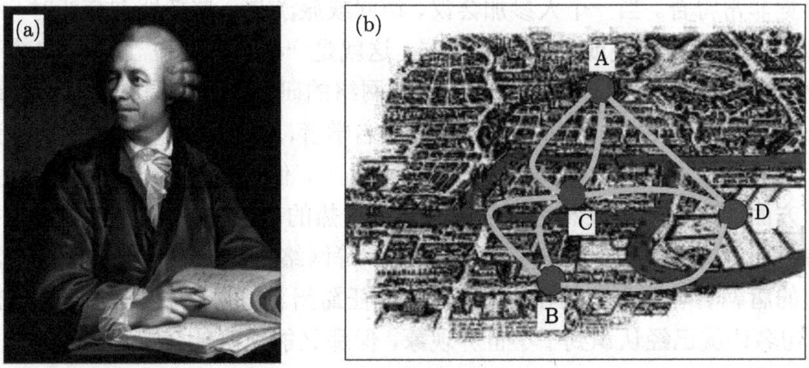

图 4-1　(a) 图论的创始人 Leonhard Euler(1707—1783)；(b) 七桥及其 Euler 图的构建，即图中的 A,B,C,D 及其连线 (扫封底二维码见彩图)【改编自 [互联网]】

之后对图论 (复杂网络理论) 做出里程碑贡献的是著名匈牙利数学家 Paul Erdös(1913—1996)(图 4-2 左一) 和 Alfréd Rényi(1921—1970)，他们在 20 世纪 50~60 年代建立了著名的**Erdös - Rényi (ER) 随机图理论**[408]。Erdös 被称为 20 世纪的 Euler，并于 1984 年获得沃尔夫奖，他是 20 世纪最杰出的数学家之一，一生未婚，四海为家，充满传奇色彩。Erdös 与那些伟大的理论物理学家和数学家如爱因斯坦、哥德尔、奥本海默等有学术密交。他合作者众多，一生留下约 1475 篇文章，他个人科学研究形成的巨大科学合作网络本身就成为后人津津乐道的复杂网络研究对象。他们创立的 ER 随机图理论为图类的阈函数和巨大分支涌现的相变等提供了研究网络的重要数学理论。

用图论的语言和符号可以精确简洁地描述各种网络，图论不仅为数学家和物理学家提供了描述网络的共同语言和研究平台，而且至今图论的许多研究成果、结论和方法技巧仍然能够自然地应用到当代复杂网络的研究中去，成为有力的研究方法和工具。

1998 年，科学家迎来了复杂网络的又一次突破性进展。突破性进展之一是网络小世界性的研究，Strogatz(图 4-2 左二) 及其博士生 Watts 在 *Nature* 杂志上发表了《“小世界” 网络的群体动力行为》的论文 [16]，提出了**小世界网络**模型。Watts 和 Strogatz 的研究结果一方面进一步揭示了复杂网络的小世界效应 (small-world offect)，另一方面提出了小世界效应带来的群体动力学的巨大影响。

有人认为 Strogatz 等的研究结果只是进一步揭示了复杂网络的小世界效应，这是一个严重的偏见。为什么这么说呢？在 20 世纪 60 年代，美国哈佛大学的心理学家 Stanley Milgram(1933—1984) 就曾经做过著名社会调查的小世界实验，并在此基础上提出了 “**六度分离**”(six degrees of separation)**理论**[409]。该理论指出，在美国大多数人中，任意两个人平均最多通过 6 个人就能够彼此认识。这与人们的经验直觉非常符合。当一个人参加会议、访问或旅游与一些新朋友交谈时，经常会发现他们认识你的朋友或者朋友的朋友，这就是 “**小世界效应**”，其中包含了 “六度分离概念” 的基本思想。尽管如此，复杂网络的研究远不只是实证性研究这个层次，Strogatz 是一个非线性动力学研究的著名学者，他长期以来在动力学研究方面取得了非凡的成绩，小世界只是他的关注点之一，他的更大雄心在于网络动力学，而这一方面的研究如今依然是复杂网络研究最热的领域，结合同步、脑科学、群体行为等的研究方兴未艾。如果只讲 Strogatz 等网络拓扑方面的贡献，那我国一千多年前的唐朝著名诗人王勃在《送杜少府之任蜀州》中的 “海内存知己，天涯若比邻” 这句名诗就已经认识到了小世界现象，但那又能说明什么呢？

1999 年，美国 Notre Dame 大学物理系的 Barabási (图 4-2 右一) 及其博士生 Albert 在 *Science* 杂志上发表了《随机网络中标度的涌现》一文 [17]，提出了一个**无标度网络**模型，发现了复杂网络的无标度性质。随后许多真实网络的实证研究表明，真实世界网络既不是规则网络，也不是随机网络，而是兼具小世界和无标度特性，具

图 4-2　三位在复杂网络研究历史上的标志性人物【改编自 [互联网]】

自左向右依次为 Erdös，Strogatz 和 Barabási

有与规则网络和随机图完全不同的统计特性 [18-22,396]。这些研究激起千重浪，复杂网络研究都从物理学到生物学、社会科学和工程技术、经济管理等众多领域受到了人们空前的关注和重视。

复杂网络自 20 世纪末成为热点，看似小世界与无标度是主因，但真正使其得到关注来自于网络上的动态过程。本章将重点探讨网络上的动力学问题。网络上的动力学多种多样，同步作为集体动力学中代表性的行为将是我们的切入点。为了使读者能够从本章的讨论获得一个较为整体的印象，我们将在前两节对复杂网络的拓扑和实证性质加以概述。

4.1 复杂网络结构与统计描述

为了刻画复杂网络的全面性质，科学家已经提出了复杂网络的许多基本概念、特征量和度量方法，用于表示复杂网络的拓扑结构特性和动力学性质，一些网络结构的基本概念和主要特征量包括节点度分布、强度分布和边权分布，这三种分布是反映无权网络和有权网络拓扑特性重要的共同的统计特征量；聚类系数和平均路径长度，这些都是最重要的基本参数。另外，网络还有其他特征量，如介数及其分布、最大连通分支的规模分布、度–度关联性、群聚度关联性、模块性等。复杂网络具有多种统计特征量，存在比较复杂的关系，需要人们在实际研究中不断探索和创新，以便更好揭示复杂网络的新特性以及刻画网络拓扑和动力学特性的拓扑特性、物理与信息等特征及其关系。下面对主要基本概念分别进行简介。

4.1.1 网络的图表示

一个具体的网络可以抽象为由有限非空点集$\boldsymbol{V}$及其点集中的无序对集$\boldsymbol{E}$构成**图**(graph)$\boldsymbol{G}$，简记为

$$\boldsymbol{G} = (\boldsymbol{V}; \boldsymbol{E}) \tag{4.1.1}$$

其中$\boldsymbol{V}$中的元素称为**节点**(vertex)，$\boldsymbol{E}$中的元素称为**边**(edge)，$\boldsymbol{E}$中的任一条边都与$\boldsymbol{V}$中的两个点相对应。$\boldsymbol{G}$中的节点数和边数分别称为该图的阶 N(order) 和边数 M(size)。

图可以用来表达各种类型的网络，其中节点代表网络元素，例如，社会中的人、通信网络中的计算机终端、交通网络中的城市等；边代表网络中元素之间预先确定的关系，例如，人与人之间的友谊、以太网连接、各个城市间的铁路连接等。

如果边集$\boldsymbol{E}$中每条边都被赋予相应的权重$\boldsymbol{W}$，则称该网络为**加权网络**(weighted network)(图 4-3(a))，反之则称为**无权网络**(unweighted network)，无权网络也可以看成是权重为 1 的等权网络。根据边的有向性，我们可以分为**有向网络**(directed network)(图 4-3(b)) 和**无向网络**(undirected network)(图 4-3(c))。我们在本章中主

要研究无权有向网络或者是无权无向网络，同时假设网络中没有自环。自环节点具有与自己相连的边与重边 (两个节点之间具有多条连边)。一些特殊的网络如基因调控网络等需要考虑自环与重边，后面会有涉及。另外，人们经常讨论网络的稀疏与稠密程度。对于无向网络，当网络到达最大规模 (全连接) 时的边数为

$$M = N(N-1)/2 \tag{4.1.2a}$$

网络稀疏则意味着边数

$$M \ll N(N-1)/2 \tag{4.1.2b}$$

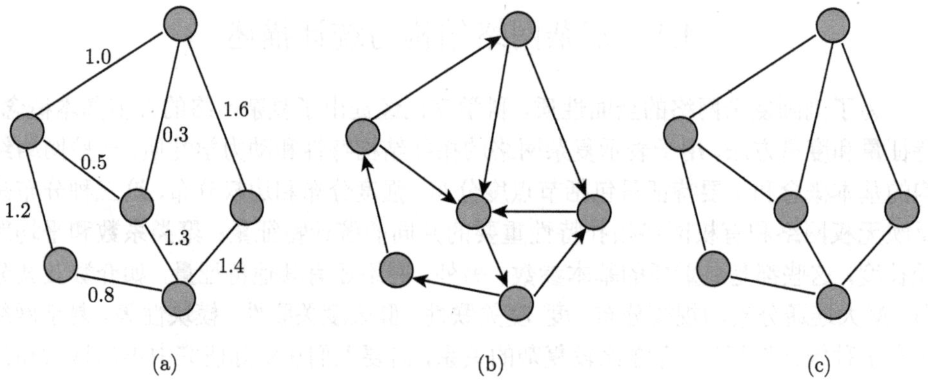

图 4-3　不同网络类型的例子

(a) 加权网络；(b) 有向网络；(c) 无向网络

1. 图的矩阵表示

一般采用矩阵的形式对网络的拓扑结构性质进行描述。常用的两种矩阵表达形式是**邻接矩阵**(adjacency matrix) 和**关联矩阵**(connection matrix)。对于一个阶为 N，边数为 M 的图$\boldsymbol{G}$，其中

$$\boldsymbol{V}(\boldsymbol{G}) = (u_1; u_2; \cdots; u_N) \tag{4.1.3a}$$

$$\boldsymbol{E}(\boldsymbol{G}) = (e_1; e_2; \cdots; e_M) \tag{4.1.3b}$$

1) **邻接矩阵**

邻接矩阵描述的是网络中各个节点的连接关系，网络的全部拓扑性质都可以在矩阵中表达出来。邻接矩阵都是一个 $N \times N$ 的矩阵$\boldsymbol{J}$形式。以 N 阶有向权重网络为例，矩阵元为

$$J_{ij} = \begin{cases} w_{ij}, & 若存在有向边从节点\ u_j\ 出发指向节点\ u_i \\ 0, & 其他情形 \end{cases} \tag{4.1.4}$$

其中 w_{ij} 是节点 i 和 j 之间边的权重。

2) **关联矩阵**

关联矩阵一般采用 $N \times M$ 的矩阵形式，描述的是各个节点与各条边之间的邻接关系：

$$J_{ij} = \begin{cases} 1, & \text{若节点 } u_j \text{ 与边 } e_j \text{ 连接} \\ 0, & \text{其他情形} \end{cases} \tag{4.1.5}$$

2. 节点度 (degree)

度也称为**连通度**，节点的度指的是与该节点连接的边数。在图$\boldsymbol{G}$中，与节点 u_i 相连接的边的总数称为 u_i 的度，记为 $\deg_{\boldsymbol{G}}(u_i)$ 或者是 $k(u_i)$，则网络的平均度为

$$\langle k \rangle = \frac{1}{N}\sum_{i=1}^{N} k_i \tag{4.1.6}$$

如果图$\boldsymbol{G}$的边数是 M，则

$$\sum_{u \in \boldsymbol{V}(\boldsymbol{G})} \deg_{\boldsymbol{G}} u_i = 2M \tag{4.1.7}$$

另外，在有向网络中，度有**入度**(in-degree) 和**出度**(out-degree) 之分。节点 u_i 的入度是指从网络中其他节点指向 u_i 的有向边的数目，出度是指从节点 u_i 指向网络中其他节点的边的总数。

度在不同的网络中所代表的含义不尽相同，例如，在城市航空交通网中，度分布表示城市之间航线的多少和重要程度，度越大的城市，其重要性就越大；在社会网络中，度可表示个体的作用力和影响程度，一个节点的度越大，一般表示在整个网络系统组织中的作用和影响就越大，反之亦然。

3. 边权 (weight)

实际网络几乎都是有权网络，可由 N 个节点及一组带有权重的边 W 集合

$$G = (N, W) \tag{4.1.8}$$

描述加权网络。

通常可用加权邻接矩阵 $\boldsymbol{W}$ 表示加权网络，其中矩阵元 $w_{ij}(w_{ij}>0)$ 代表相邻两点间的边权。通常情况下，相似权 $w_{ij} \in [0, \infty)$，如果 $w_{ij}=0$，则表示两点之间无连接；而相异权 $w_{ij} \in (0, \infty)$，$w_{ij}=\infty$ 时相当于两点之间无连接。当每条边的数值都一样时，可以将其归一化为 1，加权网就退化成了无权网，即无权网是加权网的特例。

4. 路径 (path) 和圈 (cycle)

图$\boldsymbol{G}$中的一条 u-v 链 (walk) 是指$\boldsymbol{G}$中从节点 u 出发，到 v 结束的一个顶点序列，其中序列中连续的两个节点是相连接的。若图中的一条 u-v 链中没有重复的顶

点，那么它就是一条 u-v**路径**(path)。我们定义最短的一条 u-v 路径为 u 和 v 之间的**距离**(distance)，记为 $d_{\boldsymbol{G}}(u;v)$。因为$\boldsymbol{G}$中不可能存在长度小于 $d_{\boldsymbol{G}}(u;\ v)$ 的 u-v 路径，那么长度为 $d_{\boldsymbol{G}}(u;\ v)$ 的 u-v 路径称为 u-v**测地线**(geodesic)。

图中一条**回路**(circuit) 是一个长度至少是 3 的闭路，也就是说，一条路径开始和结束于同一个节点，但是没有边的重复。如果一个回路中没有重复出现的节点，那么这条回路称为**圈**(cycle) **或环**(loop)。

5. *连通性* (connected)

如果图$\boldsymbol{G}$中的任意两个不同的节点 u，v 之间都存在一条 $u-v$ 路径，那么$\boldsymbol{G}$是**连通**的。

6. *直径* (diameter) *与半径* (radius)

定义连通图$\boldsymbol{G}$中任意一个节点 u 的**离心率**(eccentricity)$e(u)$ 为$\boldsymbol{G}$中 u 到所有节点的最远距离。在$\boldsymbol{G}$中所有节点的离心率中最小的离心率定义为$\boldsymbol{G}$的**半径**，最大的离心率定义为$\boldsymbol{G}$的**直径**，分别记为 $\mathrm{rad}(\boldsymbol{G})$ 和 $\mathrm{diam}(\boldsymbol{G})$。

4.1.2　度分布

网络的**度分布**是一个刻画网络全局性质的几何参量，可以用函数 $P(k)$ 来描述，它是节点有 k 条边连接的概率。从网络中任意选取一个节点 u，则它的度数是 k 的概率是 $P(k)$。下面简单介绍比较常见的几种分布函数。

1. δ *分布*

$$P(k) = \delta(k - k_0) \tag{4.1.9}$$

δ 度分布意味着网络中所有节点的度数都是相同的。

2. Poisson *分布*

$$P(k) = \frac{\lambda^k}{k!}\mathrm{e}^{-\lambda} \tag{4.1.10}$$

如图 4-4(a) 所示，其大小在远离峰值 $\langle k\rangle$ 处按照指数下降，即 $P(k)$ 随着 k 的增大以指数形式衰减，这意味着网络中不会出现 $k \gg \langle k\rangle$ 的节点。

3. *幂律或无标度* (scale-free) *分布*

$$P(k) \propto k^{-\gamma} \tag{4.1.11}$$

如图 4-4(b) 所示，其中 γ 称为**幂律指数**，或称**度指数**。幂律分布比图 4-4(a) 的钟形分布下降要慢得多。如果一个网络的度分布是无标度的，那么网络中绝大部分节点的度数都很小，只有少数节点的度数相当大，一般称这类节点为**中心**(hub)。这类网络也称为**非均匀 (异质) 网络**(heterogeneous network)。不同 γ 的复杂网络，其表现动力学性质也不相同，它们之间存在密切的相互关系。

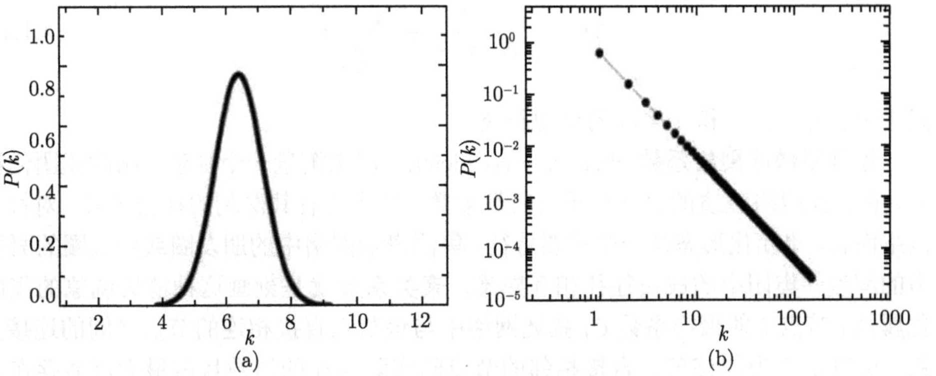

图 4-4 两种典型的网络度分布

(a) Poisson 分布；(b) 幂律分布

除了上述分布以外，还有其他一些针对特定网络的分布形式，如星形网络的度分布是两点分布等，还有一些形式更为复杂的或不易写出解析表达式的分布。对于有向网络，也有入度分布函数 $P_{\text{in}}(k)$ 和出度分布函数 $P_{\text{out}}(k)$ 之分。

如果考察一个网络中度不小于某一个值的节点的比例，我们可以采用一种度量网络中度分布的指标，称为**累积度分布函数**(cumulative degree distribution)[406]，定义为

$$S(k_0) = \sum_{k=1}^{k_0} P(k) \tag{4.1.12}$$

可以看到 $0 \leqslant S \leqslant 1$。

除了度分布之外，另外一种刻画节点的度是如何在无向网络的节点中离散分布的参量是度分布的**矩**(moment)。其 n 阶矩定义为

$$\langle k^n \rangle = \sum_k k^n P(k) \tag{4.1.13}$$

其中一阶矩 $\langle k \rangle$ 即网络的平均度，二阶矩 $\langle k^2 \rangle$ 反映网络度分布的涨落波动。在网络尺寸大小无限时，二阶矩的发散将彻底改变网络上的动力学行为。

4.1.3 平均路径长度与聚类系数

网络中拓扑特性的另一个重要特征度量是**平均路径长度**(average path length, APL)，它系网络中所有节点对之间的平均最短距离。这里节点间的距离是指从一节点到另一节点所要经历的边的最小数目，其中所有节点对之间的最大距离称为

网络的**直径**(diameter)。平均路径长度和直径衡量的是网络的传输性能与效率。平均路径长度的计算公式为

$$\mathrm{APL}=\frac{1}{N(N-1)}\sum_{i\neq j\in \boldsymbol{V}} d_{ij} \tag{4.1.14}$$

式中 d_{ij} 为节点 i 和 j 之间的最短距离。

聚类系数或聚集系数(clustering coefficient) 用来衡量一个复杂网络的集团化程度，它表征网络性质的另一个重要特征参数。该概念有其深刻的社会根源。对社会网络而言，集团化形态是一个重要特征，集团表示网络中的朋友圈或熟人圈的凝聚力的程度，集团中的成员往往相互熟悉，聚类系数就是刻画这种群集现象的集团化属性。节点 i 的聚类系数 C_i 描述网络中与该节点直接相连的节点之间的连接关系，可以定义为与该节点直接相邻的节点间实际存在的边数目占最大可能存在的边数的比例，C_i 可表达为

$$C_i=2e_i/[k_i(k_i-1)] \tag{4.1.15}$$

其中 k_i 表示节点 i 的度，e_i 表示节点 i 的邻接点之间实际存在的边数。从几何特征上，上式还可以定义为 [1]

$$C_i=\frac{\text{与点 } i \text{ 相连的三角形的数目}}{\text{与点 } i \text{ 相连的三元组的数目}} \tag{4.1.16}$$

其中三元组指的是由三个连通节点组成的基本单元，如果三个节点两两相连，则称为三角形。平均网络的聚类系数 C 为所有节点聚类系数的算术平均值，即

$$C=\frac{1}{N}\sum_{i=1}^{N} C_i \tag{4.1.17}$$

其中 N 为网络的阶。C 的取值范围为 $0\leqslant C\leqslant 1$。当 $C=0$ 时，说明网络中的所有节点都是孤立的；当 $C=1$ 时，意味着整个网路是全连通的，也就是说，网络中的任意两个节点都是直接相连的。不仅是社会网络，而且其他类型的网络中，都普遍存在群聚现象。例如，已经发现的小世界效应特性，具有大的聚类系数和小的平均路径长度。

度分布、聚类系数和平均路径长度称为复杂网络三个最基本的拓扑结构特性。大量的实证研究表明，现实世界中的许多网络具有三个共同特性：节点度服从度指数介于 [2,3] 的幂律分布；群聚程度高；节点间平均距离小。具有这些特性的网络称为具有“小世界效应”，这里平均路径小长度是指复杂网络的平均路径长度按照网络阶呈对数形式增长，或者以更慢的速度增长。关于现实网络的统计性质，请参阅有关的文献 [19,406]。

4.1.4 度–度关联与同配性

现实网络除了上述三大特性之外，复杂网络中不同节点之间的连接关系特征也是很重要的。如果度大的节点倾向于连接度大的节点，则称网络是正相关的或具有正的匹配系数 (**同配性**, assortativity)；反之，如果度大的节点倾向于和度小的节点连接，则称网络是负相关的或**异配**(disassortativity) 的。描述复杂网络中节点间连接关系的特征量是**度–度关联**(degree-degree correlations)。西班牙的 Pastor-Satorras 等给出了度–度关联性一个简洁直观的刻画 [410]，即计算度为 k 的节点的邻居的平均度，其值为 k 的函数。对于正、负关联的网络，该函数分别是 k 的递增、递减曲线，而对于不相关的网络，则函数值为常数。

Newman 定义的度–度关联函数为 [411]

$$\langle jk\rangle - \langle j\rangle\langle k\rangle = \sum_{jk} jk(e_{jk} - q_j q_k) \tag{4.1.18}$$

其中 $\langle\cdots\cdots\rangle$ 表示对所有边的平均，e_{jk} 为归一化两个节点两端随机连接的剩余度的联合概率, 而

$$q_k = \frac{(k+1)p_{k+1}}{\sum_j j p_j} \tag{4.1.19}$$

为剩余度的归一化分布，p_k 为度分布。Newman 进一步简化了计算方法，只需计算节点度的**Pearson 关联系数**$r(-1 \leqslant r \leqslant 1)$ 就可以描述网络的度–度关联性。这时，r 计算简化为

$$r = \frac{M^{-1}\sum_i j_i k_i - \left[M^{-1}\sum_i \frac{1}{2}(j_i + k_i)\right]^2}{M^{-1}\sum_i \frac{1}{2}(j_i^2 + k_i^2)} - \left[M^{-1}\sum_i \frac{1}{2}(j_i + k_i)\right]^2 \tag{4.1.20}$$

上述 j_i, k_i 分别表示连接第 i 条边的两个节点 j, k 的度，M 表示网络的总边数。目前文献经常使用这个计算公式。此方法给出的是一个唯一数，取值范围为 $r\in[-1,1]$，当 $r>0$ 时，网络是正相关的, 称为**同配网络**；当 $r<0$ 时，网络是负关联的, 称为**异配网络**；当 $r=0$ 时，网络是不关联的。

实证研究发现，度值为 k 的顶点与度值为 k' 的顶点相连的概率通常与 k 有关，可以使用条件概率

$$k_{nn}(k) = \sum_{k'} k' P(k'|k) \tag{4.1.21}$$

来刻画这一相关关系，而对于不存在相关性的网络，$k_{nn}(k)$ 与 k 无关。在实际的统计分析中，可以通过对顶点 i 的近邻平均度 (average nearest neighbors degree) 的

分析得到网络的关联匹配性质

$$k_{nn,i}=\frac{1}{k_i}\sum_{j\in N_i}k_j=\frac{1}{k_i}\sum_{j\in N_i}a_{ij}k_j \tag{4.1.22}$$

式中的求和遍及顶点 i 的所有一级近邻。由上式可以计算所有度值为 k 的顶点的最近邻平均度值 $k_{nn}(k)$。实际上，$k_{nn}(k)$ 由上述条件概率确定，如果网络没有度相关性，$k_{nn}(k)$ 为常数，与 k 无关。

对于具有相关性的网络，$k_{nn}(k)$ 与 k 有关，当 $k_{nn}(k)$ 是 k 的增函数时，该网络为同配网络；而当 $k_{nn}(k)$ 是 k 的减函数时，该网络为异配网络。所以计算 $k_{nn}(k)$ 函数曲线的斜率 (或一条边两端顶点的度值的 Pearson 相关系数) 就可以得到网络度的相关性质。对同配网络，顶点倾向于和自己度值对等的顶点连接，而异配则反之，度值低的顶点倾向于和度值高的顶点连接。一个有趣的结果是，目前观察到社会网络基本上多为同配网络，而其他类型的网络 (信息网络、技术网络、生物网络) 大多是异配网络。这有待于理论上解释和探讨，我们在下面将讨论到这个现象。

此外，还有一个**群聚度关联性**(clustering-degree correlations) 的概念。如果用 $C(k)$ 表示度为 k 的节点的平均聚类系数，则 $C(k)$ 与 k 之间的关系称为群聚度关联性。实证研究表明，在许多现实网络中，$C(k)$ 与 k 之间存在如下的倒数关系：

$$C\left(k\right)\sim k^{-1} \tag{4.1.23}$$

人们把这种具有倒数关系的群聚度关联性称为**层次性**(hierarchy)，把具有层次性的网络称作**层次网络**(hierarchical network)[412]。

上述介绍了 Newman 提出的用关联系数来定量描述混合模式的量化方法 [411]，由于很多网络中通常包含不止一种类型的节点，节点间有边相连的概率常常依赖于节点的类型。例如，在食物链网络中节点可以分为三种类型：植物、食草动物和食肉动物。植物和食草动物之间存在好多边关联，食草动物和食肉动物之间存在更多的边关联，但是食草动物之间或植物和食肉动物之间就几乎没有边关联。因特网也存在类似的情况。对于完全随机图与完全同类图 (只有同类节点之间才连边) 这两类极端网络，其关联系数分别等于 0 和 1。

4.1.5 网络中心性特征

在统计学中，一般采用**中心化**理论来描述样本的集中化程度，将中心化指标应用于复杂网络理论中却赋予了它全新的内容与意义。它是建立在复杂网络拓扑结构的基础上的，主要研究复杂网络的集中化程度，通过定义中心化指标，我们可以在结构复杂、规模庞大的复杂网络中迅速而准确地找到中心节点。量化不同的网络一般采用不同的中心化指标，下面简单介绍几个常用的中心化指标。

1. 度中心性 (degree centrality)

度中心性指标是研究静态网络中节点所产生的直接影响力，因为节点的度体现了节点与网络中其他节点建立直接联系的能力 [413,414]。归一化的度指标定义为

$$C_D(i) = k_i/(N-1) \tag{4.1.24}$$

2. 紧密度中心性 (closeness centrality)

紧密度中心性指标描述网络中的节点 i 到达剩余节点的难易程度，反映了节点 i 通过网络对其他节点施加影响的能力 [414]。定义为

$$C_C(i) = (N-1)\Big/\sum_{j=1}^{N} d(i,j) \tag{4.1.25}$$

其中 $d(i,j)$ 是网络中节点 j 到节点 i 的距离 (即测地线长度)。

3. 介数中心性 (betweenness centrality)

介数(betweenness) 是一个全局变量，反映节点或边的作用和影响力，可分为**节点介数**和**边介数**两种 [415]。如果一对节点 m,n 间共有 g_{mn} 条不同的最短路径 (测地线)，其中有 $g_{mn}(i)$ 条经过节点 i，那么节点 i 对这对节点介数的贡献为 $g_{mn}(i)/g_{mn}$。把节点 i 对所有节点对的贡献累加起来再除以节点对总数，就可得到节点 i 的介数。

定义网络中任意一个节点 i 的介数，

$$c_B(i) = \sum_{m<n} g_{mn}(i)/[g_{mn}(N-1)(N-2)/2] \tag{4.1.26}$$

其中 $g_{mn}(i)$ 表示节点 m 和 n 之间经过节点 i 的测地线条数，g_{mn} 表示节点 m 和 n 之间测地线的总条数。**介数中心性**描述了网络中节点对信息流动的影响程度，节点的介数越大表明通过该点的信息量越大 [413,416]。

类似的，边的介数定义为所有节点对的最短路径中经过该边的数量比例。研究表明，节点的介数与度之间存在很强的相关性，不同类型的网络，其介数分布也大不一样 [415]。

4. 流介数中心性 (flow betweenness centrality)

介数指标的定义是基于最短路径即测地线来刻画的，但是并不是每个网络的信息流动都是基于最短路径的，而是基于其他的次短路径或者是次次短路径等，这样就需要定义一个更为一般的介数指标 ——**流介数**[417]

$$C_B(i) = \sum_{m<n} G_{mn}(i)/G_{mn} \tag{4.1.27}$$

其中 $G_{mn}(i)$ 表示节点 m 和 n 之间经过节点 i 的路径条数，G_{mn} 表示节点 m 和 n 之间路径的总条数。

4.1.6　基元、超家族与社团

由于许多复杂网络, 如生物网络、技术网络和社会网络，在规模大小和连接性等方面十分不同，似乎很难对它们的结构和拓扑特性加以比较。究竟它们之间是否存在共同的构建**基元或模体**(motif) 及其相关特性？2004 年，Milo 等 [418] 比较了许多已有网络的局部建筑结构基元和拓扑特性, 分析观察到有一些不同类型的网络的特性在一定条件下具有相似性。他们基于复杂网络中的小子图重大构型 (significance profile，SP) 特征，在随机零假设 (random null hypothesis) 条件下研究了不同网络局部结构的相似性，观察到了几种与网络建筑基元有关的所谓 “**超家族**”(superfamily) 特性。不同网络之间存在某个家族的 “血缘” 或 “近亲” 关系，出现某些网络家族的相似性，来源于它们的相同或相似的网络 “基元 (因)”，如何找准这类网络 “基因”，以及是否存在网络 “基因” 排序等更深层次的问题，还有待进一步揭示。应用网络建筑基元来解剖网络结构与特性的关系这个思想是有用的，但在识别网络演化设计原理中受到一定限制，有待进一步改进和发展。

现实世界中的许多网络 (如代谢网络) 具有**结构模块性**(modularity)，即它们大多是由模块结构组成的。模块有两个显著特征: 模块内部的节点间高度连接，有着直接的相互作用；模块与模块之间只有少数甚至没有连接，模块与模块或模块与非模块之间有着清晰的边界。在复杂网络研究领域，模块也称作**社团**(community)[419,420]。如在电影演员合作网中，不同的模块代表不同的流派；在引文网络中，模块代表特定的研究领域；在万维网中，模块反映网络的主题分类。

在社会学文献中往往采用聚类分析的方法来检测网络的社团结构。2002 年，Girvan 和 Newman 给出了一种识别社团结构的 **GN 算法**[419,420]，该算法的基本思想是每次选择一条介数最大的边，将其从网络中删除。不断地重复该过程，就可以凸现网络的社团结构。2004 年，他们又定义了一个量，定量地衡量网络的模块化程度 (模块性)。该模块性 Q 定义为

$$Q = \sum_i e_{ii} - a_i^2 \tag{4.1.28}$$

其中

$$a_i = \sum_j e_{ij} \tag{4.1.29}$$

指连接社团 i 中顶点的边数的比例，e_{ii} 指两个端点都在社团 i 中的边比例。Q 值越大，网络的社团结构越明显。一般认为 Q 值在 0.3~0.7 的网络具有较强的社团结构。2004 年，Newman 利用**贪婪算法**通过最大化 Q 的值来寻找社团结构，该算法的复杂度有了很好的改进，处理问题的规模比过去大大增加 [421]。

4.2 典型基本网络模型及其拓扑特征

复杂网络的发展首先始于若干无权网络的理论模型。它涉及复杂网络系统的拓扑结构特性和动力学复杂性及其问题。历史上研究得最广泛的两大类网络是规则网络和随机网络，但是近年来小世界网络和无标度网络等新类型网络的突破性进展大大开阔了人们的视野，引起了广泛的研究兴趣和高度重视。为了有助于对复杂网络的理解和深入研究，我们现在简要介绍和评述若干有代表性的网络及其特性。

4.2.1 规则网络

规则网络指按照某种特定的规则建立的网络，这种网络往往具有对称性和规律性。例如，全局耦合网络 (任意两节点之间都是直接相连的)(图 4-5(a))、最近邻耦合网络 (每个节点都只与其周围相邻的节点相连) (图 4-5(b))、星形耦合网络 (图 4-5(c)) 等。

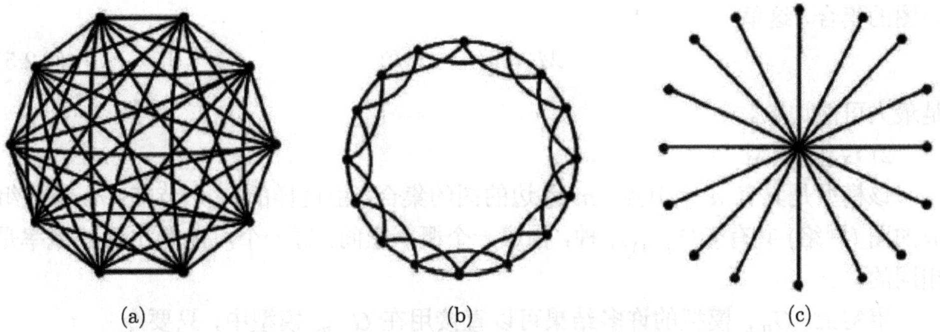

图 4-5 几种规则的网络结构

(a) 全局耦合网络；(b) 最近邻耦合网络；(c) 星形耦合网络

由于有着实际应用的背景，规则网络研究的历史最长。在规则网络中，除星形网络外每个节点具有相同的度和聚类系数，节点的度分布为 δ 函数，即设节点度为 K，则有

$$P(k)=\delta(k-K) \tag{4.2.1}$$

节点的聚类系数为

$$C=[3(K-2d)]/[4(K-d)] \tag{4.2.2}$$

(d 为网络维数)，集聚程度较高。一维规则网络的平均路径长度 L 较大，与节点数成线性比例关系，即

$$L \approx n/(2K) \tag{4.2.3}$$

星形网络也是一种规则网络，但它与其他的规则网络有巨大的、本质的不同。由于除一个节点与其他所有节点连接 (度为 $N-1$) 以外，剩余节点度均为 1，前者称为中心 (hub)，后者称为叶子 (leaf) 节点。星形网络是典型的异质网络，因而动力学上也与其他规则网络完全不同，我们后面还会专门讨论。

4.2.2 随机网络

随机网络中的节点是按照一定的随机方式连接在一起的。20 世纪 50~60 年代，Erdös 和 Rényi 发表了一系列论文，提出和发展了随机图 (网络) 理论，被称为经典 ER 随机图模型 [422]。Erdös 和 Rényi 提出了两个随机图模型：

1) $\boldsymbol{G_{n,p}}$**模型**

假定有 n 个节点，每一对节点连接 (或非连接) 的概率为 p(或 $1-p$)。$G_{n,p}$ 是所有具有 m 条边及 m 条边出现的概率为

$$P = p^m(1-p)^{M-m} \tag{4.2.4}$$

的图的集合，这里

$$M = n(n-1)/2 \tag{4.2.5}$$

是最大可能边数。

2) $\boldsymbol{G_{n,m}}$**模型**

该模型是具有 n 个节点、m 条边的图的集合，由这样的 n 个节点、m 条边组成的图 (网络) 共有 $C^m_{n(n-1)/2}$ 种，构成一个概率空间，每一个可能图出现的概率是相同的。

事实上，$G_{n,p}$ 模型的许多结果可以直接用在 $G_{n,m}$ 模型中，只要令

$$m = pC_n^2 \tag{4.2.6}$$

或

$$p = 2m/[n(n-1)] \tag{4.2.7}$$

则模型 $G_{n,m}$ 和 $G_{n,p}$ 互相等价，由任一模型得出的结果可以非常容易地推广到另一模型。人们往往根据方便，将两种形式替换使用。

在一定约束条件下，ER 模型的许多性质在规模为有限大小的随机图可以求解。在大 n 的约束并令平均度

$$z = p(n-1) \tag{4.2.8}$$

保持常数的情况下，由于边的存在或不存在是独立的，因此可从 ER 模型得到 Poisson 型度分布：

$$p_k = \begin{pmatrix} n \\ k \end{pmatrix} p^k (1-p)^{n-k} \simeq \frac{z^k \mathrm{e}^{-z}}{k!} \tag{4.2.9}$$

该分布的特点是具有较小的平均路径长度和较小的聚类系数，度分布相对比较均匀。

随机图的结构随着连接概率 p 的变化而改变，边将节点连接在一起形成了连通节点的子集，称为组元 (component)。随机图有一个重要的性质，就是会发生**巨组元**(giant component)**相变**，即会发生从具有少量边、小组元、指数度分布、有限平均大小、低密度、小 p 的网络状态转变到高密度、高 p 状态，其中相当大部分节点会被连接在一个巨组元中，且其余节点构成一些较小的组元。

巨组元相变可简单导出。设 u 是随机图中不属于巨组元的节点所占节点总数的比例，它也是一个节点被随机从图中选中且不在巨组元中的概率。事实上，一个节点不属于巨组元的概率就等于该节点的所有邻居节点均不属于巨组元的概率(否则该节点就属于巨组元中的节点)。因此，如果节点度数为 k，则此概率可表示为 u^k。对此概率在 k 概率分布下求平均，当随机图规模无穷大时，利用式 (4.2.9) 可以得到 u 满足如下自洽方程

$$u = \sum_{k=0}^{\infty} p_k u^k = \mathrm{e}^{-z} \sum_{k=0}^{\infty} \frac{(zu)^k}{k!} = \mathrm{e}^{z(u-1)} \tag{4.2.10}$$

被巨组元占据的图的比例 S 为

$$S = 1 - u = 1 - \mathrm{e}^{-zS} \tag{4.2.11}$$

因此一个任意选定的节点属于非巨组元的平均尺寸 $\langle S \rangle$ 为

$$\langle S \rangle = 1/(1 - z + zS) \tag{4.2.12}$$

可以看出，对于 S，$\langle S \rangle$，存在一个临界值

$$z_c = 1 \tag{4.2.13}$$

当 $z < z_c$ 时的唯一非负解是 $S = 0$，而当 $z > z_c$ 时，有一个非零解，该解就是巨组元的大小。根据相变理论，在 $z = z_c$ 处发生了相变，此即 $\langle S \rangle$ 的分岔点。在相变中，S 起到了序参量的作用，而 $\langle S \rangle$ 则起到了序参量涨落的作用。由

$$S \sim (z - z_c)^{\beta}, \quad \langle S \rangle \sim |z - z_c|^{\gamma} \tag{4.2.14}$$

相应的临界指数取值为 $\beta = 1$ 和 $\gamma = 1$。关于 ER 随机图模型的这一系列性质的详细描述，读者可参看 Bollobas[423] 和 Durrett[424] 的专著。

ER 随机图能够反映现实世界网络的部分主要性质，例如小世界效应的一部分特性。ER 随机图模型提出后，因简单而易于被多数人所接受，从 20 世纪 50 年代末到 90 年代中期，大多数大规模网络的拓扑结构都采用 ER 模型来描述。长期以来一些数学家对随机图进行了很好的研究，通过严格的数学证明，得到了许多近似和精确的结果。许多更高级模型中巨组元的存在和相变等主要结果都源于 Poisson 随机图。

但在很多方面，随机图的性质与现实世界网络的性质并不一致。由于实际网络的特性并不完全像 ER 随机图那样，例如，在社会网络和通信网络中度分布与 Poisson 分布不同，因此人们提出各种各样的方法扩展随机图模型，以符合真实网络。最近几年，由于计算机数据处理和运算能力的飞速发展，科学家们发现大量的现实网络不是完全随机的网络，而是具有其他统计特征的网络，因此复杂网络研究的新突破就不可避免。尽管如此，ER 随机图仍然很重要。

随机图模型的另一类一般形式是网络具有多种类型的节点，最简单和最重要的例子就是**二部图**(bipartite graph)，它由两种类型的节点和连接不同类型节点之间的边构成。很多社会网络就是二部图，社会学家称这种网络为隶属网络，如组内的共同成员加入某个体网络，在这样的网络中，两种不同类型的节点分别代表个体和小组，它们之间的边表示组员关系。董事会网、科学家合作网、电影演员合作网等都是二部图 [423,424]。我们在 4.4.5 节还将结合动力学与同步做更详细的讨论。

4.2.3　小世界网络

1998 年，Watts 和 Strogatz 研究了小世界效应 (现象)，提出了小世界网络模型 (WS 模型)[16]。利用前面的基本概念来表述，小世界网络同时具有小的平均路径长度和高的聚类系数两个特点。与此相比，规则网络虽有高的聚类系数，却没有小的平均路径长度；ER 随机图有小的平均路径长度，但缺乏小的聚类系数。显然，这两种类型的网络都不是小世界网络，它们的特性不完全符合真实世界的小世界特性。真实世界的大多数网络应该是介于这两类网络之间。

图 4-6 给出了上述三种网络示意图，其中规则网络的随机连接概率 $p=0$，随机网络的随机连接概率 $p=1$。WS 模型则介于完全规则网络和完全随机网络之间，有一定的少量随机连接，p 不为零。

迄今为止，小世界网络模型有几种典型的构造方法：

(1) 断边重连机制：由 Watts 和 Strogatz 提出，从一个规则网络开始，它是具有 N 个节点的规则圆环，圆环上每一个节点与两侧各有 m 条边相连，然后以连接概率 p 对每条边进行随机化重连，但是必须除去自我连接和重边，这些随机重连的边称为 “长程连接”。这种形成的小世界网络称为 WS 模型。WS 网络正是依靠随机地 “长程连接” 大大地减小了网络的平均路径长度，从而提高了网络的聚类系数。

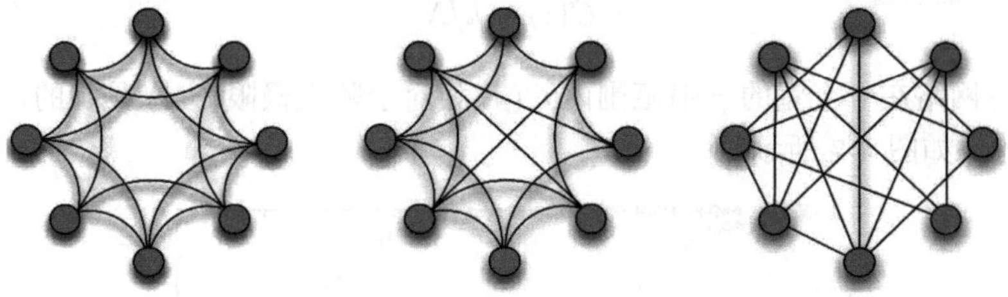

图 4-6 三种类型的网络结构图及其随着随机连接概率增加的比较图

自左向右依次为规则网络、小世界网络、随机网络

(2) 随机加边机制：Newman 和 Watts 对 WS 模型作了改进 [425,426]，以 “随机化加边” 取代 “随机化重连”，通过在随机选择的节点对之间增加边作为长程连接，而原始网络上的边保持不动，简称 NW 模型。当 p 足够大时，WS 模型与 NW 模型完全等价，而 NW 模型比 WS 模型容易分析，因为它在形成过程中不会出现孤立的群聚，但在 WS 模型中却可能发生这种情况。

(3) 加点随机加边机制：Kasturirangan 提出了 WS 模型的一个替代模型 [427]，该模型同样始于圆环格子网络，然后在格子中间增加节点，并与格子上的节点随机进行连接，这些随机连接的边充当了 WS 模型中 “长程连接” 的角色。其实只要在网格中间增加一个新节点并连接到网格边缘足够多的节点上，网络就呈现出小世界特性。Dorogovtsev 和 Mendes 对这一情况进行了精确的求解 [428]。

除了上述一些机制以外，人们为进一步研究小世界特性还提出了其他一些机制和模型。小世界特性具有一些共同、本质的特征。真实网络既不是完全有序也不是完全随机 (无规) 的，会呈现出两者兼有的特性。我们可应用在有序和随机之间建立的数学模型来体现这些网络的一些性质。例如，在 WS 模型中，有序是用均匀的一维近邻连接的 N 格点点阵来表示，而随机是用一个可调的随机重连概率 p 来表征；这些性质能够应用简单的统计学来定量描述，例如，局域密度测度的聚类系数 C、总体分离测度的平均最短路径距离 L，它们都是随机重连概率 p 的函数。当 $p=0$(规则网络) 时，网络具有大路径距离

$$L(0) \sim N/(2k) \tag{4.2.15a}$$

和高聚类系数

$$C(0) \sim 3/4 \tag{4.2.15b}$$

当 $p=1$(完全随机网络) 时，网络是小路径距离

$$L(1) \sim \ln N/\ln k \tag{4.2.16a}$$

和低聚类系数

$$C(1) \sim k/N \tag{4.2.16b}$$

而小世界网络在一个宽的 p 值范围内 $C(p)$ 相对于随机极限 $C(1)$ 是高的，$L(p)$ 则尽可能小，如图 4-7 所示。

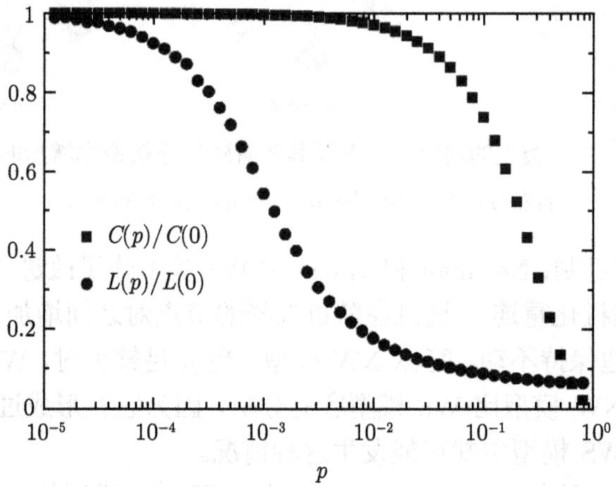

图 4-7　数值得到的小世界模型平均集群系数及平均距离对 p 的依赖关系【改编自文献 [16]】

4.2.4　无标度网络

Barabási 和 Albert 于 1999 年第一个提出随机无标度网络模型 [17]，并提出形成网络无标度性的两个主要机制 —— 增长性和择优性。通过追踪万维网的动态演化过程，他们发现了许多复杂网络都具有大规模的高度自组织特性，节点度分布表现为幂律函数，意味着网络没有特征尺度，因此把具有幂律度分布的网络称为无标度网络。需要指出的是，幂律特征与无特征尺度特性在统计物理发展的 20 世纪 50~60 年代相变与临界现象研究中均已提出。

我们首先简单描述一下 BA 模型生成无标度网络的基本过程。在初始时刻，假定系统中已有少量节点，在之后每一个时间单位新增一个节点，它与网络中已经存在的其他节点进行连接。在网络中选择节点与新增节点连接时，BA 模型假设被选择的节点与新节点连接的概率和正比于被选节点的度，即度越大的节点具有更大的连边概率 (富者越富)，这种连接机制称为**择优连接或偏好连接**(preferential attachment)，如图 4-8(a) 所示。特别的，新节点 n 与原有节点 i 的随机优先连接概率可以正比于节点 i 的度 k：

$$P_{n\to i}^{\mathrm{BA}} = k_i \Big/ \sum_j k_j \tag{4.2.17}$$

在这种机制下，数值模拟和理论上都可以证明，经过长时间演化，BA 网络最终演化成具有标度不变状态即节点度服从度指数等于 3 的幂律分布，如图 4-8(b) 所示：

$$P(k) \propto k^{-3} \tag{4.2.18}$$

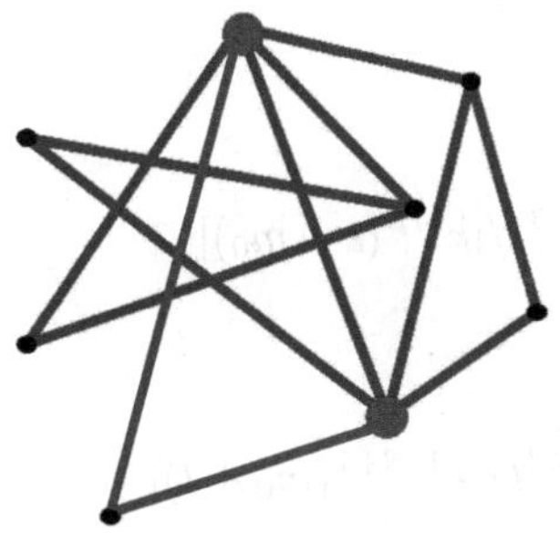

(a)

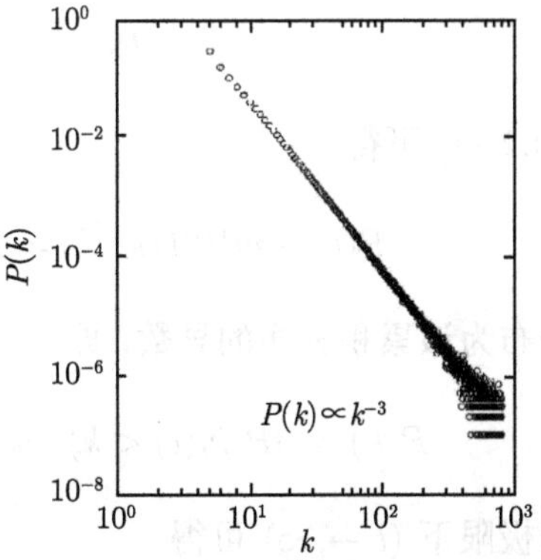

(b)

图 4-8 BA 模型的网络增长和择优连接形成无标度特性 (扫封底二维码见彩图)【改编自文献 [17]】

我们下面通过一个简单的理论分析来看看上述的择优机制怎样导致了度分布的幂律特征。设节点 i 的度 k_i 满足由择优机制而导致的动态方程，即单位时间内该节点增加的度数正比于每次加的总边数与择优概率的乘积：

$$\partial k_i \partial t = mk_i \Bigg/ \left(\sum_{j=1}^{n-1} k_j\right) \tag{4.2.19}$$

分母求和对系统中除新进入系统的节点外的所有节点进行：

$$\sum_{j=1}^{n-1} k_j = 2mt - m \tag{4.2.20}$$

在长时间 $t \gg 1$ 时，式 (4.2.20) 右边第二项 $2mt \gg m$，因而可忽略。由式 (4.2.19) 和式 (4.2.20) 可得

$$\partial k_i / \partial t = k_i / (2t) \tag{4.2.21}$$

因此

$$k_i(t) = ct^{1/2} \tag{4.2.22}$$

设初始 $k_i\left(t_i\right) = m$，则有

$$k_i(t) = m(t/t_i)^{\beta}, \quad \beta = 1/2 \tag{4.2.23}$$

度小于 k 的节点的概率为

$$P(k_i(t) < k) = P(t_i > m^{1/\beta}t/k^{1/\beta}) \tag{4.2.24}$$

设在相同的时间间隔添加节点到网络中的 t_i 值具有常数概率密度, 则有

$$P(t_i) = 1/(m_0 + t) \tag{4.2.25}$$

代入式 (4.2.24) 可得

$$P(t_i > m^{1/\beta}t/k^{1/\beta}) = 1 - m^{1/\beta}t/[k^{1/\beta}(t + m_0)] \tag{4.2.26}$$

因此度分布为该累积分布的导数，即

$$P(k) = \partial P(k_i(t) < k)/\partial t = 2m^{1/\beta}t/[k^{1/\beta+1}(m_0 + t)] \tag{4.2.27}$$

在长时间极限下 $(t \to \infty)$ 可得

$$P(k) \approx 2m^{1/\beta}k^{-\gamma}, \quad \gamma = 1 + \beta^{-1} \tag{4.2.28}$$

可以看到，网络按上述机制在长时间增长后的度分布就是幂律分布，对于满足式 (4.2.17) 的择优机制，由于 $\beta = 1/2$, 因此幂律 $\gamma = 3$，这与数值给出的幂律结果一致。这也说明了对于满足式 (4.2.17) 的线性择优机制，其度分布的幂律为 $\gamma = 3$。

BA 网络平均路径长度很小，聚类系数也很小，但比同规模随机图的聚类系数要大，不过当网络规模趋于无穷大极限下，这两种网络的聚类系数趋于零。需要指出，BA 模型仍然是理想化的理论模型，与现实网络比较还有不尽符合之处。

Barabási 和 Albert 所提出的无标度网络演化机制和 BA 模型具有开创性意义，对复杂网络的演化模型起着重要的推动作用，之后无标度网络建模和实证分析等成为研究的热点。人们陆续提出了许多动态演化的改进模型来深入认识网络拓扑性质，以此揭示对网络拓扑结构形成起作用的影响因素和动态变化过程，这使得网络动力学演化与生长的研究成为复杂网络的热点 [429-434]。Dorogovtsev 等应用主方程方法给出了一类增长网络模型的精确解，并讨论了节点老化对网络的影响 [429]。Krapivsky 等提出了比率方程方法，并利用该方法研究了非线性择优连接对网络动态性及拓扑结构的影响 [431]。Amaral 等考虑了老化、成本、容量约束等因素，通过建立模型来解释一些现实网络偏离幂律分布的行为 [435]。

另外，是否有其他机制也会导致无标度性是一个很重要的需要研讨的问题。择优连接机制虽被公认为形成幂律的一个主要机制，但人们也试图提出新的机制来形成无标度网络。显然，一般的复杂网络形成机制具有多样性和复杂性，不同网络的形成机制不尽相同，迄今，网络模型及其生成机制一直是复杂网络研究的一个重

要方向。在现实世界网络中，采用加点、加边、去点、去边、重连等一系列基本的操作机制都可以形成网络的演化，实际上，网络的任何局部变化都可以由前四个事件或其组合得到，边的重连实际就是先去边后加边的组合过程。BA 模型只考虑了加点情况。研究表明，对应于不同操作机制的基本事件的发生会对网络拓扑性质产生不小的影响，更多的机制参与会使模型更符合实际。2000 年，Albert 和 Barabási 提出了扩展的 BA 模型 [433]，研究了加边及边的重连对网络拓扑的影响。

在 BA 模型中，老节点总是以较大概率获取新边。然而在许多复杂网络中，节点获得新连接的能力除了与节点度相关外，还与节点自身固有的竞争能力 (适应度) 有关。适应能力强的节点，可能比那些连接度高但适应度低的节点获得更多的边，从而变成连接度大的节点，这就是所谓的 “适者变富”。

另外，一般的现实网络中往往表现出幂律分布和较大的聚集系数并存的特性。现实世界中许多网络 (如代谢网络) 是由模块结构组成的，层次网络模型对这些现实网络中的模块特性作了很好的解释, 该模型的节点度服从幂律分布，节点的聚类系数与其度成反比，这一结果与代谢网、演员网、网页网络、电力网络等现实网络基本一致，如图 4-9 所示。

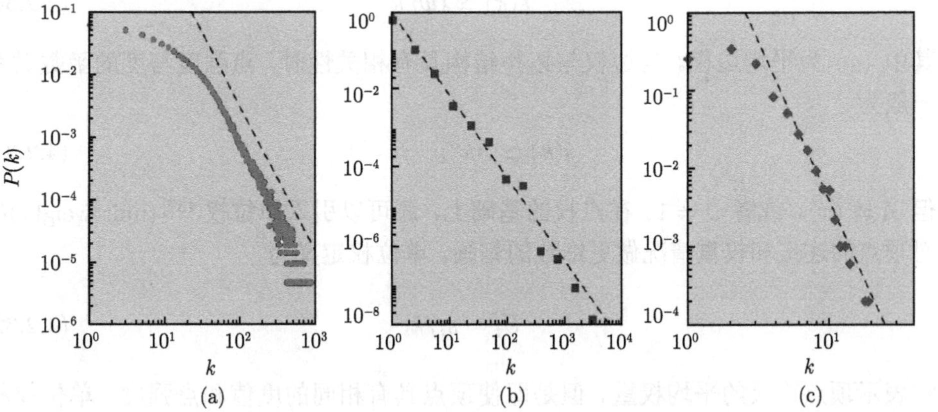

图 4-9 几种典型的无标度网络【改编自文献 [17]】

其中点为数据统计结果，线为理论分布曲线。(a) 演员网，节点为演员，连接为出演的影片；(b) 网页网络，节点为网页，连接为超连接；(c) 电力网络，节点为变电站，连接为高压线路

4.2.5 加权网络

前面涉及的模型在边上均为简单的 0-1 模型，即模型中假定每条边是完全相同的，这与现实世界不完全相符。为描述边的异质性，Yook，Jeong 和 Barabási 首次对加权的演化网络理论进行了探讨 [436]，他们提出一个初步的加权网络理论模型，它是在无权网络的基础上，按照节点度之间的关系给边赋上权值而形成的加权

网络。

下面仍然采用邻接矩阵 $\boldsymbol{A}$ 描述和加权网络相对应的无权网 (顶点 i、j 之间有边存在时 $a_{ij}=1$，否则 $a_{ij}=0$)。显然加权网络需要考虑边权分布 $P(w)$，即任取一条边时该边权重为 w 的概率。下面简单介绍一些加权网与无权网相对应的物理量和统计性质。

在加权网络中，与节点度 k_i 相对应的自然推广是**点强度**(strength of vertex) 或**点权**(vertex weight) s_i，其定义为

$$s_i=\sum_{j\in N_i} w_{ij} \tag{4.2.29}$$

其中 N_i 是节点 i 直接相连的近邻集合。点强度分布 $P(s)$ 与度分布 $P(k)$ 的作用类似，主要是考察节点具有点强度 s 的概率，这两个分布结合在一起，提供了加权网络的基本统计信息。点强度既考虑了节点的近邻数，又考虑了该节点和近邻之间的权重，是该节点局域信息的综合体现。当边权与网络的拓扑结构无关时，点强度与度的函数关系为

$$s(k)\simeq\langle w\rangle\, k \tag{4.2.30}$$

其中 $\langle w\rangle$ 为平均边权。当边权与拓扑结构具有相关性时，点强度与度的函数关系一般为

$$s(k)\simeq Ak^{\beta},\quad \beta=1 \tag{4.2.31}$$

但 $A\neq\langle w\rangle$，或者 $\beta\neq 1$。在点权的基础上，还可以引入**单位权**[437] (unit weight)U_i 对顶点的连接和权重情况做更细致的刻画。单位权定义为

$$U_i=s_i/k_i \tag{4.2.32}$$

它表示顶点连接的平均权重。但是即使顶点具有相同的度值和点强度，单位权相同，也可能会情况迥异。例如，在单位权相同的情况下，可能是每条边的权重都接近于单位权 U_i 的数值，也可能是一条边或少数边上的权重处于优势。

顶点所连接的边上权重分布的差异性 (disparity in the weight) 可以用 Y_i 表示 [437,438]：

$$Y_i=\sum_{j\in N_i}\left[\frac{w_{ij}}{s_i}\right]^2 \tag{4.2.33}$$

其中 N_i 是节点 i 的近邻集合。由此定义可知，Y_i 描述了与顶点 i 相连的边上权重分布的离散程度，且依赖于节点的度值 k_i。对于顶点 i 的 k_i 条边，如果所有权重值相差不大，则 Y_i 与度值 k_i 的倒数成正比；相反，如果只有一条边的权重起主要

作用，则 $Y_i \approx 1$。由定义可知，Y_i 与 k_i 有关，所以通常更关心对所有度值相同的顶点的 Y_i 的平均值 $Y(k)$，当边权分布比较均匀，差异性不大时，

$$Y(k) \propto 1/k \tag{4.2.34}$$

当边权分布的差异性较大时，$Y(k) \approx 1$，独立于节点的度值 k[439]。

考虑每条边关联的物理距离是加权网络分析的重要问题。对于位于 D 维欧几里得空间中的网络，直接相连的两点间的长度可以看作两点间的欧氏距离，但对于一般的加权网络则没有明确的距离概念，每条边上的距离可以看作是权重的某种函数。此时，就必须注意权重是相异权还是相似权。对于相异权，可以直接定义两个相连顶点之间的距离

$$l_{ij} = w_{ij} \tag{4.2.35}$$

而对于相似权，则可令

$$l_{ij} = 1/w_{ij} \tag{4.2.36}$$

当然也可采用其他形式把相似权转化为距离。其中，更为关键的问题是如何计算没有直接相连的顶点之间的距离。在无权网中，经过边数最少的路径即为两点间的最短路径，但是在加权网中由于每条边权重值的差异，加权网络上的距离通常不再满足三角不等式，从而导致经过边数少的路径不一定是两点间的最短路径。假设顶点 i 和顶点 k 通过两条权重分别为 w_{ij} 和 w_{jk} 的边相连，对于相异权，顶点 i 和 k 之间的距离可以直接取和：

$$l_{ik} = w_{ij} + w_{jk} \tag{4.2.37}$$

而对于相似权，顶点 i 和 k 之间的距离就必须使用调和平均值：

$$l_{ik} = w_{ij}w_{jk}/(w_{ij} + w_{jk}) \tag{4.2.38}$$

以此为基础，就可以获得任意连续路径的距离值，进而可以得到加权网络中任意两点间的最短距离以及网络的平均最短距离。而其他网络的全局统计量，比如效率 (efficiency)、介数 (betweenness) 等就可以在考虑加权最短路径基础上进行计算。

顶点的**聚类系数**(clustering coefficient) 反映该顶点的一级近邻之间的集团性质，近邻之间联系越紧密，该顶点的聚类系数越高。在无权网络聚类系数的基础上，人们已发展加权网络聚类系数 (weighted clustering coefficient) 的定义，比如Barrat 等定义**加权聚类系数**为 [410]

$$c_{\mathrm{B}}^{w}(i) = \frac{1}{s_i(k_i - 1)} \sum_{j,k} \frac{(w_{ij} + w_{ik})}{2} a_{ij}a_{jk}a_{ki} \tag{4.2.39}$$

Onnela 等 [440] 考虑了三角形三条边上权重的几何平均值，定义了相应的加权网聚类系数，

$$c_{\mathrm{O}}^{w}(i)=\frac{1}{k_i(k_i-1)}\sum_{j,k}(w_{ij}w_{jk}w_{ki})^{1/3} \tag{4.2.40}$$

其中 w_{ij} 为经过网络中的最大权重 $\max[w_{ij}]$ 标准化后的数值，但上述定义都存在这样或那样的问题。

Holme 等比较细致地分析了加权网络的聚类系数，指出它应该符合以下几条要求 [441]：①聚类系数的值应介于 [0,1]；②当加权网退化为无权网时，加权网的聚类系数应该与 Watts-Strogatz 定义的聚类系数计算结果相一致；③权值为 0 表示不存在该条边；④包含节点 i 的三角形中三条边对 $c^w(i)$ 的贡献应该与边的权重成正比。在此基础上，Holme 等首先把 Watts-Strogatz 所定义的聚类系数改写为

$$c(i)=\sum_{jk}a_{ij}a_{jk}a_{ki}\Bigg/\sum_{jk}a_{ij}a_{ki} \tag{4.2.41}$$

根据上式，考虑三角形中任一条边对聚类系数的贡献，就可以写出加权网的聚类系数：

$$c_{\mathrm{H}}^{w}(i)=\sum_{jk}w_{ij}w_{jk}w_{ki}\Bigg/\left(\max_{ij}w_{ij}\sum_{jk}w_{ij}w_{ki}\right) \tag{4.2.42}$$

聚类系数描写了顶点近邻之间的集团性质，由上述的第③条要求可以发现，此时的权重必须为相似权，边权越大表示两个顶点的联系越紧密。由上述定义计算出每个节点的聚类系数之后，就可以得到所有度值为 k 的节点的平均聚类系数 $C^w(k)$，以及网络的平均聚类系数 C^w。一般情况下，上面最后公式的应用需要用网络中的最大相似权归一化，但当我们可以利用网络的性质预先将相似权归一化到 (0,1] 区间时，就可以直接利用权重计算而略去二次归一化的步骤，这一考虑可以使我们比较不同网络的加权聚类系数。

加权网络上考察度 - 度关联性和同配性除了前面关于度值的关联匹配关系外，还可以类似地讨论点强度的相关匹配关系。与上式类似，可以定义节点的**加权平均近邻度**(weighted average nearest neighbors degree) 如下 [442]：

$$k_{nn,i}^{w}=\left(\sum_{j\in N_i}a_{ij}w_{ij}k_j\right)/s_i \tag{4.2.43}$$

这是根据归一化的权重 w_{ij}/s_i 计算出的局域加权平均近邻度，它可以用来刻画加权网络的相关匹配性质。当

$$k_{nn,i}^{w}>k_{nn,i} \tag{4.2.44a}$$

时，权重较大的边倾向于连接度值较大的节点；当

$$k_{nn,i}^{w} < k_{nn,i} \tag{4.2.44b}$$

时则恰恰相反。所以，对于相互作用强度 (权重) 给定的边，$k_{nn,i}^{w}$ 表明了它与具有不同度值的顶点之间的亲和力。同理，可以计算所有度值为 k 的节点 $k_{nn,i}^{w}$ 的平均值 $k_{nn}^{w}(k)$，这一函数的具体形式就给出了考虑相互作用强度后网络中的相关匹配关系。

通过以上分析可见，在加权网络中对相似权和相异权的区分十分重要。使用相异权，距离可以直接求和，但聚类系数的计算必须首先转化为相似权；而使用相似权虽然可以直接计算聚类系数，但距离必须使用调和平均的计算方法。为了统计分析的方便，可以在处理加权网络时，把相异权归一化到 $[1, \infty)$ 区间，而把相似权归一化到 $(0, 1]$ 区间，这样，就可以方便地利用倒数关系实现两种权重之间的转换，并计算网络的基本统计性质。由于边权增加了刻画系统性质的维数，因而建立相应的概念来研究加权网络上特殊的统计性质，仍然是目前加权网络研究中的一个重要内容。

面对复杂现实世界中许多实际网络几乎都存在不同的相互作用，加权程度各不相同，权值的影响因素很多，无权网无法全面反映实际网络节点之间相互作用的强度和连边的多样性与差异性，自然提出了研究加权网络的任务。有权网络不仅能够反映实际网络的拓扑结构的复杂性，而且可更好地反映真实网络上动力学特征与拓扑结构的联系，以及随权值在网络演化过程中特性的变化，其动态演化过程也相当复杂和多样化，权重及其分布必然对网络的性质和功能产生重要的影响。因此，仔细考虑各种加权方式将为复杂网络中顶点之间的关系和相互作用提供更加细致的刻画手段，并为调整网络结构和动力学性质及其关系提供更接近实际网络的途径 [443-445]。

4.3 复杂网络上的同步涌现

4.3.1 主稳定函数方法

第 2 章和第 3 章对同步问题进行了广泛的讨论。研究复杂网络的同步是同步研究的深化和拓广，一直是普遍重视的重要研究课题 [19,21,186-188,446]。近年来，复杂网络的小世界特性和无标度特性的重要发现，引起人们关注大规模实际网络的拓扑结构特性对网络同步能力的影响，主要考虑的是无权无向网络。本节讨论复杂网络的完全同步问题，4.4 节将探讨耦合混沌振子网络中的部分同步现象，并在 4.5 节中研究相位振子网络的同步动力学，特别是与第 2 章 Kuramoto 模型相关的同步问题。

考虑一个由 N 个相同节点构成的连续时间动态网络，其中第 i 个节点的状态方程为

$$\dot{\boldsymbol{x}}_i = \boldsymbol{f}(\boldsymbol{x}_i) + \varepsilon \sum_{j=1}^{N} a_{ij} H(\boldsymbol{x}_j) \tag{4.3.1}$$

其中

$$\boldsymbol{x}_i = (x_i^{(1)}, x_i^{(2)}, \cdots, x_i^{(n)}) \in \boldsymbol{R}^n \tag{4.3.2a}$$

为节点 i 的状态变量；常数 $\varepsilon > 0$ 为网络的耦合强度；

$$H:\boldsymbol{R}^n \to \boldsymbol{R} \tag{4.3.2b}$$

为各个节点状态变量之间的内部耦合函数，也称为各节点的输出函数，这里假设每个节点的输出函数完全相同；耦合矩阵

$$\boldsymbol{A} = (a_{ij}) \in \boldsymbol{R}^{N\times N} \tag{4.3.3}$$

表示网络的拓扑结构。当耦合矩阵 $\boldsymbol{A}$ 描述一个一般网络的拓扑结构时，具体定义为：若节点 i 和节点 $j \neq i$ 之间有连接，则

$$a_{ij} > 0 \tag{4.3.4a}$$

否则

$$a_{ij} = 0, \quad i \neq j \tag{4.3.4b}$$

对角线上的元素为

$$a_{ii} = -\sum_{j=1, j\neq i}^{N} a_{ij}, \quad i = 1, 2, \cdots, N \tag{4.3.4c}$$

式 (4.3.4c) 称为耗散耦合条件。假设网络是连通的，那么耦合矩阵 $\boldsymbol{A}$ 有且仅有一个重数为 1 的零特征值，而 $\boldsymbol{A}$ 其余特征值的实部均为负数。

如果当 $t \to \infty$ 时有

$$\boldsymbol{x}_1(t) = \boldsymbol{x}_2(t) = \cdots = \boldsymbol{x}_N(t) = \boldsymbol{s}(t) \tag{4.3.5}$$

就称动态网络 (4.3.1) 达到**完全同步**。由于耗散耦合条件 (4.3.4c)，同步状态 $\boldsymbol{s}(t) \in \boldsymbol{R}^n$ 必为单个孤立节点的解，即满足

$$\dot{\boldsymbol{s}}(t) = \boldsymbol{f}(\boldsymbol{s}(t)) \tag{4.3.6}$$

这里状态动力学 $\boldsymbol{s}(t)$ 可以是孤立节点的不动点、周期轨道，甚至是混沌轨道。

与 3.2 节中对于多耦合混沌振子同步的分析方法思想基本一致，Pecora 等研究了系统 (4.3.1) 线性耦合网络同步的稳定性问题，给出了所谓**主稳定函数**(master stability function，MSF) 判据 [321,447]。Motter 等在他们工作的基础上扩展了网络的同步判据，研究了网络的 Laplace 矩阵不能对角化时的同步 [448,449]。下面将系统 (4.3.1) 重写为

$$\dot{\boldsymbol{x}}_i = \boldsymbol{f}(\boldsymbol{x}_i) - \varepsilon \sum_{j=1}^{N} L_{ij} H(\boldsymbol{x}_j) \tag{4.3.7}$$

其中

$$\boldsymbol{L} = (L_{ij}) = (-a_{ij}) \tag{4.3.8}$$

是网络的 Laplace 矩阵。注意这里矩阵 $\boldsymbol{L}$ 不要求是对称矩阵，即网络并不局限于无向网络。

稳定性分析可以通过考虑等式 (4.3.7) 的同步解的变分而得到。在同步解附近变分可以得到

$$\dot{\boldsymbol{\xi}}_i = \boldsymbol{DF}(\boldsymbol{s})\boldsymbol{\xi}_i - \varepsilon \sum_{j=1}^{N} L_{ij} \boldsymbol{DH}(s)\boldsymbol{\xi}_j \tag{4.3.9}$$

等式 (4.3.9) 同样可以写成矩阵形式

$$\dot{\boldsymbol{\xi}} = \boldsymbol{DF}(\boldsymbol{s})\boldsymbol{\xi} - \varepsilon \boldsymbol{DH}(\boldsymbol{s})\boldsymbol{\xi}\boldsymbol{L}^{\mathrm{T}} \tag{4.3.10}$$

其中 $\boldsymbol{\xi} = (\boldsymbol{\xi}_1, \cdots, \boldsymbol{\xi}_N)$ 是 $n \times N$ 维矩阵，$\boldsymbol{L}^{\mathrm{T}}$ 代表 $\boldsymbol{L}$ 的转置。在主稳定函数方法分析中，假设 Laplace 矩阵 $\boldsymbol{L}$ 是可对角化的，从而对等式 (4.3.9) 进行对角化。在这里，我们可以放宽条件，不需要假设 $\boldsymbol{L}$ 必须是可对角化的。相反，利用 $\boldsymbol{L}$ 的 Jordan 标准形变换，对于任意的 $N \times N$ 维的矩阵 $\boldsymbol{L}$，都存在一个可逆矩阵 $\boldsymbol{P}$，可以将矩阵 $\boldsymbol{L}$ 转换为 Jordan 标准形

$$\boldsymbol{P}^{-1}\boldsymbol{L}\boldsymbol{P} = \boldsymbol{J} = \begin{pmatrix} 0 & & & \\ & \boldsymbol{B}_1 & & \\ & & \ddots & \\ & & & \boldsymbol{B}_l \end{pmatrix} \tag{4.3.11}$$

式中 $\boldsymbol{B}_i$ 是块状矩阵的形式

$$\boldsymbol{B}_i = \begin{pmatrix} -\lambda & & & \\ 1 & -\lambda & & \\ & \ddots & \ddots & \\ & & 1 & -\lambda \end{pmatrix} \tag{4.3.12}$$

其中 $-\lambda$ 是 $\boldsymbol{L}$ 的特征值 (可能为复数)。在等式 (4.3.10) 中令

$$\boldsymbol{\eta} = \boldsymbol{\xi}(\boldsymbol{P}^{-1})^{\mathrm{T}} \tag{4.3.13}$$

则可以得到

$$\dot{\boldsymbol{\eta}} = \boldsymbol{DF}(\boldsymbol{s})\boldsymbol{\eta} - \varepsilon \boldsymbol{DH}(\boldsymbol{s})\boldsymbol{\eta}\boldsymbol{J}^{\mathrm{T}} \tag{4.3.14}$$

由于矩阵 $\boldsymbol{\eta}$ 是所有 $\boldsymbol{\xi}_i$ 的线性组合，因此 $\boldsymbol{\eta}$ 每一列通常代表一种对整个网络即所有节点振子的扰动，而不是只对任何特定振子。因此，当且仅当在等式 (4.3.14) 中所有这些列都收敛于 0，同步解才是稳定的。

1. Laplace 矩阵 $\boldsymbol{L}$ 可对角化

在讲述一般情况之前，先考虑一下 $\boldsymbol{L}$ 可对角化的情况。在这种情况下，矩阵 $\boldsymbol{J}$ 是一个对角阵，在对角线上的特征值由大到小依次为 $\lambda_1, \lambda_2, \cdots, \lambda_N$。于是对 $\boldsymbol{\eta}$ 的每一列 $\boldsymbol{y}$，这个等式变为相互独立，并且取得形式为

$$\dot{\boldsymbol{y}} = [\boldsymbol{DF}(\boldsymbol{s}) - \alpha \boldsymbol{DH}(\boldsymbol{s})]\boldsymbol{y} \tag{4.3.15}$$

其中 $\boldsymbol{D}$ 代表雅可比算符并引入，

$$\alpha = \varepsilon\lambda_i \tag{4.3.16}$$

把 α 看作一个可调整的复数参数，等式 (4.3.15) 被称作一个主稳定等式，它的稳定截面作为 α 的函数决定系统同步解的线性稳定性。$\boldsymbol{y} = 0$ 解的最大李指数 $\Lambda(\alpha)$ 通常被用来检查稳定性，并被称作主稳定函数 [450]。$\boldsymbol{L}$ 的特征值可以写为

$$0 = -\lambda_1 \leqslant -\mathrm{Re}\lambda_2 \leqslant \cdots \leqslant -\mathrm{Re}\lambda_N$$

则同步解线性稳定的条件为

$$\boldsymbol{\Lambda}(\varepsilon\lambda_i) < 0, \quad i = 2, 3, \cdots, N \tag{4.3.17}$$

这里 $\boldsymbol{\Lambda}$ 代表 $\boldsymbol{L}$ 矩阵的对角化矩阵，即存在可逆矩阵 $\boldsymbol{P}$ 使得 $\boldsymbol{L}^{\mathrm{T}} = \boldsymbol{P\Lambda P}^{-1}$。下面考虑 Laplace 矩阵特征值均为实数的情况，并且可排列为

$$0 = -\lambda_1 \leqslant -\lambda_2 \leqslant \cdots \leqslant -\lambda_N$$

用 $SR \subseteq R$ 代表主稳定函数为负值的区域 (stable region)。根据动力学函数 $\boldsymbol{f}$, 输出函数 $\boldsymbol{H}$ 和同步状态 $\boldsymbol{s}$ 的不同，存在着三类网络 [449]。

1) **类型 I 网络**

$$SR = (-\infty, \alpha_1), \quad -\infty < \alpha_1 < 0 \tag{4.3.18}$$

对于这种类型的网络，如果

$$\varepsilon\lambda_2 < \alpha_1\text{或者}\varepsilon > |\alpha_1/\lambda_2| \tag{4.3.19}$$

则同步状态是稳定的 [451]。这就意味着类型 I 网络的同步化能力可以用耦合矩阵的第二大特征值来刻画。较小的 λ_2 导致较强的同步化能力。

2) **类型 II 网络**

$$SR = (\alpha_2, \alpha_3), \quad -\infty < \alpha_2 < \alpha_3 < 0 \tag{4.3.20}$$

对于这种类型的网络，如果

$$\varepsilon\lambda_N > \alpha_2\text{且}\varepsilon\lambda_2 < \alpha_3 \tag{4.3.21}$$

也就是

$$\lambda_N/\lambda_2 < \alpha_2/\alpha_3 \tag{4.3.22}$$

则同步状态是稳定的 [450]。对于典型的振子有 $\alpha_2/\alpha_3 > 1$。这就意味着类型 II 网络的同步化能力可以用耦合矩阵的特征值之比 λ_N/λ_2 来刻画。较小的 λ_N/λ_2 导致较强的同步化能力。

3) **类型III网络**

$$SR = \varnothing(\text{空集}) \tag{4.3.23}$$

即对此类网络，无法找到一个主稳定函数为负值的区域，这种类型的网络是不可能达到同步的。

图 4-10 是这三类网络的主稳定函数的总结性示意图，其中 $\Gamma(\alpha) < 0$ 的区域为同步稳定区。

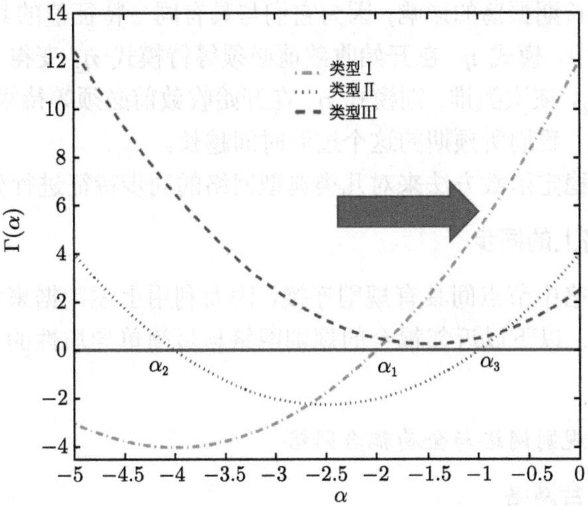

图 4-10 三类网络的主稳定函数示意图 [11]【改编自文献 [447]】

2. Laplace 矩阵 $\boldsymbol{L}$ 不可对角化

现在考虑 $\boldsymbol{L}$ 不一定可以对角化的情况 [448,449]。Jordan 标准形的每一块对应于在 $\boldsymbol{\eta}$ 中的列的组合，并且满足等式 (4.3.14) 的一个子集。例如，如果 $\boldsymbol{B}_i$ 是 $k\times k$ 维的，并且相应 $\boldsymbol{\eta}$ 的列用 $\boldsymbol{\eta}_1,\boldsymbol{\eta}_2,\cdots,\boldsymbol{\eta}_k$ 表示，则这些等式的形式为

$$
\begin{aligned}
\dot{\boldsymbol{\eta}}_1 &= [\boldsymbol{DF}(\boldsymbol{s})-\alpha\boldsymbol{DH}(\boldsymbol{s})]\boldsymbol{\eta}_1\\
\dot{\boldsymbol{\eta}}_2 &= [\boldsymbol{DF}(\boldsymbol{s})-\alpha\boldsymbol{DH}(\boldsymbol{s})]\eta_2-\varepsilon\boldsymbol{DH}(\boldsymbol{s})\boldsymbol{\eta}_1\\
&\cdots\cdots\\
\dot{\boldsymbol{\eta}}_k &= [\boldsymbol{DF}(\boldsymbol{s})-\alpha\boldsymbol{DHs}]\boldsymbol{\eta}_k-\varepsilon\boldsymbol{DH}(\boldsymbol{s})\boldsymbol{\eta}_{k-1}
\end{aligned}
\tag{4.3.24}
$$

其中 $\boldsymbol{\eta}_1,\boldsymbol{\eta}_2,\cdots,\boldsymbol{\eta}_k$ 代表了与特征值 λ 相关的广义特征值空间中的扰动模式。

等式 (4.3.24) 与主稳定等式 (4.3.14) 有完全相同的形式，因此 $\boldsymbol{\eta}_1$ 模式收敛到 0，当 $t\to\infty$ 且仅当 $\boldsymbol{\Lambda}(\varepsilon\lambda)<0$。对于等式 (4.3.24) 稳定的条件显然牵扯更多，但是可以按照下面的方式确定。假设 $\boldsymbol{\Lambda}(\varepsilon\lambda)<0$ 和 $\boldsymbol{DH}(\boldsymbol{s})$ 是有界的，则等式 (4.3.24) 的第二项也是指数小的，同样的条件 $\boldsymbol{\Lambda}(\varepsilon\lambda)<0$ 保证第一项和第二项的稳定效果，这就导致当 $t\to\infty$ 时，η_2 模式收敛到 0。重复运用上述的讨论表明：如果 $\boldsymbol{\Lambda}(\varepsilon\lambda)<0$，$\boldsymbol{\eta}_3,\boldsymbol{\eta}_4,\cdots,\boldsymbol{\eta}_k$ 模式也必然收敛到 0。这就说明 $\boldsymbol{\Lambda}(\varepsilon\lambda)<0$ 是对应于每个块 $\boldsymbol{B}_i$ 等式的线性稳定性条件。当所有的 Jordan 块都被考虑时，可以看到在一般的非对角化条件下，同步解的稳定性条件同样也是由等式 (4.3.17) 给出。

尽管对于可对角化和非对角化两种情况稳定性条件相同，值得注意的是二者有一个本质区别。如果矩阵化 $\boldsymbol{L}$ 是可对角的，每个扰动模式与其他模式相解耦，则 $\boldsymbol{\eta}$ 的每一列同时指数收敛和独立于其他列。另一方面，如果 $\boldsymbol{L}$ 不可对角化，一些扰动模式可能受到长期振荡的影响，因为它们与具有同一特征值的其他模式相耦合。在等式 (4.3.24) 中，模式 $\boldsymbol{\eta}_2$ 在开始收敛前必须等待模式 $\boldsymbol{\eta}_1$ 变得充分小，模式 $\boldsymbol{\eta}_3$ 必须等待模式 $\boldsymbol{\eta}_2$，依次类推，则模式 $\boldsymbol{\eta}_k$ 在开始收敛前必须等待很长时间。Jordan 块的尺寸 k 越大，我们所预期的这个过渡时间越长。

下面利用主稳定函数方法来对几类典型网络的同步特征进行分析。

4.3.2 规则网络上的同步

由于规则网络中节点间具有规则连接，因而利用上述判据来考察耦合矩阵的特征相对容易些。以下以近邻耦合的规则网络与最简单异质性的星形网络为例来进行讨论 [21]。

1. 近邻耦合规则网络与全局耦合网络

1) **类型 I 耦合网络**

其同步化能力由耦合矩阵的第二大特征值确定。

考虑由 N 个节点组成的、每个节点度为 K(设为偶数) 的近邻耦合规则网络，其邻接矩阵是一个特殊的循环矩阵

$$\boldsymbol{A}_{NC}=\begin{bmatrix}-K & 1 & \cdots & 1 & 0 & \cdots & 0 & 1 & \cdots & 1\\ 1 & -K & 1 & \cdots & 1 & 0 & \cdots & 0 & \cdots & 0\\ \vdots & & & & & & & & & \vdots\\ 1 & 1 & \cdots & 0 & \cdots & 0 & 1 & \cdots & 1 & -K\end{bmatrix} \tag{4.3.25}$$

其最大特征值 $\lambda_{NC,1}=0$，其他特征值为 $\lambda_{NC,i+1}=-4\sum\limits_{i=1}^{K/2}\sin^2(ij\pi/N)$，$i=1,\cdots,N-1$。考虑其第二大特征值为

$$\lambda_{NC,2}=-4\sum_{j=1}^{K/2}\sin^2(j\pi/N) \tag{4.3.26}$$

在一般情况下，对于任意 K，当网络规模 $N\to\infty$ 时，$\lambda_{NC,2}$ 单调上升趋于零，意味着当网络规模很大时，最近邻耦合网络很难或无法达到同步。

对于全局耦合网络，其对应的耦合矩阵为

$$\boldsymbol{A}_{GC}=\begin{bmatrix}-N+1 & 1 & \cdots & 1\\ 1 & -N+1 & & 1\\ \vdots & & \ddots & \vdots\\ 1 & \cdots & 1 & -N+1\end{bmatrix} \tag{4.3.27}$$

该矩阵最大特征值 $\lambda_{GC,1}=0$，其余的特征值 $\lambda_{GC,i}=-N$。因此，当网络的规模 $N\to\infty$ 时，第二大特征值

$$\lambda_{GC,2}=-N \tag{4.3.28}$$

随 N 增大而单调下降趋于负无穷，说明全局耦合网络很容易达到同步。

2) **类型 II 耦合网络**

其同步能力由耦合矩阵最小特征值与第二大特征值之比 λ_N/λ_2 确定。

对于节点度为 (偶数)K 的最近邻耦合网络而言，它对应的耦合矩阵 $\boldsymbol{A}_{NC}$ 的特征值之比满足

$$\frac{\lambda_{NC,N}}{\lambda_{NC,2}}\approx\frac{(3\pi+2)N^2}{2\pi^3(K+1)(K+2)},\quad 1\ll K\ll N \tag{4.3.29}$$

当网络节点数目 N 很大时，这个特征根的比 λ_N/λ_2 很大，因而类型 II 的近邻耦合规则网络的同步化能力很差。

全局耦合网络对应的耦合矩阵的最小特征值和第二大特征值均为 $-N$，因此由前面关于类型 I 耦合网络的描述可知，只要

$$\alpha_1/\alpha_2 > 1 \tag{4.3.30}$$

该网络就可以实现同步。

2. *星形网络*

星形网络的耦合矩阵为

$$\boldsymbol{A}_{SC} = \begin{bmatrix} -N+1 & 1 & \cdots & 1 \\ 1 & -1 & & 0 \\ \vdots & & \ddots & \vdots \\ 1 & 0 & \cdots & -1 \end{bmatrix} \tag{4.3.31}$$

其特征谱为 $\lambda_{SC,1}=0$，$\lambda_{SC,i}=-1$，$i=2,\cdots,N-1$，$\lambda_{SC,N}=-N$。对于类型 I 耦合网络，由于它的第二大特征根

$$\lambda_{SC,2}=-1 \tag{4.3.32}$$

与网络的规模无关，因此星形网络的同步化能力与网络规模无关。

对于类型 II 耦合网络，星形网络对应的外耦合矩阵最小特征值和第二大特征值之比 λ_N/λ_2 为 N。因此，当网络规模 $N\to\infty$ 时，此比值也趋于无穷，此时星形网络无法达到同步。

对上述讨论结果做一小结，我们可以发现，对于类型 I 耦合网络：

(1) 对于给定耦合强度，不管多大，当网络规模充分大时，最近邻耦合网络都无法达到同步。

(2) 对于给定非零耦合强度，不管多小，只要网络规模充分大，全局耦合网络必可以达到同步。

(3) 星形网络的同步能力与网络规模无关，即当耦合强度大于一个与网络规模无关的临界值时，星形网络就可以实现同步。

而对类型 II 耦合网络：

(1) 对给定耦合强度，不管多大，当网络规模充分大时，最近邻耦合网络和星形网络都无法达到同步。

(2) 全局耦合网络的同步化能力与网络规模无关，只要满足式 (4.3.30)，网络就可以达到同步。

4.3.3　小世界网络上的同步

这里我们只针对类型 I 耦合的网络进行讨论 [451,452]。考虑具有 NW 小世界拓扑结构的连续时间耦合动态网络系统式 (4.3.1) 的同步化能力。按照 NW 小世

界网络的生成规则，在初始从最近邻耦合网络开始，然后随机化加边，即以概率 p 在随机选取的一对节点之间加上一条边，这种以概率 p 加边的过程相当于在最近邻耦合矩阵中的 0 元素以概率 p 置换为 1，因此将最近邻耦合矩阵 $\boldsymbol{A}_{NC}$ 中的 $a_{ij}=a_{ji}=0$ 的元素以概率 p 置换为 $a_{ij}=a_{ji}=1$，最后重新计算其对角线元素，就可以得到 NW 小世界网络的耦合矩阵，记为 $A_{nw}(p,N)$。令 $\lambda_{nw,2}(p,N)$ 为对应的第二大特征根。

图 4-11(a) 和 (b) 分别给出节点数目 $N=200$ 和 $N=500$ 情形下, 具有不同加边概率 p 的 NW 小世界网络模型对应的第二大特征根 $\lambda_{nw,2}(p,N)$。可以看到，对于最近邻网络 $(p=0)$, $\lambda_{nw,2}(p,N)$ 近似为 0，此时网络的同步化能力很低。在此基础上随机加边概率 p 不断地从 0 变化到 1, $\lambda_{nw,2}(p,N)$ 不断变小最后趋于 $-N$，说明网络同步化能力不断加强。由此可以得到结论，**对于任意给定的耦合强度，当有足够多的节点个数 N 时，只要概率p大于一定的阈值，该网络就会达到同步。**

图 4-11(c) 和 (d) 分别给出 $p=0.05$ 和 $p=0.1$ 情形下具有不同规模的 NW 小世界网络模型对应的第二大特征根 $\lambda_{nw,2}(p,N)$ 随网络规模 N 的变化情况。可以看到，对于规模较小的最近邻网络, $\lambda_{nw,2}(p,N)$ 近似为 0，此时网络同步化能力很低。

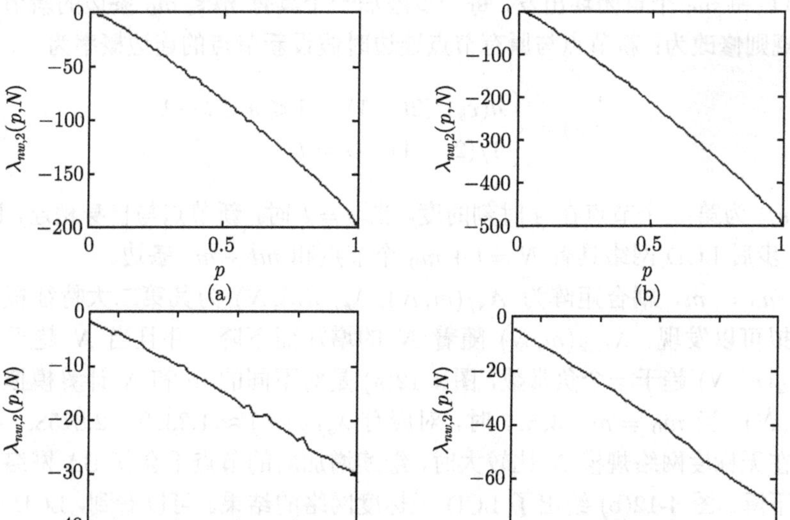

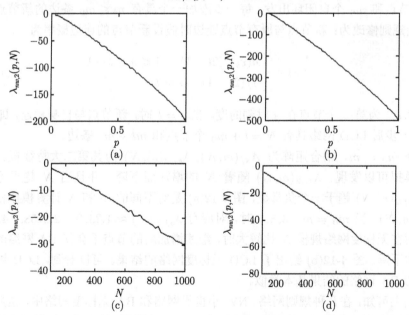

图 4-11 $N=200$ 和 $N=500$ 情形下, 具有不同加边概率 p 的 NW 小世界网络模型对应的第二大特征根【改编自文献 [452]】

(a) 振子数 $N=200$ 时改变加边概率 p 引起的本征值的变化; (b) 振子数 $N=500$ 时改变加边概率 p 引起的本征值的变化; (c) 加边概率 $p=0.05$ 时改变振子数 N 引起的本征值的变化; (d) 加边概率 $p=0.1$ 时改变振子数 N 引起的本征值的变化

在此基础上不断地增加规模，$\lambda_{nw,2}(p,N)$ 不断变小，表明同步化能力不断加强。因此，**在加边概率相同的情况下，规模越大的 NW 小世界网络的同步化能力越强**。

4.3.4　无标度网络上的同步

考虑 BA 无标度拓扑的连续时间耦合动态网络式 (4.3.1) 的同步化能力 [451,452]。这里同样只讨论类型 I 耦合的无标度网络。BA 无标度网络的生成规则有几个关键步骤，首先从一个具有 m_0 个节点的网络开始，每次引入一个新节点，并且连到 m 个已存在的节点上 ($m \leqslant m_0$)，然后利用偏好连接规则，即一个新节点和一个已经存在节点 i 相连接的概率 Π_i 与节点 i 的度 k_i 之间满足关系

$$\Pi_i = k_i \Big/ \sum_j k_j \tag{4.3.33}$$

为方便对比，我们还考察由 Bollobas 和 Riordan 提出的另外一种 **LCD 无标度网络**[453] 的耦合矩阵第二大本征值随网络规模的变化情况。LCD 网络容许存在多重边和自环，其构建基础规则与 BA 网络类似但细节不同。在生长阶段，从具有 m_0 个节点和 m_0 个自闭环出发，每一步添加一个具有 $m \leqslant m_0$ 条边的新节点；偏好连接规则修改为：新节点与原有节点连边时假设新节点的连边概率为

$$P(i=s) = \begin{cases} d(v_s)/(2t-1), & 1 \leqslant s \leqslant t-1 \\ 1/(2t-1), & s=t \end{cases} \tag{4.3.34}$$

其中 $d(v_s)$ 为第 v 个节点在 s 时刻的度。当 $s=t$ 时，新节点与自身相连，即容许自环。t 步后 LCD 网络具有 $N=t+m_0$ 个节点和 $mt+m_0$ 条边。

令 $m_0 = m$，耦合矩阵为 $\boldsymbol{A}_{sf}(m,N)$, $\lambda_{sf,2}(m,N)$ 为其第二大特征根。利用数值模拟可以发现，$\lambda_{sf,2}(m,N)$ 随着 N 的增加而下降，并且当 N 趋于无穷大时，$\lambda_{sf,2}(m,N)$ 趋于一个负常数，图 4-12(a) 是对不同的 m 和 N 计算模拟相应的 $\lambda_{sf,2}(m,N)$。当 $m_0=m=3,5,7$ 时，对应有 $\lambda_{sf,2}(m) \approx 1.2329, -2.8758, -4.6110$。这说明在无标度网络规模 N 比较大时，继续增加新的节点不会使 BA 网络的同步化能力下降。图 4-12(b) 给出了 LCD 无标度网络的结果。可以看到，LCD 网络的结果与 BA 网络的结果基本类似。

由上可知，在几种规则网络、NW 小世界网络和 BA 无标度网络中，全局耦合网络的同步化能力最强，但要构成的边数却最多。因而问题在于，如果对于边数相同的网络，什么样拓扑结构的网络同步化能力最强？BA 无标度网络是不是同步化性能最佳的增长网络模型？有没有一个增长网络模型的同步化性能比它还好？

汪小帆等提出了一个**同步最优网络模型**[450]。同步最优网络模型的生成规则与 BA 和 LCD 在增长规则方面基本相同，从一个具有 m_0 个节点的网络开始，每次

引入一个新的节点，并将其连接到 $m(\leqslant m_0)$ 个已存在的节点上。不同之处在于在偏好性连接方面考虑了动力学特征，连接遵守同步最优连接规则，即要求新节点与已存在的节点 i 相连接时要使得构成的新网络同步化性能最优，即要使新网络耦合矩阵的第二大特征根最小。这样经过 t 步后就会产生一个具有 $N=t+m_0$ 个节点、$mt+m_0$ 条边的同步网络。这个网络在其生长过程中，每一步都达到同步化性能最优。与 BA 和 LCD 无标度网络相比，该同步最优网络模型的第二大特征根有显著的下降，表明同步化性能有了明显的提高。

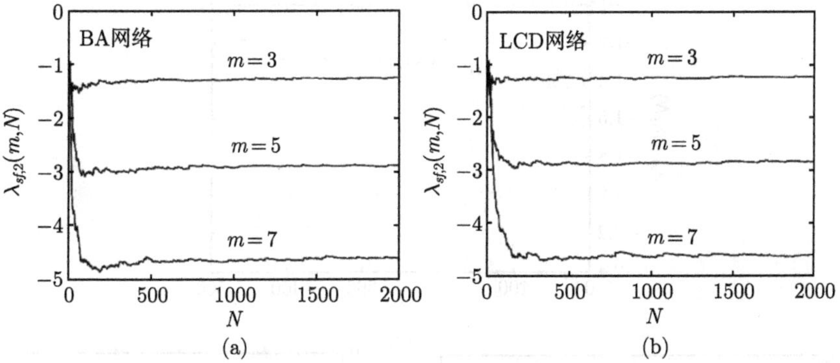

图 4-12 对不同的 m 和 N 计算模拟相应的 $\lambda_{sf,2}(m,N)$【改编自文献 [451]】

(a)BA 无标度网络的结果，可以看到无标度网络规模 N 比较大时，继续增加新的节点不会使网络的同步化能力下降；(b)LCD 无标度网络的结果，与 BA 网络基本类似

分析同步最优网络的节点度分布时还发现，同步最优网络有一定的实际缺陷，它的拓扑结构类似于多中心网络模型，即有极少量的节点与大量节点连接，而大部分节点的连接度很小。这使得虽然同步最优网络的同步化性能要比 BA 无标度网络的同步化性能强，但由于存在极少量的“集散”点 (远小于 BA 无标度网络中的“集散”点的个数)，这样在恶意攻击下它要比 BA 无标度网络更容易崩溃，对抗恶意攻击更为脆弱。

虽然同步最优网络模型的同步化能力有了很大提高，但是对于恶意攻击非常脆弱。鉴于此，可以对上述偏好连接规则进行改进，一种改进方案是基于增长和同步优先两种机制生成实际中对随机去节点和恶意攻击都很鲁棒的**同步优先网络模型**，该同步优先网络的生成规则在选择同步优先连接，即新节点与原有节点 i 相连的概率 Π_i 和新节点与第 i 个节点连接后构成的新网络同步化能力有关：

$$\Pi_i = \lambda_{2i} \Big/ \sum_j \lambda_{2j} \tag{4.3.35}$$

这样，经过 $t \gg m_0$ 步后，可以产生一个具有 $N=t+m_0$ 个节点、$mt+\varepsilon$ 条边的

同步优先网络模型。对于特定的 m 值，当 N 趋于无穷时，网络的第二大特征值也趋于一个负常数 $\lambda_{sf,2}(m)$。

可以将以上几种网络即通常的 BA 或 LCD 无标度网络、同步最优网络和同步优先网络的同步化能力做一比较，如图 4-13(a)~(c) 所示。首先，对于生长的不同规模的无标度网络，随着网络尺寸的增加，图 4-13(a) 结果表明，BA 或 LCD 无标度网络与同步优先网络的同步化能力非常类似，后者稍逊色于前者，而同步最优网络的同步化能力最强。

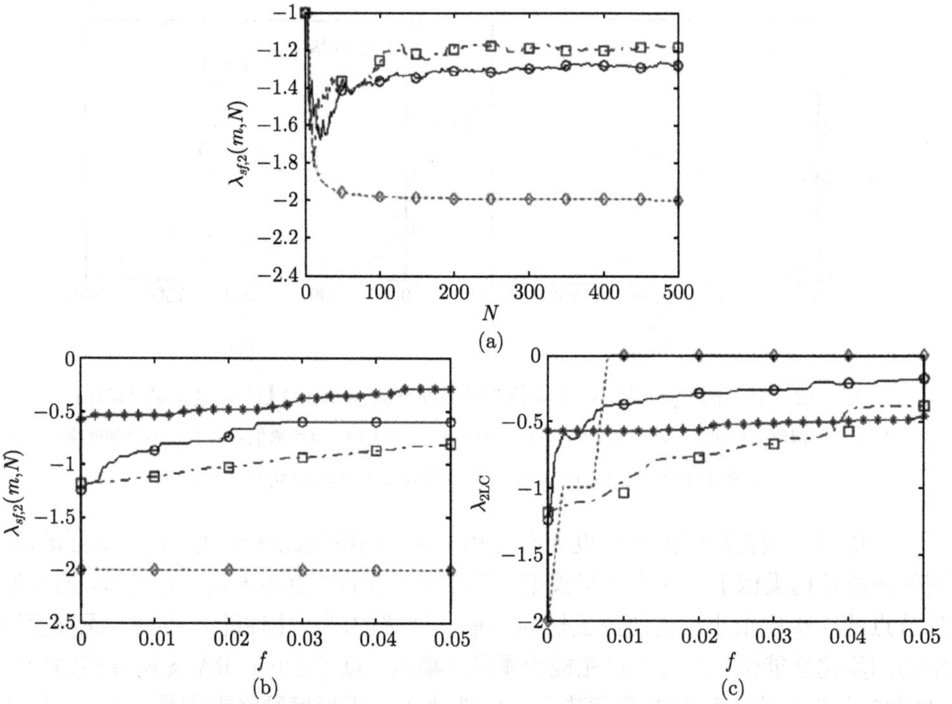

图 4-13　$m=3$ 的 BA 无标度网络 (○实线)、LCD 无标度网络 (∗实线)、同步最优网络 (◇虚线)、同步优先网络 (□ 点划线) 同步化能力 (第二大特征根) 的比较【改编自文献 [450]】

(a) 随网络规模增加的比较；(b) 从网络中随机地去除部分节点比例 f 增加时的比较，网络规模为 $N=2000$；(c) 从网络中有意去除部分大度节点比例 f 增加时的比较

同步性的能力还可以从网络受到攻击后同步的维持程度看到。总体来说，无标度网络同步具有很好的鲁棒性，但在不同的攻击方式下其脆弱性也是明显的。当网络发生随机故障或受到随机攻击时，相当于从网络中去除部分节点或边。在一般情况下，由于无标度网络的极度不均匀性，此时去除的节点大多数都是度较小的节点。因此

$$\lambda_{sf,2}(m) \approx \tilde{\lambda}_{sf,2}(m) \tag{4.3.36}$$

网络的同步化能力基本上保持不变，其中同步最优网络的抗攻击能力最强。然而，当网络受到恶意攻击时，恶意攻击选择被特定去掉的那一部分往往都是度很大的节点，这些节点的攻击会使得整个网络的连通性发生剧烈变化，甚至于网络被分成若干不连通的分支，并且

$$|\lambda_{sf,2}(m)| \gg |\tilde{\lambda}_{sf,2}(m)| \tag{4.3.37}$$

这将导致网络的同步化能力大大降低甚至丧失。几种不同无标度网络都表现出类似的脆弱性，而其中尤以同步最优网络最甚。相比于随机攻击最强的同步鲁棒性，即使是很小比例的恶意攻击也会彻底摧毁同步最优网络的同步。

4.4 复杂网络上的部分同步

关于复杂网络的全局同步已有大量的研究。实际上，系统在发生整体同步之前也存在一些有序分岔，它们也非常重要，对此的研究为斑图、输运和波等许多合作涌现行为带来新的契机。为了简化研究，对存在少数几个非局域连接的规则网络的研究是非常有指导意义的。人们已经发现长程连接对网络的同步能力起着非常重要的作用 [454]。下面我们考虑加入一些长程连接，然后来探讨不同方式的非局域连接如何影响系统的合作行为，由此发现了有趣的部分同步现象。

部分同步在早期主要集中于规则网络。由于网络拓扑的高度对称性，部分同步的出现主要通过自发对称破缺的方式产生，即取决于系统的初始条件 [372]。另外，通过对网络拓扑结构的对称性分析，人们讨论了系统的部分同步解 [455]，但大部分研究结果都依赖于数值实验。事实上，关于完全同步的理论已非常清楚，同步流形的稳定性取决于最大横向条件李指数。那么提出部分同步的判据是非常有必要的。有了这个判据，就可以更好地研究网络拓扑对网络同步的影响。

本节旨在探讨耦合混沌振子网络中的部分同步斑图现象，揭示不同网络中的多种部分同步斑图 [456-459]。部分同步斑图的存在依赖于网络拓扑的对称性质，同时部分同步现象的发生又依赖于相应解的稳定性。基于对部分同步斑图流形和横向流形李指数谱的比较，我们给出了一种判定给定网络部分同步斑图稳定性的判据，并从判据的角度研究了网络多种对称性的存在而导致的部分同步斑图现象的竞争和选择，发现对于一些有长程连接的拓扑上对称的环状网络，它的部分同步斑图状态可能是不稳定的。我们给出了表示同步和异步状态的相图，揭示了部分同步斑图系统李指数谱的表现形式。研究表明：长程连接的增加破坏了环状网络李指数谱的简并性质，这可以很好地解释为网络拓扑对称性的破缺。该研究揭示了在全局同步之前耦合动力系统固有的合作分岔行为。部分同步现象和所作的讨论在揭示时空系统斑图动力学方面具有理论意义和应用潜力。

4.4.1　部分同步：现象

考虑有 N 个给定的 m 维非线性动力学系统

$$\dot{\boldsymbol{x}} = \boldsymbol{f}(\boldsymbol{x}), \quad \boldsymbol{x} = (x_1, x_2, \cdots, x_m) \tag{4.4.1}$$

耦合形成的网络，网络系统的动力学方程可以写为

$$\dot{\boldsymbol{X}} = \boldsymbol{F}(\boldsymbol{X}) + \varepsilon \boldsymbol{\Gamma} \otimes \boldsymbol{C}\boldsymbol{X} \tag{4.4.2}$$

$$\boldsymbol{X} = (\boldsymbol{x}^1, \boldsymbol{x}^2, \cdots, \boldsymbol{x}^N), \quad \boldsymbol{F} = (\boldsymbol{f}^1, \boldsymbol{f}^2, \cdots, \boldsymbol{f}^N) \tag{4.4.3}$$

N 是网络中的节点数，ε 表示连接的耦合强度，而

$$\boldsymbol{\Gamma} : \mathbb{R}^m \to \mathbb{R}^m \tag{4.4.4a}$$

则是两个系统之间的连接或耦合方式矩阵。矩阵

$$\boldsymbol{C} = \boldsymbol{M} - \boldsymbol{D} \tag{4.4.4b}$$

$\boldsymbol{M}$ 是网络的邻接矩阵 (矩阵元 M_{ij} 表示在网络中第 i 个节点和第 j 个节点之间的边数)，$\boldsymbol{D}$ 为一个对角的矩阵，且满足

$$D_{ii} = \sum_{j=1}^{N} M_{ij} \tag{4.4.5}$$

由此易知矩阵 $\boldsymbol{C}$ 为行零的矩阵，满足

$$\sum_{j=1}^{N} C_{ij} = 0 \tag{4.4.6}$$

行零矩阵 $\boldsymbol{C}$ 的本征值满足

$$\lambda_1^C = 0, \quad \lambda_i^C < 0, \quad i = 2, 3, \cdots, N \tag{4.4.7}$$

这里约定矩阵的本征值表示为由大到小排列，即 $\lambda_1 \geqslant \lambda_2 \geqslant \cdots \geqslant \lambda_N$。

定义网络中第 i 个与第 j 个振子轨道之间的距离为

$$d_{i,j} = \lim_{T\to\infty} \frac{1}{T} \int \|\boldsymbol{x}_i(t) - \boldsymbol{x}_j(t)\| \mathrm{d}t \tag{4.4.8}$$

$d_{ij}(t \to \infty) \to 0$ 表示这两个振子的轨道将收敛到同一个吸引子上，在这个意义上可以认为这两个振子达到了同步。

我们以环状网络上加一条非局域连接为例来考察网络中两个振子之间的同步过程。取一个有 N =10 个节点的环状网络，并在其中的第 1 节点与第 4 节点间加入非局域连接, 记作 (1,4)，如图 4-14(a) 所示。以式 (1.2.1) 描述的 Lorenz 振子为网络中的节点，$\sigma = 10, \gamma = 27, \beta = 8/3$。

图 4-14(b) 给出了各个节点间的平均距离 $d_{i,j}$ 随耦合强度 ε 的变化。这里采用如下耦合矩阵：

$$\boldsymbol{\Gamma} = \begin{pmatrix} 0 & 0 & 0 \\ 1 & 0 & 0 \\ 0 & 0 & 0 \end{pmatrix}$$

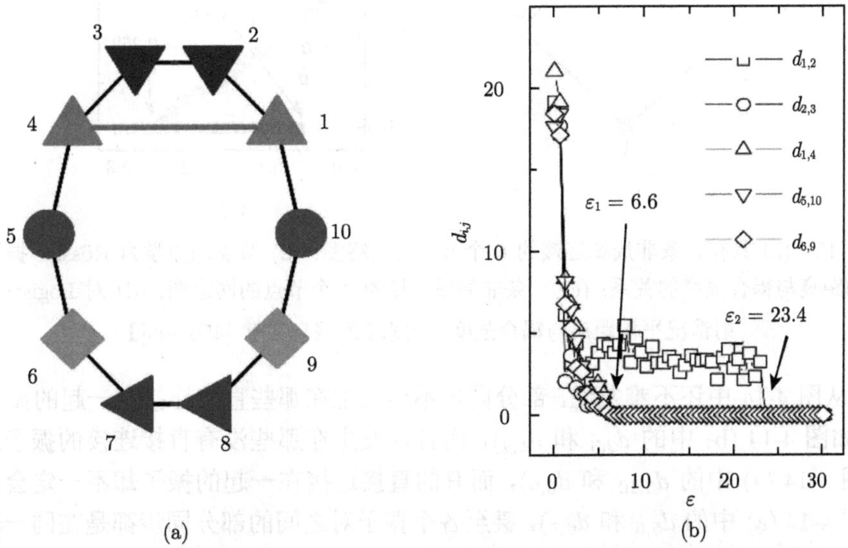

图 4-14 (a) 有一条非局域连接的 10 个节点的网络图；(b) 振子间平均距离与耦合强度的关系，可以看到在较小的耦合强度下一些振子对产生同步【改编自文献 [456,460]】

由图 4-14 可见，随着耦合强度 ε 的增加，有些振子之间先达到同步 (如图 4-14 (a) 中的 $d_{1,4}$)，有些则后达到同步 (如图 4-14 (a) 中的 $d_{1,2}$)，我们不妨把这种在一定耦合强度下只有部分振子之间发生同步的现象称为网络中的 "**部分同步**"。为了检视节点动力学的影响，图 4-15(a)、(c) 分别采用了 Rössler 振子和 Logistic 映射为节点构成的网络，且节点数分别为 $N = 6$ 与 4，由图 4-15(b)、(d) 可见，对 Lorenz 振子网络所观察到的部分同步行为在其他振子网络中同样可以被观察到。这初步证明了部分同步这一现象的出现有相当的广泛性和一般性。

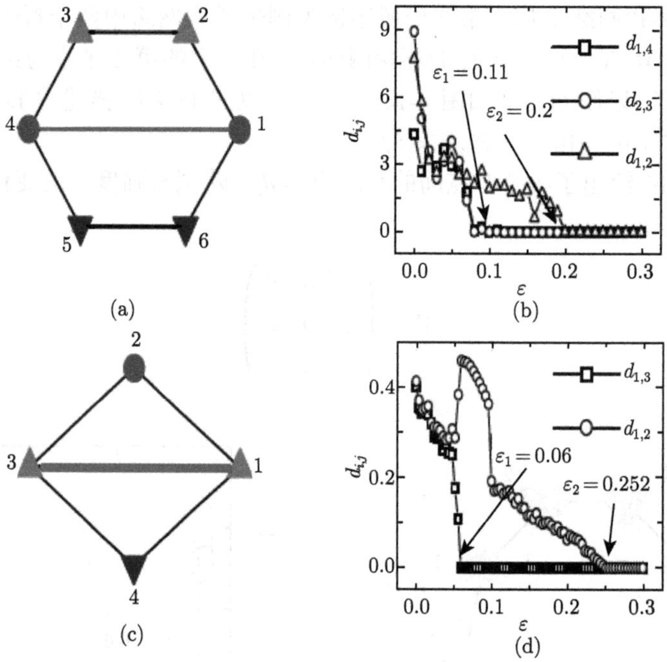

图 4-15　(a) 具有一条非局域连接的 6 个节点的网络图；(b) 节点动力学为 Rössler 振子时平均距离与耦合强度的关系；(c) 一条非局域连接的 4 个节点的网络图；(d) 对 Logistic 映射情况平均距离与耦合强度的关系【改编自文献 [456,460]】

从图 4-14 中还不难发现，部分同步不但发生在那些直接连接在一起的振子之间 (如图 4-14 (b) 中的 $d_{2,3}$ 和 $d_{1,4}$)，而且也发生在那些没有直接连接的振子之间 (如图 4-14 (a) 中的 $d_{5,10}$ 和 $d_{6,9}$)，而有的直接连接在一起的振子却不一定会同步 (如图 4-14 (a) 中的 $d_{5,6}$ 和 $d_{6,7}$)，甚至各个振子对之间的部分同步都是在同一耦合强度 (记为 ε_{PaS}) 下发生的，即上述几个距离是"同时"变零的。因而，我们可以用如图 4-14 (a) 这样的拓扑结构图来表示网络在适当耦合 ($\varepsilon > \varepsilon_{PaS}$) 下的同步情况。其中线代表耦合，其他符号代表各个振子，而相同的符号代表产生相互同步的各个振子。

在图 4-14(a) 中，整个网络被分成了 $N/2$ 个小集团，每个集团中有两个振子。而当网络中的非局域连接发生变化的时候，网络同步后的集团数就不一定是振子数的一半。图 4-16 给出了更多的可以发生部分同步的网络实例 (这里我们仍然采用 Lorenz 振子为网络的节点)，它们都与图 4-14(a) 及图 4-15(a)、(c) 的网络有着不同的振子数和连接方式。图 4-16(a) 为 $N=10$，(1,5) 非局域连接的情况，可以看到同步的集团数为 6 个，而且有两个集团只有一个振子。比较两种情况不难发现，这种同步总是发生在网络中满足镜像对称性的两个振子之间，而在后一种情况下第三和第八个振子正好处在对称轴上，所以它们就只好和自己“同步”。对于不同振子数和其他的连接方式也得到了同样的结论，如图 4-16(b)~(d) 所示。

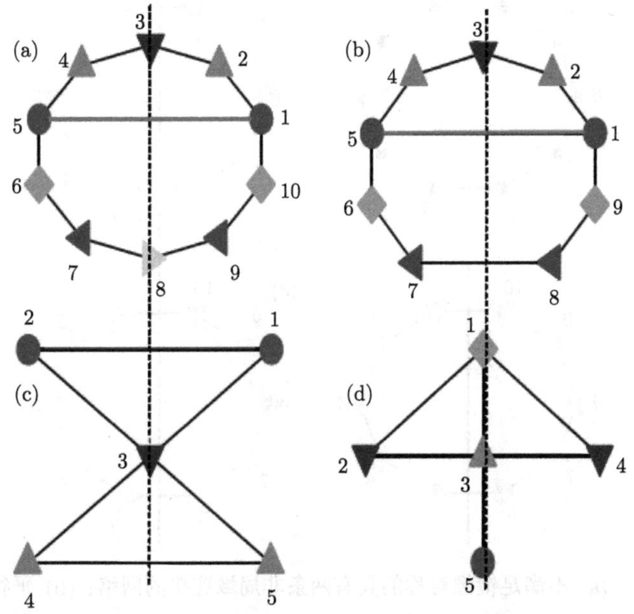

图 4-16 几种可以达到部分同步的对称网络【改编自文献 [456,460]】

数值实验显示，部分同步总能够在由一条非局域连接的环状网络 (记作 $N_s=1$) 中实现，而这种网络中又总是有一个镜像对称性。但是，对于非局域连接数目 $N_s=2$ 的网络以及其他更为一般的 $N_s>2$ 个非局域连接的网络，情况就复杂。例如，图 4-17(a) 的情况就没有发现有部分同步的情况发生。由此可见，存在镜像对称性很可能是网络部分同步的必要条件。实际上，在这个网络 (动力系统) 中，要发生某种同步就需要每个同步集团中的振子都有相同的动力学 (方程的形式)，而一个没有对称性的网络是不能做到这一点的。相反的，对于图 4-17(b)~(d) 的情况，它们都有一条镜像的对称轴，部分同步就是可以发生的，且发生的规律与前述的情况是相似的。

但是，上述命题的逆命题是否成立呢？即存在至少一个网络拓扑对称性是不是发生部分同步的充分条件呢？答案是否定的，图 4-18(a)、(b) 的网络各有一个对称轴，但是在这些网络中是观察不到部分同步的。更进一步讲，如果系统中有多个网络拓扑对称性，那么情况又会怎样呢？这时部分同步会发生吗？如果能，它又会沿着哪一条对称轴呢？例如，网络 $N=8$, $N_s=2$, (1, 5), (3,7)(图 4-18(c)) 就有四个镜像的对称性及三个旋转对称性，但是在这种网络中是观察不到部分同步的。由此可见，网络部分同步的发生条件不仅仅包括其网络拓扑对称性，它必然包含更多的关于网络拓扑结构及格点上动力学的信息 [456]。

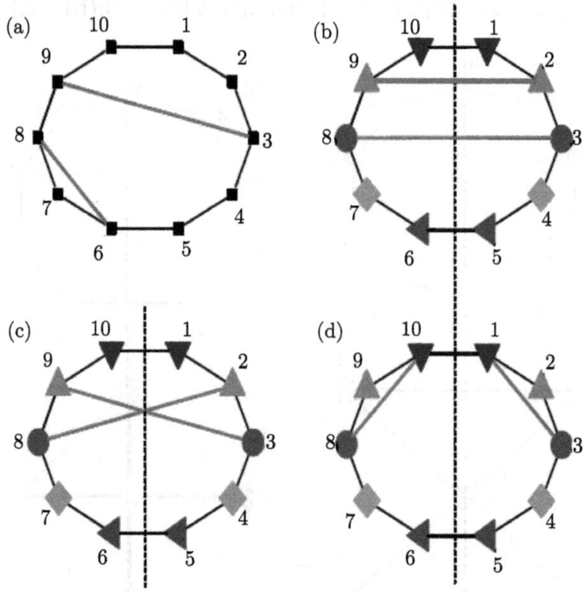

图 4-17　(a) 不满足镜像对称的具有两条非局域连接的网络；(b) 平行网络；(c) 交叉网络；(d) 八字网络【改编自文献 [456,460]】

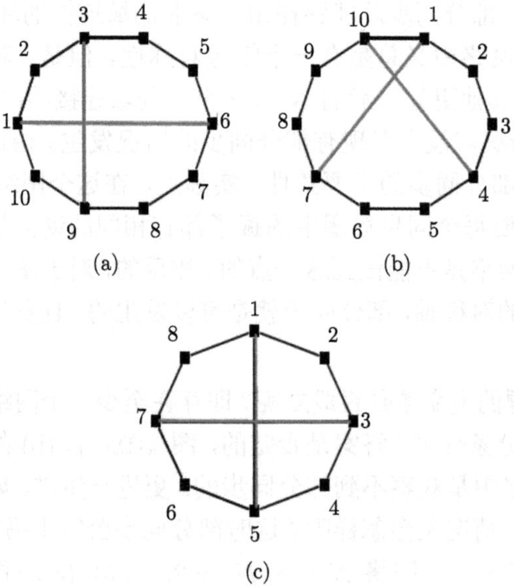

图 4-18　几种两条对称非局域连接但无法达到部分同步的网络【改编自文献 [456,460]】

4.4.2 部分同步的主稳定函数理论

实际上，从动力学系统的角度来看，部分同步状态就是耦合系统方程 (4.4.2) 的一个自然解 (流形)，不妨表为

$$\boldsymbol{x}_1^k = \boldsymbol{x}_2^k = \cdots = \boldsymbol{x}_{N_k}^k, \quad k = 1, 2, \cdots, N_c \tag{4.4.9}$$

其中 N_c 为发生部分同步时的集团数，N_k 为第 k 个同集团内的振子数，且满足

$$\sum_{k=1}^{N_c} N_k = N \tag{4.4.10}$$

这些等式确定了相空间上的一个 mN_c 维的子流形，同前面讨论完全同步时的情况类似，初值在这个流形上的轨道将始终在其上运行，因而它是个不变子流形。而一定的网络拓扑对称性只能保证该解或者说该流形在系统中的存在性，但是它不能保证这个解 (部分同步子流形) 的稳定性。

1. 完全同步：主稳定方程

要弄清楚部分同步的发生条件，先回顾一下完全同步的发生条件是有启发性的。为了与后面部分同步理论统一，我们不妨在这里重新将完全同步理论数学表述一下。对于任意一个高维的动力学系统 (4.4.2)，如果存在一个完全同步态解：

$$\boldsymbol{x}^1(t) = \boldsymbol{x}^2(t) = \cdots = \boldsymbol{x}^N(t) = \boldsymbol{s}(t) \tag{4.4.11}$$

那么可以在同步态 $\boldsymbol{s}(t)$ 附近线性化方程，也就是将下述解：

$$\boldsymbol{x}^i = \boldsymbol{s} + \boldsymbol{u}^i, \quad i = 1, 2, \cdots, N \tag{4.4.12}$$

代入方程 (4.4.2) 并线性化可得

$$\dot{\boldsymbol{U}}(t) = [\boldsymbol{I}_N \otimes \boldsymbol{Df}(\boldsymbol{s}) + \varepsilon\boldsymbol{\Gamma} \otimes \boldsymbol{C}]\,\boldsymbol{U}(t) \tag{4.4.13}$$

这里

$$\boldsymbol{U} = (\boldsymbol{u}^1, \boldsymbol{u}^2, \cdots, \boldsymbol{u}^N)$$

而 $\boldsymbol{Df}$ 为 $\boldsymbol{f}$ 在 $\boldsymbol{s}(t)$ 附近的雅可比矩阵。注意到方程 (4.4.13) 的第一项是一个分块对角化的矩阵，不妨作坐标变换将式 (4.4.13) 的第二项中 $\boldsymbol{C}$ 对角化。于是方程 (4.4.13) 就成为

$$\dot{\boldsymbol{v}}_k = [\boldsymbol{Df} + \varepsilon\lambda_k\boldsymbol{\Gamma}]\boldsymbol{v}_k, \quad k = 1, 2, \cdots, N \tag{4.4.14}$$

于是方程 (4.4.13) 就被化成了 N 个独立的方程 (4.4.14)。因为 $\lambda_1 = 0$，式 (4.4.14) 中 $k = 1$ 的方程对应于系统在同步流形 $\boldsymbol{s}(t)$ 上的动力学，而式 (4.4.14) 的其他

$k=2,3,\cdots,N$ 的方程就表示垂直于该流形的方向上 (横向) 的动力学。这样，我们就把系统的同步流形和横向系统的动力学分开，而后者的收敛就表示系统正在趋于同步态。要判断在网络中完全同步态是否稳定，只需找到使方程

$$\dot{\boldsymbol{v}}=[\boldsymbol{D}\boldsymbol{f}+\alpha\boldsymbol{\Gamma}]\boldsymbol{v} \tag{4.4.15}$$

的最大李指数小于零的 α 平面上的区域。如果 $\{\varepsilon\lambda_k\}\,(k=2,\cdots,N)$ 都落入 α 平面的这个区域中，则说明横向系统是稳定的，因而完全同步是可以发生且稳定的。

2. 网络的邻接矩阵

事实上，完全同步的主稳定方程方法可以用到对部分同步稳定性的分析中。欲对部分同步进行分析，我们可以设法类似地把系统分为两个部分，横向子系统的稳定性决定了部分同步流形的稳定性 [456,460]。这里讨论的系统满足拓扑对称性特别是镜像对称。

网络的拓扑对称性可以通过分析邻接矩阵来得知。如果一个网络的邻接矩阵 $\boldsymbol{C}$ 在置换变换 $\boldsymbol{T}$ 下是不变的，即满足

$$\boldsymbol{T}\boldsymbol{C}\boldsymbol{T}^{-1}=\boldsymbol{C} \tag{4.4.16}$$

那么称这个网络有对称性 $\boldsymbol{T}$。具体来说，例如，图 4-16(a) 中的网络具有镜像的对称性，则 $\boldsymbol{T}$ 矩阵可表为

$$\boldsymbol{T}=\begin{pmatrix}\boldsymbol{F}_4 & \boldsymbol{O}_{4\times6}\\ \boldsymbol{O}_{6\times4} & \boldsymbol{F}_6\end{pmatrix} \tag{4.4.17}$$

其中 $\boldsymbol{F}_k$ 为 k 阶反对角矩阵，它满足

$$F_{i,K-i+1}=1,\quad i=1,2,\cdots,K \tag{4.4.18}$$

$$F_{ij}=0,\quad i+j\neq K/2+1 \tag{4.4.19}$$

$\boldsymbol{O}_{K\times L}$ 为 $K\times L$ 阶零矩阵。对称性变换的具体形式因网络节点的编号方式不同而有所不同，但这不会改变问题的本质。另一个例子是图 4-16(c) 的网络，它有两个对称性，分别为

$$\boldsymbol{T}_1=\begin{pmatrix}0&1&0&0&0\\1&0&0&0&0\\0&0&1&0&0\\0&0&0&0&1\\0&0&0&1&0\end{pmatrix},\quad \boldsymbol{T}_2=\begin{pmatrix}0&0&0&1&0\\0&0&0&0&1\\0&0&1&0&0\\1&0&0&0&0\\0&1&0&0&0\end{pmatrix} \tag{4.4.20}$$

部分同步解都是方程 (4.4.2) 满足一定对称性的自然解，不同于完全同步可将 $\boldsymbol{C}$ 对角化，部分同步要求可将矩阵 $\boldsymbol{C}$ 分块对角化。为了使 $\boldsymbol{C}$ 分块对角化，需要考虑其对称变换矩阵 $\boldsymbol{T}$ 的本征矢矩阵 $\boldsymbol{S}$。借助本征矢矩阵 $\boldsymbol{S}$，我们可以将矩阵 $\boldsymbol{T}$ 及其逆矩阵 (如果存在) 对角化，于是有

$$\boldsymbol{TS} = \boldsymbol{S\Lambda} \tag{4.4.21}$$

或

$$\boldsymbol{ST}^{-1}\boldsymbol{S}^{-1} = \boldsymbol{\Lambda}^{-1} \tag{4.4.22}$$

其中 $\boldsymbol{\Lambda}$ 为对角矩阵。若记在本征矢矩阵 $\boldsymbol{S}$ 变换下的 $\boldsymbol{C}$ 矩阵为

$$\boldsymbol{M} = \boldsymbol{SCS}^{-1} \tag{4.4.23}$$

则有

$$\boldsymbol{M} = \boldsymbol{STS}^{-1}\boldsymbol{SCS}^{-1}\boldsymbol{ST}^{-1}\boldsymbol{S}^{-1} \tag{4.4.24}$$

于是

$$\boldsymbol{M} = \boldsymbol{\Lambda M \Lambda}^{-1} \tag{4.4.25}$$

可见 $\boldsymbol{M}$ 矩阵在 $\boldsymbol{\Lambda}$ 对角矩阵变换下应具有不变性。这样，若将 $\boldsymbol{M}$ 与 $\boldsymbol{\Lambda}$ 各分为四个分块子矩阵

$$\boldsymbol{M} = \begin{pmatrix} \boldsymbol{a} & \boldsymbol{b} \\ \boldsymbol{c} & \boldsymbol{d} \end{pmatrix} \tag{4.4.26a}$$

$$\boldsymbol{\Lambda} = \begin{pmatrix} \boldsymbol{\alpha} & \boldsymbol{0} \\ \boldsymbol{0} & \boldsymbol{\beta} \end{pmatrix} \tag{4.4.26b}$$

则

$$\boldsymbol{\Lambda M \Lambda}^{-1} = \begin{pmatrix} \boldsymbol{\alpha} & \boldsymbol{0} \\ \boldsymbol{0} & \boldsymbol{\beta} \end{pmatrix} \begin{pmatrix} \boldsymbol{a} & \boldsymbol{b} \\ \boldsymbol{c} & \boldsymbol{d} \end{pmatrix} \begin{pmatrix} \boldsymbol{\alpha}^{-1} & \boldsymbol{0} \\ \boldsymbol{0} & \boldsymbol{\beta}^{-1} \end{pmatrix} = \begin{pmatrix} \boldsymbol{\alpha a \alpha}^{-1} & \boldsymbol{\alpha b \beta}^{-1} \\ \boldsymbol{\beta c \alpha}^{-1} & \boldsymbol{\beta d \beta}^{-1} \end{pmatrix} \tag{4.4.27}$$

将方程 (4.4.27) 代入方程 (4.4.25)，对比 (4.4.26a) 可得

$$\boldsymbol{\alpha b \beta}^{-1} = \boldsymbol{b}, \quad \boldsymbol{\beta c \alpha}^{-1} = \boldsymbol{c} \tag{4.4.28}$$

要使上式成立，只能

$$\boldsymbol{b} = \boldsymbol{c} = \boldsymbol{0} \tag{4.4.29}$$

或

$$\boldsymbol{\alpha} = \boldsymbol{\beta} \tag{4.4.30}$$

但是 $\boldsymbol{\Lambda}$ 作为 $\boldsymbol{T}$ 的本征值，不一定总能满足方程 (4.4.30)。这意味着 $\boldsymbol{M}$ 是分块对角化的，即网络邻接矩阵 $\boldsymbol{C}$ 的对称变换矩阵 $\boldsymbol{T}$ 的本征矢矩阵 $\boldsymbol{S}$ 可以使 $\boldsymbol{C}$ 分块对角化，或写作

$$\boldsymbol{M}=\boldsymbol{S}^{-1}\boldsymbol{C}\boldsymbol{S}=\begin{pmatrix}\boldsymbol{A} & \boldsymbol{0}\\ \boldsymbol{0} & \boldsymbol{B}\end{pmatrix} \tag{4.4.31}$$

易知这个变换是一个相似变换，因而这个变换不会改变原来矩阵的本征值，而只是将它们重新分配到了两个块矩阵 $\boldsymbol{A}$ 和 $\boldsymbol{B}$ 中。我们记

$$\{\lambda_i^{im}\},\quad i=1,2,3,\cdots,N_A \tag{4.4.32a}$$

$$\{\lambda_i^{tv}\},\quad i=1,2,3,\cdots,N_B \tag{4.4.32b}$$

分别为 $\boldsymbol{A},\boldsymbol{B}$ 两个块矩阵的本征值，N_A、N_B 为这两个块的维数，且满足

$$N_A+N_B=N \tag{4.4.33}$$

另一方面，由于两块中会有一个 (不妨设为 $\boldsymbol{A}$) 包含原来矩阵的零本征值，因而

$$\lambda_1^{im}=0 \tag{4.4.34}$$

3. 部分同步发生的判据

运用上面的变换，

$$\boldsymbol{W}=(\boldsymbol{\Gamma}\otimes\boldsymbol{S})\,\boldsymbol{X} \tag{4.4.35}$$

考虑到我们只关心部分同步流形附近的动力学，块对角化使得方程 (4.4.2) 可以分成两部分：

$$\dot{\boldsymbol{W}}_{im}=\boldsymbol{F}_s\left(\boldsymbol{W}_{im}\right)+\varepsilon\boldsymbol{\Gamma}\otimes\boldsymbol{A}\boldsymbol{W}_{im} \tag{4.4.36}$$

$$\dot{\boldsymbol{W}}_{tv}=\boldsymbol{F}_s\left(\boldsymbol{W}_{tv}\right)+\varepsilon\boldsymbol{\Gamma}\otimes\boldsymbol{B}\boldsymbol{W}_{tv} \tag{4.4.37}$$

式中

$$\boldsymbol{W}=(\boldsymbol{w}^1,\boldsymbol{w}^2,\cdots,\boldsymbol{w}^N)=(\boldsymbol{W}_{im},\boldsymbol{W}_{tv}) \tag{4.4.38}$$

其中

$$\boldsymbol{W}_{im}=(\boldsymbol{w}^1,\boldsymbol{w}^2,\cdots,\boldsymbol{w}^{N_A}) \tag{4.4.39a}$$

表示同步流形上的动力学，而

$$\boldsymbol{W}_{tv}=(\boldsymbol{w}^{N_A+1},\boldsymbol{w}^{N_A+2},\cdots,\boldsymbol{w}^N) \tag{4.4.39b}$$

表示横向流形上的动力学。

对方程 (4.4.36) 在同步流形附近线性化，得到

$$\boldsymbol{w}^1=\boldsymbol{w}^2=\cdots=\boldsymbol{w}^{N_A}=\boldsymbol{w} \tag{4.4.40}$$

对同步态 (4.4.40) 加以微扰，

$$\boldsymbol{w}^i(t)=\boldsymbol{w}(t)+\delta\boldsymbol{w}^i(t), \quad i=1,2,\cdots,N_A \tag{4.4.41}$$

我们可以得到

$$\delta\dot{\boldsymbol{W}}_{im}=\left[\boldsymbol{DF}_s\left(\boldsymbol{W}_{im}\right)+\varepsilon\boldsymbol{\Gamma}\otimes\boldsymbol{A}\right]\delta\boldsymbol{W}_{im} \tag{4.4.42}$$

那么通过对角化矩阵 $\boldsymbol{A}$，方程 (4.4.42) 可以分解成 N_A 个独立的方程：

$$\dot{\boldsymbol{v}}_k=\left[\boldsymbol{DF}_s+\varepsilon\lambda_k^{im}\boldsymbol{\Gamma}\right]\boldsymbol{v}_k, \quad k=1,2,\cdots,N_A \tag{4.4.43}$$

写成一般的形式

$$\dot{\boldsymbol{v}}=\left[\boldsymbol{DF}_s+\alpha\boldsymbol{\Gamma}\right]\boldsymbol{v} \tag{4.4.44}$$

注意到方程 (4.4.42) 是一个独立的系统。要讨论它的完全同步只需要像前面方程 (4.4.15) 的讨论就可以了。也就是说，当增大耦合强度 ε 的时候，只要

$$\{\varepsilon\lambda_i^{im}\}, \quad i=2,3,\cdots,K$$

都落入 α 平面的稳定区 ($\varepsilon\lambda_2^{im}$ 是最后一个)，那么在这个耦合强度下，系统 (4.4.42) 就达到了同步态

$$\boldsymbol{w}^1=\boldsymbol{w}^2=\cdots=\boldsymbol{w}^K \tag{4.4.45}$$

这时，再来看方程

$$\delta\dot{\boldsymbol{W}}_{tv}=\left[\boldsymbol{DF}_s\left(\boldsymbol{W}_{tv}\right)+\varepsilon\boldsymbol{\Gamma}\otimes\boldsymbol{B}\right]\delta\boldsymbol{W}_{tv} \tag{4.4.46}$$

由于方程 (4.4.42) 中的 $\boldsymbol{w}_{im}$ 已经相等，所以式 (4.4.46) 的同步问题也就又和前面完全同步问题一样了，即要求在增加耦合强度时

$$\{\varepsilon\lambda_i^{tv}\}, \quad i=1,2,\cdots,N-K$$

都落入 α 平面的稳定区 ($\varepsilon\lambda_1^{tv}$ 是最后一个)，这里

$$\{\lambda_i^{tv}\}, \quad i=1,2,\cdots,N-K$$

为 $\boldsymbol{B}$ 的本征值。

如前所述，系统 (4.4.46) 的收敛意味着整个系统的部分同步，但是如果需要在系统 (4.4.42) 达到同步后再加大耦合强度才能使得系统 (4.4.46) 达到同步，那么

这个时候整个系统达到的就不是一个部分同步态而是一个完全同步态了。也就是说，要使部分同步在一个网络中发生，那么还需要系统 (4.4.42) 达到同步的时候系统 (4.4.46) 已经达到了同步，即同步的阈值 $\varepsilon_{im} > \varepsilon_{tv}$。而前面已经提到讨论系统 (4.4.42) 与 (4.4.46) 的同步问题的时候只是需要看是否本征值与耦合强度的积都落入了 α 平面的稳定区，同时考虑到这些本征值的符合，实际上就需要

$$\lambda_2^{im} > \lambda_1^{tv} \tag{4.4.47}$$

至此，我们就可以总结一下如何判断一个给定的网络是否可以到达某个部分同步态：

(1) 寻找网络的拓扑对称性，如果没有则不能达到部分同步；如果有，则适当的编号使得其邻接矩阵关于其反对角线对称。

(2) 视情况通过坐标变换将邻接矩阵分块对角化。

(3) 分别求出两个块矩阵的第二大和最大的本征值，然后与式 (4.4.47) 比较，如果式 (4.4.47) 成立，则部分同步可以发生在这个网络中。

(4) 增大系统耦合强度，当 $\varepsilon\lambda_1^{tv}$ 进入 α 平面的稳定区时的 ε_{PaS}，即为部分同步的临界耦合强度。

值得强调的是，上面得到的判据具有一般性。我们没有要求网络拓扑结构的具体形式，因而也不局限网络的具体对称性，也就是说，上述判据不仅仅适用于镜像对称的网络。近年来，人们将其很好地应用到了一般网络的对称性与同步及其网络斑图的探讨 [456,460]，此处不再进一步展开。

4.4.3 数值实验结果

下面我们开展数值模拟来讨论部分同步现象， 有了部分同步发生的判据 (4.4.47)，部分同步斑图将会更好地得到研究。

1. 矩阵的初分析

欲验证以上的判据，不妨首先以 $N_s = 2$ 的环形网络为例。先看两个具体的例子：图 4-17(c) 与图 4-18(b) 所示的网络结构。它们都是 “交叉网络”，但是数值实验却表明它们中一个可以观察到部分同步，另一个却不能。现试用上述判据说明其区别。

对于前一个例子，网络所包含的镜像对称性的对称矩阵为

$$\boldsymbol{T}_c = \boldsymbol{F}_{10}$$

其中 $\boldsymbol{F}_{10}$ 为 10 阶反对角矩阵。邻接矩阵 $\boldsymbol{C}_c$ 满足不变性

$$\boldsymbol{T}_c\boldsymbol{C}_c\boldsymbol{T}_c^{-1} = \boldsymbol{C}_c$$

而 $\boldsymbol{T}_c$ 的本征矢矩阵为

$$\boldsymbol{S}_c = \frac{1}{\sqrt{2}}\begin{pmatrix} \boldsymbol{I}_5 & \boldsymbol{I}_5 \\ \boldsymbol{F}_5 & -\boldsymbol{F}_5 \end{pmatrix}$$

即

$$\boldsymbol{T}_c\boldsymbol{S}_c = \boldsymbol{S}_c(\boldsymbol{I}_5 \oplus (-\boldsymbol{I}_5))$$

其中 $\oplus$ 表示两矩阵的直和。用它的本征矢矩阵将 $\boldsymbol{C}_c$ 分块对角化，即得 $\boldsymbol{S}_c$

$$\boldsymbol{S}_c^{-1}\boldsymbol{C}_c\boldsymbol{S}_c = \boldsymbol{A}_c \oplus \boldsymbol{B}_c = \begin{pmatrix} -1 & 0 & 1 & 0 & 0 \\ 0 & -1 & 0 & 1 & 0 \\ 1 & 0 & -3 & 0 & 2 \\ 0 & 1 & 0 & -2 & 1 \\ 0 & 0 & 2 & 1 & -3 \end{pmatrix} \oplus \begin{pmatrix} -3 & 1 & 0 & 0 & 0 \\ 1 & -3 & 0 & 0 & 0 \\ 0 & 0 & -3 & 0 & -1 \\ 0 & 0 & 0 & -3 & 1 \\ 0 & 0 & -1 & -1 & -2 \end{pmatrix}$$

其中 $\boldsymbol{A}_c$ 为行零矩阵，其最大本征值为 0。而 $\boldsymbol{A}_c$ 的本征值为

$$\{\lambda_k^{im}\} = \{0, -0.4592, -1.4875, -2.7719, -5.2814\}$$

$\boldsymbol{B}_c$ 的本征值为

$$\{\lambda_i^{tv}\} = \{-1, -2, -3, -4, -4\}$$

于是有

$$\lambda_2^{im} = -0.4592 > \lambda_1^{tv} = -1$$

所以满足判据式 (4.4.47)，因而部分同步是可以发生的。这与前面的结论相同。

对于后一个例子，其对称矩阵亦为

$$\boldsymbol{T}_b = \boldsymbol{F}_{10}$$

邻接矩阵 $\boldsymbol{C}_b$ 满足不变性

$$\boldsymbol{T}_b\boldsymbol{C}_b\boldsymbol{T}_b^{-1} = \boldsymbol{C}_b$$

因而 $\boldsymbol{T}_b$ 与上例的 $\boldsymbol{T}_c$ 有相同的本征值矩阵。用它分块对角化 $\boldsymbol{C}_b$ 得

$$\boldsymbol{S}_b^{-1}\boldsymbol{C}_b\boldsymbol{S}_b = \boldsymbol{A}_b \oplus \boldsymbol{B}_b = \begin{pmatrix} -3 & 1 & 0 & 1 & 1 \\ 1 & -2 & 1 & 0 & 0 \\ 0 & 1 & -2 & 1 & 0 \\ 1 & 0 & 1 & -2 & 0 \\ 1 & 0 & 0 & 0 & -1 \end{pmatrix} \oplus \begin{pmatrix} -2 & 0 & 0 & -1 & -1 \\ 0 & -3 & 1 & -1 & 1 \\ 0 & 1 & -3 & 0 & 0 \\ -1 & -1 & 0 & -2 & 0 \\ -1 & 1 & 0 & 0 & -4 \end{pmatrix}$$

同样，$\boldsymbol{A}_b$ 是行零矩阵，其本征值为

$$\{\lambda_i^{im}\} = \{0, -0.8299, -2, -2.6889, -4.4812\}$$

而 $\boldsymbol{B}_b$ 的本征值为

$$\{\lambda_i^{tv}\} = \{-0.6837, -1.4206, -2.8654, -4, -5.0303\}$$

这样可以看到

$$\lambda_2^{im} = -0.8299 > \lambda_1^{tv} = -0.6837$$

即同步判据式 (4.4.47) 不成立，因而部分同步不能发生。该结论与前面的数值结果相同。

从上面可以看到，上述两个网络都是 $N = 10$ 的交叉网络，但却有着截然不同的动力学特性。它们的不同在于不同的非局域连接，这说明非局域连接对网络动力学特别是部分同步有着巨大影响。因而有必要对一些典型的非局域连接网络的部分同步性质进行一般的分类探讨。

2. 有两条长程连接的环状网络部分同步

下面讨论有 $N_s=2$ 条长程连接的一般情况。为此，需要先找到所有 $N_s=2$ 且有镜像对称性的环状网络。首先，两条非局域连接会有四个端点，而考虑到环状网络的旋转对称性，总可以认为编号为 1 的振子是其中的某个端点。其次，又由于镜像对称性的要求，不难得到第二个端点与第一个端点之间的距离应该等于第三个端点与第四个端点的距离。由此如果令第二、三个端点的振子编号分别为 $j, k(k \geqslant j)$，那么就得到第四个端点的振子编号为

$$n_4 = k + j - 1 \tag{4.4.48}$$

最后，同样是由于网络的旋转对称性，可知只要讨论指标范围在 $2 \leqslant j \leqslant N/2$ 和 $j \leqslant k \leqslant N/2$ 的情况即可。

在确定了四个端点之后，在这四个端点上也只有三种连接的方式是符合对称性的要求的，它们是：

(1) 平行网络 (parallel networks)：两条平行的非局域连接可以被表为 $(1, n_4)$ 及 (j, k)，如图 4-19(a) 所示；

(2) 交叉网络 (cross networks)：两条交叉的非局域连接可以被表为 $(1, k)$ 及 (j, n_4)，如图 4-20(a) 所示；

(3) 八字网络 (lambda networks)：两条非局域连接可以被表为 $(1, j)$ 及 (k, n_4)，如图 4-21(a) 所示。

这样只要变化 k，j 就可以得到所有符合要求的网络。

计算中，我们仍然采用 Lorenz 振子为网络节点上的动力学, 其参数和连接方式均与图 4-14 中所示的例子相同。考虑到 4.4.2 节中的理论适用于各种振子以及所列举的具体例证，我们有理由认为其他的振子与连接方式将得到类似的结论。

数值实验表明，各种平行网络都是可以发生部分同步的，实际上，平行网络可以看作是 $N_s=1$ 情况的一种加强，因而所有平行网络都可以发生部分同步并不难理解。而交叉网络和八字网络上的部分同步则有的可以有的不可以。这里对任意网络，将可以使得某个振子与其镜像对称的像同步的最小耦合强度记为 $\varepsilon_{\rm PaS}$，即部分同步的临界耦合强度 (如果一个网络可以发生部分同步，那么各个同步集团会在同一个耦合强度形成，见图 4-14(b))，同时记任意两个振子同步的最小耦合强度为 ε_c，即完全同步的临界耦合强度。

进一步定义量

$$\Delta\varepsilon=\varepsilon_c-\varepsilon_{\rm PaS} \tag{4.4.49}$$

来考察部分同步与完全同步的先后。如果 $\Delta\varepsilon>0$，则说明部分同步的发生早于完全同步，即当耦合强度增加时，部分同步能够先被观察到；相反，如果 $\Delta\varepsilon=0$，则说明部分同步和完全同步是在同一耦合强度发生的，即在此网络中不能观察到部分同步。另一方面，为了验证式 (4.4.47)，还可以定义

$$\Delta\lambda=\lambda_2^{im}-\lambda_1^{tv} \tag{4.4.50}$$

这样，若 $\Delta\lambda>0$，则说明部分同步可以在该网络中发生。

下面我们以 $N=20$，$N_s=2$ 的情况为例，将理论与数值结果相互对照一下。图 4-19(b)、图 4-20(b) 和图 4-21(b) 分别为在平行、交叉、八字三种网络中 $\Delta\varepsilon$ 与 $\Delta\lambda$ 的比较。对于平行网络 (图 4-19)，$\Delta\varepsilon$ 总是大于零的，这恰好对应于前面部分同步总是能在平行网络中稳定发生的实验事实。有趣的是，对于所有的 k，$\Delta\lambda>0$，这说明了平行网络中的部分同步解总是稳定的，而这一结论与上面的实验结果也是吻合的。

图 4-20 和图 4-21 给出了交叉网络和八字网络部分同步的情况。我们同样能看到，在 $\Delta\lambda>0$ 的区域，$\Delta\varepsilon>0$。但是不同于平行网络，并非所有的交叉网络和八字网络都可以观察到部分同步态，因而在 $\Delta\lambda<0$ 的区域，$\Delta\varepsilon=0$。总的来说，对于交叉网络，两个非局域连接越远离对称轴，则这个网络越容易产生部分同步；对于八字网络，两个非局域连接越接近，则这个网络越容易同步。例如，在图 4-20(b) 中的交叉网络 $k=9$ 的情况，部分同步只发生在 $j<7$ 的区域。而在图 4-21(b) 中的八字网络 $j=3$ 的情况，部分同步只有 $k<7$ 的区域才能观察得到。

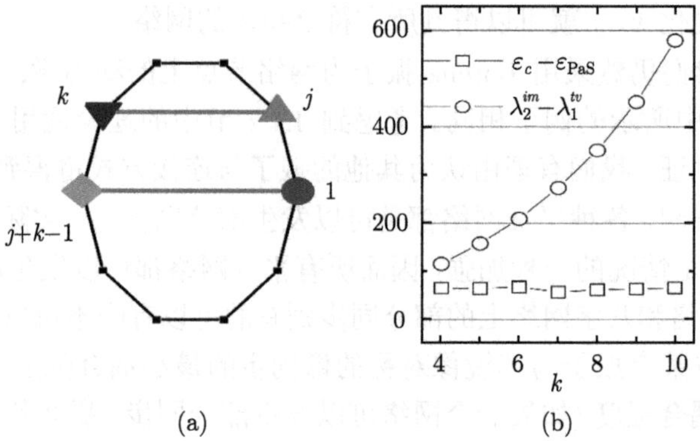

图 4-19　(a) 平行网络与标号规则；(b) 部分同步区 (圆点和方点均在 0 以上)【改编自文献 [456,460]】

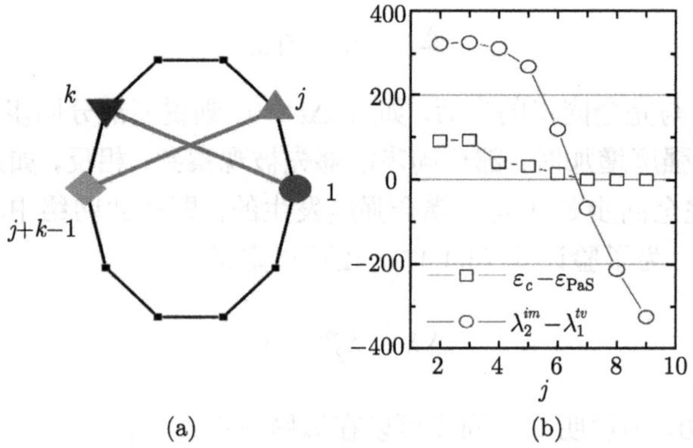

图 4-20　交叉网络及其部分同步区域【改编自文献 [456,460]】

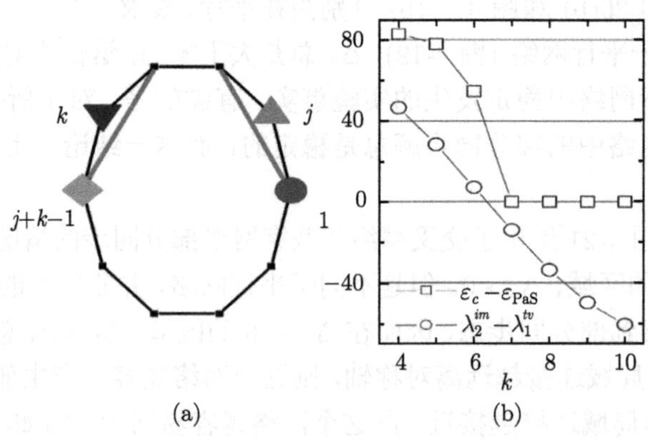

图 4-21　八字网络及其部分同步区域【改编自文献 [456,460]】

进一步来说，因为并非任意一个交叉网络和八字网络都可以发生部分同步，我们自然要问，上面的结论是否跟网络的振子数有关呢？我们不妨在 $(2j/N,\ 2k/N)$ 平面上讨论这个问题，实际上，注意到 j、k 取值范围 $(1 > 2k/N > 2j/N > 0)$，我们只需要在该平面第一象限的角分线以下讨论。在 $(2j/N, 2k/N)$ 平面上，每一个点就代表一组确定的 (j,k) 值，也就代表一种确定的网络结构，因而也就可以分别计算出其 $\Delta\lambda$。图 4-22 给出了在这个平面上使部分同步发生的临界线，即使得 $\Delta\lambda = 0$ 的线，不同的线代表不同振子数的情况，图中的阴影区域即代表可以同步的网络。图 4-22(a) 的角分线下都是阴影区，正说明平行网络都可以发生部分同步。而图 4-22(b)、(c) 则分别对应于交叉网络和八字网络的同步区域 (阴影部分)，可以看到这两种网络都只在部分区域有稳定的部分同步，八字网络的部分同步区更小一些。图 4-22 中不同振子数的不同临界线都重合在了一起，这说明部分同步的发生不依赖于振子数。

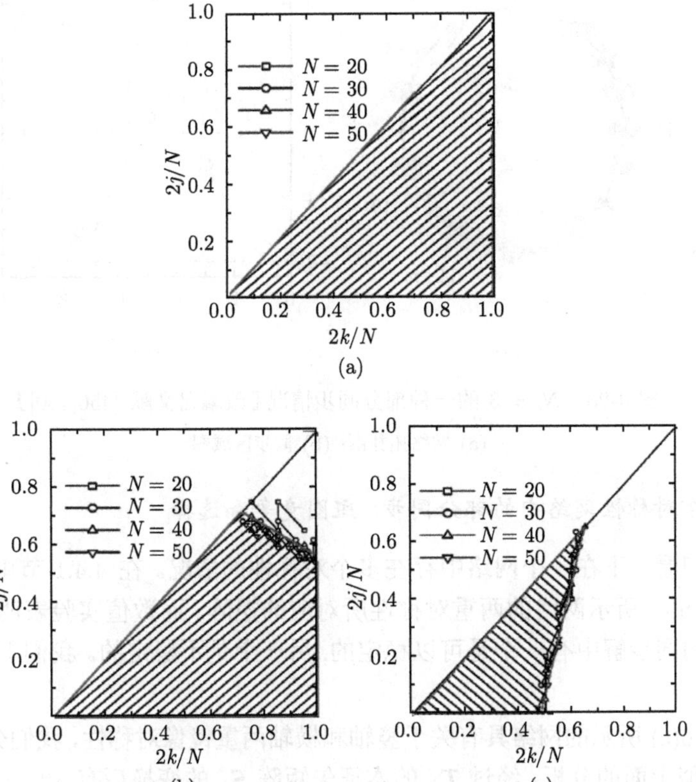

图 4-22 部分同步可以发生的区域 (阴影部分)【改编自文献 [456,460]】

(a) 平行网络；(b) 交叉网络；(c) 八字网络

3. $N_s=3$: 一个例子

我们也可以对于 $N_s\geqslant 3$ 的情况进行讨论。当 $N_s\geqslant 3$ 时，长程连边会有更多的组合，这使得像 $N_s=2$ 时那样系统的讨论变得困难。另一方面，前面关于部分同步的一般性理论和判据依然适用。下面以 $N_s=3$ 的一个例子加以讨论。图 4-23(a) 是 $N_s=3$ 的一种特殊情况 ($N=20$)，三条非局域边中的两条已经固定为 (3，11) 与 (11，19)，然后变化第三条边 ($11-m$，$11+m$)，这样网络就只有一条对称轴。它的上面所定义的两个量的对比见图 4-23(b)，可以看到并不是每个网络都可以发生部分同步。有趣的是，如果没有两条固定的非局域连接，则网络与 $N_s=1$ 的情况相同，故而对 $1\leqslant m\leqslant 9$，部分同步都可以发生。但是，对于这里 $N_s=3$ 的情况，虽然网络中有了更多的非局域连接，但能够同步的网络拓扑位形却变少了。

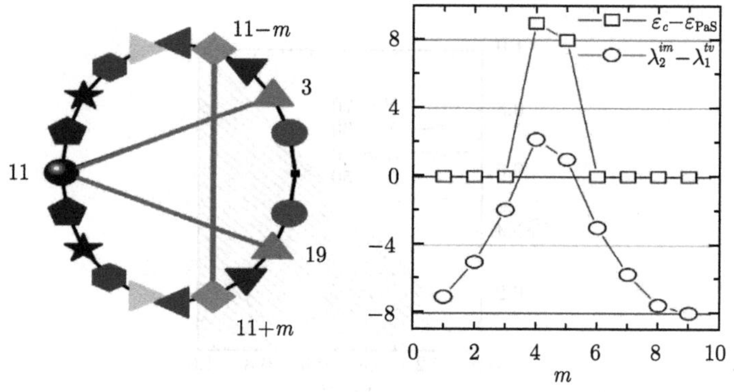

(a)　　　　(b)

图 4-23　$N_s=3$ 的一种部分同步情况【改编自文献 [456,460]】

(a) 网络拓扑图；(b) 同步区域图

4. 多重对称性网络中的部分同步: 斑图竞争和选择

让我们看一下在一个网络中存在多个对称性的情况。在 4.4.1 节中，我们曾经给出图 4-16(c) 所示网络的两重对称性所对应的矩阵。而数值实验表明与这两重对称性相连的同步解中有一个是可以稳定的, 另一个是不稳定的。我们下面可以来验证一下。

图 4-16(c) 所示的网络具有关于竖轴和横轴两重镜像对称性, 我们分别记为 $\boldsymbol{T}_1$ 和 $\boldsymbol{T}_2$。类似上面的分析，经过 $\boldsymbol{T}_1$ 的本征矢矩阵 $\boldsymbol{S}_1$ 的变换后有 $\lambda_2^{im}=-1>\lambda_1^{tv}=-3$，即式 (4.4.47) 成立，因而部分同步能依此对称性发生。而经过 $\boldsymbol{T}_2$ 的本征矢矩阵 $\boldsymbol{S}_2$ 变换后有 $\lambda_2^{im}=-3<\lambda_1^{tv}=-1$，即式 (4.4.47) 不成立，因而部分同步不能依此对称性发生。这里留下了很大的研究空间，一个重要的问题就是由多重对称性导致的多种部分同步态的竞争与选择问题。当改变系统参数或长程连接时，对称性

会发生改变，系统原有的部分同步斑图会产生分岔。迄今为止这是一个尚未深入研究的重要问题。

以上我们从几个不同的方面讨论了网络的拓扑结构与其动力学性质的关系：通过给网络加入非局域连接，可以使原来不稳定的部分同步解 (如在规则的环状网络中) 稳定 (可以被观察到)；通过给原来的网络一个小的改变，也可以增加新的部分同步态；并不是系统中有更多的非局域连接，部分同步就越容易被观察到。这些都说明了网络的拓扑结构 (尤其是非局域连接) 及对称性对网络动力学性质有巨大影响以及这个问题的复杂性。

4.4.4 李指数谱：部分同步的表现形式

内在分岔导致部分同步暗示了耦合动力学系统的相变与涌现行为。现在我们观察一下部分同步发生时李指数谱的行为。图 4-24 给出了一个环状网络的最大四个李指数，该网络有 $N=6$ 个 Lorenz 振子，没有长程连接，$N_s=0$，其邻接矩阵

$$\boldsymbol{C}_r=\begin{pmatrix}-2&1&0&0&0&1\\1&-2&1&0&0&0\\0&1&-2&1&0&0\\0&0&1&-2&1&0\\0&0&0&1&-2&1\\1&0&2&0&1&-2\end{pmatrix}\tag{4.4.51}$$

由图 4-24(a) 我们可以看到，在耦合强度变化时，耦合系统的第三和第四李指数同时穿零变负，这是环状网络李指数的“简并现象”。在由零变负的位置，网络中所有振子进入完全同步状态。

我们继续观察加入一个长程连接 (1，4) 时李指数谱的情况。该网络的连接矩阵由式 (4.4.51) 变为

$$\boldsymbol{C}_{sr}=\begin{pmatrix}-3&1&0&1&0&1\\1&-2&1&0&0&0\\0&1&-2&1&0&0\\1&0&1&-3&1&0\\0&0&0&1&-2&1\\1&0&2&0&1&-2\end{pmatrix}\tag{4.4.52}$$

如图 4-24(b) 所示，可以发现加入长程连接后，李指数的简并现象会消失，而其第四大李指数在一个很小的耦合强度处就变负，该耦合强度刚好对应于部分同

步的发生，如图 4-24(c) 所示。这可以理解为由长程连接导致对称性破缺。有趣的是，在相同的耦合强度下 $d_{1,4}$,$d_{2,3}, d_{5,6} = 0$，而 $d_{1,2}d_{3,4}, d_{1,6}d_{4,5} \neq 0$。因此，李指数简并破缺，部分同步发生。

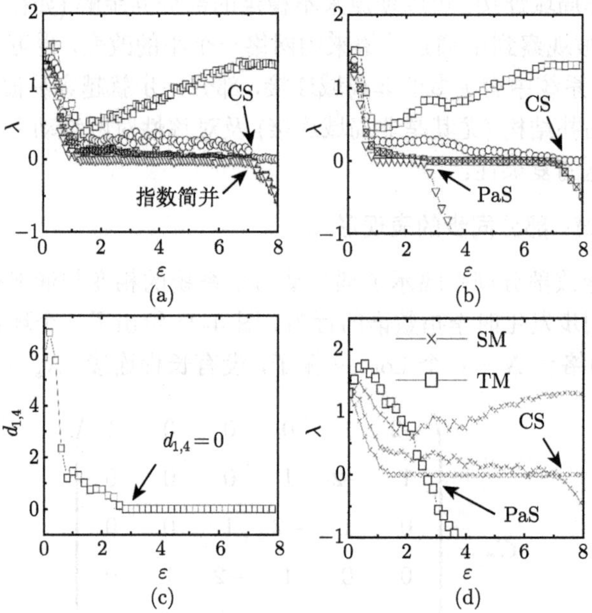

图 4-24　(a) 环状网络 (N =6) 的最大的四个李指数；(b) $N_s = 1$ 的环状网络 (1，4) 的最大的四个李指数；(c) $d_{1,4}$-ε；(d) 部分同步流形 (SM，方块线) 及横向系统 (TM，叉形线) 的条件李指数【改编自文献[456,460]】

(c)、(d) 网络与 (b) 同

我们下面对以上的现象通过前面 4.4.2 节关于网络邻接矩阵的讨论来解释。首先，对于一个环状的网络，其邻接矩阵的本征值可以写为

$$\sigma_k = 2\left[-1+\cos\left(2\pi\frac{k-1}{N}\right)\right], \quad k=1,2,\cdots,N \tag{4.4.53}$$

显然，这些本征值之间存在关系：

$$\sigma_2 = \sigma_N, \sigma_3 = \sigma_{N-1}, \cdots, \sigma_{(N+1)/2} = \sigma_{2+N/2} \tag{4.4.54}$$

由此可以看到环状网络邻接矩阵的本征值一定是成对出现的。当增大耦合强度时，环状网络最大的两个非零本征值会使得 $\varepsilon\sigma_2^C$ 和 $\varepsilon\sigma_N^C$ 同时落入 γ 平面的稳定区。这时系统就有两个李指数同时变负，而考虑到矩阵的最大本征值为零，故而系统还有一个正的李指数以及一个零李指数，所以前面的两个李指数正是第三及第四大李指数。这时，如果加入一条非局域的连接，由于部分同步的发生，$\varepsilon\lambda_1^{tv}$ 已经

进入了稳定区，还有 $\varepsilon\lambda_1^{im}=0$ 与 $\varepsilon\lambda_2^{im}$ 尚在稳定区外。这也就解释了为什么部分同步当且仅当系统还有两个正李指数的时候发生。

为了进一步验证上述结论，我们还可以计算方程 (4.4.36) 和 (4.4.37) 的条件李指数。如图 4-24(d) 所示，当横向系统的最大条件李指数 (虚线) 穿过零的时候正好就是系统发生部分同步的时候，而这时不变同步流形的李指数 (实线) 正好还有两个是正的。因此，部分同步的发生的确是系统在网络同步出现之前的一种自组织涌现行为，这种分岔反映在系统动力学和相空间结构的变化上。

近几年关于部分同步的研究及其应用继续在深入。最近关于拓扑对称破缺引发的部分同步特别是关于一般复杂网络的拓扑对称性与部分同步及其同步斑图之间关系的讨论是一个很有意义的热点问题，这些问题密切联系着一些有很强应用前景的领域与课题，如神经网络的同步动力学、大脑网络的活动斑图等。人们把网络中一般对称性所引发的部分同步也称为**团簇同步**(cluster synchronization)[461,462]。王新刚课题组近几年将上述结果应用于更为一般的网络对称性导致的部分同步分析 [463,464]。人们在实验上也成功观察到团簇同步行为 [465-467]。这里不再展开。

4.4.5 多层网络之间的同步

随着复杂网络研究的深入，单层网络研究已经无法满足实际复杂系统研究与应用的要求，为此，最近几年国际上提出了与此相关的多种不同概念模型，例如，"**网络的网络**"(network of networks)、"**多层网络**"(multiplex network) 和 "**相互依存网络**"(interdependent networks) 等。在现实的复杂系统中，我们往往会看到多种网络相互作用的同时存在和交织。现实中大多数复杂系统的节点具有多种功能，并且相互连接和作用，而这多种功能有质的区别，不能简单地叠加，从而就构成了多层网络 [446]。可以说，各种网络的网络、形形色色的多层网络，已无处不在。例如，交通网络包含着汽车、火车、飞机、轮船等各种各样不同的运输工具，因而航空网、铁路网、公路网等同时存在，而这些网络是交织在一起的，乘客换乘就使得这些不同网络之间耦合在一起。其他类似的多重网络还包括不同物种生态网络的交互网络和食物网以及生物体内部包括基因调控网络、新陈代谢网络、蛋白质相互作用网络等 [468]。多层网络已成为近几年复杂网络领域最前沿的重要研究方向之一 [469,470]。

事实上，图论中已经对这样的多层网络进行了相关讨论 [407]。一个典型的且最简单的情形就是双层网络。在随机图模型中，一般形式是网络具有多种类型的节点。最简单和最重要的例子是**二部图**(亦称**二分图**，**两偶图**，bipartite graph)，它由两种类型的节点和连接不同类型节点之间的边构成。设 $\boldsymbol{G}=(\boldsymbol{V},\boldsymbol{E})$ 是一个无向图，如果顶点集 $\boldsymbol{V}$ 可分割为两个互不相交的子集 $(\boldsymbol{A},\boldsymbol{B})$，并且图中的每条边 (i,j) 所关联的两个顶点 i 和 j 分别属于这两个不同的顶点集 $(i\in\boldsymbol{A},j\in\boldsymbol{B})$，则称图 $\boldsymbol{G}$ 为一个二分图，如图 4-25(a) 所示。顶点集 $\boldsymbol{V}$ 可分属为两个互不相交的子集，并且图中每条边依附的两个顶点都分属于这两个互不相交的子集。

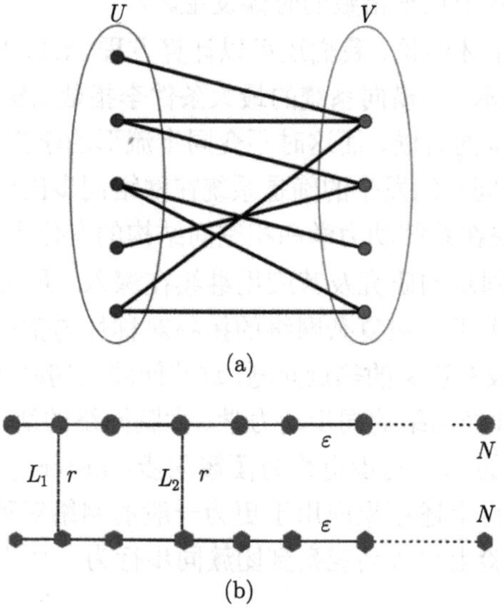

图 4-25　(a) 二分网络示意图；(b) 两个相互耦合的振子链示意图，其中只有少量链间连接

在生物科学和社会科学中，上述具有多分群结构的网络非常流行。个体会由于不同的习性而选择不同的群。群内个体的联系非常紧密，属于不同群的个体联系非常稀疏。网络的拓扑结构对发生在网络上的动力学行为有很大影响，如同步行为 [446,470]。一个很自然的课题就是多重网络的同步问题，它包含单层网络内节点的同步以及不同层间网络的同步 [471-474]。事实上，相较于 2010 年以后的大量工作，双层网络同步问题已经比较早地在我们的研究工作中得到了讨论 [475,476]。我们指出，稍早之前提出的部分同步的理论判据可以应用到两个稀疏连接的时空网络系统中 [477]。

考虑一个网络由两个群构成，N 个混沌振子耦合成链形成独立的群，两个群之间加入了 m 条稀疏连接 $L_1, L_2, \cdots, L_m$，以下用 $2*N(L_1, L_2, \cdots, L_m)$ 来表示这样的拓扑。群内部耦合强度为 ε，群之间的连接强度为 r，如图 4-25(b) 所示。在两个群完全同步之前，如果两个群对应的元素互相达到同步，则称这个网络发生了**群同步**(group synchronization, GrS)。

以两个耦合的 Rössler 振子链为例，Rössler 振子的动力学为

$$\dot{x} = -(y+z), \quad \dot{y} = x + ay, \quad \dot{z} = b + z(x-c) \tag{4.4.55}$$

其中每一条链都是 N =8 个最近邻线性 x 耦合的振子链，链之间加入 $m=2$ 条链间连接，连接方式与每一条链内相同。Rössler 振子参数取 $a=0.15$, b= 0.4, $c=8.5$

以保证处于混沌运动状态。可以计算任意两个振子之间的状态差

$$d_{ij}=\lim_{T\to\infty}\frac{1}{T}\int_0^T\|\boldsymbol{x}_i(t)-\boldsymbol{x}_j(t)\|\mathrm{d}t \tag{4.4.56}$$

以考察振子之间是否达到同步。用 d_{ij} 来代表链内不同节点之间的差异，用 $d_{ii'}$ 来代表两条链对应的振子的差异。 对于考察的拓扑结构为图 4-26(a) 的情形，图 4-26(b) 给出了 $N=8$ 个节点 (2,7) 有链间连接的状态差，取链间和链内耦合强度之比 $r/\varepsilon=0.8$。可以看到链间同步先于链内同步，即当改变耦合强度时链内振子之间尚未同步的时候，链间对应振子就可以达到同步。对于图 4-26(c) 的情形，取 $r/\varepsilon=1.0$，增大耦合强度，可以从图 4-26(d) 看到链间同步与链内同步几乎同时达到，亦即整体同步。通过这些讨论可以发现，在不同耦合参数和比例情况下，两层网络之间同步会有多种可能情况发生。

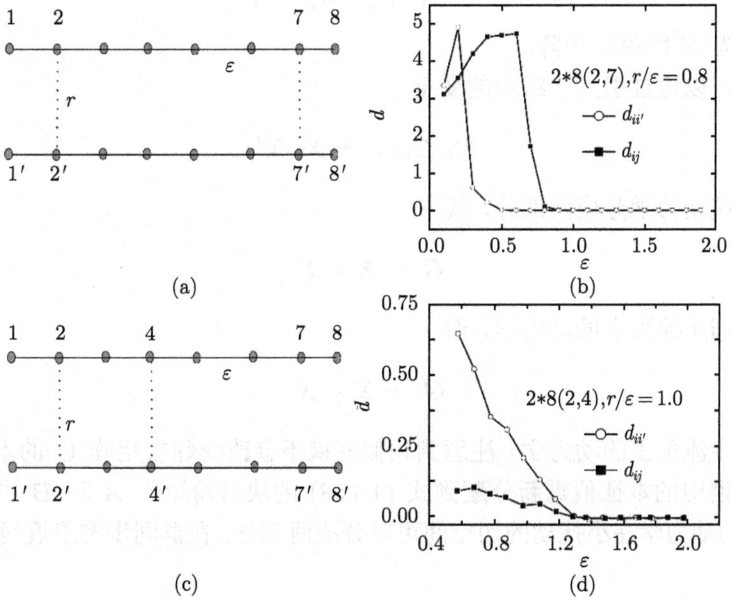

图 4-26 (a) 两条 8 节点的链在 2 号和 7 号有链间连接的网络图，标记为 2*8(2,7)，链内耦合为 ε，链间耦合为 r；(b) 对应 (a) 的状态差随耦合强度的变化，耦合强度比 $r/\varepsilon=0.8$；(c) 网络图 2*8(2,4)；(d) 对应 (c) 的状态差随耦合强度的变化，耦合强度比 $r/\varepsilon=1.0$【改编自文献 [476,477]】

事实上，网络的拓扑性质对群同步的发生有很大影响。有的网络结构，无论我们如何加强群之间的联系，都不能达到群同步。很显然，两个相同的子网络满足镜像对称，我们可以用部分同步的分析方法来研究群同步。

考虑由式 (4.4.2) 描述的一般方程，其中仍然考虑负反馈的邻接矩阵耦合，并

假设其为行零矩阵，即满足式 (4.4.6)。对于这样的矩阵，其最大本征值为零，其余本征值非正。两个耦合的子系统 (链) 之间具有镜像对称性意味着邻接矩阵 $\boldsymbol{C}$ 具有相似不变性，即存在一个 $2N\times 2N$ 矩阵 $\boldsymbol{F}_{2N}$ 满足

$$\boldsymbol{F}_{2N}\boldsymbol{C}\boldsymbol{F}_{2N}^{-1}=\boldsymbol{C} \tag{4.4.57}$$

其中 $\boldsymbol{F}_{2N}$ 为反对角矩阵，矩阵元 $F_{i,2N+1-i}=1$, $i=1,2,\cdots,2N$，其余矩阵元为零。邻接矩阵由于该对称性，因而是可块对角化的。可引入相似变换矩阵 $\boldsymbol{S}$ 将其块对角化为

$$\boldsymbol{M}=\boldsymbol{S}^{-1}\boldsymbol{C}\boldsymbol{S}=\begin{pmatrix}\boldsymbol{A} & \boldsymbol{0}\\ \boldsymbol{0} & \boldsymbol{B}\end{pmatrix} \tag{4.4.58}$$

其中相似变换矩阵 $\boldsymbol{S}$ 为

$$\boldsymbol{S}=\begin{pmatrix}\boldsymbol{I}_N & \boldsymbol{F}_N\\ \boldsymbol{I}_N & -\boldsymbol{F}_N\end{pmatrix} \tag{4.4.59}$$

式中 $\boldsymbol{I}_N$ 为 N 阶单位矩阵。

我们可以通过引入一组新的变量

$$(\boldsymbol{G}_l,\boldsymbol{G}_r)=\boldsymbol{S}(\boldsymbol{X},\boldsymbol{X}') \tag{4.4.60}$$

把整个系统动力学分成两部分，其中

$$\boldsymbol{G}_l=\boldsymbol{X}+\boldsymbol{X}' \tag{4.4.61a}$$

代表全局同步流形上的动力学，而

$$\boldsymbol{G}_r=\boldsymbol{X}-\boldsymbol{X}' \tag{4.4.61b}$$

代表群同步流形上的动力学。注意到相似变换不会改变邻接矩阵 $\boldsymbol{C}$ 的本证谱，变换只会将谱中的本征值重新分配到式 (4.4.58) 的块对角矩阵 $\boldsymbol{A}$ 和 $\boldsymbol{B}$ 中。由此变换，系统的动力学在小扰动的切空间可以分成两部分。在群同步态附近线性化可以得到

$$\delta\dot{\boldsymbol{G}}_l=\left[\boldsymbol{DF}\left(\boldsymbol{G}_l\right)+\varepsilon\boldsymbol{\Gamma}\otimes\boldsymbol{A}\right]\delta\boldsymbol{G}_l \tag{4.4.62}$$

$$\delta\dot{\boldsymbol{G}}_r=\left[\boldsymbol{DF}\left(\boldsymbol{G}_r\right)+\varepsilon\boldsymbol{\Gamma}\otimes\boldsymbol{B}\right]\delta\boldsymbol{G}_r \tag{4.4.63}$$

式 (4.4.62) 中右边第二项

$$\varepsilon\left[\boldsymbol{\Gamma}\otimes\boldsymbol{A}(\delta\boldsymbol{G}_l)\right]^i=\varepsilon\boldsymbol{\Gamma}(\delta\boldsymbol{G}_l^{i+1}+\delta\boldsymbol{G}_l^{i-1}-2\delta\boldsymbol{G}_l^i) \tag{4.4.64}$$

对于式 (4.4.63) 右边第二项，由于链内振子中有的没有链间耦合，对于这些振子

$$\varepsilon\left[\boldsymbol{\Gamma}\otimes\boldsymbol{B}(\delta\boldsymbol{G}_r)\right]^i=\varepsilon\boldsymbol{\Gamma}(\delta\boldsymbol{G}_r^{i+1}+\delta\boldsymbol{G}_r^{i-1}-2\delta\boldsymbol{G}_r^i) \tag{4.4.65a}$$

对于有链间耦合的振子则有

$$\varepsilon\left[\boldsymbol{\Gamma}\otimes\boldsymbol{B}(\delta\boldsymbol{G}_r)\right]^i=\varepsilon\boldsymbol{\Gamma}(\delta\boldsymbol{G}_r^{i+1}+\delta\boldsymbol{G}_r^{i-1})-2(\varepsilon+r)\delta\boldsymbol{G}_r^i \tag{4.4.65b}$$

进一步的讨论就完全仿照 4.4.2 节的部分同步理论来进行，由此可以得到群同步发生的判据为

$$\lambda_2^l>\lambda_1^r \tag{4.4.66}$$

为了能够得到针对群同步较为容易分析的解析结果，我们不妨把群间连接强度极限化，即 $r\rightarrow\infty$。注意到群之间只有若干对耦合的振子，对于这些链间耦合振子，在强耦合极限下可视为两个群的共同振子 (同步)。这样，图 4-25(b) 所示的整个双链系统就可以被简化为如图 4-27(a) 所示的三个部分，而这三个部分属于两种基本的结构形态：环状结构或闭型小集团 (大小为 N_c，如图 4-27(b) 所示)，开链或开型小集团 (大小为 N_0，如图 4-27(c) 所示)。

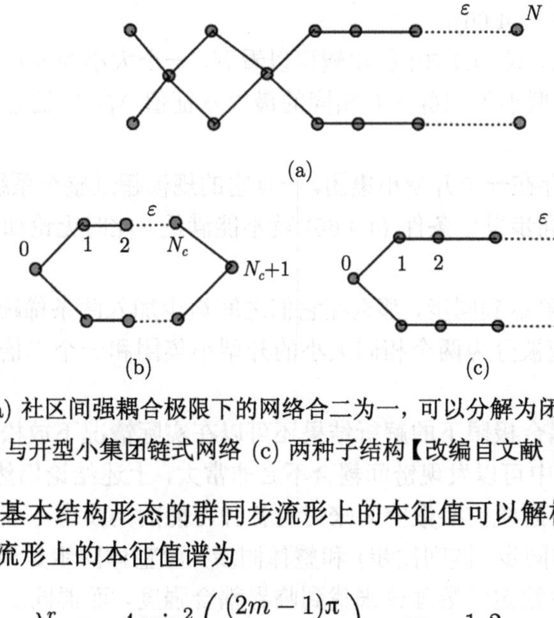

图 4-27 (a) 社区间强耦合极限下的网络合二为一，可以分解为闭型小集团环状网络 (b) 与开型小集团链式网络 (c) 两种子结构【改编自文献 [476,477]】

上述两种基本结构形态的群同步流形上的本征值可以解析得到。对于开型小集团，群同步流形上的本征值谱为

$$\lambda_m^r=-4\varepsilon\sin^2\left(\frac{(2m-1)\pi}{2(2N_0+1)}\right),\quad m=1,2,\cdots,N_0 \tag{4.4.67}$$

其中最大本征值为

$$\lambda_1^r=-4\varepsilon\sin^2\left(\frac{\pi}{2(2N_0+1)}\right) \tag{4.4.68}$$

对于闭型小集团，群同步流形上的本征值谱为

$$\lambda_m^r=-4\varepsilon\sin^2\left(\frac{m\pi}{2(N_c+1)}\right),\quad m=1,2,\cdots,N_c \tag{4.4.69}$$

其中最大本征值为

$$\lambda_1^r = -4\varepsilon \sin^2\left(\frac{\pi}{2(N_c+1)}\right) \tag{4.4.70}$$

对于整个系统，全局同步流形上的本征值为

$$\lambda_m^l = -4\varepsilon \sin^2\left(\frac{m\pi}{2N}\right), \quad m = 0, 1, 2, \cdots, N-1 \tag{4.4.71}$$

其中第二大本征值 (即 $m=1$，第一本征值总是 0) 为

$$\lambda_2^l = -4\varepsilon \sin^2\left(\frac{\pi}{2N}\right) \tag{4.4.72}$$

这样上述的判据 (4.4.66) 就具体化为同步流形的第二大本征值 (4.4.72) 与链拓扑结构矩阵的最大本征值 (4.4.68) 及其环形结构矩阵的最大本征值 (4.4.70) 的比较。

通过对本征值的比较分析，我们可以得到如下一系列有用的结论：

(1) 系统中存在的两种小集团的规模越大，则本征值 λ_1^r 越大，系统越难以满足群同步发生的条件 (4.4.66)。

(2) 由式 (4.4.68)、式 (4.4.70) 相比较可以看到，一个大小为 n 的开型小集团与一个大小为 $2n$ 的闭型小集团群具有相同的最大本征值 λ_1^r，因而它们具有相同的同步能力。

(3) 如果系统中存在一个开型小集团，一旦它的规模超过整个系统的一半大小，即 $N_0 > N/2$，则群同步发生条件 (4.4.66) 就不能满足，此时无论如何系统都不能达到群同步。

(4) 如果要两个群达到同步，那么在它们之间最少加入两条稀疏连接，并且最好的方式是使得系统被分为两个相同大小的开型小集团和一个二倍大小的闭型小集团。

上述在强链间耦合极限下的解析结果还可以在实际情况下放松强耦合这个限定条件。在数值计算中可以发现链间耦合不必非常大，上述结论仍然适用。

下面在耦合网络系统的参数空间来讨论各种可能的同步态。可能的同步态包括链内振子同步、群同步 (链间同步) 和整体同步，而整体同步是最强的。链内振子同步可以直接用主稳定函数理论来找到临界耦合强度，而群同步可以利用判据式 (4.4.66) 作为临界条件。以两个群的情形为例，每个群由 $N=10$ 的链构成，在两个群之间加入稀疏连接：$L_1 = 3$, $L_2 = 8$。如图 4-28 所示，我们给出了不同拓扑结构 $2*10(L_1L_2)$ 情况下的同步相图，每一个图中都有两条临界线，两条线如果相交，则耦合参数 ε-r 空间被划分为四个部分：完全非同步 (unsynchronized，US)、群同步 (group synchronization，GrS)、群内同步 (intergroup synchronization，IS)、完全同步 (complete synchronization，CS)。当链间连接比较均匀时，GrS 区域会更大，如图 4-28(a) 所示；而链间连接很不均匀的话，就有可能导致两条临界线不相交的

情况，如图 4-28(d) 所示，此时没有群同步区域。图 4-28(c) 给出的是两个群之间全连接的结果，没有意外，此时的群同步区域最大。另外，当改变耦合强度时，系统会在以上四个不同态之间发生转变，而转变依据改变链间、链内耦合的组合方式不同可有多种方式，这里不再详细展开 [476,477]。

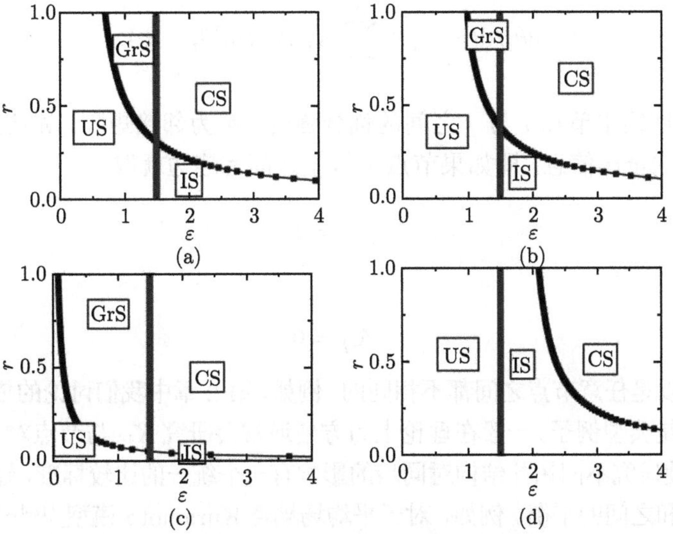

图 4-28 稀疏连接的社区网络的相图【改编自文献 [476,477]】

网络连接结构为 $2{*}10(L_1L_2)$。US 为完全非同步区，IS 为群内同步区，GrS 为群同步区，CS 为完全同步区。(a) 2*10(3, 8); (b) 2*10(2, 7); (c) 全链间连接，即 $m = N$; (d) 2*10(6, 8)

最近几年关于多层网络之间的同步由于在诸多领域的重要实际应用开始得到人们的密切关注，感兴趣的读者可继续参考相关文献 [469,470]。

4.5 复杂网络上相振子的同步

相比于第 2 章中的 Kuramoto 全局连接的平均场模型，实际情况的相振子之间相互作用可以是本章中复杂网络连接的任意一种情形。相振子作为基本节点动力学的系统比比皆是，且不说大量的振荡行为都可以近似地用相振子来描述。因此，相比于 Kuramoto 模型是否存在同步相变，研究复杂网络上节点为相振子动力学时的同步行为既是一个很重要的理论问题，又是一个很有意义的应用性问题。

Strogatz 等自 20 世纪 80 年代开始系统研究相振子的同步问题，通过小世界网络的讨论引发了复杂网络研究的新热潮 [16]。事实上，Strogatz 等 1998 年关于小世界网络的著名工作就关注了网络结构对同步涌现的影响，而所采用的即是耦合相振子模型。其实 Strogatz 对复杂网络的关注并非突然为之。如果细心追溯他以往关于同步的研究工作可以发现，他早期就已经开始讨论不同网络拓扑结构如一维链、环、星形拓扑、二维甚至 d 维格点相振子系统的同步性质，并给出了一系列数学证明 [234,247,284,285]。

我们可以将相振子网络动力学模型写成如下的方程：

$$\mathrm{d}\theta_i/\mathrm{d}t = \omega_i + \sum_{j=1}^{N} K_{ij} A_{ij} \sin(\theta_j - \theta_i) \tag{4.5.1}$$

其中 K_{ij} 为网络中节点 i 与 j 之间的耦合强度，$\boldsymbol{A}$ 为邻接矩阵。邻接矩阵 $\boldsymbol{A}$ 给出了网络连接的全部信息，即如果节点 i 与 j 之间有连边就取

$$A_{ij} = 1 \tag{4.5.2a}$$

否则就取

$$A_{ij} = 0 \tag{4.5.2b}$$

耦合强度可以是任意节点之间都不相同的，例如，第 2 章中我们讨论的依赖于自然频率的耦合就是典型例子。一般在理论上为方便通常会研究 K_{ij} 与节点对无关的情况。另外，为了使研究不同拓扑结构对同步的影响有一个统一的比较标准，还需要考虑耦合强度与求和之间的平衡。例如，对于平均场耦合 Kuramoto 模型 [184,185]，取

$$K_{ij} = K/N \tag{4.5.3a}$$

第 2 章中讨论的局域耦合模型 [227-229] 取

$$K_{ij} = K/(2N_L + 1) \tag{4.5.3b}$$

对于一般的复杂网络，一种较为普遍的取法是

$$K_{ij} = K/k_i \tag{4.5.3c}$$

其中 k_i 为节点 i 的度。这样的话，对于网络来说耦合强度也具有类似于节点度的点点不同特征。如果网络具有同质性，例如，ER 随机网或小世界网络，为了理论处理问题方便，可以近似地用平均度来代替 k_i，即

$$K_{ij} = K/\langle k \rangle \tag{4.5.3d}$$

但对于异质性网络，如无标度网络、星形网络等，这种取法就不够好。当然，如果不是作比较就不必拘泥于耦合强度的取法 [188]。

复杂网络上的相振子同步问题研究大致经过了几个阶段。第一阶段是 1998 年及之前，人们多关注于各种不同相对简单的拓扑，如链、环、星形、晶格、全连接等

网络的同步，特别关注于在足够大规模下系统能否同步的问题 [185]。1998 年开始，随机网络、小世界网络与无标度网络等一些典型的更为普遍的网络结构上的同步性等问题成为研究热点，人们更多地关注于这些不同拓扑之间同步性能的优劣及其优化等 [186-188]。正是由于网络的多样性，人们可以在只需要加少数边的情况下就可以提高同步性。但早期的研究相对比较拘泥，缺少更为细致的研究，这导致了相振子研究的第三个时期，在此期间，人们考察更为细致的一些情形，尤其是注重于网络多种指标如聚集系数、同配异配性、社团性、时变性、对称性、方向性、权重、度-度关联性等各种具体网络特征量对于同步的影响，这在很大程度上反映了相振子网络同步依赖的多面性 [186-188]。

鉴于目前第三阶段的研究还远远不够，难以总结出具有一般性的普适结论，我们下面的讨论将主要集中于第二阶段。迄今为止，很多工作的重点是利用数值模拟来考察不同拓扑结构对系统达到完全同步的影响，分析临界耦合强度的特征。

4.5.1 耦合相振子链的局域与整体同步

Kuramoto 相变所讨论的是平均场全局耦合，主要是为数学解析处理问题的方便。一般情况下耦合不是全局的，振子之间相互作用强度也不相同。在局域耦合情形中，振子通常只与自己相近邻的 2 个 (或多个) 振子发生相互作用。因此有必要考虑局域耦合的情况。在热力学极限下，全局耦合的长程特性利用平均场理论可以得出很好的理论结果，但是有限大小、局域耦合系统的同步问题无论在理论分析还是数值结果上都存在很大困难，很多问题还有待解决。利用简单的有限数目相振子链研究同步动力学很方便，但在热力学极限下能否像全局耦合的 Kuramoto 模型那样有一个有限临界耦合强度产生同步转变，则是一个重要的理论问题。

下面主要来详细讨论两个问题，第一个是对近邻耦合链相振子同步能否达到的理论证明，第二个是研究耦合范围从局域向全局的过渡。

1. 最近邻耦合

Sakaguchi在早期研究了$d=1,2,3$维最近邻耦合格点相振子系统的同步[261-263]。基于数值模拟和理论计算，在维数 $d\leqslant 2$ 和 $d>2$ 之间提出了非常有趣的差别。对于维数 $d=2$ 的系统，在热力学极限 $N\to\infty$ 的条件下，无论多大的有限耦合强度值都不可能使系统出现全局同步现象，即系统出现同步的概率趋于零，也就是说，可能会出现全局同步的条件只能是 $d\geqslant 3$。Strogatz 和 Mirollo[478,479] 则从理论上证明了任何有限维大小系统都不会出现整体锁相现象。在平均场理论中，锁相发生的条件是临界维数是无限大。对于一维最近邻耦合链模型，若自然频率选取正态分布，理论上可以证明，在热力学极限下，同步的概率会趋向零。但是如果耦合强度随着振子数的方根增加，即 $K\sim O(\sqrt{N})$，同步的概率趋于有限分布，即

Kolmogorov-Smirnov 分布。这一结论说明同步概率等价于布朗运动的离散情形。

我们可以讨论如下的格点相振子系统：

$$\dot{\theta}_i = \omega_i + K\sum_j \sin(\theta_j - \theta_i), \quad i = 1, 2, \cdots, N \tag{4.5.4}$$

上面的取和只对近邻操作。假设振子自然频率 ω_i 满足分布 $g(\omega)$，可假设自然频率对振子的平均为零，方差为 1。对一维格点和开放边界条件，我们有

$$\begin{cases} \dot{\theta}_1 = \omega_1 + K\sin(\theta_2 - \theta_1) \\ \dot{\theta}_i = \omega_i + K\sin(\theta_{i+1} - \theta_i) + K\sin(\theta_{i-1} - \theta_i), \qquad i \in (1, N) \\ \dot{\theta}_N = \omega_N + K\sin(\theta_{N-1} - \theta_N) \end{cases} \tag{4.5.5}$$

我们需要知道锁相 (同步) 的概率 $P(N, K)$。当 N 个振子达到同步时，对任意 $i \neq j$，$\dot{\theta}_i = \dot{\theta}_j$。将式 (4.5.5) 中所有方程相加，可得

$$\dot{\theta}_i(t) = \bar{\omega} \equiv \frac{1}{N}\sum_{k=1}^{N}\omega_k \tag{4.5.6}$$

若只对前 j 个方程取和，我们有

$$j\bar{\omega} = \sum_{i=1}^{j}\omega_i + K\sin(\theta_{j+1} - \theta_j) \tag{4.5.7}$$

令

$$\phi_j = \theta_j - \theta_{j+1} \tag{4.5.8}$$

上式可写为

$$K\sin\phi_j = X_j \tag{4.5.9}$$

其中

$$X_j = \sum_{i=1}^{j}(\omega_i - \bar{\omega}) \tag{4.5.10}$$

要满足式 (4.5.9)，必须有 $|X_j| = K|\sin\phi_j| \leqslant K$，因而系统达到同步态 $\dot{\theta}_i(t) = \dot{\theta}_j(t)$ 的充分必要条件是

$$\max|X_j| \leqslant K, \quad j = 1, 2, \cdots, N \tag{4.5.11}$$

所以

$$P(N, K) = \text{Prob}\left(\max_{1\leqslant j\leqslant N}|X_j| \leqslant K\right) \tag{4.5.12}$$

当 $N \to \infty$ 时，由于 ω_i 按 $g(\omega)$ 随机给出，由式 (4.5.10)，X_j 就可看成是随机数的取和，类似于随机行走。对于振子数为 N，耦合强度为 K 的最近邻耦合相振子系统来说，产生全局同步的概率等于以自然频率按振子编号随机行走 N 步后的位移不超过耦合强度 K 的概率。由于 "长时间" 行走的无偏性，因此利用随机行走的结果有

$$\max |X_j| \sim O(N^{1/2}) \tag{4.5.13}$$

可以看到 $\max |X_j|$ 随 N 的增加而发散。因为锁相要求

$$K_c = \max |X_j| \tag{4.5.14}$$

所以临界耦合强度会随 N 增加而以如下速率增加：

$$K_c \sim O(N^{1/2}) \tag{4.5.15}$$

当 $N \to \infty$ 时，可以看到 $K_c \to \infty$，即在热力学极限下最近邻耦合的振子不可能达到同步。

Strogatz 等求出了 $N \to \infty$ 时 $P(N, K_c)$ 的渐近形式为 [478,479]

$$\lim_{N\to\infty} P(N, KN^{1/2}) = \frac{\sqrt{2\pi}}{K}\sum_{j=0}^{\infty}\exp\left[-\frac{(2j+1)^2\pi^2}{8K^2}\right] \tag{4.5.16}$$

对任意固定 K，$N \to \infty$ 时，$P(N,\ K) \to 0$，说明同步的不可达到性。

Strogatz 等还将此模型推广到 d 维超立方晶格模型的局域耦合相振子系统，发现随着耦合相振子数趋向无穷，锁相的概率会呈指数形式趋于零。Strogatz 等研究了大量集团的振子都被锁到平均频率上的条件不是很严谨情况下的同步类型，发现系统呈类海绵状 (sponge-like) 结构 [478,479]。有关最近邻耦合闭合链的临界耦合强度的理论分析也被讨论过 [227-229]。

2. 从平均场到最近邻的过渡

研究从最近邻耦合到全局耦合的过渡是很有意思的课题。Rogers 等考虑了下面的系统 [480]：

$$\dot{\theta}_i = \omega_i + \frac{K}{\eta}\sum_{\gamma=1}^{N'}\gamma^{-\alpha}[\sin(\theta_{i+\gamma}-\theta_i)+\sin(\theta_{i-\gamma}-\theta_i)] \tag{4.5.17}$$

其中 $i = 1, 2, \cdots, N$，$N' = (N-1)/2$，η 是一个内插于最近邻与平均场极限的系数：

$$\eta = 2\sum_{i=1}^{N'} i^{-\alpha} \tag{4.5.18}$$

α 描述作用衰减的速度。可以看到 $\alpha \to 0$ 时，上述模型即 Kuramoto 平均场模型；当 $\alpha \to \infty$ 时，上面仅有 $i=1$ 项保持 ($i>1$ 的项趋于零)，即最近邻的情形。对前者，系统在 $K_c = 2/[g(\varpi)\pi]$ 处存在同步相变，而对后者，系统同步所需的 $K_c \to \infty$。而中间的过渡情况很有意思。图 4-29 给出了系统同步的相图，在临界线的右边区域为同步态。图中 $\alpha=0$ 的点对应的 K 即为 $2/[g(\varpi)\pi]$。而当 α 增加时，K_c 也增加且很快发散。可以看到，当 $\alpha \to \alpha_c = 2$ 时 $K_c \to \infty$，这说明不仅对最近邻耦合，而且只要 $\alpha \geqslant \alpha_c$，系统就不可能达到同步。

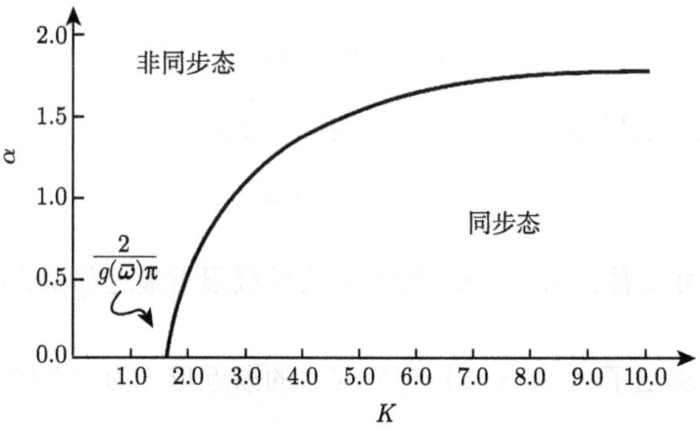

图 4-29　从平均场到最近邻耦合过渡情况下系统同步的相图【改编自文献 [480]】

图中曲线为同步临界线 $K_c(\alpha)$

近年来，人们一直在关注非平均场 Kuramoto 系统在振子数足够大的情况下能否产生同步转变的问题，包括在复杂网络上的同步相变问题 [481-485]。我们将在下面讨论复杂网络上相振子同步的特点。在此之前，我们首先来研究一维耦合相振子通过频率重排所出现的有趣的同步转变问题。

4.5.2　一维链相振子的频率重排与同步优化

尽管最近邻耦合 Kuramoto 振子系统在热力学极限条件下的全局相同步不可能达到，但是只要振子数有限，全局同步总还是可以实现的，即当耦合强度超过某一有限大小的临界值时就会出现同步现象。热力学极限下的理论结果是对于一般的自然频率分布的，或者说是统计或平均意义上的结果。一个有趣的问题是，如果对于最近邻耦合相振子系统采取在某一个分布中特定的最优自然频率排布，是否有可能对于这种分布可以存在有限大小的甚至是很小的、不依赖于振子个数的临界耦合强度？这是一个极有趣且有应用意义的问题。本节将对该问题进行探讨，利用数值模拟提供一种这样的可能性。真正的一般理论证明还需要严格分析。

在第 2 章研究周期边界条件和开放边界条件的最近邻耦合振子链同步现象时我们发现，在随耦合强度增大而通往整体同步的过程中，任意两个频率相近且空间距离相近的振子可最先容易达到同步，形成很多的局域同步集团。随着耦合强度的增加，大量的小集团自然会吸引更多单元振子成长为大集团，同时小集团也会合并成更大的团簇。最终所有的单元振子 (或团簇) 在耦合强度达到临界耦合强度 K_c 时系统达到全局同步态。

对于局域耦合情形，由于振子之间的相互作用和振子自然频率 ω_i 的随机分布，振子在随耦合强度增加而同步的过程中存在多种竞争，系统会出现非常复杂的集团化行为 [227-229]。振子之间存在三种不同的同步方式：一是如果两个相邻格点上的振子或是相邻团簇之间的自然频率比较靠近，则随着耦合强度的增加容易同步；二是频差较小的非相邻振子或团簇之间也会出现同步，形成非局域同步；三是已经属于同一团簇中的同步振子会随着耦合强度的增加而分开，发生去同步现象。无论是哪种同步方式，在系统的演化过程中，总是部分振子先达到同步形成局域或者非局域集团，然后集团和集团之间再同步形成更大的集团，我们称这种同步模式为**多集团同步**(multiple-clustering synchronization，MCS)，这也是网络同步中常见的模式，在第 2 章我们以同步分岔树的方式给予了形象清晰的展示。在该过程中的多集团同步也是局域耦合非全同振子同步现象中被公认的一种典型同步方式。

最近的相关研究工作揭示了一个很有趣的现象，即对于局域耦合的相振子系统来说，振子自然频率的排序会定性地影响系统的同步性能 [486]。振子自然频率排序是指在振子的空间位置编号为 “$1,2,\cdots,i,\cdots,N$” 情况下将振子在空间位置进行调整，从而得到各种自然频率构型 $\{\omega_1,\omega_2,\cdots,\omega_i,\cdots,\omega_N\}$，这样原来是邻居的振子在调整后就有可能不再是邻居，而原来距离很远的振子有可能就是邻居。研究结果表明，最近邻耦合振子环上格点振子的自然频率若按照特定的空间构型进行排布，则即使系统的振子数很多，也会使系统同步的临界耦合强度趋于一个**非常小**的定值，同时系统在同步过程中始终保持只有一个中心集团，而其他振子随着耦合强度的增加不断地被同步到该中心集团上。这里我们把这种非常有趣的同步模式称为**单集团同步**(single-clustering synchronization，SCS)[487]。

单集团同步在全局耦合相振子系统如平均场 Kuramoto 模型中并不罕见。如果观察 Kuramoto 模型振子的同步分岔树的话，我们通常会看到这种单集团汇聚的场面。然而，这种 SCS 模式出现于局域耦合振子则是罕见的，只在特定排布才会发生。

值得注意的是，SCS 的结果与 4.5.1 节 Strogatz 等证明的一般性结果 [478,479] 有很大的不同。SCS 是在特定的振子排布情况下发生的，即在振子众多的自然频率排布方式中会有某一种 (或几种) 特定的排列方式，其**同步临界耦合强度不会随着振子个数增加而发散，即与振子数几乎无关**。然而，这一现象的背后理论机制尚不清楚，一些基本问题，例如，为什么会出现 SCS 现象、为什么临界耦合强度 K_c 值随着系统振子数的增加可以持续保持不变、产生这种同步方式的自然频率构型是否具有鲁棒性等都有待解决。下面我们将重点研究这一特殊的同步方式，并研究其一般存在性和普适性 [479,487]。

下面仍然以第 2 章广泛讨论的最近邻耦合振子环为研究模型，其动力学方程为式 (2.2.24)，式中的量及其参数、边界条件等均与第 2 章的相同。以下讨论周期边界条件。对于近邻耦合 N 个振子组成的系统，振子编号排布是按照 $i=1,2,\cdots,N$ 固定下来的，而自然频率通常是随机给定的一组 (通常是从一个给定函数形式的一个分布中随机选取一组，然后固定)。这一组自然频率也是可以按照编号的振子来排布的，但会有 $N!$ 种排布。以下对于自然频率我们选择线性均匀分布的情形

$$\omega_i = -1 + 2(i-1)/(N-1), \quad i = 1, 2, \cdots, N \tag{4.5.19}$$

可以看到自然频率取的范围 $\omega_i \in [-1,1]$。后面的理论分析结果可以延展到其他分布类型。这种分布通过空间重新排布可以形成各种各样的空间构型。下面就来看各种各样的排布方式对振子系统整体同步的影响。

吴烨等 [486] 分析了所有不同自然频率的空间构型，并计算了相对应的临界耦合强度，如图 4-30 所示。首先，选取 $N=500$ 和 $N=1000$ 两种情形，每一种都有大量自然频率构型，对各种构型的临界耦合强度进行分布统计，可以看到临界耦合强度 K_c 呈对数高斯分布，

$$P(K_c) = \frac{1}{\sqrt{2\pi}\beta K_c} \mathrm{e}^{-(\ln K_c - \lambda)^2/(2\beta^2)} \tag{4.5.20}$$

如图 4-30(a) 所示，该分布为归一化的。计算表明，参数 β 随 N 增加而减小，并趋于饱和，参数 λ 给出分布的峰位并且

$$\lambda \approx \frac{1}{2}\ln N \tag{4.5.21}$$

这些参数与平均临界耦合强度 $\langle K_c \rangle$ 之间的联系为

$$\langle K_c \rangle = \mathrm{e}^{\lambda+\beta/2} \propto N^{1/2} \tag{4.5.22}$$

这说明对于大量的自然频率构型而言，临界耦合强度在一般意义上的确是随振子数的增加而发散，这与 4.4.1 节中 Strogatz 等证明的结果 [478] 是一致的，图 4-30(b) 给出了数值模拟得到的平均临界耦合强度 $\langle K_c \rangle$ 与振子数目的关系，可以看到与式 (4.5.22) 很好地符合。

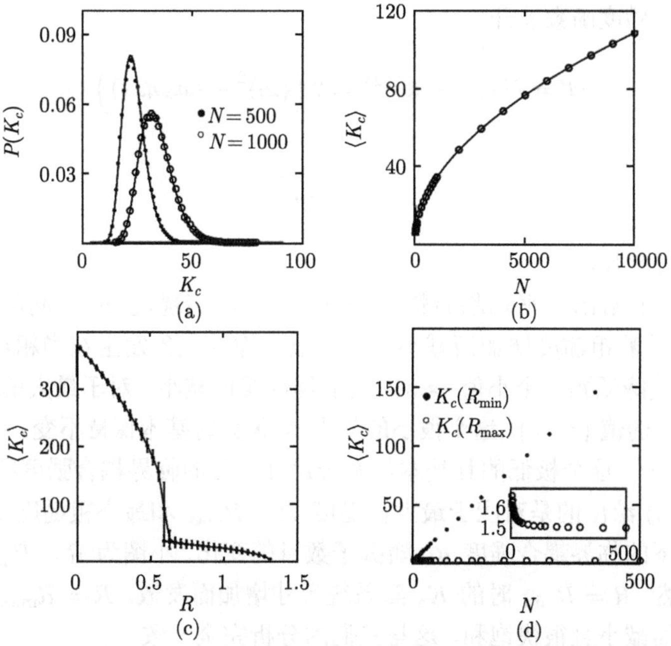

图 4-30 (a) 最近邻耦合相振子自然频率各种构型情况下整体同步临界耦合强度的分布；(b) 平均临界耦合强度与系统振子数目的关系；(c) 平均临界耦合强度与系统振子自然频率构型粗糙度的关系；(d) 最大 (○) 和最小 (●) 粗糙度情况下系统同步平均临界耦合强度与振子数目的关系【改编自文献 [486]】

为了进一步研究自然频率构型与临界耦合强度之间的关系，我们可以将空间格点 i 看成时间，这样给定的一组自然频率构型 $\{\omega_i\}$ 就可以看成一个时间序列，由此可以定义自然频率的关联函数为

$$C = \langle \omega_i \omega_{i+1} \rangle - \langle \omega_i \rangle^2 = \frac{1}{N}\sum_{i=1}^{N} \omega_i \omega_{i+1} - \left(\frac{1}{N}\sum_{i=1}^{N} \omega_i\right)^2 \tag{4.5.23}$$

该关联函数反映了系统中节点之间空间近邻位置与自然频率之间的关联程度。C 越大，就说明振子自然频率构型与空间排列顺序之间关联程度越大，比如说自然频率由小到大排列就与格点顺序一致，二者关联强。越偏离这种情况，则关联越弱。大多数文献利用的是该关联函数。文献 [486] 中则引入了一个**粗糙度函数**(roughness function)

$$R = \left\langle (\omega_{i+1} - \omega_i)^2 \right\rangle = \frac{1}{N}\sum_{i=1}^{N} (\omega_{i+1} - \omega_i)^2 \tag{4.5.24}$$

该函数与关联函数的走向刚好相反，例如，最强关联自然频率构型与序号一致的情况的粗糙度最小。因而粗糙度反映的是自然频率构型的粗糙 (波动) 程度。事实上，

如果我们将粗糙度函数展开

$$R = \left\langle (\omega_{i+1} - \omega_i)^2 \right\rangle = 2\left(\langle \omega_i \rangle^2 - \langle \omega_i \omega_{i+1} \rangle \right) \tag{4.5.25}$$

即可发现

$$R = -2C \tag{4.5.26}$$

二者符号刚好相反。

图 4-30(c) 给出了平均临界耦合强度 $\langle K_c \rangle$ 与粗糙度 R 之间的关系。结果表明，$\langle K_c \rangle$ 随着粗糙度增加而减小。一个很有趣的现象发生在当粗糙度 $R \gtrsim 0.6$ 时，$\langle K_c \rangle$ 快速降低到一个小值 ($\approx$30) 之后继续缓慢减小。对于最大的 R，$\langle K_c \rangle$ 降低到一个很小的值 ($\approx$1.5)。这个很小的值当 N 很大时基本保持不变。相比于 $R \to 0$ 时 $\langle K_c \rangle \sim N^{1/2}$，这个极低的且基本与系统尺寸无关的临界耦合强度的存在令人惊讶。图 4-30(d) 给出的是对应于最大粗糙度 $R = R_{\max}$ 和最小粗糙度 $R = R_{\min}$ 两种极端情况下的临界耦合强度 K_c 随振子数目的变化，小图为 $R = R_{\max}$ 情况下的放大。很显然，$R = R_{\min}$ 时的 K_c 随系统尺寸增加而发散，$R = R_{\max}$ 时 K_c 随系统尺寸增加而减小且很快饱和。这与我们的分析完全一致。

我们可以进一步看一下与系统尺寸基本无关的临界耦合情况对应的自然频率构型，它应该是对于粗糙度函数最大值或关联最小的构型。因此，若要满足关联函数 C 最小，即 $C = C_{\min}$，任意相邻振子的频率必须是反相关的，这种构型应该是近邻振子自然频率相差最大的构型。事实上，满足 $C_{\min}$ 的构型并不难构建，见图 4-31 中的两个例子。图 4-31(a) 和 (c) 显示了系统大小分别是 $N = 20$ 和 $N = 21$ 的振子自然频率的取值，显然这种取值方式呈现典型的曲折模式，图 4-31(b) 和 (d) 是相对应的振子排序结构图。在这两个结构图中，标记为 1 的振子都具有最小的频率 $\omega_1 = -1$，它与两个具有最大频率的振子相邻，如图 4-31(b) 中振子数 $N=20$ 的构型顺序为 $\{19, 1, 20\}$ 和图 4-31(d) 中振子数 $N = 21$ 的构型顺序为 $\{20, 1, 21\}$。这三个振子排好序后，标记为 2 的振子选择第二最小频率值，放置在频率最大值的振子旁边，具有频率值第二小的振子 3 则被放置在第二大频率值振子的旁边。按照相同的步骤，我们把所有的振子放在正确的位置上，从而满足频率相关函数 C 值最小。值得注意的是，这种构型并不依赖于自然频率的具体数值大小。在这样的独特构型模式下，振子之间很容易就能够实现同步，所需要的临界耦合强度很小，对应的关联函数最小，粗糙度函数最大。

再进一步的问题是振子之间为什么在上述自然频率构型下可以最易同步？振子之间是以何种方式使得同步如此容易实现？在图 4-32 中，我们给出了几个典型自然频率构型情况下振子的同步分岔树。为了同时反映振子数与临界耦合强度的关系，每一种典型构型都给出了不同振子数的同步分岔树，自左向右振子数分别为

N= 20, 200, 2000。图 4-32(a)~(c) 中画出了 $R = R_{\max}$ 情况下的同步分岔树，这是一种典型的 SCS，三个子图的共同特征是在整个同步过程中只有一个作为主心骨的中心集团存在。系统首先出现一个中心集团，然后随着耦合强度 K 的增加，此集团相继地把邻居单元振子吸引到中心团簇上来而逐渐变大。对于这种 SCS 同步方式，我们也可以称之为**发芽式同步**[487]。有趣的是，这种同步方式的持续存在与系统大小 N 并没有关系，同时临界耦合强度 K_c 并没有随着 N 的增加而变大。比较振子数 N =20 的图 4-32 (a) 和振子数 N =2000 的图 4-32(c) 的同步分岔树，可以明显看出这一现象。值得注意的是，发生集体同步的临界耦合附近，振子同步看起来非常“迅速”，即在耦合强度很小的区间里大量振子迅速、爆发式地同步，而在此之前的区域中都是相对比较缓和的单集团同步。仔细分析可以发现在临界点附近发生的是不连续相变，且伴随滞后行为。该行为及其 SCS 的鲁棒性在文献 [487] 中得到了详细讨论。

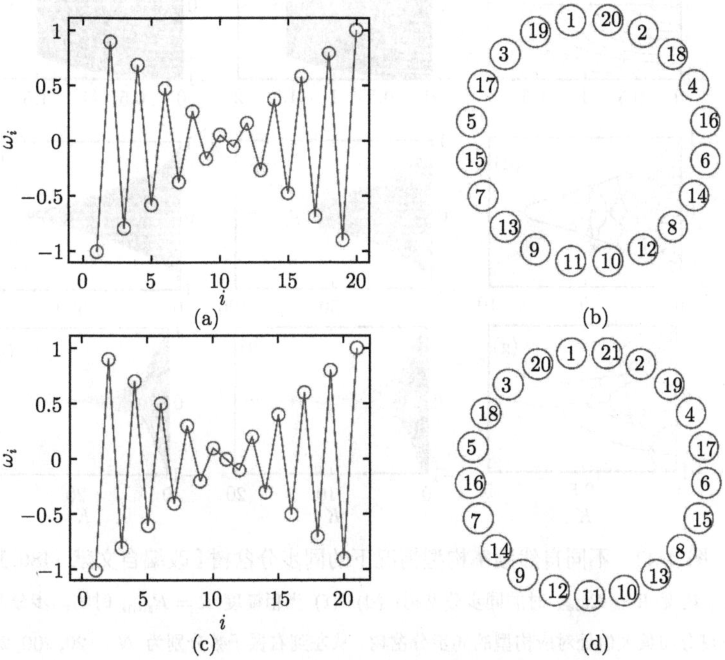

图 4-31 自然频率构型满足粗糙度最大 (或关联最小) 的两种构造例子【改编自文献 [486]】

(a), (c) 振子数分别为 $N = 20$ 和 $N = 21$ 的自然频率构型；(b), (d) 与图 (a) 和 (c) 对应的自然频率空间构型排布图。在这种构型下会出现 SCS 同步方式，自下而上各个格点的振子逐渐向中心靠拢形成一个中心集团

图 4-32(d)~(f) 画出了 $R = R_{\min}$ 情况下的同步分岔树。可以看到典型的集团化式的 MCS 同步，即振子在弱耦合区域会形成很多小的同步集团，但大量的同步

集团的尺寸并未随着耦合强度增大而不断增大，而是相互之间形成了复杂的竞争关系，导致一些处于某一同步集团的振子还会再游离出来加入另外的集团。这种同步–去同步过程大量出现且随着耦合强度增加反复发生，就导致了系统需要更大的临界耦合才可以使得所有振子以两集团方式最终同步。系统的振子数越多，临界耦合强度就越大，这从三个子图对比可以很容易看出来。

图 4-32(g)~(i) 画出了取临界耦合强度分布图 4-30(a) 中分布最大值处情况下对应构型的同步分岔树。这应该是一种混合的中间构型，因此我们可以看到同步分岔树呈现出第 2 章中典型的行为，即集团化、去同步等均会发生，只是去同步效应没有那么强，因此随着振子数 N 的增加，临界耦合也会增加，但增加得比 $R = R_{\min}$ 要慢得多。

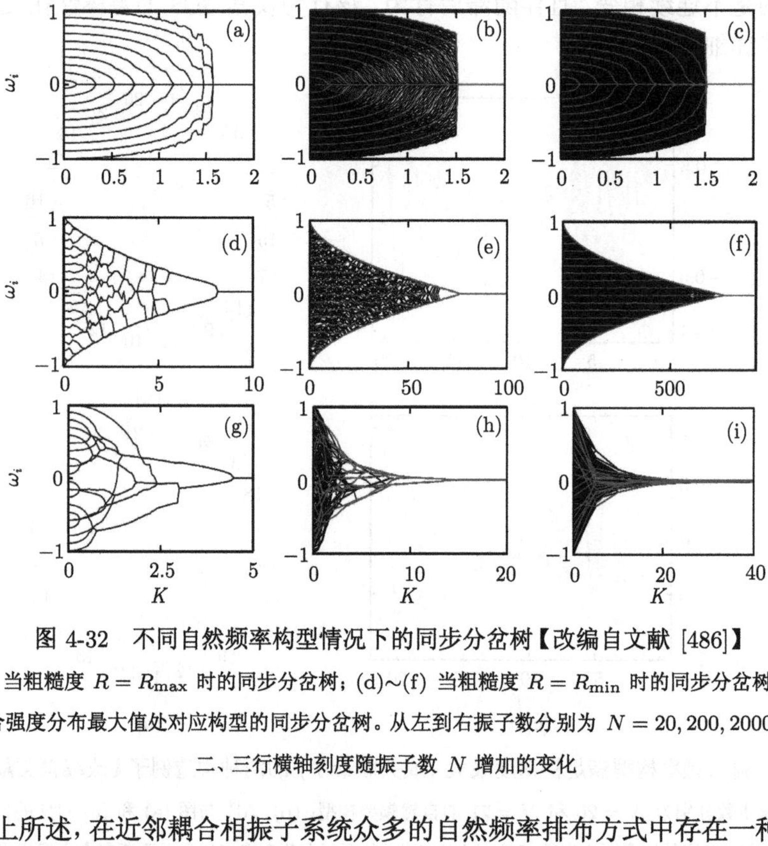

图 4-32　不同自然频率构型情况下的同步分岔树【改编自文献 [486]】

(a)~(c) 当粗糙度 $R = R_{\max}$ 时的同步分岔树；(d)~(f) 当粗糙度 $R = R_{\min}$ 时的同步分岔树；(g)~(i) 临界耦合强度分布最大值处对应构型的同步分岔树。从左到右振子数分别为 $N = 20, 200, 2000$，注意第二、三行横轴刻度随振子数 N 增加的变化

综上所述，在近邻耦合相振子系统众多的自然频率排布方式中存在一种构型使得振子同步呈现特别的 SCS 方式。SCS 的一个直接结果是整体同步的临界耦合强度非常小，且随振子个数 N 的增加收敛到一个确定值上。这一结果和任意构型的自然频率产生的同步平均临界耦合强度随着振子数 N 的增加呈 $K_c \propto N^{\alpha}, \alpha \approx 1/2$ 的比例关系形成鲜明对比。通过大量的数值模拟来检验 SCS 同步方式现象，可以

发现多种自然频率分布如随机分布、截断的高斯分布、指数分布等，都能观察到单集团化同步方式，这里不再展开。

4.5.3 一般相振子随机网络的同步条件

下面讨论均匀耦合的一般复杂网络相振子系统的同步问题 [488]。设网络的度分布为 $P(k)$，运动方程可简化如下：

$$\dot{\theta}_i = \omega_i + K \sum_{j=1}^{N} A_{ij} \sin(\theta_j - \theta_i) \tag{4.5.27}$$

在热力学极限 $N \to \infty$ 下，设振子的自然频率分布为 $g(\omega)$，$\rho(k,\omega,\theta,t)$ 为 t 时刻相位处于 $\theta \to \theta + \mathrm{d}\theta$ 的振子密度，满足归一化，即

$$\int_0^{2\pi} \rho(k,\omega,\theta,t)\mathrm{d}\theta = 1 \tag{4.5.28}$$

密度分布的演化方程为连续性方程

$$\frac{\partial \rho}{\partial t} + \frac{\partial(v\rho)}{\partial \theta} = 0 \tag{4.5.29}$$

其中 $v = \dot{\theta}$ 为相速度。对于一个随机选取的节点，它连接到度为 k、频率为 ω、相位为 θ 的节点的概率为

$$L(k,\omega,\theta,t) = \frac{kP(k)g(\omega)\rho(k,\omega,\theta,t)}{\int k'P(k')\mathrm{d}k'} \tag{4.5.30}$$

因此连续性方程可以写为

$$\frac{\partial \rho(k,\omega,\theta,t)}{\partial t} + \frac{\partial}{\partial \theta}\left[\omega + kK \iiint L(k',\omega',\theta',t)\sin(\theta' - \theta)\mathrm{d}\omega'\mathrm{d}k'\mathrm{d}\theta'\right] = 0 \tag{4.5.31}$$

系统的序参量可以写为如下形式：

$$Z = R\mathrm{e}^{\mathrm{i}\psi} = \iiint \mathrm{e}^{\mathrm{i}\theta} L(k,\omega,\theta,t)\mathrm{d}\omega\mathrm{d}k\mathrm{d}\theta \tag{4.5.32}$$

利用序参量定义，连续性方程还可以写为

$$\frac{\partial \rho(k,\omega,\theta,t)}{\partial t} + \frac{\partial\{\rho(k,\omega,\theta,t)[\omega + kKR\sin(\psi - \theta)]\}}{\partial \theta} = 0 \tag{4.5.33}$$

定态时，方程满足

$$\partial \rho / \partial t = 0 \tag{4.5.34}$$

不失一般性，可令 $\psi=0$，可以得到如下的解：

$$\rho(k,\omega,\theta)=\begin{cases}\delta(\theta-\arcsin(\omega/kKR)), & |\omega/kKR|\leqslant 1\\ \dfrac{C(k,\omega)}{|\omega-kKR\sin\theta|}, & \text{其他}\end{cases} \tag{4.5.35}$$

其中 C 为归一化因子。将分布函数代入序参量定义式 (4.5.32)，并利用式 (4.5.30)，可以得到

$$\begin{aligned}R&=\frac{\left|\iiint g(\omega)kP(k)\rho(k,\omega,\theta,t)\mathrm{e}^{\mathrm{i}\theta}\mathrm{d}\omega\mathrm{d}k\mathrm{d}\theta\right|}{\int kP(k)\mathrm{d}k}\\&=\frac{KR\iiint k^2g(kKR\omega)P(k)\sqrt{1-\omega^2}\mathrm{d}\omega\mathrm{d}k}{\int kP(k)\mathrm{d}k}\end{aligned} \tag{4.5.36}$$

当 $R\neq 0$ 时，

$$\int kP(k)\mathrm{d}k=K\int k^2P(k)\mathrm{d}k\int_{-1}^{1}g(kKR\omega)\sqrt{1-\omega^2}\mathrm{d}\omega \tag{4.5.37}$$

令右边为 $f(R)$，则

$$\begin{aligned}&\int k^2P(k)\mathrm{d}k\int_{-1}^{1}g(kKR\omega)\sqrt{1-\omega^2}\mathrm{d}\omega\\ \leqslant&\int k^2P(k)\mathrm{d}k\int_{-1}^{1}g(kKR\omega)\mathrm{d}\omega\\ \leqslant&\int k^2\frac{1}{kKR}P(k)\mathrm{d}k\int_{-\infty}^{\infty}g(\omega')d\omega'=\frac{1}{KR}\int kP(k)\mathrm{d}k\end{aligned} \tag{4.5.38}$$

因此

$$Rf(R)\leqslant\int kP(k)\mathrm{d}k \tag{4.5.39}$$

等式 (4.5.37) 在 $0<R\leqslant 1$ 有解的充分条件是，当 $R\to 0$ 时

$$f(R)>\int kP(k)\mathrm{d}k \tag{4.5.40}$$

因此

$$\frac{K\pi g(0)\int k^2P(k)\mathrm{d}k}{2\int kP(k)\mathrm{d}k}=\frac{K\pi g(0)\left\langle k^2\right\rangle}{2\left\langle k\right\rangle}>1 \tag{4.5.41}$$

即系统存在同步的临界耦合强度 K_c，当

$$K > K_c = \frac{2\langle k\rangle}{\pi g(0)\langle k^2\rangle} \tag{4.5.42}$$

时系统达到同步。这就是一般网络相振子系统的同步充分条件，它可以看成是 Kuramoto 模型结果 (2.3.29) 对于复杂网络相振子系统同步结果的推广。

4.5.4 小世界网络上相振子的同步

相振子组成的小世界网络同步问题自 Strogatz 在 1998 年的工作开始就得到关注。其后有若干工作集中于该问题的专门讨论。Hong 等研究了节点耦合强度形式为

$$K_{ij} = K/\langle k\rangle$$

动力学为式 (4.5.1) 的小世界网络相振子同步的问题 [489]。振子自然频率的分布设为高斯分布，方差为 1。小世界网络的拓扑按照 WS 的一维规则网络随机断边重连方式生成，因而当重连概率 $p=0$ 时对应于规则网络，$p=1$ 时为完全随机网络。通过数值模拟考察在不同重连概率 p 下，耦合相振子系统的同步行为随着耦合强度变化。此系统的同步行为主要是通过以下两个序参量来表征：

$$R = \left[\left\langle\left|\frac{1}{N}\sum_{j=1}^{N}\mathrm{e}^{\mathrm{i}\theta_j}\right|\right\rangle\right] \tag{4.5.43}$$

$$r = \left[\left\langle\left|\frac{2}{N(N-1)}\sum_{i<j}^{N}\mathrm{e}^{-c(\theta_i-\theta_j)^2}\right|\right\rangle\right] \tag{4.5.44}$$

其中 $\langle\cdots\rangle$ 和 $[\cdots]$ 分别表示对时间和各种可能的固有频率取值的实现方式来求平均，c 是一个比较大的常数。

图 4-33 给出了不同断边重连概率 p 情况下系统的序参量 R,r 与耦合强度 K 之间的关系。可以看出，耦合很弱时 $K\to 0$，振子以各自的自然频率振动，$R=0$，$r=0$。而当耦合很强时，$K\to\infty$，$R=1$，$r=1$，系统进入同步稳定态。结果表明，很小比例的长程连接就可以显著提高网络的同步性，而对于中等的重连概率 p，振子的同步相干性很快就随耦合强度增加而达到饱和，当 $p\geqslant 0.5$ 时，系统的同步情况已经与 $p=1$(完全随机网络) 的情况没有太大差别了，这说明只需要很小比例的随机长程连接即可达到完全随机长程连接情况的同步效果。这一点说明相比于全局耦合网络，我们不必所有连接都保留，而是可以通过小数量连接的捷径 (即长程连接) 来获得相同的同步效果。以上结果也说明小世界网络能够更快地传播信息，具有增强系统同步的能力。

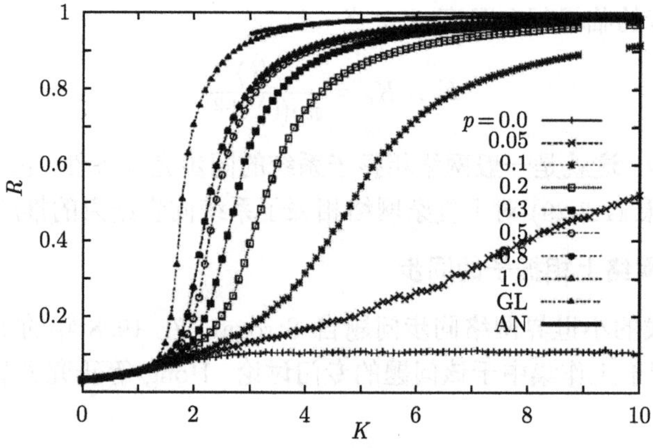

(a)

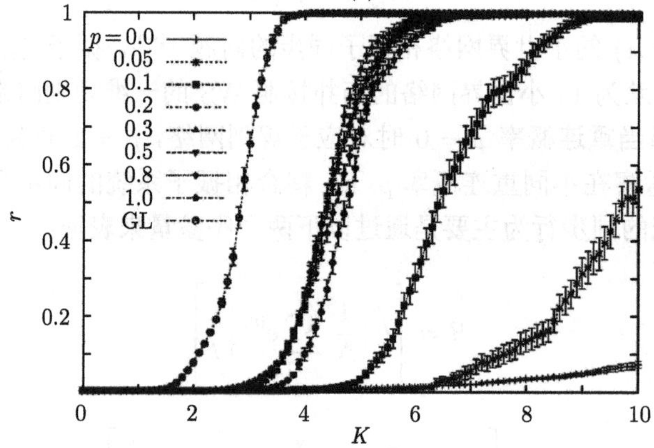

(b)

图 4-33　(a) 不同断边重连概率 p 情况下系统的序参量 R 与耦合强度 K 之间的关系; (b) 不同断边重连概率 p 情况下系统的总序参量 r 与耦合强度 K 之间的关系【改编自文献 [489]】其中 GL、AN 分别为全局耦合相振子系统的序参量数值结果与理论解析结果

上述情况表明临界耦合强度 K_c 随重连概率 p 增加而减小。当研究有限大小节点数目为 N 的网络时，其序参量 R 满足如下标度规律 [490,491]：

$$R = N^{-\beta/\nu} F[(K - K_c) N^{1/\nu}] \tag{4.5.45}$$

其中 $F[\cdot]$ 为标度函数。当 $K = K_c$ 时，函数 F 与振子数 N 无关，此时可以确定 β/ν。研究表明，与全连接的 Kuramoto 模型类似，$\beta \sim 1/2$，$\nu \sim 2$，

$$R \sim (K - K_c)^{\beta} \tag{4.5.46}$$

但最新结果表明指数 $\nu \sim 5/2$ 而不是 2[484,485]，这里不进行详细讨论，关于有限尺度效应的讨论可见综述 [188]。

4.5.5 无标度网络上相振子的同步

无标度网络的重要特征是节点的异质性，即节点度分布的非均匀性，这导致不同度的节点的同步能力及其抗干扰能力也有所不同。

Moreno 与 Pacheco 讨论了由 N 个相振子组成的、度分布为幂律分布 $P(k) \propto k^{-3}$ 的 BA 无标度网络的同步问题 [492]。通过数值模拟研究发现，当耦合强度 K 很小时，振子按照各自的动力学特性运动，随着耦合强度的增加，在一定临界值时开始出现同步集团，同步集团逐渐增大，最终形成一个同步集团。按照 AB 无标度网络的生成方式，设 m 为生成网络过程中每加入一个新节点时与网络中已有节点相连的边数，则对于不同的 m 值及其 BA 网络的不同规模，形成同步的过程大致类似，如图 4-34(a)，(b) 所示。

图 4-34(c) 给出了具有不同度的节点在扰动下去同步后重新恢复到同步集团所

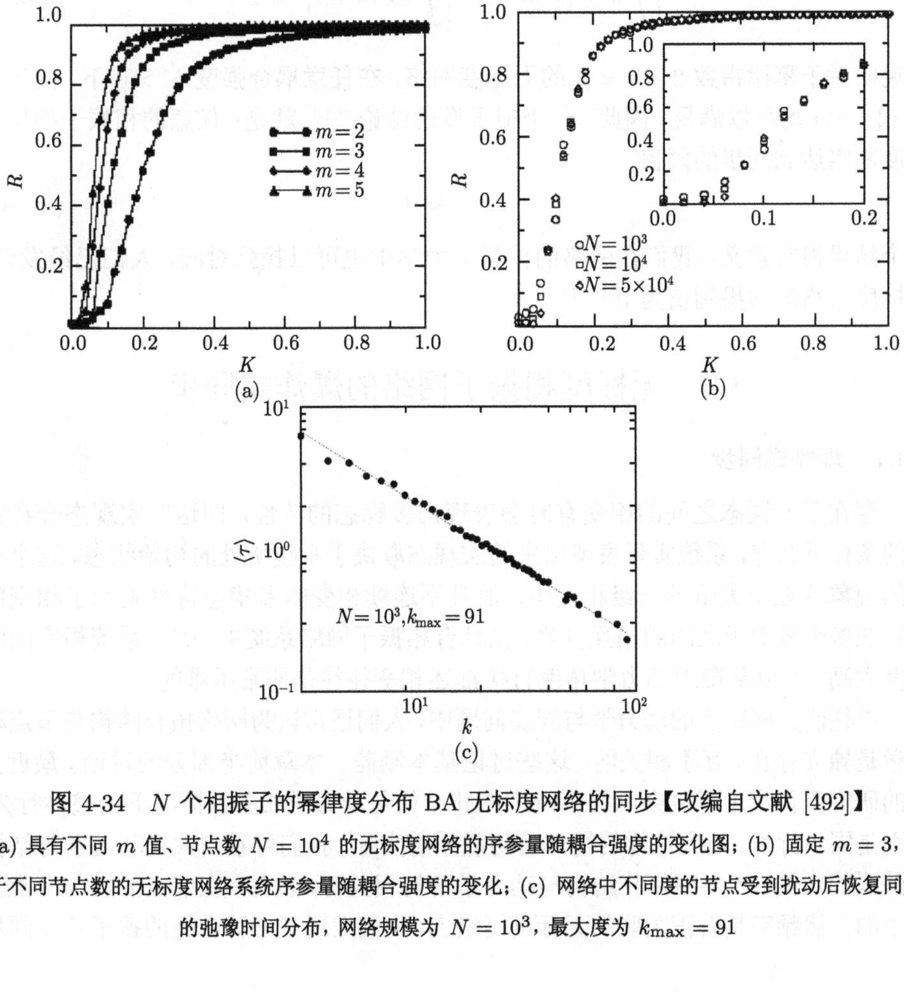

图 4-34 N 个相振子的幂律度分布 BA 无标度网络的同步【改编自文献 [492]】

(a) 具有不同 m 值、节点数 $N = 10^4$ 的无标度网络的序参量随耦合强度的变化图；(b) 固定 $m = 3$，对于不同节点数的无标度网络系统序参量随耦合强度的变化；(c) 网络中不同度的节点受到扰动后恢复同步的弛豫时间分布，网络规模为 $N = 10^3$，最大度为 $k_{\max} = 91$

需的弛豫时间 $\langle\tau\rangle$，可以看到 $\langle\tau\rangle$-k 曲线遵守幂律关系：

$$\langle\tau\rangle \propto k^{-\nu}, \quad \nu \approx 0.96 \tag{4.5.47}$$

这说明度大的节点更稳定，也越容易与相邻节点发生同步形成同步集团。另外，即使度大的节点同步不稳定，其相邻节点会使其更容易融入同步集团之中。因此在达到同步后，大度节点的同步具有鲁棒性。

按照 4.5.3 节 Ichinomiya 随机网络的相位同步问题的研究结果，对于度分布为幂律 [488]

$$P(k) \propto k^{-\nu}$$

且幂律指数为 $2<\nu<3$ 的无标度网络，将分布函数代入式 (4.5.41) 可以发现

$$\left[\int k^2 P(k)\mathrm{d}k\right] \Big/ \left[\int kP(k)\mathrm{d}k\right] \gg 1 \tag{4.5.48}$$

这说明对于幂律指数 $2<\nu<3$ 的无标度网络，在任意耦合强度 $K>0$ 下，同步条件 (4.5.41) 均可以满足。因此，一个很重要的结论 [488] 就是：任意的相振子随机无标度网络达到同步的阈值

$$K_c^{SF} \approx 0 \tag{4.5.49}$$

这个结果很有意义，我们在网络的传播动力学中也可以找到对应，人们已经发现，无标度网络的传播阈值为 0[18-21]。

4.6 无标度相振子网络的爆炸式同步

4.6.1 爆炸式同步

存在于不同态之间的相变有时会表现出多稳态的特性，即这些宏观态会在特定的条件下共存，系统实际表现出来的宏观态取决于系统所处的初始状态。这个有趣的现象存在于大量的一级相变中，而且不连续相变的多稳态特性暗示了相空间内存在多个吸引子之间的相互竞争。在耦合相振子网络系统中，因为系统相空间的维度太高，所以从微观动力学角度直接描述相变往往是非常困难的。

以往研究网络上的动力学与同步问题中，人们通常认为网络拓扑结构与节点动力学是独立存在、互不相关的，这些讨论基本涵盖了本章前半部分的讨论。最近大量的研究工作集中于复杂网络系统中拓扑结构与动力学相关联情况下的整体行为，特别是同步行为。研究这样的情形密切联系着实际，我们可看到大量动力学与结构相关联的实例。当网络拓扑结构与动力学密切相关时，例如，在节点的度与节点上振子的自然频率具有正关联的无标度网络上，人们发现了一种有趣的振子从非同步

到同步转变的一级相变现象，称为**爆炸式同步**(explosive synchronization，ES)[493]。为了探究这种一级相变的内在机制，科学家们从复杂网络的拓扑结构及振子间的耦合方式方面都进行了大量的尝试，并考察振子耦合具有阻挫时可以通过调节阻挫来改变同步相变的方式。

以下我们考虑由 N 个相振子组成的无权无向网络，其运动方程可以写为

$$\dot{\theta}_i = \omega_i + K\sum_{j=1}^{N} A_{ij}\sin(\theta_j - \theta_i) \tag{4.6.1}$$

系统集体行为的相关性仍然考察如下序参量：

$$R(t)\mathrm{e}^{\mathrm{i}\psi(t)} = \frac{1}{N}\sum_{j=1}^{N}\mathrm{e}^{\mathrm{i}\theta_j(t)} \tag{4.6.2}$$

设振子自然频率与节点度分布相同，即

$$g(\omega) = P(k) \tag{4.6.3}$$

为了研究相振子系统出现全局同步时动力学特性和拓扑结构之间的相关性在局域层面对同步的影响，考虑在分布相同的基础上将振子的频率直接等于振子的度，即

$$\omega_i = k_i \tag{4.6.4}$$

注意，式 (4.6.3) 和式 (4.6.4) 具有完全不同的含义。分布相同并不意味着节点的度和自然频率之间有关联，二者只是分布相同而已，度大的节点不一定自然频率大，度小的节点自然频率也不一定小。而式 (4.6.4) 则具有更强的要求，除了显然表明满足式 (4.6.3) 即二者分布相同之外，大度节点自然频率也大，这是一种强的相关性。下面我们就可以看到，二者强关联会使同步行为与无关联情形的同步变得很不同。

以下采用 Gómez-Gardeñes 与 Moreno 在 2006 年提出的单参量网络族模型 [494] 来构建网络结构。该模型由一个描写异质性的生成概率 α 作为控制参量，并以此确定网络结构，其中 $\alpha = 1$ 对应于度满足 Poisson 分布的随机网络，而 α =0 则对应于度分布为 $P(k) \sim k^{-3}$ 的 BA 无标度网络，$\alpha \in (0,1)$ 对应于具有不同异质性的网络。

图 4-35 给出了不同拓扑结构的网络在振子自然频率 $\omega_i = k_i$ 时序参量随着耦合强度的变化。图 4-35(a) 对应于随机网络 ($\alpha = 1$)，图 4-35(b) 与 (c) 分别对应于 $\alpha = 0.6$，$\alpha = 0.2$ 的任意网络，图 4-35(d) 对应于 $\alpha = 0$ 的 BA 网络。对于每一种情形，序参量的计算都是以先绝热增加耦合强度到一个值再绝热减小的方式而得

到。对于前三种情形可以看出，序参量随着耦合强度的增加是连续变化的过程，在耦合强度由小逐渐增大 (正向增加) 和由大逐渐减小 (反向减小) 的过程中，序参量的变化完全一致，且曲线重合在一起，这说明在这些网络上的同步过程属于连续转变。图 4-35(d) 则给出与前三种情形完全不一样的结果，可以看到当耦合强度越过一临界值时，序参量 R 从非同步态很小的值突然跳到同步态较大的值，在耦合强度反向减小的过程中临界跳跃点相对于正向增加的临界点出现了明显的滞后现象，这说明 BA 网络 ($\alpha=0$) 的同步过程是典型的一级相变过程，人们称之为爆炸式同步 [493]。该名称应来源于图 4-36 的同步分岔树的跳变性。

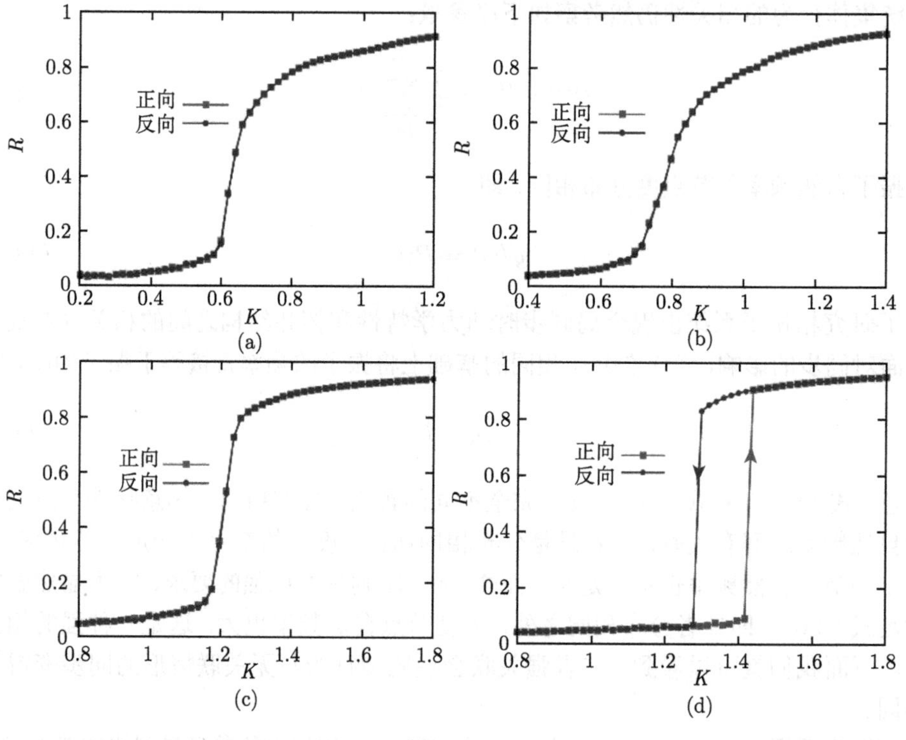

图 4-35 不同拓扑结构的网络在 $\omega_i=k_i$ 时序参量随着耦合强度的变化【改编自文献 [493]】
网络大小 $N=1000$，平均度 $\langle k\rangle=6$；(a) $\alpha=1$(ER)；(b) $\alpha=0.6$；(c) $\alpha=0.2$；(d) $\alpha=0$ (BA)

为了更清楚地看到在同步转变附近发生的现象，图 4-36 给出了对应于图 4-35 中耦合振子的同步分岔树，标记所有振子的平均频率 $\langle\omega_i\rangle$ 随耦合强度变化的情况。可以看到随着耦合强度增加，前两种情况下振子逐渐趋于整体同步，这对应于图 4-35 中序参量随耦合强度的渐变。第三种情况在小耦合情况下虽然振子频率基本不随耦合强度变化，但在临界耦合附近区域振子频率随耦合强度都很快趋于一致。比较不同的情形是无标度网络时，在临界耦合附近振子的频率是从差异很大直接跳变为同步，这种爆炸式对应于图 4-35(d) 的序参量跳变。这说明即使是振子自然频率与节点的度有一定的正相关，网络有一定的异质性，也不意味着会发生爆炸性同步，而在无标度网络情况下，动力学与拓扑正相关的耦合相振子系统就会观察到这种一级转变。

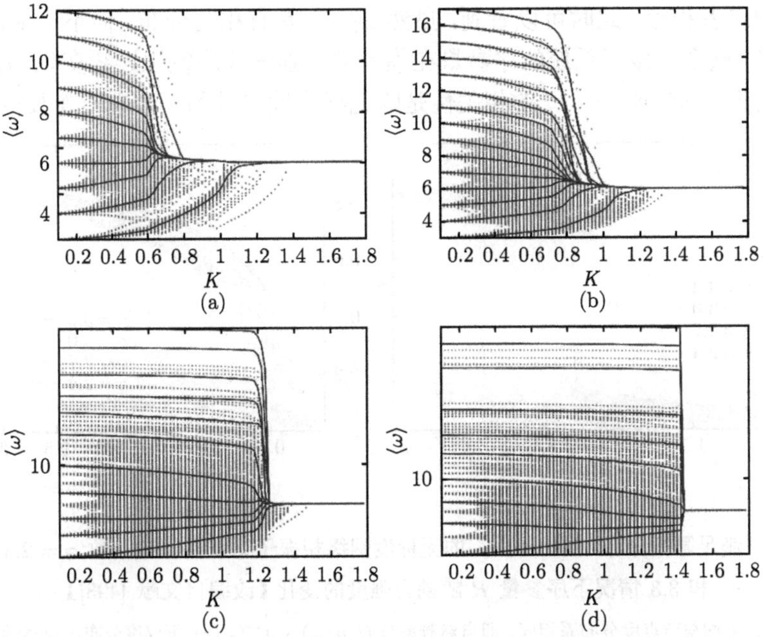

图 4-36 对应于图 4-35 中耦合振子的同步分岔树【改编自文献 [493]】

参数与图 4-35 相同，耦合强度从小到大改变。其中散点为每一个节点在不同耦合强度下的平均频率，实线为具有相同度的节点 (同时就具有相同自然频率) 平均频率的平均值

既然无标度网络可以看到爆炸性同步，自然频率和节点度的相关性到底起着多大的作用？为验证这一点，在图 4-37 中给出了满足幂律分布

$$P(k) \sim k^{-\gamma} \tag{4.6.5a}$$

的无标度网络相振子系统在幂律指数取 $\gamma = 2.4, 2.7, 3.0$ 和 3.3 情况下序参量 R 随耦合强度的变化。振子的自然频率分布与节点度分布相同，

$$g(\omega) \sim \omega^{-\gamma} \tag{4.6.5b}$$

在图 4-37(a) 中不仅要求度分布与自然频率分布相同，而且要求节点上面振子的自然频率

$$\omega_i = k_i(\text{完全相关}) \tag{4.6.6a}$$

我们可以看到序参量对于几种不同的无标度网络均有同步的跳变行为，说明爆炸性同步对于自然频率和网络节点的度正相关的要求是很重要的。如果我们将此要求放松，例如，在图 4-37(b) 中虽然度分布与自然频率分布相同，但

$$\omega_i \neq k_i \tag{4.6.6b}$$

即不要求二者相等，此时可以看到，虽然 ω_i，k_i 具有相同分布，但不论幂律指数 γ 取什么值，耦合相振子系统的序参量在临界耦合强度处均发生连续变化，爆炸性同步现象消失。这说明 ω_i，k_i 的相关性是除无标度性以外另一个非常重要的条件。

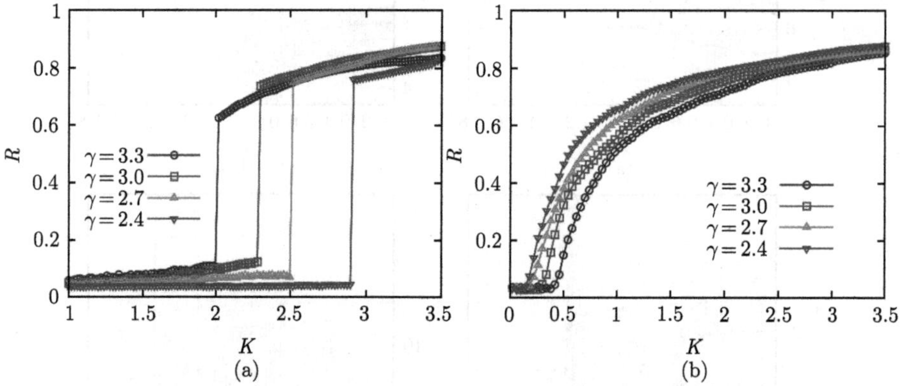

图 4-37　满足幂律分布 $P(k) \sim k^{-\gamma}$ 的无标度网络相振子系统在幂律指数 $\gamma = 2.4, 2.7, 3.0$ 和 3.3 情况下序参量 R 随耦合强度的变化【改编自文献 [493]】

振子自然频率均与节点度分布系相同，即自然频率分布 $g(\omega) \sim \omega^{-\gamma}$。(a) 不仅度分布与自然频率分布相同，而且节点上面振子的自然频率 $\omega_i = k_i$，对这些情况均可以看到序参量的跳变行为；(b) 虽然度分布与自然频率分布相同，但 $\omega_i \neq k_i$，此时序参量在临界耦合强度处发生连续变化，而无跳变

更多的研究表明，爆炸性同步现象具有一定的代表性。这种现象除了在 BA 网络中被发现，在其他幂律分布的无标度网络中同样会呈现。研究发现，在 SF 网络中的爆炸同步 (ES) 本质上并不是由无标度网络结构的特殊性所引起，而是由网络的局部结构 (节点的度) 和节点的动力特性 (自然频率) 之间的关联以及网络结构的异质性所引起。我们将在下面分别从平均场分析和星形网络相振子系统的同步动力学来对爆炸性同步的产生根源和机制进行进一步的探讨。

另外还有很多延伸性研究，例如，人们研究了当振子的自然频率与度呈逆相关时无标度网络的同步行为，并提出了分层同步的概念。对无标度频率关联网络的时间延迟行为的研究表明，在特定的条件下爆炸式同步可以被增强 [495-506]。还有一些其他方面的讨论，这里不再赘述，读者可以参考最近的综述 [187,507]。

4.6.2　爆炸式同步的平均场分析

爆炸式同步大部分的工作都是通过数值模拟来解释系统为什么会产生一级相

变，但是到目前为止，无标度网络中产生爆炸式同步现象的动力学根源依然没有被解释，传统的处理都是利用自洽场的方法去写出序参量的封闭形式的方程。下面简单介绍一下最近 Peron 等利用平均场理论分析得出发生爆炸式同步的临界耦合强度的工作 [499]，这里结合 4.5.3 节和 2.3.2 节关于 Kuramoto 模型研究自洽方程的基本思路来进行计算推导。

系统的运动方程由式 (4.5.1) 描写，设网络的度分布用 $P(k)$ 来表示。设度为 k 的振子在 t 时刻具有相位 θ 的概率为 $\rho(k;\theta,t)$，其归一化条件为

$$\int_0^{2\pi}\rho(k;\theta,t)\mathrm{d}\theta=1 \tag{4.6.7}$$

任意边在 t 时刻连接相位为 θ、度为 k 的概率为

$$kP(k)\rho(k;\theta,t)/\langle k\rangle \tag{4.6.8}$$

其中 $\langle k\rangle$ 是网络的平均度。注意到 $\omega_i=k_i$，因此可将运动方程 (4.5.1) 连续化为

$$\dot{\theta}(t)=k+Kk\int\mathrm{d}k'\int\mathrm{d}\theta'\frac{k'P(k')}{\langle k\rangle}\rho(k;\theta',t)\sin(\theta-\theta') \tag{4.6.9}$$

表征网络同步程度的序参量连续化形式 [61,65] 为

$$R(t)\mathrm{e}^{\mathrm{i}\psi(t)}=\frac{1}{\langle k\rangle}\int\mathrm{d}k\int\mathrm{d}\theta P(k)\rho(k;\theta,t)\mathrm{e}^{\mathrm{i}\theta} \tag{4.6.10}$$

方程 (4.6.10) 两边乘以 $\mathrm{e}^{-\mathrm{i}\theta'}$，取虚部代入方程 (4.6.9) 可得

$$\dot{\theta}(t)=k+KkR\sin(\psi-\theta) \tag{4.6.11}$$

设参考旋转速度为 Ω，参考相位 $\psi=\Omega t$。根据

$$g(\omega)=P(k)$$

可以得到

$$\Omega=\langle k\rangle$$

引入新变量

$$\phi(t)=\theta(t)-\psi(t)$$

代入方程 (4.6.11) 可以得到

$$\mathrm{d}\phi/\mathrm{d}t=(1-KR\sin\phi)k-\langle k\rangle \tag{4.6.12}$$

根据新的变量，我们重新定义密度为 $\rho(k;\phi,t)$，它满足连续性方程

$$\frac{\partial\rho(k;\phi,t)}{\partial t}+\frac{\partial}{\partial\phi}[v_\phi\rho(k;\phi,t)]=0 \tag{4.6.13}$$

其中 $v_\phi=\mathrm{d}\phi/\mathrm{d}t$。考虑定态，则密度为

$$\rho(k;\phi)=\begin{cases}\delta\left(\phi-\arcsin\left(\dfrac{k-\langle k\rangle}{kKR}\right)\right), & [k-\langle k\rangle]/k\leqslant KR\\ \dfrac{A(k)}{|(k-\langle k\rangle)-kKR\sin\phi|}, & [k-\langle k\rangle]/k>KR\end{cases} \tag{4.6.14}$$

其中 $A(k)$ 是归一化常数，第一项代表同步态分布，第二项表示非同步振子

$$\rho(k;\phi)\propto 1/v_\phi \tag{4.6.15}$$

方程 (4.6.10) 的积分可分为两部分：

$$\langle k\rangle R=\int\left[\int_{[k-\langle k\rangle]/k\leqslant KR}\mathrm{d}k+\int_{[k-\langle k\rangle]/k>KR}\mathrm{d}k\right]kP(k)\rho(k;\phi,t)\mathrm{e}^{\mathrm{i}\phi}\mathrm{d}\phi \tag{4.6.16}$$

方程 (4.6.16) 第二项积分 (非同步态的贡献) 为零，因而

$$\langle k\rangle R=\int_{\frac{\langle k\rangle}{1+KR}}^{\frac{\langle k\rangle}{1-KR}}\mathrm{e}^{\mathrm{i}\arcsin\left(\frac{k-\langle k\rangle}{kKR}\right)}P(k)k\mathrm{d}k \tag{4.6.17}$$

方程 (4.6.17) 的虚部为零，

$$\int_{\frac{\langle k\rangle}{1+KR}}^{\frac{\langle k\rangle}{1-KR}}\frac{(k-\langle k\rangle)}{kKR}P(k)k\mathrm{d}k=0 \tag{4.6.18}$$

实部为

$$\langle k\rangle R=\int_{\frac{\langle k\rangle}{1+KR}}^{\frac{\langle k\rangle}{1-KR}}\sqrt{1-\left(\frac{k-\langle k\rangle}{kKR}\right)^2}P(k)k\mathrm{d}k \tag{4.6.19}$$

令

$$x=(k-\langle k\rangle)/(KR)$$

式 (4.6.19) 变为

$$\langle k\rangle R=KR\int_{\frac{\langle k\rangle}{1+KR}}^{\frac{\langle k\rangle}{1-KR}}\sqrt{1-\left(\frac{x}{KRx+\langle k\rangle}\right)^2}P(KRx+\langle k\rangle)(KRx+\langle k\rangle)\mathrm{d}x \tag{4.6.20}$$

由于 $R\neq0$，可令

$$R\to0^+ \tag{4.6.21}$$

于是有

$$\langle k\rangle = K\int_{-\langle k\rangle}^{\langle k\rangle}\sqrt{1-(x/\langle k\rangle)^2}P(\langle k\rangle)\langle k\rangle \mathrm{d}x \tag{4.6.22}$$

可以得到临界耦合强度为

$$K_c = \frac{2}{\pi\langle k\rangle P(\langle k\rangle)} \tag{4.6.23}$$

可见，当自然频率分布等于度分布的情形下，临界耦合强度与平均度和平均度的分布成反比关系。这一结果和自然频率分布 $g(\omega)$ 是其他分布的情况截然不同。若 $g(\omega)$ 与 $P(k)$ 不同且 $g(\omega)$ 满足局域单峰对称分布，则其临界耦合强度为式 (4.5.42)，与式 (4.6.23) 的结果不同。

利用平均场的方法虽然能求出序参量，但是仍存在许多问题。首先，它不能给出系统的动力学分析，如序参量是否稳定等；其次，对于一级相变中间的磁滞和吸引域更是没有办法解决；最后，平均场只是适用于 N 为无穷大的情形，而有限尺寸效应依然没有被解决，以上种种都是这两年来大家所共同关注的问题。

4.6.3 星形网络 SK 模型与 OA 方程

复杂网络结构的异质性会给振子同步带来很强的影响 [19-21]。理解异质网络耦合群体所表现出的丰富集群现象的内在机制是科学家们一直关注的课题。在这样的系统内，形态各异的宏观态被发现，而且态与态之间的非平衡相变也一直是被关注和研究的对象。然而处理由振子所组成的高维系统，很难用解析的方法分析出系统的内在动力学机制。

20 世纪末，在对复杂网络的研究过程中人们发现了小世界网络、无标度网络等一系列广泛存在于现实世界中的连接形式，而星形网络虽然简单却刻画了无标度网络中大度节点的性质，成为研究无标度网络的一个切入点。在异质网络如无标度网络中，不同的节点具有不同的连接性质，大部分的节点度非常小，而有的节点会有非常大的度，大度节点在网络中就占统治地位。依据这样的网络特性，星形网络作为最简单的具有无标度网络特性的复杂网络，相对于一般的无标度网络而言非常有利于我们探索和研究 [508,509]。星形网络所有的叶子 (leaf) 都与中心 (hub) 的节点相连，处于星形网络中心的节点的度远大于叶子的度，所以它在网络中占统治地位，这些网络特点完全符合异质网络的特点。因此，我们下面将从序参量动力学方程出发，去回答同步相变所产生的根源以及它的动力学机制到底是什么。特别的，我们将会看到上述的爆炸性同步及一级相变在星形网络中可以得到很好的解析结果。

在下面的探究中，我们还进一步引入阻挫这个物理量来研究星形网络相振子系统的同步动力学特性，这样的模型我们称之为星形网络的 Sakaguchi-Kuramoto(SK) 模型 [261]。在包含 $N+1$ 个节点的星形网络中，一个中心节点与 N 个叶子相连，则

叶子的度是 $k_i = 1\ (i = 1, \cdots, N)$，而中心节点的度是所有与之相连的叶子的数目 $k_h = N$。假设网络中所有振子的自然频率和它们所处节点的度成正比，即 $\omega_j \propto k$，那么星形网络中叶子振子和中心振子的运动方程可以表示为

$$\dot{\theta}_h = \omega_h + K\sum_{j=1}^{N}\sin(\theta_j - \theta_h - \alpha)$$

$$\dot{\theta}_j = \omega_j + K\sin(\theta_h - \theta_j - \alpha), \quad j \in [1, N] \tag{4.6.24}$$

方程中 θ_h, θ_j 和 ω_h, ω_j 分别表示中心振子和叶子振子的相位、自然频率，参数 K 表示振子间的耦合强度，α 为振子间的阻挫或相移。

具有阻挫效应的相振子同步动力学我们已经在第 2 章进行过讨论。已有研究表明，在全连接模型中如果存在一个有限的阻挫，系统将会呈现出丰富的动力学现象，随着耦合强度的增大，同步现象可以衰退，无序态可以重新恢复稳定性，部分同步和非同步态之间会存在竞争，产生多态稳定的现象 [210,262,263,267,510]。由此可见，阻挫对于系统的影响是巨大的。传统的星形网络耦合相振子系统即阻挫 $\alpha = 0$ 时的 SK 模型被用来研究爆炸式同步现象，然而我们不想止步于此。我们进一步研究表明在引入了阻挫这一参量后，系统会有大量丰富的同步态和相变出现，这些现象对于我们理解和研究异质网络的特性将具有非常重要的意义，所以在下面的部分我们将会从数值实验和理论分析两方面对这些现象进行详细探究 [511-513]。

通过引入中心节点和叶子节点之间的相差

$$\varphi_j = \theta_h - \theta_j$$

我们可以将星形网络振子动力学 (4.6.24) 转化成全连接网络的相差动力学方程

$$\dot{\varphi}_j = \Delta\omega_j - K\sum_{j=1}^{N}\sin(\varphi_j + \alpha) - K\sin(\varphi_j - \alpha), \quad j \in [1, N] \tag{4.6.25}$$

以下的讨论中，我们集中于所有叶子节点自然频率相同的情形，即

$$\Delta\omega_j = \omega_h - \omega_j = \Delta\omega \tag{4.6.26}$$

为了描述同步的程度，可以定义新的全连接网络 (4.6.25) 的序参量为

$$z(t) \equiv R(t)\mathrm{e}^{\mathrm{i}\Psi(t)} = \frac{1}{N}\sum_{j=1}^{N}\mathrm{e}^{\mathrm{i}\varphi_j} \tag{4.6.27}$$

对于上面所定义的序参量，我们需要注意的是只有当序参量的模 $R(t) = 1$ 而且它的平均相位 $\Psi(t) = \text{constant}$ 时，星形网络才能达到整体同步状态。如果序参

量的模 $R(t)=1$ 但是其平均相位 $\Psi(t)$ 是周期变化的，那么全连接网络所展现的态就是 $\varphi_j(t)=\varphi(t)$，即原先的星形模型中所有叶子会达到部分同步，而网络的中心节点并不与之同步。

我们可以使用第 3 章的低维 OA 方程来描述系统的动力学 [511]。将方程 (4.6.25) 重新写成如下形式：

$$\dot{\varphi}_j = f\mathrm{e}^{\mathrm{i}\varphi_j} + g + \bar{f}\mathrm{e}^{-\mathrm{i}\varphi_j}, \quad j\in[1,N] \tag{4.6.28}$$

这里函数

$$f = \mathrm{i}K\mathrm{e}^{-\mathrm{i}\alpha}/2 \tag{4.6.29a}$$

$$g = \Delta\omega - NKR\sin(\Psi+\alpha) \tag{4.6.29b}$$

对于具有有限叶子数的星形网络，系统的集群动力学特征可以由第 3 章的 WS 方法来分析。如果按照均匀相位排布来选取振子的初始相位，则我们可以通过序参量 $z(t)$ 得到系统的 OA 方程为

$$\dot{z} = -\frac{K}{2}\mathrm{e}^{-\mathrm{i}\alpha}z^2 + \mathrm{i}[\Delta\omega - NKR\sin(\Psi+\alpha)]z + \frac{K}{2}\mathrm{e}^{\mathrm{i}\alpha} \tag{4.6.30}$$

通过序参量方程 (4.6.30) 可以将原先式 (4.6.28) 的高维微观态降至低维的宏观态。该 OA 方程存在丰富的解，这些解所代表的宏观态又各具特点 [511,514]。

通过将复序参量 $z=x+\mathrm{i}y$ 展开到 x-y 平面内，我们可以得到

$$\dot{x} = \left[K(\frac{1}{2}+N)\cos\alpha\right]y^2 - \left(\frac{K}{2}\cos\alpha\right)x^2 + [K(N-1)\sin\alpha]xy - \Delta\omega y + \frac{K}{2}\cos\alpha \tag{4.6.31a}$$

$$\dot{y} = \left[K\left(\frac{1}{2}-N\right)\sin\alpha\right]x^2 - \left(\frac{K}{2}\sin\alpha\right)y^2 - [K(N+1)\cos\alpha]xy + \Delta\omega x + \frac{K}{2}\sin\alpha \tag{4.6.31b}$$

下面我们来分析序参量方程的动力学特点及其在不同参数下的稳定情况。

4.6.4 OA 方程的不动点动力学

由 $\dot{x}=0$ 和 $\dot{y}=0$ 可以求得方程 (4.6.31) 的四个定态解 (x_i,y_i)，$i=1,2,3,4$ 为

$$(x_1,y_1) = \left(\frac{-\Delta\omega\sin\alpha + A\sin\alpha}{K(2N\cos2\alpha+1)}, \frac{-\Delta\omega\cos\alpha + A\cos\alpha}{K(2N\cos2\alpha+1)}\right) \tag{4.6.32a}$$

$$(x_2,y_2) = \left(\frac{-\Delta\omega\sin\alpha - A\sin\alpha}{K(2N\cos2\alpha+1)}, \frac{-\Delta\omega\cos\alpha - A\cos\alpha}{K(2N\cos2\alpha+1)}\right) \tag{4.6.32b}$$

$$(x_3,y_3)=\left(\frac{\sin\alpha}{K}+\frac{\frac{\sin 2\alpha}{2}B+N\left(\frac{\sin 2\alpha}{2}B-\sin^2 2\alpha\right)}{K\sin\alpha(N^2+2N\cos 2\alpha+1)},\frac{-\Delta\omega(-\cos\alpha+B\sin\alpha-K\cos\alpha)}{K(N^2+2N\cos 2\alpha+1)}\right)\tag{4.6.32c}$$

$$(x_4,y_4)=\left(\frac{\sin\alpha}{K}+\frac{\frac{\sin 2\alpha}{2}B-N\left(\frac{\sin 2\alpha}{2}B-\sin^2 2\alpha\right)}{K\sin\alpha(N^2+2N\cos 2\alpha+1)},\frac{-\Delta\omega(-\cos\alpha-B\sin\alpha-K\cos\alpha)}{K(N^2+2N\cos 2\alpha+1)}\right)\tag{4.6.32d}$$

其中系数

$$A=\sqrt{-2NK^2\cos 2\alpha-K^2+(\Delta\omega)^2}\tag{4.6.33a}$$

$$B=\sqrt{K^2+(NK)^2+2NK^2\cos 2\alpha-(\Delta\omega)^2}\tag{4.6.33b}$$

表达式 (4.6.33b) 本身就给出不动点 $(x_{1,2},\ y_{1,2})$ 的存在条件，即式 (4.6.33) 根号下的项必须为非负。因此对于不动点 $(x_{1,2},y_{1,2})$ 有 $K\leqslant K_1$，其中

$$K_1=\Delta\omega/\sqrt{2N\cos 2\alpha+1}\tag{4.6.34}$$

由式 (4.6.33b)，对于不动点 $(x_{3,4},y_{3,4})$ 存在则必须满足 $K\geqslant K_2$，其中

$$K_2=\Delta\omega/\sqrt{N^2+2N\cos 2\alpha+1}\tag{4.6.35}$$

另外，容易验证不动点 $(x_{3,4},y_{3,4})$ 自然满足

$$|z_{3,4}|^2=x_{3,4}^2+y_{3,4}^2=1$$

而不动点 $(x_{1,2},y_{1,2})$ 的平方和 $|z_{1,2}|^2=x_{1,2}^2+y_{1,2}^2$ 则可能会大于 1，一旦出现这种解，由于不满足序参量 $|z|\leqslant 1$ 的基本要求，因而没有物理意义，需要舍弃。

对不动点 (x_i,y_i)，$i=1,2,3,4$，我们可以进一步进行线性稳定性分析。在各不动点解附近将方程 (4.6.31) 线性化，可得其雅可比矩阵为

$$\boldsymbol{J}^i=\begin{pmatrix}J_{11}^i & J_{12}^i\\ J_{21}^i & J_{22}^i\end{pmatrix}\tag{4.6.36}$$

矩阵元为

$$J_{11}^i=-K\cos\alpha x_i+K(N-1)\sin\alpha y_i\tag{4.6.37a}$$

$$J_{12}^i=K(1+2N)\cos\alpha y_i+K(N-1)\sin\alpha x_i-\Delta\omega\tag{4.6.37b}$$

$$J_{12}^i = K(1-2N)\sin\alpha x_i - K(N+1)\cos\alpha y_i + \Delta\omega \tag{4.6.37c}$$

$$J_{22}^i = -K\sin\alpha y_i - K(N+1)\cos\alpha x_i \tag{4.6.37d}$$

以上四组雅可比矩阵的本征值分别为

$$\lambda_{1,2}^i = \frac{1}{2}\left(J_{11}^i + J_{22}^i \pm \sqrt{(J_{11}^i + J_{22}^i)^2 - 4(J_{11}^i J_{22}^i - J_{12}^i J_{21}^i)}\right) \tag{4.6.38}$$

$i = 1,2,3,4$。这四个不动点的稳定性参数区域总结在表 4-1 中。

表 4-1 不动点及其稳定区域

不动点	稳定参数区域
(x_1, y_1)	$K < K_c^f, \alpha \in (\alpha_0^-, 0)$ $K > 0, \alpha \in (-\pi/2, \alpha_0^-)$
(x_2, y_2)	$K > K_{SC}^+, \alpha \in (\alpha_0^+, \pi/2)$
(x_3, y_3)	$K > K_{SC}^-, \alpha \in (\alpha_0^-, 0)$ $K < K_{SC}^+, \alpha \in (\alpha_0^+, \pi/2)$
(x_4, y_4)	总是不稳定

表 4-1 中对应的临界参数为

$$K_c^f = \Delta\omega/\sqrt{2N\cos 2\alpha + 1} \tag{4.6.39}$$

$$K_{SC}^{\pm} = \mp\Delta\omega/(N\cos 2\alpha + 1) \tag{4.6.40}$$

$$\alpha_0^{\pm} = \pm\arccos(-1/N)/2 \tag{4.6.41}$$

由序参量方程求得序参量的不动点解对应于原星形耦合相振子系统 (4.6.24) 的不同集体宏观态。满足序参量 $|z| = 1$ 的定点 $(x_{3,4}, y_{3,4})$ 对应于星形耦合振子的**同步态**(synchronous state，SS)，即网络的中心和叶子的相差保持固定，且不随时间改变:

$$\varphi_j(t) = 常数, \quad j = 1, 2, \cdots, N \tag{4.6.42}$$

这表明此时所有的叶子振子和中心振子处于同步状态。从表 4-1 中可以看出，定点 (x_4, y_4) 所代表的同步态总是不稳定的，而定点 (x_3, y_3) 所代表的同步态在一定区域内是稳定的，稳定区域在表 4-1 中具体给出。定点 $(x_{1,2}, y_{1,2})$ 的模 $|z| > 1$ 时，解没有物理意义，只有当 $|z| < 1$ 时与定点所关联的星形网络系统的宏观态才有意义，这个集体宏观态称为**延展态**(splay state，SPS)，对应于星形网络中心和叶子之间相差满足如下函数关系的态:

$$\varphi_j(t) = \varphi(t + jT/N), \quad j = 1, 2, \cdots, N \tag{4.6.43}$$

如图 4-38(a) 所示，其中 T 为 $\varphi(t)$ 的周期。这种宏观态在物理上表现为星形网络在叶子上的振子之间满足一个相位差关系，各个振子的相位可以通过平移互相重合，并且定点 $(x_{1,2}, y_{1,2})$ 所关联的延展态 (SPS) 的稳定区间也具体地展现在表 4-1 中。

4.6.5 OA 方程的含时解动力学

值得注意的是，OA 方程的长时解不仅包括与方程不动点相关联的星形网络振子宏观态，而且包括与时间有关的解及其所关联星形网络的振子集体宏观态。对于二维 OA 方程而言，根据动力学理论，这种含时解最多只可能是时间的周期解。具体分析可以看到，系统存在两种周期解，一个存在于参数区域 $0 < \alpha < \pi/2$ 和 $K<K_{ec} = K_2$，另一个存在于特殊的阻挫下，例如，$\alpha = 0, \pi/2$。这两种周期解具有本质不同的稳定性和局域动力学特征。下面对其分别加以分析。

1. I 型极限环周期解：同相态

我们先讨论在参数区域 $K<K_{ec}$ 和 $0 < \alpha < \pi/2$ 时周期解的动力学特点。如图 4-38(b) 所示，通过数值模拟计算系统在该参数条件下的李指数谱可以发现，系统最大李指数为 0，而其他的李指数都是负的，这说明了在这个参数区域中系统在二维相空间内存在极限环解。将方程 (4-6-31) 转换到极坐标 $z = x + \mathrm{i}y = R\mathrm{e}^{\mathrm{i}\Psi}$ 可得到模 (即序参量大小) 和幅角运动方程为

$$\begin{aligned}\dot{R} &= -\frac{K}{2}(R^2 - 1)\cos(\Psi + \alpha) \\ \dot{\Psi} &= -\frac{K}{2}\left(R + \frac{1}{R}\right)\sin(\Psi - \alpha) + \Delta\omega - NKR\sin(\Psi + \alpha)\end{aligned} \tag{4.6.44}$$

利用 $\dot{R} = 0$ 可以很容易看出，系统的极限环解半径为 $R = 1$，相位 $\Psi(t)$ 呈周期变化。我们称与这个极限环解相关联的宏观态为**同相态**(in-phase state，IPS)，该态所有振子之间的相差都是一样的，并且随着时间变化，即

$$\varphi_j(t) = \varphi(t), \quad j = 1, 2, \cdots, N$$

这个性质表明，星形模型所有处在叶子上的振子都彼此同步。在图 4-38(c) 中，我们发现所有叶子的相位随时间的变化曲线都是互相重合的，这表明数值得到的结论和理论分析一致，即所有的叶子节点都互相同步。在这样的情况下，模型 (4.6.24) 就被简化成和 $N = 1$ 时单个叶子与中心耦合一致，此时 IPS 的稳定性就可以通过关于极限环的 Floquet 理论得到，可以发现只有 $0 < \alpha < \pi/2$ 时，IPS 是稳定的，如果处于 $-\pi/2 < \alpha < 0$，那么 IPS 就是不稳定的。

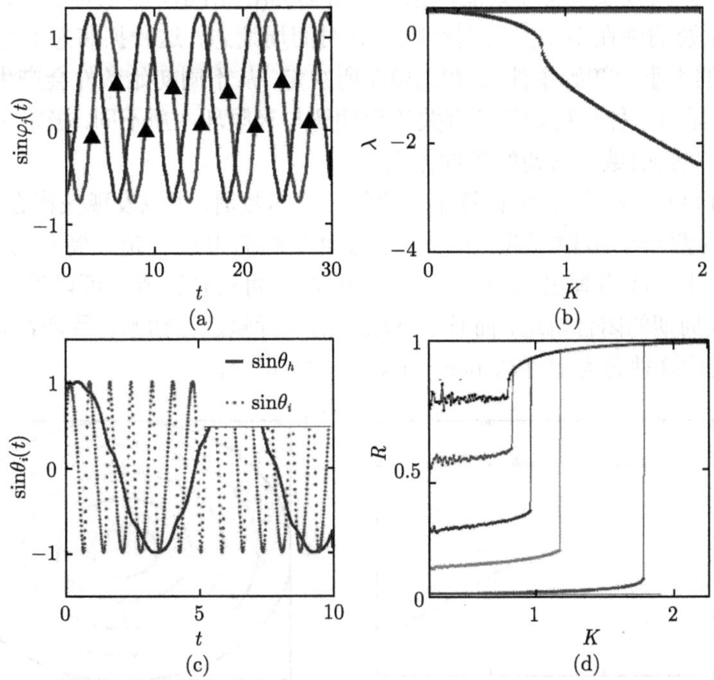

图 4-38 (a) 系统参数为 $\alpha=-0.4\pi$, $K=2$, $j=1,2$ 时，$\sin\varphi_j(t)$ 随时间的变化图；(b) 当网络阻挫$\alpha=0.1\pi$ 时的李指数谱图；(c) 系统参数为 $\alpha=0.1\pi$，$K=0.5$，$i=1,2,\cdots,N$ 时，$\sin\theta_i(t)$ 随时间的变化图；(d) 网络阻挫 $\alpha=0$ 时不同初始状态的序参量随耦合强度的变化图【改编自文献[511]】

数值模拟所用的网络尺寸为 $N=11$

2. Ⅱ型准哈密顿周期解：中性态

当阻挫 $\alpha=0$, $\pm\pi/2$ 时，系统处于临界状态。$\alpha=0$ 即无相移的情形是以往研究工作中讨论最广泛的，已有大量结果。阻挫为 $\pm\pi/2$ 则是比较特殊的情形，我们在第 2 章中已做过专门讨论。然而，从动力学角度来看，$\alpha=0,\pm\pi/2$ 都是较为特殊的情形，过去人们对于耦合振子这两种情形发生的非定态集体行为的深入机制缺乏研究。有了序参量方程，我们就可以很好地在二维相空间对其动力学进行完整的剖析。

在前面分析 $\alpha=\pm\pi/2$ 的情形时我们看到，系统在任何情况下都不可能达到同步。为什么会这样呢？利用线性稳定性分析来讨论方程 (4.6.44) 的不动点可以发现它是中性稳定的，其本征值实部 $\mathrm{Re}\lambda_{1,2}=0$，虚部 $\mathrm{Im}\lambda_{1,2}\neq 0$。这意味着在线性区域的扰动将会使振幅保持一定大小的振荡状态。进一步对中性不动点的稳定分析需要根据中心流形定理对该点附近的非线性行为加以考虑，可以利用后续函数法来进一步判定其性质。通过数值模拟，如图 4-38(d) 所示，我们可以发现，在此临界情况下系统的确在不动点周围存在一族时间周期态，这种振荡态的振荡半径即序参量 R 的大小由初始条件 $(x(0), y(0))$ 所决定，从不同初始条件会产生不同半径的振荡环。显然这种与初始条件有关的周期解与极限环本质不同，极限环解是动力学吸引子，在吸引域内与初始条件无关。

如图 4-39(a) 所示，我们计算了这族解的李指数谱，可以发现在耦合强度 K 的很大范围内两个李指数都为 0，这与前面发现的中性稳定点特征相吻合。在图 4-39(b) 中，我们画出当 $K=0.1$ 时的相空间长时轨道，可以发现在相空间内存在一族周期的闭合轨道，而且这些轨道的运行轨迹由初始位置所决定，其周期相同。我们称这种态为**中性态**(neutral state，NS)[515]。

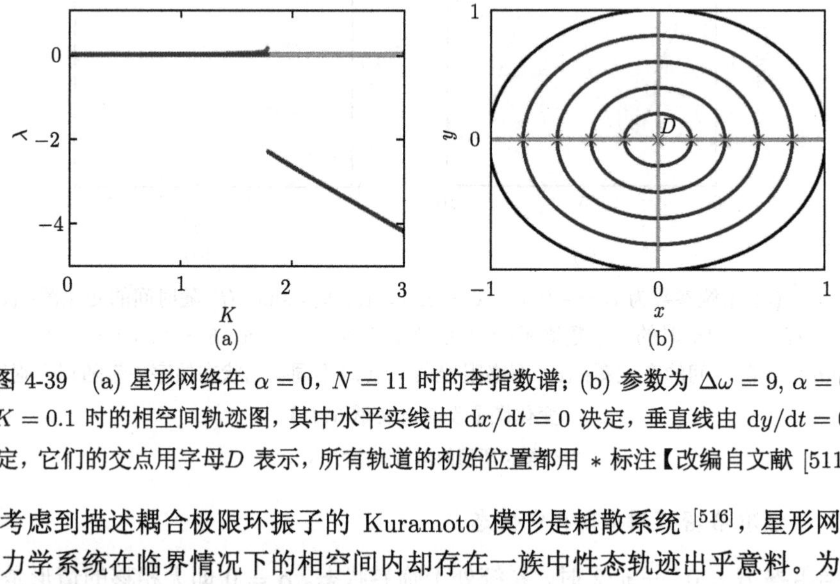

图 4-39　(a) 星形网络在 $\alpha=0$，$N=11$ 时的李指数谱；(b) 参数为 $\Delta\omega=9$, $\alpha=0$, $K=0.1$ 时的相空间轨迹图，其中水平实线由 $\mathrm{d}x/\mathrm{d}t=0$ 决定，垂直线由 $\mathrm{d}y/\mathrm{d}t=0$ 决定，它们的交点用字母D 表示，所有轨道的初始位置都用 $*$ 标注【改编自文献 [511]】

考虑到描述耦合极限环振子的 Kuramoto 模形是耗散系统 [516]，星形网络模型动力学系统在临界情况下的相空间内却存在一族中性态轨迹出乎意料。为了从根本上理解这些中性态存在的原因，我们从系统的动力学方程 (4.6.31) 出发。当 $\alpha=0$ 时，序参量方程 (4.6.31) 简化为

$$
\begin{aligned}
\dot{x} &= K\left(\frac{1}{2}+N\right)y^2-\frac{K}{2}x^2-\Delta\omega y+\frac{K}{2} \\
\dot{y} &= -K(N+1)xy+\Delta\omega x
\end{aligned}
\tag{4.6.45}
$$

当 $K<K_{ec}$ 时，只有不动点 (x_1, y_1) 存在于单位圆内，通过线性稳定性分析可以确定它是中性稳定的，所有的李指数实部都为 0。

实际上，方程 (4.6.45) 具有变换不变性。定义如下的时间反演变换：

$$
\boldsymbol{R}:(t,x,y)\mapsto(-t,-x,y) \tag{4.6.46}
$$

可以发现，动力学方程 (4.6.45) 在通过上述时间反演变换后保持不变。进一步，时间反演变换 $\boldsymbol{R}$ 可以分解成两个变换的组合

$$\boldsymbol{R} = \boldsymbol{T}\boldsymbol{W} \tag{4.6.47}$$

其中 $\boldsymbol{W}$ 为空间镜像变换，

$$\boldsymbol{W} : (x,\ y) \to (-x,\ y) \tag{4.6.48a}$$

$\boldsymbol{T}$ 则为时间反演变换，

$$\boldsymbol{T} : t \to -t \tag{4.6.48b}$$

因此，$\boldsymbol{W}$ 的不变流形集就是 $(x = 0, y > 0)$。对于任何穿过这个不变流形集的轨道，沿时间正向的轨迹和沿时间反向的轨迹是相互对称的。如果沿时间正向的轨迹运动至一个吸引子，则通过时间反演变换，沿时间反向的轨迹就运动到相对应的排斥子，如图 4-40(a) 所示。因此，如果系统在对应于 $x > 0$ 的右半平面出现一个吸引子，则在左半平面 $x < 0$ 的对称位置必然出现一个排斥子，在 $x = 0$(y 轴) 上出现的点只能是中性稳定的点或者是鞍点。由于时间反演对称性，如果一条轨道两次穿过 $x = 0$ 镜面，则该轨道必然形成闭合轨道，轨道也中性稳定。如果相空间中的轨迹不止一次穿越这个不变流形，那么沿时间正向运动轨迹和反向运动轨迹就会相遇，形成一个**闭合周期轨道**，这个轨迹就称为**可逆轨道**(reversible trajectory)[515]，如图 4-40(b) 所示。对于任何可逆轨道，其李指数谱是对称的，且其相空间体积守恒。我们就称这个系统是**准哈密顿系统**(quasi-Hamiltonian system)[515]。

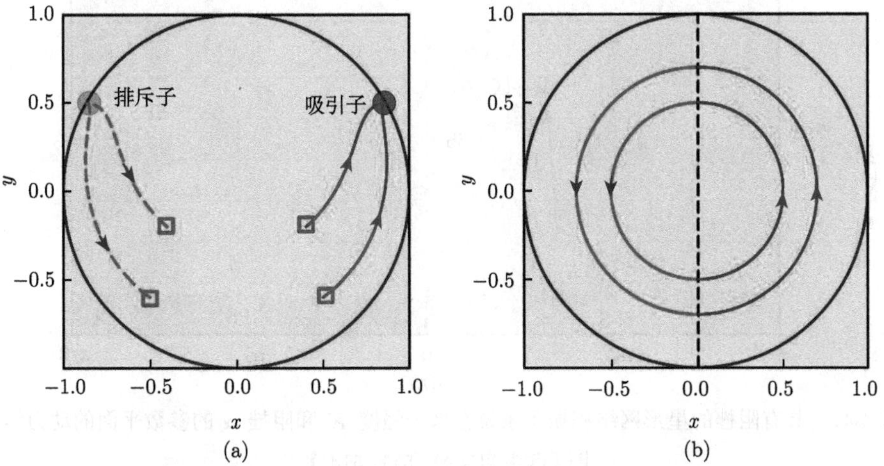

图 4-40 (a) 沿时间正向的轨迹运动至一个吸引子与时间反演对称的反向排斥子；(b) 中性稳定形成的闭合轨道族【改编自文献 [287]】

上述的对称性赋予了准哈密顿系统很多有趣的性质。在被单位圆所包围的序

参量空间内，吸引子和排斥子成对出现，这说明如果在序参量平面内只出现一个定点，则该定点只可能是中性稳定的。在这个情况下，空间内的轨迹不会被吸引也不会被排斥，它们将多次穿越序参量空间内的不变流形集，这些轨迹必将是闭合的周期轨迹。这些分析说明了临界情况下，系统的序参量空间为何会存在一族中性的闭合周期轨迹。

4.6.6 典型同步相变分析

到目前为止，我们已经讨论了系统存在的四种宏观态，包括对应于不动点解的同步态 SS、延展态 SPS 和对应于周期解的同相态 IPS、中性态 NS，并对这几种宏观态的动力学特征进行了详细的分析。四种宏观态在参数空间 (α, K) 内的稳定区域及其边界总结在图 4-41 的相图中。可以看到，相图被临界线分成四个区域，在区域 $-\pi/2 < \alpha < \alpha_0^-$ 内为 SPS，该态在此范围内对于任何耦合强度 K 都是稳定的。当 $\alpha > \alpha_0^-$ 时，随着耦合强度 K 的增大，当耦合强度超过某一阈值时 $K > K_{ec}$，SS 会出现但不稳定，在 $K > K_{SC}^-$ 才会稳定。在区域 $\alpha_0^- < \alpha < 0$ 内，SPS 出现，并且在 $0 < K < K_c^f$ 时保持稳定。在 $\alpha_0^- < \alpha < 0$ 这一区域内，SPS 和 SS 两个态会共存。在区域内 $0 < \alpha < \alpha_0^+$，不稳定的 SPS 一直都存在，而稳定的 SS 只在 $K > K_{SC}^+$ 时才会保持稳定。在区域 $\alpha_0^+ < \alpha < \pi/2$ 内，SPS 一直存在, 但只在 $K > K_{SC}^+$ 时才会保持稳定，而 SS 在 $K_{ec} < K < K_{SC}^+$ 存在且稳定。

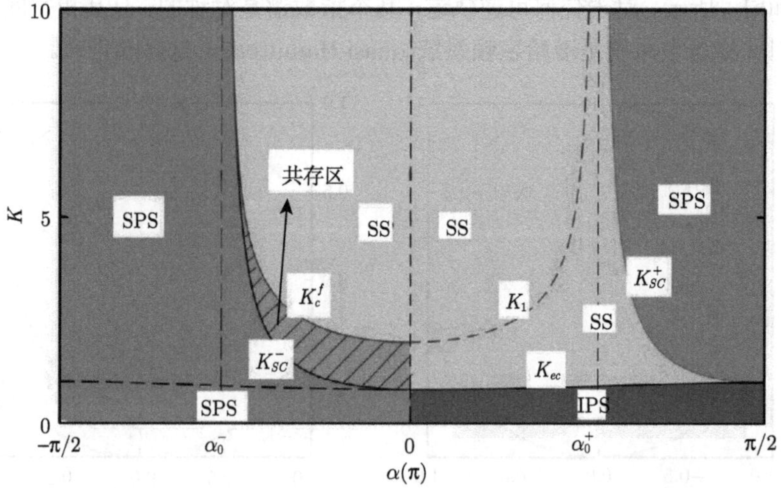

图 4-41 具有阻挫的星形网络相振子系统在耦合强度 K 和阻挫 α 的参数平面的动力学相图【改编自文献 [511, 514]】

不同集体态之间由多条可解析计算出的临界曲线给出

中性态 NS 只存在于一些特殊的阻挫情况下，比如 $\alpha = 0, \pm\pi/2$。同相态 IPS 在区域 $0 < \alpha < \pi/2$ 内存在，当 $0 < K < K_{ec}$ 时呈稳定状态。

相图 4-41 一方面完整展示了有阻挫的星形耦合相振子系统所涌现的各种宏观集体态，另一方面，各种态之间的复杂边界也表明了态与态之间会存在多种多样的转变，通过调节参数耦合相振子系统会从一种集体态转变为另外一种集体态。在某些特殊的参数区域内，我们还发现多种态会共存，这些共存态将会导致相变的不连续性，同时伴随迟滞 (hysteresis) 现象的发生。在没有共存态存在的参数区域内，系统会在边界处发生连续的相变。

在可能发生的各种相变中，向全局同步态的转变是我们最感兴趣的。相图中可以看到 NS→SS，SPS→SS，IPS→SS 三种可通向整体同步的道路。以下我们分别做分析。

1. 从 NS 到 SS 的相变

当阻挫 $\alpha = 0$ 时，星形耦合相振子系统的同步过程是前面所述的一种典型的爆炸式同步 [493,507]。数值模拟表明，如图 4-42(a) 所示，这种相变是不连续的，且伴随迟滞现象，即当系统耦合强度绝热地由小变大与绝热地由大变小时的相变临界点是不一样的，我们分别将其称为向前临界耦合与向后临界耦合，并用 K^f 和 K^b 来表示。从图 4-42(a) 还可以发现，临界点 K^f 与初始状态有关，不同的初始条件会给出不同的 NS 相，它对应于图 4-39 中不同的闭轨。定义 K^f 所能达到的最大值为 K_c^f，当 $K > K_c^f$ 时，同步态 (SS) 在整个相空间内都是吸引的。向后的临界强度 K^b 大小通过定点稳定性分析就可以得到，可以看到就是 $K_c^b = K_2$。下面我们从序参量空间角度详细讨论相变及其迟滞现象。

在前面讨论 NS 时，我们就曾经利用时间反演变换分析过。当阻挫 $\alpha = 0$ 而耦合强度 K 很小时，系统的相空间内存在一族中性稳定的周期轨迹，它们由系统初始状态决定。下面来看看在多种态共存区域的相空间情况。如图 4-42(c) 所示，零线 $\dot{x} = 0$ (红线) 和零线 $\dot{y} = 0$ (绿线) 有四个交点，我们分别用 A, B, C, D 表示。在这四个定点中，定点 A 是吸引子，定点 C 是排斥子，而定点 B、D 是中性稳定的。任何穿过由定点 A-B-C 所确定的零线的轨迹最后都将收敛至定点 A，而其他轨迹则将沿周期的轨迹继续运动。这就很好解释了为何初始条件的不同最终会导致向前临界点 K^f 的不同。当耦合强度继续增大时，可以发现定点 D 和 B 彼此靠近，最终在 $K = K_c^f$ 时互相碰撞，有同步态关联的稳定定点 A 全局吸引，此时无论系统初值在哪里，系统都将达到完全同步状态，见图 4-42(d)。此时的向前同步临界点的最大值 K_c^f 就可以求得：

$$K_c^f = \Delta\omega/\sqrt{2N+1} \tag{4.6.49}$$

这是理论分析所得到的临界点，它联系着系统尺寸 N。数值模拟可以发现，在尺寸不同的系统中，理论和模拟两者符合得非常好，如图 4-42(b) 所示。

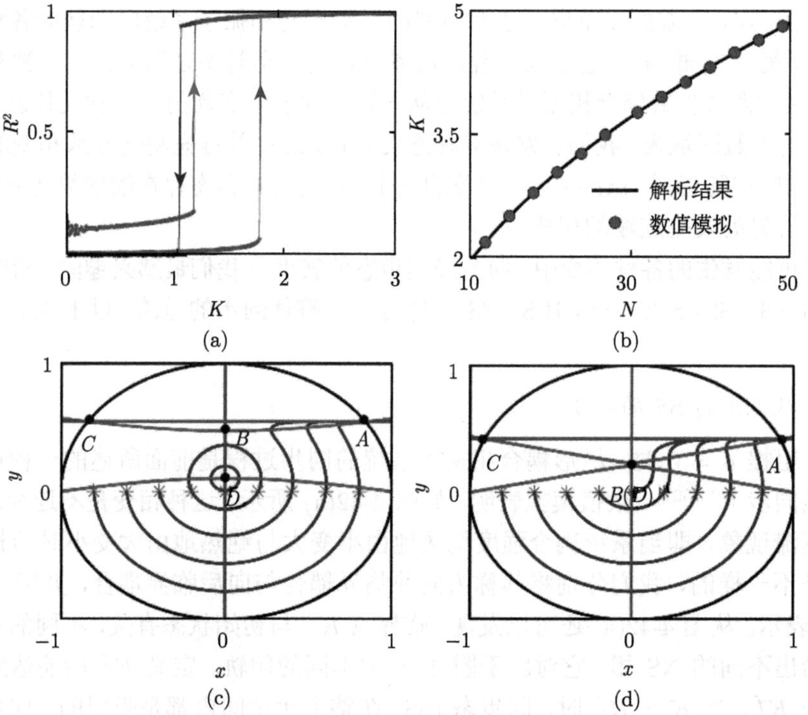

图 4-42 (a) 序参量随耦合强度的变化图；(b) 当 $\alpha = 0$ 时，相变的向前最大临界耦合强度 K_c^f 随系统尺寸 N 的关系；(c),(d) 由方程 (4.6.31) 所决定的序参量平面动力学轨迹, 其中(c) $K = 1.5$, (d) $K = 1.9$, 红线由 $\mathrm{d}x/\mathrm{d}t = 0$ 决定，绿线由 $\mathrm{d}y/\mathrm{d}t = 0$ 决定，它们的交点用A, B, C, D 表示，所有轨道的初始位置都用$*$标注。所有情况参数 $\Delta\omega = 9$, $\alpha = 0$，$N = 10$(扫封底二维码见彩图)【改编自文献 [511, 514]】

2. 从 SPS 到 SS 的同步相变

现在我们讨论 $\alpha_0^- < \alpha < 0$ 时星形网络从 SPS 到 SS 的相变过程。通过数值模拟发现，这种相变也是不连续的，并且也存在迟滞现象，如图 4-43(a) 所示。讨论这种相变，我们依然通过序参量动力学来加以分析和展示。如图 4-43(c) 所示，与宏观态 SPS 和 SS 相关联的定点 D，A 同时存在，这两种态各自的吸引域可以通过鞍点 B 的位置求出。当耦合强度 K 持续增大时，如图 4-43(d) 所示，最终定点 B，D 会发生碰撞产生鞍结分岔，而此时与同步态相关联的定点 A 就会达到全局吸引。因为这种相变是一级相变，那么必然存在向前和向后的临界耦合强度 K^f 和 K_c^b，这里的临界耦合强度 K_c^b 在前面分析定点的存在性和稳定性条件时就已经分析出 $K_c^b = K_{SC}^-$，而临界耦合强度 K^f 的大小则取决于吸引域的大小和初始位置。通过分析相变所发生的鞍结分岔，我们就可以得到 K^f 的最大值为

$$K_c^f = \Delta\omega/\sqrt{2N\cos 2\alpha + 1} \tag{4.6.50}$$

如图 4-43(b) 所示，数据模拟和理论分析出的结果是完全吻合的。

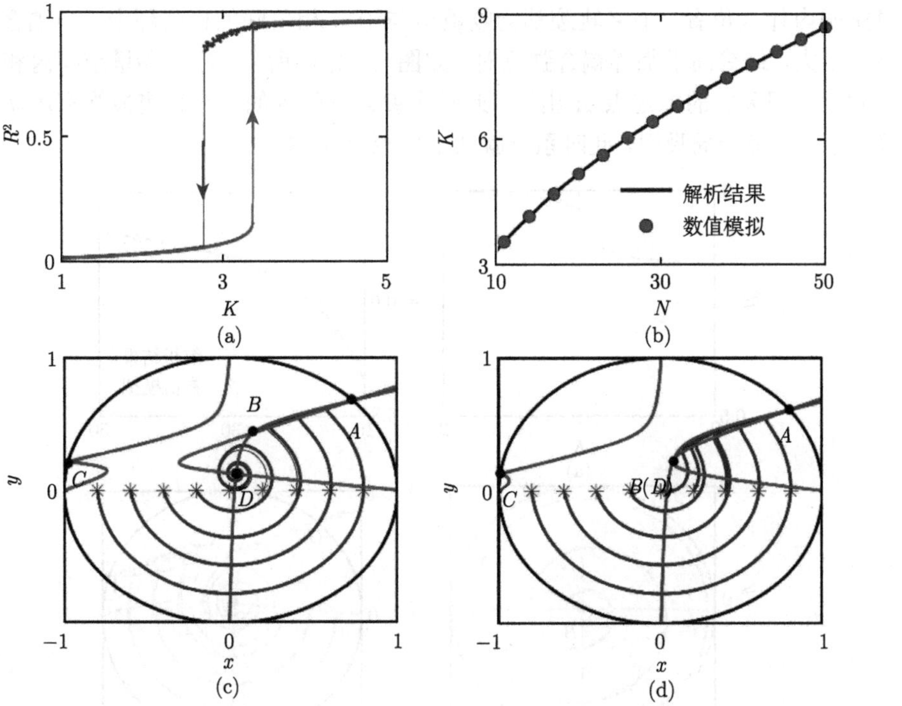

图 4-43 (a) 序参量随耦合强度的变化；(b) 相变向前的最大临界耦合强度 K_c^f 随系统尺寸的关系；(c),(d) 由方程 (4.6.31) 所决定的序参量平面动力学轨迹，其中 (c)$K = 1.8$, (d)$K = 2.17$, 红线由 $\mathrm{d}x/\mathrm{d}t = 0$ 决定，绿线由 $\mathrm{d}y/\mathrm{d}t = 0$ 决定，它们的交点用 A, B, C, D 表示，所有轨道的初始位置都用 $*$ 标注。参数为 $\Delta\omega = 9$, $\alpha = -0.2\pi$, $N = 10$(扫封底二维码见彩图)【改编自文献 [511, 514]】

3. 从 IPS 到 SS 的同步相变

现在我们讨论 $\alpha > 0$ 时系统从 IPS 到 SS 的同步相变。同步的过程如图 4-44(a) 所示，它是一个连续相变的过程。与之前两种不连续且有迟滞现象的一级相变不同，这种相变没有迟滞现象，因而不存在几种吸引子互相竞争的机制。因此，当同步态出现时，它作为吸引子是全局吸引的，其相变临界点就是同步态吸引子出现时的耦合强度 K_{ec}。

为了验证所求的临界相变点的正确性，我们利用数值模拟计算不同尺寸下系统从 IPS 到 SS 相变的临界点，如图 4-44(b) 所示，数值模拟和理论曲线拟合得非常好。

为了形象展示相变的过程，我们仍然利用序参量动力学对相变过程进行说明。如图 4-44(c) 所示，当耦合强度小于临界耦合强度时，在序参量空间只存在 IPS 这一稳定状态，IPS 在序参量空间就是 $R = 1$ 的极限环，不管系统的初始位置在序参量空间内什么位置，最终轨迹都会收敛至与 IPS 相关联的极限环上。当耦合强度不断增大，最终高于临界耦合强度时，如图 4-44(d) 所示，在序参量空间内和稳定的同步态相关联的稳定点 A 出现，此时序参量空间内的所有轨迹最终都运动至该稳定点上，呈全局吸引，此时系统就从 IPS 转变为 SS。

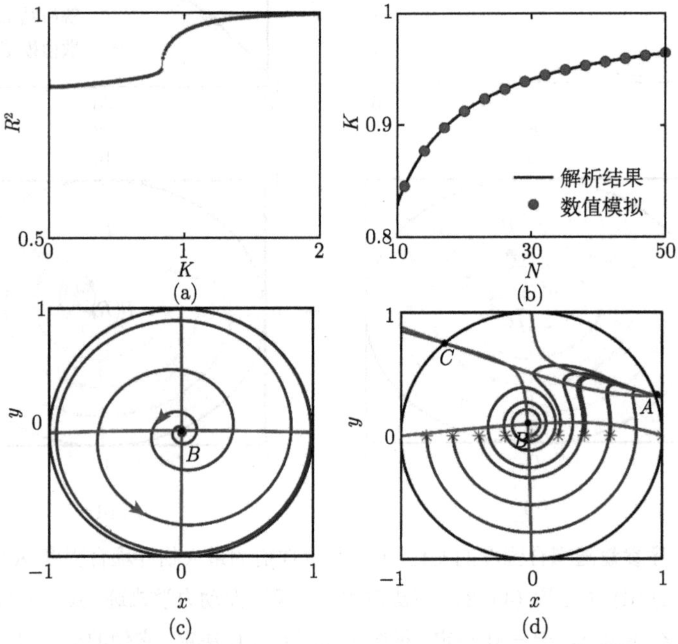

图 4-44　(a) 序参量随耦合强度的变化图；(b) 向前临界耦合强度 K_{ec} 随系统尺寸 N 的关系；(c),(d) 序参量平面的运动轨道, 其中 (c)$K = 0.5$, (d)$K = 1.5$。参数 $\Delta\omega = 9, \alpha = 0.3\pi, N = 10$(扫封底二维码见彩图)【改编自文献 [511, 514]】

4. 去同步相变

在相图 4-41 中的第四个区域 $\alpha_0^+ < \alpha < \pi/2$ 内，我们会发现当 $K > K_{SC}^+$ 时，同步态不再稳定，而出现了稳定的 SPS。这也就意味着，在耦合强度持续增强的情况下，会产生去同步的现象，如图 4-45(a) 所示，数值模拟也证实了去同步现象是真实存在的，我们可以明显地看出序参量 R 在耦合强度超过某一阈值时会急剧变小。这样的现象和我们的直觉是相违背的，一般而言，耦合强度越大，同步程度就越强，而耦合强度增大时同步现象会减弱甚至消失令人惊讶。

为了解释这种特殊的相变，我们还是从序参量空间出发。当耦合强度 $K < K_{SC}^+$

时，如图 4-45(c) 所示，序参量空间只有和同步态相关联的点 A 是稳定的，所以所有的轨迹最后都将收敛至定点 A，系统处于同步态。当耦合强度大于临界值 K_{SC}^{+} 时，如图 4-45(d) 所示，定点 A 不再稳定，同步态失稳，一个新的稳定点 B 出现，与这个稳定点相关联的宏观态是 SPS，序参量空间内所有的轨迹都收敛至稳定点 B，此时系统处于 SPS，而这个耦合强度 K_{SC}^{+} 就是去同步相变的临界耦合强度。

为了验证上述理论分析出的临界耦合强度的可靠性，通过大量的数值模拟分析，如图 4-45(b) 所示，我们发现理论分析的曲线和数值模拟出的结果完全一致，这有力地证明了上述的理论分析是完全正确的。

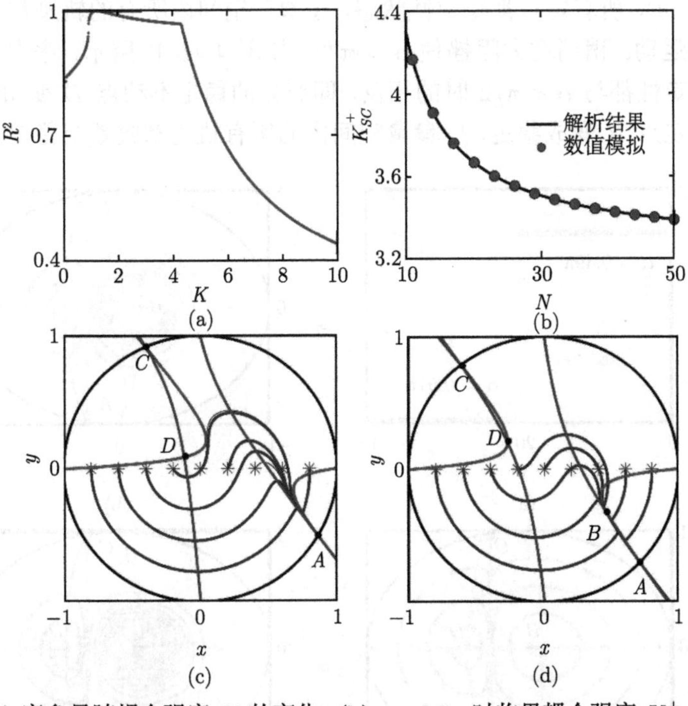

图 4-45 (a) 序参量随耦合强度 K 的变化；(b)$\alpha = 0.3\pi$ 时临界耦合强度 K_{SC}^{+} 随系统尺寸 N 的依赖关系；(c),(d) 系统序参量的演化轨迹，其中 (c)$K = 3$, (d)$K = 5$。所有轨道的初始位置都用 $*$ 标注。参数为 $\Delta\omega = 9, \alpha = 0.3\pi, N = 10$(扫封底二维码见彩图)【改编自文献 [511, 514]】

5. 混合相变

前面已经讨论了四种宏观态及其四种与同步有关的相变。当固定耦合强度 K 不变时，通过改变阻挫 α 尤其当 $\alpha = 0, \pm\pi/2$ 时，我们会发现系统存在一族与前面不同的相变，该相变虽然不连续，但却没有迟滞现象存在，我们称这种相变为**混合相变**(hybrid transition)[515]。如图 4-46(a) 所示，当我们只改变阻挫 α 的大小，从

$\alpha < \pi/2$ 的状态到 $\alpha = \pi/2$ 时，不连续相变就会发生。该混合相变从系统的宏观态和动力学表现两者之间的关系来看并不难理解。下面我们从序参量动力学角度来讨论相变发生的机制。

我们曾经指出系统在临界阻挫 $\alpha = 0, \pm\pi/2$ 时会表现出时间反演变换不变性的特征。一旦改变系统阻挫越过这些临界值时，序参量空间内所有解的稳定性将会发生相反稳定性的转变。以图 4-46(a) 所示的相变为例, 当阻挫 $\alpha < \pi/2$ 时，如图 4-46(b) 所示，序参量空间内只存在一个稳定点 D，定点 B 是一个排斥子，A 和 C 都是鞍点，序参量空间内所有的轨迹都将收敛至定点 D。当阻挫 $\alpha = \pi/2$ 时，如图 4-46(c) 所示，所有定点都呈中性状态，序参量空间内所有的轨迹都在围绕着中性定点周期运动。稍稍增大阻挫使 $\alpha > \pi/2$，如图 4-46(d) 所示，序参量空间内所有定点的稳定性都与 $\alpha < \pi/2$ 时的相反，即原先的稳定不动点 D 变得不稳定，原先不稳定的定点 B 变成稳定，序参量空间内的所有轨迹都收敛至稳定点 B。

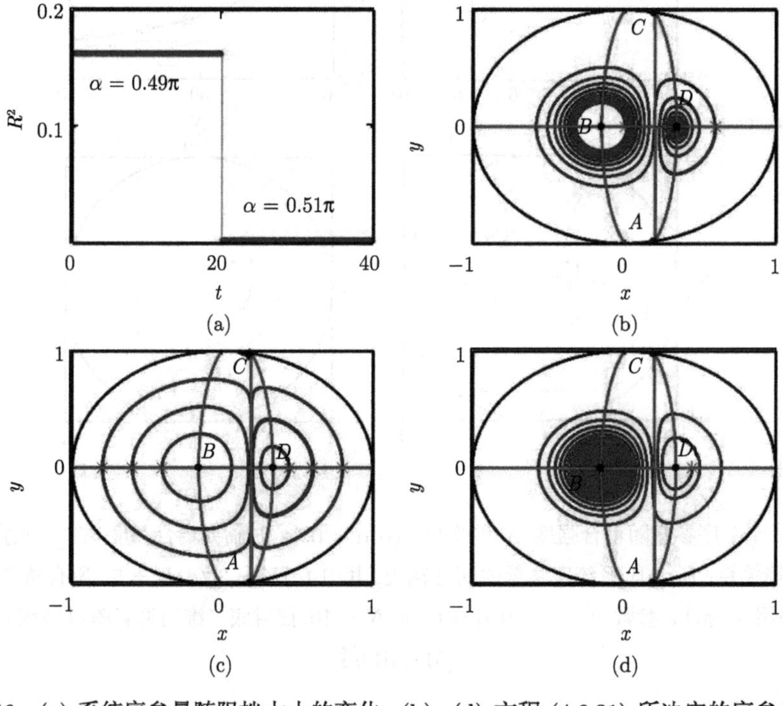

图 4-46　(a) 系统序参量随阻挫大小的变化。(b)~(d) 方程 (4.6.31) 所决定的序参量平面, (b)$\alpha = 0.49\pi$, (c)$\alpha = 0.50\pi$, (d)$\alpha = 0.51\pi$，所有轨道的初始位置都用 $*$ 标注。参数为 $\Delta\omega = 9, K = 5, N = 10$(扫封底二维码见彩图)【改编自文献 [511, 514]】

综上所述，当系统阻挫穿过 $\alpha = 0, \pm\pi/2$ 时，所有定点的稳定性都会发生交换，原先稳定/不稳定变成不稳定/稳定状态，而已是中性的仍然呈中性，所发生的相变不连续。由于只是交换了稳定性，并未出现双稳或多稳共存，因此不会出现随参数改变的共存态或滞后现象。

4.6.7 无标度网络的同步相变

星形网络是最简单的异质性网络，因此在探究异质网络的同步相变特征时可以作为理论分析的模型展开讨论。在星形模型中通过改变阻挫，我们发现了通往同步的三种道路及其各自的相变和临界特征。对于更为复杂的异质网络如无标度网络，上述的性质是否还存在？星形网络是无标度网络异质性的重要体现，那么发生这两种网络中的相变会有何联系？下面我们围绕这些问题来讨论。

我们选取 $m_0 = 1$ 的 BA 网络模型来生成节点数为 $N = 500$ 的无标度网络，该网络中存在度非常大的节点，也有很多度为 1 的叶子节点与之相连。在生成的一个典形的无标度网络中，设有一个度为 26 的节点，下面就通过与它相连构成的星形网络来分析无标度网络和星形网络之间的关系。

在无标度网络中，相振子的相位演化遵循方程

$$\dot{\theta}_i = \omega_i + K\sum_{j=1}^{N} A_{ij}\sin(\theta_j - \theta_i - \alpha), \quad i \in [1, N] \tag{4.6.51}$$

其中 $\boldsymbol{A} = \{A_{ij}\}$ 是连接矩阵，其他参量同前。考虑到节点振子自然频率和度的正相关性，设 $\omega_i = k_i$。

在图 4-47(a)~(c) 中，我们分别给出了在不同阻挫 α 下无标度网络相振子系统的序参量随耦合强度的变化情况。为了做一对比，我们也给出了网络中最大度的节点及与之连接的节点 (大部分是叶子节点) 组成的“星形子网络”对应的耦合相振子系统 (其方程由式 (4.6.24) 给出) 序参量随耦合强度的变化。首先可以发现，星形子网络的动力学特征与无标度网络动力学整体特征有着非常好的对应，这从图 4-47(a)~(c) 中的序参量变化特别是在转变点的变化处可以清楚看到。其次，阻挫改变给无标度网络动力学的同步转变行为带来了很大改变。当阻挫 $\alpha = 0$ 时，无标度网络系统发生爆炸式同步，这实际上就体现在星形网络从 NS 态转变到 SS 态的过程中。这里的中性态 NS 也是和初始状态有关的，这与在星形网络模型中关于 NS 态分析所得到的结论一致。当阻挫 $\alpha < 0$ 时，无标度网络的同步相变也是不连续的，通过之前的分析，我们可以认为这种相变是从 SPS 到 SS 的转变，这里的 SPS 是和初始状态完全无关的。当阻挫 $\alpha > 0$ 时，无标度网络的同步相变与星形网络的相变都是连续的从 IPS 到 SS 的转变。可以发现无标度网络中的同步相变与星形网络的同步相变之间有明显的联系，不管是相变的类型还是相变中临界耦合强度的大小都是一致的，因此通过星形网络动力学分析所得到的结论可以同样来分析无标度网络模型的同步动力学问题 [511,514]。

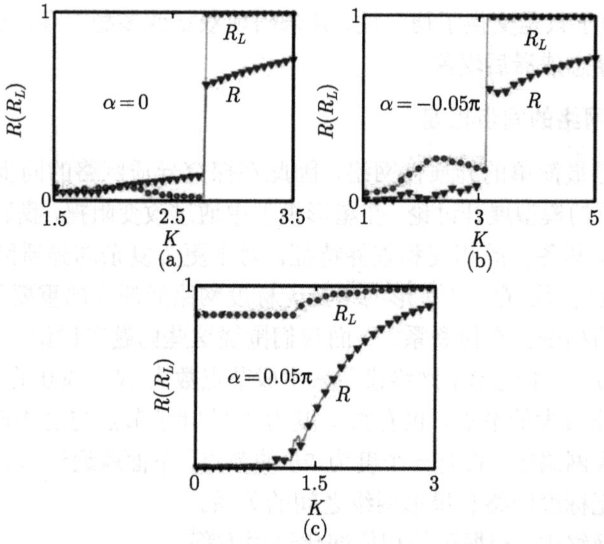

图 4-47　无标度网络的序参量 R 和最大度节点所在的星形子网络局域序参量 R_L 与耦合强度 K 之间的关系【改编自文献 [513]】

其中阻挫分别取 $\alpha = 0((a))$, -0.05π $((b))$, 0.05π $((c))$。无标度网络尺寸为 $N = 500$

本书参考文献、索引、彩图请扫封底二维码。